国际兽医事务手册

International Veterinary affairs manual

贾幼陵　张仲秋　主编

中国农业出版社

编 委 会

主　　编：贾幼陵　张仲秋

副 主 编：才学鹏　马洪超　孔宪刚　冯忠武　殷　红
李长友　张　弘　黄伟忠

执行编委：孙　研　黄向阳

编写人员（按姓氏笔画排序）：

于丽萍　于建敏　王　娟　王志亮　王君玮
王鹤佳　曲志娜　仲子仪　刘陆世　刘拥军
刘俊辉　孙淑芳　杜　建　杜雅楠　李卫华
李慧蛟　吴延功　吴留杰　吴聪明　宋建德
宋晓晖　张衍海　邵华莎　陈　伟　陈向前
陈继明　陈　萍　范钦磊　周伟光　郑雪光
郑增忍　赵思俊　姜　雯　贾　皓　贾自力
顾宪红　徐天刚　郭筱华　黄秀梅　黄保续
常志刚　韩凌霞　路　平　滕翔雁　魏　荣
魏　莹

审稿专家：陆承平　陈向前　魏　荣　郑学光　蒋正军
毕克新　赵增连　张衍海　黄保续　孙　研

总 审 校：黄保续　贾幼陵　张仲秋

序

随着全球经济一体化进程的不断加快和我国改革开放的不断深入，动物和动物产品的国际贸易越来越频繁。要进行正常的贸易活动做好国内的兽医工作是基础。中国已加入了世界贸易组织（WTO），并于2007年正式成为世界动物卫生组织（OIE）成员，须遵循国际标准规则，履行应尽的国际义务。为此，有必要编一本有关兽医国际标准规则的书，帮助兽医工作者熟悉了解国际规则，以促进国内兽医工作与国际接轨。

2009年，来自十几家单位的30多位专家，开始了编撰工作。历经两年多的努力，《国际兽医事务手册》最终成稿。全书共分六个部分，第一部分介绍了世界动物卫生工作相关国际组织的机构性质、职责任务和规则框架；第二部分总结了全球动物疫病防控策略；第三部分介绍了兽医公共卫生的发展阶段和工作范畴，以及动物源性食品安全生产监管方面的工作重点；第四部分介绍了动物福利的基本概念及其立法历程，阐述了动物饲养、运输、屠宰过程中的福利要求；第五部分系统介绍了卫生与植物卫生措施实施协定（WTO-SPS协定）基本原则和动物及动物产品进出口贸易中的检疫措施；第六部分系统阐述了全球兽医工作面临的发展趋势、新形势下的发展理念，部分国家兽医管理制度的实践模式，以及兽医效能评估的基本框架。

本书在宏观层面上对兽医工作涉及的疫病防控、公共卫生、动物福利、安全贸易等工作的国际通行做法和最新进展情况进行了全面归纳，在微观层面上对每项工作涉及的立法背景、规则框架、实践模式进行系统阐述。书中提及的动物卫生国际规则，均以OIE《陆生动物卫生法典》、《陆生动物疫病诊断与疫苗标准手册》、食品法典委员会（CAC）《肉品卫生法典》等国际标准为依据。在一些关键章节，特别是动物疫病区域化管理、动物饲养福利标准、SPS措施实施原则、兽医体系质量控制等国际兽医领域的热点议题，整理吸纳了欧盟、美国、泰国等有关国家的实践案例。

希望本书能够成为兽医行政管理、动物卫生监督执法、实验室技术人员和执业兽医的一本工具性参考书，帮助读者更加深入地了解国际规则，在我国兽医事业国际化发展进程中发挥积极的促进作用。

张仲秋

2011 年 10 月

目　录

第一部分　动物卫生相关国际组织

第二部分 动物疫病的控制与消灭

第四部分　动物福利

第六部分 兽医体系的质量管理和效能评估

第一部分

动物卫生相关国际组织

1　世界动物卫生组织（OIE）

1.1　成立背景及发展简史

1920 年，印度向巴西出口瘤牛，途经比利时的安特卫普（Antwerp）港口，致使比利时发生了牛瘟。1921 年，法国倡议并在巴黎召开了 42 个国家参与的国际动物卫生会议，讨论了牛瘟、口蹄疫和马媾疫等重大动物疫病，研究了国际动物卫生信息的交流和保证出口动物健康的措施，并就在巴黎成立一个控制动物疫病的国际组织达成共识。通过缓慢的外交谈判，1924 年 1 月 25 日，28 个国家的代表达成一致意见，在巴黎成立了世界动物卫生组织。

世界动物卫生组织（又名国际兽疫局，法文 Office International des Epizooties，缩写为 OIE，英文为 World Organisation for Animal Health）是改善全球动物卫生状况的政府间组织，总部设在法国巴黎，主要负责动物疫病通报、动物/动物产品国际贸易规则制定和动物疫病无疫成员/地区认证等工作。OIE 成立后，不断发展壮大，扩展职责任务，拓宽工作领域，加强国际合作交流，成员从成立之初的 28 个扩展到了 178 个，重点关注的动物疫病从成立之初的 9 个扩展到 118 种，目前已成为最主要的动物卫生国际组织。

OIE 官方网站为：http：//www. oie. int

1.2　组织机构

OIE 的主要机构包括：世界代表大会、理事会、总干事、专业委员会、地区委员会、地区代表处、总部、协作中心和参考实验室等。截至 2011 年 5 月，OIE 设立了 5 个区域委员会、5 个区域代表处及 6 个次区域代表处，认证了 190 个参考实验室和 37 个协作中心，与 FAO、WTO 和 WHO 等 40 多个国际和区域组织签署了协议，建立了合作关系。OIE 组织结构如图1 -1。

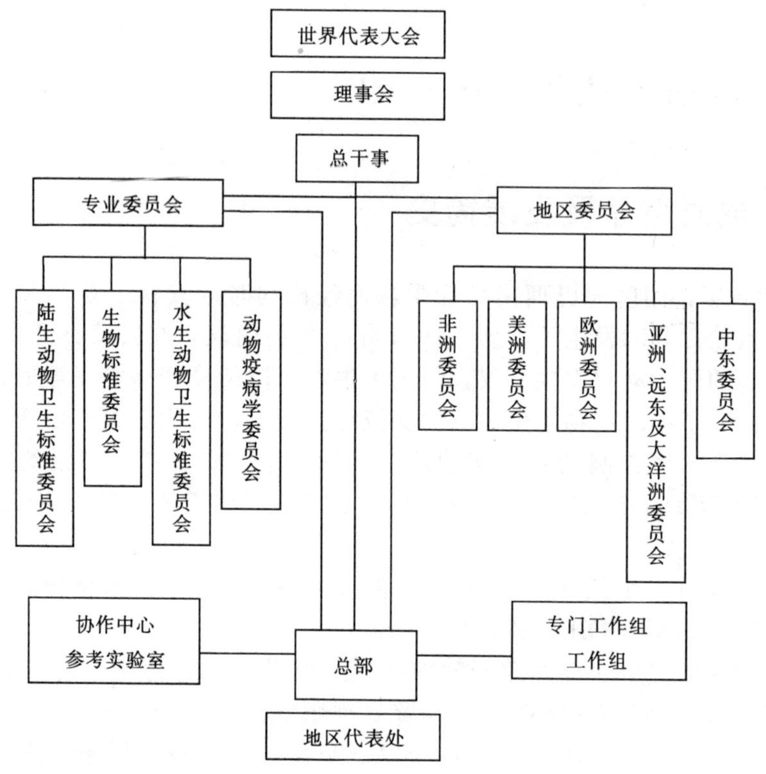

图 1-1 OIE 组织结构图

1.2.1 世界代表大会

世界代表大会是 OIE 的最高权力机构，由 OIE 所有成员的代表组成，每年 5 月在巴黎召开一次大会，会期一般 5 天左右。世界代表大会采取“一国一票”的表决原则。主要职责包括：

1）审定通过动物卫生状况规则，尤其是国际贸易中采用的国际标准；

2）审定通过重大动物疫病控制决议；

3）选举 OIE 管理机构（世界代表大会主席和副主席、理事会和地区委员会成员）和专业委员会成员；

4）任命 OIE 总干事；

5）审查和批准总干事的年度工作和财政报告，以及年度财政预算报告。

1.2.2 理事会

理事会共有9人组成，包括世界代表大会主席、副主席、前任主席和6个代表。除前一任主席外，其他成员都任期3年。理事会在世界代表大会休会期间代表其工作。

理事会每年在巴黎召开两次会议，对技术和行政事项进行检查，特别是项目的进展情况和提交世界代表大会的预算执行情况。

1.2.3 总部

OIE总部位于巴黎，由总干事领导。总部贯彻执行和协调世界代表大会通过的信息、技术合作与科技活动；承担世界代表大会、理事会以及OIE组织的技术会议的秘书工作，并为地区和专业会议的秘书处提供帮助。

OIE总干事由世界代表大会代表以无记名投票方式选举产生，任期5年。目前，OIE总干事由来自法国的Bernard Vallat博士担任。2000年5月，Bernard Vallat当选为OIE总干事，并分别在2005年和2010年获得连任。

1.2.4 地区委员会

OIE建立了非洲（Africa），美洲（Americas），亚洲、远东和大洋洲（Asia，Far East and Oceania），欧洲（Europe）和中东（Middle East）五个地区（区域）委员会（Regional Commissions）。

地区委员会每两年组织一次会议，以探讨动物疫病控制方面的技术问题和地区合作。

此外，OIE还设立了非洲（巴马科，马里）、美洲（布宜诺斯艾利斯，阿根廷）、亚太（东京，日本）、东欧（索菲亚，保加利亚）和中东（贝鲁特，黎巴嫩）地区代表处，并设立了南非（哈博罗内，博茨瓦纳）、北非（突尼斯市，突尼斯）、东非和非洲角（内罗毕，肯尼亚）、中美洲（巴拿马城，巴拿马）、东南亚（曼谷，泰国）和布鲁塞尔（布鲁塞尔，比利时）6个次区域代表处。

1.2.5 专业委员会

OIE专业委员会是利用科学信息，研究动物疾病的流行病学和防控问题，制定和修订 OIE 国际标准，处理成员提出的科学和技术问题。OIE 专业委员会的所有报告都在网上发布，包括 OIE 相关的工作组和专业组的报告。

1.2.5.1 陆生动物卫生标准委员会

陆生动物卫生标准委员会（陆生法典委员会）成立于 1960 年，确保《陆生动物卫生法典》中推荐的方法能够在国际贸易保护和动物疾病与人畜共患病的监测方法等方面反映最新科学信息。该委员会和国际著名专家合作起草动物卫生法典中的新内容，并随着兽医科学的进步修订已有内容。

委员会成员由世界代表大会选举产生，任期 3 年。

1.2.5.2 动物疫病科学委员会

动物疾病科学委员会（科学委员会）成立于 1946 年，负责协助制定动物疫病防控的适当策略和措施，同时还承担成员申请国际无疫认证的评估工作。

委员会成员由世界代表大会选举产生，任期 3 年。

1.2.5.3 生物标准委员会

生物标准委员会（实验室委员会）成立于 1949 年，任务是组织制定和改进动物（哺乳动物、禽和蜂）疫病的诊断方法，以及控制这些疫病的生物制品如疫苗的质量标准。委员会组织编撰《陆生动物诊断试验和疫苗手册》，负责遴选 OIE 陆生动物疫病参考实验室，改善标准诊断试剂的准备和分发。

委员会成员由世界代表大会选举产生，任期 3 年。

1.2.5.4 水生动物卫生标准委员会

水生动物卫生标准委员会（水生动物委员会）成立于 1960 年，任务是收集所有鱼、软体动物和甲壳类动物疾病及疾病控制方面的信息。该委员会还编撰《水生动物卫生法典》及《水生动物疫病诊断试验手册》。该委员会也组织水产方面重要主题的科学会议。

委员会成员由世界代表大会选举产生，任期 3 年。

1.3 主要职责和任务

OIE 是政府间动物卫生组织，是关于动物卫生和人畜共患病、动物源性食品安全、动物福利、疫病诊断和控制科学标准的参考机构以及国际贸易中动物卫生状况和卫生安全评估机构，其职责是改善全球的动物卫生、兽医公共卫生以及动物福利状况，工作范围涉及兽医管理体制、动物疫病防控、兽医公共卫生、动物产品安全和动物福利等多个领域，主要任务有：

第一，收集、分析和发布动物卫生信息，实现动物疫情透明化；

第二，在世界贸易组织（WTO）《SPS协定》框架下制定动物及其产品的贸易规则，促进动物及其产品安全贸易；

第三，协调各国动物疫病防控活动，提供动物疫病预防、控制和扑灭措施的科学建议，制定动物福利标准和指导原则，提高动物源性食品安全和动物福利，提供特定动物疫病状况评估的服务；同时，在应对环境和气候变化对动物卫生和福利影响方面提供专业技术；

第四，帮助各国提高兽医立法和兽医体系服务水平，提高成员参与制定和应用动物卫生、人兽共患病、动物源性食品安全、动物福利方面的国际标准和导则的能力；

第五，参与动物卫生、兽医公共卫生和动物福利方面的政策制定、教育、研究和管理。

1.4 OIE 主要标准

OIE的出版物主要包括：《疫情信息》、《公报》、《世界动物卫生状况》、《陆生动物卫生法典》、《陆生动物诊断试验和疫苗手册》、《水生动物卫生法典》、《水生动物诊断试验和疫苗手册》和《科学技术评论》等，一般均有英语、法语和西班牙语版本。这些出版物大致可以划分为疫病信息、国际标准和技术研究进展3类，其中最主要的是OIE的国际标准，包括在《陆生动物卫生法典》、《陆生动物诊断试验和疫苗手册》、《水生动物卫生法典》和《水生动物诊断试验手册》4个标准出版物中。

1.4.1 《陆生动物卫生法典》

《陆生动物卫生法典》由OIE陆生动物卫生标准委员会制定，1968年出版第一版，随着兽医科学的发展不断进行修订，2010年出版了第19版。

《陆生动物卫生法典》规定了进口国和出口国兽医当局应采用的卫生措施来避免动物或人类病原体的传播，保证陆生动物及其产品的国际贸易卫生安全。《陆生动物卫生法典》是兽医当局、进口/出口国、流行病学专家和在国际贸易中涉及所有环节的重要参考文件，其中的措施是OIE成员兽医当局一致通过的措施，同时也是被WTO/SPS协议所采纳作为动物卫生和人兽共患病的国际标准。

2008 年起，《陆生动物卫生法典》修订后分为两卷。第一卷是适用于多种动物、生产部门和/或疾病的通用标准（横向标准）；第二卷是针对特定疾病的标准（纵向标准）。

1.4.2 《水生动物卫生法典》

《水生动物卫生法典》由 OIE 水生动物卫生标准委员会制定，1995 年出版第一版，2010 年出版了第 13 版。

《水生动物卫生法典》用以指导兽医当局制定适用于水生动物及其产品的进口和出口的动物卫生措施，保证水生动物及其产品国际贸易的卫生安全，避免病原体通过进出口贸易传播。《水生动物卫生法典》虽然分为 11 个部分，但与《陆生动物卫生法典》的内容基本一致，第 1～7 部分也是一些通用规则，第 8～11 部分则是针对特定水生动物疾病的标准。

1.4.3 《陆生动物诊断试验和疫苗手册》

《陆生动物诊断试验和疫苗手册》由 OIE 生物标准委员会编撰，1989 年首次出版，每 4 年修订一次，最新版本是 2008 年出版的第 6 版。《陆生动物诊断试验和疫苗手册》提供了国际认可的动物疫病实验室诊断方法以及疫苗和其他生物制品的生产及质量要求，是 WTO/SPS 协议认可的国际标准。

《陆生动物诊断试验和疫苗手册》（2008）分为 3 大部分：第一部分是总论，包括兽医实验室诊断技术人员应掌握的一系列基本内容，主要有诊断样本的采集和运送、兽医微生物实验室和动物设施的生物安全、兽医检测实验室的质量管理、传染病诊断试验验证原则、传染病诊断中所用的聚合酶链式反应方法的验证和质量控制、细菌耐药性易感性检测的实验室方法、传染病诊断和疫苗开发中的生物技术、兽用疫苗生产的原理、污染的生物材料灭菌的检验、疫苗库的国际标准、兽用生物制品国际法中官方机构的职责等方面的内容；第二部分为具体疫病的诊断方法和疫苗质量控制原则，对 106 种陆生动物疾病的诊断方法和疫苗质量作了明确规定；第三部分是 OIE 参考实验室的名录和专家。

1.4.4 《水生动物诊断试验手册》

《水生动物诊断试验手册》由 OIE 水生动物卫生标准委员会编撰制定，

1995 年首次出版，最新版本是 2009 年出版的第 6 版。《水生动物诊断试验手册》规定了《水生动物卫生法典》所列水生动物疾病的诊断技术，并列出了 OIE 水生动物疾病参考实验室。

《水生动物诊断试验手册》（第 6 版）包括 3 部分内容。第一部分为总论，主要有兽医检测实验室的质量管理、传染病诊断试验验证原则和方法、水生动物养殖设施的消毒方法等；第二部分为具体疫病的诊断方法和疫苗质量控制原则，对 25 种水生动物疾病的疾病信息（如病原、宿主、疾病模式及其预防和控制等）、采样技术和诊断方法等作了明确规定；第三部分是 OIE 参考实验室的名录和专家。

1.5 成员的权利和义务

权利主要有：第一，参与 OIE 世界代表大会（原国际委员会）全体会议，并有投票权；参与 OIE 组织的科学会议以及地区性活动；第二，对于世界范围内的动物卫生变化状况，成员可优先直接获得通知，获得所有的 OIE 出版物；第三，获得科学和技术信息，特别是 OIE 地区委员会、专业委员会、工作组和专门工作组、协作中心和参考实验室等的报告以及专家帮助；第四，参与制定与动物和动物产品国际贸易相关的卫生标准。

义务主要有：一是按照 OIE 要求，及时向 OIE 通报其动物卫生信息；二是及时缴纳年费。

1.6 我国参与 OIE 情况

2007 年 5 月，OIE 第 75 届世界代表大会通过第 20 号决议确认坚持一个中国政策，中华人民共和国作为主权国家加入 OIE，台湾以非主权地区成员身份参与 OIE 活动，称谓仅限于“中国台湾”（Chinese Taipei）。中国农业科学院兰州兽医研究所口蹄疫参考实验室、哈尔滨兽医研究所马传染性贫血实验室、中国水产科学研究院黄海水产研究所对虾白斑病实验室和传染性皮下与造血组织坏死症实验室，深圳出入境检验检疫局鲤春病毒血症实验室指定为 OIE 参考实验室。2008 年 5 月，OIE 第 76 届世界代表大会上选举我国的 OIE 代表、时任农业部兽医局副局长张仲秋为亚洲、远东及大洋洲地区委员会副主席，认可我国国家禽流感参考实验室为 OIE 禽流感参考实验室，认可我国为无牛瘟国家。2009 年 12 月，我国成功承办了 OIE 第 26 届亚洲太平洋地区委员会会议。2011 年第 79 届世界代表大会认可我国为无牛肺疫国家。

2 世界贸易组织（WTO）

2.1 成立背景及发展简史

世界贸易组织（World Trade Organization，简称 WTO）是一个独立于联合国的永久性国际组织，负责管理世界经济和贸易秩序，1995 年 1 月 1 日正式成立，总部设在瑞士日内瓦。世界贸易组织的前身是 1947 年订立的关税和贸易总协定（GATT）。与 GATT 相比，WTO 涵盖货物贸易、服务贸易以及知识产权贸易，而 GATT 只适用于商品货物贸易。世界贸易组织与世界银行、国际货币基金组织一起，并称为当今世界经济体制的“三大支柱”。

建立世界贸易组织的设想是在 1944 年 7 月举行的布雷顿森林会议上提出的，当时设想在成立世界银行和国际货币基金组织的同时，成立一个国际性贸易组织，从而使它们成为第二次世界大战后左右世界经济的“货币—金融—贸易”三位一体的机构。1947 年联合国贸易及就业会议签署的《哈瓦那宪章》同意成立世贸组织，但未能成立。同年，美国发起拟订了关贸总协定，作为推行贸易自由化的临时契约。1986 年关贸总协定乌拉圭回合谈判启动后，欧共体和加拿大于 1990 年分别正式提出成立世贸组织的议案，1994 年 4 月在摩洛哥马拉喀什举行的关贸总协定部长级会议正式决定成立世界贸易组织。

世界贸易组织设立的机构包括：部长级会议、总理事会、专门委员会、秘书处和总干事（图 2-1）。其中部长级会议是最高决策权力机构，由所有成员主管外经贸的部长、副部长级官员或其全权代表组成，一般两年举行一次会议，讨论和决定涉及世贸组织职能的所有重要问题，并采取行动。

1995 年 7 月 11 日，世贸组织总理事会会议决定接纳中国为该组织的观察员。2001 年 12 月 11 日，中国正式加入世界贸易组织，成为其第 143 个成员。

目前，世界贸易组织分四类：发达成员、发展中成员、转轨经济体成员和最不发达成员。截至 2008 年 7 月，世界贸易组织的正式成员增加到 153 个。

世界贸易组织的官方网站为：http：//www. wto. org

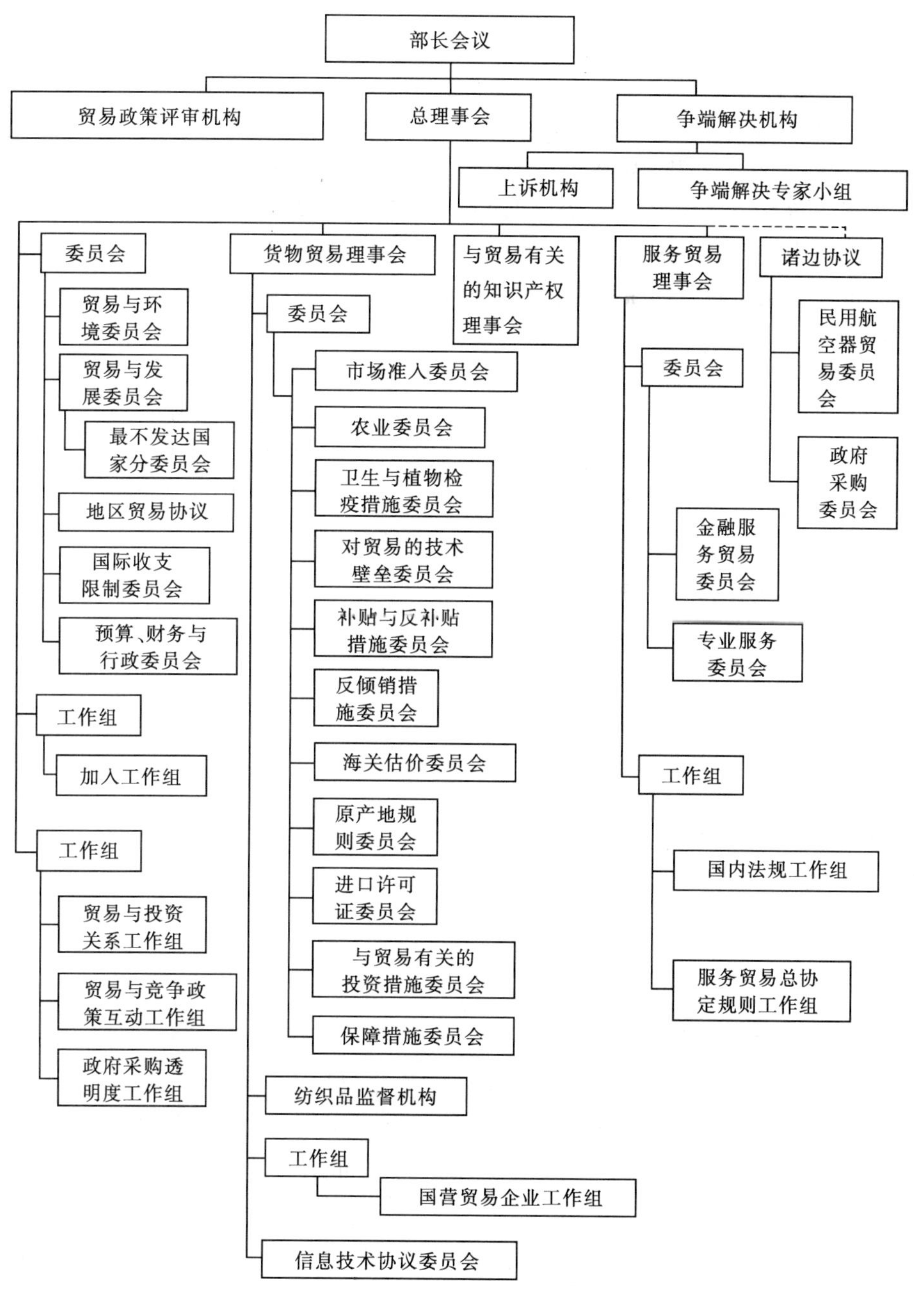

图2-1 WTO组织结构图

2.2 主要职责和任务

WTO是世界上最大的多边贸易组织，是负责监督成员经济体之间各种贸易协议执行的一个国际组织。主要职能是：组织实施各项贸易协定；为各成员提供多边贸易谈判场所，并为多边谈判结果提供框架；通过制定和实施《实施动植物卫生检疫措施的协议》（简称SPS协议），解决成员间发生的贸易争端；对各成员的贸易政策与法规进行定期审议；协调与国际货币基金组织、世界银行的关系，提供技术支持和培训。

在动物卫生方面，WTO主要依据SPS协议有关规定，采用OIE制定的动物及动物产品相关贸易规则，保护动物及其产品的安全贸易。SPS协议规定，OIE关于动物卫生和人兽共患病的标准、准则和建议视为WTO框架下的国际标准；各成员的检疫措施应根据现有的国际标准、准则或建议制定；凡符合国际标准、准则和建议的国际动物卫生措施就应视为是保护人类及动物生命和健康所必需的，是符合SPS协议的。

3　联合国粮食和农业组织（FAO）

3.1　成立背景及发展简史

联合国粮食及农业组织（Food and Agriculture Organization of the United Nations，缩写为FAO）是在美国前总统罗斯福倡议下于1945年10月16日在加拿大魁北克成立的，1946年12月成为联合国系统内的一个专门机构。FAO总部设在意大利罗马（1951年由美国华盛顿迁往意大利罗马），目前共有189个成员（国）和1个成员组织（欧盟）。

FAO的最高权力机构为全体成员大会，常设机构为理事会，执行机构为秘书处，其行政首脑为总干事。秘书处下设总干事办公室和7个经济技术事务部，分别为农业及消费者保护部、经济及社会发展部、渔业及水产养殖部、林业部、人力财政及物质资源部、知识及交流部、自然资源管理和环境部以及技术合作部。

FAO与动物卫生有关的工作由农业和消费者保护部下属的动物卫生及生产司负责。动物卫生及生产司由办公室（AGAD）、动物卫生处（AGAH）、动物生产处（AGAP）、畜牧行业信息分析和政策处（AGAL）组成，同时还设有亚太区家畜生产及卫生理事会（APHCA）、欧洲口蹄疫防治理事会（EUFMD），以及拉丁美洲和加勒比畜牧发展理事会等三个法定机构。

中国是FAO的创始成员之一。1983年1月，FAO在北京设立驻华代表处。

联合国粮食及农业组织的官方网站为：http：//www. fao. org/

3.2　主要职责和任务

联合国粮食及农业组织的宗旨是通过加强世界各国和国际社会的行动，提高人民的营养和生活水平，改进粮农产品的生产及分配效率，改善农村人口的生活状况，促进农村经济的发展，并最终消除饥饿和贫困。

联合国粮食及农业组织的业务范围相当广泛，涉及农、林、牧、渔生产、科技、政策及经济各方面，其主要职能包括：搜集、整理、分析并向世界各国传播有关粮农生产和贸易的信息；向成员提供技术援助；动员国际社会进行农业投资，并利用其技术优势执行国际开发和金融机构的农业发展项目；向成员提供粮农政策和计划的咨询服务；讨论国际粮农领域的重大问题，制定有关国际行为准则和法规，加强成员之间的磋商与合作。

在动物卫生领域，FAO的目标是推动全球畜牧业的快速发展，给消费者提供干净和安全的动物产品。其主要职能包括制定动物疫病防控的国际战略和政策措施、提供技术和信息支持两个大的方面。

动物卫生及生产司是FAO负责动物卫生领域工作的主要机构，负责管理FAO关于动物生产、动物卫生及相关信息方面的项目及政策工作。FAO在动物卫生领域的工作多数是以项目形式来开展的，主要解决动物生产、动物卫生和动物福利等方面的技术、信息、政策、国际战略和制度等问题，包括监测动物疫病的发生和影响，制定和协调有效预防和逐步控制重大动物疫病的战略、政策和规则等，保护动物和公众健康等。

4 食品法典委员会（CAC）

4.1 成立背景及发展简史

国际食品法典委员会（Codex Alimentarius Commission，缩写为 CAC）是由联合国粮农组织（FAO）和世界卫生组织（WHO）共同建立，以保障消费者的健康和确保食品贸易公平为宗旨的一个制定国际食品标准的政府间组织。

全球经济一体化发展以及人们对食品安全问题的日益重视，使得全世界食品生产者、安全管理者和消费者越来越认识到建立全球统一的食品标准是公平的食品贸易、各国制定和执行有关法规的基础，也是维护和增加消费者信任的重要保证。正是在这样的一个大的背景下，1962 年，FAO/WHO 联合食品标准会议召开，决定成立国际食品法典委员会（CAC），共同制定食品法典。1963 年 5 月，世界卫生大会第 16 次会议批准通过了食品法典委员会章程，标志 CAC 正式成立。

CAC 下设秘书处、执行委员会、6 个地区协调委员会、21 个专业委员会（包括 10 个综合主题委员会、11 个商品委员会）和 3 个政府间特别工作组。CAC 工作由秘书处总体协调，每两年在罗马或日内瓦举行一次会议；具体工作由成员组成的委员会开展，共有三类委员会，即综合委员会、商品委员会和区域协调委员会。

目前，CAC 共有 173 个成员（国）和 1 个成员组织（欧盟），覆盖全球 99%的人口。

CAC 的官方网站为：http：//www. codexalimentarius. net

4.2 主要职责和任务

CAC 是 WTO/SPS 协定中指定的 SPS 领域的协调组织之一，负责协调各成员在食品安全领域中的技术法规、标准的制定工作。CAC 通过制定建立具有科学基础的食品标准、生产规范和其他准则，以促进消费者保护及食品贸易。CAC 的主要职能如下：

第一，保护消费者健康和确保公正的食品贸易；

第二，促进国际组织、政府和非政府机构在制定食品标准方面的协调一致；

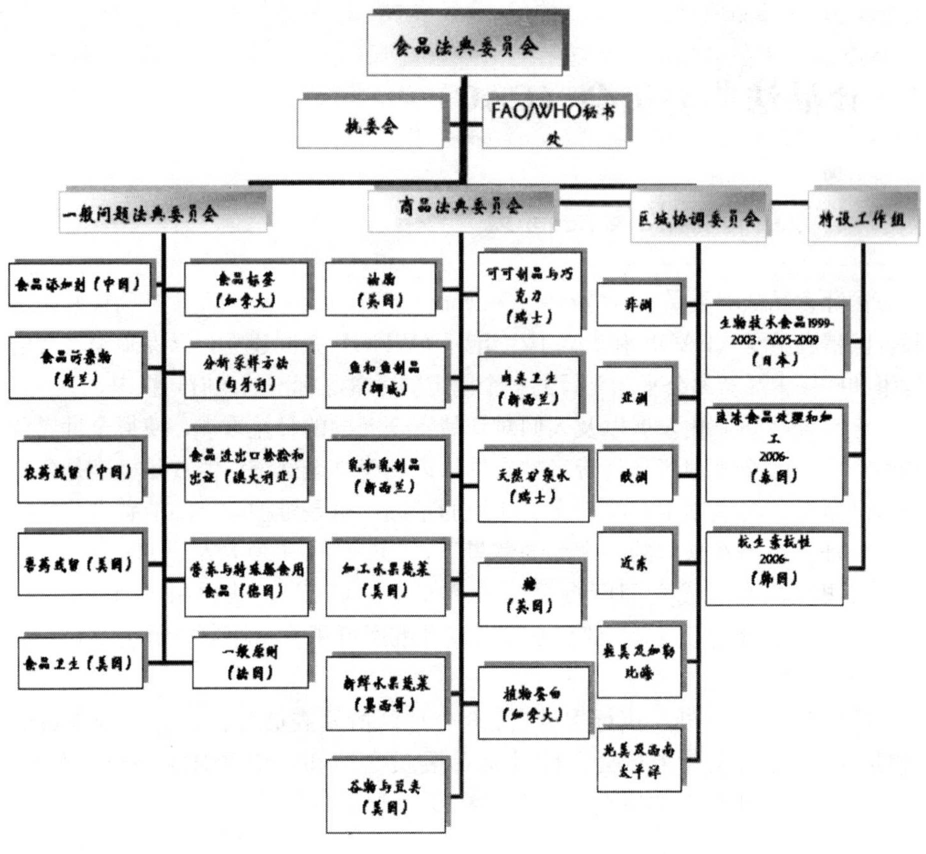

图 4-1 CAC 组织机构图

第三，通过或与适宜的组织一起决定、发起和指导食品标准的制定工作；

第四，解决将那些由其他组织制定的国际标准纳入 CAC 标准体系；

第五，修订已出版的标准。

4.3 CAC 标准体系

CAC 食品法典是食品标准发展过程中唯一的和最重要的国际参照标准，成为实施卫生与植物卫生措施协定（SPS）和技术性贸易壁垒协定（TBT）鼓励采用的国际食品标准。

CAC 食品法典以统一的形式提出并汇集了国际已采用的全部食品标准，分为商品标准、技术规范、限量标准、分析与取样方法、一般导则及指南 5 大类，主要涉及农药、兽药残留物及污染物限量标准；添加剂标准；辐射污染标准；感官、品质检验标准；检验、分析方法；取制样技术、设备、标准；检验数据的处理准则；安全卫生管理指南等十几个方面。CAC 标准共分 14 卷，包含了 8 000 余个食品标准，与动物卫生相关的主要是第 3 卷（兽药残留限量）、第 9 卷（鱼和鱼制品）、第 10 卷（肉和肉制品）、第 12 卷（奶和奶制品）。

表 4－1　食品法典内容

卷	内　容
卷 1A	总要求
卷 1B	总要求（食品卫生）
卷 2A	食品杀虫剂残留（总正文）
卷 2B	食品杀虫剂残留（最高限量）
卷 3	食品兽药残留
卷 4	特殊用途食品
卷 5A	已加工及速冻水果蔬菜
卷 5B	新鲜水果蔬菜
卷 6	果汁
卷 7	谷物，豆类和植物蛋白
卷 8	油脂及相关制品
卷 9	鱼和鱼制品
卷 10	肉和肉制品；汤和肉汤
卷 11	糖，可可制品和巧克力和混杂食品
卷 12	奶和奶制品
卷 13	分析方法和采样
卷 14	验收

食品法典除了各种商品标准、限量标准、分析和取样标准、程序性标准以外，还包括良好的生产工艺（规范）、良好农业规范（GAP）、良好的兽医控制规范（GVP）、良好的操作规范（GMP）、良好的实验室规范（GLP）等。

4.4　中国参与 CAC 情况

1984 年中国正式成为 CAC 成员，并由农业部和卫生部联合成立中国食品法典协调小组，秘书处设在卫生部，负责中国食品法典国内协调；联络点设在农业部，负责与CAC相关的联络工作。1999年6月新的CAC协调小组由农业部、卫生部、国家质量技术监督检验检疫总局等10家成员单位组成。2006年7月在瑞士日内瓦举行的第29届CAC大会上我国申请作为农药残留委员会和食品添加剂委员会主席国获得批准，成为这两个委员会新任主席国。根据程序手册的规定，我国设立了农药残留委员会秘书处和食品添加剂委员会秘书处，农药残留委员会秘书处设在农业部农药检定所，食品添加剂委员会设在中国疾病预防控制中心营养与食品安全所。

5 禁止生物武器公约（BTWC）

5.1 《禁止生物武器公约》的产生和发展

生物武器是利用细菌、病毒等致病微生物以及各种毒素和其他生物活性物质来杀伤人、畜和毁坏农作物，以达到战争目的的一类武器。生物武器主要有致病菌、病毒、立克次体、衣原体和真菌、毒素和基因重组致病菌（如转基因流感病毒）等几类。生物武器具有致病力强、传染性大、杀伤范围广、危害时间长、传染途径多、较难发现和防治等特点。因此，禁止生物武器在全球的扩散是国际社会面临的重大挑战之一。

1971 年 9 月 28 日，美国、英国、苏联等 12 个国家向第 26 届联大联合提出了《禁止细菌（生物）及毒素武器的发展、生产及储存以及销毁这类武器的公约》［The Convention on the Prohibition of the Development，Production and Stockpiling of Bacteriological（Biological）and Toxin Weapons］（简称《禁止生物武器公约》）［Biological and Toxin Weapons Convention（BTWC）］草案；1972 年 4 月 10 日分别在华盛顿、伦敦和莫斯科签署；1975 年 3 月 26 日《禁止生物武器公约》生效。各国在自愿的基础上遵守该公约。截止到 2009 年 12 月，已有 163 个缔约国。5 年举行一次公约审议大会，公约签字国曾于 1980 年、1986 年、1991 年、1996 年、2001 年和 2006 年就该公约举行过六次审议会议。

2007 年 8 月 23 日，在瑞士日内瓦成立了联合国《禁止生物武器公约》执行协助机构，专门负责公约的执行和实施。主要工作任务包括推动公约缔约国之间以及缔约国与学术研究机构和非政府组织之间的交流，为缔约国提供行政支持，促使缔约国全面履行禁止生物武器的承诺，并敦促尚未加入公约的国家尽早成为其成员。《禁止生物武器公约》执行协助机构只有三名工作人员，工作以促进和协调成员加强自身对于生物武器的控制为主。公约对于禁止和销毁生物武器、防止生物武器扩散发挥了不可替代的重要作用。

禁止生物武器公约的网址为：http：//www. opbw. org/

5.2 《禁止生物武器公约》的主要内容

《禁止生物武器公约》共15条，主要内容是：缔约国在任何情况下不发展、不生产、不储存、不获取除和平用途外的微生物制剂、毒素及其武器；也不协助、鼓励或引导他国获取这类制剂、毒素及其武器；缔约国在公约生效后9个月内销毁一切这类制剂、毒素及其武器；缔约国可向联合国安理会控诉其他国家违反该公约的行为。

5.3 我国履行《禁止生物武器公约》情况

我国于1984年11月15日加入《禁止生物武器公约》。作为缔约国之一，中国一贯主张全面禁止和彻底销毁包括生物武器在内的一切大规模杀伤性武器，坚决反对这类武器的扩散；高度重视并积极致力于《禁止生物武器公约》的全面、有效实施，不断完善国家履约能力。

第一，建立健全履约立法，确保严格执法。中国政府颁布和实施了一系列法律法规，内容涵盖《公约》禁止条款、出口管制、生物安全及安全保卫、公共卫生、传染病监控等领域，形成了较为完备的履约法律体系，并不断加以完善和更新。

第二，建立职能明确、协调有效的国家履约机制。中国建立了由外交部、国防部、农业部、卫生部、商务部、海关总署等相关政府主管机构组成的履约机制。

第三，采取有效措施，提高履约能力。中国不断完善人及动物疫情监测和应急机制，加强生物武器及其技术的出口管制，强化对致病微生物和毒素的安全防护和有效管理，同时加强履约法律法规的宣传和普及。

第四，积极参与加强公约有效性的多边进程。中国积极参加历届缔约国年会和专家组会议，提交建立信任措施宣传资料，加强与各方的沟通和合作，努力推动增强公约有效性。

6 世界兽医协会（WVA）

6.1 成立背景及发展简史

世界兽医协会（World Veterinary Association，缩写为 WVA）是非政治、非宗教和非盈利的由国家和专业兽医协会以及与兽医行业有关的其他组织组成的组织。世界兽医协会由会长会议、理事会、执行委员会、秘书处、管理委员会和技术委员会组成，成员包括国家兽医协会、国际兽医行业协会和个人会员。会长会议是 WVA 的最高机构，每 3 年召开一次世界兽医大会。

世界兽医协会成立于 1959 年，但其起源可追溯到 19 世纪 60 年代。1863 年 4 月，爱丁堡兽医学院的 John Gnalgee 教授倡导欧洲所有兽医在德国汉堡召开了以讨论防控动物疾病体系为主题的会议（称为“第一届世界兽医大会”）；1906 年，在匈牙利布达佩斯召开的第八届世界兽医大会上成立了兽医协会永久委员会；1953 年，在瑞典的斯德哥尔摩召开的第 15 届兽医大会上决定成立“世界兽医协会”；1959 年，在西班牙马德里召开的 16 届兽医大会上，通过兽医协会的章程，正式成立“世界兽医协会”代替永久委员会。1996 年 WVA 鉴于时代的发展和各成员的要求进行了机构改革，使 WVA 的运作更加完善。

世界兽医协会的成员有国家成员、观察成员、协会成员（Associate members）、荣誉成员、附属成员（Affiliated members）和个人成员六类。目前，WVA 共有 70 个国家会员、10 个附属会员和 1 个非正式会员。

2001 年，世界兽医协会庆祝了第一个世界兽医日，并确定每年 4 月的最后一个周六为世界兽医日。

世界兽医协会的官方网站为：http：//www. worldvet. org/

6.2 主要职责和任务

世界兽医协会的职责和任务是服务于兽医从业者、兽医医学和兽医科学，维护其权利、标准和能力，服务国际社会，促进动物、人类的卫生和福利以及环境保护。

世界兽医协会的工作目标：保持其代表兽医从业者在世界上唯一认可的国

际地位；制定有利于公共利益的、相关兽医行业和兽医科学的政策等。

目前，WVA已经与OIE、FAO和WHO等相关国际组织建立了紧密的合作关系。2002年，WVA和OIE达成官方协议，双方互邀参加会议，交流信息和文件，在动物卫生和动物福利、动物疫病控制和消灭、食品安全等领域加强合作。

表6－1 WVA和OIE协议中双方共同关注的问题

兽医行业的作用和功能，包括教育标准和认证
兽医行业在动物卫生和福利方面的作用和职责
临床上的"非官方"兽医人员与"官方"兽医机构之间的关系
兽医组织于官方兽医机构之间的关系
动物疫病控制和消灭
食品安全和卫生
兽医和医疗行业之间开展对话，寻找共同关注的领域，特别是人兽共患病和公共卫生问题
技术人员和兼职兽医认证的国际指导原则
政府兽医机构私有化
兽医理事会、议长会议管理兽医行业
政府和临床兽医机构的质量管理标准和核查

6.3 世界兽医协会制定的规范和相关标准

作为全球性协会，世界兽医协会规定了兽医职业道德规范、行为规范和兽医教育标准，这些规范和标准是各国兽医协会制定兽医职业道德规范、行为规范和兽医教育标准的参考。

7 国际动物保健联盟（IFAH）

7.1 机构简介

国际动物保健联盟（The International Federation for Animal Health，简称 IFAH）是代表全球兽药、疫苗和其他动物保健产品生产者的非赢利性国际机构，注册于 2002 年，总部位于比利时的布鲁塞尔。目前 IFAH 有 11 家动物保健公司为其企业会员，有 26 个国家/地区的动物保健组织为其协会会员。目前，我国还未有企业或组织加入国际动物保健联盟。

国际动物保健联盟的主要的管理机构为董事会，具体工作由秘书处负责。董事会由所有国际动保联盟成员公司的首席执行官及来自各地区［澳大利亚/新西兰、欧洲、北美洲、南/中美洲、东南亚—亚洲动物健康协会（AAHA）、日本］协会的代表组成。秘书处包括执行董事、技术部、交流部、行政和 IT 部以及外部支持部等几个部门。协会的日常管理工作由执行董事负责。国际动物保健联盟会员大会每年召开一次。

国际动物保健联盟的网站为：http：//www.ifahsec.org/

7.2 主要职责和任务

国际动物保健联盟的职责是促进对动物保健行业了解，培育和提升预见性和科学性的监管环境，以便为竞争激烈的市场提供创新的高质量的动物保健产品。为完成此职责，国际动物保健联盟的具体工作任务包括：一是代表动物保健行业与 OIE、FAO、WHO、CAC、WTO 和其他对动物保健行业有重要影响的国际组织进行对话；二是鼓励和支持制定预见性和科学性的管理程序和标准；三是在处理涉及政府、食品业界伙伴及消费者事宜时，代表行业发出统一的全球性呼声；四是开展动物保健产品管理方面的法规、指南的国际协调与合作。

8　国际生物制品协会（IABs）

8.1　简介

国际生物制品协会（International Association for Biologicals，缩写 IABs）是一个独立的、非营利性的科学机构，1955 年成立于法国里昂。成立该协会的目的是提高人及兽用生物产品的质量，并加强生物制品的研究、开发、生产、标化及立法。

IABs 是国际微生物学会联盟（International Union of Microbiological Societies，IUMS）的分支机构，目前已拥有 350 多个成员组织遍布 50 多个国家。其总部位于瑞士日内瓦，为 WHO 所承认的咨询单位，并与国际制药公会联盟（IFPMA；International Federation of Pharmaceutical Manufacturers & Associations）、世界动物卫生组织（OIE）有官方合作。IABs 成员每 2 年对其理事会进行一次选举。理事会负责确定要在 IABs 大会上讨论的当前生物制品领域关注的议题。IABs 下设有多个科技委员会，负责促进制造商、研究人员及法规部门人员之间关于生物制品管理、标准论及效价等议题的沟通。

国际生物制品协会的官方网站为：http：//www. iabs. org/

8.2　主要职责和任务

国际生物制品协会的主要职责是为了提高对生物制品领域的兴趣、理解及相关教育，通过组织独特的论坛来讨论人及兽药生物制品研究、开发、生产及立法领域的重大科学问题。

国际生物制品协会的任务包括：一是为医药及其他卫生保健方面的专家、学者提供一个独特的论坛；二是为临床及基础科学研究者、生物制品开发者、公共卫生专家、生产商及立法者提供一个交流的平台；三是使卫生保健专家了解生物制品发明、开发及立法方面的知识；四是促进生物药品行业、公共卫生组织、立法机构、学院医学及研究间协会的发展。

自 1965 年以来，IABs 已组织召开了百余次人及兽医药方面关注事宜的国际研讨会。IABs 出版物主要有《生物制剂》杂志、《IABs 时事通讯》以及会议论文集《生物制剂的发展》等。

9　世界兽医实验室诊断师协会（WAVLD）

9.1　简介

世界兽医实验室诊断师协会（World Association of Veterinary Laboratory Diagnosticians，缩写 WAVLD）正式成立于 1980 年。其成立过程如下：

1976 年，墨西哥的 Benjaman Jarra 博士访问了美国埃姆斯市国家动物疫病实验室，与 Vaughn Seat 博士等人谈论计划成立世界兽医实验室诊断师协会；

1977 年，在墨西哥帕洛阿尔托建立了新的兽医研究诊断实验室，同期计划召开 WAVLD 的组织会议；

1977 年，世界兽医实验室诊断师协会国际研讨会（ISWAVLD）第一次非正式会议在墨西哥瓜纳华托举行；

1980 年，在瑞士召开了 ISWAVLD 第二次会议，此次会议对世界兽医实验室诊断师协会（WAVLD）正式命名，Seaton installed 博士当选为第一任主席；

1983 年，在埃姆斯市召开的 ISWAVLD 第三次会议上通过了协会的规章及细则。

WAVLD 的网站为：http：//www. wavld. org/

9.2　主要职责和任务

WAVLD 的主要职责是通过促进世界各国的兽医诊断实验室具备高质量的实验室检测能力，来提高动物及人类的健康。其任务如下：一是在重要的教学研讨会上发布与动物疫病诊断相关的最新信息；二是鼓励各国建立兽医实验室诊断师协会；三是为希望建立并拥有最新技术水平兽医诊断实验室的国家提供咨询服务；四是支持全球范围内旨在增强人类及动物健康及福利的其他活动。

至今，WAVLD 已在世界各地召开过 14 次世界兽医实验室诊断师协会国际研讨会（ISWAVLD）。ISWAVLD 会议一般每 3 年召开一次，如地点定在北半球，则是 6 月份召开，如地点定在南半球，则 11 月份召开。每次会议大约有 500 人参会。会期为 2 天半至 3 天。

10　世界动物保护协会（WSPA）

10.1　简介

世界动物保护协会（World Society for the Protection of Animals，缩写WSPA）是ICVA（International Council of Voluntary Organization，国际自发性组织会议）成员中唯一的一个动物福利组织，是被联合国认可的、世界最大的国际动物福利组织。WSPA现已拥有900多个成员组织，遍布在150多个国家。其在世界范围内有13个办事处及众多的支持者。

WSPA的官方网站为：http：//www.wspa-international.org

10.2　WSPA动物福利的原则和标准

世界动物保护协会的工作职责是促使虐待动物的行为在全球得到终止，使世界各国高度关注动物福利，进而提高全世界的动物福利水平。

WSPA动物福利的总体原则也是与国际社会提倡的下列5项原则一致：

- 不渴不饿；
- 无不适；
- 无疼痛、损伤与疾病；
- 无恐惧、焦虑；
- 有表达正常行为的自由。

如果个体动物健康、无痛苦则可以说此动物的福利状态很好。

按照总体原则WSPA制定了关于农场动物、工作动物、伴侣动物、试验动物、基因操作和基因工程、野生动物、用于体育和娱乐的动物、海洋动物、皮毛和诱捕、自然资源保护等10个方面的具体福利政策。

目前，WSPA在动物福利领域里的工作重点主要是伴侣动物、野生动物的商品利用、农场动物的养殖运输以及灾害管理过程中的福利等四个方面。

第二部分

动物疫病的控制与消灭

11 动物疫病防控策略

动物疫病防控工作事关经济发展和公共安全。做好动物疫病防控工作，从农场（户）到国家和国际社会，均可获益并应负有相应的责任。农场（户）主要是制定实施防疫程序，国家主要是制定实施重大动物疫病防控计划，国际社会主要是制定全球重大动物疫病防控策略（图 11－1）。近年来，随着重大动物疾病导致的经济社会问题日益严重，国际社会高度关注兽医工作，联合国粮农组织（FAO）、世界动物卫生组织（OIE）、世界贸易组织（WTO）制定了一系列导则、标准、战略、计划、协议等，规划和规范全球重大动物疫病防控工作，形成了全球动物疫病防控策略。世界卫生组织（WHO）、亚太经合组织（APEC）等 40 余个国际组织陆续参与了国际动物疫病防控战略和规则的制定工作。全球动物疫病防控策略是各成员一致意见的体现，也是各成员动物疫病防控需要实施的最低卫生要求，是各国重大动物疫病防控工作的参考依据。

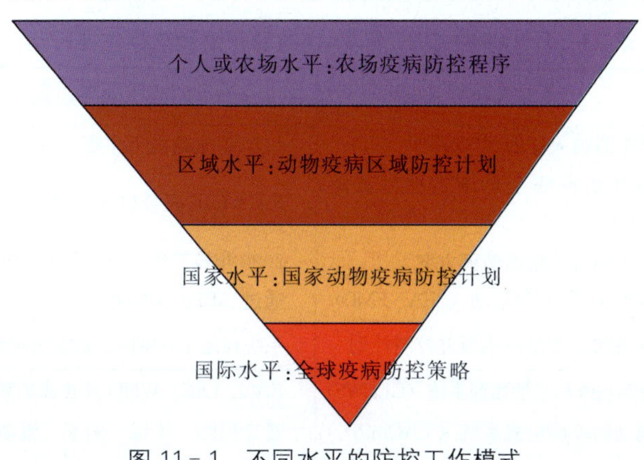

图 11－1 不同水平的防控工作模式

11.1 概述

本书第一部分已经提及，FAO 是全球重大动物疫病防控工作的引领机构（具体工作见表 11－1），WTO 是促进动物及其产品国际贸易安全的平台机构，OIE 是全球动物卫生状况的评估机构，也是 FAO 和 WTO 的技术咨询机构。归纳 FAO、OIE、WTO 在动物疫病防控领域的职责任务及其规范性文件，可以梳理出全球动物疫病的防控策略：

——提高跨境动物疫病的风险防范水平。WTO 制定的 SPS 协议提供了法律基础，OIE《国际动物卫生法典》规定了具体防范措施，以提高动物及其产品国际贸易安全水平。

——提高动物疫病监测预警能力。FAO、OIE 各自或联合制定了一系列疫病监测计划和规范，构建了信息交流平台，旨在提高成员重大动物疫病监测预警能力，为疫病风险防范、应急处置和控制消灭工作提供技术支持。

——提高突发重大疫情应急处置能力。FAO 制定了一系列应急预案，为各成员提供应急反应技术培训，旨在提高全球重大动物疫病应急处置能力，降低疫病扩散风险。

——有计划地推进全球重大动物疫病控制消灭工作。FAO 启动了一系列重大动物疫病区域或全球消灭计划，OIE 实施无疫评估和认证，逐步实现重大动物疫病控制消灭目标。

——完善动物防疫条件，改善动物福利，降低疫病发生风险。

——建立健全兽医系统质量保证体系。提高兽医体系工作能力，为做好各项工作奠定基础。

表 11－1　2006—2011 年 FAO 的动物疫病防控主要行动

工作领域	主要活动	备　注
控制消灭	全球牛瘟消灭计划（GREP）	2010 年全球消灭牛瘟
	跨境动物疫病全球渐进控制战略（GF－TADs）	FAO/OIE 联合启动，相关成员资助
	拉丁美洲古典猪瘟消灭方案	2020 年拉丁美洲和加勒比海地区消灭猪瘟
	东南亚口蹄疫控制运动（SEA－FMD）	通过 APHCA 协调
	全球高致病性禽流感渐进控制计划	系统描述了有疫国、新发国和无疫国的防控策略
监测预警	全球动物疫病早期预警系统（GLEWS）	FAO、OIE、WHO 及各成员紧急疫情信息共享
	跨境动物疫病信息系统（TADinfo）	建立国际—区域—国家三级动物疫情信息系统
	非洲动物流行病调查监测计划	通过 AU－IBAR 协调
	西非裂谷热监测计划	提高西非裂谷热发现能力
应急反应	跨境动物疫病应急中心（ECTAD）	为提高全球跨境动物疫病应急能力提供平台
	应急预案导则	牛瘟、牛肺疫、口蹄疫、裂谷热和非洲猪瘟应急预案
	国家禽流感风险防范工作手册	减轻人/禽流感发生和流行的政策和技术措施
	技术合作项目	为成员提供技术支持
	培训班	为成员首席兽医官（CVO）和高级兽医官提供应急管理专业培训

（续）

工作领域	主要活动	备　注
技术支持	建立 PPR、FMD、CBPP、RVF、CSF 和其他动物疫病参考实验室，以及 PCR、ELISA 诊断技术协作中心等	引领全球兽医诊断和疫苗生产技术

如果按照动物疫病防控工作的主体方向划分，跨境传播动物疫病的风险防范、突发病的应急处置、重大疫病的控制消灭可以作为重大动物疫病防控工作的三条主线（图 11－2）。完善动物防疫条件、改善动物福利、健全兽医质量保证体系、提高监测预警能力从属于以上三条工作主线中。从欧、美、澳、新等畜牧业发达国家来看，他们的动物疫病防控战略和全球战略框架是基本一致的，通常从三个方面入手：一是严把国门，防止外来疫情传入；二是快速扑灭国内突发疫情；三是稳步控制消灭（净化）国内常发疫情。三种策略并举，使他们收到了良好的疫病控制效果。

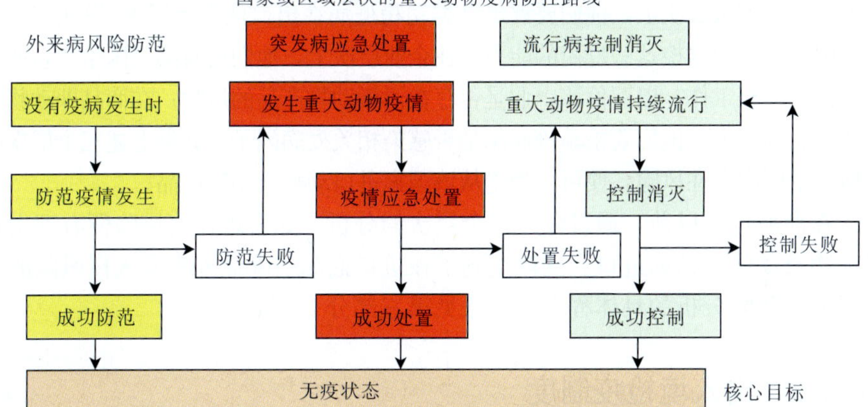

图 11－2　重大动物疫病预防与控制路线图

11.2　跨境动物疫病的风险防范

近年来，动物及动物产品的国际贸易量逐年上升，动物疫病跨国（境）传播风险随之加大。实施动物及动物产品进口风险评估和入境检疫制度，成为各国防范跨境动物疫病侵袭的重要手段。乌拉圭回合 WTO－SPS 协定形成后，一些国家甚至将这一措施作为抵御他国产品的技术壁垒措施。依据 WTO－SPS 协定以及 OIE《国际动物卫生法典》的规定，结合美国、澳大利亚、新西兰和欧盟成员国等国的实践，可以将跨境动物疫病的防范措施总结为三个方面：

11.2.1 进口前的风险评估制度

WTO－SPS 协议重申不阻止任何成员采取或实施为保护人类、动物或植物生命或健康所必需的措施。但同时又规定，各成员应确保制定的卫生措施，符合人类、动物、植物生命或健康实情，并运用有关国际组织的风险评估技术进行风险评估。作为畜牧业发达国家，美国、澳大利亚都非常重视风险分析工作，美国 CEAH 和澳大利亚农林渔业部都设有从事这些工作的专门工作组。欧盟进口动物及动物产品时，更是严格开展风险评估工作。

按照 OIE《陆生动物卫生法典》的规定，动物疫病风险评估工作主要涉及生物学因素、国家因素和商品因素三个方面。从欧盟相关动物卫生指令看，他们也基本是按照这些规定开展工作的。进口动物及动物产品时，他们首先考虑该种动物的易感疫病；确立动物疫病后，他们便对出口国的国家和商品因素开展评估工作。在国家层次上，他们要评价该类动物疫病在出口国的流行率/发病率，以及该国家控制和监控这些疫病的能力；在企业层次上，他们要对第三国生产企业进行严格的考察工作，以评价该企业是否存在污染动物产品的风险；在商品即动物和动物产品因素上，他们要检验该商品是否感染相关疫病因子。如果上述三个层次中任何一个层次存在风险，便可以拒绝从该国家进口动物及动物产品。

在商品进口以前，通过以上三个层次的分析，如发现任何风险便有理由拒绝动物及动物产品的进口。这就达到了在进口商品前降低外来病入侵风险的第一目的。风险分析的具体程序和方法见第三部分 18 章。

11.2.2 出入境检疫制度

OIE《陆生动物法典》详述了动物及其产品进出口程序。多数国家制定了相应的出入境检疫法律法规，如我国制定的《中华人民共和国进出境检疫法》。从防范疫情传入传出的角度看，除进出口前的风险评估制度外，出入境检疫程序还应考虑到三个环节。

（1）出境检疫 原产地兽医主管部门应确保相关动物及其产品符合以下条件：①动物饲养场所无规定的动物疫病，如果动物及其产品出口后 1 个潜伏期内出现疫情，应告知目的国和过境国；②动物及其产品按规定进行了消毒；③动物按规定进行了免疫接种或驱虫，并进行了必要的生物学检测；④在隔离场所或饲养场进行了隔离观察，隔离期内健康无病；⑤运输车辆必须进行专门设计，并经过严格清洗消毒，运输时不得接触其他易感动物；⑥动物及其产品装运前24h，官方兽医签发国际兽医证书（格式见图11－3），如必要，对动物再次作进行临床检疫。

马的国际动物卫生证书

<table>
<tr><td colspan="3">出口国：</td><td colspan="2">部：</td></tr>
<tr><td colspan="3">局：</td><td colspan="2">省或区等：</td></tr>
<tr><td colspan="5">Ⅰ．动物特征</td></tr>
<tr><td>品种</td><td>年龄</td><td>性别</td><td>品种</td><td>标识描述</td></tr>
<tr><td></td><td></td><td></td><td></td><td></td></tr>
<tr><td></td><td></td><td></td><td></td><td></td></tr>
<tr><td></td><td></td><td></td><td></td><td></td></tr>
<tr><td colspan="5">Ⅱ．动物来源</td></tr>
<tr><td colspan="2">出口者姓名和地址：</td><td colspan="3"></td></tr>
<tr><td colspan="2">动物产地：</td><td colspan="3"></td></tr>
<tr><td colspan="5">III．动物运达地</td></tr>
<tr><td colspan="2">运达国家：</td><td colspan="3"></td></tr>
<tr><td colspan="2">收货人姓名和地址：</td><td colspan="3"></td></tr>
<tr><td colspan="2">运输工具特性和标志：</td><td colspan="3"></td></tr>
<tr><td colspan="5">Ⅳ.健康信息</td></tr>
<tr><td colspan="5">官方兽医签名并证明上述动物在当日检查表明：
a）无疾病的临床症状；
b）满足以下条件：
官方印章：</td></tr>
<tr><td colspan="5">发证机关签注处</td></tr>
<tr><td colspan="2">兽医姓名和地址：</td><td colspan="3"></td></tr>
<tr><td colspan="2">签名：</td><td colspan="3"></td></tr>
</table>

图11－3　国际动物卫生证书格式

（2）过境检疫　过境国兽医当局通常适用以下条款：①要求出示国际兽医证书；②要求动物运载工具安装防止动物逃脱及排泄物泄漏的设施；③如过境的动物及其产品不是由封闭式运载工具装运，可由官方兽医对动物进行临床检查；④认为动物存在某种法定上报的传染病时，可拒绝过境，并采取适当措施。

（3）入境检疫　各国兽医当局应建立完善的边境检疫机构，确保设施完善，在指定边检机构对进境动物实施隔离检疫，进行临床观察和必要的生物学检测，证物不符时，可要求退回，或进行销毁处理；发现疫情时，可禁止进口，或进行销毁处理。

从实践情况看，发达国家对进境检疫的要求是非常高的，其中美国的出入境检疫制度值得深思。为避免牵扯过多精力，也为了使美国动物及动物产品顺利出口，美国对出口方面的卫生要求非常简单，也没有过多的条款规定，据简单统计，美国《联邦法典》有关动物及动物产品出口方面的规定只有 16 页，可以出口的空港和海港分设在 18 个州，共有 28 个港口。但美国对进口要求却非常严格，《联邦法典》中的有关卫生要求可就达到 200 页，相当于出口要求的 12 倍；除此之外，APHIS 还严格限制进口港的数量，并对进口港设施设备特别是隔离设施给予了严格要求。目前，在动物进口方面，只有洛杉矶、迈阿密、火奴鲁鲁和纽约 4 个港口符合进口活禽或活反刍动物的条件（图 11－4）。美国这一“严进宽出”的要求目的有三：一是设法简化出口程序，扩大出口数量；二是限制进口数量，维护本国利益；三是减少外来病发生。

美国有28个港口可以出口动物和动物产品（蓝点标记），但只有4个港口可以进口活动物（红点标记），其中仅有位于夏威夷群岛的火奴鲁鲁港口可以进口所有活动物，其他三个港口只能进口某种或某几种活动物（具体视各个港口的隔离检疫条件而定）。

图 11－4　美国出入境检疫站分布示意图

11.2.3　建立完善的进出口登记系统和追溯体系

建立进出口动物及动物产品的登记制度，对做好疫情追溯至关重要。如欧盟审批边境检查站时，登记系统是审批检查的一个重要方面，丹麦、葡萄牙等欧盟成员国发现牛海绵状脑病后，通过这一系统很快就查知患病牛来自英国，此后又通过追溯体系查到了所有进口牛的后裔。

在进口前实施风险评估、进口时实施严格检疫、进口后实施有效追溯是畜牧业发达国家普遍采取的进出境管理制度，也是其杜绝外来病的得力手段。几十年来，美国也从其他国家进口了不少的动物及动物产品，但却很少传入疫情。

11.3 重大动物疫情的应急反应

某些外来病、突发病及新发病暴发时，如果能够在最短时间内发现并予以扑灭，可大大降低损失，但如果因反应不及时而导致疫情扩散，损失往往是不可估量的。如英国 2001 年发生口蹄疫时，10 个月内直接损失为 27 亿英镑，影响到旅游业的 25 万个就业机会，旅游业损失 33 亿英镑，间接损失可达 200 亿英镑，相当于英国国内生产总值（GDP）的 2.5%。据英国农业部的一位首席科学家称，如果疫情继续蔓延下去，英国将失去 50%的牲畜。不仅英国的经济为此付出了沉重的代价，某种程度上还影响到英国政局的走向。与此相反，1998 年发生在澳大利亚的新城疫却因反应及时，疫情限制在局部范围内并很快恢复无疫状态，未给养禽业造成太大损失。另外，日本和韩国 2000 年发生的口蹄疫也都得到了很好的控制，关键在于他们具有良好的应急反应机制。

11.3.1 应急准备和保障

（1）设立应急反应组织机构 突发疫情应急反应能否快速有效实施，关键在于是否具有一个强有力的指挥机构。FAO 及有关方面制定的应急预案，明确要求设立跨部门协作的应急指挥机构，并建立部门间良好的沟通机制。除农业部门外，该应急机构一般要包括林业、公安、交通、军队、新闻等有关部门。

除应急指挥机构外，还要设立负责紧急动物疫病反应的专门组织，承担预案制修订及沟通联络等日常工作。如美国农业部 APHIS 专设了紧急动物疫病反应指挥部（EPS），具体负责紧急疫病扑灭工作。

（2）提高公众认知能力 加强宣传教育，提高公众特别是目标人群（如养殖户）对相关疫病的识别能力，是确保应急反应快速实施的基础环节。为了及时获取疫情信息，美国和澳大利亚都非常重视对公众尤其是养殖业主的宣传教育工作，他们印刷了大量的重大动物疫病“警示卡”（图 11－5），简要说明该病的危害、临床症状、报告方法以及热线电话等，力争使公众了解该病，一经怀疑发现此病，便可通过免费电话通知相关部门，这对于疫病的早期发现和应急反应是非常有益的。

(3) 制定应急反应方案 应急反应方案是动物疫情突发后的具体行动指南。不同动物疫病具有不同的流行病学特征，应急反应的措施也有所不同，因此必须针对相关疫病制定专门的应急反应方案。清晰规定具体的疫情调查、诊断、处置程序，以及不同人员的职责、联系方式等。确保得到疫情报告后，各项工作能够有条不紊地加以展开。

畜牧业发达国家十分注重应急方案的制定工作，欧盟30年前就已经开始制定紧急反应方案，如73/53/EEC、79/511/EEC、80/217/EEC、85/511/EEC等指令详细规定了新城疫、禽流感、古典猪瘟、非洲猪瘟、牛传染性胸膜肺炎、口蹄疫、牛瘟、猪水疱病等多种动物疫病发生后的具体反应措施。澳大利亚和新西兰的应急方案最为全面，涉及动物疫病44种，统一编辑在《澳大利亚兽医应急方案（AUSVETPLAN）》中。美国EPS也在应急动物反应方案方面做了大量工作，并对新城疫、高致病性禽流感、非洲猪瘟、猪瘟等10余种重大动物疫病制定了专门的应急行动指南（图11-6）。由于事关危机处理，美国和澳大利亚的应急预案均为红皮书。

应急预案的制定，一是要求具有良好的操作性，某种疫情发生后，各项工作如何做、谁来做、用什么器械设备、什么时间完成都要规定清楚。二是方案要随着认识和实践的深入，不断修订完善。三是在适当时刻组织应急演练，提高实践能力。

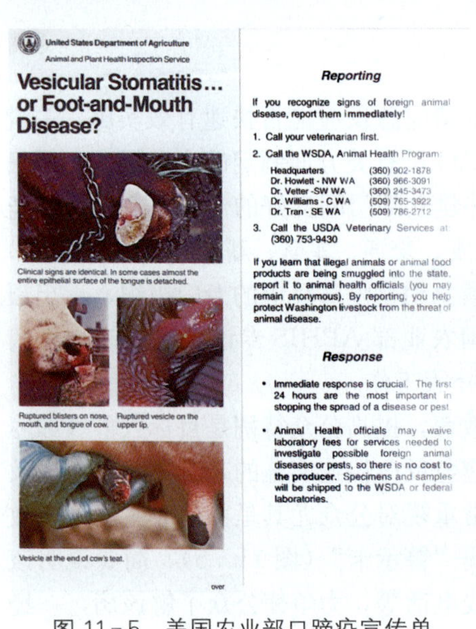
United States Department of Agriculture
Animal and Plant Health Inspection Service

Vesicular Stomatitis... or Foot-and-Mouth Disease?

Clinical signs are identical. In some cases almost the entire epithelial surface of the tongue is detached.

Ruptured blisters on nose, mouth, and tongue of cow.

Ruptured vesicle on the upper lip.

Vesicle at the end of cow's teat.

over

Reporting

If you recognize signs of foreign animal disease, report them immediately!

1. Call your veterinarian first.
2. Call the WSDA, Animal Health Program:

Headquarters	(360) 902-1878
Dr. Howlett - NW WA	(360) 966-3091
Dr. Vetter -SW WA	(360) 245-3473
Dr. Williams - C WA	(509) 765-3922
Dr. Tran - SE WA	(509) 786-2712

3. Call the USDA Veterinary Services at: (360) 753-9430

If you learn that illegal animals or animal food products are being smuggled into the state, report it to animal health officials (you may remain anonymous). By reporting, you help protect Washington livestock from the threat of animal disease.

Response

- Immediate response is crucial. The first 24 hours are the most important in stopping the spread of a disease or pest.
- Animal Health officials may waive laboratory fees for services needed to investigate possible foreign animal diseases or pests, so there is no cost to the producer. Specimens and samples will be shipped to the WSDA or federal laboratories.

图11-5 美国农业部口蹄疫宣传单

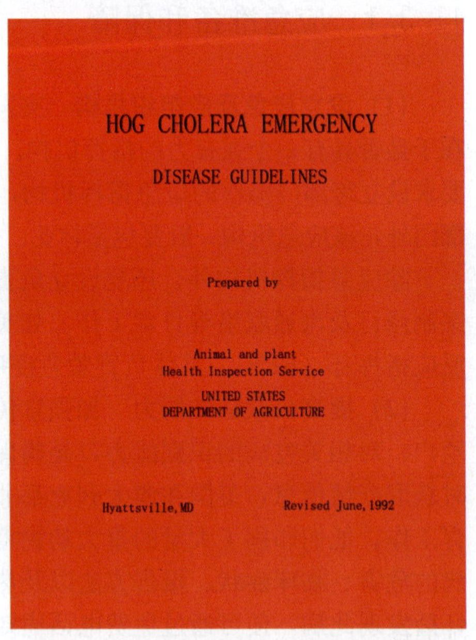

图11-6 美国猪瘟应急预案（红皮书）

(4) 做好物资技术储备 疫苗、诊断试剂、消毒药物、相关器械等应急物资储备，以及诊断技术、疫苗制备技术等相关技术储备，对于外来病、突发病及新发病的紧急扑灭工作均具有极其重要的作用。不具备这些技术和物资储备，诊断和应急反应会无所适从，由此造成疫情扩散的例子不胜枚举。我国台湾省 1998 年发生口蹄疫时，因诊断技术不过关（误诊为猪水疱病）而未能采取针对性措施，致使疫情在较短时间内迅速扩散至全岛。发达国家十分注重这一环节，如美国已经扑灭口蹄疫、新城疫、高致病性禽流感等数十余种重大动物疫病，但他们却从未中断过这些疫病的诊断和疫苗技术研究，并设有口蹄疫等疫病的疫苗储备库。2001 年美国发生炭疽疫情后，他们及时诊断疫情，迅速大量生产疫苗，不仅快速控制了疫情，而且很快缓解了公众心理压力。

11.3.2 应急处置程序

确诊疫情、消灭传染源、切断扩散途径、提高易感群体保护水平，是制定应急反应程序、实施应急反应措施的基本原则（图 11-7）。

(1) 疫情调查和诊断 相关部门接到疫情报告后，应立即进行现场流行病学调查，并派遣相关专家进行诊断。诊断专家认为不是国家计划控制的烈性传染病时，无须采取进一步措施；若怀疑为烈性传染病，应立即进行实验室检测，并对发病农场进行调查，确诊为烈性传染病时，立即通知相关部门。

(2) 流行病学调查 对疫点发生疫情前一个潜伏期内及疫情发生后进出的易感动物及其产品，以及人员、车辆等进行系统调查，分析判断潜在的传染源、传播途径、传播方式和扩散风险，方可据此提出可靠的应急处置方案。

(3) 宣布紧急疫情 确诊疫情属于国家控制的烈性动物传染病时，欧美国家一般由农业部长宣布紧急或超紧急状态，授权相关组织协调各相关部门实施应急措施。

(4) 实施隔离检疫和封锁措施 在宣布紧急或超紧急状态后，首先对感染农场进行隔离，对发病动物实施扑杀及清洗消毒措施。此后立即根据疫病性质、传播方式、地区大小、位置及地势等，围绕感染农场划定隔离区（高危区、缓冲区、受威胁区），这些地区应实施相关防疫安全措施如免疫接种、清洗消毒、控制动物流通等，该区域的界限应由有效的自然、人为或法律边界清楚划定，并要加强监督检查（图 11-8）。

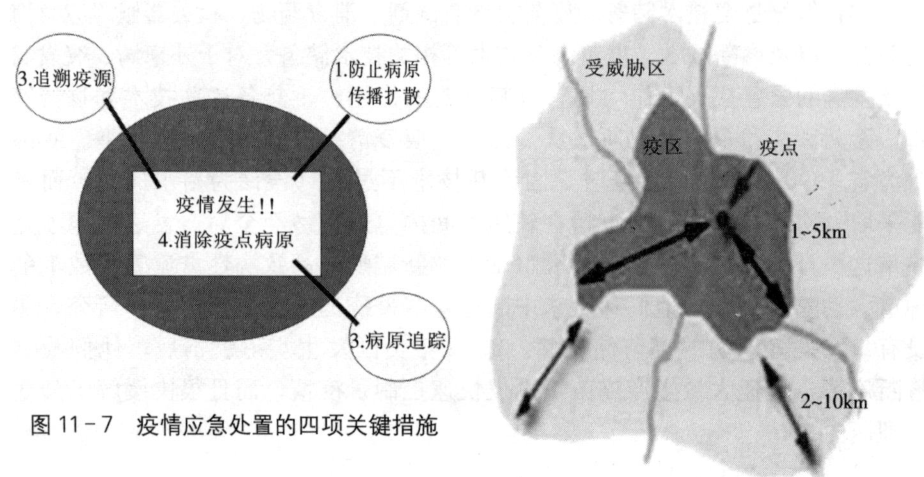

图 11-7 疫情应急处置的四项关键措施

图 11-8 某国口蹄疫发生后的区划方式

（5）组织应急反应 疫情确诊后，应视情况尽快采取如下措施：一是组建应急行动小组。小组人员除包括兽医人员外，还应包括法律顾问、公安或军队、评估人员、野生动物官员和环境官员等。二是启动储备的应急物资。如清洗消毒设备、焚烧设备、消毒过的衣物、车辆等。三是评估和补偿。对需要扑杀和销毁的畜禽进行评估和补偿，对及时报告疫情、顺利启动应急反应、做好灾后重建具有重要意义（具体方式见 11.3.3 部分内容）。四是扑杀和清群。对感染和暴露的畜禽进行扑杀和清群，是消灭传染源的重要措施。对于重大疫情，多数国家采取扑杀和清群措施。通常有两种方式，一种是严格的扑杀政策（stamping-out policy），即宰杀感染动物及同群可疑感染动物，并在必要时宰杀直接接触或可能引起病原传播的间接接触动物，疫点内所有易感动物，不论是否实施免疫，均应宰杀，尸体应予焚烧或深埋销毁。另一种是改良扑杀政策（modified stamping-out policy），只对感染发病动物实施扑杀，间接接触动物一般不予扑杀。我国要求对高致病性禽流感疫点周围 3km 内的易感动物实施扑杀，属于严格的扑杀政策；要求对口蹄疫发病动物和同群动物实施扑杀，疫区动物不予扑杀，属于改良扑杀政策。目前，考虑到减少直接经济损失，国际社会更倾向于使用改良扑杀政策。五是无害化处理。选择深埋、焚毁、化制或其他适当手段，销毁畜禽死尸和污染的饲料、粪便及其他材料。六是清洗消毒。对疫点进行彻底清洗和消毒，对暴露农场及受威胁区进行彻底消毒，杀灭可能的病原体。是一项重要的辅助性措施。七是媒介控制。控制所有可能参与疾病传播的媒介，切断传播途径。这项措施对于虫媒传播疫病至关重要。八是应急免疫。对受威胁内的所有易感动物进行加强免疫，降低疫病发生和扩散风险。发达国家，一般禁止使用免疫政策。九是疫情监测和报告。受威胁区要强化疫情监测和报告，但必须防止已经暴露于病原体的兽医人员开展疫情监测。

疫情应急处置过程中，要特别注意以下三点：一是人员控制。疫情发生时，农户和农场人员，以及参与疫情诊断和处理的人员，均应视为暴露人员，可能携带相应病原体，并成为潜在的传染源。此类人员，应加强清洗消毒，不得再接触未经暴露的易感动物。记者、监测、检查人员应按照从无疫区向疫区、疫点逐步深入的方式开展工作，反之则可能向外散播疫情。在一些疫区，暴露人员传播疫情的情况时有出现。二是宣传交流。疫情发生后，多数国家具有明确的宣传方针。一方面，要及时通报疫情，告知民众提高警惕，加强防疫工作。另一方面，又要把握好宣传导向，防止扩大疫情效果，导致出现民众消费信心下降，出现“恐肉风波”。三是人员防护。对于高致病性禽流感、尼帕病、2 型猪链球菌等人兽共患病的处置，一线处置人员要注重安全防护。作业前，要进行必要的针对性预防用药或疫苗注射。作业时，要穿戴防护服、橡胶手套、面罩（口罩）、护目镜和胶靴。作业后，要注意清洗消毒，接受健康监测，出现不良症状时应尽快赴卫生部门检查。

从以上行动可以看出，扑灭一次紧急疫情犹如开展一场局部战争，任何一项措施执行不力，均可能前功尽弃，出现所谓的“木桶效应”。但只要按照上述措施开展工作，在较短时间内扑灭某种外来病是完全可能的。为了保证上述反应措施得以顺利进行，举行一定规模的演习是必要的。同时还应注意，不同疫病具有不同的特性，故其应急措施亦不尽相同，但应以上述原则为基础。

11.3.3 灾后生产恢复

(1) 解除隔离封锁 一般情况下，疫点、疫区的隔离封锁期为该种疾病的一个潜伏期，如口蹄疫为 14 天、高致病性禽流感为 21 天。在最后 1 头（羽）发病畜、禽扑杀，并实施严格的清洗消毒措施后，疫点、疫区封锁应予解除，并准许当地重新恢复饲养。

(2) 实施赔偿制度 各国补偿制度不尽相同，一般分为等价补偿（补偿价与市场价持平）和低价补偿（补偿价低于市场价）两类，也有的国家不予补偿。在欧美国家，赔偿数量的多少往往由独立的评估师进行专门评估，一般是按兽医行政管理部门确定对该饲养场实施清群计划之日饲养场存活的动物数量计算，之前死亡的动物不包括在内，之后死亡的动物进行补偿。

(3) 恢复消费信心 某些人兽共患病或特殊事件发生后，如果处理不当，居民在相当长的时期内会出现消费信心不足，造成相关动物产品价格大幅下跌，进而严重影响产业链发展。此时，要通过加强正面宣传、政府要员表态等多种方式，逐步恢复消费者信心。

(4) 其他措施 如果疫情涉及范围较广，对行业影响过大，政府应考虑使用贴息贷款、出口退税等措施扶持行业发展。同时，还应考虑小农户扶贫、行业工人就业等问题。

11.4 重大动物疫病的控制与消灭

一些动物疫病长期流行时，会对畜牧业发展和公共卫生安全造成巨大危害(表 11－2)，控制和消灭重大动物疫病，是各国政府的责任，也是国际社会关注的重点领域之一。但是，控制和扑灭任一种动物疫病都要涉及多方面因素，如疫病特征及流行状况、国家财力情况、兽医人员队伍素质、疫病诊断和防控水平等，故扑灭工作非常困难，疫病监控和扑灭计划也应综合考虑上述因素稳步提出。在财力、人力或技术水平达不到要求时，如果同期内实施多种疫病的监控和扑灭计划，或期望在短期内扑灭某一疫病，是不可能达到预期效果的。美国1960 年就提出了结核病和布病扑灭计划，近期仍未完全达到目标；1989 年提出了伪狂犬病自愿扑灭计划，美国农业部 Glickman 部长 1999 年甚至发布了伪狂犬病加速扑灭计划，计划在一年内追加投资 8 000 万美元于 2000 年扑灭该病，可直到2005 年才达到预期效果。发达国家的实践经验是，稳步提出疫病监控和扑灭计划，加强疾病监测等综合措施，推行疫病分区管理，分阶段达到全国无疫病状态。

11.4.1 有关概念

对于动物疫病控制与消灭的概念，兽医界并无统一的定义，卫生领域的概念可供借鉴。为方便疫病控制工作的国际协调，1992 年，国际疾病消灭专家委员会(ITFDE) 在广泛征求意见后，将疾病的控制和扑灭分为控制、扑灭、消灭、根除四个层次，并分别进行了界定，该定义目前已被 WHO 所接受。具体如下：

——控制（Control）。是指把一种疾病的发病率或患病率大大降低的状态。

——扑灭（Elimination）。是指在一个国家、一个洲或其他有限的地理区域内但尚未在全球范围内扑灭某种疾病，而仍需继续采取防治措施，否则疫病仍会回升、蔓延。

——消灭（Eradication）。是指通过采取防控措施，使某病全球发病率降到零，任何地方均无病例发生，将来无需采取任何防控措施的状态。

——根除（Extinction）。是指该种疫病的病原在自然界和实验室均不存在。

表 11－2　有关国家部分重大动物疫病扑灭计划基础信息一览表

疫病	国家/地区	疫病损失情况	制定时间	实施时间	扑灭时间	主要控制手段	实施效果	经济投入
口蹄疫	英国	2001 年 2 月—11 月，直接经济损失 20 亿英镑，间接经济损失 200 亿英镑，占年度 GDP 的 2.5%		2001 年 2 月	2001 年 11 月	扑杀、流通控制、监测	成功扑灭	
	南非			2000 年	2002 年 5 月	强制免疫、区划管理、移动控制、检验检疫	成功扑灭	
	中国台湾省	1997 年 3 月至 2003 年 6 月间，病猪 110 万头，扑杀 385 万头，直间接损失达 3 700 亿新台币		1997 年 3 月	2003 年 6 月	强制疫情报告、强制免疫、扑杀、流通控制、监测	成功扑灭	133 亿台币
猪瘟	美国	1961 年前后，美国每年因猪瘟损失4 000～6 000 万美元	1950 年	1961 年 9 月	1973 年	强制疫情报告、强制免疫、扑杀、流通控制、监测	成功扑灭	1.4 亿美元
布鲁氏菌病	美国 澳大利亚		1970 年	1975—1985		免疫、移动控制、疫情报告	仍在进行 基本扑灭	
牛结核杆菌病	美国 澳大利亚	1998 年 8 月 13 日起的 5 年多时间内密歇根州的损失达 2 200～7 400 万美元		1917 年	进行中	清群、监测、流行病学调查与追踪、分区管理	多数州已经认证为无牛结核 基本扑灭	1997 至 2001 年，投入 0.7 亿美元 75 亿澳元
猪伪狂犬病	美国			1989 年	2005 年	监测、免疫、隔离检疫、扑杀清群	成功扑灭	联邦和州政府投入达 1.44 亿美元
高致病性禽流感	荷兰	荷兰农业部统计，本次疫情直接经济损失大约为 2.7 亿欧元		2003 年 2 月	2003 年 5 月	扑杀清群、分区管理、限制流通、加强生物安全措施	成功扑灭	
牛瘟	中国	1949 年前，牛瘟几乎遍及全国，约每隔三、五年就发生一次大流行，死亡的牛只多达数十万头	1951 年	1953 年	1956 年	免疫接种，扑杀、隔离检疫	成功扑灭	
牛肺疫	中国	1949 年至 1989 年，全国累计病牛 471 357 头，死亡 178 570 头		20 世纪 50 年代	1996 年	免疫接种、扑杀病畜、加强消毒、限制移动和定期检疫	成功扑灭	

11.4.2 动物疫病扑灭计划的提出

同一时期内，一个国家或地区可能存在多种动物疫病。如1989年农业部动物疫病普查显示，国内发生的畜禽疫病已达225种之多。这些疾病均已造成危害，需要控制或扑灭。但在现有资源条件下，哪些能够控制、哪些需要优先控制，哪些能够扑灭、那些需要优先扑灭，使用何种手段能够实现预期目标，以及哪些措施能够产生最佳成本效益等，是决策部门必须考虑的问题。解决这些问题，需要制订规划，有计划有步骤地进行。

(1) 扑灭计划涉及的病种 有些疾病是可以控制但却难以扑灭的，制定疾病防控计划时必须对此有清醒的认识。如20世纪30年代初，洛克菲勒财团黄热病委员会启动了黄热病扑灭计划，但直到30年代中期牺牲了1名研究人员后，才发现扑灭黄热病在当时是无法实现的，取代这个计划的是由泛美卫生组织提出的拉丁美洲黄热病媒介蚊扑灭计划，其结果仍然是中途夭折；1955年，WHO启动了疟疾扑灭计划，在计划开展20年后，因多方面原因，WHO不得不将其改为控制计划，宣布扑灭计划的失败。这些事例告诉我们，在特定的历史条件下，不是每一种疫病都是可以扑灭的，提出和制定疫病扑灭计划，必须基于政府支持度、产业界参与度和疫病本身特性进行综合判断，谨慎作出决策。

从实践情况看，大多数发达国家相继制定了重大动物疫病控制和扑灭计划，少数发展中国家如泰国、巴西、肯尼亚等也提出了相应计划，美国、澳大利亚制定的疫病扑灭计划最多，几乎可以涵盖世界各国已经和准备扑灭的所有疫病。据统计，发达国家目前已经列入疫病扑灭计划的疫病主要包括：口蹄疫、牛瘟、牛肺疫、蓝舌病、牛海绵状脑病、痒病、结核病、布鲁氏菌病、副结核病，猪瘟、猪水疱病、伪狂犬病，新城疫、高致病性禽流感、沙门氏菌感染，马传染性贫血、马鼻疽、马脑炎等。发展中国家主要局限在口蹄疫、牛瘟、牛肺疫3种动物疫病。

(2) 疫病扑灭计划的提出方式 从政府制定疫病扑灭计划的主动性来看，20世纪早期和中期时启动的动物疫病扑灭计划大都由政府直接提出并推动，企业被动接受，如美国扑灭猪瘟、牛结核杆病，我国扑灭牛瘟、牛肺疫也属于这种情况。20世纪后半叶，畜牧业集约化程度升高，发达国家畜牧业协会的力量增强，为增强国际竞争力，此时往往是企业通过协会推动政府提出并实施疫病扑灭计划，开始时政府往往具有相对的被动性。近期，一些国际组织也纷纷加入疫病扑灭行动中，如FAO和国际原子能机构协同开展了全球牛瘟扑灭计划，大大促进了全球牛瘟的扑灭进程。

（3）量力而行提出疫病扑灭计划 由于动物疫病扑灭计划耗时长、耗费大、技术和管理资源占用多，各国政府制定疫病扑灭计划时首先需要评估自身资源，量力而行。从美国的情况看，基本上每隔10～20年提出一种疫病扑灭计划，如1917年提出了结核病扑灭计划，50年代提出了猪瘟和口蹄疫扑灭计划，70年代提出了布鲁菌病和新城疫扑灭计划，80年代提出了猪伪狂犬病和禽流感扑灭计划，此后又提出了痒病和鹿慢性消耗性疾病扑灭计划，随着各项疫病控制资源的不断丰富，疫病扑灭计划有加快的趋势。目前，美国、澳大利亚正在（同期）承担的动物疫病扑灭计划均为5个；发展中国家的一般不超过2个。

（4）疫病扑灭计划的优先顺序 政府制定疫病扑灭计划的优先顺序也具有一定的规律性，主要取决于疫病的危害程度。OIE对动物疫病危害程度的判定标准主要有2项，即经济危害程度（包括疫病传播速度、致病性强弱、跨国界传播的可能性3个方面）和公共卫生危害程度（对人类的危害程度）。从各国提出疫病扑灭计划的优先顺序看，大致可以将动物疫病按优先扑灭级别分为4类：

第一类：公共卫生危害和经济危害程度均十分严重。如高致病性禽流感、疯牛病，疫情一旦发生，各国政府将尽可能立即实施疫病扑灭计划。目前，几乎所有发生高致病性禽流感和疯牛病的国家都对这两类动物疫病实施了严厉的控制措施，国际组织也给予了高度关注。

第二类：经济危害程度极为严重。如牛瘟、牛肺疫、口蹄疫、猪瘟、新城疫等，这类疫情流行时可以造成极为严重的经济损失，无论发达国家还是发展中国家，在财政许可时将首先考虑制定这些疫病的扑灭计划。目前，全世界已有近70个国家扑灭了口蹄疫，近150个国家扑灭了牛瘟，多个国家扑灭了牛肺疫，几乎所有发达国家都扑灭了猪瘟和新城疫。

第三类：公共卫生危害和经济危害均较为严重。如结核病、布鲁氏菌病、痒病、马鼻疽、鸡沙门氏菌、副结核病等。在第一、二类疫病得到有效控制，且财政、人力资源较为充足的情况下，有关国家大都优先考虑这类动物疫病的扑灭工作。目前，欧盟成员国、美国、澳大利亚等发达国家都在实施这类动物疫病的扑灭计划，有些已经扑灭。

第四类：经济危害较为严重。如蓝舌病、猪水疱病、马传染性贫血、伪狂犬病、鹿慢性消耗病等。目前，澳大利亚、美国、欧盟成员等已经根据各自实际情况，提出了相关疫病扑灭计划，且进展良好。

11.4.3 实施动物疫病扑灭计划的基本原则

在与疫病长期斗争的过程中，兽医专家和官员们普遍认识到，消灭一种病原体相当于改变一种自然平衡，没有艰辛的努力和相对漫长的过程很难实现。除各种动物疫病发病特性存在很大差异外，物力、财力、人力和科学技术水平等多方面因素也会对疫病既定目标产生很大影响。因此，在制定疫病扑灭计划时，必须根据疫病流行特征，按照强化组织领导、设定阶段目标、实施分区管理、设定综合防控措施等原则，科学制定重大动物疫病扑灭计划。

(1) 政府主导原则 从理论上讲，扑灭动物疫病将给养殖户/企业以及社会带来长久的利益，但对个体养殖户/企业而言，一旦实施疫病扑灭计划，他们将承担起许多责任，如报告疫情、强制免疫等。如果这些养殖企业发生疫情，还会承担一些经济损失，这是他们所不愿和不能接受的，故疫病扑灭计划必须具有一定的强制性，需要政府强有力的支持。

一方面，疫病扑灭计划需要法律支持。在发达国家，几乎所有国家动物疫病扑灭计划都需以法律或法令的形式公布，其中典型的是美国和英国，它们在扑灭猪瘟、猪伪狂犬病、口蹄疫之初，都将扑灭计划提交议会，经讨论通过后，由总统或首相以总统令或法律文本的形式公布，如美国扑灭猪瘟计划就是肯尼迪总统签发的第 87－209 号总统令，美国扑灭猪伪狂犬病是由克林顿总统签署的命令。在市场经济条件下，没有法律或法令的强制力，疫病扑灭计划是很难收到预期效果的。

另一方面，疫病扑灭计划需要多部门合作。动物疫病扑灭计划的实施是一种国家行为，政府相关部门均应依法承担相应责任，如财政部门负责资金预算、交通部门负责交通秩序维护、卫生部门负责医学监护、军警部门负责扑杀患病畜等，出于环保和野生动物保护等因素，疫病扑灭计划有时还需要环保部门以及林业部门的支持。美国、英国、荷兰、澳大利亚等有关国家的扑灭计划均表明，(农业) 兽医行政部门在疫病扑灭计划中，大都只是承担疫情调查、监测、评估、技术支持、政策咨询和国际合作等技术性行为。财政支持对于疫病扑灭计划的实施至关重要，如美国消灭猪瘟和猪伪狂犬病时，联邦政府共出资分别为 1.4 亿和 1.52 亿美元，地方政府和企业出资更多。

(2) 业界充分参与原则 重大动物疫病通常具有传播途径多样、传播速度快等特性，如口蹄疫病毒可通过风媒传播至上百千米以外，这表明，单一或几个农场控制动物疫病对全国扑灭疫情几乎没有任何意义。因此，动物疫病的扑灭必须取得整个产业界的支持，所有养殖业主/企业采取统一措施才能成功。

1949—1955 年间，我国中央政府在当时计划经济条件下，发动全社会力量，集中对全国的牛群实施牛瘟疫苗注射，仅仅 6 年时间就成功扑灭了牛瘟（比预定时间提前 1 年），成为兽医界的历史性创举，发动群众是我国扑灭牛瘟的一条重要经验。在市场经济条件下，采取我国的全社会动员方式往往非常艰难，但美国、澳大利亚等国家在长期的实践中也摸索出一种行之有效的办法，即市场准入制度，即只有监测合格，达到无特定动物疫病感染的农场才可将其动物及产品投放市场消费，以此促进全社会统一采取行动，达到全国扑灭疫病的目标。

（3）分阶段实施原则 动物疫病病原是经过长期进化形成的，是自然生态的一个重要组成部分。消灭一种病原体，相当于改变这种自然平衡，必将要花费大量的人力、物力和财力，并经过一个相对漫长的过程才可能实现。如美国扑灭猪瘟花费 1.4 亿美元，用时 16 年，而扑灭牛结核杆菌病已历经近 90 多年。我国扑灭牛瘟也耗时 7 年才宣告完成。动物疫病扑灭工作的长期性，决定了重大动物疫病扑灭计划需分阶段进行。

OIE 在总结各国疫病扑灭计划阶段划分的基础上，通过《国际动物卫生法典》，建议各国将疫病扑灭计划定为计划扑灭（准备）阶段、暂时无疫病阶段、无临床病例阶段和无感染阶段（图 11－9）。

计划扑灭阶段：该阶段大约需 2～3 年，要做好疫病普查摸底，以及各项技术、行政和物资资源（如疫苗、诊断试剂和扑杀补偿费等）的储备工作，采取综合措施降低发病率。

暂时无疫病阶段：该阶段至少需要 2 年，在采取免疫、检疫监督等综合控制措施的基础上，实现 2 年以上无临床病例发生，才可达到暂时无疫病状态。期间发生的疫情必须采取严格的扑杀清群措施。

临床无疫病阶段：该阶段至少需要 3 年，在停止免疫接种，严格疫情监测制度的基础上，保证 3 年以上不出现临床病例。

无感染阶段：在停止免疫接种、严格疫情监测制度的基础上，2 年以上时期内监测不到易感动物带毒现象。

OIE 给出的阶段划分法，并非要求各成员一定如此执行。通常情况下，各国实施自己的扑灭计划时，都有自己的阶段划分法，美国伪狂犬病扑灭计划实施阶段见图 11－10。

（4）区域化管理原则 一国内部，各地养殖模式、自然条件、经济社会发展状况不尽一致，不可能按照同一模式实施疫病防控，更不可能同步实现疫病扑灭目标。国内外重大动物疫病扑灭计划的实施，均是分阶段、分区域逐步实现的。我国消灭牛瘟、牛肺疫如此，美国、澳大利亚和欧盟也是如此。基于这种思路，OIE《国际动物卫生法典》提出了无疫区的概念，WTO－SPS 协议承

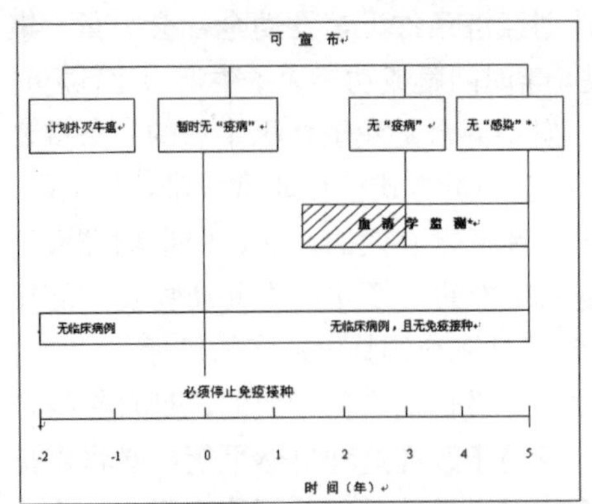

图 11－9　OIE 无牛瘟认证的阶段划分

美国伪狂犬病自愿扑灭计划摘要

美国将伪狂犬病扑灭计划分为五个阶段：①第一阶段为准备阶段，该阶段成立由联邦—州—养殖场和屠宰场等企业代表组成的专门监控小组，制定疫病监控和扑灭计划，持续期约 2 年；②第二阶段为疫病控制阶段，该阶段将在疫病普查的基础上，由企业自愿展开感染群的清群措施，持续期约 1 年以上；③第三阶段为强制性清群阶段，该阶段广泛开展流行病学调查和疫病检测，停止疫苗接种，控制感染群流动，并销毁感染群、实施严格的清群措施，直到无感染群为止，持续期一年以上；④第四阶段为后续监测阶段，该阶段将开展与第三阶段相同的流行病学调查与检测，并禁止使用疫苗，但无病群可以在州内自由流动，持续期约 1 年以上；⑤第五阶段为宣布无病阶段，该阶段种猪群将继续实施检测计划，但抽检量适当减少，动物流通条件适当放宽，但也只能在州内流动，持续 1 年以上再不发病者，相关州可以获得 APHIS 颁发的无伪狂犬病认证书。上述每一个阶段都需要经过专门工作组的认可，才可进入下一个阶段，直到获得无病资格证书。

图 11－10　美国伪狂犬病扑灭计划阶段划分

认给予无疫区和低度流行区的优惠待遇。

实施区域化管理的核心在于疫病扑灭地区的相应动物和动物产品具有市场准入的优惠待遇，而疫情发生或未经认可区域的相应动物和动物产品不具备市场准入机会。其目的有二，一是通过区域化管理限制发病动物流通，防止疫情相互扩散，这是根本；二是通过市场准入促进发病省/州/成员加速疫情扑灭进程，达到市场准入条件，从而在全国范围内达到消灭疫病之目的。美国对已扑灭某种疫病的州颁布“无特定动物疫病州证书”，值得借鉴。

11.4.4　控制和消灭动物疫病的技术措施

消灭传染源、切断传播途径、保护易感动物是控制动物疫病的三种根本途径，从理论上讲，只要达到其中一条要求，就可以有效扑灭一起疫情。但在现实工作中，由于病原体在自然界中分布太广，野生动物普遍存在（如欧洲现阶段猪瘟难以消灭的直接原因就是野猪广泛分布），动物及产品贸易频繁，对于业已流行的传染病，即使采取多种措施，也往往难以做到其中一条。因此，在扑灭动物疫病的行动中，通常采取综合性技术措施。

(1) 扑杀清群　扑杀清群是消灭传染源的基本措施，指对发病动物、同群动物及其他接触暴露动物全部予以扑杀，是最彻底、最直接、最快捷和最有效的措施。这一措施，对于突发病的应急处置过程中经常使用。在疫病扑灭计划实施过程中，由于发病和感染动物较多，实施该项措施费用太高，扑灭计划实施初期往往只对临床发病动物进行扑杀，也就是改良扑杀政策。在扑灭计划的中后期，发病和感染动物较少时，转而采用严格的扑杀清群，美国消灭猪瘟、我国消灭牛瘟等都是如此。需要指出的是，扑杀清群措施要和清洗消毒、无害化处理措施联合应用。

（2）检疫监管 是切断病原传播途径的主要手段。出于贸易和消费的需要，完全限制易感动物移动是不现实的，所以，各国普遍对动物及其产品实施检疫监督制度，只有达到特定卫生条件的动物及其产品才可进入市场流通。对于活动物，产地检疫，也就是动物出场启运前的检疫至关重要。对于动物产品，宰前、宰后检疫均是分重要。

（3）免疫接种 免疫接种是提高易感动物抵抗力的关键措施。在20世纪各国扑灭牛瘟、牛肺疫、口蹄疫、猪瘟四大疫病的大规模战役中，所有国家都采取了这一政策。如我国50年代通过8年的免疫接种彻底扑灭了牛瘟；欧洲60年代通过10余年的免疫接种成功扑灭了口蹄疫；美国50年代经过近10年的免疫接种，成功扑灭了猪瘟等，都是很好的例证。实施疫苗免疫接种，需要综合考虑以下因素：

一是要制定适合当地情况的免疫接种程序，并保证80%以上的有效（程序化）免疫密度，从理论上讲，只要免疫密度超过80%，疫病发生风险就会大大降低，即使发生小规模疫情，完全可以通过应急扑杀清群措施扑灭疫情。

二是要选择合适的疫苗，密切关注免疫干扰（一次接种两种以上疫苗时的相互干扰现象）、应激反应、耦合反应发生情况，并及时开展疫苗流行病学效果评价。为了合理评价疫苗免疫效果，对于同一种疫病，在同一时间、同一区域内，最好选用同一种疫苗免疫。

三是要适时分区域推行疫苗免疫退出计划。在疫病临床病例不再出现时，应选择适当时机逐步停止免疫接种，此后再发生疫情时，必须采取严格的扑杀政策。不同病种执行免疫计划的时间不尽相同，如动物布鲁杆菌病流行率超过3%时应采取免疫措施，低于0.2%时应停止免疫接种。

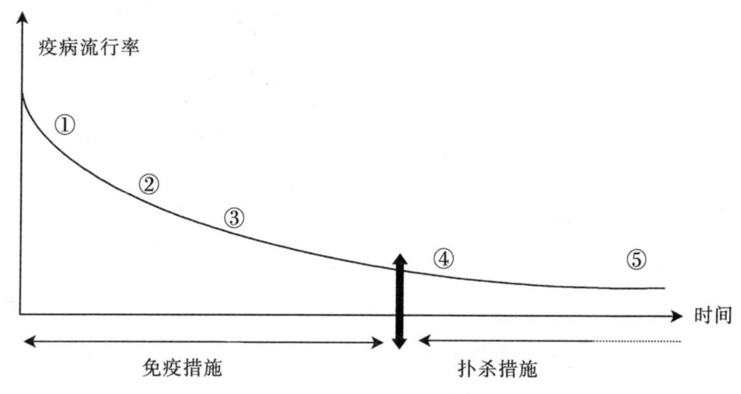

图11-11 免疫与扑杀措施的转换示意图

(4) 推进规模化养殖 小型动物养殖场，防疫条件较差，疫情传入风险高，发生疫情后扩散风险大，提高畜禽规模化养殖程度，提高动物养殖场生物安全水平，是发达国家实现疫病防控目标的有效途径之一。以美国和丹麦为例，尽管两国近年来养猪场不断减少，但生猪饲养量不断增加，表明两国养猪规模化程度越来越高。

对畜禽饲养场特别是种畜禽场进行定期检测和认证注册是推进规模化程度，做好疫病防控的重要途径。种用动物健康是商品动物健康无疫的基础，种用动物感染疾病，其后代必然具有极高的感染和发病风险。基于这种理念，美国提出的家禽改良计划以及猪改良计划均是以种用动物认证注册为主。另外，畜禽饲养场注册认证要和建立动物标识及追溯体系相结合。据 OIE 统计，目前已有超过 83%的成员建立了动物标识和追踪体系。

(5) 疫情监测和报告 只有发现疫病，才能扑灭疫病。所以说，疫情监测和报告是整个扑灭行动的关键措施之一。另外，疫情监测对判断疫情扑灭计划实施效果同样重要，只有清楚疫情流行和易感动物带毒情况，才能科学判断何时停止疫苗接种，何时宣布无疫情、无感染等。因此，疫情监测是疫病扑灭计划的先导，也是评估防控效果和判断无疫状态的基础。美国和澳大利亚推行的疫病扑灭计划通常含有如下几个过程：疫病普查（监测）→感染群清群→目标群监测→无感染群→持续监测→保持无感染群→疫病扑灭。从疫情扑灭行动开始到疫情扑灭，始终以疫情监测结果为依据，引导下一步的行动计划，从而保持行动的科学性。值得提出的是，在疫病扑灭计划中，疫情监测通常以主动监测为主，被动监测为辅，目标监测（Target surveillance）、特定区域监测（Area surveillance）、暴发监测（Outbreak surveillance）、哨兵群监测（Sentinel surveillance）和平行监测（Parallel surveillance）等多种方法共用，以防漏检或重复检测，造成错误结论或重复劳动，这一点十分重要。

特别需要指出的是，由于各国经济状况、科技发展水平、畜牧业发展模式及各种动物疫病生物学特征不尽相同，疫病扑灭计划实施过程中的防控措施可以有所区别。发达国家经费充足，兽医体系完善，畜牧业集约化程度高，扑灭疫病时多以消灭传染源、切断传播途径为主；发展中国家没有充足的经费扑杀发病动物，只得以实施免疫接种、提高易感动物保护水平为主。另外，在疫病扑灭计划的不同阶段，各项措施的运用情况也有所侧重。

11.4.5 无疫状态的判定标准

按照 OIE 的规定，经过长期的控制，某些地区在特定时期内再无动物疫情发生或经过监测无感染迹象时，有关国家或政府可以认证和宣布特定区域的无疫状态，也就是我国建设的无疫区。同样，有关国家可以向OIE申请无疫状态，经特定程序审核，由OIE宣布该国全国或部分区域无疫状态。OIE《国际动物卫生法典》详细规定了特定动物疫病的无疫区或无疫国家的标准，原则性标准包括：该疫病为法定报告疫病；实施完善的监测系统；系统实施预防和风险防范措施。口蹄疫等15种重大动物疫病的特定无疫标准见表11－3。

表11－3 OIE无疫区和无疫国家标准一览表

疫病名称	无疫类型	具体标准
口蹄疫	非免疫无疫	①为法定报告疫病，监测体系完善；②12个月内未发生过疫情，且没有监测到感染动物；③停止免疫接种12个月；④停止免疫后，未引进过免疫接种动物
	免疫无疫	①为法定报告疫病，监测体系完善；②2年内未发生过疫情，且12个月内没有监测到感染动物；③免疫接种程序化，所用疫苗符合规定标准；④停止免疫12个月后，可以转变为非免疫无疫状态
水疱性口炎		①为法定报告疫病；②2年内未发现疫情发生的临床、流行病学和其他迹象
猪水疱病		①过去2年内没有疫情；或②采取扑杀政策时，9个月内未发现疫情
牛瘟	无牛瘟感染	①实施扑杀政策、禁止免疫接种、进行血清学监测，最后一例病例消灭后6个月；或②实施扑杀政策和紧急免疫接种（免疫动物标识完整），进行血清学监测，最后一个免疫动物宰杀后6个月；或③不实施扑杀政策而采取免疫接种（免疫动物标识完整）及血清学监测，最后一个病例出现或最后免疫接种动物宰杀后（后发生者为准）12个月
小反刍兽疫		①过去3年内没有疫情；或②采取扑杀政策时，6个月内未发现疫情
牛肺疫		①连续10年未接种过疫苗；②期间未发现临床或病理学病例；③覆盖全部易感动物的监督和报告系统；④鉴别诊断程序完善
结节性皮肤病		①为法定报告疫病；②过去3年内未发生疫情
裂谷热		①为法定报告疫病；②过去3年内未发现临床或血清学病例；③期间未从感染国家进口过易感动物
蓝舌病		①监测系统完善；②12个月内未接种疫苗，且2年内无感染证据
羊痘		①过去3年内没有疫情；或②采取扑杀政策时，6个月内未发现疫情
非洲马瘟		①为法定报告疫病；②过去2年内未发现临床或血清学病例，或无流行病学迹象；③过去12个月内没有对马科动物进行免疫接种
非洲猪瘟		①过去3年内没有疫情；或②采取扑杀政策时，12个月内未发现疫情；③监测证实没有家猪和野猪感染

（续）

疫病名称	无疫类型	具体标准
猪瘟		①为法定报告疫病，监测体系完善；②养猪场进行注册编号，追溯系统完善；③严禁饲喂未经杀灭病毒的泔水；④对易感动物及其产品实施有效检疫；⑤实施扑杀政策、不进行免疫接种时，连续 6 个月无疫情；扑杀与免疫相结合，或不实施扑杀政策、免疫接种时，12 月无疫情，且 6 个月内未监测到感染
高致病性禽流感、新城疫		①过去 3 年内无疫情；或②采取扑杀政策，最后一例感染动物扑杀后 6 个月

动物疫病防控过程中涉及的疫病诊断、监测、标识、区域化管理、清洗消毒、无害化处理等相关共性措施，将在以下各节予以详细介绍。

12 动物疫病的诊断

向 OIE 通报动物疫情、禁止动物入境、进行无规定动物疫病区的评估等诸多国际兽医事务的决策，都依靠准确地诊断相关的动物个体或群体是否发生某种疫病或携带某种病原。OIE《陆生动物卫生法典》、《陆生动物诊断试验和疫苗手册》等有关标准出版物对动物疫病诊断方法、诊断方法的评价和选择、诊断结果的分析等内容进行了概述。

12.1 动物疫病诊断方法

通常，动物疫病诊断依赖于多方面的信息，包括临床症状、流行病学调查、病理解剖和实验室检测，并且重大动物疫病的确诊多数依赖于实验室检测，所以经常把疫病的诊断和实验室检测相提并论。

动物疫病诊断方法可以分为筛选方法（screening tests）和确诊方法（confirmatory tests）。筛选方法是指灵敏度高的适合于大量样品初步检测的方法（通常是成本较低或操作简便的方法）；确诊方法是指灵敏度和特异性都很高的、用于确定结果（通常是其他试验检测为阳性的结果）是否正确的一些方法。

表 12－1 列出了 OIE 对一些重大动物疫病的诊断所阐述的国际贸易指定方法（prescribed tests）和替代方法（alternative tests），以及其他方法。OIE 指定方法是《OIE 陆生动物法典》要求的用于动物或动物产品国际流通的一些诊断方法，这些方法被认为是诊断动物健康状况最好的方法。而替代方法是《OIE 陆生动物卫生法典》认为适合于在某些地区进行的动物疫病诊断方法，它们在贸易双方认可的基础上也可以用于出入境动物检疫。

表 12-1　一些重大动物疫病诊断的 OIE 指定方法（用正体阴影标记）、替代方法（斜体阴影表示）和其他方法

类别	病　名	病原学检测方法				血清学检测方法	变态反应方法
		病原分离	核酸检测	抗原检测	其　他		
多种动物共患病	伪狂犬病	病毒分离	PCR			VNT、间接 ELISA	
	蓝舌病	鸡胚、细胞分离病毒	RT-PCR	抗原捕获 ELISA、I-FAT、免疫斑点试验	接种动物	补体结合试验、*AGID*、竞争 ELISA	
	口蹄疫	病毒分离	RT-PCR	ELISA、*CFT*		VNT、竞争 ELISA、液相阻断 ELISA、利用 NSP 蛋白法（包括间接 ELISA、酶联免疫印迹 EITB）	
	狂犬病	病毒分离	PCR	D-FAT、酶免疫染色	接种动物	VNT、快速荧光斑点抑制试验、ELISA	
	裂谷热	病毒分离	RT-PCR	AGID、免疫组化试验		VNT、间接 ELISA、HI	
	水疱性口炎	病毒分离	RT-PCR	夹心 ELISA、CFT		液相阻断 ELISA、竞争 ELISA、VNT、CFT	
禽病	高致病性禽流感	病毒分离	RT-PCR	AGID、ELISA、固相免疫试验（含胶体金免疫检测）	小鸡静脉接种试验、测序	*HI*、*ELISA*、*AGID*	
	新城疫	病毒分离	RT-PCR	HI	小鸡静脉接种试验、测序	ELISA、HI	
牛病	牛布鲁菌病*	细菌培养	PCR		生化试验、染色镜检	缓冲布鲁氏菌抗原试验（虎红凝集、缓冲平板凝集）、ELISA（间接和竞争）、CFT	变态反应试验
	牛结核病	细菌培养	PCR、RFLP、REA、VNTR		生化试验、染色镜检	ELISA、淋巴细胞增殖试验、*γ-干扰素试验*	结核菌素试验
	牛传染性胸膜肺炎	支原体培养	PCR	AGID、免疫组化试验（含 D-FAT、I-FAT）、培养抑制试验、滤膜斑点免疫结合试验（MF dot）	生化试验	竞争 ELISA、CFT（适用于无疫证明）、免疫印迹（EITB）、玻片凝集试验	

（续）

类别	病名	病原学检测方法				血清学检测方法	变态反应方法
		病原分离	核酸检测	抗原检测	其他		
马病	非洲马瘟	病毒分离	*荧光PCR*	快速ELISA（利用多克隆抗体PAbs或单克隆抗体Mabs）		间接ELISA（以重组VP7蛋白为抗原）、CFT、NS3-ELISA、免疫印迹、病毒中和试验	
	马传贫		PCR	ELISA、D-FAT		AGID、*ELISA（竞争和非竞争）*	
	马鼻肺炎	病毒分离	PCR、探针杂交	ELISA、D-FAT、免疫过氧化物酶染色试验	组织病理学检查	*VNT*、ELISA、CFT	
	马鼻疽	细菌培养	PCR、荧光PCR	免疫组化试验	镜检、接种动物	CFT、ELISA、亲和素—生物斑点ELISA	mallein试验
羊病	小反刍兽疫	病毒分离	RT-PCR	捕获ELISA、AGID、对流免疫电泳	剖检、组织病理学	VNT、*竞争ELISA*	
	羊传染性胸膜肺炎	支原体培养	PCR	I-FAT、培养抑制试验、培养琼脂免疫沉淀试验	镜检、生化试验	CFT、竞争ELISA、乳胶凝集试验	
	羊布病（不含绵羊种布鲁氏菌感染）	细菌培养	PCR、RFLP		生化试验，染色镜检	缓冲布鲁氏菌抗原试验（虎红凝集）、CFT、间接ELISA、荧光偏振试验	*变态反应试验*
猪病	非洲猪瘟		PCR、荧光PCR	D-FAT	血吸附试验、接种猪	间接ELISA、*I-FAT*、免疫印迹、对流免疫电泳	
	猪瘟	病毒分离	RT-PCR	捕获ELISA、D-FAT		VNT（用荧光或过氧化物酶检测）、ELISA	
	猪水疱病	病毒分离	RT-PCR	间接ELISA		VNT、*ELISA*	

* 牛布鲁氏菌病其他检测方法有：γ干扰试验、血清凝集试验、奶样检查。

（说明：本表是依据2009年版本《OIE陆生动物诊断与疫苗手册》编写的。表中英文缩写分别是：AGID，琼脂凝胶免疫扩散；ELISA，酶联免疫吸附试验；HI，血凝抑制试验；D-FAT，直接荧光抗体试验；I-FAT，间接荧光抗体试验；PCR，聚合酶链式反应；REA，限制性内切酶分析；RFLP，限制性片段长度多样性；RT-PCR，反转录聚合酶链式反应；SNT，血清中和试验；VNT，病毒中和试验；CFT，补体结合试验；VNTR，多位点串联重复序列）

上面提到OIE对一些重大动物疫病的诊断规定了其指定方法和替代方法。这些方法多数是实验室检测方法。其中，最为常见的有两类：病原学检测（检测病原）方法和血清学检测（检测抗体）方法。

12.1.1 病原学检测

病原学检测可以说明样品中是否存在某种病原微生物，通常是疫病确诊依据；通过对病原核酸序列或抗原特性进行分析，还能确定病原演变情况。

病原检测方法一般可以分为以下四大类。

(1) 病原本身的检测 这类检测针对的是病原本身，包括寄生虫的肉眼或显微镜观察、细菌的显微镜观察、病毒的电子显微镜观察、病原的分离和鉴定等。病原的分离与鉴定往往是经典的诊断方法，也有利于对病原进行深入的研究，但这种方法往往费用较高，而且费时，生物安全方面要求也最高。病毒的分离通常采用细胞培养或鸡胚培养的方法；细菌的分离通常采用某种营养琼脂培养的方法；有些病原可以用实验动物进行分离。分离的病原一般都需要对病原的生物学特征（如细菌的生化反应）、病原的蛋白质或病原的核酸进行分析来鉴定。

(2) 病原特有的蛋白质的检测 病原特有的蛋白质的检测通常采用免疫学检测技术，把病原特有的蛋白质当作抗原，用与其对应的抗体进行检测。临床上，用胶体金试纸条检测发病鸡的粪便样品是否含有 H5 亚型禽流感病毒，实际上是检测粪便中是否含有 H5 亚型禽流感病毒特有的 H5 亚型血凝素蛋白，试纸条中含有专门针对此蛋白的抗体。如果样品中含有的 H5 亚型血凝素蛋白，那么试纸条中的抗体就会和它反应，并借助胶体金显示出颜色。

(3) 病原特有的核酸片段的检测 病原特有的核酸片段检测，现在用得最多的是聚合酶链式反应方法，即 PCR 方法。原理上，PCR 方法检测样品中是否含有病原微生物特有的核酸序列（相当于人的指纹），来确定是否存在病原。它是通过一种特殊的生物试剂，也就是耐热的 DNA 聚合酶，对样品中存在的微量的病原微生物特有的核酸序列进行大量扩增，使之能够显示出来。

(4) 动物试验 对于羊痘、马传染性贫血、非洲猪瘟等疫病，也可以采取合适的样品，接种敏感动物，观察是否出现典型的临床症状，来进行病原的检测。动物试验的优点是可以摒除一些非致病的病原，有时敏感性很高，也有利于扩增病原进行后续工作，但往往需要比较好的生物安全设施和严格的生物安全管理。

12.1.2 血清学检测

在没有人工免疫的情况下，血清学检测可以说明被测动物是否感染过某种疫病；如进行了人工免疫，血清学检测可说明是否产生抗体免疫应答。有时，血清学检测也可说明母源抗体水平。

血清学检测方法一般包括以下七类。

(1) 免疫沉淀反应 (immuno-precipitation reaction) 典型的例子是琼脂扩散试验。其原理是某种蛋白质（也就是抗原）和对应的抗体分别自琼脂凝胶（类似于凉粉）两个孔向外扩散，在相互接触的地方，由于抗原和抗体具有较强的结合力而形成肉眼可以观察的沉淀线。

(2) 免疫凝集反应 (immuno-agglutination reaction) 典型的例子是细菌凝集试验。某原理是某种细菌作为抗原和对应的抗体接触后，由于抗原和抗体具有较强的结合力，使得原本分散的细菌被抗体交织成紧密的立体的网状结构，形成凝集现象，肉眼上，原本浑浊的液体变得清晰。

(3) 免疫组化试验 (immuno-histochemistrical tests) 利用抗原与抗体特异性结合的原理，通过化学反应使标记抗体的显色剂（荧光素、酶、金属离子、同位素）显色来确定组织细胞是否含有某种抗原，可以对病原的蛋白（即抗原）进行定位、定性及定量研究，包括直接荧光抗体试验（direct fluorescent antibody test，即特异性抗体与荧光素结合，制成荧光特异性抗体，直接与细胞或组织中相应抗原结合，在荧光显微镜下在抗原存在部位呈现特异性荧光）、间接荧光抗体试验（indirect fluorescent antibody test，即先用特异性抗体，或称第一抗体，与组织细胞中抗原反应，随后用缓冲盐水洗去未与抗原结合的抗体，再用间接荧光抗体，也称第二抗体，与结合在抗原上的抗体结合，形成抗原—抗体—荧光抗体的复合物，由于结合在抗原抗体复合物上的荧光抗体显著多于直接法，从而提高了敏感性）。

(4) 血凝试验和血凝抑制试验 (HA - HI test) 流感病毒、新城疫病毒等一些病原具有吸附某些动物红细胞的特性，这些病原和红细胞相互混合之后，使得红细胞发生凝集，这种凝集现象可以被特异性抗体抑制，这就是血凝和血凝抑制（HA - HI）试验的原理。HA 试验不具有特异性，因为多种病原都具有血凝特性，但是血凝抑制试验具有特异性，H5 亚型流感病毒的血凝现象只能被 H5 亚型流感病毒特异性抗体所抑制，不能被 H3 亚型流感病毒特异性抗体所抑制，更不能被新城疫特异性抗体所抑制。

(5) 中和试验 (neutralization test) 中和试验往往是针对于病毒病的。某动物如果自然感染某种病毒，或人工接种相应的疫苗，那么一段时间后，此动物的血清一般含有针对此病毒的特异性抗体。用其血清和此病毒按照一定比例相互混合后，则可以使得病毒失去感染细胞或动物的能力；相反，阴性血清和该病毒相互作用，该病毒仍然具有感染细胞或动物的能力。中和试验往往是血清抗体检测的“金标准”方法之一，但是有些以细胞免疫为主的疫病，感染的动物并不一定产生具有中和病原毒力作用的抗体。此外，中和试验往往生物危险性比较大，而且耗时比较长，对技术的要求也比较高。

(6) 补体结合试验（complement fixation test） 补体结合试验的原理是抗体和特异性的抗原结合后，抗体尾部隐藏的补体结合位点暴露出来，从而能够结合补体。补体结合到抗体上，能够发生相应的肉眼可见的生化反应。补体结合试验往往也是血清抗体检测的“金标准”方法之一，但是对技术的要求也比较高。

(7) 固相免疫检测（solid-phase immunassay） 典型的例子是酶联免疫吸附试验（ELISA）。ELISA 有多种检测形式。最简单的检测形式是间接 ELISA。其基本原理是将抗原固定在 ELISA 板中（一种塑料的表面），如果血清中含有对应的抗体，则这些抗体的头部能够与固定的抗原结合，然后通过洗涤，洗去被测血清中没有结合的生物分子，再加入某种酶标记物（这种酶标记物能够结合被测血清中抗体分子的尾部），然后再洗涤，把没有结合的酶标记物洗去，最后再加入显色剂来显示 ELISA 板中是否发生了抗体分子和抗原分子特异反应，如果发生了特异反应，则有颜色反应，说明血清中有特异性抗体的存在。

胶体金免疫检测（colloidal gold immunoassay），包括早孕试纸，也是一种固相免疫反应。例如，检测禽流感抗原的胶体金试纸将特异性的抗体固定在试纸的特定位置上，如果待测的样品中含有禽流感病毒的蛋白（也就是抗原），则这些抗原将结合在这些固定的抗体上，结合后又导致试纸上能够扩散移动的携带有胶体金颗粒的抗体结合在这个特定的位置（这些携带有胶体金颗粒的抗体也与禽流感病毒抗原发生结合），从而显示出颜色；如果待测的样品中没有禽流感抗原，则没有相应的抗原结合在这些固定的抗体上，使得携带有胶体金颗粒的能够扩散移动的抗体无法结合在这个特定的位置，从而不显示颜色。

12.2 动物疫病诊断方法评价指标

不同的诊断或其对应的样品检测方法具有不同的优缺点，正确评价各种诊断方法的优缺点是分析诊断结果的前提和基础。在这个方面，通常有以下一些评价指标。

(1) 有效性（validity） 即诊断结果能否说明需要回答的问题。

(2) 准确性（accuracy） 即诊断结果和真实情况吻合程度。

(3) 精确性（precision） 同一对象多次诊断或检测的结果之间相互吻合

的程度，统计上常用标准偏差表示精确性。

(4) 可重复性（repeatability） 是反映同一样品按照同一方法在同一实验室重复诊断，每次诊断的结果相互吻合程度。

(5) 可复制性（reproducibility） 是反映同一样品按照同一方法在不同的实验室重复诊断，每次诊断的结果相互吻合程度。

(6) 诊断的灵敏度（diagnostical sensitivity） 这是反映阳性样品被诊断为阳性的概率。如果某次针对猪瘟病毒的诊断，57％的猪瘟病毒阳性样品被诊断为阳性，而剩余的43％猪瘟病毒阳性样品被诊断为阴性（此种阴性被称为假阴性，false negatives），则这次诊断的灵敏度为57％。此外，还有一种属于分析上的灵敏度（analytical sensitivity），它是用来表示检测的极限，如方法A能检测到10个病毒，而方法B只能检测到10 000个病毒，那么方法A比方法B的灵敏度高。

(7) 诊断的特异性（diagnostical specificity） 这是反映确实为阴性样品被诊断为阴性的概率。如果某次针对猪瘟病毒的诊断，89％的猪瘟病毒阴性样品被诊断为阴性，而剩余的11％猪瘟病毒阴性样品被诊断为阳性（此种阳性被称为假阳性，false positives），则这次诊断的特异性为89％。此外，还有一种属于分析上的特异性（analytical specificity），表示某种方法能够把其检测的对象与其他物质区别出来的能力，如用某一检测猪瘟的PCR试剂盒检测猪的各种疫病的标准样品，只有猪瘟标准样品是阳性的，那么这个试剂盒在分析上的特异性很好。

(8) 真阳率（predictive positive value）**和真阴率**（predictive negative value） 这两个概念分别表示诊断为阳性的样品中确实为阳性样品所占的比率，以及诊断为阴性的样品中确实为阴性样品所占的比率。很多文献将它们直译为“阳性预测值”和“阴性预测值”，实际上，它们和预测没有什么关系。

例如，某次诊断一共判断200个H9亚型禽流感阳性动物和400个H9亚型禽流感阴性动物，这200个诊断为阳性的确实为阳性动物中有180个的确为阳性，而400个诊断为阴性的动物中有300个的确为阴性，那么这次诊断的真阳率为180/200＝90％，真阴率为300/400＝75％。

真阳率和灵敏度的计算容易混淆，真阴率和特异性的计算也容易混淆。它们表达的意思差别如下：

灵敏度：确实为阳性的样品被检测为阳性的比率。

真阳率：被检测为阳性的样品确实为阳性的比率。

特异性：确实为阴性的样品被检测为阴性的比率。

真阴率：被检测为阴性的样品确实为阴性的比率。

很多情况下，诊断的灵敏度和特异性与判断标准的设置密切相关。例如，用某种间接 ELISA 方法来诊断抗体，真实的阳性样品和真实的阴性样品诊断结果的分布曲线如图 12－1 所示。当阳性结果判定标准为 A≥0.20 时，则灵敏度较高（因为几乎所有的实际为阳性的样品都被诊断为阳性），而特异性较差（因为有不少实际为阴性的样品被诊断为阳性）；当阳性结果判定标准为 A≥0.30 时，则灵敏度较低（因为有不少实际为阳性的样品被诊断为阴性），而特异性较好（因为几乎所有的实际为阴性的样品都被诊断为阴性）。阳性和阴性结果的判断标准有时也叫临界值（cut-off value）或阈值（threshold）。

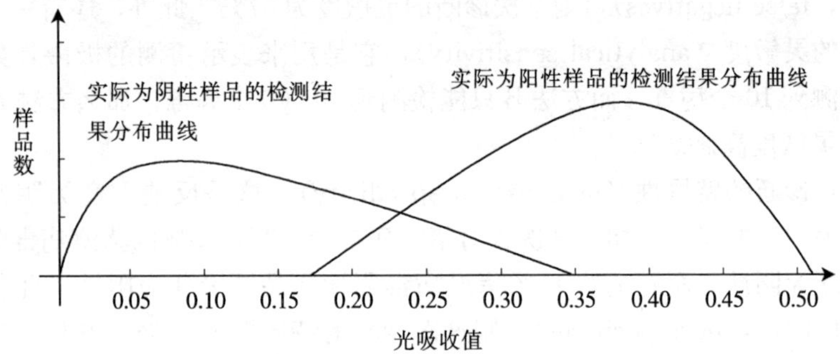

图 12－1 某次 ELISA 检测实际为阳性样品和实际为阴性样品的光吸收值分布情况

12.3 诊断方法的选择

在国际兽医事务中，动物疫病诊断方法或其对应的样品检测方法的选择需要考虑以下因素：

（1）是不是 OIE 指定方法或替代方法，如果仅仅是替代方法，则还要确定这种替代方法是否得到相关方面的认可；

（2）这些方法的各项性能指标，特别是有效性、灵敏度和特异性；

（3）这些方法的操作难度；

（4）这些方法在操作上的危险程度（有些检测需要采用一些有毒有害试剂或有生物危险的材料）；

（5）这些方法需要的时间；

（6）相关试剂的可获得性；

（7）相关试剂的稳定性；

（8）相关试剂的价格。

12.4 诊断结果的分析

分析疫病诊断或者样品检测结果时，需要注意以下几个问题：

（1）按照上述指标，对诊断方法本身的评价如何？

（2）诊断或检测过程中，是否设置了阳性对照和阴性对照？这些对照的结果是否和预期一致？

（3）诊断或检测过程中，在管理上有没有质量控制机制（相关人员的责任心以及操作的规范性是保证结果准确性的重要保证）？

（4）病原的存在、抗体的消长与疫病或感染之间的关系如何（例如，有时检测到猪瘟病毒不一定表示这种病毒导致了所见的疫病；有时没有检测到猪瘟抗体不一定表示对应的猪没有感染猪瘟病毒）？

（5）诊断结果与流行病学特征是否一致？

对于上述第五点，有些传染性强的疫病不大可能仅仅出现单个病例。如某个不免疫无口蹄疫的地区牛饲养密度较高，从该地区随机抽取了300头牛，进行口蹄疫抗体检测，结果发现其中2头牛口蹄疫抗体阳性，则需要对2份诊断阳性的牛所在的群体立即进行流行病学调查。因为对于不免疫无口蹄疫地区，如果这2头牛确实感染了口蹄疫，则其疫情应当迅速扩散开来，而不仅仅局限于这两头牛。如果流行病学调查结果排除这两头牛所在的群体存在口蹄疫疫情，则可以在很大程度上判断这两头牛口蹄疫抗体阳性诊断结果是假阳性结果。这个基本原理在国际兽医事务中是被认可的。

13 动物疫病的监测

13.1 国际动物疫病状况的监测简介

通常，监测的目的是说明是否存在某种疫病、某种疫病发生情况，或者尽早发现外来动物疫情或新发动物疫病。动物疫病监测是动物疫病防控的一项基础性工作，也是国际无疫认证和动物或动物产品进出口风险分析的前提之一。这一部分按照《OIE 陆生动物法典》相关规定，阐述一个国家、地区或生物安全隔离区在开展国际认证性监测工作时，需要掌握的相关知识。

13.1.1 OIE 对动物疫病监测总体要求

OIE《陆生动物卫生法典》阐述一些共性的原则，这些原则适合于 OIE 所有法定疫病。此外，针对禽流感、口蹄疫、疯牛病等少数疫病，OIE《陆生动物卫生法典》还有一些特殊的规定。除非获得了确切的关于某种疫病或感染的特殊信息，任何一种疫病的国际认证性监测都必须遵循下面所述的原则。

OIE 评价一个成员动物卫生状况和监测报告，有三个前提要求：①成员遵守《OIE 陆生动物法典》关于兽医机构效能（Performance of Veterinary Services，PVS）评估的有关条款（见本书相关章节）；②如果可能，监测数据得到其他方面信息的补充和支持（如科技出版物、研究数据、田间观测记录、与感染有关的流行病学数据，包括环境、宿主分布和气候、动物和动物产品流通和贸易方式、国内动物卫生法规及其限制作用和实施效果、潜在感染物质的进口史和采取的生物安全措施等）；③始终保持监测计划、监测工作、监测数据和监测信息的透明度，应详细说明各种证据的来源，如流行病学调查的抽样策略、采样时间以及可能产生的偏差等。

13.1.2 监测类型

按照收集数据的方式，监测可以分为主动监测与被动监测；按照关注的疫病，监测可以分为特定疫病或病原监测与一般监测；按照观测对象的选择方式，监测可以分为流行病学调查与非随机抽样监测。

以认证无疫为目的开展的周期性或重复性调查必须使用随机抽样监测，方能从研究群体的调查数据通过有效的统计学计算，来推论整个目标群体的监测数据。

OIE 把监测分为统计性抽样监测（structured population-based surveys，通常是随机抽样监测）和非随机抽样监测（structured non-random surveillance）。非随机抽样监测包括疫病报告或通报系统所包含的监测、控制规划或防疫计划所包含的监测、靶向监测、生物样品库相关的监测、哨兵动物监测、临床监测、宰前或宰后尸检、实验室调研记录、养殖场生产记录等。

非随机抽样监测可以单独执行或与流行病学调查手段相结合。可使用多种方法对非随机抽样监测的数据进行分析。在缺乏数据情况下，可以按照某种科学的、正式的、有记录的方式收集一些专家的意见进行分析。非随机抽样监测的信息来源很多，对多种渠道来源的信息进行综合分析，应有科学依据和详细描述（包括发表的参考文献的引用情况）。每一渠道所获信息的灵敏性、特异性和完整性都应在最终的动物卫生状况评估报告中予以考虑和体现。分析连续收集或间断收集的监测信息时，应考虑信息收集的时间和陈旧信息的价值下降问题。

持续收集同一国家、地区或生物安全隔离区的监测信息，则具有明显的累计效应，能够更令人信服地说明当地的动物卫生状况。但是一次大规模的调查，或综合多种随机或非随机抽样监测的信息，也能达到同样的效果。动物疫病非随机抽样监测系统多种多样，至少包括以下几个类别。

（1）疫病报告或通报系统　疫病报告系统的数据可以结合其他来源的信息，用于动物疫病状况的证实、风险分析和疫病的早期发现。强有力的实验室支持是各种疫病报告系统的重要组成部分，包括通过高特异性的检测方法对临床病例进行实验室确诊。实验室报告应及时，要尽可能缩短从送检到出具报告的间隔时间（外来病确诊时间应以小时计算）。

（2）控制规划或防疫计划　控制规划或防疫计划虽然重点是特定疫病的控制或消灭，在设计中也应充分考虑如何获得科学可靠的系统监测信息。

（3）靶向监测　靶向监测所监测的对象是疫病发生风险较高的动物群体，如淘汰或死亡的动物、泔水饲喂的动物、表现临床征兆的动物、特定区域内的动物或特定年龄组的动物。

（4）宰前和宰后检验　屠宰场检疫通常能够提供重要的监测信息。如果使用检疫信息，则主管当局应事先明确屠宰场检疫系统针对某一病原或疾病检测的灵敏性和特异性。影响屠宰检疫准确性的因素包括：检验工作人员的培训水平和经验；不同技术水平人员所占比例；主管当局对宰前和宰后检验的监督和管理情况；屠宰场所建筑质量、屠宰流水线速度和照明质量等；工作人员的责任心和积极性。

由于屠宰场屠宰的动物大多数是供人类消费的特定日龄和特定种类的动物，因此屠宰检疫所覆盖动物群体与目标群和研究群相比，可能偏差明显。考虑到疫情追溯和疫病的空间分布分析和畜群分布分析的需要，在可能的情况下，运用追溯系统将每一屠宰动物与其来源地对应起来。

(5) 实验室调研记录 实验室调研记录中蕴含大量有价值的监测信息。一个国家的监测系统如果能够汇总国家级的、经过认证的、高校院所的或私人的实验室数据，则其涵盖面将得以显著提高。实验室数据的价值取决于是否拥有标准的诊断规程、标准的数据记录及说明。和屠宰检疫一样，实验室的检验也要有追溯机制，能够明确样品的来源。

(6) 生物样品库 生物样品库常为回溯性研究提供帮助，也可以为宣布历史无疫提供便捷和廉价的研究材料。

(7) 哨兵动物监测 哨兵动物监测（sentinel animal surveillance）的对象是在特定区域内设置的健康和免疫等情况明确的动物。此类监测目的是确定这些动物是否感染某种疫病，通常采用血清学检测方法。这种监测对于区域性很强的疫病，如虫媒病毒病特别重要。

(8) 临床观察 临床观察是监测数据的重要来源之一，其灵敏性和特异性相对较低。但在使用明确的病例定义条件下，临床观察显得简便易行。对相关人员开展临床观察和报告的培训非常重要。理想状况下应记录所有观察的动物数量和怀疑为阳性的动物数量。

(9) 养殖场生产记录 系统分析养殖场生产记录可发现动物群体存在或不存在感染的征兆，其灵敏度很高，但特异性常常很低。

13.1.3 监测方案设计的关键因素

在监测系统质量评估中，下列关键因素应予以详细说明。

(1) 总体（population） 理想状况下，监测应考虑国家、地区或生物安全隔离区中所有易感动物群体。如果监测的对象只是总体中某一亚群，那么最终的推论应持谨慎态度。例如，只调查了仔猪腹泻的流行率和病死率，不能据此推论所有猪群腹泻的流行率和病死率。

(2) 流行病学单元（epidemiological unit） 流行病学单元是指具有明确的流行病学关系、暴露于某一病原的可能性大体相同的动物群，如同一个村庄散养的家禽，或同一个棚舍里的奶牛群。对监测系统中的流行病学单元应予以定义和文件说明，确保其群体代表意义。在选择流行病学单元时应考虑宿主、携带者、载体、免疫状况、遗传抵抗力和年龄、性别等因素。

（3）抽样（sampling） 抽样的目的是通过调查部分情况来反映总体情况。应使用最科学的抽样方法，使得抽取的部分能够可靠地反映总体的情况。提升样本的代表意义，克服不同的环境和生产系统造成的误差。有时可以采取针对特定的高风险群体的监测方式，来判定总体中某种疫病的存在状况，此时结论的推断应慎重。

从总体中挑选流行病学单元时，应使用概率抽样（如简单随机抽样），如不能实现，采取的抽样方法应尽可能使产生的样本能代表总体。计算样本量的方法依赖于调查的目的、预期流行率、置信度和检测方法优劣等。

任何情况下，每一阶段使用的抽样方法应予以文件记录和证明。

（4）疫病的聚集现象（clustering） 一个国家、地区或生物安全隔离区内的感染大多呈聚集状，而不是均匀分布或随机分布。聚集现象可发生在不同层面，如一个群体中的某些动物感染比重较高，一个饲养房中的某些畜栏的动物感染比重较高，或者一个生物安全隔离区内的某些养殖场动物感染比重较高。规划监测活动、分析监测数据时，应充分考虑疫病的聚集现象，特别是一些有重要意义的疫病聚集现象情况。

（5）病例定义（case definition） 针对监测中涉及的每一个病原，应详细阐述病例的定义，做到清晰明确。如果OIE《陆生动物卫生法典》存在这些定义，则使用其标准定义。

（6）分析方法 应运用适当的方法分析监测数据，并在合适的组织水平上进行分析，以利于有效决策的制定。分析方法应当具有一定的灵活性，以应对复杂多样的现实。不存在某种可适用于所有监测数据的共用的分析方法。需要采用不同的方法来分析不同病原的、不同生产或检测系统的、不同类型的和不同容量的数据和信息。采用的分析方法应基于科学思维，且与本章规定保持一致，还应得到包括专家意见在内的各种信息和科学文献支撑，并予以详细说明。在数据的量与质足够情况下，才能运用复杂的数学或者统计分析方法。应鼓励检验不同的分析方法得到的结论是否一致，应确保透明度，以保证决策的制定公平、合理和有连贯性，并易于理解。结论中的不确定性和所作假设及其产生的影响应予以书面记录。

（7）检测与早期检测系统 监测中，通过采用合适的病例定义，利用一种或多种检测方法来判定感染或免疫状况。在这种层面上，检测应包括从具体的实验室操作到田间观察以及生产记录分析。群体水平上的检测应对其敏感性、特异性和预期值等参数予以准确的描述。这些参数会影响监测结论的推导，因此，在监测系统的设计和监测数据的分析中，应充分考虑这些参数。应详细说明检测的灵敏性和特异性以及确定或估计该值的方法。如果《陆生动物诊断与疫苗手册》中对某一检测方法的灵敏度或特异性做了说明，应作为指导。来自不同的动物或单位的样品有时可以混合一起按照某一检测程序进行检测。检测结果中，应说明按照此程序进行混合样品检测所具有的灵敏性和特异性。

与检测相关的还有一个重要的术语：早期检测系统（early detection system)。此系统是国家兽医机构管理的快速识别动物疫情的工作体系，它应具备下述七个特征：①基层监视所针对的动物群体具有全国代表性；②能够开展有效的动物疫病流行病学调查和报告；③具备能够开展诊断和鉴别诊断的相关实验室；④针对兽医、兽医助理等人员，有针对异常动物卫生事件发现和报告的培训计划；⑤私人兽医对兽医机构担负一定的法律义务；⑥是面向兽医机构的即时报告系统；⑦是一个全国的链式指挥系统。

(8) 质量保证和误差 监测系统应遵循质量保证原则，并定期进行审核，以确保构成系统的所有要素运转良好，能提供可检验的程序文件，能够提供运作过程与最初设想发生明显偏离的基本检查。

在结果分析上，监测结果可能会存在某种或某些偏差（bias)，在评估结果时，应注意识别会导致高估或低估有关参数的偏差。

(9) 数据收集和管理 监测的成功取决于可靠的数据收集和管理，这一过程可通过纸质记录或计算机处理进行。即使不是为了调研目的而进行的数据收集，如在疫病控制的干预活动、流通控制中的检验以及疫病消灭计划时进行的数据收集，采用统一的格式进行数据收集和事件报告，至关重要。影响数据收集质量的主要因素有 4 个：①从基层向监测系统中心提供和传输数据的参与者的分布和交流；②数据处理系统是否能够发现数据遗漏、不正确数据和数据不一致等问题，是否有能力解决这些问题；③维护大量的零散数据的能力；④数据处理和交流过程中尽可能减少抄录错误。

13.2 无疫或无感染国际认证的监测要求

13.2.1 原则性要求

(1) 原则性要求 OIE 关于无疫认证（disease-free certification）或无感染认证（infection-free certification）的各项规定依据 13.1 部分所述的原则外，还要考虑以下四方面因素：①在无病和不进行免疫接种时，畜群经过一段时间会变得更易感；②这些规定所涉及的病原，对于易感动物可产生明显的临诊症状；③如果疫病发生，兽医机构能进行强有力的和有效的疫病调查、诊断和报告；④开展的疫病调查和报告工作能证明易感畜群长期无疫病或无感染状态。

（2）历史无感染或证明无感染　除非OIE《陆生动物卫生法典》另有特殊规定，当一个国家或地区从来没有发生过某种疫病，或者该疫病或感染已经消灭或已停息至少25年，则无需正式实施病原学监测计划，即可认为无感染。此情况称为历史无感染（historically free）。历史无感染的申请还需要满足以下条件：①过去10年至今，申报国家或地区将此病定为法定报告疫病；②申报国家或地区针对所有种类的易感宿主的早期检测系统得到有效运行；③申报国家或地区预防此病入侵的措施到位，且除非OIE另有特殊规定，对该疫病不进行免疫接种；④申报国家或地区没有发现其境内野生动物中存在此病。

对于在过去25年内消灭的疫病，应遵守OIE《陆生动物卫生法典》规定的病原学监测要求。如OIE《陆生动物卫生法典》无特殊规定，则过去10年至今，如果一个国家或地区将此病定为法定报告疫病，其早期检测系统得到有效运行，已实施预防疫病或感染入侵的措施，对该疫病不进行免疫接种（OIE《陆生动物卫生法典》另有规定除外），并且已知野生动物中没有感染（在有任何证据表明野生动物中存在感染情况下，任何国家、地区或生物安全隔离区都不得申请历史无疫，但野生动物疫病监测不是必须的），也可认定无疫或无感染状态。

无感染意味着该国家、地区或生物安全隔离区内不存在病原。现有的科学方法尚不能完全肯定无感染存在，证明无感染必须提供充足的证明以显示动物群体内无相关病原，其置信度须为各成员接受。在100％的置信度上证实群内无感染是不现实的，因为这需要灵敏性和特异性都达到100％的完美的检测方法同时对群内每一个动物进行试验。现实的做法是提供足够证据来证明，即使存在感染，其程度很低，以致可以忽略。

与流行病学调查相比，长期的靶向监测可提高无疫或无感染监测的置信度，在相同的置信度上能检出更低水平的感染。

（3）认证无疫后停止病原学监测指导原则　按照OIE《陆生动物卫生法典》，同时满足以下5个条件：该病为法定报告疫病、已实施早期监测系统、已实施预防疫病或感染传入的措施、对该病不进行免疫接种、特定监测证明野生动物群不存在感染等，认可为无疫的国家、地区或生物安全隔离区，可停止病原学监测而保持无疫状态。

（4）自我宣布无疫或无感染　按照OIE《陆生动物卫生法典》相关规定，OIE成员满足一些条件后，可以自我宣布一个国家或地区没有某种动物疫病，而且OIE应成员的要求，可以公开发表这一信息。

(5) 无疫或无感染的国际认可 对OIE有正式的认证程序的疫病，希望申请认证的成员，须通过其常驻代表，按OIE动物疫病科学委员会所规定的准则，向OIE呈送关于该国家、地区或生物安全隔离区所有的有关文件。文件应符合OIE相关要求。

13.3 疯牛病国际认证性监测

13.3.1 基本要求

(1) 记录要详细完整，应有成年牛群的年龄分布、按照年龄和亚牛群进行分层而作BSE检测的牛的数量、监测方案的设计等数据记录。

(2) 监测方案应保证样品对该国的牛群具有代表性，并且要考虑生产类型、地理分布和畜牧业运作方式。所用的方法和所作的假定应全部记录在案，档案要保存7年以上。

(3) 已被认定为BSE风险可忽略国家可以采用B类监测，以维持该国BSE风险的认定。

(4) 已被认定为已控制BSE风险的国家在完成A类监测后可以采用B类监测，以巩固该国BSE风险评估的认定。

(5) BSE风险不确定的国家进行A类监测，达到了监测分数要求，可以在申请认定为已控制BSE风险的国家期间，可以用B类监测代替A类监测。

(6) 其他情况下，需要采取A类监测。

13.3.2 监测分值要求

OIE要求每一个申报BSE状况认定的国家必须针对BSE开展实验室样品监测活动，并且必须达到一定的分数。每个国家需要达到的分数值与牛的饲养总量以及需要采取的监测类别（A类和B类）相关。牛饲养得越多，要求的分数越高（牛饲养量超过100万，按100万计）。其中，一个国家需要开展A类监测还是B类监测参见上述实施要求。

需要指出，表13-1所设定的目标分数值的完成年限最高为7年，样品的采集应至少从下面将要讲述的4个类别的牛中3个类别的牛群中采集。

BSE监测分数的计算与检测牛的年龄、类别和数量相关，具体的计算方法参照表13-2。

表 13-1　存栏量不同的国家监测分数值要求

成年牛（不小于 24 个月）存栏量（只）	A 型监测达标分数	B 型监测达标分数
＞100 万	30 万	15 万
80 万～100 万	24 万	12 万
60 万～80 万	18 万	9 万
40 万～60 万	12 万	6 万
20 万～40 万	6 万	3 万
10 万～20 万	3 万	1.5 万
5 万～10 万	1.5 万	0.75 万

表 13-2　不同类别和年龄牛群中采集样品进行监测后每头牛的分数值

年龄（岁）	常规屠宰牛	死牛	异常或需要急宰牛	临床可疑牛
＞1，＜2（幼牛）	0.01	0.20	4	N/A
＞2，＜4（青年牛）	0.1	0.2	0.4	260
＞4，＜7（中年牛）	0.2	0.9	1.6	750
＞7，＜9（年长牛）	0.1	0.4	0.7	220
＞9 岁（老龄牛）	0	0.1	0.2	45

表 13-2 中，各类别的牛的定义如下：

(1) 常规屠宰牛　指常规屠宰的 36 月龄以上的牛。经验表明，这类牛对于 BSE 监测而言，价值很小。

(2) 死牛　指 30 月龄以上的在农场或运输途中或屠宰场死亡或宰杀的牛。经验表明，这类牛 BSE 流行率比较低。

(3) 异常或需要急宰牛　指 30 月龄以上表现出精神沉郁、不活动或者不能起身或者在没有帮助的情况下不能行走的牛，或需要急宰的或宰前检疫异常的 30 月龄以上的牛。经验表明，这类牛 BSE 流行率仅次于下述临床可疑牛。

(4) 临床可疑牛　指 30 月龄以上表现出前面所述的与 BSE 临床表现相一致的牛。本亚群中的 BSE 流行率通常最高，监测价值最高。

13.3.3　澳大利亚的经验

澳大利亚是一个养牛大国，每年宰杀的牛接近 700 万头。另外肉牛的养殖量有 2 400 万头，奶牛超过 200 万头。

澳大利亚近年来多次向OIE递交其BSE风险状况申请材料，2008年终于被OIE认定为BSE风险可忽略国家，为澳大利亚牛和牛产品的出口提供了保障。澳大利亚申请成功的原因在于以下几点。

(1) 认真理解OIE的法则 澳大利亚首先认真研究了OIE《陆生动物卫生法典》中关于BSE风险状况认定的要求，并设计了合理的执行方案，使得澳大利亚从风险分析、BSE实验室样品监测、宣传教育活动和强制报告等4个方面都达到了OIE的要求，并且所有工作都有详细的记录和档案。

(2) 特殊的地理位置和完善的法律法规 澳大利亚是一个岛国，除了和新西兰比较接近以外没有其他国家与其接壤。这为BSE的外来入侵设置了天然的屏障，配合国内完善的法律法规的有效实施，除了政府允许的进口外，很难有其他非法的反刍动物产品进入本国。而新西兰没有发生过疯牛病和痒病，因此两国间的反刍动物产品贸易也被认为是几乎不存在传播BSE的风险。这些因素将外来BSE致病因子的释放风险降到了最低。

从1997年，反刍动物饲料禁令在澳大利亚的每一个州和地区都得到了立法支持，并有第三方审查和行业质量保证的程序保证其实施。除了上述的饲喂禁令外，在牛脂生产、下脚料的炼制、动物蛋白的生产和不同质量产品的不同用途以及厂房建设和生产工艺的要求等方面，都有详细的法律法规。这些法律法规的颁布使暴露风险的几率大大降低。

(3) 高效的BSE监测工作 澳大利亚兽医部门对牛群和羊群传染性海绵状脑病的监测工作卓有成效，其特点是采集样品的高效率和全面性。从1998年开始，到2006年，澳大利亚每年BSE检测的数量只有几百头，9年的总检测数量也只有3 749头。如此小的检测数量却超额完成了OIE《陆生动物法典》中关于BSE的A类监测要求。究其原因在于抽样的高效率。按照OIE关于BSE监测采集样品的分数值，临床疑似病例的分值较其他类型样品的分值高很多，澳大利亚通过其完善的基层报告制度，虽然检测数量较少，但却都是临床疑似病例，从而以较少的监测数量取得了较大的监测分数值。这也就是其高效率所在。

在注重检测高效性的同时，为了使监测工作不出现监测盲区，并符合OIE的监测要求，澳大利亚通过研发项目的形式，于2001年和2002年检测了438头死牲畜、81头需要紧急屠宰的牛、414头在反刍动物饲料禁令实施之前饲喂了肉骨粉的老年奶牛，以及388头成年瘤牛（Bosindicus cattle，非欧洲品种）；2004年开始，每年对无法行走或死亡的1 800头成年牛和200只成年羊进行检测；2004—2006年，对3 600多头死亡和意外死亡牛进行了检测；1999—2006年，共有55头进口的动物接受了疯牛病检测，结果全为阴性。这使得澳大利亚满足了 OIE 要求的必须至少检测表 12－2 中 3 种类别牛的规定。

1992 年，澳大利亚检测出一头猎豹患有海绵状脑病；2002 年，澳大利亚又检出一只在动物园突然死亡的猫患有海绵状脑病，并对这两起病例进行了妥善处理。这些工作，按照本书第十五章所述的国际认证性监测指南，是对 BSE 风险认证监测的有力支持。

13.4 禽流感国际认证性监测

13.4.1 基本概念

NAI（notifiable avian influenza，须申报禽流感）：是指任何 H5 或 H7 亚型禽流感病毒（avian influenza virus，AIV），或静脉致病指数（IVPI）大于 1.2 的 AIV，或造成至少 75%死亡率的 AIV 所致的家禽感染。NAI 病毒被分为高致病性须申报禽流感（HPNAI）病毒和低致病性须申报禽流感（LPNAI）病毒两种。

HPNAI 病毒：对 6 周龄易感鸡的 IVPI 大于 1.2，或静脉感染 4～8 周龄易感鸡的死亡率不低于 75%。对于 IVPI 低于 1.2 或在静脉接种的致死性试验中死亡率低于 75%的 H5 和 H7 亚型流感病毒，如果其血凝素裂解位点的氨基酸排列与其他 HPNAI 分离毒株类似，存在多个碱性氨基酸，也为 HPNAI 病毒。

LPNAI 病毒：指除 HPNAI 病毒以外的所有 H5 和 H7 亚型的 AIV。

LPAI 病毒：如果分离的 AIV 不是 H5 或 H7 亚型，对鸡致病性也不强，则属于 LPAI 病毒。

NAI 病毒感染：分离并鉴定为 HPNAI 病毒，或在家禽或家禽产品检测到 HPNAI 特异性病毒 RNA，或分离到并鉴定为 LPNAI 病毒，或在家禽或家禽产品检测到 LPNAI 特异性病毒 RNA；或家禽中检测到不是疫苗产生的 NAI 病毒的 H5 或 H7 亚型抗体。如果有单个的血清学阳性结果，但完善的流行病学调查显示没有进一步的证据表明发生 NAI 感染，则感染可以被排除。

13.4.2 NAI 状况认定

OIE《陆生动物卫生法典》规定：

(1) NAI 的潜伏期为 21 天。

(2) AIV 在野鸟体内的存在是一个特殊的问题。原则上，没有一个国家能够宣布本国的野鸟不带 AIV。因此，OIE 对 NAI 的定义仅指家禽感染的 NAI。

（3）无 NAI 养禽场是指该场在按照本章 OIE 规定的方法开展了监测，没有发现 NAI 感染迹象的养殖场。

（4）一个国家或某个地区或生物安全隔离区的 NAI 状况，可以按以下标准确定：①考虑 NAI 发生的各种潜在因素和历史情况，进行风险评估的结果；②NAI 在全国是一种必须申报的疫病，有一个持续进行的宣传项目，并且针对所有被通报的 NAI 可疑疫情均进行现场调查，如有必要应进行实验室诊断；③实施了合适的监测计划，用以发现隐性感染禽，确定野鸟所致的传播风险。

（5）无 NAI 的国家、地区或生物安全隔离区：当一个国家、地区或生物安全隔离区依据 OIE 规定的方法进行监测，如果连续 12 个月没有发现 HPNAI 或 LPNAI 感染，则可被认为无 NAI。

（6）如果以前无 NAIV 感染的国家、地区或生物安全隔离区感染了 NAI，满足如下条件之一可以恢复无 NAI 状态：①发生 HPNAIV 感染，采取扑杀政策（包括所有被污染的器具、场所进行彻底消毒）后，依据 OIE 规定的方法进行持续监测 3 个月，未发现可疑疫情；②发生 LPNAI 感染，如果相应的禽按照 OIE 针对禽肉加工处理的要求进行屠宰，用于消费，或采取了扑杀政策扑杀了这些禽，并且所有被污染的器具、场所进行彻底消毒后 3 个月，而且在此期间依据 OIE 规定的方法进行持续监测 3 个月，未发现可疑疫情。

（7）无 HPNAI 的国家、地区或生物安全隔离区：当一个国家、地区或生物安全隔离区，如果连续 12 个月有证据表明无 HPNAI 感染发生，可考虑为无 HPNAI，即使其 LPNAI 的状态不清楚。如果这个国家、地区或生物安全隔离区依据 OIE 规定的方法进行监测，不符合无 NAI 标准，但分离到 NAI 病毒经过鉴定都不是 HPNAIV，也可以认定为无 HPNAI。

（8）如果以前无 HPNAIV 感染的国家、地区或生物安全隔离区感染了 HPNAIV，采取扑杀政策（包括所有被污染的器具、场所进行消毒）后，依据 OIE 规定的方法进行持续监测 3 个月，未发现可疑疫情，其后可申请恢复无 HPNAI 状态。

13.4.3 监测策略

世界各地 NAI 的影响及流行病学特征有很大的不同，因此证明无 NAI 所采取的监测策略需要结合当地的具体情况（但是都应按照一个持续的项目方式进行 NAI 监测）。在不同的地区，像家禽与野鸟的接触频率、生物安全水平、生产体系和包括家养水禽在内的不同易感禽的混合饲养等因素，变化多端，需要采取相应的监测策略。申报认证的国家或地区有义务提供科学的数据，来说明相关地区 NAI 的流行情况和针对各种风险因素所采取的处理措施。

整体上，禽流感的监测需要考虑以下几个重要问题：

（1）监测系统 兽医行政机构负责建立一个禽流感监测系统，该系统应该符合下列 3 个条件：①具备持续的、正式的调查 NAI 的暴发和检测 NAI 病毒感染的能力；②制定合适而快速的采集和运送样品的程序，便于实验室开展 NAI 快速诊断；③诊断和监测数据的记录、管理和分析的体系合理。

（2）NAI 监测方案设计 NAI 监测方案应包括生产、销售和加工整个过程的可疑病例报告的早期预警系统。每天与家禽接触的农场主和工人以及诊断人员，应该积极主动向兽医当局报告 NAI 可疑疫情。他们应该能够通过某种渠道，如通过私人兽医或兽医助理，获得相应的信息和兽医行政部门直接和间接的支持。所有可疑的 NAI 病例都需要立即调查。在有低致病性 AIV 感染的地区，如果可疑病例不能通过流行病学和临床症状确诊，应该采集样本，并将样本送到经过认可的实验室进行确诊。这需要负责监测的人员能够得到采样设备和材料。负责监测的人员能够从具有 NAI 诊断和控制技术能力的单位获得帮助。一旦怀疑有人感染的病例，必须向相应的公共卫生机构进行通报。

NAI 监测方案应该对高风险动物群和与水禽或其他 NAI 病毒来源密切接触的家禽，进行定期和多次的临床检查、血清学和病毒学检测，高风险动物指的是那些与已感染 NAI 的国家、地区或生物安全隔离区邻近的禽、不同来源的禽混养的地方（如活禽市场）、与水禽或其他 NAIV 潜在宿主临近的家禽。

应该定期对可疑病例进行鉴定。需要对可疑病例进行追踪和调查，以确定或排除其引发的原因是否是 NAI 病毒。不同的生态环境，发生可疑病例的几率不同，因此不能对可疑病例发生的几率做出可靠的预测。所以，申请无 NAI 感染时，需要提供详细的关于可疑病例发生情况，以及如何进行调查和处理的相关材料。这应该包括实验室检测结果和对相关的动物进行调查时的控制措施（隔离检疫、限制动物移动令等）。

（3）监测方法 对于以确定 NAI 发病或感染为目标的监测，监测的目标禽群应该涵盖该国家、地区或生物安全隔离区内所有的易感家禽种类。NAI 的主动监测和被动监测都应进行。主动监测的频次应至少每 6 个月一次。监测须由病毒学、血清学方法和临床方法的随机抽样监测和靶向监测组成。

随机抽样监测：以随机抽样为基础，并要求证明在可接受置信区间内没有 NAI 病毒感染。采样频次视流行病学情况而定。在开展的随机监测中使用《陆生动物诊断与疫苗手册》中所述的血清学方法。对血清学阳性结果，应进一步使用病毒学方法进行检测。

靶向监测：例如在高风险地区或针对高风险禽群而制定的采样监测方式，这是一种合适的NAI监测策略。应同时使用病毒学和血清学监测方法确立高风险禽群。

临床监测：临床监测的目的是在基层发现NAI临床症状。尽管监测的重点是大规模血清学筛查，但不应低估临床监测的作用。对诸如死亡增多、采食饮水减少、出现呼吸道疾病的临床症状或产蛋下降等生产性能的监控，对于早期发现NAI感染十分重要。临床上，有些病例，如低致病性须通报禽流感（LPNAI）仅表现采食减少或产蛋下降。对于任何方法发现的NAI可疑病例，都要先进行临床观察，再进行实验室检测，澄清其是否有NAI感染。实验室检测可以对临床可疑病例进行确诊，而临床监测有助于证实血清学阳性结果。在得出无NAI感染证据之前，应对可疑的禽群采取相应的控制措施（如限制移动）。

病毒学监测：按照OIE《陆生动物诊断与疫苗手册》中描述的试验方法进行病毒学监测，目的是监控风险禽群，确诊临床可疑病例，跟踪调查血清学阳性结果，查验正常的日死亡率，能够及早发现NAI感染。可疑禽群的标识对于鉴定NAI病毒的来源和确定病毒的分子、抗原和其他生物学特征都十分重要。把NAI病毒分离株定期送到地区参考实验室进行遗传学和抗原学的鉴定，很有必要。

血清学监测：血清学监测的目的是检测到NAI抗体。NAI抗体的阳性检测结果可能有4种原因：①自然感染了NAIV；②NAI的免疫接种；③在卵黄中经常发现来自免疫或感染的父母代禽群的母源抗体，在后代禽可持续4周；④检测方法特异性差而产生的阳性结果。有时，可以用其他项目的监测所采集的血清进行NAI的监测。但是，这不能与本指南所述的监测设计原则违背，也不能降低能够发现NAI感染的统计学要求。血清监测发现阳性禽群聚集（clustering）现象，如相邻的一些养鸡场有较多的鸡H5抗体阳性，而其他养鸡场的鸡H5抗体均为阴性，可能是因为免疫接种、自然感染或其他原因。这种现象在流行病学上意义重要，需要调查这种聚集现象产生的真实原因。如果不能排除免疫接种是血清阳性的原因，应采用能区分免疫抗体和感染抗体方法进行鉴别诊断。在证明一个国家、地区或生物安全隔离区无NAI感染方面，血清学监测的结果非常重要，因此必须对这些监测进行详细的记录。

（4）质量控制 一个国家应说明其选择的NAI监测策略，在当前的流行病学背景下是能够发现NAIV感染的。例如，对于有明显临床症状的家禽（如鸡），可以采用临床监测方式，而对于临床症状不明显的家禽（如家鸭），应采用病毒学检测和血清学检测。

对于随机调查，从流行病学的角度来说，其采样方案的设计中需要设置合适的流行率。假如设置的流行率比较小，那么抽取的样本数量就应该比较大，以保证能够检测到感染。申请无疫的国家必须证明，依据监测目的和流行病学情况所设定的流行率和置信水平是合理的。流行率的设置，要以流行病学的当前状况和历史背景为依据。

无论选择什么样的调查，诊断方法的敏感性和特异性是调查设计、样本量确定和检测结果解释的主要影响因素。所用检测方法的特异性和敏感性，最好应该在不同种类家禽的免疫监测、疫情监测等实践工作中得到验证。

无论何种检测体系，监测系统的设计都应预计到假阳性反应的发生。如果已知检测体系的性能特征，可能发生假阳性的比率就可事先计算出来。针对阳性结果，需要按照程序开展有效的后续调查，以便很有把握地确定这些结果是否真实。这些后续的调查包括增加样品检测和信息调查，其中样品的检测需要从最初的采样点以及有流行病学联系的禽群采集样品。

在监测设计方面，证明没有 NAI 病毒感染，需要切实地遵守前面所述的国际认证性监测通用指南，避免监测的可信度不够、花费过多、后勤保障复杂。设计任何监测计划，都需要有能力和有经验的专业人员的参与。

(5) 免疫禽群的病毒学和血清学监测 针对免疫禽群的监测应以病毒学方法和（或）血清学方法以及临床监测为基础，也取决于所使用疫苗的类型。采用岗哨禽是合适的监测策略。这些岗哨禽应是未曾接种、不含 AIV 抗体、有清楚和永久标识的禽。岗哨禽只是在没有合适的实验室操作的前提下设置的。

13.4.4 无 NAI 或 HPNAI 认证的文件要求

(1) 无 NAI 或 HPNAI 依据 一个成员宣布其整个国家、地区或生物安全隔离区无 NAI 或 HPNAI，除了要满足《陆生动物卫生法典》规定的通用条件之外，还要提供有效的监测计划。此监测计划的策略和设计取决于各自的流行病学环境特征，而且必须遵守本书第十五章所述的国际认证性监测通用指南，并且监测结果表明在宣布之前的 12 个月中，易感的家禽禽群（免疫的或者没有免疫的）没有 NAI 或 HPNAI。这需要能够按照《陆生动物诊断与疫苗手册》所述方法进行 NAI 或 HPNAI 实验室检测。此监测计划可以针对高风险的禽群。高风险可以来自落后的生产模式、与野鸟有直接或间接接触、混养不同日龄的禽、当地存在活禽市场、使用可能污染的水源、混养不同种类的禽、生物安全措施不足等方面。

(2) 对采用了免疫接种措施的国家、地区或生物安全隔离区的附加条件 防止 HPNAI 病毒传播的免疫接种，可以是疾病控制计划的一部分。禽群能够防止病毒传播的免疫水平取决于禽群大小、种类组成以及易感禽群的饲养密度，所以很难统一界定。所用的疫苗必须符合《陆生动物诊断与疫苗手册》针对 NAI 所规定的条件。依据所在国家、地区或生物安全隔离区的流行病学特征，可以只免疫某些种类或禽群。

所有免疫的禽群都需开展病毒学和血清学监测来验证无病毒的流行。采用岗哨禽的策略可以进一步提供无病毒流行的依据。依据所在国家、地区或生物安全隔离区的风险大小，这些检测至少每 6 个月或更短的时间重复一次。

此外，还必须提供免疫接种措施有效的证据。

(3) 发生疫情之后恢复无 NAI 或 HPNAI 状态 一个国家在发生疫情之后，其整个国家、地区或生物安全隔离区恢复无 NAI 或 HPNAI 病毒感染，除了要满足 13.4.4 部分上述要求外，还要提供主动监测的结果。此主动监测是根据疫情发生的流行病学特征设计的，是能够 NAI 或 HPNAI 病毒感染的。这项检测必须包含病毒学和血清学监测。设置岗哨禽进行监测，可以提供额外的支持性证据。

(4) 无 HPNAI 的生物安全隔离区中无 NAI 的养殖场 这些养殖场需要按照前面所述的监测指南，进行随机抽样，进行病毒学和血清学监测。依据其感染的风险大小决定这些检测的间隔时间，且至少每 21 天检测一次。

13.4.5 血清学检测结果的解释

感染了 NAI 病毒的家禽，产生针对血凝素（HA）、神经氨酸酶（NA）、非结构蛋白（NSPs）、核蛋白（NP）、基质蛋白（MP）和聚合酶复合体蛋白的抗体。NP 或 MP 抗体的检测包括直接酶联免疫吸附试验（ELISA）、阻断 ELISA 和琼脂凝胶扩散试验（AGID）。NA 抗体的检测包括神经氨酸酶抑制试验（NI）、间接荧光抗体和直接 ELISA 试验方法。对于 HA 抗体，可以用 HI 和中和试验（VNT）来检测。HI 试验对于禽类而言是可靠的，但对于哺乳动物该试验不可靠。VNT 可用以检测 HA 亚型特异性抗体，而且是用于哺乳动物和某些种类禽鸟的首选方法。AGID 用于检测鸡和火鸡的 NP 或 MP 抗体是可靠的，但用于其他禽鸟种类则不可靠。作为替代方法，已经研发出阻断 ELISA 试验来检测所有禽鸟的 NP 或 MP 抗体。

可用 HI 和 NI 方法对 AIV 进行分亚型。

有多种禽流感疫苗可用来对家禽进行免疫接种，包括各种禽流感全病毒疫苗和各种表达血凝素的疫苗。对免疫接种的禽鸟和感染的禽鸟，可采用以下策略来鉴别诊断。

（1）监测岗哨禽鸟的NP或MP抗体。若岗哨禽鸟的NP或MP抗体也呈阳性，说明有AIV感染，须做特异的HI以鉴定是H5还是H7亚型的AIV感染。

（2）如果采用NA亚型与野毒一致的禽流感全病毒灭活苗进行免疫，出现NSP抗体就表明是有野毒感染。这时应采样通过病毒分离或检测到病毒特有的核酸或蛋白，来排除NAI病毒的存在。

（3）如果采用NA亚型与野毒不一致禽流感全病毒灭活苗进行免疫，出现野毒NA抗体或NSP抗体表明有野毒感染。这时应采样通过病毒分离或者检测到病毒特有的核酸或蛋白，来排除NAI病毒的存在。

（4）如果采用表达HA的重组疫苗进行免疫，可用上述的岗哨禽鸟来检测禽流感感染。在免疫禽鸟或岗哨禽鸟，出现NP、MP、NSP、NA的抗体都表明有野毒感染。这时应采样通过病毒分离或者检测到病毒特有的核酸或蛋白，来排除NAI病毒的存在。

13.4.6 阳性检测结果表明有NAI感染的后续工作

如果实验室检测表明有NAI病毒感染时，需要开展相关的流行病学调查和病毒学检测，确定感染是HPNAI病毒还是LPNAI病毒所致。应当用病毒分离和鉴定的方法，所有的AIV都应当检测其HA和NA亚型，并且通过鸡体内实验，或对H5或H7亚型流感病毒HA基因进行序列测定，来判断分离毒株属于HPNAI、LPNAI或LPAI病毒（LPAI病毒不必报告）。

实验室的检测结果应当结合流行病学背景信息进行验证。这些信息应该包括，但不限于以下几个方面：

（1）现行的生产体系特征；

（2）对可疑禽和同群进行临床监测结果；

（3）在感染的地方使用疫苗的质量；

（4）受感染养殖场的卫生设施和历史状况；

（5）动物标识和流通的控制；

（6）在既往的NAIV传播中具有地区性影响的其他因素。

按照NAI监测工作规范化要求，整个的调查过程都应予以记录。

13.5 口蹄疫国际认证性监测

13.5.1 病例定义

口蹄疫英文缩写为FMD。以下三种情况，OIE都认为存在FMDV感染：①从动物或其产品中分离和鉴定出FMDV；②从一个或多个下列动物样品中鉴定出一种以上的FMD血清型特异的FMDV抗原或FMDV的RNA：不论是否表现FMD症状的动物，或流行病学上与已确诊或可疑FMD暴发有关的动物，或怀疑曾与FMDV接触或关联的动物；③从一个或多个下列动物样品中鉴定出非疫苗引起的FMDV结构或非结构蛋白抗体：表现FMD症状的动物，或流行病学上与已确诊或可疑FMD暴发有关的动物；或怀疑曾与FMDV接触或关联的动物。

13.5.2 非免疫无FMD国家的认证要求

非免疫无FMD国家的易感动物应与相邻感染国家设监测带，或有人工制造的或自然存在的地理隔离屏障，或实施有效的动物卫生措施防止病毒侵入。

拟向OIE申报列入非免疫无FMD国家名单时，该国必须：①有定期和快速的动物疫病报告记录；②有证据说明，在过去12个月内没有发生FMD，也没有发现FMDV感染，没有进行过FMD免疫接种，并且没有进口过FMD免疫接种的动物；③有文件证明，该国根据OIE指南，对FMD和FMDV感染实施监测，并且实施了预防和控制FMD的规范化措施。

OIE只有在认可所报送的证据材料后，才会将其列入非免疫无FMD国家名单，并且该国每年提交给OIE上述信息材料后，才能保留在OIE非免疫无FMD国家名单上。

13.5.3 免疫无FMD国家的认证要求

免疫无FMD国家的易感动物应与相邻感染国家有一缓冲区，或自然地理隔离屏障，或实施有效的动物卫生措施防止病毒侵入。

拟向OIE申报列入免疫无FMD国家名单时，该国家必须做到以下两点：①有定期和快速的动物疫病报告记录；②在过去2年内没有发生过FMD，且在过去的12个月内没有FMDV感染，其证据和档案包括：按照OIE指南，对FMD和FMDV感染实施有效的监测，并执行预防和控制FMD的规范化措施，以及用符合《陆生动物诊断与手册》要求的疫苗进行了规范化免疫接种预防FMD。

OIE只有在认可所报送的证据材料后，才会将其列入免疫无FMD国家名单，只有每年提交给OIE列在上述第2项3条信息的材料，才能保留在OIE名单上。

如果免疫无FMD国家希望转为非免疫无FMD国家，则要求该国家停止免疫接种后需等待12月后通知OIE，并提供在这段时间内没有FMDV感染的证据

13.5.4 免疫无FMD区的认证要求

在免疫无FMD国家或部分地区仍有FMD感染的国家，可建非免疫无FMD区。无疫区的易感动物与国内其他地区或相邻的存在FMD感染的国家由人工监测带或自然地理屏障隔离，并实施有效防止感染FMDV入侵的卫生措施。

国家内建立非免疫无FMD区时，应当满足以下几个方面。

（1）有定期和快速的动物疫病报告记录。

（2）向OIE递交报告，表明希望建立非免疫无FMD区，并且其依据是：①在过去12个月内没有暴发过FMD；②在过去12个月内没有发现FMDV感染的证据；③在过去12个月内没有进行过FMD免疫接种；④该地区在停止免疫接种后，没有引进过免疫接种动物（满足OIE法典中关于向无疫区输入用于屠宰的易感动物条件的情况除外，相关条件有6条：这些易感动物和其同群畜在起运前30天内没有临床可疑现象；这些易感动物在起运前至少在其饲养场地饲养了3个月；这些易感动物饲养场周围10km内在起运前3个月内没有发生FMD；这些易感动物必须在官方兽医监督下运输，其运输工具在运输前必须清洗和消毒，必须直接从饲养场所前往屠宰场，途中必须避免接触其他易感动物；屠宰场在处理这些易感动物期间不能加工和出口肉品；屠宰场和运输工具在处理完这些动物后，必须彻底清洗和消毒）；⑤资料证明有本章第四节OIE指南所述的FMD和FMDV有效监测体系。

（3）提供证据，并详细描述如下信息：①预防和控制FMD和FMDV感染的规范化措施；②无疫区的边界，监测带、自然或地理屏障隔离；③防止FMDV入侵无疫区的体系（尤其是要满足上述OIE法典中关于向无疫区输入

用于屠宰的易感动物所述的6个条件)。

OIE只有在认可所呈报的证据材料后，才会将此无疫区列入非免疫无FMD区名单。

非免疫无FMD区每年应提交上述第2项和第3项第3款所列的信息，以及第3项中第1款和第2款的变动情况。

13.5.5 免疫无FMD区的认证要求

在非免疫无FMD国家，或国内部分地区仍有感染的国家可建立免疫无FMD地区，对免疫无FMD区的定义应遵循OIE关于无疫区的建设原则。免疫无疫区与国内其他地区及相关具有不同卫生状况的毗邻国家由缓冲带、自然地理屏障隔离，并实施有效防止感染FMDV入侵的卫生措施。

在国内建立的免疫无FMD区应该满足以下几个方面。

(1) 有定期和快速的动物疫病报告记录。

(2) 向OIE报告要建立免疫无FMD地区，并在提议的无FMD地区内：①该地区过去2年中没有暴发过FMD；②在过去的12个月没有FMDV感染的任何证据；③有资料证明，有按照OIE指南制定的程序对FMD和FMDV感染进行监测的体系。

(3) 有资料证明，所用疫苗符合《陆生动物卫生手册》规定标准。

(4) 提供证据，并详细说明以下信息：①预防和控制FMD和FMDV感染的规范化措施；②无疫区边界设置的监测带、自然或地理屏障隔离；③防止FMD入侵无疫区的体系(尤其是要满足前面所述OIE法典中关于向无疫区输入用于屠宰的易感动物所述的6个条件)。

OIE只有在认可呈报的证据材料后，才会将该无疫区列为免疫无FMD区名单。这些地区每年应提交上述第2项、第3项和第4项第3款所列的信息，及第4项第1款或第2款变动情况。

如果免疫无FMD地区所在的国家希望将该地区转为非免疫无FMD地区，则要求在免疫停止后等12个月并提供能证明在这段时间内没有FMDV感染的证据。

13.5.6 FMD暴发后重新申请免疫或非免疫无FMD

除OIE《陆生动物卫生法典》规定的通用条款，申请整个国家或部分地区为免疫或非免疫无FMD的成员，应提供证据证明其拥有有效监测规划，并证明无 FMDV 感染。对于实施免疫的国家，还要求血清监测中，应合并使用 OIE 规定的检测 NSP 抗体试验。

OIE 认可的在发生 FMD 后消灭感染的规划包括下列 4 个策略：

①屠宰所有临床感染动物和接触易感动物；

②屠宰所有临床感染动物和接触易感动物，免疫风险动物，随后屠宰免疫动物；

③屠宰所有临床感染动物和接触易感动物，免疫风险动物，不屠宰免疫动物；

④不屠宰感染动物而使用免疫，或随后屠宰免疫动物。

在所有情况下，成员重新申请国家或地区免疫或非免疫无 FMD 状况，应报告其依据 OIE 规定的方法所开展的主动监测结果。

13.5.7 OIE 针对 FMD 监测的基本要求

（1）向 OIE 申请认证时应完成 OIE 中央局出具的“FMD 问卷”，按其规定格式回答问卷的所有问题。

（2）在可接受的置信度水平上，证明无 FMD 的监测策略的制订适应当地实情。例如，在由 FMDV 猪适应株引起的口蹄疫暴发后认证无 FMD 方法，应明显区别于非洲水牛作为感染宿主的国家或地区的无疫认证方法。申请国有义务向 OIE 提交文件，阐述所涉及地区的 FMD 流行状况和所有风险因素的管理状况，以及科学的支持数据说明其监测工作。因此，在提供可接受的置信度水平上证明无 FMD 感染（非免疫群）或无 FMD 流行（免疫群）的理由时，各成员具有较大的自由度。

（3）FMD 监测可以是对整个国家或国家的部分地区实施的持续性行动规划。

（4）FMD 监测系统应在兽医主管部门职责范围内，应以特定程序对 FMD 疑似病例快速采样，并运送到相关实验室进行 FMD 确诊。

（5）FMD 监测计划应该包括从生产、市场到加工等各个环节的疑似病例报告的早期预警系统。与牲畜日常接触的工作人员和兽医必须及时报告任何 FMD 疑似情况，并应直接或间接地（如通过私人兽医或兽医助理）获得政府信息计划和兽医行政管理部门的支持。应立刻调查所有 FMD 疑似病例，如果通过流行病学和临床调查不能确定，应采样送交指定实验室，这要求配备完善的采样盒及其他设备。FMD 监测系统应设立 FMD 诊断和控制专家小组。

（6）需要对高风险动物群，如与 FMD 感染国家或地区相邻（如邻近存在

FMD感染的野生动物公园）的畜群进行临床和血清学例行检查。

（7）有效的监测系统应对疑似病例开展定期的跟踪和调查，以确诊或排除FMDV感染。不同流行病学背景下疑似病例成为FMD流行的比率不同，不能进行有效预测。因此申请无FMD感染认证应提供疑似病例发生及进行的调查和处理的详细情况，应包括实验室确诊结论和对相关动物实施的控制措施情况（隔离检疫，禁止流动命令等）。

13.5.8 监测策略

（1）总体策略 监测目标群应包括需进行无FMD认证的国家或地区内的所有易感物种。监测策略应基于随机抽样，在可接受的置信度上证实无FMDV感染或流行。抽样频率依赖于流行病学状况。有目标的监测（如根据特定地区或种群内感染几率上升）认为是比较合适的监测方法。申请国应证明，其监测计划足以发现FMDV感染或流行情况。例如对可表现明显FMD临床症状的牛群或猪群进行临床监测。如果某国申请其特定区域无FMDV感染或流行，调查方案和抽样程序都应面向该地区内的畜群。

随机调查中的采样策略应确立一个合理的假设流行率，如果感染率判断为极低水平，相应的样本容量应足够大以检测出感染或流行情况。样本容量和假设流行率决定调查结果的可信度。申请国必须以监测目标和流行病学背景为基础证明假设流行率和置信水平的可行性。假设流行率的选择很大程度上依赖于历史疫情。

诊断试验的灵敏性和特异性是设计调查方案、确定样本容量和说明诊断结果的关键因素。理想情况下，试验灵敏性和特异性应经目标群的免疫或感染历史和动物生产情况验证。

不管使用的试验系统如何，方案设计应预先估计假阳性反应情况，如试验系统的性质明确，可预先计算出假阳性反应率。需要标准规程对试验阳性结果做进一步判断，在高置信水平上判定是真阳性或假阳性，这一过程涉及对原始抽样单位和与其有流行病学相关的畜群所收集的诊断物质，进行辅助试验和后续调查。

监测原则应具有技术可行性，方案设计须避免因理由不足导致其无疫认证结果不被OIE和国际贸易伙伴承认，或成本过高方案过于复杂，因此监测方案应广泛吸纳职业人士和有关专家意见。

（2）临床监测 临床监测旨在通过仔细检查来发现FMD临床征兆。通常强调大规模血清学筛检不代表能忽视临床监测。必须对选择的原始采样单位的所有动物进行 FMD 症状检查。在足够数量的易感动物被接受检查情况下，临床观察能提供高置信水平上的监测结果。

在 FMD 确认疑似疫情时应综合运用临床监测和实验室监测手段，实验室检测可确诊临床疑似病例，同样临床监测可进一步核实血清学阳性结果。发现疑似病例的任何采样单位应视作存在疫情，直到出现相反的证据。

FMD 临床监测应考虑多方面问题，临床检测工作艰苦，不应低估其重要性和困难。

通过临床观察判断病例是 FMD 监测基础，只有在发觉了这些病例的基础上，方可建立血清学、病毒学等检测方法，以确认 FMDV 的分子、抗原及其他生物学特征，应将 FMD 分离毒送往区域参考实验室进行抗原性和遗传学鉴定。

(3) 病原学监测 病原学监测的主要目的包括以下各方面：①监视风险畜群；②确诊临床疑似病例；③对血清学阳性结果开展后续监测；④检测“正常”死亡动物，以便及时发现感染情况。

(4) 血清学监测 血清学监测旨在检测 FMDV 抗体。FMDV 抗体阳性可能有下列四种原因：①自然感染 FMDV；②FMD 免疫；③母源抗体（犊牛母源抗体持续时间一般不超过 6 个月，个别犊牛持续时间可能会长一些）；④交叉反应。

FMD 血清学能检测有关地区在近期出现的变异株（型，亚型，品系，地域毒株等），这非常重要。当不能确定 FMDV 性质或当怀疑存在外来毒株时，必须运用能检测所有血清型的试验（如以 FMD 非结构蛋白为基础的诊断方法）。

可以将其他调查中收集的血清样品用于 FMD 监测，但应确认这些调查活动是遵循 OIE 的相应要求和指导原则，包括抽样的统计学要求。

如果血清学检测阳性结果呈聚集现象，产生原因包括被检测群体的遗传特征、疫苗免疫或野毒株感染。如果怀疑是野毒感染，应对所有病例进行调查，如果不能排除是免疫引起的血清阳性反应，应使用 OIE 规定的检测方法检测 FMDV 非结构蛋白抗体。

随机或针对高风险动物群体的血清学监测结果为证明国家或地区无 FMDV 感染提供可靠证据至关重要，因此必须详尽记录所作调查。

13.5.9 血清学试验的应用和解释

感染 FMD 动物产生抗 FMDV 结构蛋白（SP）和非结构蛋白（NSP）抗

体。基于 SP 的试验包括 SP - ELISA 和病毒中和试验（VNT）。SP 抗体检测为型特异性，通常要求其诊断抗原的抗原性与待检流行株的抗原性非常接近，方能保证试验的最佳灵敏度。与 SP 抗体检测相比，基于 NSP 的试验能检测 FMDV 的所有血清型，为 OIE 规定的标准试验，包括 NSP - ELISA（3ABC）和确诊的抗体免疫印迹试验（NSP - EITB）。免疫动物发生感染后产生的抗 NSP 蛋白抗体滴度一般低于非免疫动物发生感染后。上述两种 NSP 抗体检测已广泛运用于牛群中，在其他动物群的使用正在论证中。应按照 OIE 规定的标准进行免疫，避免干扰 NSP 抗体检测。

血清学检测是 FMD 监测的有力工具。血清学监测更依赖于一个国家的免疫措施。对于非免疫国家：可选择对高风险群开展血清学监测作为常规监测；如果病原的严重威胁和其基因特征得到明确，可选择特定型别的 SP 抗体检测进行 FMDV 感染或流行的筛检；其他情况下，一般推荐 NSP 抗体检测，因为它适合所有型别；不管使用的是 SP 抗体检测还是 NSP 抗体检测，都应进行一些后续诊断，以排除结果中的假阳性情况。

对于采取免疫措施的国家，SP 抗体检测可能能够用来监视免疫效果，但是 FMDV 感染的监视，应该采用 NSP 抗体检测。可以先用 NSP - ELISA 进行筛查，然后对所有的有阳性结果牧群开展调查，包括流行病学和辅助的实验室调查，以确认这些牧群是否感染了 FMDV。确诊试验应具高度的特异性，从而尽量消除假阳性。同样，也要求较高的敏感性，推荐采用 EITB 或其他 OIE 规定试验。

应提供所有试验的规程、试剂、性质和效力的有关信息，包括针对 SP 或 NSP 抗体检测阳性结果的后续工作。所有的 SP 或 NSP 抗体检测阳性结果都应通过临床的、流行病学的、血清学的以及病原学（如果可能）的调研进行核实，核实范围包括所有反应阳性动物以及同一流行病学单元内的所有易感动物，和与阳性动物有流行病学接触的所有有关动物。如后续调研证明无 FMD 感染，这些动物应判定为阴性。如果缺乏后续调研，则 SP 或 NSP 抗体检测阳性应判为 FMD 阳性（感染）。

对于免疫群，如果第一次 NSP 抗体检测，发现阳性动物，可实施下列策略。

（1）间隔一定时间，临床检查正常后，进行新一轮的血清采样和 NSP 抗体检测。如果不存在 FMDV 感染，第二次试验的抗体滴度在统计学上应等于或低于第一次试验滴度。第二次检测的动物和第一次检测的动物应该在个体水平上，而不仅仅是群体水平上保持一致，使得检测的结果具有可比性。

（2）对与第一轮抽样单元有密切接触的牛群的代表动物，临床检查正常后，开展血清学抽样。如不存在 FMDV 流行，抗体检测情况与第一次检测的结果应无统计学意义上区别。

（3）对有流行病学接触的动物群体，临床检查后进行血清学检测，确定是否有病毒流行。

（4）使用哨兵动物。选择的哨兵动物应年轻、未免疫或者母源抗体已经消失、与第一次检测阳性动物为同一品种，血清学试验阴性可证明无病毒流行。其他未免疫的反刍动物（绵羊、山羊）也可作为哨兵动物以提供额外的血清学证据。

实验室结果应经流行病学信息验证，在评估病毒存在概率时，需要考虑下列信息：①现行的生产体系；②疑似病例和其所在群的临床监测结果；③疫点和疫区疫苗使用量；阳性动物所在场的卫生规程和疫病史；④动物流通和标识控制；⑤历史上当地与 FMD 传播有关的其他因素。

因我国已经消灭牛瘟和牛传染性胸膜肺炎，无疫状态已经通过 OIE 国际认证，本文不再就其无疫认证性监测进行赘述（相关规则可参阅 OIE《陆生动物卫生法典》）。

14 动物疫病的通报

OIE的6个发展目标中，有两个涉及疫情信息通报。一是实现动物疫情的透明化，即各成员应及时向OIE上报本国（或地区）检测到的动物疫病，OIE在此基础上向其他国家通报疫情，以便各成员采取必要的防控措施。二是收集、分析和发布兽医科学信息，OIE负责收集和分析最新有关动物疫病控制的科学信息，从中筛选有用信息向各成员发布，帮助其改善控制和消灭疫病的方法。

为了更好地实现疫情信息通报，OIE建立了全球动物疫情信息系统，其发展过程是：1996—2004年间的信息收集在Handistatus Ⅱ中。从2000年开始实现对原来的15种A类动物疫病的疫点地图显示。从2005年开始，OIE对原来的信息系统改版，建立了方便各成员通报信息的WAHIS和供全球通用的查询平台WAHID。新的信息平台重点强调成员实施即时的、连续的疫情通报，并要求对流行病学事件予以通报，实现了成员在线通报信息、经纬度自动生成地图等功能。

14.1 OIE关于流行病学信息通报的要求

14.1.1 向OIE通报疫情信息是成员的义务

OIE要求各成员须承认OIE中央局有直接与其领土兽医行政管理部门联络的权利，要求各成员应通过OIE向其他成员通报必要的疫病信息及重要动物疾病的控制信息，规定OIE寄送各国（或地区）的通报和信息要直接寄给各成员兽医行政管理部门，而各成员兽医行政管理部门寄送给OIE的通报和信息可代表该国（或地区），各成员代表是唯一被OIE认为有资格报告有无某种动物疾病的人选，也就是疫情信息的唯一提供者，所有向OIE发的文件信息均由其或其代表签字，信息发送须采用OIE标准程序。

14.1.2 成员信息通报应符合OIE要求

各成员应通过OIE向其他国家（或地区）通报必要的疫病信息，以及为防止疫病传播所采取的措施信息，包括检疫措施、动物和动物产品及生物制品及其他有传播动物疾病特性的物品流通的限制措施，以降低重大动物疾病扩散的风险，从而有助于在世界范围内更好地控制动物疾病。对于媒介传播疾病的情况，还须说明所采取的媒介控制措施。各成员代表必须及时向 OIE 发送最新动物卫生状况信息，并必须保证信息发送程序与所有成员采用的程序一致。

14.1.3 OIE 有权发布信息

OIE 中央局有权发布来自 OIE 国际参考实验室的关于某成员的动物疫情信息，或发布来自某一和 OIE 签署技术合作协议的国际组织（FAO、IICA、PAHO、WHO、SPC、OIRSA 等）的信息。

中央局可以自行或应成员请求，要求某成员代表就 OIE 通过其他渠道获取的信息做出解释。该代表应尽快回答，以保证 OIE 获取最为可靠的信息。代表可以对其以前发出的信息进行更正。

14.2 OIE 法定报告疫病名录

OIE 在 2004 年 5 月第 72 届全体会议决定，采用新的流行病学信息通报，新的系统于 2005 年 1 月 1 日生效，法定报告疫病数量由原来 15 种 A 类病和 80 种 B 类疫病变为 12 大类共 116 种动物疫病。2009 年 5 月第 77 届全体会议，又将法定报告疫病列表重新进行了调整，变为目前的 13 大类 118 种动物疫病。

14.2.1 多种动物共患病（Multiple species diseases）（26 种）

炭疽（Anthrax）
伪狂犬病（Aujeszky's disease）
蓝舌病（Bluetongue）
布鲁氏菌病（流产布鲁氏菌病）（Brucellosis，Brucella abortus）
羊布鲁氏菌病［Brucellosis（Brucella melitensis）］
猪布鲁氏菌病［Brucellosis（Brucella suis）］
克罗米亚刚果出血热（Crimean Congo haemorrhagic fever）
棘球蚴病（Echinococcosis/hydatidosis）
流行出血性疾病（Epizootic haemorrhagic disease）
马脑脊髓炎（东部）［Equine encephalomyelitis（Eastern）］

口蹄疫（Foot and mouth disease）
心水病（Heartwater）
日本脑炎（Japanese encephalitis）
钩端螺旋体病（Leptospirosis）
新大陆螺旋蝇蛆病（New world screwworm，Cochliomyia hominivorax）
旧大陆螺旋蝇蛆病（Old world screwworm，Chrysomya bezziana）
副结核病（Paratuberculosis）
Q 热（Q fever）
狂犬病（Rabies）
裂谷热（Rift Valley fever）
牛瘟（Rinderpest）
苏拉病（伊万斯锥虫）［Surra（Trypanosoma evansi）］。
旋毛虫病（Trichinellosis）
土拉杆菌病（Tularemia）
水疱性口炎（Vesicular stomatitis）
西尼罗河热（West Nile fever）

14.2.2 牛病（Cattle diseases）（14 种）

牛无浆体病（Bovine anaplasmosis）
牛巴贝斯虫病（Bovine babesiosis）
牛生殖道弯曲杆菌病（Bovine genital campylobacteriosis）
牛海绵状脑病（Bovine spongiform encephalopathy）
牛结核病（Bovine tuberculosis）
牛病毒性腹泻（Bovine viral diarrhoea）
牛传染性胸膜肺炎（Contagious bovine pleuropneumonia）
地方流行性牛白血病（Enzootic bovine leukosis）
出血性败血症（Haemorrhagic septicaemia）
牛传染性鼻气管炎/传染性脓疱性外阴道炎（Infectious bovine rhinotracheitis/infectious pustular vulvovaginitis）
结节性皮炎（Lumpky skin disease）
泰勒氏虫病（Theileriosis）
毛滴虫病（Trichomonosis）
锥虫病（采采蝇传播）［Trypanosomosis（tsetse-transmitted）］

14.2.3　羊病（Sheep and goat diseases）（11 种）

山羊关节炎/脑炎（Caprine arthritis/encephalitis）
接触传染性无乳症（Contagious agalactia）
山羊传染性胸膜肺炎（Contagious caprine pleuropneumonia）
母羊地方性流产（绵羊衣原体病）［Enzootic abortion of ewes（ovine chlamydiosis）］
梅迪—维斯纳病（Maedi-visna）
内罗毕病（Nairobi sheep disease）
绵羊附睾炎（绵羊布鲁氏菌）［Ovine epididymitis（Brucella ovis）］
小反刍兽疫（Peste des petits ruminants）
沙门氏菌病（流产沙门氏菌）［Salmonellosis（S. abortusovis）］
痒疫（Scrapie）
绵羊痘和山羊痘（Sheep pox and goat pox）

14.2.4　马病（Equine diseases）（11 种）

非洲马瘟（African horse sickness）
马传染性子宫炎（Contagious equine metritis）
马媾疫（Dourine）
马脑脊髓炎（西部）［Equine encephalomyelitis（Western）］
马传染性贫血（Equine infectious anaemia）
马流感（Equine influenza）
马巴贝斯病（Equine piroplasmosis）
马鼻肺炎（Equine rhinopneumonitis）
马病毒性动脉炎（Equine viral arteritis）
马鼻疽（Glanders）
委内瑞拉马脑脊髓炎（Venezuelan equine encephalomyelitis）

14.2.5　猪病（Swine diseases）（7 种）

非洲猪瘟（African swine fever）
古典猪瘟（Classical swine fever）

尼帕病毒性脑病（Nipah virus encephalitis）
猪囊尾蚴病（Porcine cysticercosis）
猪繁殖与呼吸综合征（Porcine reproductive and respiratory syndrome）
猪水疱病（Swine vesicular disease）
传染性胃肠炎（Transmissible gastroenteritis）

14.2.6 禽病（Avian diseases）（14 种）

禽衣原体病（Avian chlamydiosis）
禽传染性支气管炎（Avian infectious bronchitis）
禽传染性喉气管炎（Avian infectious laryngotracheitis）
禽支原体病［Avian mycoplasmosis（M. gallisepticum）］
禽支原体病［Avian mycoplasmosis（M. synoviae）］
鸭病毒性肝炎（Duck virus hepatitis）
禽霍乱（Fowl cholera）
鸡伤寒（Fowl typhoid）
高致病性禽流感（Highly pathogenic avian influenza and low pathogenic avian influenza in poultry as per Chapter 2.7.12. of the Terrestrial Animal Health Code）
传染性法氏囊病（甘布罗病）［Infectious bursal disease（Gumboro disease）］
马立克氏病（Marek's disease）
新城疫（Newcastle disease）
鸡白痢（Pullorum disease）
火鸡气管炎（Turkey rhinotracheitis）

14.2.7 兔病（Lagomorph diseases）（2 种）

黏液瘤病（Myxomatosis）
兔出血病（Rabbit haemorrhagic disease）

14.2.8 蜂病（Bee diseases）（6 种）

蜜蜂螨病（Acarapisosis of honey bees）

蜜蜂美洲幼虫腐臭病（American foulbrood of honey bees）
蜜蜂欧洲幼虫腐臭病（European foulbrood of honey bees）
小蜂巢甲虫侵袭［Small hive beetle infestation（Aethina tumida）］
蜜蜂热带厉螨病（Tropilaelaps infestation of honey bees）
蜜蜂瓦螨病（Varroosis of honey bees）

14.2.9　鱼病（Fish diseases）（9 种）

流行性造血器官坏死病（Epizootic haematopoietic necrosis）
传染性造血器官坏死病（Infectious haematopoietic necrosis）
鲤春病毒血症（Spring viraemia of carp）
病毒性出血性败血症（Viral haemorrhagic septicaemia）
鲑鱼传染性贫血病（Infectious salmon anaemia）
流行性溃疡综合征（Epizootic ulcerative syndrome）
三代虫病（唇齿鳚三代虫）［Gyrodactylosis（Gyrodactylus salaris）］
真鲷虹彩病毒病（Red sea bream iridoviral disease）
锦鲤疱疹病（Koi herpesvirus disease）

14.2.10　软体动物病（Mollusc diseases）（7 种）

牡蛎包拉米虫感染（nfection with Bonamia ostreae）
牡蛎包拉米亚虫感染（Infection with Bonamia exitiosa）
折光马尔太虫感染（Infection with Marteilia refringens）
海水派琴虫感染（Infection with Perkinsus marinus）
奥尔逊派琴虫感染（Infection with Perkinsus olseni）
鲍鱼凋萎综合征（Infection with Xenohaliotis californiensis）
鲍鱼病毒性死亡（Abalone viral mortality）

14.2.11　甲壳类动物病（Crustacean diseases）（7 种）

Taura 综合征（Taura syndrome）
白斑病（White spot disease）
黄头病（Yellowhead disease）
多角体杆状病毒病［Tetrahedral baculovirosis（Baculovirus penaei）］

球形杆状病毒病［Spherical baculovirosis（Penaeus monodon-type baculovirus）］
传染性皮下及造血器官坏死病（Infectious hypodermal and haematopoietic necrosis）
螯虾瘟［Crayfish plague（Aphanomyces astaci）］

14.2.12 两栖动物疫病（Amphibians）（2 种）

蛙壶菌感染（Infection with Batrachochytrium dendrobatidis）
虹彩病毒感染（Infection with ranavirus）

14.2.13 其他（Other diseases）（2 种）

骆驼痘（Camelpox）
利什曼病（Leishmaniosis）

14.3 流行病学信息通报的类型

OIE《陆生动物卫生法典》规定了 5 种信息通报方式：紧急通报（Immediate notification）、后续通报（Follow-up report）、最终报告（Final report）、半年报告（Six-monthly report）和年度报告（Annual report）。

14.3.1 紧急通报、后续报告和最终报告

根据 2004 年 5 月采纳的法典的新规定，发生下列情况时，应在 24h 内用电报、传真或电子邮件通报：

- 国家或地区/分区第一次发生法定报告疫病；
- 国家或地区/分区宣布疫情结束后重新发生法定报告疫病；
- 国家或某地区/分区第一次发生 OIE 法定报告疫病新病原株；
- 国家或地区/分区内流行的法定报告疫病的分布、发生、发病率或死亡率突然意外增加；
- 发病率或死亡率明显增加或潜在人兽共患的新发疫病；
- 法定报告疫病流行病学发生明显变化的证据（包括寄主范围、病原性、株系），尤其是共患病证据。

按照上述条款进行紧急通报后，每周还应用电报、传真或电子邮件继续提供事件的进展信息，补充证实紧急通报，直至疫病消灭或扩散为地方性流行。最后，还应对事件送发一份最终通报。

OIE 规定进行紧急通报时，应对疫点的详细情况进行通报描述，内容包括 7 类（表 14－1）：

表 14－1　OIE 疫情紧急通报要求

分　类	内　容
基础信息	报告日期、国家、报告人姓名、报告人职务、地址、电话、传真、Email 地址
概况	疫情开始日期、立即通报原因、病名和事件名称、有无临床症状、致病原、血清型、诊断方式、报告适合范围
疫点详细情况	疫点位置（包括经纬度）、疫点状态、流行病学单元、感染动物种类、数量、病例数、死亡数、扑杀数、销毁数
流行病学信息	感染源、感染群（描述暴发中的不同感染群，包括动物种类、品种、年龄、性别、饲养方式等）
控制措施	已采取的控制措施、将要采取的控制措施
诊断实验及结果	诊断实验室、样品种类、检验方法、检验日期、检验结果
疫点地图位置分布	根据经纬分布生成的电子地图

表 14-2　OIE 疫情紧急通报表 2-1

TERRESTRIAL ANIMALS

IMMEDIATE NOTIFICATION OR FOLLOW-UP REPORT OF A DISEASE, INFECTION OR OTHER SIGNIFICANT EPIDEMIOLOGICAL EVENT

Type of report　　Immediate notification ☐　　Follow-up report ☐ Number: ________

1. __ __ / __ __ / __ __ __ __ Report date (dd/mm/yyyy)　　2. ________ Country

3. ________ Name of sender　　4. ________ Address

5. ________ Position of sender　　________ Address (contd)

6. ________ Telephone　　7. ________ Fax　　8. ________ E-mail

9.

Reason for immediate notification (tick one)	
a. First occurrence of a listed disease or infection in a country or zone/compartment	
b. Re-occurrence of a listed disease or infection in a country, zone/compartment following a report declaring the outbreak(s) ended	
c. First occurrence of a new strain of a pathogen associated with a listed disease in a country or zone/compartment	
d. A sudden and unexpected increase in the distribution, incidence, morbidity or mortality of a listed disease prevalent within a country or zone/compartment	
e. An emerging disease with significant morbidity or mortality, or zoonotic potential	
f. Evidence of a change in the epidemiology of a listed disease (including host range, pathogenicity, strain, etc) in particular if there is a zoonotic impact	

10. ________ Disease name, name of pathogen or, for an unknown emerging disease, name of event　　11. ________ OIE disease code if any

12. ________ Precise identification of agent (strain, serotype, etc.) where applicable

13. __ __ / __ __ / __ __ __ __ Date (dd/mm/yyyy) of first confirmation of the event　　14. __ __ / __ __ / __ __ __ __ Date (dd/mm/yyyy) of start of the event　　15. Clinical disease　Yes ☐　No ☐

16. **Nature of diagnosis**　　Suspicion ☐　　Clinical ☐　　Post-mortem ☐　　Laboratory ☐

17. **If the reason for notification is 9d.**

First administrative division	Species	Change							
		in disease distribution	in disease incidence		in morbidity		in mortality		
			Previous rate	New rate	Previous rate (%)	New rate (%)	Previous rate (%)	New rate (%)	

18. **If the reason for notification is 9e. =>**　Morbidity rate (%) ☐　Mortality rate (%) ☐　Zoonotic potential (describe) ________

19. **If the reason for notification is 9f.**
New host ☐ => Species ________
New agent ☐ => Agent ________
Increase in pathogenicity ☐
Zoonotic impact ☐ => Describe ________

20. **Details of outbreak(s) by first administrative division (not required if reason for notification is 9d.)**

First administrative division	Lower administrative divisions	Type of epidemiological unit (f: farm; v: village)	Name of the location (village etc.)	Latitude	Longitude	Date of start of the outbreak	Species	Number of animals in the outbreak(s)				
								susceptible	cases	deaths	destroyed	slaughtered

表 14-3　OIE 疫情紧急通报表 2-2

21. Description of affected animal population(s)

22. Laboratory(-ies) where diagnosis was made

23. Species examined

24. Diagnostic tests used

	Date of results	Results

25.

Source of outbreak(s) or origin of infection (tick as appropriate)	
Unknown or inconclusive	
Introduction of new animals/animal products	
Legal movement of animals	
Illegal movement of animals	
Animals in transit	
Contact(s) with infected animal(s) at grazing/watering	
Swill feeding	
Fomites (humans, vehicles, feed, etc.)	
Airborne spread	
Vectors	
Contact with wild animals	
Other:	

26.

Control measures (tick as appropriate)	Applied	To be applied
Control of arthropods		
Control of wildlife reservoirs		
Stamping out		
Modified stamping out		
Quarantine		
Movement control inside the country		
Screening		
Zoning		
Vaccination (give details below in section 27)		
Disinfection of infected premises/establishment(s)		
Dipping/spraying		

27. Vaccination in response to the outbreak(s)

First administrative division	Species	Total number of animals vaccinated	Details of the vaccine (live/inactivated; mono- or polyvalent, etc.)

28. Treatment of affected animals　Yes☐　No☐

If "yes", describe nature of treatment

29. Vaccination prohibited　Yes☐　No☐

30. Other details/comments

31. Final report　Yes☐　No☐　If "yes" ⇒　Event ended　Yes☐　No☐

If "no" ⇒　Continuing notification using the six-monthly report　Yes☐

案例：荷兰 2003 年 3 月 1 日怀疑格尔德兰省某养殖场暴发高致病性禽流感，在 3 月 2 日莱斯特塔德（Lelystad）动物疫病控制中心（国家参考实验室）确诊后当天即向 OIE 报告了本次疫情，此后又陆续向 OIE 报告了 15 次，使国际社会对该次疫情进展情况一目了然，并对其控制成果充分认可。2003 年 11 月 11 日，荷兰向 OIE 提交最终报告，完成荷兰符合 OIE 关于无高致病性禽流感国的规定，恢复无 HPAI 国家地位。随后多数国家相继撤销了贸易禁令。

14.3.2 半年报

根据 OIE 规定的格式和要求，成员应每半年就 OIE 法定报告疫病的存在及流行情况，以及对其他国家有重要流行病学意义的事件向 OIE 进行通报。对于报告期间发生的相关动物疫情，还应提供相关防控策略信息。OIE 半年报信息涉及的内容包括：国家名称、行政区名称、疫病名称、年月、新发疫点数、疫点总数、感染动物、易感数、病例数、销毁数、扑杀数、紧急免疫数等。

14.3.3 年度报告

OIE 要求成员每年应向 OIE 提供一份年度报告。报告内容除包括半年报的内容之外，还包括成员当年的兽医基础设施、兽医从业人员情况、动物饲养数量、实验室情况、疫苗情况、人兽共患病的人病例发生情况，以及列入 OIE/FAO/OMS 联合问卷但未列入 OIE 现行疫病名录的疫病状况。OIE 要求成员每年 3 月份以前提交年度报告。

14.3.4 有关成员实践情况

绝大多数成员按照 OIE 规则通报疫情。作为一个国际组织，OIE 规定的是最低动物卫生保护标准，各成员应予遵守。美国、澳大利亚、欧盟国家等都建立了国内动物疫情通报体系和制度，首先以立法形式（欧盟指令和美国法典）对国内疫情通报工作作出制度性规定，并设立专门机构负责动物疫情信息的采集、分析、评估和报告工作。另外，各成员还基于自身情况还规定了各自的法定报告疫病名录。如，美国除将 OIE 规定的法定报告疫病列为本国法定报告动物疫病外，还将其中的 40 种动物疫病（表 14－5）列为外来/突发动物疫病；澳大利亚除把 OIE 法定报告疫病定为本国法定报告疫病外，另将 14 种动物疫病（表 14－6）列为外来病/突发疫病；日本在《传染病预防法》中将牛肺疫、口蹄疫、流行性脑炎等 26 种动物疫病列入法定传染病（表 14－7），并将赤羽病、中山病、牛传染性鼻气管炎等 71 种动物疫病列为法定上报传染病。

表 14－4　各国法定报告动物疫病名录比较表

疫病名称	OIE 分类			欧盟	英国	美国	澳大利亚	日本
	2004 年前	2004 年后	2009 年后					
一、多种动物共患病								
炭疽	√B	√	√		√	√	√	√
伪狂犬病	√B	√	√		√	√	√	
蓝舌病	√A	√	√	√	√	√	√	√
牛布鲁氏菌病	√B	√（牛病）	√		√	√	√	√
羊布鲁氏菌病	√B	√（羊病）	√		√	√	√	
猪布鲁氏菌病	√B	√（猪病）	√		√	√	√	
克罗米刚果出血热			√			√	√	
棘球蚴病	√B	√	√					
流行出血性疾病			√					
马脑脊髓炎（东部）	√B	√（马病）	√	√	√	√	√	√
口蹄疫	√A	√	√	√	√	√	√	√
心水病	√B	√	√			√	√	√
日本脑炎	√B	√（马病）			√	√	√	√
钩端螺旋体病	√B	√	√			√	√	√
新大陆螺旋蝇蛆病	√B	√	√			√	√	√
旧大陆螺旋蝇蛆病	√B	√	√			√	√	√
副结核病	√B	√	√		√	√	√	√
Q 热	√B	√	√		√			
狂犬病	√B	√	√		√	√	√	√
裂谷热	√A	√	√	√	√	√	√	
牛瘟	√A	√（牛病）	√	√	√	√	√	√
苏拉病（伊万斯锥虫）	√B	√（马病）	√		√	√	√	
旋毛虫病	√B	√	√		√	√	√	
土拉杆菌病	√B	√（禽病）	√			√	√	√
水疱性口炎	√A	√	√	√	√	√	√	√
西尼罗河热			√		√	√	√	√
二、牛病								
牛无浆体病	√B	√	√			√	√	√
牛巴贝斯虫病	√B	√	√			√	√	√

（续）

疫病名称	OIE 分类			欧盟	英国	美国	澳大利亚	日本
	2004 年前	2004 年后	2009 年后					
牛生殖道弯曲杆菌病	√B	√	√			√	√	√
牛传染性海绵状脑病	√B	√	√	√	√	√	√	√
牛病毒性腹泻			√				√	√
牛结核病	√B	√	√		√	√	√	√
牛传染性胸膜肺炎	√A	√	√	√	√	√	√	√
地方流行性牛白血病	√B	√	√		√		√	√
出血性败血症	√B	√	√	√		√	√	√
牛传染性鼻气管炎/传染性脓疱性阴户阴道炎	√B	√	√			√	√	√
结节性皮炎	√A	√（多种动物病）	√	√	√	√	√	√
泰勒虫病	√B	√	√	√	√	√	√	
毛滴虫病	√B	√	√					
锥虫病（采采蝇传播）	√B	√	√			√	√	
牛囊尾蚴病	√B	√						
嗜皮菌病	√B	√						
恶性卡它热	√B	√						
三、绵羊和山羊病								
山羊关节炎/脑炎	√B	√	√		√			
接触传染性无乳症	√B	√	√		√	√		
山羊传染性胸膜肺炎	√B	√	√		√	√	√	√
母羊地方性流产	√B	√	√					√
梅迪-维斯纳病	√B	√	√		√	√	√	√
内罗毕病	√B	√	√			√	√	√
绵羊附睾炎	√B	√	√		√	√		
小反刍兽疫	√A	√	√	√	√	√	√	
沙门氏菌病	√B	√	√					√
痒病	√B	√	√	√	√	√	√	√
绵羊痘和山羊痘	√A	√	√	√	√	√	√	√
绵羊肺腺瘤病	√B	√						
四、马病								
非洲马瘟	√A	√	√	√	√	√	√	√
马传染性子宫炎	√B	√	√		√	√	√	√

（续）

疫病名称	OIE分类			欧盟	英国	美国	澳大利亚	日本
	2004年前	2004年后	2009年后					
马媾疫	√B	√	√	√	√	√	√	
马脑脊髓炎（西部）	√B	√	√	√	√	√	√	
马传染性贫血	√B	√	√		√	√	√	√
马流感	√B	√	√				√	√
马巴贝斯病	√B	√	√					
马鼻肺炎	√B	√	√				√	√
马病毒性动脉炎	√B	√	√		√		√	√
马鼻疽	√B	√	√	√	√	√	√	√
委内瑞拉马脑脊髓炎	√B	√	√			√	√	
马痘	√B	√						
马螨病	√B	√						
流行性淋巴管炎	√B	√			√			
五、猪病								
非洲猪瘟	√A	√	√	√	√	√	√	√
古典猪瘟	√A	√	√	√	√	√	√	
尼帕病毒性脑病			√		√		√	√
猪囊尾蚴病	√B	√	√			√	√	
猪繁殖与呼吸综合征	√B	√	√			√	√	√
猪水疱病	√A	√	√	√	√	√	√	√
传染性胃肠炎	√B	√	√				√	√
猪萎缩性鼻炎	√B	√				√	√	√
肠病毒性脑脊髓炎	√B	√			√	√	√	√
六、禽病								
禽衣原体病	√B	√	√			√	√	
禽传染性支气管炎	√B	√	√		√	√	√	√
禽传染性喉气管炎	√B	√	√				√	√
禽支原体病（GM型）	√B	√	√				√	√
禽支原体病（MS型）	√B	√	√				√	√
鸭病毒性肝炎	√B	√	√				√	
禽霍乱	√B	√	√				√	√

（续）

疫病名称	OIE 分类			欧盟	英国	美国	澳大利亚	日本
	2004 年前	2004 年后	2009 年后					
鸡伤寒	√B	√	√			√	√	
高致病性禽流感	√A	√	√	√	√	√	√	√
传染性法氏囊病（甘布罗病）	√B	√	√				√	√
马立克氏病	√B	√	√	√			√	√
新城疫	√A	√	√	√	√	√	√	√
鸡白痢	√B	√	√			√	√	
火鸡气管炎			√					
禽结核病	√B	√					√	
鸭病毒性肠炎	√B	√				√	√	
禽痘	√B	√					√	
七、兔病								
黏液瘤病	√B	√	√					√
兔出血病	√B	√	√		√	√		√
八、蜂病								
蜂螨病	√B	√	√					
美洲幼虫腐臭病	√B	√	√		√		√	√
欧洲幼虫腐臭病	√B	√	√		√		√	√
小蜂巢甲虫侵袭			√	√			√	
厉螨病		√	√					
瓦螨病	√B	√	√					
蜂孢子虫病	√B							
九、鱼病								
流行性造血器官坏死病	√B	√	√	√				
传染性造血器官坏死病	√B	√	√	√				
鲤春病毒血症	√B	√	√		√	√	√	√
病毒性出血性败血症	√B	√	√	√	√	√	√	√
鲑鱼传染性贫血		√	√	√		√	√	
流行性溃疡综合征		√	√	√		√	√	
三代虫病		√	√					
红海鲷虹彩病毒病			√	√		√		√

（续）

疫病名称	OIE 分类			欧盟	英国	美国	澳大利亚	日本
	2004 年前	2004 年后	2009 年后					
锦鲤疱疹病			√					
马苏大马哈鱼病毒病	√B	√						
海峡鲶鱼病毒病		√						
病毒性脑病和视网膜病		√						
传染性胰腺坏死病		√						
细菌性肾病		√						
鲑鱼肠败血病		√						
鱼立克次氏体病		√						
红海鲤鱼虹彩病毒病		√						
白鲟鱼虹彩病毒病		√						
十、软体动物病								
牡蛎包拉米虫感染	√B	√	√	√	√	√		
牡蛎包拉米虫亚虫感染		√	√	√				
折光马尔泰虫感染	√B	√	√			√		
海水派琴虫感染		√	√					
奥尔逊派琴虫感染	√B	√	√					
鲍鱼凋萎综合征		√	√					
鲍鱼病毒性死亡			√			√	√	√
鲁夫来闭合饱子虫感染		√						
尼氏单孢子虫感染	√B	√						
悉尼马尔泰虫感染		√						
马克尼小囊虫感染	√B	√						
沿岸单孢子虫感染		√						
十一、甲壳类动物病								
桃拉综合征	√B	√	√	√				
白斑病	√B	√	√	√		√	√	√
黄头病	√B	√	√	√	√	√	√	
多角体杆状病毒病		√	√					
球形杆状病毒病		√	√			√		
传染性皮下造血器官坏死病		√	√					
螯虾瘟		√	√				√	
产卵死亡病毒病		√						

（续）

疫病名称	OIE 分类			欧盟	英国	美国	澳大利亚	日本
	2004 年前	2004 年后	2009 年后					
十二、其他动物病								
骆驼痘			√					
利什曼病	√B	√	√				√	
十三、两栖类动物病								
蛙壶菌感染			√					
虹彩病毒感染			√					
十四、欧盟法定动物疫病								
Vesiculaire varkensziekte				√	√			
十五、英国法定动物疫病								
虻肿					√			
鸽副黏病毒病					√			
十六、日本法定动物疫病								
赤羽病								√
中山病								√
艾罗病								√
茨城病								√
牛丘疹性口炎								√
牛流行热								√
类鼻疽								√
破伤风								√
气肿疽								√
新孢子虫病								√
马麻疹病毒病								√
马副伤寒								√
类皮疽								√
住血原虫病								√
疥癣								√
猪丹毒								√
鸡白血病								√
网状内皮细胞增生症								√

（续）

疫病名称	OIE 分类			欧盟	英国	美国	澳大利亚	日本
	2004 年前	2004 年后	2009 年后					
鸭肝炎								√
哈罗亚病								√
香柱病								√
小孢子虫、微粒子虫病								√
痘								√

表 14－5　美国外来病名录

1	非洲动物锥虫病（African Animal Trypanosomiasis）
2	非洲马瘟（African Horse Sickness）
3	非洲猪瘟（African Swine Fever）
4	赤羽病（Akabane）
5	禽流感（Avian Influenza）
6	巴贝斯虫病（Babesiosis）
7	蓝舌病和流行性出血病（Bluetongue And Epizootic Hemorrhagic Disease）
8	牛流行热（Bovine Ephemeral Fever）
9	牛海绵状脑病（Bovine Spongiform Encephalopathy）
10	绵羊和山羊传染性无乳症（Contagious Agalactia Of Sheep And Goats）
11	牛传染性胸膜肺炎（Contagious Bovine Pleuropneumonia）
12	山羊传染性胸膜肺炎（Contagious Caprine Pleuropneumonia）
13	马传染性子宫炎（Contagious Equine Metritis）
14	马媾疫（Dourine）
15	东岸热（East Coast Fever）
16	流行性淋巴管炎（Epizootic Lymphangitis）
17	马麻疹病毒性肺炎（Equine Morbillivirus Pneumonia）
18	口蹄疫（Foot－And－Mouth Disease）
19	外来虫媒病（Foreign Pests And Vectors Of Arthropod－Borne Diseases）
20	鼻疽（Glanders）
21	心水病（Heartwater）
22	出血性败血病（Hemorrhagic Septicemia）
23	古典猪瘟（Hog Cholera）

（续）

24	日本脑炎（Japanese Encephalitis）
25	羊风毒病（Louping－Ill）
26	结节性皮肤病（Lumpy Skin Disease）
27	恶性卡他热（Malignant Catarrhal Fever）
28	绵羊内罗毕病（Nairobi Sheep Disease）
29	牛多乳头副丝虫病（Parafilariasis In Cattle）
30	小反刍兽疫（Peste Des Petits Ruminants）
31	裂谷热（Rift Valley Fever）
32	牛瘟（Rinderpest）
33	螺旋蝇疽病（Screwworm Myiasis）
34	绵羊痘和山羊痘（Sheep And Goat Pox）
35	猪水疱病（Swine Vesicular Disease）
36	速发型新城疫（Velogenic Newcastle Disease）
37	委内瑞拉马脑脊髓炎（Venezuelan Equine Encephalomyelitis）
38	猪水疱疹（Vesicular Exanthema Of Swine）
39	水疱性口炎（Vesicular Stomatitis）
40	兔出血病（Viral Hemorrhagic Disease Of Rabbits）

表 14－6　澳大利亚外来动物疫病名录

序　号	动物疫病
1	伪狂犬病（Aujeszky's disease）
2	禽流感（Avian influenza）
3	蓝舌病（Bluetongue）
4	牛布鲁氏菌病（Bovine brucellosis）
5	牛海绵状脑病（Bovine spongiform encephalopathy）
6	牛肺结核（Bovine tuberculosis）
7	古典猪瘟（Classical swine fever）
8	传染性囊病（Infectious bursal disease）
9	日本脑炎（Japanese encephalitis）
10	新城疫（Newcastle disease）
11	猪呼吸与繁殖障碍综合征［Porcine reproductive and respiratory syndrome（PRRS）］
12	痒病（Scrapie）
13	大陆螺旋蝇疽病（Screw-worm fly）
14	苏拉病［Surra（Trypanosoma evansi）］

表 14-7　日本法定传染病名录

序　号	动物疫病
1	牛瘟（牛疫）
2	牛肺疫（牛肺疫）
3	口蹄疫（口蹄疫）
4	日本脑炎（流行性脑炎）
5	狂犬病（狂犬病）
6	水疱性口炎（水性口炎）
7	钩端螺旋体病（リフトバレー熱）
8	炭疽（炭疽）
9	出血性败血病（出血性败血病）
10	布鲁氏菌病（ブルセラ病）
11	结核病（结核病）
12	痘（ヨーネ病）
13	梨形虫病（仅限由部令规定的病原菌引起的）［ピロプラズマ病（省令で病原体によるものに限る）］
14	无浆体病（仅限由部令规定的病原菌引起的）［ナプラズマ病（省令で病原体によるものに限る）］
15	传染性海绵状脑病（伝染性海绵状脑炎）
16	鼻疽（鼻疽）
17	马传染性贫血（馬伝染性贫血）
18	非洲马瘟（アフリカ馬疫）
19	猪瘟（豚コレラ）
20	非洲猪瘟（アフリカ豚コレラ）
21	猪水疱病（豚水疱病）
22	禽霍乱（家きんコレラ）
23	高致病性禽流感（家きんペスト）
24	新城疫（ニューカッスト）
25	沙门氏菌病（仅限由部令规定的病原菌引起的）［家きんサルモネラ感染症（省令で病原体によるものに限る）］
26	腐臭病（腐蛆病）

15 动物精液和胚胎的卫生条件

15.1 精液采集和加工中心的通用卫生要求

对精液生产进行官方卫生监督，其目的是确保精液的采集、处理和贮存都符合卫生要求，使精液的销售不会对其他动物或人类有经精液传播传染特定病原体的危险。

15.1.1 人工授精中心的适用条件

人工授精中心要由采精设施（由公畜存养区、病牛隔离设施和采精室构成）、精液检验室、精液贮藏室、管理办公室以及预隔离设施组成。该中心的供精动物和试情动物必须通过自然或人工屏障与邻近农场的家畜充分隔离。应严格控制访问人员进入。该中心的工作人员应技术过硬，严格遵守个人卫生标准，严防病原传入。应配备该中心专用的防护服和防护靴。精液储存容器和精液储藏室应便于消毒。该中心要经兽医行政部门的正式批准，并应在该中心的兽医监控之下。只有精液生产动物方可进入该中心，如有其他畜种进入，必须与供精动物物理隔离。兽医当局负责定期审查站内公畜健康和福利、卫生生产、贮存和发送的方案、程序和规定的记录（间隔期不超过 12 个月）。

15.1.2 采精设施适用条件

（1）采精设施应包括互相隔离和各自独立的区域，分别为经检查完全健康的公牛存养区、采精区、饲料储存区、粪便存放区和可疑公牛隔离区。

（2）只允许与生产精液相关的种畜进入采精设施。如因公畜移动、处理或安全之需要，中心可存养其他种类动物，条件是在没有使用时及牛在采精时要与牛有实际有效隔离。所有存养于采集中心的动物必须符合供体公畜的最低健康要求。

（3）为预防传播疾病，公畜应与农畜和其他动物隔离。应采取适当措施防止野生动物进入。

（4）中心人员应技术合格，遵守较高的个人卫生标准以杜绝带入病原微生物。采精设施应配备专用防护衣物和靴子，人员在内部要始终穿着。

（5）应尽量减少到采精设施的参观者，参观者要经过核准并受监督。采精设施应配备好牲畜用的器械，或进入前应进行消毒。所有带入中心的械具必须进行检查，必要时进行处理，以确保其不带疫病。

（6）出入采精设施运输动物的卡车或交通工具不得进入采精设施。

（7）公畜存养区和采精区至少每年进行一次清扫和消毒。

（8）运进饲料和清除粪便不应引发动物卫生风险。

15.1.3 精液检验室适用条件

（1）精液检验室与采精设施之间应隔离，包括假阴道清洁和准备、精液鉴定和处理、精液预储和储存都分别有各自的区域。未经批准的人员禁止入内。

（2）检验室人员应具有技术资格并遵守高的个人卫生标准，以防止在精液评定、处理和储存过程中传入病原微生物。

（3）应尽量减少参观者，参观检验室须经正式批准并受监控。

（4）检验室应由可进行有效清洗和消毒的材料建造。

（5）检验室应做好定期清洁工作。每日工作结束后，精液鉴定和处理的工作面应擦净和消毒。

（6）需要时，检验室应定期进行防鼠防虫处理。

（7）贮存室和单个精液容器应易于清洗和消毒。

（8）只有当采精供体动物的健康状况相当于或优于采精设施内其他供体动物时才能进检验室处理。

15.1.4 种公牛、种公羊、种公猪的管理条件

动物特别是胸腹底部应保持清洁卫生。不论放牧还是舍饲，动物都应达到特定的卫生条件。如果舍饲，垫草应及时清理、更换。

15.2 牛、小反刍兽和猪精液的采集和加工

15.2.1 种公牛和试情动物的卫生要求

只有符合以下全部条件的种公牛和试情动物方可进入人工授精中心。

15.2.1.1 进入预隔离设施前的要求

对于尚未达到相关疫病无疫状态的国家和地区，动物进入预隔离设施进行隔离前应符合以下要求：

（1）对于牛布鲁氏菌病、牛结核、牛病毒性腹泻-黏膜病（BVD－MD），要求病毒分离或病毒抗原检测结果为阴性，每头动物都应进行血清学检测，判断其血清学状态。同时，动物还要符合 OIE《国际动物法典》（以下简称《法典》）11.3.5 条第 3 或第 4 项，以及 11.6.5 条第 3 或第 4 项的要求。

（2）对于牛传染性鼻气管炎-传染性脓疱性外阴道炎（IBR/IPV），当人工授精中心视为达到 IBR/IPV 无疫状态时，动物应该来自 IBR/IPV 无疫牛群，或经血清学检测结果为阴性；对于蓝舌病，基于动物来源国家或地区的疫情状况，动物应符合《法典》8.3.7 或 8.3.8 条的要求。

15.2.1.2 进入精液采集设施前在预隔离设施中的检测要求

在进入人工授精中心的采精设施之前，公牛和试情动物必须在预隔离设施中隔离观察至少 28 天。进入预隔离设施 7 天后，要实施胎儿弯杆菌和毛滴虫检测；进入预隔离设施后 21 天内，要按照下述要求进行检测。

（1）牛布鲁氏菌病 血清学检测结果应该是阴性。

（2）BVD－MD 所有动物都应经过 BVD－MD 病毒血症的检测，只有当预隔离设施内所有的动物病毒血症检测结果阴性、隔离观察满 28 天时，动物方可进入精液采集设施。进入预隔离设施 21 天后，所有动物应该进行 BVD－MD 血清学抗体检测。对于进入预隔离设施前血清学检测阴性的动物，只有未见血清学阳转反应时，动物方可进入精液采集设施。血清学抗体阴性的动物方可进入精液采集设施。如果发生血清学阳转，所有血清阴性的动物应该在预隔离设施中留置，直到 3 周内群体内未再发生阳转，血清学阳性的动物才允许进入精液采集设施。

（3）胎儿弯曲杆菌胎儿性病亚种 进入预隔离设施前小于 6 月龄的动物或此后未接触母畜的动物，应该对包皮样品进行一次检测，检测结果应为阴性。进入预隔离设施前达到或超过 6 月龄可能接触过母畜的动物，应该对包皮每周检测 1 次，共 3 次，每次结果都应为阴性。

（4）胎毛滴虫 进入预隔离设施前不足 6 月龄或此后仅在单一性别畜群中饲养的公牛应做 1 次包皮采样检验，结果阴性。进入预隔离设施前已经达到或超过 6 月龄可能接触过母畜的动物，应检验包皮样品 3 次，每次间隔 1 周，结果均为阴性。

（5）BR/IPV 如人工授精中心无 IBR/IPV，则应采集动物血样进行 IBR/IPV 诊断试验，结果阴性，如动物检出有阳性结果，应立即将这些动物从预隔离设施清出，而同群的其他动物继续留置于预隔离设施，在阳性动物清出后 21 天内再次检测，结果阴性。

（6）蓝舌病 基于预隔离设施所在国家或地区的蓝舌病疫情状况，动物应符合《法典》8.3.6、8.3.7 或 8.3.8 条的规定。

15.2.1.3 精液采集设施内留养种公牛和试情动物的检测项目

精液采集设施所在国家或地区无法达到相关疫病无疫状态时，至少每年应对精液采集设施中的所有留置牛进行一次下述疫病的检查，结果阴性。

（1）牛布鲁氏菌病、牛结核病和 VD－MD 对先前血清学试验阴性动物进行再检测，证实无抗体。如某动物变为血清学阳性，则应将末次阴性结果以后采集的所有精液废弃，或进行病毒检测结果阴性。

（2）胎儿弯曲杆菌性病亚种、胎毛滴虫 应进行包皮拭子样品检测（胎儿弯曲杆菌性病亚种）或培养（胎毛滴虫）。仅需对生产精液的或与生产精液公牛有过接触的公牛进行检测。停用 6 个月以上拟再用以采精的公牛，要在重新生产前 30 天内进行检测。

（3）IBR/IPV 如人工授精中心认为无 IBR/IPV，动物应符合《法典》11.11.3 条 2）c）款的规定。

（4）IBR/IPV 动物应符合《法典》8.3.10 或 8.3.11 条的规定。

15.2.1.4 BVD－MD 血清学阳性公牛精液的处理

BVD－MD 血清学阳性公牛精液在准备发送之前，每头动物都要收集一份精液样品，用于 BVD－MD 的病毒分离或病毒抗原学检测。要清除阳性结果公牛并销毁其全部精液。

15.2.1.5 对未认定无 IBR/IPV 人工授精中心所产冷冻精液的 IBR/IPV 检测

每个包装的冷冻精液都应进行《法典》11.11.7 条规定的试验。

15.2.2 种公羊及试情动物的卫生要求

种公羊和试情动物只有满足下述要求，方可进入人工授精中心。

15.2.2.1 进入预隔离设施前的要求

预隔离设施所在国家或地区尚未达到相关疫病无疫要求时，动物进入预隔离设施前应符合《法典》相关条款规定的条件：山羊和绵羊布鲁氏菌病（4.1.6条）、山羊布鲁氏菌病（14.7.3条）、山羊传染性无乳综合征（14.3.1条1、2款）、小反刍兽疫（14.8.7条1、2和4或5款）、山羊传染性胸膜肺炎（14.4.7条，依赖于该国家或地区的CCPP疫情）、副结核分支杆菌（最近2年内没有出现临床症状）、痒病（如未达到OIE无疫国家或地区的要求，应符合14.9.8条的规定）、梅迪-维斯纳病（14.6.2条）、山羊关节炎/脑炎（14.2.2条）、蓝舌病（8.3.7或8.3.8条）、结核杆菌病（山羊结核菌素试验结果阴性）。

15.2.2.2 进入精液采集设施前在预隔离设施中的检测要求

进入人工授精中心的精液采集设施前，种公羊和试情动物应在预隔离设施中至少隔离28天。进入预隔离设施后21天内应对以下疫病进行检测且呈阴性结果：山羊和绵羊布鲁氏菌病、绵羊布鲁氏菌病、梅迪-维斯纳和山羊关节炎/脑炎（对动物及其精液进行检测）、蓝舌病。

15.2.2.3 精液收集设施中留养种公羊及试情动物的检测项目

精液采集设施所在国家或地区无法达到相关疫病无疫状态时，至少每年应对精液采集设施中的所有留置种公羊和试情动物进行一次下述疫病检测且呈阴性结果：山羊和绵羊布鲁氏菌病、绵羊布鲁氏菌病、梅迪-维斯纳和山羊关节病/脑炎、结核杆菌病（仅针对山羊）、蓝舌病。

15.2.3 种公猪的卫生要求

仅有符合下列要求的种公猪才能进入人工授精中心。

15.2.3.1 进入预隔离设施前的要求

预隔离设施所在国家或地区尚未达到相关疫病无疫要求时，动物应该临床健康、生理正常，且在进入预隔离设施隔离前30天内符合OIE《法典》相关条款的规定条件：猪布鲁氏菌病（15.3.3条）、口蹄疫（8.5.12、8.5.13或8.5.14条）、伪狂犬病（8.2.9或8.2.10条）、传染性胃肠炎（15.5.2条）、猪水疱病（15.4.5或15.4.7条）、非洲猪瘟（15.1.5或15.1.6条）、古典猪瘟（15.2.5或15.2.6条）、猪繁殖与呼吸综合征（检测方法与《陆生手册》标准相符）。

15.2.3.2 进入精液采集设施前在预隔离设施中的检测要求

进入精液采集设施前，种公猪应该在预隔离设施中至少隔离28天。进入预隔离设施后21天内，应对以下疾病进行检测且呈阴性结果：猪布鲁氏菌病、口蹄疫、伪狂犬病、传染性胃肠炎、猪水疱病、非洲猪瘟、古典猪瘟、猪繁殖与呼吸综合征（检测方法与《陆生手册》标准相符）。

15.2.3.3 精液收集设施中留养种公猪的检测项目

精液采集设施所在国家或地区无法达到相关疫病无疫状态时，至少每年应对精液采集设施中的所有留置种公猪进行一次下述疫病检测且呈阴性结果：猪布鲁氏菌病、口蹄疫、伪狂犬病、传染性胃肠炎、猪水疱病、非洲猪瘟、古典猪瘟、猪繁殖与呼吸综合征（检测方法与《陆生手册》标准相符）。

15.2.4 采集精液时的适用条件

（1）爬跨区地面应易于清洗和消毒。避免使用起尘土的地面。

（2）试情动物的后躯，不管是台畜或活动物，应保持清洁。台畜在每次采精后必须彻底清洗。在每次采精前必须清洁试情动物的后部。在每次采集精液后，要对台畜或试情动物进行消毒。可使用一次性塑料罩。

（3）采精人员的手不得接触动物阴茎。采精应戴一次性塑料手套，每次用毕要更换。

（4）每次采精后人工阴道必须彻底清洗干净：应将其拆开，冲洗各部件，并干燥之，保护其不染灰尘；对装置内侧和锥状体应消毒后组装，消毒方法要使用规定的消毒技术，如70%酒精、98%～99%氧化乙烯或蒸汽。组装后，置于定期清洁和消毒的柜中。

（5）所用润滑油必须干净。涂油棒必须擦净，使用过程中不得接触尘土。

（6）射精中不得摇动人工阴道，否则润滑油和碎屑会进入锥状体而混进采精管的内容物中。

（7）连续采精时，每次爬跨都要使用新的假阴道，即使动物已插入阴茎但未射精也要更换。

（8）采精管应无菌，用后废弃，或用高压灭菌180℃干燥至少30min。在待用期应予密封以防止其暴露在环境中。

（9）采精后，采精管应连同其管套保持在锥状体内，直至从采精室移送至检验室才取下。

15.2.5 检验室精液样品处理和制备的适用条件

15.2.5.1 稀释剂

所有使用的容器必须无菌；用作制备稀释剂的缓冲液必须过滤（0.22μm）或高压（121℃30s）灭菌或用无菌水制备后加卵黄和抗生素。如稀释剂成分是市售粉剂，所用水必须经蒸馏或去矿物质，灭菌（121℃30s或等效方法），适当保存冷却待用；如用卵黄，须用无菌技术分离。也可使用供人食用的商品卵黄，或消毒处理的卵黄，如巴氏消毒法或辐射消毒法，以减少细菌污染。稀释剂用前置于5℃不得超过72h，在－20℃可保存较长时间，贮存瓶要加塞。在每毫升冷冻精液中要含有灭菌活性至少与下列混合液相当的抗生素混合液：庆大霉素（250μg）、泰乐菌素（50μg）、林肯霉素-大观霉素（15/300μg），或青霉素（500IU）、链霉素（500IU）、林肯菌素-大观霉素（150/300μg），在国际兽医证书中应标明所加抗生素的名称和浓度。

15.2.5.2 稀释和包装程序

在处理前，装有新鲜采集的精液的管一送到实验室应立即密封。在稀释后的冷冻期间，精液也要保存于塞紧的容器中。在精液注入发送容器（如授精毛细管）过程中，容器和其他一次性用品开包后应立即使用。重复使用的材料要用乙醇、氧化乙烯、蒸汽或其他消菌技术灭菌。封闭时应注意防止污染。

15.2.5.3 精液贮存适用条件

准备出口的精液，在消毒和卫生瓶的液氮中应与不符合指南要求的遗传物质分开。精液细管应密封并按动物记录国际委员会（ICAR）的标准进行标记。出口前容器应加封兽医行政管理部门负责的官方编号，并附带国际兽医证书，列清其内容物。

12.2.5.4 精子分类

精子性别分类设备应保持干净，对不同动物使用时要按照系统认证官的建议进行消毒。精清和其他组分，应在进行超低温冷冻保存前加入分类后的精子。这些精清和其他组分最好来自同一动物或健康状态更好的动物。

15.3 胚胎和卵的采集和加工

15.3.1 家畜和马体内胚胎分离的采集和加工

15.3.1.1 胚胎采集小组的适用条件

胚胎采集小组是指一组称职的技术人员，其中至少有一名能进行胚胎采集、加工和贮存的兽医。胚胎采集小组应符合下列条件：该小组应该经过主管部门的批准，并受小组中一名兽医监督；小组的兽医应该对小组的运行负责，包括供体动物健康状况的核实、供体动物的卫生处理和外科手术、消毒和卫生程序；小组成员应该在疾病控制的技术和原理方面受过足够的培训，实行高标准的卫生条件以防止发生感染；采集小组应当具备充足的仪器设备和设施用于采集胚胎、在固定地点或移动实验室操作和处理胚胎，并储存胚胎；小组应该保存活动记录，以供胚胎出口后至少2年内接受兽医官方部门监督；小组应该接受至少每年1次的官方兽医定期监督，以确保符合卫生条件下的胚胎采集、处理和储存等程序。

15.3.1.2 胚胎加工实验室的适用条件

胚胎采集小组可用移动式或固定胚胎加工实验室。这是一个从采集培养液取出胚胎/卵进行检查、清洗及必要处理，再作冷冻、贮藏、检疫、等待健康检查试验结果的设施。固定实验室可以是专门设计的采集和处理单位的一部分，或是经过适当改造的现有建筑的一部分，位于饲养供体动物的设施附近。任何情况下，实验室应该与动物在地理位置上隔离。无论是移动还是固定实验室，在污染区（处理动物）和洁净区之间都应该有一明显界限。此外，胚胎加工实验室应当在小组兽医的直接监督之下，并且由官方兽医定期检查；当将用于出口的胚胎储存入安瓿、小瓶或麦管之前，应当先进行筛选，健康状况较次的胚胎不能加工；胚胎加工实验室应该能防范啮齿类动物和昆虫；建筑材料应该能够进行有效清洁和消毒。清洁和消毒工作应该经常进行，一般在每次加工出口胚胎的前后都要进行。

15.3.1.3 引入供体动物的适用条件

对于供体动物，兽医当局应该对其所在种群状况有所了解，并具有监督权；供体动物所在畜群中不应出现OIE所列疫病（IETS第一类病原体除外）；在采集胚胎时，应该由小组兽医或对该兽医负责的兽医对供体动物进行临床学检测，保证无临床疫病。对于供精动物，用于人工授精的精子应当按照《法典》4.6 章的规定进行生产加工；当供精动物死亡以及采精时对某一特定传染病或相关疾病的健康状况不详时，在胚胎采集后可对受精的雌性动物额外进行检测，以确保没有传染病传播（可以把对精液采集当日的精液备份进行检测作为替代方法）；在采用本交或使用新鲜精液的地方，供精种畜应该满足不同物种的健康要求。

15.3.1.4 风险管理

就疫病传播而言，体内分离胚胎的运输对传播动物遗传性物质来说风险很低。不论何种动物，胚胎转移加工过程中决定最终风险的共有 3 个阶段。

（1）第一阶段 适用于 IETS 分类中不包括的第一类疾病，包含胚胎污染的潜在风险，并依赖于：出口国或地区的疫病情况；供体动物及其所在畜群的健康状况；进口国兽医部门关注的某特定疾病因子的病理特征。

（2）第二阶段 是指利用国际公认的已在 IETS 中列出的胚胎操作程序来降低风险。这些包括：胚胎应该至少清洗 10 次，每次使用至少 100 倍的稀释液，每次洗涤时应该使用新的移液管转移胚胎，只有来自同一供体动物的胚胎才能同时洗涤，并且任何时候洗涤不得多于 10 个胚胎。某些时候，例如当需要灭活或除去某种特定病毒（如牛疱疹病毒-1 和伪狂犬病病毒）时，应该按照 IETS 的规定调整标准洗涤程序，增用胰蛋白酶洗涤。胚胎洗涤后，应该在至少放大 50 倍的显微镜下观察每个胚胎整个表面的完整性，要求透明带完整，无吸附物质。所有胚胎的发货单都应该附有小组兽医签署的声明，以证明胚胎的加工过程都已经完成。

（3）第三阶段 适用于除 IETS 分类中第一部分疫病外的疫病，是进口国家的兽医部门关注的，包含以下几个可以降低风险的方面：当胚胎还在出口国储存期间（对于可以采用低温冷冻方式有效储存的物种），基于相关疫病的潜伏期，对供体动物和供体动物群进行胚胎采集后监测，以追溯性地确定供体动物的健康状况；在拥有某特定病原体的实验室检测胚胎采集液（冲洗液）和未存活的胚胎，或其他样品如血液。

15.3.1.5 胚胎采集和储存的适用条件

（1）培养基 用于胚胎采集、加工、清洗或储存的培养液和溶液中的动物源性生物制品应该排除致病性微生物。培养基和溶液应该依据 IETS 手册认可的方式消毒，并采用可以维持无菌状态的方式操作。应该按照 IETS 手册推荐的方式，在采集、加工、洗涤和储存培养液中添加抗生素。

（2）仪器设备 所有用于采集、加工、洗涤、冷冻和储存胚胎的设备，理想状态下应该是新的，或至少按照 IETS 手册的推荐在使用前经过消毒。使用过的仪器设备不应为了再次使用而在国际运输。

15.3.1.6 检测方法和处理方式

进口国可以要求对样品进行检测，以确定在胚胎内不存在可能通过体内分离胚胎传播的病原微生物，或帮助评价胚胎采集小组的质量控制水平是否达到可接受的水平。

（1）死亡的胚胎/卵母细胞 当某个供体动物的透明带完整的活胚胎拟用于出口时，对来自同一供体动物的所有未受精的卵母细胞、退化的或透明带受损的胚胎，都应该按照 IETS 手册进行清洗，如果进口国要求，应该进行混合后检测。该供体动物的死亡胚胎/卵母细胞应该一起处理和储存。

（2）胚胎采集（冲洗）**液** 胚胎采集液应该放入无菌密闭容器内。如果体积较大，则应当静置 1h。移去上清，将剩余的 10～20mL 底部沉淀连同碎片一起转移入无菌瓶中。如果胚胎/卵母细胞采集过程中使用了滤膜，则残留在滤膜上的残渣应该冲洗入采集液里。

（3）洗液 最后 4 次的胚胎/卵母细胞洗涤液时应混合在一起。

（4）储存 上述提到的样品应在 4℃保存并在 24 h 内检测，或者在－70°C 或更低的温度中冷冻。

当采用胰蛋白酶额外洗涤等改变活胚胎的处理方式时，应按照 IETS 手册操作。只有当可能存在 IETS 建议需要额外处理（如用胰酶）的病原体时，才有必要进行酶处理。应该注意的是，这种处理并非都有利，它对胚胎的活性可能存在副作用，例如马胚胎的囊胚可能会被这种酶造成损伤，不能被看做是一种通用的消毒剂。

15.3.1.7 胚胎储存和运输的适用条件

用于出口的胚胎应该储存在密封的无菌安瓿、小管或麦管内，应该在出口国兽医权威部门认可的无胚胎污染风险的储存场所，在严格的卫生条件下进行储存。只有来自同一个供体的胚胎才允许储存在同一个安瓿、小管或麦管内。根据种属，如果有可能，胚胎应该在严格的卫生条件下，在认可的储存场所，冷冻、储存在干净无菌的液氮里。安瓿、小管或麦管应该在冷冻的同时密封(或出口到不能冷冻储藏的地点之前)，并按照 IETS 中推荐的标准化体系清晰地标识。盛有液氮的容器应当在出口国运输前，在官方兽医的监督下密封。胚胎只有在具有适当的兽医确定工作完成后才能出口。

15.3.1.8 显微操作程序

即将进行胚胎显微操作之前，应当先经过处理，再进行操作。

15.3.1.9 猪胚胎的特殊条件

提供胚胎的猪群应该没有猪水疱病和猪布鲁氏菌病的临床症状。如何有效低温储存透明带完整的猪胚胎，尚处于早期研究阶段。

15.3.1.10 马胚胎的特殊条件

提供胚胎的马来自一直生活在国内的马群，对参加国际水平赛事的马可能不适用。例如在各自的兽医官方部门间已达成双方协议的，具有国际兽医证书的马（例如赛马）在适当的条件下运输，可以不受本建议的约束。

15.3.1.11 骆驼胚胎的特殊条件

南美骆驼的囊胚是通过传统的非手术灌流技术在排卵后的 6.5～7 天从子宫腔取得，此时透明带已经脱落。因为胚胎在 6.5～7 天之前不进入子宫，无法获得，不适于只有透明带完整的胚胎方可用于国际贸易的规定。

15.3.1.12 鹿胚胎的特殊条件

提供胚胎的鹿来自一直在国内人工饲养或放养的鹿群，不适用于野生鹿群，或与多种保护生物多样性相关研究的鹿群。

15.3.1.13 体内分离胚胎介导疫病的风险管理建议

IETS 已经将下列疫病和病原体分为 4 类，但只适用于体内分离的胚胎。

(1) 第一类 是指那些已经有充足的证据表明，只要在胚胎的采集和运输之间按照 IETS 手册进行恰当操作，这些疾病的传播风险是可以忽略的。包括：伪狂犬病（用胰蛋白酶处理）、蓝舌病（牛）、牛海绵状脑病、布鲁氏菌流产（牛）、地方流行性牛白血病、口蹄疫（牛）、牛传染性鼻气管炎、羊痒病。

(2) 第二类 是指有大量的证据表明，只要胚胎在采集和运输之间按照 IETS 手册恰当操作时，该病的传播风险可以忽略，但是需要特殊的运输来核实已有数据。包括：蓝舌病（绵羊）、山羊关节炎/脑炎、猪瘟。

(3) 第三类 是指有初步证据表明，只要胚胎在采集和运输之间按照 IETS 手册恰当操作时，该病的传播风险可以忽略，但是需要另外增加体外和体内试验数据以证实先前的研究。包括：牛免疫缺陷病毒、牛海绵状脑病（山羊)、牛病毒性腹泻病毒、胎儿弯曲杆菌(绵羊)、口蹄疫(猪、绵羊、山羊)、睡眠嗜血杆菌病(牛)、梅迪-维斯纳病(绵羊)、副结核分支杆菌(牛)、犬新孢子虫病(牛)、绵羊肺腺瘤病、猪繁殖与呼吸障碍综合征、牛瘟、猪水疱病。

(4) 第四类 是指已经完成或正在进行的研究表明,还不可能对传播风险的危害等级得出结论,或者即使在采集和运输胚胎之间按照 IETS 手册恰当操作,仍不能忽略通过胚胎运输传播该病的风险。包括:非洲猪瘟、赤羽病(牛)、牛无浆体病、蓝舌病(山羊)、边界病(羊)、牛疱疹病毒 4 型、鹦鹉热衣原体(牛、绵羊)、马传染性子宫炎、肠病毒(牛、猪)、马鼻肺炎、大肠埃希氏菌 09:K99(牛)、hardjobovis 血清型博氏钩端螺旋体(牛)、钩端螺旋体(猪)、牛结节性皮肤病、牛分支杆菌属(牛)、支原体种(猪)、绵羊附睾炎(羊布鲁氏菌)、副流感病毒-3 型(牛)、细小病毒属(猪)、猪环状病毒-2 型(猪)、羊痒病(山羊)、胎儿三毛滴虫属(牛)、脲原体属/支原体种(牛、山羊)、水疱性口炎(牛、猪)。

15.3.2 家畜和马体外生产的胚胎和卵母细胞的采集和加工

15.3.2.1 控制的目的

体外生产胚胎包括从供体卵巢收集卵细胞、卵细胞的体外成熟与授精、体外培养到桑葚胚/囊胚阶段,此时准备转移到受体。官方要对用于国际交流的体外生产的胚胎进行卫生条件控制,是为了控制可能与该种胚胎有关的特定病原体,避免受体动物和后代受到感染。

15.3.2.2 胚胎生产小组的适用条件

胚胎生产小组应由能力适应的技术人员组成,包括至少 1 名兽医,负责卵巢/卵细胞的收集和处理、胚胎的产生和储存。该小组应该由主管部门批准,接受小组兽医监督。小组兽医应该对小组的所有活动负责,包括卵巢/卵细胞在一定卫生条件下进行收集,以及拟用于国际运输的胚胎生产过程中的其他所有操作。小组成员应该在疫病控制技术和原理方面受过足够的培训,同时实行高标准的卫生条件以排除感染。生产小组应该具备充足的仪器设备用于收集卵巢和/或卵细胞,在一个固定或活动实验室中收集卵细胞、生产胚胎,并储存卵细胞和/或胚胎。生产小组应该保留活动记录,在胚胎出口后至少保留 2 年,接受兽医部门检查。生产小组应该至少每年接受 1 次官方兽医的定期检查,以确保胚胎在适当的卫生条件下进行收集、加工、生产和储存。

15.3.2.3 加工实验室的适用条件

胚胎生产小组使用的加工实验室可以是移动或固定的，可以与卵细胞收集区毗邻，或位于一个独立的区域，从卵巢收集的卵细胞在此成熟和受精，获得的胚胎再进一步作体外培养。针对胚胎的其他处理，如洗涤、储存和检疫也在此进行。胚胎加工实验室应当在小组兽医直接监督之下，并定期接受官方兽医的检查；当将用于输出的胚胎储存在安瓿、小瓶或吸管之前，应当先进行处理，健康状态较差的胚胎/卵细胞不能在同一个实验室复苏或处理；胚胎加工实验室应该防范啮齿类动物和昆虫，实验室建设材料应该能够进行有效清洁和消毒，消毒和清洁应该经常进行，在出口胚胎每次处理前后一般都要清洁和消毒。

15.3.2.4 供体动物的适用条件

有单个收集和成批收集两种基本方式从供体动物获得用于体外生产胚胎的卵母细胞，其推荐条件不同：

单个收集通常是从饲养在农场或实验室的活体动物卵巢中吸取卵细胞，偶尔也可从活供体动物手术切除的卵巢中回收卵细胞。此时仪器设备（如超声波导向探针）的清洁和消毒尤其重要，应该遵照 IETS 中的推荐方法，在每次收集完胚胎后都要清洁和消毒。

成批收集是指将从屠宰场成批屠宰的供体动物中摘除的卵巢，运送到加工实验室，再从卵巢滤泡中通过吸取方式回收卵细胞。但是通常很难把卵巢及其供体动物一一对应起来，而这对于确保以卫生方式从健康个体获得健康组织并运送到实验室是十分关键的。

（1）兽医当局应了解供体动物原畜群的背景。

（2）供体动物不能来自患有口蹄疫、牛瘟和小反刍兽疫的畜群，也不能从疫区或其他受到该类疫病限制的地区移取各种组织或吸取卵细胞。

（3）从活供体动物回收卵细胞时，应该在相关疫病的潜伏期内，对供体动物和供体动物群进行细胞采集后监测，以对供体的健康状况进行回顾性检测。

（4）成批收集卵细胞时，屠宰场应该经过官方认可，并在对供体动物实施宰前检疫/宰后检验的兽医监督下进行收集，以确保动物没有上述疫病的临床症状或病理变化。

（5）在屠宰场屠宰的供体动物，不能是因为罹患法定动物疫病而被强制屠宰的，也不能与这些动物同时屠宰。

（6）在屠宰场成批收集的卵巢和其他组织，不能在宰前检疫和宰后检验结果合格之前，就运送到处理实验室。

(7) 切除和运送卵巢和其他组织的仪器设备，在使用前应该是洁净和无菌的。

(8) 所有载有供体动物的身份和来源的记录，应该在胚胎出口后至少保留2年，用于兽医部门检查。对于成批收集的胚胎，应尽量保留供体动物原畜群的身份记录。

15.3.2.5 检测试验和处理方法

通过检测相关材料，以确定不存在相关病原体，是保证体外生产的胚胎不传播疫病的有益补充方法。同时，还要检查加工实验室采用的质量控制程序是否符合预期的标准。需要检测的相关材料如下：体外生产线上处于任何阶段的死亡卵细胞/胚胎、消毒程序中精液和卵细胞混合前采集的体外熟化培养液样品、胚胎储存前立即采集的胚胎培养液样品。所有这些样品都应在4℃下保存并在24h内进行检测，如果难以达到则应置于−70℃或以下进行冻存。此外：

(1) 体外授精的精液应该满足一定的健康要求和标准。当供精动物死亡，或在精液收集时供精动物对某种特定传染病或有关疾病的健康状态未知时，可以对备用胚胎进行额外检测，以证实该传染病没有传播（也可用检测同一天所收集精液的办法替代）。

(2) 任何动物源性生物制品，包括用于卵细胞采集、熟化、授精、培养、洗涤和储存的共培养细胞和培养液成分，都应该无活病原体。培养液在使用之前应按照IETS手册推荐的方法灭菌，并无菌操作。应该按照IETS手册的推荐在所有液体和培养液中加入抗生素。

(3) 所有用于回收、处理、培养、洗涤、冰冻和储存的卵细胞/胚胎的设备都应该是新的或干净的，在使用之前按照IETS手册中推荐的方法进行过消毒。

15.3.2.6 风险管理

就疫病传播而言，运输体外生产的胚胎对传播动物遗传性物质的风险很低（尽管没有体内分离胚胎那么低）。应予以注意的是，针对体内分离的胚胎所列出的疾病种类/疾病因子，不适合于体外生产胚胎的情况。不论什么种属的动物，在胚胎生产和运输过程中有3个决定最终风险水平的阶段。

(1) 第一阶段 包含对污染的潜在风险，决定于：出口国家和/或地区的该病疫情；卵巢/卵细胞/胚胎供体动物及其原畜群的健康状况；特定病原体的病理学特征。

(2) 第二阶段 是指利用国际公认的IETS手册中的胚胎操作程序降低风险。包括：体外培养阶段完成后，胚胎应该至少清洗10次，每次使用至少100倍的稀释液，每次洗涤时应该使用新的移液管转移胚胎；只有来自同一供体动物（单个收集时）或者同一批供体（成批收集时）的胚胎才能同时洗涤，并且任何时候洗涤的胚胎数不得多于10个；当需要灭活或除去某些特定病毒（如牛疱疹病毒-1或伪狂犬病病毒）时，应该调整IETS手册中的标准洗涤程序，增用胰蛋白酶洗涤；洗涤后，应该在至少放大50倍的显微镜下观察每个胚胎整个表面的完整性，以保证透明带完整，无吸附物质。

(3) 第三阶段 适用于本节15.3.2.4条（2）项所列出的疫病，可以降低风险的方式如下：在胚胎还在出口国储存期间（对于可以采用低温冷冻方式储存的动物种属），基于相关疫病的潜伏期，对供体动物和供体动物群进行采集后监测，以追溯供体动物的健康状况。虽然不可能对从屠宰场成批采集的供体动物进行采集后监测，但却可以监测其原产畜群。在实验室检测卵子/胚胎、共培养的细胞、培养液和其他样品（例如血液），以确定是否存在致病因子。

15.3.2.7 胚胎储存和运输的适用条件

只有来自同一供体动物或同一批次收集的胚胎，才能储存在同一个安瓿、小管或麦管内。根据种属，如果可能的话，胚胎应该在储存场所的严格卫生条件下，冷冻、储存在干净无菌的容器或盒子的新鲜液氮或冷冻剂里。安瓿、小管或麦管应该在冷冻的同时密封，并按照IETS中推荐的标准化体系清晰地标识。盛有液氮的容器应当在出口国运输前，在官方兽医的监督下密封。胚胎只有在适当的兽医确认工作完成后才能出口。

15.3.2.8 显微操作程序

即将进行胚胎显微操作之前，应当先完成本节15.3.2.6条中（2）项规定的程序，并且按照《法典》4.9章进行操作。

15.3.3 家畜和马的显微操作胚胎和卵细胞的采集和加工

15.3.3.1 引言

前面15.3.1和15.3.2阐述了供国际交流的取自体内的完整胚胎的官方卫生控制措施，但不适用于经过性别鉴定、分割、转基因注射、胞质内精子注射（ICSI）、核移植或其他破坏透明带完整性的胚胎/卵的显微操作。因此，还要就胚胎/卵细胞的显微操作进行阐述。应该指出，在进行卵细胞、受精卵和胚胎的显微操作前须完全清除胚胎透明带表面的粒层细胞或其他附属物质，以免影响其健康状况。

15.3.3.2 基本要求

在进行会损伤透明带的显微操作前，胚胎/卵细胞的采集和加工应符合前述 15.3.1 和 15.3.2 各自规定的卫生条件。胚胎/卵细胞质量仍由采集小组（体内获胚）或生产小组（体外生产胚）负责。显微操作各步骤应在批准的兽医监督下，在批准的加工实验室进行（参见前述 15.3.1 和 15.3.2 的规定）。供体动物必须符合 15.3.1（体内胚胎）和 15.3.2（体外胚胎/卵细胞）规定的条件，抽样检测的标准是确保胚胎/卵细胞没有前述规定中所述的病原微生物。所有进行显微操作的胚胎/卵细胞必须按 IETS 手册规定的步骤进行洗涤，洗涤前后必须观察透明带完整无损。只有采自同一供体母畜或同批采集的胚胎/卵才可同时洗涤。洗涤后及进行显微操作前，应该用不低于 50 倍的显微放大镜检查每个胚胎/卵细胞整个表面，确保透明带完整无损并没有黏附物。如果使用代用透明带，必须来自同种动物，其源胚/卵细胞应进行处理，方法与用于准备出口的体内获取或体外生产胚胎的方法相同。

15.3.3.3 显微操作程序

显微操作包括几个不同的步骤，需用一些专门的仪器，也可能用其他设备。但从动物健康角度看，任何切割、穿刺或撕裂透明带的活动都会改变胚胎/卵细胞健康状况。为保持其健康状况，显微操作中及其后的程序应遵守下列条件：

（1）培养液 胚胎/卵细胞的收集、洗涤、处理、显微操作、培养、贮存或运输中用的任何动物源性生物制品，必须没有病原微生物（包括传染性海绵状脑病因子，有时称朊病毒）。所有培养液和溶液应按照 IETS 手册用批准的方法灭菌消毒，而且处理过程应保持无菌状态。根据 IETS 手册要求，培养液和所有液体应添加抗生素。

（2）仪器设备 仪器设备（即直接接触胚胎/卵细胞的显微外科仪器）要么是一次性的（每用于一胚后废弃），要么在不同胚胎/卵细胞使用前后按 IETS 手册要求进行灭菌消毒。

（3）核移植 移植孵化前期（透明带完整）胚胎时，其母胚应符合规定的条件。如核来自于其他类型供体细胞（如后孵化期胚胎、胚芽、胎儿和成年细胞，包括用于 ICS 的精子/精细胞）作核移植时，提供供体细胞的亲代胚、胎儿或本动物应符合《法典》和《陆生手册》推荐的动物卫生标准。准备将核植入卵细胞（ICSI）或去核卵细胞（核移植）时，应按本规定进行采集、培养和显微操作。

15.3.3.4　检测试验和处理方法

进口国可要求检测某些样品或要求对胚胎/卵细胞进行处理，以确保无特定病原微生物。

（1）样品　要检测的样品可包括 15.3.1.6 和/或 15.3.2.5 中所指的材料。对于不是取自完整透明带胚胎的细胞（如体细胞、精细胞）作为移植核供体的情况，这些供体细胞样品或培养物也可进行检查。

（2）处理　可以要求用胰酶或其他证明能灭活或消除病原微生物，并对胚胎无害的物质处理胚胎/卵细胞，但应在显微操作前提出并按 IETS 手册要求进行显微操作。

15.3.3.5　贮存、检疫和运输的适用条件

显微操作胚胎/卵应按 15.3.1 或 15.3.2 中的要求进行贮存、检疫和运输。兽医证书应写明各项显微操作的全部细节以及时间和地点。

15.3.4　啮齿类实验动物和兔胚胎/卵巢的采集和加工

15.3.4.1　实验动物群的卫生条件

不同种属和基因型的实验动物通常饲养在专门的场所，它们的微生物携带情况主要决定于动物群形成和维持的体系。本文中实验动物的微生物携带状态分为 3 类：限制性动物、普通级动物和非限制性动物。①限制性动物群：是指至少在最初形成阶段排除了微生物的动物（如悉生动物），后来有时也指携带有几种已知的非致病性微生物的动物群。在任何情况下，限制性动物群体应饲养在高度控制的屏障环境饲养室内，杜绝所有不必要的微生物污染。②普通级动物群：是指那些可能携带已知的（特定的）致病性或非致病性微生物的封闭饲养的动物群，其管理措施没有限制性动物那样严格，其目的主要是防止微生物的潜在感染。应当采取一些简单消毒措施（如对饲料和垫草的高压蒸汽灭菌），以确保动物不被任何不必要的微生物感染。③非限制性动物：是指微生物学不明确的实验动物，也包括开放式饲养的动物。

对于限制性动物和普通级动物，应该至少每季度对哨兵动物或群体中其他代表性成员进行细菌学、病毒学、寄生虫学、血清学和其他检测，以确定其健康状况。一些已经交配生育过几窝的大龄种公兽常被选作哨兵动物。

对啮齿类实验动物和兔的胚胎的国际交流进行官方卫生条件控制，是为了保证控制与胚胎可能有关的特定病原体，以避免感染传播给受体动物和后代。对供体动物管理和胚胎处理的要求，依动物群的微生物携带情况，即是否是限制性的、普通级的还是非限制性的，而有所不同。

15.3.4.2 胚胎采集小组的适用条件

胚胎采集小组应由能力适应的技术人员组成，包括至少1名有经验的专业人员，进行胚胎的采集、加工和储存。同时小组应该满足以下条件：小组应该由小组专业人员负责，专业人员对小组的所有活动负责，包括对动物群的确定、对供体动物的健康状况、对供体符合卫生条件的处理和外科手术、消毒和卫生程序等，他应该对研究所兽医负责；研究所兽医应该通过实验动物管理认证，尤其对用于出口的胚胎采集能力通过认证，其职责在于确保执行符合该动物群微生物状态的操作程序，并负责证明胚胎加工过程和实验室设施符合要求；小组人员应该在疫病控制技术和原理以及无菌处理胚胎技术方面受过足够的培训；应该明确和了解能感染不同种属实验动物的特定病原体的地方流行性情况，以避免人传染给动物群体，反之亦然；应该采取高标准的卫生条件，排除对供体动物、动物群、设施和仪器设备的感染；应该建立管理制度防止人员随意进入胚胎收集室和处理设施，尤其防止那些接触过其他动物设施的人员；小组应该具备足够的仪器设备用于收集胚胎、在固定或移动实验室加工胚胎，以及储存胚胎；保证保存完整的动物和胚胎记录是研究所兽医的职责，包括胚胎的采集、处理和储存，条件许可时应该使用IETS手册中对家畜的记录单样式，记录供体动物的基因型、胚胎质量等级、形态学阶段等数据，胚胎采集小组应该保留活动记录，用于兽医部门在胚胎出口至少2年后的监督工作。如果涉及胚胎出口，胚胎采集小组应该由主管部门批准，并接受官方兽医的定期检查，以确保胚胎的采集、加工和储存程序符合卫生标准。

15.3.4.3 加工实验室的适用条件

胚胎采集小组使用的加工实验室，是从供体动物（或切除的生殖道）或收集培养液中回收胚胎的设施，也进行胚胎检测以及清洗、低温储藏以及任何诊断程序中的隔离场所。实验室可以是专门设计的采集和处理设施的一部分，或是经过适当改造的现有建筑的一部分。可以位于供体动物饲养场所附近，但要与动物实施物理性隔离。胚胎处理实验室应当由研究所兽医监督并定期接受官方兽医检查；在将用于输出的胚胎储存在安瓿、小瓶或吸管之前，应当进行先期处理，健康状况较差的胚胎/卵细胞不能在同一个实验室回收或处理；实验室建筑材料应该能够进行有效清洁和消毒，消毒和清洁应该经常进行，每次处理出口胚胎前后一般都要清洁和消毒。

15.3.4.4 风险管理

就疫病传播而言，体内分离胚胎的运输对传播动物遗传性物质来说风险很低。不论何种动物物种，在胚胎运输过程中都有 3 个决定最终风险水平的阶段。

(1) 第一阶段 包含胚胎污染的潜在风险，并依赖于：出口国家或地区的疫病情况；限制性、普通级或非限制性动物群和供体动物的微生物携带情况；进口国兽医部门关注的特定病原体的病理学特征。

(2) 第二阶段 指利用国际公认的已在 IETS 中列出的胚胎操作程序来降低风险：根据动物群的微生物状态，胚胎应该至少清洗 10 次，每次使用至少 100 倍的稀释液，每次清洗时应该使用新的移液管转移胚胎；只有来自同一供体动物的胚胎才能同时洗涤，任何时候不得洗涤多于 10 个的胚胎；当需要清除某种特定病毒（如疱疹病毒）时，应该按照 IETS 的规定调整标准洗涤程序，增用胰蛋白酶洗涤；胚胎洗涤后，应该用在至少放大 50 倍的显微镜下观察每个胚胎整个表面的完整性，要求透明带完整，无吸附物质。

(3) 第三阶段 进口国兽医机构高度关注可以降低风险的措施：当胚胎还在出口国储存期间（对于可以采用冷冻方式有效储存的种属），应基于相关疫病的潜伏期，对供体动物和供体动物群进行精液采集后监测，以追溯供体动物的健康状况；对供体动物进行宰杀后检测，或检测血液、胚胎采集液（冲洗液）和死亡胚胎等样品，以检测特定病原体是否存在。

15.3.4.5 胚胎小组/研究所兽医的适用条件

研究所兽医要保证执行了必要的健康检测程序，以证明动物群的微生物状态。在胚胎输出之前，研究所兽医还应该对群体的微生物状态进行复检。同时如前所述，该兽药要负责证明胚胎的加工程序和实验室维持状况符合要求，并负责风险管理程序，负责批准所有胚胎的输出，确定胚胎采集记录和兽医证明文件全部完成并附在出货文件中。

15.3.4.6 供体动物的适用条件

要根据动物群体的微生物状况而定，如限制性、普通级或非限制性的。要对每一个限制性和普通级供体动物群的哨兵动物进行常规微生物学普查，最好每月 1 次，至少也要每季度 1 次。根据动物种类检测特定病原体，可能受到地理位置影响。

（1）限制性动物 微生物学限制性群体是指最干净的配子来源和胚胎来源，可以认为是无病原体的。由于雄性和雌性供体动物都是无病原体的，雌性动物生殖道的切除和胚胎收集程序应该在无菌实验室进行，条件可行时要使用生物安全柜。不要求必须清洗胚胎，但是建议清洗胚胎 2～3 次，每次清洗时，应该轻轻摇振胚胎。要对胚胎进行记录，注明是来自无菌动物或微生物学限制的、屏障环境下维持的动物群，以表明无需采取排除病原体的特殊风险管理程序。胚胎进口研究机构需要保证胚胎受体的质量。

（2）普通级动物 普通级动物通常是指封闭群，其健康状况受常规监测。这些动物可能曾经接触过各种病原体，导致感染，引起抗体阳性甚或明显的临床疾病，但应该熟悉每个群体相关的病原体。生殖道（子宫、输卵管和/或卵巢）切除应该在隔离场所实施，然后拿到胚胎加工实验室，由不同的技术人员操作，或至少应该在不同的工作地点更换工作服。如果要在实验室处理动物，应该在生物安全柜中切除生殖道，以利于防止病原体扩散至实验室。一旦切除生殖道，应该在无菌条件下回收胚胎。如果已知动物群体中存在病原体，应该根据风险管理程序处理胚胎。从抗体阳性或存在特定病原体的动物获得的胚胎，只能通过安全有保障的体系，利用微生物学限制性的受体雌性动物，转移到新的群体。如果供体动物群或动物的微生物状态存在任何不确定性，也适合采用这种保障体系。胚胎在冷冻或在融化后转移到受体期间，可能被细菌感染，所以胚胎应该在含有适当抗生素的培养液里培养 24h。如果受体接收单位在受孕母兽和子代健康状况得到确认前未对其实施隔离检疫，则应该对受体进行断奶后的病原体检测，只有检测结果满意时才能将其子代引入动物群中。

（3）未限制动物群 来自自由放养动物或健康状况不明的动物群的胚胎，必须采取全套的风险管理程序。理想情况下，种公兽与供体母兽应该与其他动物隔离，在交配 15 天前和交配当日（公兽）或胚胎采集当日（母兽）进行检测。这些动物也可以组成一个普通级群，饲养一段时间后，如果观察结果健康，就可以降低监测和胚胎处理要求。应使用生物安全柜处理供体和生殖系统组织以及胚胎。胚胎/卵细胞采集后，应对供体母兽进行与进口国关注疫病或病原体相关的死后检测。如果是手术采集胚胎，应当对每个供体动物或混合样品的冲洗液进行检测，检测有无存在特定病原体。对胚胎至少清洗 10 次，如果存在有关的致病性疱疹病毒，则应当用胰蛋白酶处理。在对动物群、组织或体液的必要的相关疾病普查完成之前，以及支持性文件被兽医师确认、签署之前，胚胎应该在出口实验室内低温冻存。胚胎一旦到达进口国，就应该在安全保障系统下移植入受体动物。除了在移植后检测受体动物，还应在子代 12 周龄、引入保障设施之外的种群之前进行复检。

15.3.4.7 胚胎储存和运输的适用条件

用于出口的胚胎应该在新鲜的液氮内冷冻，然后储存在干净消毒过的氮罐内。胚胎应该储存在密封的无菌安瓿、小管或麦管内，在严格的卫生条件下，储存在出口国兽医机构认可的无胚胎污染风险的场所。只有来自同一供体的胚胎才允许储存在同一个安瓿、小管或麦管内。安瓿、小管或麦管应该在冷冻的同时密封，清晰标识。标识内容包括供体动物的种类/基因型、微生物状态（限制性、普通级还是未限制性的）、采集/低温冷冻储藏日期、胚胎数量和发育阶段、容器编号以及任何特殊操作如体外受精、显微操作等。液氮储存罐在出口国起运前，应在官方兽医的监督下密封。只有当适当的兽医认证工作完成后胚胎才能出口。

15.3.4.8 体外受精和显微操作程序

如果用卵细胞体外受精来产生胚胎，建议使用洗涤过的精子，以降低暴露于病原体的风险。如果采用显微注射的方式，因涉及刺穿卵透明带，应该首先采取任何必需的风险管理步骤（包括洗涤）。

16 动物标识系统及追溯体系

16.1 基本建设原则

(1) 动物识别及动物追溯是用于维护动物健康及食品安全的重要手段。这一手段可以显著提高一些工作的效率：如疫病暴发的控制、决策与管理；食品安全事件的责任追究与处理；疫苗接种的登记、统计和效果分析；畜牧业生产管理、养殖区域合理布局；动物的移动监督管理；执法工作中的检验、检疫、鉴定和交易公平性的档案登记与可追溯；兽药、饲料和农药在农场的使用登记、监控与监测；对动物识别及动物追溯系统中发生的不确定、不合理的数据和分析结果进行预警和追踪。

(2) 追溯包括动物追溯和动物产品的起源追溯。动物识别是动物饲养与流通，动物产品的加工与销售实现追溯的关键索引和条件。

(3) 建立和实施动物追溯和动物产品来源追溯时，应遵照 OIE 和 CAC 的有关规定，实现在国际贸易中动物生产和动物加工与销售的可追溯能力。

(4) 制定动物识别及追溯措施时应明确使用方法，评估风险并且考虑下列各章节所列出的因素。在实施前应与兽医主管部门、相关部门和利益相关者充分沟通、咨询，并能在实施过程中定期总结和不断完善。

(5) 在设计和建立动物识别和追溯系统时会受到多种因素影响，应尽量全面考虑相关因素，并在实施中选择最佳方案。相关因素如风险评估状况、动物及公共卫生情况和与之相关的项目、涉及的动物分布与数量，动物产品的加工类型、动物的移动方式、动物及动物产品的交易习惯和方法、成本利润分析和其他经济指标、地理环境因素和人文习惯特点、可利用的现代技术、设备和手段，都应考虑到系统的设计当中去。

(6) 动物识别和追溯应由兽医主管部门负责，同时应认识到其他部门可能会在包含食品追溯的食品链的管理范畴上存在与兽医主管部门的交叉。

(7) 兽医主管部门应与相关政府机构和其他组织协商，制定一个该国执行动物识别和追溯的法律框架。在制定法律框架时，为了保证各国追溯系统的兼容性和一致性，应考虑有关国际标准和契约。这一法律框架应该包括的基础内容有目标、范围、组织机构、实施安排、识别和注册技术、参与此项工作的义务（包括第三方执行的追溯系统）、保密性、可访问性和有效的信息交换。

(8) 不论所选择的动物识别及追溯的目标是什么，他们都有共同的一系列的基本因素，并且这些因素都必须在实施前予以考虑。如法律框架、步骤、主管部门、机构或动物所有者的标识，动物识别和动物的移动。

(9) 比较动物标识系统和动物追溯体系时，要依据基于运行标准的等效成果而非基于设计标准的相似系统。

16.2 建设目的

设计和建设动物标识系统，旨在有效实现动物的可追溯。无论 OIE 各成员采用何种技术和手段建设动物标识系统，均应符合 OIE 的有关标准，包括《陆生动物卫生法典》中阐述的用于动物和动物产品的国际贸易准则。每一个成员均应按照规定的范围和相关标准设计建设方案，以确保所需的动物可追溯结果得以实现。

16.3 基本概念

预期结果：用于描述某一方案的总体目标，并且通常在系统建设质量上形成明确目标，如确保动物和动物产品的安全合理使用。使用的安全性和适用性应实现明确的标准，如动物健康、食品安全、交易和畜牧业方面各项标准。

性能标准：即某一程序设计所实现的性能指标，通常用数量来表示，如“所有动物出生后 48h 可以追溯到养殖场”。

范围：是指建立和实施动物标识和追溯工作的国家或区域，以及涉及的目标物种、数量、产量、交易范围和需要标识的内容。

转场：是指游牧动物在一个国家内部或不同国家的不同草地进行的周期性或季节性移动。

16.4 动物标识系统的构成

16.4.1 预期结果

预期结果是通过对兽医主管部门和其他参与者的共同咨询确定的，应该包括动物养殖者和食品加工单位、私营兽医部门、科研机构和其他政府代理。预期结果可能包含部分或全部内容：

(1) 动物健康 应实现疫病监测数据采集并能对问题事件预警；支持对事

件发生区域的检测并提供疫病控制措施的决策支持；通过数据分析形成强制免疫计划。

（2）公共卫生 通过对人兽共患病的检测数据采集、分析，实现对人兽共患病潜伏风险的分析，实现食品安全控制支撑作用。

（3）紧急事件管理 通过系统的检测与预警，在发生自然灾难或人为事件时，对事件发生区域内的动物饲养和食品加工，形成妥善、准确的处理方案。

（4）交易 系统建设应该支持交易过程中的检验、检疫和兽医认证服务，实现上述相关内容的数据采集和统计分析功能。

（5）畜牧业方面 能够实现对动物生产性能、遗传育种、营养等方面的数据采集和统计分析功能，并能指导生产实践。

16.4.2 范围

范围也需要通过对兽医主管部门和其他参与者的咨询加以确定。动物标识系统的范围通常是定义所要标识的动物物种和门类，要充分考虑到生产经营管理的行业特点。如猪肉在进出口贸易、家禽在集约化饲养、牛在无疫区的自由放牧等不同特点。在系统建设时，应考虑采用不同的数据采集技术。不同国家要根据自身的生产经营特点和其工业和贸易的习惯，建立适合需要的动物标识系统。

16.4.3 性能标准

性能标准也需要咨询其他参与者设计出来。性能标准取决于系统建设者方案设计的范围和所期望可以实现的目标。在动物疫病控制方面，通常要根据该疫病的流行病学规律，从数量上加以描述。一些国家认为，在处理重大传染性疾病如口蹄疫和禽流感时，有必要追查到在24～48h内易感动物。

16.4.4 初步研究

在设计动物标识系统中，进行初步研究非常有用的，至少应考虑以下20个方面的现状和背景：动物的数量、种类、分布和生产管理方式；农业生产和工业加工的结构特点、生产工艺和地点分布；本国动物健康状况和流行病学状态；公共卫生领域技术特点和关键性人兽共患病现状；交易方式和习惯，交易产品数量和产品规格特点；畜牧业生产方式、习惯和特点，生产管理的素质和水平；畜牧业养殖分布状况和区域养殖习惯；动物移动方式（包括季节性畜牧移动）和移动特点（包括移动工具特点）；信息化流程管理和数据资源共享方面的设计；信息资源的可获得能力，重点应考虑人力投入和财政支持条件；社会和文化对动物标识系统建设的影响；参与者对系统实施的理解和适应的能力；目前的法律现状能够对系统建设的支持力度和长期需要建设和发展中存在的差距和法律空白；国际经验；国内的基础现状和其他行业经验；可用技术选项；现存的标识系统；对动物标识系统和动物追溯实现的目标、能够取得的利益和效益，以及在参与者中各自获取利益的内容和质量；数据所有权的归属和访问权限的管理；统计分析结果的报告要求。

动物标识系统和追溯体系的实施与推进应先行试点，从试点项目中取得相应的经验和教训，进而获取对设计和方案更为完整可靠的信息，帮助整体实施和推进。

16.4.5 方案设计

（1）总则 项目设计方案应该是在各行业、各参与方的咨询下设计出来的，与参与者的咨询可以促进完善动物标识系统和动物追溯体系。应该考虑到范围、性能标准、预期结果以及初步研究得出的结论。通过相关结论，将所有采集的指标参数进行标准化、格式化，形成相应的目录和规范化的表达方式，以便在整个系统设计和推进过程中能够遵循标准的设计方式。为了保护和提高系统的完整性，防止、发现和纠正错误的程序，应纳入设计方案，例如使用验证法以防止身份编码的重复、错误和缺失，并确保数据可信。

（2）标识动物的方法 为了增加动物标识系统的适应性和简便性，动物个体和群体标识的选择是应该综合考虑。在动物标识系统中的标识工作会存在以下多方面的影响因素：如识别工作的持久性、人力状况、获取的资源状况；标识动物的年龄、个体识别所需的时间、文化习惯方面、动物福利政策要求；技术水平、识别产品的兼容性和标准的通用性；养殖方式、生产系统水平、动物的数量、气候条件和成功率；贸易方法因素、识别应用成本和识别方法的可读性。

兽医主管部门要对动物标识系统使用的材料、设备和技术的选择负责和监督，确保这些动物识别手段遵从技术和现实环境的性能要求，并监督其分布和落实，还要确定标识编码的唯一性，且要根据所用标识系统的要求负责管理。

兽医主管部门建立动物标识系统和动物追溯体系的程序应该包括：动物的出生农场名称及其在该农场中的生存时间、动物引入另一农场的时间、动物标识丢失无法使用的时间、废弃或重复应用动物标识的制度安排、拆除、篡改、伪造官方动物标识设备的处罚规定。

在某些环节，动物标识系统采集内容可以利用群体标识方式，群体识别工作不以个体标识为识别方式是可以的，但相关档案上至少要说明群内的动物数量、品种、查验日期、动物所有者或机构负责人。这一档案内容构成了一个独一无二的识别群体，并且有唯一的群体标识，如果一旦所识别的群体有了改变，应更新至可以追溯的条件为止。

（3）登记 系统方案设计中，应包含确保有关事件和信息及时、准确登记的应用程序。

根据不同的范围、性能标准和预期结果，动物标识系统的信息登记工作应指定登记事项。至少包括品种、单一动物或群体标识，事件时间。建立的标识应包含该事件发生的地点和事件本身的标识码。

——饲养场所有人或负责人员。动物的存留场所应加以标识和注册，至少包括其物理位置（如地理坐标或街道地址）、设施类型和饲养的动物品种。档案应包括对动物的合法负责人的姓名。

饲养场所类型也需要在动物标识系统上注册登记，包括动物所有者（农场）、特殊用途场所（如农业展览和交易会、体育赛事、转运中心、育种中心）、市场、屠宰场、加工厂、死亡牲畜收集点、游牧场所、剖检和诊断中心、研究中心、动物园、边防哨所、检疫站、隔离场、训练场等。

在动物饲养场所登记不现实的情况下（季节性转牧），应对动物的所有人、所有人居住地以及动物品种进行登记。

——动物。动物标识和品种信息应登记到每一场所或所有人名下。每一场所或所有人的动物相关信息如出生日期、生产类别、性别、品种、谱系等也应登记在案。

——其他事项。动物调运方面的登记，对于实现动物追溯是非常必要的。当某一动物进入或离开一个场所，这些事件构成一次移动。一些国家将出生、屠宰和死亡划分为动物的移动范畴。登记信息应该包含调运日期、动物或动物群离开的场所、调运动物数量、目的地场所和调运过程中的中转场所。调运移动记录还应包括运输工具和车辆的标识。

动物标识系统在设计程序时，应提供相应的功能，以保证动物在运输过程、动物到达和离开时具有可追溯性。以下内容也是应加以记录，并作为动物标识和追溯记录的重要组成部分：动物的出生、屠宰和死亡（当不被划定为移动的时候）；动物佩戴的唯一性标识；所有者或饲养员的变更；动物或动物群体在某一场所的隔离观察（测试、健康调查、健康证明等）；对于进口动物，来自于动物出口国的动物识别档案应予保留并与进口国的动物标识相连接；对于出口动物，来自于动物出口国的动物识别档案应提供给动物进口国的兽医主管部门；动物标识的丢失或重复使用；动物的失踪（如丢失或被偷）；动物标识注销（屠宰、动物在农场内的死亡、在诊断实验室内的消亡等）。

（4）档案 应根据范围、性能标准和预期结果以及法律框架的支持等，予以明确界定和规范。

（5）报告 应根据不同的范围、性能标准和预期结果，将相关数据在动物标识系统上登记（如动物标识、调运、事件、牲畜数量变化等），并向兽医主管部门报告。

（6）信息系统 信息系统应根据范围、性能标准、预期结果等来设计。根据各国不同的条件和状况，既可以采用纸质记录系统，也可以采用电子记录系统。该系统应提供收集、汇编、存储和检索信息有关的事项。不管以何种方式建立系统，都应重点考虑以下因素：

——具备与其他食品链追踪链接的能力；

——尽量减少重复，以降低登记的工作量；

——相关组件，包括数据库，应该是兼容的；

——数据和系统的保密性；

——防止数据丢失的适当保障措施，包括其他的数据备份系统。

兽医主管部门应有权限访问并使用这个信息系统，以达到适当的范围、性能标准和预期结果的需要。

（7）实验室 动物实验室诊断监测的结果应记录动物个体或群体标识以及采集样本所在的饲养场所或所有者。

（8）屠宰场、加工厂、死亡牲畜收集中心、市场和特殊用途场 这些机构是保障动物健康、控制食品安全的关键点，都应按照法律规定予以登记，以实现动物的可追溯性。有特殊要求的动物标识应记录在文件上并附带样本用于分析。

屠宰场的屠宰和加工运作应是动物标识系统所要登记的内容，并应跟踪整个食品链。动物屠宰直至消费者的整个过程，动物标识系统的工作都应贯穿始终。在屠宰场、加工厂内和死亡动物收集中心，应确保在既定的程序和规范的法律框架内进行，这些程序应尽量减少风险。应根据发生的范围、性能标准、预期结果和法律框架，实时报告屠宰场的运作情况。

（9）处罚 在动物识别和追溯系统中，不同级别和类别的处罚应该纳入系统的程序设计中，并能被法律框架所支持。

16.4.6 法律框架

兽医主管部门以及与之相关的其他政府机构和咨询机构，应在该国设立一个与动物标识系统和动物追溯相关的法律框架。这一框架的结构将因国家不同而有所不同。动物标识、追溯和动物的移动管理和监督，应是兽医主管部门的责任。

这一法律框架应包括：预期结果和范围；兽医主管部门以及其他各方义务；组织安排，包括动物标识系统以及动物追溯等技术、方法的选择；动物移动的管理；数据和系统的保密性；数据存储以及可访问性；确认、验证、检查和处罚；资金筹措机制；试点项目的规划。

16.4.7 实施

(1) 行动计划 应做好一个涵盖时间表、里程碑、业绩指标、人力和财政资源以及可以考核实施的行动计划。行动计划应包括：

——沟通交流。范围、性能标准、预期结果、责任、行动、登记要求以及考核与处罚要求等，都需要传达给所有参与者。沟通方式必须要考虑面对的对象，如识字水平（包括科技知识）、语言和文字能力等。

——培训方案。需要制定可实施的培训方案，以协助兽医主管部门和其他参与方共同推进。

——技术支持。应明确参与的技术支持单位，提供技术解决方案以解决推进过程中发生的实际问题。

(2) 监督与指导 应在系统开始时同步推行，以预防并纠正推进过程中的错误，同时也可提供完善有关程序设计的反馈意见。初步研究阶段过后，兽医主管部门应执行监督工作，以确定法律框架和业务遵守情况。

(3) 审查 应在兽医主管部门的授权下进行，以检测任何与动物标识系统、动物追溯有关的问题，并找出可能的改善措施。

(4) 复查 该方案应同时考虑到监督、指导和审查活动的结果，进行定期的意见反馈，形成系统完善的方案。

17　动物疫病区域化管理

20 世纪 90 年代以来，OIE 等国际组织不断推动动物疫病区域化管理，制定了无规定动物疫病区的国际标准、认可规则等指导性文件。OIE《陆生动物法典》阐述了动物疫病区域化管理、无规定动物疫病区等相关概念，制定了特定动物疫病的无疫标准，监测、可追溯管理、监管等动物疫病区域化管理措施等具体条款。

目前，OIE《陆生动物卫生法典》中共规定了 46 种动物疫病的无疫标准，其中成员（国家或地区）无疫的动物疫病 42 种、区域无疫的动物疫病 24 种、生物安全隔离区/养殖场无疫 14 种、畜群无疫的 9 种。截至目前，OIE 已经规定了口蹄疫、牛瘟、牛传染性胸膜肺炎、牛海绵状脑病的评估认可程序。其他还没有官方认可程序的动物疫病，各成员可自行宣布国家或区域无疫，但必须提供相关疫病的流行病学信息支持，并符合《陆生动物卫生法典》的要求。

17.1　有关概念

17.1.1　动物疫病区域化管理

动物疫病区域化管理是国际认可的重要动物卫生措施，是在充分考虑畜牧业经济和公共卫生的基础上，针对某一特定区域，采取包括法律、行政、经济、技术手段在内的综合措施，集中人力、物力和财力，加强动物疫病防控的基础设施建设，建立完善的屏障体系（包括地理屏障、人工屏障或生物安全屏障等），采取流行病学调查、监测、动物及动物产品流通控制等综合措施，按计划、有重点地控制和扑灭动物疫病，提升区域内动物卫生水平，促进动物及动物产品贸易。动物疫病的区域化管理适用于在整个国家短期内不可能实现无疫的特定动物疫病，是提高动物及动物产品国际竞争力和畜产品安全质量的重要举措。

(1) 区域区划　区域是指在与一个国家或者跨国明确界定的一部分区域，其中包含对一种或多种特定动物疫病卫生状况清楚的动物亚群体，同时为国家贸易的目的对该特定动物疫病采取了必要的监测、控制和生物安全措施。

区域区划是根据自然、人工和/或法律边界划定相关区域，在区域中采取流行病学调查、监测、动物及动物产品流通控制等综合措施，控制和扑灭动物疫病以达到无疫状态的动物卫生水平的过程。

（2）生物安全隔离区划 生物安全隔离区指在同一生物安全管理体系下，对某特定动物疫病或根据国际贸易要求采取监测、控制和生物安全措施，卫生状况清楚的一个或多个养殖场所的动物亚群体。生物安全隔离区划是应用生物安全隔离措施控制动物疫病以达到无疫状态的动物卫生水平的过程。

17.1.2 无规定动物疫病区

无规定动物疫病区是指在某一确定区域，在规定时间内没有发生过某种或某几种动物疫病，且在该区域及其边界和外围一定范围内，对动物和动物产品、动物源性饲料、动物遗传材料、动物病料、兽药（包括生物制品）的流通实施官方有效控制并经国家评估合格的特定地域。

（1）免疫无疫区 是指在规定时间内，某一划定的区域没有发生规定动物疫病，在该区域及其周边区域采取免疫措施，对动物和动物产品及其流通实施官方有效控制。采取的措施主要有：制定科学的免疫计划，实施免疫接种，进行免疫抗体和免疫带毒监测，分析调整免疫程序，适时补免；加强对易感动物及动物产品流通控制，严格实施产地检疫和屠宰检疫；对可疑患病畜禽（易感动物）及时诊断，一经确诊，扑杀全部发病动物和同群动物，做好无害化处理；加强监测。目前，阿根廷、巴西和玻利维亚的免疫无口蹄疫区已获得 OIE 认可。

（2）非免疫无疫区 非免疫无疫区是指在规定时间内，没有发生过规定动物疫病，未实施免疫接种，并在其边界及周围对动物和动物产品及其流通实施官方有效控制的区域。采取的措施主要有：强制扑杀发病动物及同群动物，强化监测、检疫和流通控制。非免疫无规定动物疫病区引进易感动物及其产品，应当来自相应的其他非免疫无规定动物疫病区，对确需进入非免疫无规定动物疫病区的易感动物，应先在缓冲区按规定实施监控，确定符合非免疫疫区动物卫生要求后，加永久性标识后方可进入。目前，阿根廷等 10 个国家的非免疫无口蹄疫区已获得 OIE 认可。

17.1.3 无疫 OIE 成员

（1）免疫无疫 OIE 成员 OIE 成员整个国家或地区领域内，对相关易感动物实施特定疫病的免疫，通过监测等手段证明在规定时间内不存在该动物疫病和病原。目前，乌拉圭为唯一通过 OIE 认可的免疫无口蹄疫国家。

（2）非免疫无疫 OIE 成员 OIE 成员整个国家或地区领域内，不对相关易感动物实施特定疫病的免疫，通过监测等手段证明在规定时间内不存在该动物疫病和病原。目前，阿尔巴尼亚等 64 个 OIE 成员为非免疫无口蹄疫地区。

17.1.4 无疫农场

无疫农场指某一农场饲养的易感动物没有特定的动物疫病。

17.1.5 无疫畜群

无疫畜群指某一特定畜群没有特定的动物疫病。该畜群为在一幢建筑物内或在建筑物内用固定隔墙分开的、有单独空调系统的场地内饲养的没有特定疫病的畜群；或就散养家畜而言，指共同出入一幢或几幢畜舍的畜群。在一个饲养场中可有一个或多个畜群。

17.1.6 缓冲区

缓冲区为防止规定动物疫病传入无疫区，根据自然、地理或行政区域等条件，而在无疫区边界外设立的防疫缓冲区域。缓冲区内要采取防止致病原传入无疫区的相关措施，这些措施可包括但不限于免疫接种。

17.1.7 监测区

监测区指在无疫区内沿其边界将无疫区和感染区隔开而设立的区域。在监测区内应强化监测力度。

17.1.8 感染区

感染区指有某特定动物疫病存在或感染的一定地域，由国家依据当地自然环境、地理因素、动物流行病学因素和畜牧业类型而划定公布的一定范围。按 OIE 规定，未经认可的无疫区应视为感染区。

17.1.9 流行病学单元

流行病学单元指具有明确的流行病学关系，暴露于某一病原的可能性大体相同的一个动物群体。该动物群体通常共处相同的环境（如一个圈里的动物），或饲养管理方式相同的畜群或禽群。同一流行病学单元还可指属于同一村庄的动物群，或在同一生物安全管理体系下的动物群。

17.1.10 亚群

亚群指根据特定动物卫生状况进行识别的特定的动物群体。

17.2 区域区划和生物安全隔离区划的基本原则

国家、区域、生物安全隔离区、农场、畜群、季节性无疫等均是区域化管理的不同模式。针对这些区域化管理的不同模式，OIE 制定了区域区划和生物安全隔离区划的相关规定，但是对于农场无疫、畜群无疫和季节性无疫等，OIE 仅仅是在制定进出口规定时有所涉及。

17.2.1 一般要求

OIE1999 年提出了动物疫病区域化管理的一般要求，主要包括：

（1）一个国家要建立控制某种动物疫病的区域化系统，该病必须是法定报告疫病。

（2）不同区域类型的要求因病而异，区域大小、位置及界线取决于疫病及其传播方式和国内疫情。某一疫病合适的区域或区域划分具有不同的条件。区域的大小及范围应由兽医行政管理部门确定并通过国家立法实施。区域界线应由有效的自然、人为或法律边界清楚划定。

（3）必须要不断监督检查，防止牲畜穿越界线。另外，还必须控制区域内和区域间动物产品、动物遗传材料、生物制品、病料和动物性饲料的交流。

（4）建立区域区划体系的国家，必须要有一套有效的兽医组织和管理机构。还必须设立适当的行政机构，提供法律支持和财政资源，以便根据需要采取各种措施。兽医机构必须要有供其支配的必要资源，并必须有能力监督检查边界线，维持临床及流行病学调查并进行必要的诊断试验。

（5）动物疫病暴发必须迅速向 OIE 报告，并提供文字证据，说明疫病监控系统，至少应在不同区域有效运行。

17.2.2 基本原则

实施区域区划管理主要是以地理屏障为基础，生物安全隔离区划管理是以生物安全管理为基础。OIE成员在界定区域区划和生物安全隔离区划时应依据以下原则：

（1）区域范围和地理界限应由兽医机构根据自然、人工和/或法律边界划定，并通过官方渠道公布。

（2）生物安全隔离区应由兽医机构根据有关标准如生物安全管理标准和良好养殖规范来界定，并通过官方渠道公布。

（3）对亚群体的动物和畜群需要有效识别，该亚群体的流行病学状态同其他动物和相关的疫病风险清楚区别。对于地理区域或生物安全隔离区，兽医机构应该详细记录对亚群体的标识，并建立和维持生物安全计划。用于建立和维持地理区域和生物安全隔离区内特定动物卫生状况的措施应该与特定的环境相适应，并依据动物疫病流行病学特点、环境因素、毗邻区域的动物卫生状况、生物安全措施（包括移动控制、自然和人工屏障的应用、动物的空间阻隔、商业管理和饲养实践）和监测而定。

（4）地理区域或生物安全隔离区内的相关动物应该进行标识，并可进行有效溯源。根据生产系统，可以在个体和群体水平上进行标识。进出区域或生物安全隔离区的相关动物应详细记载并实施有效控制和监管。有效的动物标识系统是评估区域区划或生物安全隔离区完整性的先决条件。

（5）对于生物安全隔离区，生物安全计划应描述：相关企业和兽医机构之间的伙伴关系及其各自责任；提供的常规操作程序能够证明所实施的监测、活动物标识与追溯系统、管理规范能够满足界定生物安全隔离区的规定；应记录的信息包括动物移动控制、畜群（禽群）生产记录、饲料来源、监测结果、出生和死亡记录、外来人员参观日志、发病死亡史、用药、免疫、相关工作人员培训及其他风险评估所必需的信息。根据所涉及物种和疫病的不同，所需要的信息可能有所不同。生物安全计划应描述如何对所采取的措施进行审查，确保定期进行风险再评估以及调整生物安全计划的措施。

17.2.3 区域区划和生物安全隔离区划的共同点

（1）区域区划和生物安全隔离区划的目标一致，都是为了控制和消灭动物疫病，提升区域内的动物卫生水平，降低动物疫病传播风险至可以忽略不计，促进动物及动物产品贸易。

（2）均需采取生物安全措施。

（3）均依赖于良好的疫病信息和监视系统。

（4）均依赖于良好的动物识别和追踪系统。

17.2.4 区域区划和生物安全隔离区划的区别

（1）区域区划的实施基于地域界限，而生物安全隔离区划的实施是基于同一个生物安全管理体系。

（2）区域区划经过许多年的发展，已经具备了成熟的理论和实践，在国际贸易和双边贸易中的可操作性逐步增强。而生物安全隔离区划目前尚处于发展阶段，仍有许多理论问题需要探讨，需要进一步的实践探索。

17.3 区域化管理适用的疫病种类

（1）适于开展区域区划，建设无疫区的主要病种 伪狂犬病、蓝舌病、口蹄疫、裂谷热、旋毛虫病、西尼罗热病、蜂螨病、美洲幼虫腐臭病、欧洲幼虫腐臭病、小蜂甲病、蜜蜂热带厉螨病、瓦螨病、禽流感、新城疫、牛布鲁氏菌病、牛结核病、鹿源牛结核病、牛传染性胸膜肺炎、地方流行性牛白血病、出血性败血症、牛传染性鼻气管炎/传染性脓疱阴户阴道炎、牛海绵状脑病、非洲马瘟、马流感、山羊和绵羊布鲁氏菌病、羊痒病、非洲猪瘟、古典猪瘟。

（2）适合开展生物安全隔离区划，建设无疫企业的主要病种 蜂螨病、美洲幼虫腐臭病、欧洲幼虫腐臭病、蜜蜂热带厉螨病、瓦螨病、禽流感、禽支原体病、新城疫、牛结核病、鹿源牛结核病、牛传染性胸膜肺炎、地方流行性牛白血病、牛传染性鼻气管炎/传染性脓疱阴户阴道炎、出血性败血症、牛海绵状脑病、马流感、羊痒病、非洲猪瘟、古典猪瘟。

（3）适于进行无疫群或无疫场认证的主要病种 旋毛虫病、伪狂犬病、鹿源牛结核病、地方流行性牛白血病、牛传染性鼻气管炎/传染性脓疱阴户阴道炎、羊痒病、猪布鲁氏菌病、禽支原体病、兔出血热。

（4）适于开展季节性无疫管理的主要病种 蓝舌病、牛传染性鼻气管炎/传染性脓疱阴户阴道炎、非洲马瘟、绵羊附睾炎（羊布鲁氏菌病）。

17.4 主要动物疫病的区域化管理标准

17.4.1 禽流感（AI）

为了国际贸易，《陆生动物卫生法典》规定：通报性禽流感（NAI）是指由H5或H7亚型的A型禽流感病毒所致的家禽感染，或由静脉致病指数（IVPI）大于1.2（或至少引起75%死亡率，具备二者之一）的禽流感病毒所致的家禽感染。通报性禽流感病毒可被分为高致病通报性禽流感病毒（HPNAI）和低致病通报性禽流感（LPNAI）。其中病毒接种6周龄易感鸡的IVPI大于1.2，或静脉接种4～8周龄易感鸡的死亡率不低于75%（具备二者之一），IVPI低于1.2或静脉接种死亡率低于75%的H5和H7亚型AI病毒，应该进行基因序列测定以确定该毒株在血凝素分子裂解位点是否存在多个基本氨基酸，如果裂解位点的氨基酸排列与其他高致病性禽流感分离毒株的类似，则确定该被鉴定毒株为HPNAI病毒。

(1) 确定AI卫生状况的原则 首先，应根据NAI发生的各种潜在因素及其病原追溯而得出的风险评估结论；其次，NAI是国家通报疫病，所有被通报的NAI疑似病料均应进行现场调查和必要的实验室诊断，并实施了恰当的监测计划，用以发现隐性感染禽和由鸟类而不是禽类所致的传播风险。

(2) AI的感染标准 OIE《陆生动物卫生法典》规定，分离并鉴定到HPNAI及LPNAI病毒，或在家禽或家禽产品中检测到特异性病毒RNA，以及从家禽中检测到非疫苗刺激产生的H5或H7亚型NAI病毒抗体，均视为NAI感染。

(3) 无AI养殖场的标准 通过必要的监测，证实养殖场中家禽没有感染NAI。

(4) 无NAI的国家、区域或生物安全隔离区以及无HPNAI国家、区域或生物安全隔离区的标准 通过监测，证明连续12个月不存在HPNAI感染也无LPNAI感染发生的国家、区域或生物安全隔离区。

(5) 无HPAI国家、区域或生物安全隔离区的标准 虽然国家、区域或生物安全隔离区的LPNAI状态可能未知，不论是否符合无NAI标准，通过监测，连续12个月监测无HPNAI感染的国家、区域或生物安全隔离区。

(6) 恢复无HPAI状态的标准 无疫国家、区域或生物安全隔离区出现HPAI感染的情况下，采取扑杀政策（包括对感染的养殖场进行消毒）后的3个月内无感染，并且在3个月中一直根据要求进行监测，未发现HPAI感染情况；或者出现 LPNAI 感染的情况下，为满足人类消费采用了特殊方法进行禽类屠宰或采用扑杀政策；对感染养殖场进行消毒，并且在此之后 3 个月内的监测未发现有 LPNAI 感染发生的国家、区域或生物安全隔离区可重新获得无疫认可 。

OIE《陆生动物卫生法典》规定了从无 NAI 国家、区域或生物安全隔离区进口活禽（初孵雏除外）、初孵雏、种蛋、食用禽蛋、禽蛋产品、家禽精液，以及从无 HPAI 国家进口以上所述商品，或从任何国家进口活鸟、家禽羽毛和羽绒、鸟肉或其他鸟产品均要求达到进口国所要求的动物卫生状况标准。这些标准不但适用于不同 AI 卫生状况国家间的国际贸易，也适用于国家内部不同卫生状况区域间的贸易。

17.4.2 口蹄疫（FMD）

FMD 在国际贸易中受到高度关注。OIE《陆生动物卫生法典》对 FMD 的无疫标准及认可条件作出了非常详细的规定，具体包括免疫及非免疫无疫国、免疫及非免疫无疫区四种情况。

（1）FMD 病毒感染标准 从动物或其产品中分离和鉴定出 FMD 病毒、FMD 抗原或病毒 RNA，以及鉴定出非疫苗引起的 FMD 病毒结构或非结构蛋白抗体，以上情况均应视为存在 FMD 病毒感染。

（2）非免疫无 FMD 国家的标准 在实施区域化国家与相邻感染国家间设置监测区、物理或地理隔离屏障，并实施有效的动物卫生措施防止病毒侵入；有定期和快速的动物疫病报告记录；在过去 12 个月内没有进行过 FMD 免疫接种，未进口过 FMD 免疫接种动物；没有发现 FMD 并有证据证明在过去 12 个月内没有 FMD 病毒感染，并有文件证明对 FMD 和 FMD 病毒感染实施有效的疫病监测，并执行预防和控制 FMD 的常规措施。

（3）免疫无 FMD 国家的标准 在实施区域化国家与相邻感染国家间设置监测区、物理或地理隔离屏障，并实施有效的动物卫生措施防止病毒侵入；有定期和快速的动物疫病报告记录；进行常规免疫接种预防 FMD，且所用疫苗符合《陆生动物诊断试验和疫苗标准手册》规定的标准；过去 2 年内没有发生过 FMD，且有证据证明在过去的 12 个月内没有 FMD 病毒感染，有文件证明对 FMD 和 FMD 病毒感染实施有效的疫病监测，并执行预防和控制 FMD 的常规措施。

免疫无 FMD 国家转为非免疫无 FMD 国家，要求停止免疫接种后需等待 12 个月，并有证据证明在这段时间内没有 FMD 病毒感染。

(4) 非免疫无 FMD 区的标准 在免疫无 FMD 国家或部分区域仍有 FMDV 感染的国家，可建非免疫无 FMD 区。无疫区的易感动物与国内其他区域或相邻不同卫生状况的感染国家应由监测区、自然或地理屏障隔离，并实施有效防止 FMD 病毒入侵的卫生措施。有定期和快速的动物疫病报告记录；在过去 12 个月内没有进行过 FMD 免疫接种，除引进动物按规定屠宰外，未进口过 FMD 免疫接种的动物；没有发现过 FMD 并有证据证明在过去 12 个月内没有 FMDV 感染，有文件证明对 FMD 和 FMD 病毒感染实施有效的疫病监测，并执行预防和控制 FMD 的常规措施。

(5) 免疫无 FMD 区的标准 在非免疫无 FMD 国家，或国内部分区域仍有感染的国家可建立免疫无 FMD 区域。免疫无疫区与国内其他区域及相关具有不同卫生状况的毗邻国家应由缓冲区、自然或地理屏障隔离，并实施有效防止 FMD 病毒入侵的卫生措施。有定期和快速的动物疫病报告记录；该区域过去 2 年中没有暴发过 FMD，并有证据证明没有 FMD 病毒感染；有文件证明对 FMD 和 FMDV 感染实施有效的疫病监测，所用疫苗符合《陆生动物诊断试验和疫苗标准手册》规定标准，对各项工作的实施和落实进行有效监督。

免疫无 FMD 区所在国希望将该区域转为为非免疫无 FMD 区域，则要求在免疫停止后等 12 个月并提供能证明在这段时间内没有 FMDV 感染的证据。

(6) FMD 感染国家或区域的定义 FMD 感染国家指既没有达到非免疫无 FMD 国家标准又没有达到免疫无 FMD 国家标准的国家。FMD 感染区域指既没有达到非免疫无 FMD 区域标准，也没有达到免疫无 FMD 区域标准的区域。

(7) 在无 FMD 国家建立封锁区的要求 在非免疫无 FMD 国家或区域发生局域性暴发时，为缩小对整个国家的影响，可以建立一个包含所有病例的封锁区。为达到此目标，兽医机构应该提供相关文件：建立通告在内的快速反应机制；强制减少动物的运输和转移，有效控制其他商品的转移；已经完成了溯源和前瞻性流行病学调查；感染已经确诊；暴发的来源已经确定；所有的病例都显示出流行病学相关性；采取扑杀措施；在本国其他区域加强被动的目标监视，并且没有检测到任何感染的证据；对封锁区域和其他感染区域进行持续的监视；通过监测证明在封锁区内无未检测的动物。

在未划定封锁区之前，应中止封锁区外围区域的无疫状态。一旦划定了封锁区，则废除外围区的无疫中止令。

(8) 恢复无疫状态的标准 根据采取的措施不同，恢复无疫状态需要的时间也不同。

①如在非免疫无 FMD 国家或区域暴发 FMD 或出现 FMDV 感染的情况，恢复非免疫无 FMD 状态的标准：按照 OIE《陆生动物卫生法典》中 FMD 监

测指南采取扑杀政策和血清学监测措施的地方，需在最后一例病例消灭后等待3个月；采取扑杀政策、紧急免疫和血清学监测的地方，需在最后一例免疫动物屠宰后等待3个月；采取扑杀政策，但紧急免疫后并不屠宰所有的免疫动物，而用检测FMDV非结构蛋白抗体的方法进行血清学监测来证明免疫动物没有感染FMDV，须在最后一例病例或最后一次免疫（根据最近发生的事件）后等待6个月。

②在免疫无FMD国家或区域暴发FMD或出现FMDV感染，重新获得免疫无FMD状态的标准：按照OIE《陆生动物卫生法典》FMD监测指南采取扑杀政策、血清学监测、紧急免疫政策，并采用检测FMDV非结构蛋白抗体的方法进行血清学监测来证明无FMDV感染的地方须在最后一例病例消除后等待6个月，在不采取扑杀政策，而采用检测FMDV非结构蛋白抗体的进行血清学监测来证明无FMDV感染的地方，须在最后一例病例消除后等待18个月。

17.4.3 猪瘟（CSF）

判定猪瘟卫生状况的原则：一个国家、区域或生物安全隔离区的CSF状态，必须在按如下标准对家猪和野猪进行考察后才能决定：进行风险评估，鉴定所有与CSF发生有关的各种潜在因素及其历史作用；CSF在整个国家列为法定通报疫病，一切有可疑CSF临床症状的病例必须进行田间和实验室检测；制订动态的监测计划，鼓励报告所有可疑CSF病例；兽医主管部门应当了解并控制当前全国所有养猪场；兽医主管部门应当了解国家当前野猪数量及其栖息地。

(1) CSF感染饲养场的标准 田间或实验室诊断确诊家猪感染CSF的饲养场。

(2) 家猪CSF感染国家或区域的标准 有CSF感染饲养场的国家或区域。

(3) 无CSF国家或区域的标准 这种情况下野生猪群中发生CSF感染的状况可能未知，但对野猪群进行的监测表明不存在病毒感染。

①CSF历史无疫标准。一个国家或区域从来没有发生过猪瘟；或猪瘟感染已经消灭或已停息至少25年；并且至少过去10年至今将猪瘟定为法定报告疫病；持续实施早期检测系统；实施预防疫病/感染入侵的措施；对该疫病不进行免疫接种；已知野生动物中没有感染，（只要有证据表明野生动物中存在感染，则任何国家、区域或生物安全隔离区都不得申请历史无疫），野生动物监测不是必须的，只要按照判定猪瘟卫生状况的原则进行风险评估后即可以被

认为是家猪和野猪无 CSF 感染的国家或区域。

②实施根除计划后国家或区域的无疫状态标准。按照判定 CSF 卫生状况的原则进行风险评估后并满足如下条件，则可被认为是无 CSF 感染国家或区域。

a. 基本措施要求：该病是法定报告疫病；家猪在离开原产饲养场时标上永久性的原猪群编号；具有一套可靠的追溯体系可以对所有离开原产饲养场的猪只进行追踪；除非按照《法典》规定的程序处理泔水以确保杀灭存在的 CSF 病毒的情况外，严禁饲喂泔水；至少 2 年按《法典》规定的标准实施了控制物品流动的措施，以最大限度降低疫病传入饲养场的风险。

b. 无疫及无感染时间要求：OIE 根据不同国家实施措施的不同，制定三种时间框架，供成员根据本国情况选用。第一种是不接种疫苗而进行扑杀的国家或区域，至少 6 个月没有发生疫情；第二种是实施扑杀政策结合疫苗接种的国家或区域，如果没有区分疫苗免疫猪与自然感染猪的方法，所有家猪 CSF 疫苗禁止使用至少 1 年，如在过去 5 年接种过 CSF 疫苗，则对 6 月龄到 1 岁的猪至少进行了 6 个月血清学监测，证明没有感染，且已至少 12 个月没有发生疫情；第三种是实施疫苗接种而不采取扑杀政策的国家或区域，CSF 疫苗禁止使用至少 1 年，如在过去 5 年接种过 CSF 疫苗，则对 6 月龄到 1 岁的猪至少进行了 6 个月血清监测，证明没有感染，且至少 12 个月没有发生疫情。

(4) 家猪无猪瘟的国家或区域标准　在没有进行野生猪的 CSF 监测计划时，符合无 CSF 的国家或区域标准中的其他要求，并且实施野猪 CSF 管理计划，在每次报告发生 CSF 野猪病例的周围，根据所制定的疫病管理措施来控制野猪群的发病，同时兼顾天然屏障、野猪群生态状况并评估疫病扩散风险；划分了 CSF 野猪控制区，实施生物安全措施阻止疫病从野猪传染给家猪；在家猪中进行临床和实验室监测，结果呈阴性的国家和区域可视为家猪无猪瘟的国家或区域。

(5) 恢复无疫状态的标准　一旦无疫国家或区域（家猪和野猪均无疫，或仅家猪无疫）的一个养猪场暴发了 CSF，实施了包括如下方法在内的扑杀政策至少 30 天后可恢复其无疫状态：一是根据采用的疫病控制方法、自然和行政边界以及疫病扩散情况进行风险评估，在疫点周围划定 CSF 家猪控制区（包括至少半径为 3km 的内保护区和外围半径至少 10km 的监测区）；二是扑杀了饲养场内所有猪，销毁尸体并对养殖场进行彻底消毒；三是在 CSF 疫点周围设立保护区；四是对临近饲养场感染 CSF 的可能性进行风险分析，如分析结果表明存在明显风险时，则扑杀半径 0.5km 内的所有家猪；五是对保护区所有饲养场的猪只立即进行临床检查，在疫点周围监测区内的所有病猪应送实验室作 CSF 诊断；六是对控制区内与感染猪场有直接或非直接接触的所有养猪场均需进行包括临床检查、血清学或病毒学检查在内的流行病学调查，证明这些饲养场没有被感染；七是实施防止病毒通过活猪、猪精液和猪胚胎、污染物、交通工具等进行传播的控制措施。八是如在控制区内实施紧急疫苗接种，则在接种疫苗的猪被全部屠宰前不能恢复无疫状态，除非有区分疫苗接种猪和自然感染猪的有效方法。

(6) 野猪无猪瘟国家或区域的标准 这种情况下家猪和野猪均为无疫状态。符合下列条件的国家或区域，可视为野猪无 CSF 国家或区域：一是该国家或区域的家猪没有 CSF 感染；二该国的监测体系对野猪群的 CSF 状况进行监测，并且这个国家或区域有证据证明在过去 12 个月中没有野猪感染 CSF 的临床症状或病毒学感染，6～12 个月龄野猪没有检测到血清学阳性，至少 12 个月野猪没有接种疫苗，除按照规定的程序处理泔水以确保杀灭存在的 CSF 病毒的情况外，严禁饲喂泔水，进口限制措施符合规定标准。

17.4.4 牛海绵状脑病（BSE）

OIE 根据成员提交的 BSE 状况认证调查问卷、《陆生动物法典》的要求以及 BSE 监测指南中的相关信息，对成员的 BSE 状况进行风险评估。目前，某一国家、区域或生物安全隔离区的牛群，经风险评估可以划分为可忽略风险、已控制风险或不确定风险。

(1) 调查问卷内容 OIE 制定的调查问卷内容主要包括风险评估（释放评估和接触评估）、其他要求（培训及宣传、疫情报告和调查、监测样品的实验室检测）、BSE 监测、BSE 历史疫情等 4 个部分。其中最主要的是风险评估。

风险评估是根据 OIE 有关规定，评估影响 BSE 发生及其历史疫情的相关因素。其中释放评估是对 BSE 病原体通过潜在污染的商品传入国家、区域或生物安全隔离区，或者 BSE 病原体已经在国家、区域或生物安全隔离区存在的可能性进行评估，分析过去 8 年内反刍动物源性肉骨粉或油脂的进口情况以及 7 年内活动物和牛源性产品的进口情况；接触评估是评估牛接触 BSE 病原体的可能性，分析过去 8 年内反刍动物源性肉骨粉和牛源性油脂饲喂牛的情况，以及过去 8 年内反刍动物尸体、副产品和屠宰废弃物产品的处理情况以及牛饲料的生产方法等。如果释放评估确认了风险因子，则进行接触评估。

(2) BSE 风险等级划分

可忽略风险：开展了风险评估并采取措施管理确认的每一种风险，且进行了B类监测（具体参见本书第12节），并满足了规定的分数值；没有BSE病例或BSE病例为输入性的且进行了彻底销毁；培训、宣传、疫情报告和调查、监测样品的实验室检测等规定已至少执行了7年，且至少8年未用反刍动物源性肉骨粉或油脂饲喂反刍动物；如果有本土病例，每一个本土病例都必须出生在11年前，培训及宣传、疫情报告和调查、监测样品的实验室检测等规定已至少执行了7年，且至少8年未用反刍动物源性肉骨粉或油脂喂过反刍动物，所有的BSE病例及在一岁前与BSE病牛同群饲喂的牛或在BSE病例出生12个月内出生的同群牛，活着时要作永久标识并对其移动进行控制，屠宰或死亡后要彻底销毁。

已控制风险：开展了风险评估并采取措施管理所确认的风险，但这些措施执行时间还不长；进行了A类监测（具体参见本书第12节），并满足了规定的分数值，在目标分数值完成后用B类监测取代A类监测；没有BSE病例或BSE病例为输入性的且进行了彻底销毁，培训及宣传、疫情报告和调查、监测样品的实验室检测等规定执行还不到7年，或者不能证明8年未用反刍动物源性肉骨粉或油脂喂过反刍动物；如果有本土病例，培训及宣传、疫情报告和调查、监测样品的实验室检测等规定执行还不到7年，或者不能证明8年未用反刍动物源性肉骨粉或油脂喂过反刍动物，所有BSE病例及在一岁前与BSE病牛同群饲喂的牛或在BSE病例出生12个月内出生的同群牛，活着时要作永久标识并进行移动控制，屠宰或死亡后要彻底销毁。

不确定风险：一个国家、区域或生物安全隔离区如果不能证明其满足可忽略和已控制BSE风险的条件，则划分为不确定BSE风险。

17.5 相关案例

17.5.1 荷兰扑灭禽流感疫情

荷兰2003年2月暴发了高致病性禽流感，在欧盟指令92/40/EEC的指导下，通过采取区划防控措施，有效控制了疫情的暴发和蔓延。

(1) 有关背景 2003年2月28日下午5时，荷兰国家畜禽和肉类检疫局(RVV)接到HPAI疑似疫情报告，当即派人现场调查，在做出疑似HPAI诊断后，立即报告荷兰农业部。征得欧盟同意后，荷兰农业部随即将发病鸡场周围半径为10km区域划为限制流动区，禁止家禽及其产品的流动，同时禁止活禽和鸡胚出口。在没有得到欧盟正式确诊前，荷兰政府根据国内应急预案制定相应的控制措施，包括：首先捕杀感染禽群，其次考虑捕杀周围1km范围内的禽群；对感染群周围10km的限制流动区实施限制措施；RVV开始对感染群周围3km的禽场实施监测。

此次疫情不久被确认为H7N7亚型HPAI，后来扩散到荷兰252个农场，荷兰政府为此强制性扑杀了2 800万只鸡，超过当时荷兰鸡总存栏数的1/4。从4月底起，就不再有新的疫情报告。荷兰的疫情还向南传到比利时和德国局部地区。由于荷兰事先通报了疫情，所以比利时和德国都采用扑杀和区划控制政策，更快和更有效地扑灭了疫情。欧盟为荷兰此次HPAI控制支付了1 000万欧元的援助。

（2）主要做法 荷兰禽流感的消灭经过了三个阶段：即控制阶段、监视监测阶段和消灭阶段。

1）控制阶段——区划控制高致病性禽流感疫情。疫情发生后，当天颁布禁令禁止所有禽类、禽蛋（包括种蛋）、禽粪便、易感单蹄、偶蹄动物、所有的动物粪便和原乳及运输易感禽群、种蛋、商品蛋、垫料和粪便的车辆的流动。为阻止疫情蔓延，荷兰政府在欧盟92/40/EEC指令的指导下采取了各种区划措施控制疫情，第一道防线是保护区，范围涵盖疫点周围3km区域，1km以内所有活禽都要扑杀，并限制人员流动。第二道防线是监测区，范围涵盖疫点周围10km地区，在该区域内停止运输、转移所有活禽、禽蛋产品。第三道防线是缓冲区，荷兰在疫情最严重的海尔德兰省南北两端划出两个无禽类缓冲区，并将缓冲区内养殖场的活禽转移出去，这样缓冲区和自然区域共同在监测区外形成了一道环形防疫屏障。

2003年3月31日荷兰政府进行高致病性禽流感区划防控的规定正式生效，规定将全国划分为5大区：Gelderse vallei区、Benedden-Leeuwen周围地区、国家东北部、西部和南部，这些区大多以自然屏障如河流和高速公路为界，除运输动物尸体和供应种蛋车辆外，其他动物和动物产品不得跨地区运输。禁止其他车辆来往不同区域间。

4月15日，因国家南部新出现可疑病例，为了进一步强化区划措施，在和养殖户交换意见的基础上，制定了相关的区划政策，将全国分为A（Gelderse Vallei和Beneden-Leeuwen）和B区，F和G（Limburg）区，介于AB和FG区间的E区，以及C、D区。目前A和B区（Gelderse Vallei和Beneden-Leeuwen）以及F和G区（Limburg）有病毒。为了防止E区禽群感染，已在这些区域及其边界地区采取了严格的控制措施，E区的车辆不能去其他区域，其他区域的车辆也不能来E区。

4月27日由于比利时发病，与比利时接壤的D区被分为D区（西北区）和H区（西南区）。

5 月 11 日，最后一个感染农场中的家禽被扑杀。

2）监视监测阶段。监测全国家禽和感染区中的野生鸟类。监视所有禽场中低致病性禽流感的分布、发生和流行情况。

3）消灭阶段。6 月 1 日，解除感染区内的所有动物卫生措施，6 月 27 日，采取岗哨措施，7 月 16 日至 8 月 22 日，撤销监测区，取消在 EU 境内的所有限制，至 2003 年 11 月 11 日，荷兰重新符合了 OIE 禽流感无疫国的条件。

(3) 总体评价 荷兰高致病性禽流感疫情的迅速控制和扑灭体现了荷兰政府和兽医机构对突发疫情的应急能力。荷兰政府具备完善的疫病早期预警系统、监视系统和追溯系统，这为疫情控制和扑灭奠定了坚实的基础。除了强大的应急能力和完善的预防控制系统外，荷兰高致病性禽流感疫情防控的最主要经验是采用区划措施，有效隔离了发病区域和未发病区域，并通过流通控制等限制措施防止了病原的传播和扩散，在较短的时间内切断了扩散途径、恢复了禽流感无疫状况。

17.5.2 巴西无口蹄疫区的建设

巴西采用区域区划方式建设口蹄疫无疫区，并通过了 OIE、其他国际组织和贸易伙伴的认可，这种方式主要是用于有疫情或动物卫生状况不清楚的国家或地区，通过采用区划措施，在一些具有良好自然屏障的区域，通过建立人工屏障、实施监测、流通控制、免疫或扑杀等综合措施，逐步控制和扑灭区域内规定/特定动物疫病，提升区域内动物卫生水平。

(1) 有关背景 巴西畜牧业发达，2008 年，牛肉生产位居全球的第二位，牛存栏总数达 2 亿头，占全球牛存栏数的 20%，出口牛肉 340 万吨，位居全球第一，占有全球约 32%的市场；猪肉出口量 225 万吨，位居全球第五，占全球 10%的市场。巴西畜产品的生产和出口均处于世界领先的位置。

为保持出口优势、巴西自 20 世纪 90 年代初开始实施动物疫病区域化管理措施。其口蹄疫无疫区建设历程可分为以下三个阶段：

一是快速发展期。1998 年，OIE 认可巴西 Grande do Sul 和 Santa Catarina2 个州为免疫无口蹄疫区；2000 年，由于 Grande do Sul 暴发口蹄疫，OIE 取消了以上 2 个州的无疫资格，但 OIE 在当年认可了 Paraná、Distrito Federal、Goiás、Mato Grosso、Minas Gerais 州与 São Paulo 州的部分区域为免疫无口蹄疫区；2001 年，在 2000 年的基础上，OIE 又认可了 Bahia、Espírito Santo、Mato Grosso do Sul、Rio de Janeiro、Sergipe、Tocantins 州以及 Goiás、Mato Grosso、Minas Gerais 与 São Paulo 部分区域为免疫无疫区；2002 年，

OIE 又恢复了 Grande do Sul 和 Santa Catarina 2 个州的免疫无疫状况；2003 年，OIE 又将 Rondônia 认可为免疫无疫区。2005 年 5 月，OIE 认可 Acre 和 Amazonas 州为免疫无疫区。

二是挫折期。2005 年 10 月，巴西境内暴发口蹄疫。OIE 除保留巴西的 Grande do Sul、Santa Catarina、Acre 与 Rondônia 等 4 个州为免疫无疫区外，其他区域的无疫资格均被 OIE 取消。

三是恢复期。2007 年，OIE 认可 Santa Catarina 为非免疫无疫区，认可 Pará 州南部中央区域为免疫无口蹄疫区；2008 年 5 月，OIE 恢复 Bahia、Distrito Federal、Espírito Santo、Goiás、Mato Grosso、Minas Gerais、Paraná、São Paulo、Sergipe 和 Rio de Janeiro e Tocantins 为免疫无口蹄疫区；2008 年 8 月，又恢复 Mato Grosso do Sul 为免疫无口蹄疫区，至此，OIE 已全面恢复 2005 年取消的无疫区。

（2）主要做法

1）屏障体系建设。巴西口蹄疫区域化管理主要基于巴西的行政区域，结合自然屏障，在缺乏自然屏障的区域，设立控制检查点。农牧业和食品供应部（MAPA）动植物卫生检疫局（SDA）在整个无疫区周围的边境控制站、空港、海关、海边口岸共设立了 110 个由联邦政府主管的检查站。由相关的州政府在与非无疫区交界处设立了 103 个由州政府主管的控制检查点。上述检查站和控制检查点负责对进入无疫区的各种车辆进行查证验物，对可疑动物、动物产品及其副产品进行流通控制，符合条件的车辆允许放行，并对车辆重新铅封。禁止违反规定的车辆通行，并通知官方兽医对其进行处理。

2）流通控制与检疫监管。巴西在实施动物疫病区域化管理时，把动物及相关产品的流通控制作为建设、维持和管理无疫区的重要手段，一方面通过建立和应用屏障体系来实现流通控制，另一方面，通过市场准入制度来规范流通控制。

为维持和管理无疫区，巴西建立了严格的动物及动物产品的区域市场准入制度，规定从非无疫区进入无疫区的动物及其产品必须满足 2007 年颁布的第 44 号指导规范的要求，且不允许免疫的动物进入非免疫无疫区。

无疫区的牛移动执行申报制度，饲养户主向当地兽医站申报牛出栏，当地兽医站同意后，派检疫员到场实施检疫，检疫合格开局具有防伪功能运输许可证，该运输许可证具有包括背景、边框及紫外三项防伪标志，该运输许可证全国通用。许可证含动物注册场号、动物的数量、口蹄疫疫苗接种时间、布病及结核检验结果等信息。检疫合格出证后对运输车辆进行铅封，准予运输。

3）监测与疫情报告。巴西开展口蹄疫的被动监测和主动监测。巴西非常重视被动监测工作，采取措施鼓励疑似病例和疫情报告，对报告疑似病例进行确诊。如 2008 年排除了 202 例，2009 年排除了 214 例，这些疑似病例均被诊断为水疱病。主动监测是对农场、集贸市场、屠宰场和流通过程中的易感动物以及其他高风险区域的易感动物开展监测。MAPA 根据易感动物的数量、年龄、密度等因素，制定和下发抽样计划，由各州兽医机构具体实施抽样，样品送 MAPA 指定的实验室进行口蹄疫病毒疫苗抗体和感染抗体检测，采用的方法是液相阻断 ELISA。巴西每年将监测情况向 OIE 进行报告。

4）免疫。巴西只对牛进行口蹄疫免疫，不免疫猪和羊。按照不同区域风险水平，实施基于风险的免疫措施，一般每六个月免疫 1 次，两年后每年免疫 1 次。疫苗购买和接种费用原则上由养殖户承担，接种后需向地方兽医部门报告疫苗免疫情况。口蹄疫高风险区的免疫标识费用可由州政府下拨，州政府再向联邦政府申请相关经费。

5）标识追溯。结合本地实际情况建立州、区/市动物信息管理系统，内容包括养殖、防疫、出栏等信息，上述信息由农场主上报，当地兽医站行政助理负责录入管理，技术助理和检疫员到场进行核实。动物信息系统中，饲养场主有各自的用户名和密码，可以查到各自己的信息，当地兽医站可以查到辖区所有养殖户的信息，上一级的兽医管理部门可以查到下一级辖区的信息，同样，该信息系统也用到其他环节如疫苗生产与销售、动物流通、屠宰等。

(3) 总体评价 巴西成功建设口蹄疫无疫区，主要得益于 5 个方面：一是合理划定区域范围，具有足够的缓冲区，具备一定的自然或人工屏障。二是在规定的区域内通过制定科学的免疫计划，实施免疫接种，按要求对区域内的规定动物疫病实施高密度免疫，实施免疫接种后，标记永久性可识别的标志；随后进行免疫抗体和免疫带毒监测，根据免疫效果监测结果，分析调整免疫程序，适时补免。三是加强对易感动物及动物产品流通控制，严格实施产地检疫和屠宰检疫。四是对易感动物及时诊断。一经确诊，扑杀全部发病动物和同群动物，做好无害化处理。同时加强疫病监测工作，达到逐步控制和扑灭重大动物疫病的目的。

通过科学合理的口蹄疫区域化管理，巴西大部分地区达到了无口蹄疫状态，并获得了 OIE 和国际社会的普遍认可。目前，在巴西共有 16 个州被 OIE 认可为免疫无疫区，1 个州被认可为非免疫无疫区。巴西口蹄疫无疫区的面积已经达到整个巴西的 59%，在无疫区内饲养的牛达 1.81 亿头，占整个巴西的 90%，在无疫区内饲养的猪有 1 900 万，占整个巴西的 88%。近几年来，巴西由于无疫区建设使畜产品出口量增加了近 20%。

17.5.3 泰国生物安全隔离区的建设

2006年7月，泰国农业部与OIE签署协议在泰国正大集团开展生物安全隔离区建设试点工作。在OIE、欧盟等专家的指导下，泰国生物安全隔离区建设取得了重大进展。目前泰国共有78个生物安全隔离区向泰国农业部畜牧发展局（DLD）申请无禽流感认可，目前已有2个生物安全隔离区获得泰国农业部的评估认可，并在向OIE申请国际评估认可。其主要做法如下：

（1）制定生物安全管理标准 泰国正大集团在建立禽类生物安全隔离区时，主要制定了4项标准，一是良好的安全管理标准；二是区域内良好的监测标准；三是缓冲区和农场内良好的控制措施；四是追溯体系标准。在生产过程中采取“5个良好”措施，即良好种禽、良好饲料、良好饲养场、良好防疫、良好管理。

（2）采用现代化设备，实现生产自动化 目前正大集团养禽场每栋禽舍禽只容量均在80 000只以上，实施良好饲养管理，采用自动供料供水、风扇通风和水帘降温系统。每栋禽舍只需两名饲养管理人员，从而有效减少人员对家禽的惊吓和刺激，使家禽处于清洁舒适的环境中。

（3）进行封闭管理 正大集团养禽场建在远离村庄和居民区的地方，场区实行全封闭管理，生活区和生产区严格分开。采用全封闭禽舍，实施全进全出制。养殖场杜绝无关人员进出。饲养期间，饲养员不能离开生产区。饲料从饲料厂用封闭运输车运送至养禽场后直接注入封闭供料塔。

（4）采取良好卫生措施 养禽场入雏前，场区要使用火碱和过氧乙酸进行消毒，保证空舍期间杀灭病菌。工作人员进入养禽场时要淋浴消毒，更换专用工作服方可进入。车辆进入场区要进行冲洗和喷雾消毒。严格防疫制度，建立免疫程序。禁止在养禽场内饲养犬、猫等宠物。采取了有效的灭蚊蝇和灭鼠措施，消灭潜在的媒介生物。

（5）实行从“农场到餐桌”的生产模式 泰国正大集团拥有自家种禽场和孵化厂，可以提供健康的鸡苗；自家的饲料厂能够提供优质放心的饲料。泰国正大集团还拥有4家屠宰加工厂，包括北标府加工厂（1989年）、呵叻府加工厂（2004年）、民武里加工厂（1978年）和帮那加工厂（1973年）。每个屠宰加工厂年屠宰家禽2亿多羽，生产分割禽肉40多万吨，熟食加工厂年生产熟食已达5万吨以上。建立了父母代种鸡养殖、雏鸡孵化、商品肉鸡养殖、饲料生产、家禽屠宰分割、熟食加工的完整产业链。

（6）实现全程可追溯 正大集团建立了鸡群水平的追溯系统，能对整个鸡群的来源和去向进行追踪和溯源。通过在养殖环节建立完整的档案记录，在屠宰加工环节采取分批屠宰和屠宰流水号，在加工环节根据产品的条形码，可以实现从胴体、内脏和产品到养禽场的全程追溯。

(7) 遵守动物福利政策 正大集团在家禽生产过程中，注意并遵循了OIE等国际组织提出的动物福利政策，主要采取了以下措施，一是提供优质安全、营养全面的饲料；二是提供舒适、清洁安全的生活环境；三是重视防疫，维持鸡群无病；四是在肉鸡出栏、抓鸡、运输以及屠宰过程中让鸡只“无惧”，不产生恐慌。

(8) 严格实施流通控制 根据当地兽医管理部门的监测情况，按照当地兽医管理部门给定的路线进行雏鸡、饲料和肉鸡的运输。在运输过程中采用GPS定位系统对运输车辆进行全程监控。雏鸡、饲料运输使用封闭运输车，防止在运输过程中受到病原污染。

(9) 强化禽流感监测 监测范围包括养禽场及其周围1km范围的环形缓冲区，由泰国农业部畜牧发展局（DLD）和养禽企业共同完成。

1）养禽场禽流感监测。分为两个阶段，第一阶段是评估养禽场无禽流感状态所实施的强化监测，第二阶段是维持养禽场无禽流感状态所实施的日常监测。

第一阶段：评估养禽场无禽流感状态的强化监测。由DLD与养禽场管理者合作，在生物安全隔离区中的每个养禽场实施为期12个月的禽流感强化监测。强化监测包括：①养禽场管理人员进行的日常主动临床监视。当观察到任何出现禽流感临床症状的禽只时，养禽场管理者必须向最近的DLD官员进行报告。接到报告后，DLD官员开展流行病学调查确定是否发生禽流感，并采集2～5只死鸡样品送实验室检测。②DLD官员进行的主动抽样监测。每批禽只出栏前8～10天，DLD官员在每个养禽场的每个禽舍随机抽取15个泄殖腔棉拭子样品和15个血清样品，送指定实验室进行禽流感检测。这种监测可以在20%患病率和95%置信水平上检测到禽流感感染。每个养禽场12个月时间内出栏的每批禽只持续进行这种主动监测。只有所有临床监视和主动监测结果均为禽流感阴性时，才可认可该生物安全隔离区为无禽流感生物安全隔离区。

第二阶段：维持养禽场无禽流感状态的日常监测。当一个生物安全隔离区被认可为无禽流感状态后，DLD需要在养禽场进行持续的日常监测，以确信该生物安全隔离区的养禽场保持无禽流感状态。日常监测包括：①养禽场管理者进行的日常主动临床监视，内容同上。②DLD进行的主动抽样监测。禽只出栏前8～10天，DLD官员在每个养禽场抽取5个禽舍，每个禽舍随机抽取20个泄殖腔棉拭子样品和20个血清样品，送指定实验室进行禽流感检测。每出栏两批禽只进行一次这种主动监测。只有所有临床监视和主动监测结果均为禽流感阴性时，才可认为该生物安全隔离区保持无禽流感状态。

2）缓冲区禽流感监测。DLD 必须与养禽场管理者合作，在 1km 半径范围的环形缓冲区内进行禽流感日常监测，以确定缓冲区内没有发生禽流感，不存在将禽流感传播到生物安全隔离区的风险。缓冲区禽流感监测包括：①养禽场管理者进行的日常主动临床监视。内容同上。②DLD进行的主动抽样监测。当一个生物安全隔离区被认可为无禽流感状态时，DLD 每季度（2 月、5 月、8 月和 11 月）在缓冲区内抽取 5 个农户/农场，每个农户/农场随机抽取 20 只禽的泄殖腔棉拭子样品和血清样品（不足 20 只的全部抽取），送指定实验室实行禽流感检测。

目前，泰国共有 78 个生物安全隔离区向 DLD 申请无禽流感认可，包括 1 733个农场的 1.24 亿禽只。其中，通过无禽流感认可的生物安全隔离区有 31 家，涉及 172 个农场的 5 906 万羽家禽。通过 DLD 认可的均为肉鸡生物安全隔离区。

18 死亡动物的无害化处理

OIE《陆生动物卫生法典》对病死动物的无害化处理作出了专门规定，要求兽医部门在进行无害化处理时，既要考虑选择科学彻底消灭病原的方法，也要考虑公众及环境的要求。无害化处理时应考虑到动物数量、感染动物或暴露动物移动的生物安全、人员、设备、环境、农民以及动物经营者所承受的心理压力等诸多方面。实践过程中，应当根据当地实际情况选择一种或多种无害化处理方法。

18.1 法制保障

无害化处理相关法律和制度应就以下方面进行规定：

赋予兽医机构（监督人员、兽医官员等）有效控制和管理人员的权力，以及兽医机构及相关人员进入无害化处理场所的权力；

在一定生物安全条件下移动控制和解除控制，例如将死亡动物运到其他地方处置；

相关农民和动物经营者同兽医机构合作的义务；

动物的所有权从动物所有者转到相关部门；

兽医机构应协商相关部门，包括卫生和环境保护部门，确定无害化处置的方法和地点，以及必要的设备设施。

18.2 准备工作

在暴发疫情、洪涝等自然灾害时，大规模扑杀和无害化处置动物不能有任何延误。机构、政策和基础设施的提前建设，是有效应对突发事件，成功进行无害化处理的关键。

(1) 与其他行业的关系 正确处理同农民协会、商业代表、动物福利组织、安全机构、媒体和消费者代表等产业组织的关系，对动物卫生政策的顺畅实施非常重要。

(2) 标准操作程序 应该建立包括决策制定、人员培训等内容的标准操作程序。

（3）财力准备 是指补偿、保险机制、应急资金的使用和私人兽医的聘用。

（4）资源调配 应加强人员、运输、储存设备、设备（可移动动物处理设施、消毒设备）、燃料、防护和一次性物品及后勤保障的调配。

18.3 推荐方法

在对动物进行无害化处理时，应综合考虑当地条件、处置能力、时间要求以及需要灭活的病原特性等因素，选择合适的处理方法。

在将死亡动物运输到化制或焚烧中心前，有时需要将死亡动物进行预处理。如先行分割死亡动物以便装入密封容器中进行运输，以及发酵、冷冻等。

（1）化制 化制是在一个密闭的系统，通过机械和加热对动物组织进行处理，得到稳定的灭菌产品，如动物脂肪和干动物蛋白。这种方法除了对朊病毒灭活效果稍差外，能够灭活所有病原。在选用这种无害化处理方法之前，要提前考虑化制场所的化制能力。

（2）在专用焚烧炉中焚化 在焚烧设施中，死亡动物或部分动物尸体能够完全燃烧，并且还可以同其他物质一起焚烧（如普通废物、危险废物或者医院废物）。这一方法可有效灭活包括芽孢在内的所有病原菌。固定的焚烧设备，由于排出口可以安装复燃室，使主燃烧室产生的主要物质以及碳氢化合物可以充分燃烧，从而有利于环境保护。

（3）化制和焚烧 为了提高安全性，并为其他设施，如锅炉（水泥和发电厂锅炉）提供辅助燃料，可以将化制和焚烧结合起来。

（4）向下喷压缩空气焚烧 焚烧过程中强制大量空气通过多个支管，从而产生涡流，使其比焚烧坑加速 6 倍。设备可以移动，因此可以在疫情现场使用，而不需要运输动物尸体。该无害化处理方法同样可以有效灭活病原。

（5）堆积焚烧 该方法能够在疫情现场进行焚烧，不需要运输动物尸体，因此是公认的无害化处理方法。但该方法耗费时间长，没有确定病原是否完全灭活的检测方法，因此存在不完全燃烧导致病原散播的可能。并且由于该处理方法暴露可见，公众接受程度低。

（6）堆肥 堆肥是在一定条件下通过微生物的作用，使有机物发生自然生物分解的过程。在最初阶段，随着堆肥温度的增加，有机物分解成相对小的化合物，软组织分解，骨头部分软化。接下来的阶段，剩余的物质，主要是骨骼会完全分解成咖啡色或者黑色腐殖质，主要是非致病性细菌和植物养分组成。

但是一些病毒、形成芽孢的细菌，如炭疽杆菌，以及其他病原如分支杆菌在堆肥处理后还可能存活。

(7) 深埋 虽然深埋不能灭活所有致病菌，但该方法仍然是公认的疫情现场无害化处理方法。具体操作方法为：①装运。动物尸体最好装入密封袋，运输车辆密闭防渗，车辆和相关运输设施离开时应进行消毒，动物尸体不得与食品、活动物同车运送。②掩埋点。有足够封土掩盖，土壤渗透性不高，与江河、湖泊、池塘、井水等水体以及居民区距离100米以上，易于动物尸体运抵，避开洪水经常冲刷之地和岩石层。特定情况下，饲养场死亡动物可考虑就地掩埋。③坑体挖掘。坑体体积一般为动物尸体体积的2～4倍，也可按动物尸体重量估算，坑体体积（m^2）一般为动物尸体重量（kg）的千分之一；坑体宽度一般不小于1.2m，深度不低于1m但一般不超过3m，长度要能够容纳所有死亡动物。坑底应相对平坦。如果需要多个掩埋坑，坑间距不小于1m。④掩埋方法。大、中型动物或家禽、仔猪等小动物尸体数量不大时，将尸体置于坑中后，加土覆盖，覆盖土层厚度不得低于0.7m。小动物尸体数量较大时，可分层掩埋，每层尸体厚度一般不超过0.3m，中间覆土至少0.3m，依次分层掩埋，最后覆盖土层厚度不得低于0.7m（图18－1和图18－2）。掩埋过程中，掩土不得压实，以免影响自然腐化。条件许可时，坑底和动物尸体上应铺撒生石灰。尸体掩埋后，应防止野生动物刨挖。

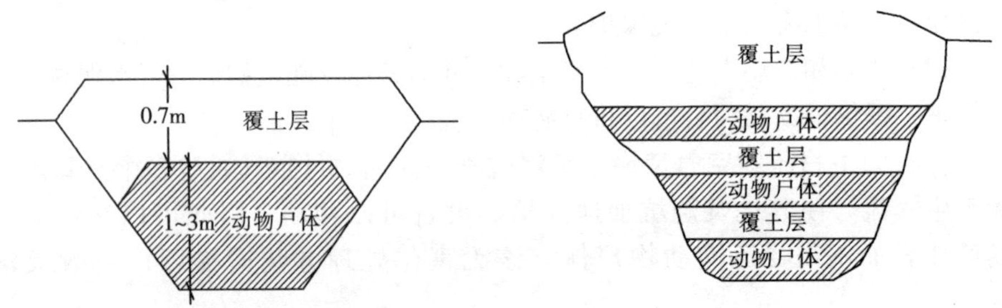

图18－1 大动物单层掩埋示意图

图18－2 中小动物分层掩埋示意图

(8) 生产生物气体 这是密闭的发酵系统，在机械或热处理之前（化制厂的硬体产品）可以处置死亡动物或部分尸体。这种过程不能灭活所有的致病菌。

(9) 加碱水解 用氢氧化钠或氢氧化钾催化生物物质水解成无菌溶液，其中包含多肽、氨基酸、糖类以及皂类物质。加热（150℃）可以加速碱水解过程。此过程唯一产生的固态副产品是骨骼和牙齿的矿物质成分。该方法产生的残渣（占未处理动物尸体的 2%）是无菌的并且非常容易变成粉末。温度和碱性环境破坏了病毒的蛋白衣壳以及朊病毒的肽键。所有的脂类和核酸都被分解掉。

此过程应该在绝缘的、装蒸汽外套的不锈钢压力容器内进行。

(10) 生物炼制 这是在密闭的压力容器内，高温、高压的水解过程。将废弃材料由蒸汽直接加热到 180℃，在 12 磅压力下处理 40min。可腐化的物质、纸张以及类似材料、谷草等，既可以同时处理也可以单独处理。这个过程可以灭活所有微生物致病因子。

(11) 在海上处置死亡动物 国际公约规定了海上无害化处理死亡动物的条件。

18.4 决策建议

不同的无害化处理方法所需费用不同，对环境、地方经济、养殖者以及养殖业的影响也不同。此外，从生物安全角度考虑，无害化处理决策时还要考虑经济、社会环境接受程度以及社会美学接受程度等因素。

紧急情况下进行决策时，无法完全把握或者系统考虑所有相关因素，只能选择相对理想的方法。因此要对每个可选的动物无害化处理方法做全面了解，在科技、经济、社会影响等因素中寻求一个平衡点。下面是制定无害化处理决策的一种方法。

步骤 1： 确定需要考虑的因素。如操作者安全性，社区关注度，国际接受度，运输可行性，行业要求，所需费用以及处理速度等。

步骤 2： 分析相关因素的重要性，赋予每个因素以不同权重（weighting，W）。无论所分析因素数量多少，各因素 W 之和为 100。

步骤 3： 计算每种无害化处理方法相对所考虑因素的适用率（Utility rating，U），数值分布从 1 到 10，1 为最不适合，10 为最适合。

步骤 4： 将每种无害化处理方法相对的每个因素的适用率 U 乘以每种因素权重值 W，得到数字平衡值（numeric Balanced value，V）。

步骤 5： 计算每种无害化处理方法 V 值总和，通过比较不同无害化处理方法 V 值总和的大小，来确定选择最合适的无害化处理方法。V 值总和最大的为最适合。

如表 18－1 中所列例子，根据计算结果，化制的方法最后所得的分值最高，所以首选的无害化处理方法应该是化制。

表 18-1　无害化处理决策制定过程

方法		化制		固定焚烧炉焚化		堆积焚烧		堆肥		大量填埋		在农场深埋		商业化填埋场	
因子	权重	U	V	U	V	U	V	U	V	U	V	U	V	U	V
操作安全性	20	7	140	4	80	8	160	3	60	7	140				
处理速度	20	8	160	8	160	2	40	5	100	5	100				
病原灭活程度	15	10	150	10	150	8	120	5	75	4	60				
对环境影响	10	10	100	8	80	3	30	10	100	3	30				
公众反应	10	10	100	7	70	1	10	9	90	3	30				
运输可行性	5	1	5	4	5	8	40	5	25	3	15				
养殖业接受度	5	7	35	1	5	7	35	7	35	6	30				
花费	5	4	20	7	35	6	30	9	45	8	40				
对野生动物危害	5	10	50	10	50	5	25	4	20	5	25				
处理能力是否满足需要	5	2	25	3	15	9	45	9	45	9	45				
总和	100		785		650		535		595		515				

19 清洗与消毒

19.1 基本方法

19.1.1 物品清洁法

常用的方法有水洗、机械去污和去污剂去污，用于用具、地面、墙壁及器械等物体表面的处理或物品消毒、灭菌前的处理。

物品上有碘酊污渍，可用乙醇擦拭；甲紫污渍用乙醇或草酸溶液擦拭；陈旧血渍用过氧化氢溶液擦拭后洗净；高锰酸钾污渍用维生素C溶液洗涤或用0.2%～0.5%过氧乙酸溶液浸泡后清洗；墨水污渍用肥皂、清水洗，不能洗净时用稀盐酸或草酸溶液清洗，也可用氨水或过氧化氢溶液褪色；铁锈污渍浸入1%热草酸溶液中，再用清水洗，也可用热醋酸浸洗。

19.1.2 物理消毒灭菌法

物理消毒灭菌法是利用热力或光照等物理作用，使微生物的蛋白质及酶变性或凝固，以达到消毒灭菌的目的。

(1) 干热消毒灭菌法 干热是指相对湿度在20%以下的高热，由空气导热，传热较慢，干热消毒灭菌常用的方法见表19-1。

表19-1 干热消毒灭菌法

方法	要求	使用范围	注意事项
焚烧灭菌法	将物品直接投入点燃的焚烧炉内焚烧	无保留价值的污染物品，如污染的纸张、感染的敷料等	注意安全，远离易燃、易爆物品
燃烧灭菌法	用乙醇燃烧的火焰进行灭菌	①急用的某些金属器械、盆的灭菌 ②微生物实验室接种环的灭菌	①在燃烧过程中不能加乙醇等易燃料 ②贵重器械及锐利刀剪禁用燃烧法
干烤消毒灭菌法	消毒：箱温120℃ 时间：10～20分钟 灭菌：箱温180℃ 时间：20～30分钟	用于高温下不变质、不损坏、不蒸发的物品，如粉剂、玻璃器具、金属制品等	注意根据不同的物品，如油剂及烤箱类型来确定消毒灭菌的温度与时间

（续）

方法	要求	使用范围	注意事项
微波消毒灭菌法	根据不同的物品来确定消毒与灭菌的时间	①用于食品及餐具的消毒 ②医疗药品及耐热非金属材料物品的消毒灭菌	禁用于金属材料物品的灭菌

（2）湿热消毒灭菌法 湿热由空气和水蒸气导热，传热快，穿透力强。湿热消毒灭菌常用的方法有煮沸消毒法和高压蒸汽灭菌法，一般高压蒸汽灭菌的压力为102.97～137.30kPa，温度为121～126℃，经15～30min可达到灭菌目的。

（3）光照消毒法 主要利用紫外线照射，使菌体蛋白发生光解变性而导致细菌死亡。常用方法有日光曝晒消毒法和紫外线消毒法。日光曝晒法用于场地、垫料、饲草等的消毒，一般曝晒6h可以消毒，曝晒时2h翻面一次。紫外线消毒法用于空气消毒与物品表面的消毒。

19.1.3 化学消毒灭菌法

化学消毒灭菌法是利用化学药物渗透细菌体内，使菌体蛋白凝固变性，干扰细菌酶的活性，抑制细菌代谢和生长或损害细菌膜的结构，改变其渗透性，破坏其生理机能等，从而达到消毒目的。

（1）化学消毒剂的使用原则

- 根据物品的性能及微生物的特性，选择合适的消毒剂。
- 严格掌握消毒剂的有效浓度、消毒时间及使用方法。
- 消毒剂应定期更换，易挥发的消毒剂要加盖，并定期检测，调整其浓度。
- 浸泡前将物品洗净擦干，浸没在消毒液内的物品应注意打开轴节或套盖，管腔内应注满消毒液。
- 在使用前用无菌生理盐水冲净消毒后的物品，避免消毒剂刺激组织。

（2）化学消毒剂的分类

- 高效消毒剂，可杀灭一切微生物，包括芽孢。
- 中效消毒剂，可杀灭细菌繁殖体，不能杀灭芽孢。
- 低效消毒剂，可杀灭细菌繁殖体，不能杀灭结核杆菌、亲水性病毒或芽孢。

(3) 化学消毒剂的使用方法

- 浸泡法：是将物品洗净、擦干后，浸没在消毒液中进行消毒灭菌的方法。
- 擦拭法：是用消毒剂直接擦拭动物体或物品表面，如皮肤、桌椅等，达到消毒灭菌的方法。
- 喷雾法：是利用喷雾器将消毒剂变成微粒气雾弥散在空气中，对空气和物品表面进行消毒灭菌的方法。
- 熏蒸法：是将消毒剂加热或加入氧化剂，使其产生气体来进行消毒灭菌的方法。

(4) 常用的化学消毒剂

常用的化学消毒剂见表 19-2。

表 19-2 常用化学消毒剂

名称	消毒效力	浓度与用法	注意事项
碘酊	高效	①2%用于皮肤消毒，擦后待干，在用70%乙醇脱碘 ②2.5%用于脐带断端消毒，擦后待干，在用70%乙醇脱碘	①对皮肤有刺激性，不可用于黏膜消毒 ②对金属有腐蚀性，不可用于金属器械的消毒 ③对碘过敏者禁用
过氧乙酸	高效	①0.2%用于手消毒，浸泡1～2min ②0.5%用于器具消毒，浸泡30～60min ③0.2%～0.5%用于物体表面消毒，或浸泡10min ④1%～2%用于空气消毒，8mL/m³，加热熏蒸，密闭门窗30～120min	①对金属有腐蚀性，不可用于金属消毒 ②易氧化分解而降低杀菌力，需现配现用 ③浓溶液有腐蚀性，配制时要戴口罩和橡胶手套 ④存放于阴凉避光处防高温引起爆炸
福尔马林（37%～40%的甲醛溶液）	高效	①40%甲醛2～10mL/m³加水4～20mL加热，作室内物品及空气消毒 ②40%甲醛40～60mL/m³加高锰酸钾20～40g，柜内熏蒸，密闭6～12h ③10%甲醛可作浸泡器械消毒	①蒸气穿透力弱，因此衣服应挂起消毒 ②消毒效果易受温度、湿度影响，要求室温在18℃以上，相对湿度70%以上 ③对人体有一定毒性和刺激性，使用时注意防护
戊二醛	高效	2%戊二醛溶液加入0.3%碳酸氢钠，成为2%碱性戊二醛，用于浸泡不耐高热的金属器械、仪器、内镜等，消毒需10～30min，灭菌需7～10h	①每周过滤1次，每2周应更换消毒液1次 ②浸泡金属类物品时，加入0.5%亚硝酸钠作为防锈剂 ③消毒灭菌后的物品，使用前用无菌蒸馏水冲洗

（续）

名称	消毒效力	浓度与用法	注意事项
环氧乙烷	高效	①环氧乙烷为气体灭菌剂，用于精密仪器、器械、化纤、人造毛类制品等不耐热、不耐湿物品的灭菌。灭菌剂量为800～1 200mg/L，温度为54℃±2℃，相对湿度为60%±10%，时间为2.5～4h ②临床上有少量物品时可放入丁基橡胶袋中灭菌；有大量物品时可放入环氧乙烷灭菌柜里灭菌	①易燃易爆，具有一定毒性，工作人员要严格遵守操作程序 ②存放在阴凉通风无火源处 ③储存温度不可超过40℃，以防爆炸 ④灭菌后的物品需通风处理，清除环氧乙烷残留量后方可使用 ⑤每次灭菌时，应进行效果检测及评价
含氯消毒剂（常用的有漂白粉、漂白粉精、氯胺T、二氯异氰脲酸钠等）	中、高效	①0.5%漂白粉、0.5%～0.1%氯胺溶液用于浸泡餐具、便器等，浸泡30min ②1%～3%漂白粉溶液、0.5%～3%氯胺溶液喷洒或擦拭地面、墙壁及物品表面 ③排泄物消毒：干粪5份加漂白粉1份搅拌，放置2h；尿液100mL加漂白粉1克放置1h	①消毒剂保存在密闭容器内，置于阴凉、干燥、通风处，减少有效氯的丧失 ②配制的溶液性质不稳定，应现配现用 ③有腐蚀及漂白作用，不宜用于金属制品、有色衣服及油漆家具的消毒 ④3天更换一次消毒液
乙醇	中效	①70%～75%用于皮肤消毒 ②95%用于燃烧灭菌	①易挥发，需加盖保存，定期测定，保持有效浓度 ②有刺激性，不宜用于黏膜及创面消毒 ③易燃，故应置于避火处
碘伏	中效	①0.5%～1.0%有效碘溶液用于外科手术及注射部位皮肤消毒，涂擦2次 ②0.05%有效碘溶液用于黏膜、创面消毒	①碘伏稀释后稳定性差，宜现配现用 ②避光密闭保存，放阴凉处 ③消毒后不用乙醇脱碘
苯扎溴铵（新洁尔灭）	低效	①0.01%～0.05%用于黏膜消毒 ②0.1%～0.2%用于皮肤消毒 ③0.1%～0.2%用于金属器械消毒，浸泡15～30分钟（加入0.5%亚硝酸钠以防锈）	①对肥皂、碘、高锰酸钾等阴离子表面活性剂颉颃作用 ②有吸附作用，会降低药效，所以溶液内不可投入纱布、棉花等 ③对铝制品有破坏作用，不可用铝制品盛装
氯己定	低效	①0.02%用于手消毒，浸泡30分钟 ②0.05%用于创面消毒 ③0.1%用于物体表面消毒	同苯扎溴铵①、②

19.2 OIE关于消毒的一般建议

（1）消毒剂和消毒程序的选择应考虑到传染的致病因子和养殖场、车辆及需要处理对象的性质。

（2）在田间条件下，消毒剂和杀虫剂应被授权并测试后才应使用。

（3）还应考虑以下因素：

- 几乎不存在万能消毒剂；
- 次氯酸盐经常使用，可视为是一种通用消毒剂，但长时间储存会降低其有效性，因此在使用前要检查它的活性；要取得满意的消毒效果0.5%活性氯的浓度是必要的；
- 口蹄疫病毒在高或低的pH条件下很容易失活，但在高浓度下使用具有腐蚀性；
- 结核杆菌对消毒剂很有抵抗力，需要高浓度的消毒剂且要延长作用时间，才能杀灭。

（4）无论使用什么消毒剂，消毒方法应包括以下内容：

- 用消毒剂彻底浸泡垫料、垃圾和粪便；
- 仔细清洗、刷洗和擦洗地面、地板和墙壁；
- 然后再用消毒剂清洗；
- 清洗和消毒车辆的外部，如有可能，使用有压力的液体清洗，不能忽略捆绑过动物的物品（绳、缰绳等）的消毒或销毁。

19.3 标识、采血和疫苗接种时的消毒注意事项

对动物进行标识采血、接种疫苗和植入医疗产品如微芯片时，针头和注射器的广泛使用已屡见不鲜。在不同的畜群间使用未经消毒的设备和已开封的疫苗及医疗产品，是职业所不接受的。

未经消毒的和受污染的设备（微芯片植入器、针头，注射器等）或为不同的畜群和出口动物使用的特殊产品，要确保安全消毒，并与出口证书的条件一致。

这些措施对兽医和兽医助手尤其重要。

20 兽用生物制品管理

20.1 定义

兽用生物制品一词，我国和不少国家已采用多年，但其含义并未完全统一。OIE对兽用生物制品的定义为包括动物用疫苗、抗血清和体内诊断试剂。在美国，兽用生物制品是指采用免疫学方法或过程制备的用于预防、治疗或诊断动物疾病的疫苗、菌苗和诊断制品等。在欧盟，是指给动物服用产生主动或被动免疫用的或用于诊断免疫状况的制品。我国系指以天然或人工改造的微生物、寄生虫、生物毒素或生物组织及代谢产物等为材料，采用生物学、分子生物学或生物化学、生物工程等相应技术制成的，用于预防、治疗、诊断动物疫病或改变动物生产性能的药品。

兽用生物制品是预防和控制动物疫病必不可少的重要武器，各国政府对其研制与开发、生产、经营、进口、使用及监督等采取较为严格的管理措施。各国和各地区官方控制兽用生物制品的职权以及确保产品质量的方式各不相同，美国和欧盟等发达国家的管理较为严格，也比较成功，其管理模式为许多国家所借鉴。OIE等相关国际组织在协调和制定动物疫病的诊断方法、生物制品质量标准、促进产品销售等方面发挥了重要作用。

兽用生物制品种类繁多，按照用途分为预防、诊断和治疗用生物制品。按照性质和制造方法分为疫（菌）苗、类毒素、抗血清和抗毒素、诊断制剂、微生态制剂和其他制剂等。

(1) 疫（菌）苗 由天然或人工改造的完整微生物（如细菌、立克次氏体、病毒等）或微生物的分泌成分（毒素）或微生物的部分基因序列经生物学、生物化学和分子生物学等技术加工制成的用于疾病预防控制的生物制品。除活疫苗、灭活疫苗外，还包括亚单位疫苗、合成肽疫苗、基因缺失疫苗、活载体疫苗、核酸（DNA）疫苗和抗独特型抗体疫苗等。

(2) 类毒素 用细菌产生的外毒素加入甲醛后，使变为无毒性但仍有免疫性的制剂，称为“类毒素”，常用的有破伤风类毒素、白喉类毒素等。

(3) 抗血清和抗毒素 均为免疫血清，是抗毒、抗菌、抗病毒血清的总称。前者是由特定的病原微生物，如细菌、病毒等为抗原免疫动物，采血制备的血清。后者是由类毒素和毒素等为抗原免疫动物，采血制备的血清。

(4) 诊断制剂 由病原微生物，如细菌、病毒、寄生虫等制备抗原用于检测相应抗体，或是用制备的抗血清（抗体）检测抗原的制品。

(5) 微生态制剂 用于提高人类、畜禽宿主或植物寄主的健康水平的人工培养菌群及其代谢产物，或促进宿主或寄主体内正常菌群生长的物质制剂之总称。可调整宿主体内的微生态失调，保持微生态平衡。

(6) 其他制剂 由动物血液或脏器分离提取的各种组分，包括干扰素、转移因子等。

20.2 国际组织在兽用生物制品国际法规中的作用

20.2.1 OIE的作用

OIE生物标准委员会负责制订诊断试验（包括诊断试剂）和疫苗标准，编撰《诊断试验和疫苗标准手册》。《陆生动物诊断试验和疫苗手册》是关于动物疫病诊断试验和疫苗质量的国际通用标准，为国际动物及动物产品贸易卫生条款提供了统一的、具有可操作性的技术规范。

OIE有170个参考实验室，这些参考实验室专家的职能和职责是履行标准中心的指定活动；使各种诊断方法标准化；制备、贮存和发放标准抗血清、抗原及其他试剂。此外，在OIE协作中心之中，有3个在某些阶段从事兽用疫苗控制和/或协调工作，它们是法国Fougeres兽药产品协作中心、奥地利维也纳动物疾病ELISA和分子技术诊断协作中心及美国艾姆斯动物疾病诊断和疫苗评估协作中心。

20.2.2 联合国粮农组织（FAO）的作用

FAO主要通过技术援助系统，帮助成员建立和独立实施疫苗和其他生物制品的质量控制，参与兽用生物制品检验。例如，FAO曾帮助非洲统一组织，通过泛非兽用疫苗中心（PANVAC）建立了兽用疫苗，特别是牛瘟和牛肺疫疫苗的检测体系。FAO还可根据成员的要求，开展疫苗及其他生物制品质量保证或专家咨询工作，或出版疫苗生产和质量控制手册。另外，还可请求FAO食品标准委员会（CAC）和核技术处两个辅助机构，帮助处理兽用生物制品方面的事宜。

20.2.3　国际动物卫生联盟（IFAH）

IFAH是五大洲兽药、疫苗等动物保健品生产企业和协会联盟，属非赢利性组织。IFAH不仅代表国际企业，还代表中小企业。IFAH通过协调、完善管理和贸易框架、市场环境，支持动物保健业，进而保持食品安全、动物卫生和福利。

IFAH成员包括欧洲分会、北美分会、中南美洲分会、亚太分会。IFAH欧洲分会影响较大。IFAH欧洲分会（IFAH－Europe）代表欧洲动物卫生用品业与欧盟其他兽药管理机关如EMEA、CVMP等密切合作，是兽药管理的重要参与者。

IFAH代表企业同国际主要动物保健管理组织如FAO、WHO、Codex、OIE、WTO等协调，参与FAO、WHO和OIE的抗生素使用与耐药性联合评价专家组，支持科学管理程序和标准的制定，促进国际管理和注册协调；代表从业者同政府、食品加工业伙伴及消费者进行接触和交流。2003年IFAH成立兽药上市审评程序评价工作组，对国家药品管理程序的科学性和工作效率进行评价，从而要求政府改进管理程序，减少浪费时间，降低审评费用，减少对上市药品的严格要求，改善药品研究投资环境。

20.2.4　兽药注册技术要求国际合作协调组织（VICH）

VICH是一个由OIE帮助成立的协调兽用药品注册技术要求的三边（欧盟—日本—美国）机构。VICH工作涉及协调管理部门与生产商间兽用药品注册的技术规定和要求（包括GCP），负责协调兽药、生化药品相关管理标准，重点研究兽药注册方法，制定统一的兽药质量、安全、有效性技术规范，减少因各国管理标准差异对药品贸易造成的影响。

20.2.5　世界卫生组织（WHO）的作用

目前，WHO没有直接参与制备纯兽用的国际标准品（抗体或抗原），但在英国国家生物标准和控制研究所研制并保存了与纯动物疾病有关的材料（如鸡新城疫活疫苗、经典猪瘟抗血清）。WHO希望在与人类健康有关的兽医参考品和指导文献方面发挥作用，这涉及可能污染生物制品（细胞源或异源器官源）的共患病病原和潜在的共患病病原及其他动物源性传染性病原体。在1998年10月的生物制品标准化专家委员会上，对现有的兽用国际标准和参考品进行了审查，并提出了中止、替代及修正的产品目录。

20.3 美国和欧盟官方机构在兽用生物制品国际法规中的作用

许多国家都设立了相关立法来规定兽药产品的质量，要求产品的安全、效力和纯净性等必须达到最低标准。国际组织在地区间甚至世界范围内协调兽用生物制品的销售和使用，提高兽药质量控制能力，促进国际合作，有助于生物制品国际贸易遵守 OIE《国际动物卫生法典》的规定，目的是协调有关兽药产品的要求并简化相关流程。最终目标是让全球都可以平等地享受到安全、有效的兽用生物制品。

20.3.1 美国兽用生物制品管理体系

20.3.1.1 美国兽用生物制品管理法规体系

目前美国生物制品管理的相关法律法规主要有《病毒、血清、毒素法案》（VSTA）、《联邦法规第 9 卷》（9CFR）、兽医服务局（VS）规章和有关通告等。VSTA 和联邦法规（CFR）是由美国国会经立法程序制定，由总统签署发布，其规定条款为强制性的，具有法律效力。凡是从事兽用生物制品相关活动的兽医师、企业、生产商、代理商、销售商及政府行政管理人员等均需执行法律和规章。有关的指导文件、指南和通告等由相关管理机构制定和出版，主要是有针对性地对法律和规章有关条款进行解释，以便更好地理解和获得有关信息，而本身并不具法律效力。

(1) VSTA VSTA 是美国国会于 1913 年 3 月 4 日发布，1985 年 12 月 23 日修订，作为对美国病毒、血清、毒素、抗毒素及其类似产品实行监督管理的基本法律依据。该法第五章（155～159 部分）主要针对兽用生物制品生产许可制度、进口、生产和销售制度、检查、违规和处罚等提出了总体要求。本法授权农业部制定和颁布各种条例以防止制造和销售无价值、污染、有危险和有害的兽用生物制品等违法行为。

(2) CFR CFR 是美国政府制定的普通和永久性的法规汇编，由联邦政府的执行部门和代理机构在联邦的注册簿中出版。CFR 共分 50 卷，9CFR 收录了涉及动物和动物产品的相关法律规定，其中 101～124 部分对兽用生物制品的产品许可、进口许可、吊销、豁免、生产设施要求、生产要求、包装和标签要求以及检验标准等进行了详细规定。

(3) 兽医局规章 根据上述法律，VS 制定了一系列的管理规章，VS 下属的兽用生物制品中心（CVB）负责制定与兽用生物制品注册管理相关的规章，包括800系列备忘录，尤其是VS备忘录800.50～800.101、800.200～800.201、800.300～800.301，对兽用生物制品的许可、中试、生产、检验、抽样、标签、出口、销售、管理及GCP等提出了具体要求和程序要求。

(4) 申请表和CVB通告 为更好地服务于兽用生物制品研究、生产、销售等申报单位，美国农业部（USDA）动植物卫生检疫署（APHIS）制定了一系列申请表格，包括企业许可证申请表、产品注册许可证申请表、从业人员资格证明表、产品生产与检验报告、出口产品申请表和信息摘录表等。CVB通告包括兽用生物制品注册程序指南和兽用生物制品许可证申报总则等，并在CVB网站上发布。

20.3.1.2 美国兽用生物制品管理机构及职能

根据VSTA授权，美国的兽用生物制品管理由农业部（USDA）动植物卫生检疫署（APHIS）下属的VS负责，具体工作由VS下设的CVB和国家兽医服务实验室（NVSL）承担。CVB负责兽用生物制品（包括疫苗、菌苗、抗血清、诊断试剂盒及其他生物源制品）的审批、管理和畜产品兽药残留的监测，以确保诊断、预防和治疗用兽用生物制品纯净、安全与有效。负责对兽用生物制品生产厂家进行检查，签发许可证等。CVB的主要职责是：确保兽用生物制品不会引起疾病传播，尤其是外来病的传播；发放注册和许可证书；检测和监督产品及设备。NVSL负责兽用生物制品的日常监督检验工作。

目前，CVB由政策、评估和注册管理部门（CVB-PEL）与监督执法管理部门（CVB-IC）两个部门组成。CVB-PEL负责建立注册标准，审查所有的批准前的报送材料、试验方法及产品标签，颁发或撤销执照和许可证，同时还进行批准前的检验和监督检验，制备参考品、参考试剂及开发检测方法，执行发证前和日常监督的检测，对有田间使用问题的产品进行检测等。CVB-IC负责监察生产设备设施、生产方法和生产记录，调查可疑的违反行为和消费者的投诉事件，在线监督兽用疫苗和其他兽用生物制品有关的不良反应事件。

20.3.2 欧盟兽用生物制品管理体系

20.3.2.1 欧盟兽用生物制品管理法规体系

欧盟委员会（COM）负责制定欧盟有关兽药管理的基本法。欧盟兽药立法程序是先由欧盟成员国就有关事宜达成条约，再由COM根据条约进行具体的立法。

(1) 欧盟兽药管理法（Legislation） 欧盟兽药、食品安全管理的法律法规主要是以条例、指令、决议、建议或意见等形式颁布、实施。

1）条例（EU Regulations） 条例是由 COM 制定的一种具有普遍适用性和法律约束力的法规，适用于所有成员包括成员国（或地区）的自然人。条例一旦生效，各成员都必须执行，成员不再制定相应的国内法对其加以解释或转化。现行的主要兽药管理条例是条例 90/2377/EEC 和条例 2004/726/EC，规定了欧盟药品许可、监察和监督程序等。

2）指令（EU Directives） 指令是由 COM 制定，只规定基本要求，细节由技术标准规定。指令对各成员均有约束力，但对指令的具体实施方式没有要求，只要能达到指令所要求的目标，允许成员依据其立法程序将指令转化为国内立法后，在本国产生法律约束力，允许选择执法形式与方法。指令适用对象是成员，不针对自然人。现行欧盟议会和理事会兽药管理指令是指令 96/23/EC、指令 2001/82/EC 和指令 2004/28/EC。

指令 96/23/EC 建立了活动物和动物产品中一些物质残留检测方法。指令 2001 /82/EC 是欧盟兽药管理根本大法，涉及兽药生产、上市、标签和包装、分销、上市后监督、监督和制裁、使用等方面。指令 2004/28/EC，对指令 2001 /82/EC 做了全面的修改和增订，从法律上完善了兽药管理机构的管理行为，促进各个成员和各部门间的协作，提高管理效率和管理标准。

(2) 欧盟兽药管理技术法规（Eudralex）

1）《欧盟药物准则》（2005 版） 它是欧盟兽药委员会进行药品监督的法律依据，是对药品生产的基本要求和规定。它对各条例、指令的技术进行了解释，具有很强的操作性和权威性，如生产、包装、灭菌技术要求和质量规定。与兽药有关的管理涉及第 4，6，7，8，9 卷。其中第 4 卷是药品生产与质量管理规范（GMP）指南部分，对 1991 年发布的人用药和兽药指令（91/356EEC，91 /412/EEC）中的 9 个 GMP 原则进行了详细规定，GMP 具有法律效力，适用药品生产，有很强的可操作性。第 6 卷是欧盟对药品上市许可申请程序和卷宗的详细规定和指南，也是欧盟药品生产企业和管理机关申请和评价的准则和指南，为规范药品上市申请提供了依据，为加强对管理机关的监督和规范提供了基础和前提。第 7 卷为有关具体药品的有效性、环境危害评价试验要求及质量控制指南，如《药物非临床实验管理规范》（GLP）、《药物临床实验管理规范》（GCP）原则和免疫类兽药生产质量指南等。第 9 卷包括兽药预警信息的证实、评价指南，经相互认可程序许可销售的兽用药品预警指导，兽药的快速警戒系统（RAS）和非紧急信息系统，兽用药品售后监督指南等。

2）欧洲药典 欧洲药典是政府对药品质量标准和检定方法的统一规定，

是动物用药品质量、剂量和药品纯度和浓度标准的权威，也是兽药生产、销售使用、管理检验、药物治疗的法律依据和标准，指令 2001/82/EC 规定药品必须符合欧洲药典总论或各论中的最低标准，欧洲药典对在欧盟授权的兽用生物制品规定了最低可接受标准。欧洲药典中“欧洲药品质量管理局”（EDQM）制造、保存并散发欧洲药典专著述及的国际标准试剂。欧洲国家逐步走向一体化，共同签署了《欧洲药典公约》。1990 年，欧洲药典和日本药典，与美国药典联合组建了药典研讨组（PDG），全力以赴在世界范围内协调药典，1996 年 4 月正式成立了兽药注册技术要求三边（欧盟—日本—美国）国际合作协调项目（VICH）。

20.3.2.2 欧盟兽用生物制品管理机构及职能

欧盟兽药管理以“保护消费者一切合法权益，又不能阻碍行业发展”为宗旨。由欧盟部长会议下的 COM 下属欧盟委员会常委会、欧洲药品评估机构（EMEA）和欧洲兽药委员会（CVMP）负责。欧盟委员会常委会由各成员指定的 1 名政治家组成，在兽药管理方面属于政治组别，负责从政治、伦理等方面提出意见。EMEA 由指令 2309/93/EEC 规定建立，由欧盟委员会指定人员组成，主要负责人药和兽药的行政管理（特别是许可证的管理）以及法规指南的起草。CVMP 由欧盟每个成员派 2 人组成，负责兽药的技术事务管理和科学评价，欧洲兽药委员会中有一个 300 多名专家组成的专家库，专门负责对新兽药的安全性进行评价。日常监督由主管部门授权的代表执行。

EMEA，现改名为欧洲药物局（EMA），它是 COM 的直属分支机构，是药品行政管理机构和专业职能机构（负责具体的技术性、科技性或管理类任务），负责欧盟药品评价、监察和预警。EMA 职责是制定和组织快速、透明和有效的欧盟一体化授权程序，确保用户及时取得有效药物；协调欧盟科学资源，提供高质量的药物评价；组织 GMP、GCP、GLP 监察；对符合 WHO 要求的中央授权药品和现场 GMP 检查合格的颁发药品证书；通过药物预警网络监控药物对人和动物的安全性，制定食品动物兽药残留限量；对药品有关的研究和项目提供科学建议；支持创新、激励研究，从而提高欧盟药业竞争力。

EMA 设立药品上市审评中央授权程序，“兽药评价和监督部”负责中央许可审评程序的兽药申请材料接收、评价，由 CVMP 负责技术审评，EMA 向 COM 提供评价报告和建议。EMA 秘书处下属的监督部应 CVMP 要求负责产品上市授权申请或评价相关的 GLP、GCP、GMP 贯彻情况以及授权药物的部分监督工作。监督检查部还组织或主持 GCP、GMP 检查员会议，完善标准，协调程序。监督部会同 EDAM，OMCLs 网络、国家主管部和监察处、评审员对获得上市许可的企业进行实地抽样和测试。

EDQM是欧洲药典的制订和维护监督机关，其制定的欧洲药典是医药质量方面的权威，具法律效力，对监督欧盟药品质量提供了重要的技术保证，是加强药品管理基础，也是国际上重要的参考药典之一，对世界各国药品生产和使用有重要指导意义。其职能包括：为欧洲药典委员会的技术秘书处提供技术支持；负责欧洲药典及相关产品的出版与发行；负责化学药物标准品和生物制品标准品的制备与销售；负责对欧洲药典各论的适用性认证；负责构建欧洲官方药品检验实验室网络，承担生物制品批签发与上市药品的监督任务。

CVMP由指令81/851/EEC规定建立，为官方兽药专业机构，1993年理事会条例93/2309/EEC确立CVMP为欧盟药物评价局的核心技术机关之一。CVMP负责欧盟最高级别的兽药技术性评价和监督，评估生物技术产品、促生长剂、新化学剂型及其他发明新产品销售授权申请，不进行任何行政管理，直接向EMA负责，提供技术评价和报告。

20.4 OIE、美国和欧盟对兽用生物制品的监督管理

20.4.1 OIE兽用疫苗生产原则

OIE《陆生动物诊断试验和疫苗手册》中的《兽用疫苗生产原则》对疫苗的生产、检验提出的要求和方法，是一般性的标准，并与已颁布的标准基本一致，因此可广泛应用于指导兽用疫苗的生产。各国可根据需要，在保证兽用疫苗纯净、安全、有效的前提下，也可采用不同的手段。

20.4.1.1 质量保证

生产纯净、安全、高效的疫苗需要一套质量保证程序，以确保生产工艺的一致性和连贯性。疫苗生产工艺复杂，变化因素很多，应尽最大可能控制变化因素，在生产的全过程中保护产品不受污染。

在生产过程中，必须坚持确保疫苗的纯净、安全性、效能和效力。稳定的产品质量（批与批之间的一致性），必须建立在每一道生产程序中，而不能单靠最后的成品检验。成品检验是检查生产过程的有效性及产品是否符合要求。

不同国家有不同的疫苗质量保证方法，包括生产工艺控制及最终产品检验控制等，不同质量控制系统的侧重点可能不同，但目标基本一致，所选择的控制方法应最适用于疫苗生产。最理想的质量保证体系应力求生产方法和产品最后检验两者之间的合理平衡，考虑生产和控制的成本。因此，管理部门和生产

厂家应该选择可行的控制方法，保证有关风险在可接受的最低水平。控制程序太复杂繁琐会妨碍产品开发和效能，且产品价格不能为用户所接受。

20.4.1.2 生产设施及其检验

生产兽用生物制品的企业，必须为所有生产功能提供适当的设备。生产设施的质量和设计可能各式各样，但必须符合疫苗生产的标准。设计疫苗生产用的设施时，应考虑到整个生产过程均能确保产品的纯净及人体健康，必须满足以下条件：易于彻底清洗；制备车间之间有必要的隔离条件；通风良好；有充足的清洗用热、冷水和高效的排水设备及管道；有不必穿越生物制品制备区就能使用的职工更衣室及其他设施。

不同生产活动通常要求在不同的区域内开展。所有房间和空气处理系统的设置必须能防止与其他产品的交叉污染且能防止人或设备的污染。有毒或危险的微生物必须在隔离的房间内制备和保存。特别是攻毒用微生物，必须完全与疫苗株分开，所有与产品有接触的设备，必须用有效方式进行消毒。

生产设施的设计中必须考虑防止污染环境，生产过程中使用的任何材料必须经无害化处理后方可离厂。如繁殖高传染性微生物，应认真处理排气以防传染性病原体排出。工作人员须遵守安全程序（如淋浴），离开生产区后不得接触易感动物。

20.4.1.3 生产文件与记录

生产企业应制定一系列详细的生产规范、SOP 和其他文件，详述每一种产品的生产和检验程序、原材料的规格和标准等。文件还应详细说明每一株微生物的来源、分离和传代（再培养）的历史，微生物鉴定、毒力测定和纯度检测的方法，种毒和生产培养物使用的培养基或细胞培养系。此外，应包括整个生产过程中评价产品纯净性和质量的所有试验的描述，成品的配方设计，每批产品的纯净性、安全性、效能和其他要求所使用的试验方法评价，成品技术规格，包装和标签使用说明书，以及产品的有效期等。

在每批生物制品的生产过程中，生产者应建立能用于追踪的详细操作记录，包括所有产品使用标签的记录，有关消毒和巴氏消毒方法的记录及所有使用动物的完整记录等。每批产品的所有生产和检验记录至少应保存到有效期后两年。

20.4.1.4 基础种毒和细胞种的建立

在兽用生物制品的生产中，所使用的每株微生物都应建立基础种毒，以便为所有生产提供种毒来源。工作种毒和生产种毒可用基础种毒培养制备，但从基础种毒到最后产品传代不得超过 5 代（有时是 10 代），限制种毒传代次数，有助于保持产品的一致性。基础种毒制成均质的种毒批，作系统全面检验鉴定，以保证其同质性、纯净性、安全性和效力。

当用细胞培养物制备制品时，所用的每种细胞，均应建立基础细胞种（MCS）。对于每种产品，在生产规范或 SOP 中，均应确定和详细说明可用于生产的细胞最高或最低代数，有些管理机构不允许细胞种传代超过 20～40 代。当从最低代向最高代传代用于生产时，每种 MCS 均应保证其特性和遗传学稳定性，确保 MCS 纯净，无外源细菌、真菌、支原体和病毒污染。

原代细胞库应来自正常组织的细胞或传代至第 10 代以内的细胞。用于生产禽类生物制品的，其生产用细胞通常来自 SPF 鸡胚。其他一些原代细胞来自健康动物组织，应检测细胞是否污染微生物，如细菌、真菌、支原体、致细胞病变和/或血球吸附因子及其他外源病毒。在特殊情况下，一些行政主管部门只允许使用原代细胞生产疫苗。

20.4.1.5 毒力返强试验与环境风险评估

对于活疫苗，宿主动物可能排毒，并传播给所接触的动物，如果有残余毒力或毒力返强，即可引起发病。因此，所有活疫苗都应用传代方法检查毒力返强情况。通常用微生物自然感染途径，将基础种毒接种一组靶动物，疫苗微生物即在宿主体内繁殖，从感染的宿主动物组织或分泌物回收疫苗微生物，并用其直接接种其他动物，如此传 4 代，即传到第五代（禽用产品超过 5 代），用鉴定基础种毒的同样方法详细鉴定分离物，在体内传代繁殖之后，疫苗微生物必须保持在一个可接受的弱毒水平。

应对每一种活疫苗的排毒、传播到与之接触的本动物和其他动物的能力，以及在环境中继续存活的能力进行评价，以便为疫苗对环境的风险评估和基于对人类的健康考虑提供信息。在有些情况下，该试验可与毒力返强检验同时进行。这些考虑对于以生物技术或重组 DNA 技术为基础制备的产品特别重要。

20.4.1.6 纯净性检验

对于基础毒种、原代细胞、基础细胞种子系统（MCSs）、未经消毒的动物源性原料（例如，胎牛血清、牛血清蛋白或胰酶），以及出厂前的每批成品均应检查各种污染以确定纯净性，如细菌、真菌、支原体和外源病毒的检测等。

20.4.1.7 安全性检验

疫苗本身的安全性在研发阶段就应证明。活疫苗应该用毒力返强试验和通过上述环境风险评估进行评估。所有产品的这些研究应包括疫苗单剂量安全性，大剂量安全性及单剂量重复的安全性。关于活疫苗的进一步安全证据，可从毒力返强试验、对环境的风险评估及接触动物试验获得（下面有详述）。产品指定的每种动物都应证明安全，一般来说，所有疫苗均需作大剂量试验，即活毒疫苗用10倍剂量，而灭活疫苗用2倍剂量。对于灭活的病毒或细菌产品，当用本动物作效力检验时，在效力试验免疫后和攻毒前，可逐天观察接种动物局部和全身反应，检查其安全性。关于产品的安全性数据，也可从田间安全试验获得。

每批产品出厂前需要进行安全性检验，如果待放行的产品接种后的局部和全身反应同注册材料和产品文献描述的一致，则该批产品判合格。有些管理机构不允许用实验动物进行产品的安全性检验，而需要用产品的靶动物之一进行。

20.4.1.8 效力检验

应以最小日龄的宿主动物进行具有统计学意义的免疫—攻毒试验，确认兽用疫苗效力。产品标签推荐的每一种接种程序免疫每种动物的疫苗效力，都应有相应的数据，包括产品标签声明的保护作用和免疫期的研究。试验应在控制条件下尽可能用血清学阴性动物进行。当效力试验证实有效时，如果能达到预期的血清学试验结果，则可不要求进行靶动物的免疫-攻毒试验。只要有可能，应鼓励使用可替代的、减少及改进动物试验的方法。

应用生产规范或其他生产程序文件中所允许的基础种毒的最高代次生产的疫苗成品进行效力试验，并规定疫苗在整个保存期内每个剂量的最小抗原量。免疫原的不同，其攻毒方法和测定免疫原保护力的标准也会有所变动，但应尽可能标准化。

每批产品在出厂前，需要设计与宿主动物免疫/攻毒的效力检验相关的效价测定。对灭活的病毒或细菌产品，效价测定可在实验室内或宿主动物体内进行，或用体外方法定量。活疫苗效价测定通常是用细菌计数或病毒滴定方法进行。当活菌苗或活病毒疫苗出厂检验时，细菌数或病毒含量应保证比在基础菌（毒）种免疫原性（效力）试验中证明有保护性的数量更大或相同，以保证在有效期内任何时期都有效。

20.4.1.9 稳定性试验及其他检验

确定产品有效期需要做稳定性试验，新产品可采用加速稳定性试验，如在37℃放置1周相当于1年保存期试验。这种估算必须用有效期再加保存3～6

个月的效力试验进行证实。对于活疫苗，应在出厂和有效期结束时进行检验，以建立具有统计学意义的有效记录。对于灭活疫苗，应在出厂、有效期结束时或之后进行检验，有些主管机构还要求在期间进行检验。稳定试验还可对残余水分及其他重要参数进行检验，如佐剂乳化剂的稳定性。

根据生产的疫苗类型，在生产规程或其他生产程序文件中可以指定或提供某些试验，如冻干产品的剩余水分，灭活产品的灭活剂和防腐剂残留量、pH、佐剂的物理稳定性、冻干产品的真空度及疫苗的一般物理性状等。

20.4.1.10 标签要求

产品的标签标准，各国不尽相同，但标签标志和所有声明应以主管部门审查和批准的为依据。建议所有兽用疫苗标签应防水并含各项相关信息，如产品名称、生产厂家名称和地址、建议保存温度、详细使用说明（包括注意事项）、产品应标明“仅供兽（或动物）用”、食用动物的休药期、有效期、产品批号、产品许可证号等。标签还可包含一些其他有关事项说明，但不能弄虚作假或有误导作用。

20.4.1.11 监督执法

为保证兽用疫苗纯净、安全、效力和效能而制订的国家监督计划，必须保证具有法律权威性。当企业发生违规时，主管部门应具有保护动物健康的法律权威，即行使扣押、查封和没收无用、污染、危险和有害产品的权力，并具有撤销或吊销企业生产许可证和/或产品许可证、禁止和中止产品销售的权力，对严重或故意违规的行为进行民事罚款和刑事起诉，主管部门也可请求法院命令或判决执行查封和没收。

20.4.1.12 生物技术产品的批准

管理用重组技术生产的微生物和产品的权威机构，应保证公共卫生和环境免遭任何潜在有害的影响。为评价许可申请，依据产品的生物学特性及其存在的安全性考虑，将重组DNA技术获得的兽用疫苗分成三类。批准或许可活的重组DNA微生物（二类和三类）的田间释放试验或一般销售对人类和动物环境质量有着显著影响。因此，在授权放行前，疫苗生产厂应进行风险评估以评价对人类和动物环境的影响。如果主管部门风险评估的结果是重组疫苗释放到环境进行田间试验或一般销售，对环境没有显著影响，就应发布公告，并公开发布风险评估结果，让公众审查与评论。如果没有收到实质性的反驳意见，主管部门即可授权进行田间试验，或授权许可或批准一般销售。如果计划行动具有生态学或公共卫生意义，也可安排一次或多次公众会议，以制定风险评估计划和分析评估结果，应该通过公开通知公布会议。如果在制定风险评估的过程中，主管部门认为计划行动可能对人类环境有重大影响，应制定一份环境影响声明（EIS），提供充分的、公正的重大环境影响讨论报告，并告知决策者和公众任何合理的选择，以避免或减少负面影响。

20.4.1.13 疫苗库

紧急免疫接种是用于控制疫病暴发的措施之一，是对疫病暴发的一种立即反应。所谓“紧急疫苗”和“紧急接种”有别于常规的、预防性的接种。成功的实施紧急接种需要快速获得疫苗，并要求这些疫苗满足以下标准：疫苗毒株与暴发的毒株抗原性足以相近；疫苗配制适当；安全性和效力可接受；适当可用，包括满足数量和立即供应的要求；满足成本考虑等。口蹄疫（FMD）疫苗战略储备库就是最好的范例，专门用于 FMD 暴发的应急计划中。紧急 FMD 疫苗的效力通常要高于常规疫苗，即至少 6 个 PD_{50}。疫苗库同样也适合其他病如蓝舌病、猪瘟和禽流感的防控。

战略储备疫苗库有两类：成品或抗原成分。一个国家可能建立疫苗库，或几个国家共同建立疫苗库，如北美或欧盟 FMD 疫苗库。应急疫苗的生产应在 48～72 小时内完成，否则疾病传播更广，更难控制。疫苗库的选择取决于疫病情况和紧急需要的程度。

20.4.2 美国兽用生物制品管理

美国对兽用生物制品的管理主要包括兽药研发与注册、生产和销售、APHIS检验、标签和说明书、广告、进出口及其监督管理等。

20.4.2.1 兽药研发与注册管理

美国对兽用生物制品开发、生产的各阶段都有规范性文件加以控制，包括 GLP、GCP 和 GMP。在实施 GMP 管理中，不仅注重硬件，更注重软件管理，强调原料合格及每批产品生产工艺的一致性及生产过程中所有环节必备的验证与记录。对新兽药的审批手续非常严格，尤其强调新药的安全、有效和对人体无害。

美国农业部 APHIS 的 CVB 对相关兽用生物制品的注册提供了一系列规章和指导原则（包括公众评论的指导原则）和标准的检验方法。联邦法规规定兽用生物制品的制造必须符合《联邦法规第 9 卷中 101～118 部分》的规定，否则禁止这些产品的流通。商品使用的兽用生物制品必须经农业部批准的兽用生物制品厂生产，并证明产品纯净、安全和有效。

20.4.2.2 生产和销售管理

美国兽医生物制品生产、运输及进出口等管理严格实行联邦政府许可证制度，许可证由农业部核发。兽用生物制品制造商生产国内或出口使用的兽用生物制品需要拥有有效的生产许可证和产品执照，企业拥有联邦政府核发的兽用生物制品生产许可证方可组织生产，只有取得批准文号的产品方可销售。美国要求兽药生产企业除具备生产许可证和产品执照外，同时还要通过美国药物GMP认证，兽药生产企业必须根据GMP的要求组织生产，必须接受农业部对该生物制品的生产设施及生产过程的监督检查。如果兽药生产企业的生产条件达不到GMP标准，其生产的产品将被认为是掺假产品。

外国兽用生物制品制造商出口兽用生物制品到美国，需要制造商提供居住在美国的合法代表拥有有效的美国兽用生物制品执照以对进口这些兽用生物制品进行总销售。美国农业部也发给兽用生物制品许可证以研究和评估或运输。

为了满足紧急疫情需要，在有限的范围或局部，或其他特殊情况下，包括根据州管理条例只限州内使用时，在保证其产品的纯净性、安全性和预期效果的前提下，CVB可采用快速程序给某生物制品企业签发临时执照。临时执照对生产期限和销售的范围有所限定，并要求在产品的标签中含有涉及临时执照的有关信息。

20.4.2.3 APHIS检验

美国兽用生物制品主管部门已授权管理者对美国生产的生物制品或进口到美国的生物制品进行纯净、安全、效力或免疫效果等检验，未做出决定之前，生产许可证或产品执照持有者不得将此产品投放市场。应根据厂家和APHIS的每一项检验结果进行产品的质量评价。经“规程”或“标准”中的检验证明不合格的任何批次和亚批产品均应视为不符合法规要求，不得投放市场。

根据9CFR113.6的规定，兽用生物制品放行前必须进行同时检验。为加快产品的放行速度，NVSL通常在收到样品后14天内开始检验，这种同时检验足以持续保证产品的质量。如果公司对某批或亚批产品检验合格，而NVSL检验不合格，则增加检验比例。同时检验的结果有时会存在巨大疑问，将会极大的浪费NVSL的资源。因此，对于某些产品或组分，有时仅对其进行复核检验。

20.4.2.4 标签和说明书管理

根据9CFR112部分的规定，除非管理者的授权或批准，持照企业生产或进口的每种生物制品在出厂或进口前均应按本部分要求进行包装和贴签。兽用生物制品或进口销售的兽用生物制品标签，在使用前必须提交APHIS进行审查，并以书面的形式获得批准。如已批准的标签需要改动，新标签应提交APHIS进行评审，批准后才可使用。

严禁任何人在生物制品的纸箱或最终容器上使用任何错误或令人误解或不符合规章要求或未经APHIS批准的标签、签封、标记或说明等。在生物制品销售前，严禁任何人改动或伪造已批准的生物制品包装内标签。标签已更改、残缺不全、损坏、被涂抹或移动，其相应生物制品应从市场上收回。如果进口的生物制品是用于研究和评估，应按照9CFR112.9的要求进行包装和贴签。

20.4.2.5 广告管理

根据9CFR102.4（b）（3）的规定，APHIS在核发企业许可证前，申请人必须向APHIS书面保证该企业不会对其持证产品做带有误导性或欺骗性广告，产品的包装或容器上也不会有任何能引起错误或误导的声明、设计。

同样情况，在申请进口兽用生物制品许可证时，也必须包含所有相关产品的标签和广告声明。拟出口产品的终容器标签、纸箱标签和包装箱标签的副本，都必须按照112部分的规定进行提交。

在监督检查中，如发现广告或申明在某些特殊情况下具有错误或误导性，CVB将向持照者或持证者发出书面通知，以提醒其注意。当广告或申明出现不适当的措辞，有可能吊销其生产许可证。给用户带来一定危害时，CVB将会立即采取较为严厉的行动。

20.4.2.6 进出口管理

根据VSTA法的规定，未经农业部部长的批准，严禁进口任何用于治疗动物疾病的病毒、血清、毒素或类似产品，严禁任何无效、污染、有危险或有害的兽用生物制品用于治疗动物疾病。

VS负责检验和审核所有进口或拟进口美国的兽用生物制品，如果判定这些产品表现出任何无效、污染、有危险性或有害的特征，则会被拒入和销毁，或者由进口商或货品拥有者召回。农业部部长能适时授权农业部任何官员、代理机构或工作人员随时进入和检查任何生产、销售、交换或流通用于国内动物防疫的兽用生物制品的机构和组织。

所有从事兽用生物制品的销售、流通、交换或运输的机构均应经权威机构核发许可证，并接受对其生产设施、产品以及生产过程的监督。农业部部长一旦获知持证人或进口商有滥用该许可证或影响生产、销售、交换或运输上述产品的企图，或有向美国进口任何无益、有污染、危险或有害的兽用生物制品用于本国动物的防疫，农业部部长有权吊销或撤回该许可证。

20.4.2.7 监督管理

根据美国联邦法规 9CFR 第 115 章规定，APHIS 监督员有权对注册的兽用生物制品企业实施进一步的监督管理。每个持有美国农业部颁发的徽章或身份卡的监督员可以在不事先通知企业的情况下、在任何时间，进入持照的兽用生物制品生产企业实施监督管理，了解企业产品的生产是否遵守 VSTA 及其相关规定。

APHIS 为监督员制定了 14 项监管项目及其纲领，具体包括：许可证审查、人员审查、设施审查、设备审查、卫生检查、对待取得许可证的设施和产品的审查、种毒和细胞种子的审查、产品审查情况的审查（以组批产品为对象）、终产品检查（从产品分装到产品包装）、标签审查、检验审查、动物审查、产品发放销售审查及综合审查等。

20.4.3 欧盟兽用生物制品管理

欧盟兽用生物制品管理可以分为：研发、注册、生产与销售、包装和标签管理、进口及上市后监督等。

20.4.3.1 研发管理

新兽药研制涉及人体健康和环境、动物安全，欧盟要求研制者具备相应的条件、进行安全性评价并严格遵守兽药研究（试验）质量管理规范。欧盟兽药研究（试验）质量管理规范包括三个方面的要求：一是兽药研究（试验）应建立科学有效的组织流程；二是兽药研究（试验）的设计、计划、实施和检测应符合法定的条件；三是兽药研究（试验）应确保高质量研究数据的获得。

欧盟规定实验室必须取得官方 GLP 认证，只有认证合格的实验室才能被其他实验室和国家机关认可。实验室必须保证和证实其操作严格按照 GLP 规定，保证数据是严格遵守规定、严格控制各种可能因素而得出的，确保得到的药品药理学、毒理学试验结果是真实的、可靠的。欧盟指令 2004/10/EC 规定了欧盟 GLP 原则。

成员必须进行检查和监督，以证实遵守实验室试验的 GLP 原则。2001 年欧盟采用 VICH－GCP，指令 2001 /82/EC 附录规定了兽药临床试验条件。2004 年 8 月开始，中央授权对评审过程中企业是否遵守兽药非临床安全性、毒性、药理学试验程序进行考查。在药品实行销售预申请前，EMEA 启动 GLP 监察程序。

20.4.3.2 注册管理

兽药注册是新兽药临床实验完成后生产前的一项重要制度。根据欧盟兽医药品法典（指令 2001/82/EC）的规定，欧盟的兽药注册由欧盟医药注册总局负责，欧盟成员国也有各自的注册机构。欧盟兽药注册分为中央注册和非中央注册。中央注册是指在 COM 的注册，获得中央注册后，在其他国家就可免于注册，欧盟成员国之间自动实施相互认可程序。非中央注册是指在欧盟成员国的注册，其效力只适于批准注册的成员。对于用生物工程技术制备的制品（如转基因疫苗、转基因制品、以生物工程方法研制的产品等），欧盟要求实行中央注册；对于新化学药品、新毒株和其他新技术产品，由企业自主决定；其他兽药产品，实行非中央注册。中央注册和非中央注册的有效期均为 5 年。

欧盟兽药中央注册程序为：新兽药申请者向 COM 提交申请注册表和相关材料；COM 将注册申请材料转交 EMEA 进行行政性审查；EMEA 对有关材料征求意见并进行评估，审查合格的，由 EMEA 转交 CVMP 进行技术性审查；CVMP 从 300 多人的专家库中抽取专家组成评审团对该兽药的质量、安全性、有效性进行审查，经评审合格的，举行听证会，评审团代表 CVM 向 EMEA 提交技术性评审结论；EMEA 将该评审结论提交 COM 常委会，由 COM 常委会提出有关政治意见，报 COM 审定；COM 做出注册决定，随即产生法律效力，在欧盟所有成员生效。

另外，欧盟法律还规定了兽药注册的特例，即当有重大疫情大规模暴发时，欧盟急需的特殊兽药，只要有标签和说明书，且有明显的疗效，不需履行注册手续，就视为已注册的兽药。

对于已申请注册的兽药，CVMP 在每年年初对该注册兽药的质量、安全性和有效性进行评估，决定是否纳入欧洲药典。

20.4.3.3 生产管理

欧盟非常重视对兽药生产环节的管理，在欧盟开办兽药生产企业需要经过严格的审批。根据欧盟兽医药品法典的规定，开办兽药生产企业，申请者必须具备相应的厂房、设备、人员、仓储条件和质量控制措施，并提交详细的资料，经成员国有关主管部门检查验收后，方可获得兽药生产许可证，严格按照GMP组织生产并接受检查监督。GMP是欧盟成员国质量监督相互认可的基础，也是欧盟同美国、加拿大、澳大利亚、新西兰等实施相互认可协议的基础。在兽药GMP中，最重要的制度为兽药质量保证（QA）和兽药质量控制（QC）制度。

20.4.3.4 销售管理

欧盟法律对兽药经销作了具体规定，COM颁布了《药品经营质量管理规范》(GSP)。未经成员主管部门批准销售许可，任何兽药不得在成员上市销售。成员应采取一切措施确保兽药的批发、零售供应置于管理部门的控制之下。申请者的经营场所、仓储条件、运输条件、人员条件等必须符合法律的规定，经成员有关主管部门批准后，方可获得兽药经营许可证并上市销售。

20.4.3.5 进口管理

进口药品的质量必须符合欧盟药典标准。外国企业所生产的兽药出口欧盟，需要在欧盟设有进口代理商，并建立检验机构。外国兽药生产企业要按照欧盟的兽药GMP组织生产，按照欧洲药典进行检验，并依法申请注册。进口国兽药注册机关有权对外国兽药生产企业是否符合欧盟兽药GMP情况进行现场考察。

20.4.3.6 包装和标签管理

兽药容器和外包装上的标签必须有具体的产品信息，包括产品组成和名称、生产商批号、上市授权号、生产商和授权持有者的名称、公司名称和地址、靶动物、休药期、失效期、注意事项及“动物专用”标识等。

所有同种药品相同剂量的标签必须相同，语种不同但是内容必须一致，标签说明必须使用上市地的语种。标签必须标出该药品的注册号（销售许可证号）如“EU/2/97/003/000”。

包装内要有与包装信息一致的说明书。包装说明书格式要经过EMEA批准，必须清晰、易读、易懂，可以包含药品使用注意事项等。

20.4.3.7 上市后监督管理

为规范兽用生物制品上市后的监督管理，COM制定了副反应报告系统指南。中央授权药物的副反应报告公布在数据库中，成员系统收集所有禁用和停用的兽药信息，收集所有兽药副反应相关信息，确保将副反应信息通知欧洲药物局和各授权持有者。如成员之间对某兽药对公众健康危险性存在严重分歧，可将问题提交 CVMP 鉴定，COM 据此最后决定。

上市授权持有者要委派专门人员负责产品上市后监督，负责副反应信息系统，向主管机关报告相关信息。严重副反应者，上市授权持有者必须在 15 天内向主管部门报告，保持副反应的记录。副反应报告可采取兽药副作用个案报告、定期兽药安全性报告和市场销售许可后兽药安全研究。兽用生物制品企业在获得市场销售许可后，应继续进行临床研究，以寻找制品未知的危险或继续证明其安全性。

20.5 OIE 对重大动物疫病疫苗的要求

20.5.1 OIE 对口蹄疫疫苗的要求

口蹄疫（FMD）是偶蹄动物的一种高度接触性传染病，其经济和政治影响巨大，历来被各国政府所重视，对进出口贸易采取严格的限制。因此，有效的控制 FMD 是国家的责任。许多国家只在允许时才可使用疫苗，一些国家只有在该病呈地方性流行时，才进行常规 FMD 疫苗接种。然而，许多无 FMD 的国家从不使用 FMD 疫苗，即使 FMD 暴发时靠采取严格的移动控制措施，扑杀所有感染与接触动物而扑灭疫情。不过，有些无口蹄疫国家仍保留疫苗接种，并有高浓缩灭活病毒制品作为战略储备。在接到通知的短期内，这种抗原储备能按要求配制“紧急”疫苗。

FMD 疫苗可这样定义：含有一定量的一种或多种化学灭活的细胞培养毒，并与适当的佐剂和赋形剂混合而成的固定配方。根据特定目的来配制疫苗。假如用于猪，首选油佐剂苗。油佐剂苗也可用于反刍动物并具有母源抗体干扰小、免疫期更长等优点。可将口蹄疫疫苗划分为标准或高效价疫苗。标准疫苗含有足够的抗原，确保满足要求的最低效价水平（$3PD_{50}$）。高效价疫苗含有更多的抗原，以至于效价超过了最低要求，具有更快产生免疫力和抵抗相关野毒的更宽免疫谱等特点。因此高效价疫苗特别适合紧急使用。不能使用活口蹄疫疫苗，因为存在毒力返强的风险，并且使用活疫苗后不能区分感染动物和免疫动物。

由于病毒存在多种血清型，且各个血清型之间缺乏交叉免疫性，所以，多数 FMD 疫苗是多价的，通常是用 2 个或更多的不同毒株制备疫苗。在自由放牧水牛种群中流行 FMD 的地区，为保证对流行毒的抗原广谱性，每一血清型疫苗有必要包含一种以上的毒株。《OIE 陆生动物诊断试验和疫苗手册》介绍了疫苗的一般性原则要求，具体要根据各国或地区的情况进行补充。生产口蹄疫疫苗必须使用有毒力的 FMDV。因此，FMD 疫苗生产设备须在适当的生物安全程序及操作条件下运行，设施必须满足 OIE 四级病原防护要求。

20.5.1.1 种毒管理

（1）种毒特性 理想的基础种毒应容易在细胞培养中生长、病毒产量高、抗原稳定及抗原谱广。地区官方监察实验室应按照各个变异株的流行病学重要性，对生产用毒株进行筛选和鉴定。

（2）培养方法 如没有建立合适的疫苗株，则用当地田间分离株通过系列传代使其适应悬浮或单层细胞，建立基础种毒批，然后获得新疫苗毒株。鉴于 FMD 病毒在细胞培养中有抗原“漂移”现象，最好在培养时保持最低的传代次数。

（3）疫苗种毒检验 基础种毒必须进行抗原性鉴定，如可能还需进行遗传学鉴定，证明抗原纯净（不含外源病原），并与原始分离株同源和对流行毒株有效。鉴定种毒抗原性最可靠的方法是体内交叉保护试验，也可选用体外中和试验。甘油处理的种毒可在 −20℃ 保存，否则应保存在更低的温度下（−70℃）。尽可能记录分离毒株的准确来源和体外传代史，应考虑减少传播传染性海绵状脑病因子（TSE）的风险，确保不使用 TSE 风险材料作为病毒的来源或用于病毒繁殖的培养基。

20.5.1.2 制造方法

FMDV 繁殖的推荐方法是在无菌条件下大规模悬浮培养或单层细胞系培养。在一些国家，可用原代细胞生产疫苗，但生产操作必须完全符合 GMP 要求。灭活程序应经过验证，确保灭活所有可能的外源因子，中间检测和成品检验确保产品的一致性和安全性。所有管道和容器须彻底消毒。生产过程中，严格控制 pH 和温度，病毒的 pH 应维持在 7.6 左右，不能低于 7.0，细胞和病毒生长最适温度 37℃，灭活的温度通常为 26℃左右。

使用适当毒株感染悬浮或单层细胞系，如 BHK。首先复苏细胞培养物，随后接种主培养液，每毫升细胞密度约 0.2×10^6～0.5×10^6 个细胞，增殖到每毫升含 2×10^6～3×10^6 个细胞，开始接毒。当病毒达到最大滴度时，对培养物进行澄清处理，通常用氯仿处理，离心和过滤。随后，加入乙烯亚胺（BEI），使其最终浓度达到 3 毫摩尔/升，在 26℃灭活病毒，24 小时后再加一次 BEI，再灭活 24 小时，残存的 BEI 可用终浓度为 2%的硫代硫酸钠中和。

灭活病毒可经超滤、聚乙二醇沉淀或聚乙烯氧化物吸附方法浓缩。浓缩的灭活病毒可根据程序如色谱法进一步纯化。如必要的话，浓缩抗原可以在－70℃贮备或更低的温度下保存多年，需要时可用适宜的缓冲液稀释并加入佐剂制成疫苗。

常规 FMD 疫苗通常有水相疫苗或油佐剂疫苗两种。水相疫苗大多数用于牛。用氢氧化铝胶吸附病毒制备而成，除了硫柳汞/氯仿作为防腐剂外，还加入皂角素作第二佐剂。油佐剂疫苗通常使用矿物油（如 Marcol 和 Drakeol）作佐剂。通常将乳化剂（如单油酸甘露糖醇）先与矿物油预混合，水相中添加少量去垢剂如吐温- 80，再加入部分或全部疫苗水相，通过胶体磨、或者持续机械性或流动超声波乳化制成油包水疫苗，也可二次乳化制造出更复杂的双相乳液（水/油/水）。油佐剂疫苗在许多方面优于氢氧化铝/皂角素疫苗，尤其是对猪的效力。由于免疫期更长，在南美广泛用于牛的免疫接种。

另一种替代物为“即用型”油佐剂，如包含十八碳烯酸酯和 2,5 -甘露醇酐的矿物油，不需要复杂的乳化设备就容易形成稳定且黏性低的双相或混合乳液（水/油/水）。在任何疫苗中使用新成分包括佐剂，必须根据对肉用动物品种的药物残留，评价该成分，确保消费者的安全。

20. 5. 1. 3　中间控制

一般情况下，细胞培养物在感染后 24h 内病毒滴度达到最适水平。可根据细胞死亡等多种检验方法，选定培养物收获时间。可以用感染性试验、蔗糖密度梯度离心或血清学技术测定病毒含量。选用一种测定感染性的方法，同时还选用一种抗原量的测定方法如蔗糖密度梯度分析法，两种方法可相互补充。病毒灭活检验用 BHK 或牛甲状腺细胞来测定，对不同时间点样品的感染力以 10 为底的对数（$\log_{10}$感染力）与时间作图，至少在曲线后半部为线性，并推断表明在灭活的终点每 10^4 升液体制品中感染粒子少于 1 个，认为灭活完全。

20. 5. 1. 4　成品检验

（1）安全检验　无毒（无感染性）检验的最有效方法是检验批量浓缩的灭活病毒液。尽管通过检验疫苗中提取的病毒也可证明无毒，但不适合所有剂型，也不如检验浓缩抗原结果可靠。如氢氧化铝/皂角苷疫苗中的皂角苷严重影响 FMDV 的提取。如果抗原提取方法适合于某一特定剂型，可通过在平行样品中加入少量的活病毒进行验证。

为了获得批准，应对一批实验性疫苗以一定数量的牛，利用推荐的每种接种途径进行体内试验，测定局部和全身毒性反应。疫苗的双倍剂量和重复剂量的安全性试验，同以下批安全检验操作规程。

(2) 效力检验 疫苗的效力可以测定对强毒攻毒的抵抗力进行直接评价或测定免疫诱导的特异性抗体水平进行间接评价，应考虑那些试验测定结果的不确定性。

1) PD_{50}的测定 牛用疫苗使用 6 月龄及以上的小牛（从无疫地区引进，未注射过口蹄疫疫苗，且不同亚型口蹄疫病毒抗体均为阴性），分 3 组，每组不少于 5 头，按推荐的途径进行免疫。每组注射不同剂量，如 1/4 、1/10 头份，免疫后 3 周（水苗）或者 4 周以上（油苗），免疫牛和 2 头未免疫对照牛舌面分 2 点注射 10 000 BID_{50}（50％牛感染量）的同型牛源强毒液，每点 0.1mL。至少观察 8 天，对照动物至少 3 个蹄子出现损伤，免疫牛除舌头外的其他部位出现损伤判不保护，根据每组动物的保护头数，用 Körber 方法来计算疫苗的 PD_{50}。用于常规预防的，每头份至少含 3 个 PD_{50}，通常更喜欢每头份含 6 个 PD_{50}。在一些情况下，高效价的疫苗可预防舌面攻毒点出现局部损伤。

猪 FMD 疫苗的效力检验与牛 PD_{50}测定相似。用 2 月龄及以上、无不同血清型 FMDV 中和抗体的小猪，分 3 组，每组 5 头。其中 1 组用推荐的 1 头份剂量进行免疫，第二组免疫递减的剂量，如 1/4 头份，第三组免疫进一步递减的剂量，如 1/16 头份。由于油苗产生的免疫反应时间长，一般在免疫 28 天后，对三组接种猪及 2 头未接种对照猪脚后跟球部皮内注射 10 000 $TCID_{50}$（0.2mL）的疫苗同源强毒株进行攻毒，攻毒试验中不同剂量组应互相隔离，并迅速转移出现 FMD 症状的猪。攻毒后观察 10 天，每天检查动物的 FMD 临床症状，2 头对照猪均应 1 蹄以上出现临床症状。根据每组保护的动物数计算疫苗的 PD_{50}。每剂量应至少含 3 个 PD_{50}。

2) PGP 检验（抗蹄感染保护率） 按 PD_{50}测定方法选择牛，16 头 FMD 血清阴性、至少 6 月龄的小牛为 1 组，按照推荐的途径和剂量注射 1 头份疫苗。免疫后至少 4 周，免疫组和 2 头未免疫对照牛舌面分 2 点注射 10 000 BID_{50}（50％牛感染量）的同型牛源强毒液，攻毒后 7 天，对照动物至少 3 个蹄子出现损伤，免疫牛除舌头外的其他部位出现损伤判不保护。用于常规预防的，16 头免疫动物应至少保护 12 头。同样，猪用疫苗也可采用类似于牛 PGP 试验的方法测定猪用口蹄疫疫苗的效力。

3) 其他靶动物的效力检验 其他动物进行效力检验，如绵羊、山羊或水牛，或方法不同，或未标准化。一般来说，用牛检验合格的疫苗证明可用于其他动物。在有些情况下生产用于除牛以外的其他动物的疫苗，使用相同的动物进行效力检验也许更合适。非洲和亚洲水牛感染口蹄疫后症状不明显，用牛进行效力检验更可靠。

4）间接检测方法　其他间接检验口蹄疫疫苗效力的方法包括用细胞检测病毒中和抗体、检测 ELISA 或 LP－ELISA 抗体、用乳鼠检测血清保护抗体等。只有这些方法对相关疫苗血清型的检验结果和牛效力检验结果之间建立了满意的统计学相关性时，才可用于疫苗的效力评价。

（3）纯净性检验　OIE《陆生动物卫生法典》规定了 FMD 暴发后重获无 FMD 状态的标准，如果使用了疫苗，则检测免疫动物的非结构蛋白（NSP）抗体。同样，免疫接种的无 FMD 国家，必须通过检测免疫动物不存在 NSP 抗体来证实无 FMDV 流行。因此，疫苗中 FMD 抗原应通过纯化降低 NSP 含量，以降低牛产生 NSP 特异抗体，通过检测 NSP 抗体能证明免疫动物是否感染 FMDV。

（4）免疫期　为获得满意的免疫水平，通常先进行两次免疫（间隔 2～4 周），然后，每 4～12 个月再接种一次，重复接种的次数依流行情况、疫苗的类型和质量而定。在接近动物困难的地区，最好在 4 月龄和 1 年龄接种油佐剂疫苗，随后每年接种 1 次。对免疫母牛所生的犊牛，第一次接种尽可能推迟，以便降低母源抗体，但不得超过 4 月龄。对非免疫母牛所生的犊牛，可在 1 周龄时进行第一次接种。疫苗厂家应说明特殊剂型疫苗对每种动物的免疫期。

（5）防腐剂　最常用的防腐剂是氯仿和硫柳汞，后者使用的最终浓度为 1∶30 000（W/V）。

20.5.1.5　浓缩抗原的贮存和监测

在超低温度下保存浓缩抗原，既是应对紧急情况的抗原战略储备，又可使疫苗厂商获取许多不同株系的抗原，需要时，迅速制备疫苗投入使用。

（1）贮藏前的抗原检验　抗原必须按标准进行检验。当某一地区出现不同于现有疫苗株的新型毒株流行时，有必要利用代表性的分离株研制新的疫苗。新的基础种毒接受前，必须无外源病原污染；检测残余病毒细胞系的敏感性；制定接受新基础种毒及随后发放疫苗成品的紧急程序。为加快包含新型疫苗株疫苗的生产，可用中间品来进行每批次的效力检验，以建立新抗原库。

（2）抗原的贮存　浓缩抗原的贮存的各方面要完全遵循国际上公认的 GMP 的标准。存储抗原的头份数或体积需要重点考虑，尤其是储备的抗原被 OIE 成员共享，并在紧急情况下，允许每个成员需求的疫苗头份数可变的情况下。盛放浓缩抗原容器的类型十分重要，所使用容器的材料在超低温条件下不能变脆和易碎。

（3）贮存抗原的标签　对于生产疫苗的抗原组分，在超低温度下，标签要具耐用性。使用一足够大的标签以容纳需要的信息，包括抗原/疫苗的株系、批号、接受日期、单一容器或库存编号等。

（4）抗原监测 浓缩抗原必须最佳保存，并定期监测以确保使用时有效，因此，应例行监测浓缩抗原组分的完整性或最终成品的效力，包括：用理化分析方法如蔗糖密度梯度法来监测病毒的完整性和稳定性，用体内试验方法检测疫苗效力。此外，检查疫苗库存储温度的监测及记录、盛放抗原瓶是否破裂或渗漏。在超低温度下，FMD浓缩抗原有效保存时间大于15年。

20.5.2 OIE对禽流感（AIV）疫苗的要求

禽流感（AI）是由正黏病毒科A型流感病毒属的特定病毒引起的。实验研究表明，对于需通报的禽流感（NAI）或低致病性禽流感（LPAI），疫苗免疫可以防止出现临床症状和死亡、减少排毒和增加对病毒感染的抵抗力，抵抗相同HA亚型的不同野毒株的感染，抵抗低或高频率的病毒攻击，减少接触传播。但是，病毒仍能感染免疫过的、临床表现健康的禽类，并可复制。在一些国家中，政府禁止或不主张使用疫苗预防和控制NAI，因为使用疫苗免疫会干扰该病扑灭政策。然而，许多国家还保留在紧急情况下使用疫苗的法律。

要达到根除禽流感的目的，不能单靠使用疫苗免疫手段。没有监测体系、严格的生物安全措施和扑杀感染的家禽政策，病毒就有可能在免疫的家禽中流行。病毒长期在免疫家禽中流行就可能导致病毒的抗原和基因发生改变。不推荐在家禽中使用常规禽流感活疫苗来防制任何亚型的禽流感病毒。

20.5.2.1 疫苗种类

（1）常规疫苗 常规的NAI或LPAI疫苗是使用B-丙内酯或福尔马林灭活含毒的鸡胚尿囊液，然后用矿物油乳化制成的。

由于流感病毒存在有许多亚型，且每个亚型又有许多不同的变异株，这就为流感疫苗，特别是LPAI疫苗毒株的筛选造成很大的问题。此外，有些毒株繁殖的滴度不高，如果不经过预浓缩处理，不能用于疫苗的生产。制造疫苗的毒株可用正在流行的毒株，或采用具有相同血凝素亚型并能获得高浓度抗原的毒株。如美国，CVB将具有相同血凝素亚型的毒株进行了标准化，繁殖并保存不同亚型的流感病毒，作为制备灭活疫苗的种毒。

从20世纪70年代开始，美国使用一些经特许的商品灭活疫苗。这类疫苗已经大量用于预防火鸡致病性不高，但引起严重临床症状（特别是环境恶劣情况下）的病毒感染。最近几年，美国大多数特许的灭活疫苗用于种火鸡，预防H1和H3亚型猪流感病毒。在意大利已经使用多年常规疫苗，用于预防低致病性毒株感染。在巴基斯坦、伊朗、中国及中东一些国家，用疫苗预防H9N2亚型流感病毒的感染。常规禽流感灭活疫苗还包括：H7N2、H7N3、H5N2等亚型，用于预防和控制H7或H5亚型的禽流感。

（2）重组疫苗 重组疫苗是将流感病毒HA基因的编码区插入到活病毒载体中，然后将重组的病毒免疫家禽预防禽流感。重组活载体疫苗的优点是：能诱导黏膜免疫和细胞免疫；可以用于雏鸡并诱导早期保护；能区别自然感染和免疫动物。缺点是：如果禽类野外感染或免疫过载体病毒，如目前常用的禽痘病毒或传染性喉气管炎病毒，则该重组疫苗在禽体内的复制能力差，只能诱导部分免疫力；如果1日龄鸡或雏鸡免疫时，针对载体病毒的母源抗体对疫苗的影响随载体病毒的不同而有差别。对于禽痘病毒重组疫苗，母源抗体水平不同的1日龄雏鸡能获得有效的免疫。然而，由于以前的感染或免疫接种，母源抗体水平很高时，禽痘载体疫苗对1日龄鸡的效力有待进一步确证。此外，活病毒载体有严格的宿主限制（如传染性喉气管炎病毒在火鸡体内不能复制），这些疫苗的使用仅限于已经证明有效的禽类。

重组疫苗的使用限于已获批准并法律生效的国家。在萨尔瓦多、危地马拉、墨西哥、中国和美国已批准使用H5亚型流感病毒重组禽痘疫苗。已经制备出表达H5亚型流感病毒HA基因的重组禽痘病毒疫苗，并在田间试验中进行了评价。

新城疫病毒也可作为载体表达H5亚型流感病毒HA基因。已证明表达H5亚型HA基因的重组新城疫疫苗病毒（克隆30株）能抵抗新城疫强毒和HPAI H5N2亚型病毒的攻击。中国已经成功地生产出表达亚洲谱系H5亚型HA基因的重组新城疫病毒（La Sota株）疫苗，证明对两种病毒都有保护作用，并获得批准。

此外，重组腺病毒、重组沙门氏菌等疫苗也获得批准。已用昆虫杆状病毒表达系统生产重组的H5和H7亚型抗原，制备疫苗。表达H5亚型HA基因的DNA疫苗作为一种潜在的疫苗已在家禽中进行了评价。

20.5.2.2 常规疫苗的生产

禽流感疫苗的生产原则，特别是灭活疫苗，与其他一些病毒疫苗，如新城疫病毒疫苗相同，其生产应在具备适当的生物安全程序和规范的条件下进行操作。如果用HPNAI病毒进行攻毒，则所用的设施应满足防护4级病原的要求。

（1）种毒管理

1）种毒鉴定　无论是那个亚型，只有经过鉴定并证明是低致病力，且最好来源于国际或国家种毒库的 A 型流感病毒株，作为生产灭活疫苗的基础种毒，不能用 HPAI 病毒作禽流感疫苗的种毒。

2）培养方法　建立基础种毒后，由此可以制备工作种毒。用 SPF 或 SAN 鸡胚制备基础种毒和工作种毒，基础种毒的生产需要制备大量的感染性的鸡胚尿囊液（最少 100mL），然后用安瓿冻干保存（0.5mL/瓶）。

3）疫苗种毒检验　基础种毒建立后，应进行质量控制或进行无菌、安全性、效力和无特定病原检验。

（2）制造方法　禽流感灭活疫苗的生产，首先将基础种毒接种 SPF 或 SAN 鸡胚，大量繁殖，收获病毒液，建立工作种毒，以满足 12～18 个月的疫苗生产需要。工作种毒最好以液态的形式保存在－60℃下，因为冻干种毒在进行第一代传代时，常不能够产生足够高的滴度。

制造常规流感灭活疫苗常用鸡胚繁殖技术，生产方法与病毒增殖技术基本相同，所有操作均在无菌条件下进行。

在灭活疫苗的生产中，通常使用福尔马林（终浓度为 1/1 000）或 β-内内酯（终浓度为 1/2 000～1/4 000）作为尿囊液的灭活剂。灭活的时间要保证能杀死所有的活病毒。大部分的灭活疫苗都不浓缩，通常使用矿物或植物油对灭活的尿囊液进行乳化。

（3）过程控制　对灭活疫苗而言，病毒灭活的效果应用鸡胚进行检验，每批取 10 份尿囊液，每份接种 SPF 或 SAN 鸡胚，每胚 0.2mL，盲传 2 代进行判定。

（4）批次控制　大多数国家制定了特别的规范来控制疫苗的生产和检验，包括生产过程中和生产后对疫苗的强制性检验措施。

1）无菌检验　所有生物制品需作无菌检验，证明无生物材料的污染。

2）安全性检验　灭活疫苗的安全性检验，采用推荐的接种途径，接种 10 只 3 周龄鸡，每只接种双倍剂量，观察 2 周，不应出现任何临床症状或局部损伤。

3）效力检验　禽流感疫苗的效力检验，通常采用疫苗接种 SPF 或 SAN 鸡，根据诱导产生 HI 抗体滴度的能力来评价疫苗效力。也可采用 3 个疫苗稀释剂量，免疫后，进行强毒攻击来检验疫苗对 HPNAI 或 LPNAI 亚型的保护力。对其他亚型的流感病毒灭活疫苗，如果没有强毒株，疫苗效力检验依据测量的免疫反应，或免疫后攻毒，观察发病率和检查病毒在呼吸道（口鼻或气管）和肠道（泄殖腔）复制数量的减少情况，来评估疫苗的效力。对随后批次的疫苗，可以通过体外检测血凝素的含量，进行效力评估。

4）稳定性　在推荐的保存条件下，疫苗成品的效力至少保持一年。灭活疫苗不能冷冻保藏。

5）防腐剂　在含有多头份疫苗的容器内，可以使用防腐剂。

6）注意事项　注射油佐剂灭活疫苗时必须谨慎，以防将灭活疫苗注入自身体内。

（5）成品检验　成品的安全性及效力检验同上。

21 兽医实验室的管理

21.1 有关概念

危险废弃物(hazardous waste)：是指有潜在生物危险、可燃易燃、腐蚀有毒、放射和起破坏作用的对环境有害的一切废弃物。

气溶胶(aerosols)：是指悬浮于气体介质中的粒径一般为 0.001～100μm 的固态或液态微小粒子形成的相对稳定的分散体系。

生物安全(biosafety)：是指避免危险生物因子造成实验室人员暴露，向实验室外扩散并导致危害的综合措施。

阈值[Cut-off (Threshold)]：是指用于区分阴性和阳性结果的有效值，其中包括可能出现的假阳性或假阴性结果。

交叉反应(Cross-reaction)：是指用一种检测方法可以检测到的活性，归因于产生假阳性反应的另一种病原的分析物或所产生的分析物；有这种特性的试验其分析特异性差。

等效性试验(Equivalency Testing)：是指实验室利用新的或与标准方法不同的方法、试剂和对照进行的试验。该方法须在实验室间进行过与标准方法的比对试验。

发生率(Incidence)：是指一确定时期内某一易感群体新感染比率的估算值；不得与流行率混淆。

实验室间比对(Inter-laboratory comparison)：是指由两个或多个实验室对检测确定样品的试验性能或实验室能力的评估；其中一个实验室可以作为对检测的样品特性进行确定的参考实验室。

流行率(Prevalence)：是指在一既定时间点某一群体中感染动物比例的估算值；不得与发生率混淆。

参考实验室(Reference Lab)：是指对某些动物疾病和/或试验方法具有认可的诊断专门技能的实验室。包括对参考试剂和样品进行定性和定值的能力。

可重复性(Repeatability)：是指对样品的备份，在特定的实验室内使用相同的实验方法时试验结果的一致程度。

重现性(Reproducibility)：是指对一样品的几个分装品，同一种检测方法在不同的实验室得出一致试验结果的能力。

敏感性(Sensitivity)：在分析时，是指被分析物的最小可检测量，被分析物包括抗体、抗原、核酸或活组织。在诊断时，是指在检验中检测呈阳性的已知感染参考动物的比例；检测呈阴性的感染动物认为是假阴性；试验方法的敏感性指通过一个或几个联合试验方法检测呈阳性，并且在对比试验中也呈阳性的参考样品的比例。

特异性(Specificity)：在分析时，是指被分析物以外的其他物质在试验中的反应程度，交叉反应程度越高，分析特异性越低。在诊断时，是指在试验中检测呈阴性的已知未感染参考动物的比例，检测呈阳性的未感染参考动物认为是假阳性。试验方法的特异性是通过一个或几个联合试验方法检测呈阴性，并且在对比试验中也呈阴性的参考样品的比例。

标准试剂(Standard Reagent)：在国际上，是指用于校正其他试剂和试验的标准试剂，由国际参考实验室制备和发放；在国内，是指通过与国际标准试剂校准后的标准试剂，由国家参考实验室制备和发放；通过与国家标准试剂校准后的试剂，可用于作为对照的常规诊断试验和/或试验结果的标准。

标准试验方法[Standard Test Method (OIE)]：是指 OIE 诊断试验和疫苗标准手册中的实验方法，这些试验方法可以在国际贸易中应用。

验证(Valdation)：是指对某检测方法适合检测目的进行确认的过程，换言之，以确定的统计置信水平对检测方法的运行特点进行的确定和验证以及按照特定要求对特定诊断应用进行的评估；还包括对验证数据进行的持续监测和扩展。

21.2 生物安全标准

21.2.1 国际上关于实验室生物安全的相关标准

21.2.1.1 WHO《实验室生物安全手册》

生物安全实验室的概念首先于 20 世纪 50～60 年代在美国提出。当时，为防止生物物质的泄露，对实验设施建设明确了建筑工艺要求。由于数量有限，所建的生物安全实验室只能优先满足军方的需要，很少用于民用。70～80 年代，实验室生物安全事故频发，促使实验室拥有者将操作水平、个人防护与建筑设施相结合，催生了一些国家（如英国、加拿大、美国、日本等）大批高级别生物安全实验室的建设。

为了指导生物安全实验室建设，减少实验室生物安全事故的发生，1983

年 WHO 出版了《实验室生物安全手册》(Laboratory Biosafety Manual)(第一版),并鼓励各国接受和执行生物安全的基本概念,鼓励针对本国实验室实际制定操作规范,以便使本国生物安全实验室能安全处理病原微生物。WHO《实验室生物安全手册》(第一版)是第一本具有国际适用性的实验室生物安全手册,标志着从此全球范围内有了统一的基本指导原则。随着实验室生物安全工作经验的积累,涉及生物安全工作的设施、仪器、设备和材料的不断发展,以及各个学科所取得的研究进展,生物安全实验室也在不断发展和完善。据此,WHO 又分别在 1993 年、2003 年和 2004 年发布了《实验室生物安全手册》第二版、第二版的网络修订版和第三版。

第三版《实验室生物安全手册》中,WHO 继续发挥其在国际生物安全领域的领导作用,阐述新千年所面临的生物安全和生物安全保障问题。手册自始至终强调了工作人员个人责任心的重要作用,并在风险评估、重组 DNA 技术的安全利用以及感染性物质运输等方面增加了新的内容。此外,面临生物恐怖等新的国际形势,手册还重点介绍了生物安全保障的概念——保护微生物资源免受盗窃、遗失或转移,以免因微生物资源的不适当使用而危害公共卫生。另外,第三版中还包括了 1997 年 WHO 出版的《卫生保健实验室安全》(safety in health-care laboratories)中有关安全的内容。

每一次新的改版都会根据生物安全领域的发展增添新的内容,使国际统一指导原则更全面、更科学。

20 世纪 70 年代至今,法国、英国、德国、瑞士、比利时等欧洲国家,美国、加拿大,以及亚洲的日本、新加坡等国都相继建立了高等级的生物安全实验室,并以 WHO《实验室生物安全手册》为指导,不断丰富和完善本国的实验室生物安全建设标准和生物安全管理体系。我国也以 WHO《实验室生物安全手册》为指导,于 2004 年制定了适合我国国情的第一个实验室生物安全认可标准。

21.2.1.2 欧共体(EEC)理事会指令 2000/54/EC

2000/54/EC 指令是 2000 年 9 月 18 日欧洲议会及理事会关于保护工人在工作中免受生物因子暴露危险的指令,也是在第 89/391/EEC 号指令下的第 7 个独立指令。指令规定了生物因子的等级分类,并根据致病性大小将病原体危害等级划分为 4 个危险等级。其中,第 1 级是指不太可能引起人类疾病的生物因子,第 4 级是指可引发严重的人类疾病,对操作者具有严重危害,具有高度的传播风险,且通常情况下人们还没有掌握有效的预防或治疗方法。该指令中仅对人的危害进行了说明,未对动物有致病性的病原微生物进行等级分类,但给出了对从事动物病原体操作时可以参考其对人致病的病原体分级标准进行初步界定的建议。

2000/54/EC 指令是对 90/679/EEC 号指令的重大修订和在其基础上的重新汇编，不仅鼓励实验室设立机构采取措施提高操作人员在工作中的安全和健康保护水平，而且要求雇主必须了解最新的技术发展情况，提高对工人的健康和安全保护水平的主动意识。

21.2.1.3 医学实验室——安全要求（ISO 15190：2003，IDT）

医学实验室——安全要求是 ISO 针对医学实验室的特殊风险制定的国际通用标准。标准规定了医学实验室建立并维护安全工作环境的要求，旨在目前已知的医学实验室服务领域中使用，但也可能适用于其他服务和领域。兽医实验室可以根据操作病原体的需要借鉴其对病原体管理的要求，制定适宜的安全规范，以达到实验室的生物安全。

21.2.2 生物安全实验室的分级与生物安全要求

21.2.2.1 微生物危害等级与实验室防护水平分级

根据感染性微生物的相对危害程度，将实验室操作的病原微生物划分为四个等级，即危害等级Ⅰ、Ⅱ、Ⅲ和Ⅳ级[1]。

危害等级Ⅰ级的病原微生物为不会导致健康工作者或动物致病的细菌、真菌、病毒和寄生虫等生物因子，属于低个体危害、低群体危害的微生物群体。

危害等级Ⅱ级的病原微生物为能引起人或动物发病，但一般情况下对健康工作者、群体、家畜或环境不会引起严重危害的病原体。实验室感染不导致严重疾病，具备有效治疗和预防措施，并且传播风险有限。属于中等个体危害、有限群体危害的微生物群体。

危害等级Ⅲ级的病原微生物为通常能引起人或动物的严重疾病，但一般不会发生感染个体向其他个体的传播，并且对感染有有效预防和治疗措施的病原体。属于高个体危害、低群体危害的微生物群体。

危害等级Ⅳ级的病原微生物为能引起人或动物非常严重的疾病，一般不能治愈，容易直接、间接或因偶然接触在人与人，或动物与人，或人与动物，或动物与动物之间传播的病原体。属于高个体危害、高群体危害的微生物群体。

根据实验室所处理对象的生物危害程度和采取的防护措施，生物安全实验室可分为四级，其中，一级对生物安全隔离的防护水平要求最低，四级最高。以 BSL-1（bio-safety level，BSL)、BSL-2、BSL-3、BSL-4 表示相应级别的生物安全实验室；以 ABSL－1、ABSL－2、ABSL－3、ABSL－4 表示相应级别的动物生物安全实验室。表 21－1 列出了与不同危害等级相对应的（而非“等同的”）各危险度等级微生物所要求的实验室生物安全水平[1]。

表 21－1　与微生物危险度等级相对应的生物安全水平、操作和设备

（引自 Laboratory biosafety manual，3rd edition，WHO，2004）

危险度等级	生物安全水平	实验室类型	实验室操作	安全设施
一级	基础实验室——一级生物安全水平	基础的教学、研究	GMT	不需要；开放实验台
二级	基础实验室——二级生物安全水平	初级卫生服务；诊断、研究	GMT 加防护服、生物危害标志	开放实验台，此外需 BSC 用于防护可能生成的气溶胶
三级	防护实验室——三级生物安全水平	特殊的诊断、研究	在二级生物安全防护水平上增加特殊防护服、进入制度、定向气流	BSC 和/或其他所有实验室工作所需要的基本设备
四级	最高防护实验室——四级生物安全水平	危险病原体研究	在三级生物安全防护水平上增加气锁入口、出口淋浴、污染物品的特殊处理	Ⅲ级 BSC 或Ⅱ级 BSC 并穿着正压服、双开门高压灭菌器（穿过墙体）、经过滤的空气

BSC：生物安全柜；GMT：微生物学操作技术规范。

21.2.2.2　生物安全实验室的设计与建设要求

在进行实验室设计时，应对可能造成安全问题的情况特别关注。这些情况包括：

- 气溶胶的形成
- 处理大容量和／或高浓度微生物
- 仪器设备过度拥挤和过多
- 啮齿动物和节肢动物的侵扰
- 未经允许人员进入实验室
- 工作流程：一些特殊标本和试剂的使用

21.2.2.2.1　一级、二级实验室基本要求

不同防护级别的实验室在进行设计时有不同的要求。一级、二级实验室通常应考虑满足如下基本要求：

（1）必须为实验室安全运行、清洁和维护提供足够的空间。

（2）实验室墙壁、天花板和地板应当光滑、易清洁、防渗漏并耐化学品和

消毒剂的腐蚀。地板应当防滑。

（3）实验台面应是防水的，并可耐消毒剂、酸、碱、有机溶剂和中等热度的作用。

（4）应保证实验室内所有活动的照明，避免不必要的反光和闪光。

（5）实验室器具应当坚固耐用，在实验台、生物安全柜和其他设备之间及其下面要保证有足够的空间以便进行清洁。

（6）应当有足够的储存空间来摆放随时使用的物品，以免实验台和走廊内混乱。在实验室的工作区外还应当提供另外的可长期使用的储存间。

（7）应当为安全操作及储存溶剂、放射性物质、压缩气体和液化气提供足够的空间和设施。

（8）在实验室的工作区外应当有存放外衣和私人物品的设施。

（9）在实验室的工作区外应当有进食、饮水和休息的场所。

（10）每个实验室都应有洗手池，并最好安装在出口处，尽可能用自来水。

（11）实验室的门应有可视窗，并达到适当的防火等级，最好能自动关闭。

（12）二级生物安全水平时，应在靠近实验室的位置配备高压灭菌器或其他清除污染的工具。

（13）安全系统应当包括消防、应急供电、应急淋浴以及洗眼设施。

（14）应当配备具有适当装备并易于进入的急救区或急救室。

（15）在设计新的设施时，应当考虑设置机械通风系统，以使空气向内单向流动。如果没有机械通风系统，那么实验室窗户应当能够打开，同时应安装防虫纱窗。

（16）必须为实验室提供可靠和高质量的水。要保证实验室水源和饮用水源的供应管道之间没有交叉连接。应当安装防止逆流装置来保护公共饮水系统。

（17）要有可靠和充足的电力供应和应急照明，以保证人员安全离开实验室。备用发电机对于保证重要设备的正常运转（如培养箱、生物安全柜、冰柜等）以及动物笼具的通风都是必要的。

（18）要有可靠和充足的燃气供应。供气设施必须得到良好维护。

（19）实验室和动物房偶尔会成为某些人恶意破坏的目标。必须考虑物理和防火安全措施。必须使用坚固的门、纱窗以及门禁系统。适当时还应使用其他措施来加强安全保障。

21.2.2.2.2　三级实验室基本要求

三级实验室在满足上述基本要求基础上，还应该重点进行如下考虑：

（1）实验室应与同一建筑内自由活动区域分隔开，具体可将实验室置于走廊的盲端，或设隔离区和隔离门，或经缓冲间（即双门通过间或二级生物安全水平的基础实验室）进入。缓冲间是一个在实验室和邻近空间保持压差的专门区域，其中应设有分别放置洁净衣服和脏衣服的设施，而且也可能需要有淋浴设施。

（2）缓冲间的门可自动关闭且互锁，以确保某一时间只有一扇门是开着的。应当配备能击碎的面板供紧急撤离时使用。

（3）实验室的墙面、地面和天花板必须防水，并易于清洁。所有表面的开口（如管道通过处）必须密封以便于清除房间污染。

（4）为了便于清除污染，实验室应密封。需建造空气管道通风系统以进行气体消毒。

（5）窗户应关闭、密封、防碎。

（6）在每个出口附近安装不需用手控制的洗手池。

（7）必须建立可使空气定向流动的可控通风系统。应安装直观的监测系统，以便工作人员可以随时确保实验室内维持正确的定向气流，该监测系统可带也可不带警报系统。

（8）在构建通风系统时，应保证从三级生物安全实验室内所排出的空气不会逆流至该建筑物内的其他区域。空气经高效空气过滤器（high-efficiency particulate air filters，HEPA 过滤器）过滤、更新后，可在实验室内再循环使用。当实验室空气（来自生物安全柜的除外）排出到建筑物以外时，必须在远离该建筑及进气口的地方扩散。根据所操作的微生物因子不同，空气可以经 HEPA 过滤器过滤后排放。可以安装取暖、通风和空调（HVAC）控制系统来防止实验室出现持续正压。应考虑安装视听警报器，向工作人员发出 HVAC 系统故障信号。

（9）所有的 HEPA 过滤器必须安装成可以进行气体消毒和检测的方式。

（10）生物安全柜的安装位置应远离人员活动区，且避开门和通风系统的交叉区。

（11）从Ⅰ级和Ⅱ级生物安全柜排出的空气，在通过 HEPA 过滤器后排出时，必须避免干扰安全柜的空气平衡以及建筑物排风系统。

（12）防护实验室中应配置用于污染废弃物消毒的高压灭菌器。如果感染性废弃物需运出实验室处理，则必须根据国家或国际的相应规定，密封于不易破裂的、防渗漏的容器中。

（13）供水管必须安装防逆流装置。真空管道应采用装有液体消毒剂的防气阀和 HEPA 过滤器或相当产品进行保护。备用真空泵也应用防气阀和过滤器进行适当保护。

（14）三级生物安全水平的防护实验室，其设施设计和操作规范应予存档。

21.2.2.2.3 四级实验室基本要求

四级实验室是生物安全防护水平级别最高的实验室。实验室设计时，在能严格满足三级生物安全防护水平实验室基础上，还必须增加配备由下列之一或几种组合而成的、有效的基本防护系统。

（1）基本防护

——Ⅲ级生物安全柜型实验室：在进入有Ⅲ级生物安全柜的房间（安全柜房间）前，要先通过至少有两道门的通道。在该类实验室结构中，由Ⅲ级生物安全柜来提供基本防护。实验室必须配备带有内外更衣间的个人淋浴室。对于不能从更衣室携带进出安全柜型实验室的材料、物品，应通过双门结构的高压灭菌器或熏蒸室送入。只有在外门安全锁闭后，实验室内的工作人员才可以打开内门取出物品。高压灭菌器或熏蒸室的门采用互锁结构，除非高压灭菌器运行了一个灭菌循环，或已清除熏蒸室的污染，否则外门不能打开。

—— 防护服型实验室：自带呼吸设备的防护服型实验室，在设计和设施上与配备Ⅲ级生物安全柜的四级生物安全水平实验室有明显不同。防护服型实验室的房间布局设计成人员可以由更衣室和清洁区直接进入操作感染性物质的区域。必须配备清除防护服污染的淋浴室，以供人员离开实验室时使用。还需另外配备有内外更衣室的独立的个人淋浴室。进入实验室的人员需穿着一套正压的、供气经 HEPA 过滤的连身防护服。防护服的空气必须由双倍用气量的独立气源系统供给，以备紧急情况下使用。人员通过装有密封门的气锁室进入防护服型实验室。必须为在防护服型实验室内工作的人员安装适当的报警系统，以备发生机械系统或空气供给故障时使用。

（2）进入控制 四级生物安全水平的最高防护实验室必须位于独立的建筑内，或是在一个安全可靠的建筑中明确划分出的区域内。人员或物品的进出必须经过气锁室或通过系统。人员进入时，需更换全部衣服，而离开时，在穿上自己的日常服装前应淋浴。

（3）通风系统控制 设施内应保持负压。供风和排风均需经 HEPA 过滤。Ⅲ级安全柜型实验室和防护服型实验室的通风系统有显著差异：

—— Ⅲ级安全柜型实验室：通入Ⅲ级生物安全柜的气体可以来自室内，并经过安装在生物安全柜上的 HEPA 过滤器，或者由供风系统直接提供。从Ⅲ级生物安全柜内排出的气体在排到室外前需经两个 HEPA 过滤器过滤。工作中，安全柜内相对于周围环境应始终保持负压。应为安全柜型实验室安装专用的直排式通风系统。

—— 防护服型实验室：需要配备专用的房间供风和排风系统。通风系统中的供风和排风部分相互平衡，以在实验室内产生由最小危险区流向最大潜在危险区的定向气流。应配备更强的排风扇，以确保设施内始终处于负压。必须监测防护服型实验室内部不同区域之间及实验室与毗连区域间的压力差。必须监测通风系统中供风和排风部分的气流，同时安装适宜的控制系统，以防止防护服型实验室压力上升。供风经 HEPA 过滤后输送至防护服型实验室、用于清除污染的浴室以及用于清除污染的气锁室或传递室内。防护服型实验室的排风必须通过两个串联的 HEPA 过滤器过滤后释放至室外，或者在经过两个 HEPA 过滤器过滤后循环使用，但仅限于防护服型实验室内。在任何情况下，四级生物安全水平实验室所排出的气体均不能循环至其他区域。如果选择在防护服型实验室内循环使用空气，那么在操作中要极度谨慎，必须要考虑所进行研究的类型、在防护服型实验室中所使用的仪器、化学品及其他材料，以及研究中所使用动物的种类。

所有的 HEPA 过滤器必须每年进行检查、认证。HEPA 过滤器支架的设计使得过滤器在拆除前可以原地清除污染。也可以将过滤器装入密封的、气密的原装容器中以备随后进行灭菌和/或焚烧处理。

（4）污水的净化消毒 所有源自防护服型实验室、用于清除污染的传递间、用于清除污染的浴室或Ⅲ级生物安全柜的污水，在最终排往下水道之前，必须经过净化消毒处理。首选加热消毒（高压灭菌）法。污水在排出前，还需将 pH 调至中性。个人淋浴室和卫生间的污水可以不经任何处理直接排到下水道中。

（5）废弃物和用过物品的灭菌 实验室内必须配备双门、传递型高压灭菌器。对于不能进行蒸汽灭菌的仪器、物品，应提供其他清除污染的方法。

（6）必须要有供标本、实验用品以及动物进入的气锁室。

（7）必须配备应急电源和专用供电线路。

（8）必须安装安全防护排水管。

21.2.2.3 生物安全实验室的运行要求

不同危害等级的病原微生物操作需要在相应等级的生物安全实验室中进行。WHO 提出了一级至四级生物安全防护水平的实验室运行应遵循的基本原则，是生物安全实验室安全、有效运行的基本指导思想和良好操作规范的基础，也是本文重点引用的国际规范之一。但这些规范和基本原则不能代替各个实验室的规章制度和各类规范。实验室应遵循国际标准要求，按照国家有关的法律法令和法规，并结合实验室操作病原体以及资源状况制定相应的体系文件，以确保实验室安全运行。

21.2.2.3.1 一级、二级生物安全实验室的运行要求

一级、二级生物安全实验室，也是进行微生物操作的基础实验室。该类实验室的安全运行应满足以下基本要求：

(1) 进入规定

1）在处理危险度 2 级或更高危险度级别的微生物时，在实验室门上应标有国际通用的生物危害警告标志。

2）只有经批准的人员方可进入实验室工作区域。

3）实验室的门应保持关闭。

4）儿童不应被批准或允许进入实验室工作区域。

5）进入动物房应当经过特别批准。

6）与实验室工作无关的动物不得带入实验室。

(2) 人员防护

1）在实验室工作时，任何时候都必须穿着连体衣、隔离服或工作服。

2）在进行可能直接或意外接触到血液、体液以及其他具有潜在感染性的材料或感染性动物的操作时，应戴上合适的手套。手套用完后，应先消毒再摘除，随后必须洗手。

3）在处理完感染性实验材料和动物后，以及在离开实验室工作区域前，都必须洗手。

4）为了防止眼睛或面部受到泼溅物、碰撞物或人工紫外线辐射的伤害，必须戴安全眼镜、面罩（面具）或其他防护设备。

5）严禁穿着实验室防护服离开实验室（如去餐厅、咖啡厅、办公室、图书馆、员工休息室和卫生间）。

6）不得在实验室内穿露脚趾的鞋子。

7）禁止在实验室工作区域进食、饮水、吸烟、化妆和处理隐形眼镜。

8）禁止在实验室工作区域储存食品和饮料。

9）在实验室内用过的防护服不得和日常服装放在同一柜子内。

(3) 操作规范

1）严禁用口吸移液管。

2）严禁将实验材料置于口内。严禁舔标签。

3）所有的技术操作要按尽量减少气溶胶和微小液滴形成的方式来进行。

4）应限制使用皮下注射针头和注射器。除了进行肠道外注射或抽取实验动物体液，皮下注射针头和注射器不能用于替代移液管或用作其他用途。

5）出现溢出、事故以及明显或可能暴露于感染性物质时，必须向实验室主管报告。实验室应保存这些事件或事故的书面报告。

6）必须制订关于如何处理溢出物的书面操作程序，并予以遵守执行。

7）污染的液体在排放到生活污水管道以前必须清除污染（采用化学或物理学方法）。根据所处理的微生物因子的危险度评估结果，可能需要准备污水处理系统。

8）需要带出实验室的手写文件必须保证在实验室内没有受到污染。

（4）实验室工作区

1）实验室应保持清洁整齐，严禁摆放和实验无关的物品。

2）发生具有潜在危害性的材料溢出以及在每天工作结束之后，都必须清除工作台面的污染。

3）所有受到污染的材料、标本和培养物在废弃或清洁再利用之前，必须清除污染。

4）在进行包装和运输时必须遵循国家和/或国际的相关规定。

5）如果窗户可以打开，则应安装防止节肢动物进入的纱窗。

（5）生物安全管理

1）实验室主任（对实验室直接负责的人员）负责制订和采用生物安全管理计划以及安全或操作手册。

2）实验室主管（向实验室主任汇报）应当保证提供常规的实验室安全培训。

3）要将生物安全实验室的特殊危害告知实验室人员，同时要求他们阅读生物安全或操作手册，并遵循标准的操作和规程。实验室主管应当确保所有实验室人员都了解这些要求。实验室内应备有可供取阅的安全或操作手册。

4）应当制订节肢动物和啮齿动物的控制方案。

5）如有必要，应为所有实验室人员提供适宜的医学评估、监测和治疗，并应妥善保存相应的医学记录。

（6）实验室运行所需的基本生物安全设备要求

1）移液辅助器——避免用口吸的方式移液。有不同设计的多种产品可供使用。

2）生物安全柜，在以下情况使用：

——处理感染性物质；如果使用密封的安全离心杯，并在生物安全柜内装样、取样，则这类材料可在开放实验室离心。

——空气传播感染的危险增大时。

——进行极有可能产生气溶胶的操作时（包括离心、研磨、混匀、剧烈摇动、超声破碎、打开内部压力和周围环境压力不同的盛放有感染性物质的容器、动物鼻腔接种以及从动物或卵胚采集感染性组织）。

3）一次性塑料接种环，也可在生物安全柜内使用电加热接种环，以减少生成气溶胶。

4）螺口盖试管及瓶子。

5）用于清除感染性材料污染的高压灭菌器或其他适当工具。

6）一次性巴斯德塑料移液管，尽量避免使用玻璃制品。

7）在投入使用前，像高压灭菌器和生物安全柜等设备必须用正确方法进行验收。应参照生产商的说明书定期检测。

（7）健康和医学监测 主管机构有责任通过实验室主任来确保实验室全体工作人员接受适当的健康监测。监测的目的是监控职业获得性疾病。为达到这些目的，应进行如下工作：

1）根据需要提供主动或被动免疫。

2）促进实验室感染的早期检测。

3）应禁止高度易感人群（如孕妇或免疫损伤人员）在高危险实验室中工作。

4）提供有效的个体防护装备和方法。

（8）培训 人为的失误和不规范的操作会极大地影响所采取的安全措施对实验室人员的防护效果。因此，熟悉如何识别与控制实验室危害的、有安全意识的工作人员，是预防实验室感染、差错和事故的关键。基于这一原因，不断地进行安全措施方面的在职培训是非常必要的。一个有效的安全规程首先始于实验室管理者，管理者应确保将安全的实验室操作及程序融合到工作人员的基本培训中。安全措施方面的培训是新工作人员岗前培训的有机组成部分，应向工作人员介绍生物安全操作规范和实验室操作指南，包括安全手册或操作手册。应采用诸如签名传阅的方法，来确保工作人员阅读并理解了这些规程。实验室主管在对属下工作人员进行规范性实验室操作技术培训时起关键作用，生物安全官员可以帮助进行人员培训并研制教具和教案。

人员培训的内容应始终包括如何采用安全的方法来进行下列所有实验室工作人员都会经常遇到的高危操作，包括：

1）吸入危险（气溶胶产物），如使用接种环、划线接种琼脂平板、移液、制作涂片、打开培养物、采集血液/血清标本、离心等。

2）食入危险，如处理标本、涂片以及培养物。

3）在使用注射器和针头时刺伤皮肤的危险。

4）处理动物时被咬伤、抓伤。

5）处理血液以及其他有潜在病理学危害的材料。

6）感染性材料的清除污染和处理。

（9）废弃物处理 废弃物是指将要丢弃的所有物品。在实验室内，废弃物最终的处理方式与其污染被清除的情况是紧密相关的。对于日常用品而言，很少有污染材料需要真正清除出实验室或销毁。大多数的玻璃器皿、仪器以及实验服都可以重复或再使用。废弃物处理的首要原则是所有感染性材料必须在实验室内清除污染、高压灭菌或焚烧。

（10）化学品、火、电、辐射以及仪器设备安全 化学品、火、电或辐射事故可以间接导致病原微生物屏障系统的破坏。因此，所有微生物实验室在这些方面必须坚持很高的安全标准。国家或地方的主管部门通常会制定相关的法规和条例，必要时可以从他们那里寻求帮助。

21.2.2.3.2 三级生物安全实验室的运行要求

三级生物安全水平的防护实验室是为处理危害程度 3 级的微生物和大容量或高浓度的、具有高度气溶胶扩散危险的危害程度 2 级微生物的工作而设计的。三级生物安全水平需要比一级和二级生物安全水平的基础实验室实施更严格的操作和安全程序。除了一级、二级运行管理要求外，在操作规范、实验室设备和健康监测等方面还有以下特殊要求。

（1）三级生物安全实验室的特殊操作规范

1）张贴在实验室入口门上的国际生物危害警告标志应注明生物安全级别以及管理实验室出入的负责人姓名，并说明进入该区域的所有特殊条件，如免疫接种状况。

2）实验室防护服必须是正面不开口的或反背式的隔离衣、清洁服、连体服、带帽的隔离衣，必要时穿着鞋套或专用鞋。前系扣式的标准实验服不适用，因为不能完全罩住前臂。实验室防护服不能在实验室外穿着，且必须在清除污染后再清洗。当操作某些微生物因子时（如农业或动物感染性因子），可以允许脱下日常服装换上专用的实验服。

3）开启各种潜在感染性物质的操作均必须在生物安全柜或其他基本防护设施中进行。

4）有些实验室操作，或在进行感染了某些病原体的动物操作时，必须配备呼吸防护装备。

（2）三级生物安全实验室内设备的特殊要求 在三级生物安全水平实验室中选择设备的原则，与二级生物安全水平的基础实验室一样。但在三级生物安全水平，所有和感染性物质有关的操作均需在生物安全柜或其他基本防护设施中进行。像离心机等需要另外配置防护用附件（如安全离心桶或防护转子）的仪器需要进行特别考虑。有些离心机或其他设备（如用于感染性细胞的分选仪器）可能需要在局部另外安装带有 HEPA 过滤器的排风系统以达到有效的防护效果。

（3）三级生物安全实验室的健康和医学监测要求 一级和二级生物安全水

平的基础实验室的健康和医学监测的目的也适用于三级生物安全水平的防护实验室，但需作如下修改：

1）对在三级生物安全水平的防护实验室内工作的所有人员，要强制进行医学检查。内容包括一份详细的病史记录和针对具体职业的体检报告。

2）临床检查合格后，给受检者配发一个医疗联系卡，说明他或她受雇于三级生物安全水平的防护实验室。卡片上应有持卡者的照片，卡片应制成钱包大小，并由持卡者随身携带。所填写的联系人姓名需经所在机构同意，应包括实验室主任、医学顾问和/或生物安全官员。

21.2.2.3.3 四级生物安全实验室的运行要求

四级生物安全实验室是最高防护级别的实验室。该类实验室是为进行与危害程度4级（我国分类为一类病原微生物）微生物相关的工作而设计的。这种实验室在建设和投入使用前，应充分咨询有运作类似设施经验的机构。四级生物安全防护实验室的运作应在国家或其他有关的卫生主管机构的管理下进行。实验室运行时，除了满足三级生物安全水平的运行要求外，在操作规范上还应满足以下要求：

（1）实行双人工作制，任何情况下严禁任何人单独在实验室内工作。这一点在防护服型四级生物安全水平实验室中工作时尤其重要。

（2）在进入实验室之前以及离开实验室时，要求更换全部衣服和鞋子。

（3）工作人员要接受人员受伤或疾病状态下紧急撤离程序的培训。

（4）在四级生物安全水平的最高防护实验室中的工作人员与实验室外面的支持人员之间，必须建立常规情况和紧急情况下的联系方法。

此外，由于四级生物安全水平实验室中工作的高度复杂性，实验室运行时应单独制订详细的工作手册，并在培训中进行检查。还应制订应急方案，并在制订应急方案的准备过程中，应与国家和地方的卫生主管机构，以及消防、警察、定点收治医院等其他应急服务机构，积极协作。

21.2.3 实验室生物安全管理制度

实验室生物安全管理的目标是保护实验室工作人员的健康和生命安全，防止病原微生物泄露或通过被感染的实验室工作人员传播到一般人群，或传播到一般动物群体。因此，制定生物安全管理制度，严密防范和控制实验室感染，避免病原体泄露，对防止病原微生物实验室生物危害的发生至关重要。20世纪70年代以来，加拿大、美国、英国、澳大利亚等国家陆续制定了旨在加强实验室生物安全管理的系列法律、法规和制度，并以WHO《实验室生物安全手册》为依据，结合自身或/和他国在实验室生物安全管理中的经验和教训，不断修订和完善本国的各项生物安全管理制度。

21.2.3.1 英国的生物安全管理制度

英国危险病原体咨询委员会（ACDP）根据目前对各种致病微生物的危害性的认识和其他国家的分类结果，修订了《根据危害和防护分类的生物因子的分类》。并在修订版本中重点强调了微生物对人的致病性和潜在的致病性，提出了相应的物理防护要求、风险评价、健康监测和人员培训等内容。

英国农渔和粮食部（Defra）于 1998 年制定了《特定动物病原体条例》。根据该条例规定，明确了《操作特定危险病原体的实验室认证要求》。操作 Defra 规定的 4 类病原体的实验室认证要求主要内容包括：实验室的选址和结构、实验室设施、防护服、安全负责人、操作特定病原体的培训、安全监督、实验室守则、样本处理、安全保卫、标准操作规程、动物室的管理以及节肢动物管理等。需要指出的是，Defra 规定的病原体分级防护要求和 ACDP 公布的具体要求不同。这是因为 ACDP 关注的是工作场所工作人员的防护，而 Defra 关注的是动物和环境的生物安全防护。

英国动物卫生研究所（Institute for Animal Health，IAH）作为英国从事危害等级 4 级的外来病研究机构，受到 Defra 的密切关注。为保证操作病原体的生物安全，IAH 于 2001 年制定了《疫病安全守则》。守则中对员工和来访人员的分类与管理、进出控制区的要求、在实验室内应遵循的守则、动物的喂养与处理、废弃物的处置以及生物材料的接收与传出等管理要求进行了规定，以确保任何时间实验室操作的病原体都能够被安全地处理，所有人员和来访者能在第一时间知晓守则的各项规定，从而降低病原体从实验室逃逸等生物安全事故发生的风险。

21.2.3.2 美国的生物安全管理制度

21.2.3.2.1 《微生物学和生物医学实验室生物安全手册》（Biosafety in the Microbiological and Biomedical Laboratories，CDC/NIH）

《微生物学和生物医学实验室的生物安全》（BMBL）最早提出了把病原微生物和实验室活动分为四级的概念。1993 年由 CDC/NIH（疾病控制和预防中心/国立卫生研究院）有关专家编写的《微生物和生物医学实验室的生物安全》的第三版着重描述了微生物实验室标准操作、实验室设计和安全设备的不同组合，形成 1～4 级的实验室生物安全防护等级，并依据微生物对人的危险程度分为四级危险组，在实验室实际操作中加以应用，是对操作不同传染因子的实验室生物安全措施的建议。

1999 年美国生物安全协会（American Biological Safety Association，ABSA）、CDC 和 NIH 的生物安全专家，根据近年发生的一些新情况，如出现的传染病、生物恐怖活动、BSL－3 和 BSL－4 实验室的设计、病原微生物的国际运输等问题，在第三版的基础上进行了必要的修改和新的补充，出版了第四版《微生物和生物医学实验室的生物安全》手册。与第三版手册相比，第四版修改和补充的内容主要有：①因应全球对新发现和再度肆虐传染病的关注，将危险评估部分进行了扩充，为相关实验室提供了更多的信息，从而使生物安全的有关决断更加容易了；②近年发生了多起实验室感染事件，包括由已知和未知的病原体引起。为此，对不同病原因子的概述部分做了修改或新增；③对传染性微生物在国内和国际的转让越来越受到关注，对每种病原体的概述包含了在从一实验室转让给另一实验室前获得必要允许所要求提供的有关资料；④由于生物恐怖越来越受到关注，为此，增加了实验室对更大危险性生物因子给予关注的需要。

21.2.3.2.2 NIH 关于重组 DNA 研究的相关指南（NIH Guidelines for Research Involving Recombinant DNA Molecules，以下简称《NIH 指南》）

NIH 于 2002 年发布实施了关于重组 DNA 研究的相关指南，该指南是实验相关的重组 DNA 分子的指导方针（NIH 指导方针）。NIH 指南的目的是针对构建和操作①重组 DNA 分子和②含有重组 DNA 分子的组织和病毒的活动内容进行描述与界定。《NIH 指南》包括了所有涉及重组 DNA 的研究活动，把实验室内进行重组 DNA 的研究分为微生物的、植物的和动物的三类，按照规模分为实验室级的和大规模的。无论是那一类型研究，其实验室生物安全的分类标准、操作标准、防护等级都与 CDC/NIH 的《微生物和生物医学实验室的生物安全》（BMBL）一致。对涉及生物安全的研究，都要经过生物安全委员会或生物安全官员的危险评估、制定出相应的生物安全防护措施后，才可以开题研究。根据 NIH 指南需要 NIH 批准的任何重组 DNA 实验都必须提交到 NIH 或其他有权对其进行评议和作出批准的联邦机构。对于涉及重组 DNA、重组 DNA 来源的 DNA 或 RNA 转入人体实验志愿者体内的实验，只有满足下列要求后方可招募志愿者，即：直到 RAC 评议完成，获得 IBC 批准，获得 IRB 批准，并取得所有可以实施实验的授权。这些要求，都对防止实验室生物安全事故的发生发挥了重要作用。

21.2.3.3 加拿大的生物安全管理制度

1977 年 2 月，加拿大医学研究委员会（MRC）出版了有关处理重组 DNA 分子、动物病毒和细胞的指南——《实验室生物安全指南》（the Laboratory Biosafety Guidelines）。MRC 的指南与美国和英国的有关这方面的指南非常类似，由于新的遗传学技术的应用，提出了动物病毒和细胞培养的实验室安全和潜在的安全问题。面对这些生物安全问题，MRC 承担制定有关实验室生物安全规则的任务。同时，其他国家的这些指南很快促成加拿大许多研究机构建立了生物危害和生物安全委员会。加拿大国立科学和工程研究委员会（NSERC）、加拿大国立研究委员会（NRC）也采纳和执行了这些指南，许多省和私人研究基金机构也采纳和执行了这些指南。而且，加拿大国家健康和社会福利部部长规定，由联邦政府进行的或动物的所有研究应使用这些指南。同样，在没有正式法律机关或条文规定的情况下，许多行业采纳了这些指南。

在生物危害委员会的建议下，MRC 在 1979 年和 1980 年出版的两版《重组 DNA 分子、动物病毒和细胞的指南》的基础上，于 1990 年出版了第一版《实验室生物安全指南》，并成立了实验室疾病控制中心联合工作组，工作组为那些以研究或开发为目的而进行人类病原体操作的单位提供相应等级的实验室设计、建设和在其中工作的人员培训的技术资料，这种技术资料的重点是有关细菌、病毒、寄生虫、真菌和其他对人类有致病作用的感染性病原体的实验室生物安全防护措施。制定《实验室生物安全指南》的目的是为了指导政府、企业、大学、医院及其他公共卫生和微生物实验室建立适合其自身发展的生物安全管理体系，也可作为提供信息和指导性建议的技术文献在实验防护设施设计、建造和试运行方面提供服务。1996 年经加拿大卫生部修订出版了第二版《实验室生物安全指南》，该指南指出了建造和运行生物安全屏障设施的生物安全标准，并增加了分离一种微生物病原体或怀疑在某一样本中有微生物病原体存在，必须在适当防护等级的实验室中进行，分离每一种病原体必须依据其危险度进行处理。

MRC/HC 的指南为由来建造、设计、运行或工作于操作人类病原体的实验室提供了指导。然而该指南并未述及在安全防护实验室操作严格意义的动物病原体和大动物。对于操作畜禽疫病的兽医生物安全防护设施的屏障要求比较特殊。除人兽共患病原体外，由于还不知道这些微生物是否能引起人类疫病，因此将其列在和实验室人员感染风险相关的较低级别里。然而，对于外来动物病原体来说，采用较高的生物安全防护屏障等级来防止这些病原体释放到环境中带来潜在且严重的负面经济影响至关重要。

1990年颁布的动物卫生法及其规程赋予了加拿大农业及农业食品部（AAFC）立法权，以控制可能导致疫病的病原体的使用。AAFC也将建立对动物病原体保存及开展相关工作的条件。据此，AAFC的动植物健康委员会（APHD）在制定兽医生物安全防护屏障设施标准方面起到了主导作用。这个标准的意图在于列出APHD实验室和动物防护屏障设施设计和操作要求的最低标准。除了对APHD在直接影响外，该文件在总体上为兽医安全防护设施的设计和操作提供了指导方针。兽医生物安全防护设施的APHD生物安全防护屏障标准由加拿大农业及农业食品部生物安全防护屏障小组共同制定。

在广泛征求各相关方意见基础上，2004年MRC/HC修订发布了第三版《实验室生物安全指南》。第三版的主要内容包括：生物安全（包括危险等级、防护等级、危险评价、生物安全官员和生物安全委员会）、感染材料的处理、实验室设计和物理防护要求、微生物大规模生产的操作标准和物理防护要求、实验室动物的生物安全、从事特殊危害工作的生物安全指南的选择、消毒、生物安全的使用、感染性病原体进出口的生物安全等。该版本的一个显著变动是删减去了原书中关于人致病病原风险组列表。该列表可在加拿大卫生办实验室安全处及其网站获取。以硬拷贝的方式发布静态列表则无法进行风险的动态、发展性评估，也不利于加入新发病病原。随着新的风险因子被认定和发现，随着更多的信息的获得，对潜在感染性材料选择合适的操作防护水平也将随之改变。第三版《指南》的更新充分反映了当前生物安全与生物防护的原则与实践情况。其编写以实际操作为基础，不仅涵盖了当前的及不断更新的方法、技术，还提供了简单的、切合实际的解决方案。该书的编著与加拿大食品检测局制定的《兽医研究设施防护标准》第二版同时进行，其目的是为了在这两部文件中就生物防护部分包含尽可能类似的要求。附加内容包含了灵长目动物部分。对分支杆菌将出台单独的指南。这些都将包含生物安全专家在这一领域最新研究成果。

21.2.3.4 新西兰、澳大利亚、日本、法国、荷兰等国的生物安全管理制度

新西兰、澳大利亚、日本、法国、荷兰等国家都建立了本国的生物安全管理制度，并按照制度要求实施对本国病原体操作和实验室的生物安全管理。这些国家对病原体的分类标准和实验室生物安全水平分级基本是按照WHO《实验室生物安全手册》进行分级、分类。

21.3 兽医实验室的质量控制

21.3.1 国际通行的兽医实验室质量控制体系

21.3.1.1 ISO/IEC 17025：2005《检测和校准实验室能力的通用要求》

为了指导各个国家开展实验室认可工作，早在1978年ILAC就组织工作组起草了《检测实验室基本技术要求》的文件。ILAC把此文件作为对检测实验室进行认可的技术准则推荐给国际标准化组织（ISO），希望能作为国际标准在全世界发布。同年，ISO批准了该文件，这就是第一份用于实验室认可的国际标准ISO导则25：1978《实验室技术能力评审指南》。

各国实验室认可机构在使用第一版ISO导则25标准过程中，感到对标准中相关要求还需要进一步明确和更具有可操作性，于是提出了修改要求。据此，ILAC在1980年的全体会议上做出了促请ISO修订该标准的建议。ISO当时的认证委员会（ISO/CERTICO）承担了修订任务，修订后的文件在1982年经ISO和在标准化工作方面与ISO有密切联系的国际电工技术委员会（IEC）共同批准联合发布，这就是第二版的ISO/IEC导则25：1982《检测实验室基本技术要求》。

第二版标准在世界范围内得到了认同并得到应用。但当时，又出现了两个新情况。第一个是人们更加关心从事量值溯源工作的校准实验室的工作质量，因为校准与检测实验室检测数据的准确性密切相关；另一个是经过数年的努力，ISO于1987年发布了著名的《质量管理和质量保证》标准，即ISO9000系列标准，全世界很多国家掀起了采用ISO9000系列标准建立质量管理体系的热潮，在国际贸易中也常常把能按照ISO9000系列标准的要求提供质量保证作为向供方提出的基本要求。以上两方面的发展，使得有必要对第二版的ISO/IEC导则25标准进一步修订，增加相关内容，并与ISO9000系列标准密切结合。在1988年，ILAC全体会议又提出了为反映ISO9000系列标准实施后出现的变化，应进一步修订ISO/IEC导则25标准的要求。ISO符合性评定委员会（CASCO）经过征求各方意见，吸收了ISO9001标准中有关管理要求的部分内容，提出了具体的修订意见。ISO和IEC分别于1990年10月和12月批准并联合发布了25导则的第三版——ISO/IEC导则25：1990《校准和检测实验室能力的通用要求》。新版标准名称的变动，也反映了对检测和校准实验室的认可已成为世界各国普遍和共同的要求。

第三版ISO/IEC导则25标准自发布之后，得到了更为广泛的应用，已成为各个国家和地区的实验室建立质量管理体系、规范检测和校准活动的依据，同时也构成了几乎所有国家的实验室认可机构对实验室评定认可的准则。

标准反映了人们对事物和活动的认识水平。随着实验室工作实践和对实验室认可评审实践的深入，随着质量管理理论的丰富，人们对实验室管理工作要求和技术能力要求的认识也不断提高，这就使得已发布的标准需要适时更新。1993 年欧洲标准委员会（CEN）提出了修改 ISO/IEC 导则 25 的建议。1994 年 1 月 ISO/CASCO 组成了修订工作组（WG10），开始研究对第三版 ISO/IEC 导则 25 标准的修订。经过几年的努力，ISO 和 IEC 于 1999 年 12 月 15 日发布了用以取代 ISO/IEC 导则 25 欧洲 EN45001 的 ISO/IEC17025《检测和校准实验室能力的通用要求》的国际标准。

ISO/IEC 17025 标准包含了对检测和校准实验室的所有要求，用于希望证明自己“实施了质量管理体系并具备技术能力，同时能够出具技术上有效结果”的各类实验室使用。与 ISO/IEC 导则 25：1990 比较，该标准在结构上把实验室应符合的“管理要求”和进行检测和/或校准的“技术能力要求”作为两个章节分别详尽阐述；该标准在内容上已注重将 ISO9001：1994 和 ISO9002：1994 中与实验室所包含的检测和校准服务范围有关的全部要求汇集起来，并突出了抽样、检测与校准方法的确认、不确定度的评估和量值溯源等技术要求。该标准指出“按照本国际标准运作的检测和校准实验室也符合 ISO 9001：1994 和 ISO 9002：1994 要求”，但“获得 ISO 9001 或 ISO 9002 认证本身并不能证明该实验室具有提供正确的技术数据和结果的能力”。这样就明确说明了实验室认可标准和 ISO 9000 认证标准之间的重要区别。ISO/IEC 17025：1999 标准进一步吸纳了 ISO9000 族标准中关于改进的条款，并于 2005 年发布实施新版 ISO/IEC 17025：2005《检测和校准实验室能力的通用要求》国际标准。目前，该标准已经成为全球各实验室检测质量控制的统一标准。

21.3.1.2 OIE 兽医传染病实验室质量标准和指南

OIE《陆生动物诊断试验和疫苗手册》描述了各种陆生动物传染病的诊断方法实例，其目的是对这些方法进行协调统一，以使这些方法适用于各国开展的疫病控制、监测和调查的项目，同时也适于国际贸易中应用这些方法。

为确保检测结果的可信度达到国家或国际水平，必须对这些检测方法按照用途进行合适的验证。另外，必须在技术合格的实验室分析员的正确控制下进行上述检测。也就是说，可信度要求所有的实验室操作应按照统一的质量标准进行。

认识到对质量标准的根本性需要，尤其是进行传染病诊断的实验室对其的需要，OIE 标准委员会 2004 年着手对 ISO/IEC 17025：1999“检测和校准实验室能力的通用要求”中笼统陈述的要求制订了注解，制定了《OIE 兽医传染病实验室质量标准和指南》。由于《OIE 兽医传染病实验室质量标准和指南》是对 ISO/IEC 17025 ：1999“检测和校准实验室能力的通用要求”的注解，因此，遵守《OIE 兽医传染病实验室质量标准和指南》也就遵守了 ISO/IEC 有关检测实验室的要求。该标准和指南以附录形式对检测方法的验证、参考试剂和实验室水平测试进行了详细具体的说明。在国际标准化组织发布 ISO/IEC 17025：2005“检测和校准实验室能力的通用要求”后，OIE 也根据 ISO/IEC 17025：2005 标准的变化，结合兽医诊断技术领域的发展修订了《OIE 兽医传染病实验室质量标准和指南》，并在附录部分增加了“传染病诊断用聚合酶链反应（PCR）方法的验证和质量控制”内容，使广泛用于核酸检测的 PCR 方法更加趋于规范。诊断标准和指南随着需求的不断增加，今后仍将会不断修订并增加更多的规范性指南。OIE 兽医传染病实验室质量标准和指南，与 OIE 陆生动物诊断试验与疫苗手册一道为确保兽医实验室检测结果的质量和可信度奠定了基础。

21.3.1.3 其他相关的兽医实验室质量控制体系

ISO/IEC 导则 43：1997 是 ISO/CASCO 对 ISO/IEC 导则 43：1984《实验室能力验证的设计与运作》的修订。1984 版的 ISO/IEC 导则 43 由原 ISO/CERTICO 起草，以响应 1982 年 10 月在东京举行的 ILAC 会议的要求。ISO/IEC 导则 43 既适用于认可机构评价实验室的技术能力，也可帮助实验室进行自我评价。其目的是帮助建立和组织实验室之间的能力验证；阐明在能力验证中应考虑的各种因素；提供认可机构如何利用能力验证结果评定实验室技术能力的方法等。修订后的 1997 版 ISO/IEC 导则 43 突出强调了认可机构使用能力验证结果评价实验室技术能力的内容。

上述标准与 ISO 15189：2003（E）《医学实验室——质量和能力的专用要求》等质量控制标准虽然不是专门针对兽医实验室设计的质量控制标准，但是在兽医实验室体系建设中可以借鉴使用，以其改进实验室的质量控制体系。

21.3.2 兽医实验室质量控制的管理要求

21.3.2.1 组织

实验室或其所属机构应是能够承担法律责任的实体。

无论是在其固定设施内或固定设施外的地点开展工作，还是在附属的临时的或移动的设施内开展工作，实验室都应满足本标准和指南的要求。

应明确实验室的组织和管理结构，用组织结构图和工作描述进一步对实验室地位和功能作出说明。如果实验室是某个较大组织的一部分，组织结构图应当标明主要人员和实验室在所属机构中的位置，并应详细说明管理、技术操作、保障体系以及质量保证活动之间的关系。

实验室应当：

（1）有管理人员和技术人员，这些人员拥有权利和资源去开展工作、鉴定偏离质量体系或偏离试验操作程序的情况以及采取措施防止或减小这种偏离。

（2）有措施确保其管理和人员免受任何不合适的来自内部或外部的压力，包括来自商业的、财政的和其他方面的压力。这些压力会对检测工作质量带来负面影响。

（3）有相关的政策和程序来保护客户的保密信息和所有权，包括保护电子存储和传输结果的程序。

（4）有措施以避免卷入任何可能降低其公正性、判断力和能力的活动。

（5）规定实验室所有人员的职责、权力和相互关系，并提供履行其职责所需的权力和资源。这些工作直接影响到检测的质量和对诊断结果的解释。

（6）安排熟悉检测程序、检测目的及结果分析的人员对实验室人员包括新进人员进行必要的培训和监督。

（7）有技术管理者，并提供可以确保满足实验室质量要求和技术要求的资源。

（8）任命一名质量主管，并赋予其监督所有活动的职责和权力，包括制订、维持和监督实验室质量计划的责任、阻止不符合质量活动的权力、直接向实验室决策者和资源管理层报告的权力。

（9）指定关键职位的代理人。在人员较少的实验室，一个人可能身兼数职，为每位主管都任命副职是不切实际的。

（10）确认实验室人员的职责，使其认识到实验室人员之间工作的相互联系和重要性，并指导实验室人员如何在管理体系中达到工作要求。

如果实验室还从事检测以外的活动，为识别潜在利益冲突，应规定该实验室中涉及检测，或对检测有影响的关键人员的职责，避免其有利益冲突的部分。

实验室负责人应建立实验室内的相互合作程序，以提高管理体系的运行效率。

21.3.2.2 质量管理体系

（1）实验室管理应制订、执行和持续实施一套适合实验室业务范围，包括其检测的类型、范围和检测数量的管理体系。实验室管理应将其政策、体系、项目、程序和指令等制成文件，以确保检测结果及其诊断解释的质量。质量体系所用的文件应当由相关人员交流、理解、获取和实施。

（2）实验室管理应当确定各种政策和通过质量体系的实施所要达到的各种目标，并形成文件。实验室管理应当确保这些政策和目标包括在质量手册中。应当在质量手册的质量政策声明中说明其总体目标，说明所要达到和维持的运行标准。质量政策声明应当在最高管理者授权后发布，至少包括如下内容：

- 与其提供服务的标准有关的实验室管理目标的声明；
- 质量体系的目的；
- 要求与检测活动有关的所有人员要熟悉质量文件，执行政策和遵守工作中的程序；
- 对客户实验室管理所做出的良好职业行为和诊断服务质量的承诺；
- 实验室管理中遵守该标准的承诺，持续提高管理体系的有效运行。

（3）最高管理者应授权其成员能对管理体系进行完善，并能持续有效地运行。

（4）最高管理者应要求所属组织按规则要求满足客户的需求。

（5）质量手册应当包括或参考含技术程序的配套程序，应当列出质量体系所使用文件的框架，质量手册应一直保持是最新的。

（6）质量手册应当明确技术负责人和质量负责人的作用和责任，包括其确保遵守本标准的责任。

（7）最高管理者应确保当管理体系有计划的实施的时候，能保证管理体系的可信度。

21.3.2.3 文件控制

实验室应制定和维持文件控制程序，以对所有管理体系文件进行有效控制，确保实验室人员使用现行有效的文件，并保证需要文件的工作人员能在工作区域随时可得到所需文件。

实验室应有政策、程序和/或工作指令以记录描述如何审查、批准、发布、更新、修订、修改、保留、存档和废止那些影响检测质量（包括检测方法）的文件。这些程序应当由经授权的、有资格的人员审查和批准。

对文件的修改应当在文件文本中清楚地指明，由可以获得有关变化背景信息的经授权的、有资格的人员对其进行审查和批准。

如果实验室的文件控制系统允许在文件再版之前对文件进行手写修改，则应确定修改的程序和权限。修改之处应有清晰的标注、签名缩写并注明日期。

修订的文件应尽快地正式发布。

应适当标注存留或归档的已废止文件，以防误用。

管理体系文件应有唯一性标识，并易于检索。

应有更改和控制保存在计算机系统中的电子文档的管理措施。

受控文件应备份存档，并规定其保存权限及期限。文件可以用适当的媒介保存，不限定为纸张。

21.3.2.4 服务与供应品采购

实验室应制定政策和程序确保所购买的服务和供应品符合规定要求，且不会对检测结果的质量产生负面影响。所制定的政策和程序应包括对检测结果有影响或有潜在影响的材料和试剂的选择、评估、使用、处理和储藏标准的描述。兽医实验室涉及的服务与供应品采购一般包括（但不限于）以下内容：

- 影响检测质量的设备校准、检定服务；
- 电镜观察、核酸测序、基因合成服务；
- 影响诊断质量的设施与环境条件的设计、安装、调试服务，设备的安装、调试、维修维护和人员培训；
- 实验室重要耗材与生物材料，如细胞、菌毒种、培养基、核酸提取试剂、电泳试剂、免疫学检测试剂、检测试剂盒、SPF 鸡胚和实验动物等。
- 实验室在执行采购计划前，其技术内容应经过审查和批准。

实验室应确保购买的服务及供应品只有经检查或验证确认符合规定标准要求后才投入使用。应保存符合检查的所有记录。

实验动物与 SPF 鸡胚的采购应确认供应商能满足国家规定的要求，且应对每批采购的实验动物和 SPF 鸡胚进行必要的检查，确认合格后方可接收。

在不存在标准化试剂的情况下，实验室要提供所用试剂的说明，说明来自符合要求的或具备一定资质的实验室。

实验室应对影响检测质量的重要试剂、耗材和服务的供应商进行定期评价，并保存这些评价的记录和获批准的供应商名单，应及时将不合格的供应商或服务提供商从名录中删除。

21.3.2.5 投诉

实验室应当有政策和程序以解决来自客户或其他方面的投诉。应保存所有投诉的记录以及实验室针对投诉所开展的调查和纠正措施的记录。

21.3.2.6 不符合检测工作的控制

实验室应当有相应的政策和程序，以确保能及时发现不符合检测（存在对检测结果可靠性已经产生或可能产生负面影响的条件）并及时纠正。

实验室应当有相应的程序，以确保当检测结果有问题或不正确时及时通知客户，尤其是当检测结果已经通知客户但又确定存在这种可能性时。制定的程序应说明谁有权撤销检测结果、实施纠正措施并授权重新工作。

当检测结果的质量存在严重问题或风险时，实验室应确保立即实施纠正程序。

21.3.2.7 纠正措施与预防措施

当确认质量体系中有不符合工作或偏离政策和程序的事情发生时，实验室应有相关政策和程序来实施纠正措施。制定的政策和措施应当确保：

- 指定适当的机构来负责实施纠正措施。
- 实施调查程序来确定问题的根源。
- 确定问题的根源后，实施适当的纠正措施。
- 记录操作程序中任何必需的改变。
- 一旦实施，应当监控纠正措施以确保有效解决问题。
- 当对不符合或偏离的识别引起对实验室符合其政策和程序产生怀疑时，实验室应尽快对相关活动区域进行附加审核。
- 实验室应当确定技术体系或质量体系中不符合工作的潜在来源和潜在的改进需求，预防措施程序应包括：对潜在的不符合或改进进行确定和评估；制订和实施包括适当控制措施的行动方案；在减少不符合的可能性或在提出改进的特定需求时，要监测其有效性。

21.3.2.8 记录的控制

（1）总的要求 实验室应当有记录管理系统。

- 实验室应当制订和保持对质量和技术记录进行标记、收集、编排目录、获取、储藏、保存和处理的程序。
- 所有的记录都应当清晰，并保存在容易查询的设施中，例如硬拷贝或电子媒体。
- 应提供适宜的存放环境以防止损坏、丢失或未经授权的使用。应确定记录的保存时间。所有记录应予安全保护和保密。兽医实验室的记录一般包括但不限于以下内容：送检样品登记单，样品接收记录，检验结果和检验报告，实验室工作记录表，人员培训记录，质量控制记录，内部审核记录，外部质量评价、实验室间比对和能力验证记录，仪器设备维护、检定记录，意外事故记录，废弃物处置记录。

- 实验室应当有在任何时候对计算机中的数据都可以备份和保护的程序，有防止非法进入和修改计算机中数据的程序。

(2) 技术记录

- 实验室应当对最初的观察结果、所得数据、校准记录、人员记录、签发的每一次检测报告的副本以及其他必要的信息保存一定的时间。每一次检测的记录都应当包含充足的信息以便确认影响检测结果质量的因素，并确保在尽量接近最初检测条件的情况下可以重复检测。记录也应当包括人员的身份。
- 观测结果、数据和计算过程应当清楚地永久保存，并与当时所做的特定检测保持一致。
- 当记录中出现错误时，应当标出每一个错误（不是擦除、涂抹或删除），并同时输入正确值。所有对记录作出修改的人都应当标明修改的日期，并签名或用大写字母签名。遇到计算机收集整理数据的情况时，也应当采取类似的措施以免丢失或改变原始数据。

21.3.2.9 改进与完善

通过对质量管理政策、质量管理目标、方针、数据分析、纠正和纠正措施、管理评审等的应用，持续提高实验室管理的有效性。

21.3.2.10 内部审核

(1) 实验室应当根据预定的时间表和程序定期对其工作进行审核，以核查其运作持续遵守了质量体系和标准的要求。内部审核程序应当处理质量体系的所有内容，包括检测活动。按照时间表或管理要求，质量主管负责计划和组织审核。这种审核应当由经过培训、具备资格的人员来进行，只要人力资源允许，不论是谁来进行，都必须独立于被审核的活动。审核人员不能审核自己参与的工作，除非表明可以进行有效的审核。

(2) 当审核结果对运作的有效性或检测结果的质量产生疑问时，实验室应当采取及时有效的纠正和预防措施。若调查显示实验室的检测结果已经受到影响时，应书面通知客户。

(3) 对审核范围、审核结果和纠正措施都应当做好记录。实验室管理应确保这些纠正措施在一个适当的、统一同意的时间框架内完成。

21.3.2.11 管理评审

（1）由管理层对质量体系和与检测有关的活动每年至少进行一次审核。审核应当考虑政策和程序的适合性等因素：

- 管理层和监督人员的报告；
- 最近的内部审核报告；
- 预防和纠正措施；
- 外部机构的评价；
- 实验室间比对或能力验证的结果；
- 工作量和工作类型的改变；
- 客户的反馈意见；
- 投诉；
- 其他相关因素，如质量控制活动、资源和人员培训。

（2）对管理评审结果以及采取的行动应当记录。实验室管理层应确保这些行动在适当的和约定的时限内完成。

（3）该审核和随后采取的措施应确保质量管理体系具有可适性和有效性，并应确保进行必要的改变和改进。

21.3.3 质量控制的技术要求

21.3.3.1 人员

（1）实验室应确保所有实验室人员一直能够胜任所指定的工作。

（2）实验室应对所有人员资格和责任的组织规划、人事政策和工作进行描述。工作描述至少应规定：岗位职责、岗位所需的资质、结果评价和解释权限、签字权限等。岗位职责说明包括人员的责任和任务，教育、培训和专业资格要求，应将这些说明提供给相应岗位的每位员工。

（3）实验室负责人应具有相应的教育、专业背景和工作经验。除具备管理能力外，还应具备技术能力，原则上应由动物医学或相关专业人员担任。

（4）必要时，实验室负责人应指定若干适当的人员承担实验室管理职责。

（5）实验室应授权专人从事特定工作，如采样、动物解剖、分子生物学检测、操作特定类型的仪器设备、使用实验室信息系统的计算机等。

（6）如果实验室聘用临时工作人员，应确保其有能力胜任所承担的工作，了解并遵守实验室管理体系的要求。

（7）员工的工作量和工作时间安排不应影响实验室活动的质量和员工的健

康，符合国家法规要求。

(8) 对诊断报告所含意见和解释负责的人员，除了应具备相应的资格、经验外，还应具备下列要求：

- 相应的兽医理论知识，尤其是传染病学方面的知识；
- 了解相应的动物及动物产品的生产和加工工艺；
- 熟悉我国相关的国家标准、行业标准和国际标准的内容，了解我国现行相关领域法律、法规的要求。

(9) 应定期培训、考核、评价员工可以胜任其工作任务的能力。

(10) 应定期对实验人员进行健康检查并建立健康档案，维持每个员工的人事和健康档案，可靠保存并保护隐私权。

21.3.3.2 设施与环境条件

用于检测的实验室设施，包括但不限于能源、照明和环境条件，应当有利于检测的正确实施。实验室应保证检测环境不会导致检测结果无效或者对要求的检测质量产生负面影响。

实验室应当对相关规定要求的环境条件或可能影响检测结果可靠性的环境条件实施监控和记录。对无菌、灰尘、电磁干扰、辐射、湿度、气流、电源供应、温度、声音和振动水平等与有关技术活动相关的因素应予以重视。当环境条件对检测结果会产生严重影响时，应当停止检测活动。

对于进行不同活动的相邻区域应当进行有效的隔离。应采取措施以防止交叉污染。应当对进入和使用影响检测结果的区域进行控制。

21.3.3.3 设备

(1) 实验室应当配备保证检测正确运行所需的所有检测物品和相关设备。遇到实验室需要使用永久控制之外设备的情况时，应确保符合本标准的要求。

(2) 用于诊断活动的设备和软件应当能够达到准确度要求，并应遵守相关程序的规定。应当为明显影响试验结果的主要设备建立校准程序。

(3) 设备应当由经过授权具备资格的人员来操作。仪器维护和使用的最新说明（包括设备生产厂家提供的相关手册）随时可由实验室人员获得使用。

(4) 对试验结果具有重要作用的检测活动所使用的每件仪器都要独特地加以标记。

(5) 要保持对试验具有重要作用的每件设备的记录。这些记录应至少包括：

- 设备细目的特征；

- 生产商的名称、型号、序列号或其他独特标识；
- 设备符合规格的证明；
- 当前的适当位置；
- 生产厂家的说明书，如果能获得的话，说明书的地方；
- 所有校准、调整、可接受标准的日期、结果、报告副本和证件，以及下一次校准或校准核对的日期；
- 迄今开展的维护以及维护计划；
- 设备的损坏、磨损、改造或修理。

（6）应当建立维护程序。

（7）按历史资料表明的合适间隔，由有资格的人员应用对设备使用目的、准确度和精度都合适的程序进行校准。

（8）对于超负荷运转、不正常运转、产生可疑结果、出现问题或超过使用期限的仪器，应当禁止继续使用，清楚标记，正确保管直到维修好并显示性能良好时才可继续使用。实验室应当检查由于仪器问题对以前使用期限内试验所产生的影响，并执行“不符合工作控制程序”。

（9）如果可行，实验室控制的所有设备及要求校准的所有设备都应当加贴标签、代码或其他形式的标记，以表明校准或核对的状况，以及下一次应该校准或核对的时间。

（10）不论什么原因，如果当设备在一段时间内不在实验室，在重新使用前实验室应当确保设备的功能和校准状况得到检查并达到要求。

（11）当计算机或自动设备用于实验室数据的收集、加工、记录、报告、存储或检索时，实验室应当确保此类设备满足要求。

（12）试验设备，不论是硬件还是软件，都不得进行使试验结果无效的任何调整。

21.3.3.4 方法的选择与确认

（1）一般要求

- 实验室对所有动物传染病的诊断检测活动，都应使用合适的检测方法和相关程序。对具体的诊断解释或应用来说，影响检测方法和检测结果相关性的所有因素都应当考虑进去。这些因素包括检测方法的可适性，科学界和管理界的可接受性，客户的可接受性，以及获得实验室资源的可行性等。在尽可能的情况下，检测方法应选择知名技术机构或来源所认可或发布的检测方法。
- 按照制订的程序，检测方法应当经具备相关资格、授权的人批准后方可使用。

- 实验室应当对所有常规活动中使用的检测及相关程序，所有相关设备的校准和运转，所有检测用标本和样品制备物的采集、处理、运输和储藏有书面的指导。
- 使用国家或国际标准制订机构以及其他外部技术组织制订的检测方法的实验室，应有一定的制度来确保它们能自动及时地获取这些方法的最新版本。

（2）方法的选择 检测方法的选择首先应满足实验室客户进行动物疾病诊断或病原体检测的需要，选择检测方法时，通常要考虑以下几个要素：

- 国际上能否接受并认可；
- 技术上是否可行；
- 检测方法是否过时；
- 方法的性能特点，如敏感性、特异性、重复性、分离率、检出限、不确定度等；
- 拟分析物是抗原，还是抗体；
- 操作时间；
- 实验室的资源、技术要求；
- 所需要的检测样品，是血清、组织，还是培养物；
- 检测结果的应用，如：进口/出口动物或其产品检测、流行病学监测、疫病筛查、疾病确诊、个体动物疾病诊断还是群体动物疾病诊断；
- 客户的期望值；
- 安全因素；
- 拟检测的数量；
- 每个样品检测的费用；
- 参考标准，包括参考物质；
- 检测试剂来源；
- 所能检测项目的有效性。

实验室的检测方法在被列为常规诊断活动前应进行验证。如果修改后影响了试验的性能特征，则现已修改的试验方法也应得到验证。

（3）实验方法的标化 实验室一旦确定了检测方法，就要立即建立并标化。无论此种方法是实验室自己研制的还是从外部引进的，一般都需要先进行优化。检测方法优化是指进行一系列实验，随后进行数据分析，确定最佳实验程式。检测方法优化时应考虑以下因素：

- 仪器设备操作说明；

- 试剂说明，包括化学的、生物学的试剂；
- 严格的参考标准、参考物质和内部质量控制；
- 技术能力。

（4）方法的验证 方法验证是进一步评价试验方法的适用性并确定方法的操作性能，如敏感性、特异性、分离率等的过程。验证工作通常包括：与其他方法比较，最好是标准方法；与参照标准比较；用相同的方法与其他实验室开展合作研究，包括交换样品，尤其是未知成分组成或滴度的样品；试验感染研究；内部质量控制分析等。

一种检测方法，不论是国际或国家的标准方法，还是内部制定的方法，只有按照OIE诊断试验和疫苗标准手册或其他OIE参考文献中所述的原则验证后，才可用于常规诊断。对所有检测方法——内部制定的或从有名的标准方法汇编中引用的，尽管用适量的样品进行一次内部验证更为合适，但是用户不必对国际或国家的标准方法进行重新验证，不过起码应该通过对公共或私有文件的参考，确定出该实验室所用检测方法的分析敏感性和特异性、准确性和精确性、诊断敏感性和特异性以及其他参数。用户应提供关于这些试验数据的书面证据，也应提供对这些试验所作性能比较的统计学有效评估，对这些试验已用认可的验证过的标准方法通过实验室间比对进行了协调统一。用户应该对内部制定的、在OIE诊断试验和疫苗标准手册中概述的所有检测方法进行全面的验证。

实验室应保留和更新验证数据，保留期限至少为该试验用于常规诊断期间，在该试验停用后7年内实验室也应保留验证数据。这些验证数据包括原始观测结果，计算过程，仪器监控和校准记录和用以说明性能特点的存档程序。

（5）数据控制

- 实验室应当使用适当的程序，来保证检测验证的数据和有关检测结果的数据是安全的、可检索的，在得到专门资格人员的批准后才可使用。
- 计算过程和数据的传递应以整体方式接受适当的检查。
- 当应用计算机或自动化设备来获取、加工、记录、报告、存储或检索试验数据时，实验室应当确保：使用者修改或开发的计算机软件得到了详细记录和恰当验证，或者经检查这些软件尚足以使用。也就是实验室应当对控制程序的这些变化进行实施和记录，以便这些活动可以被重造出来，而且可建立起审核；建立和执行一些程序来保护数据的安全性、完整性和可检索性。这样的程序应当包括但是不仅限于，数据输入或采集、数据存储、数据传输和数据处理的完整性和保密性；对计算机和自动化设备加以维护，以确保其可以正常运行并提供必要的环境和操作条件以保证试验数据的完整性。

21.3.3.5 溯源性

（1）在可能和需要时，实验室应当可以对所有计量追踪到国际单位，包括设备的校准。

（2）当不可能追踪到计量的国际单位时，应当提供最好的方法保证试验结果的可信度，如：

- 使用适当的参考标准，或特性认可的可靠材料；
- 相互认可的标准或方法，得到所有相关方明确规定和同意的；
- 参加适合的实验室间比对或水平测试项目。
- 与检测活动一道所用的参考设备、标准或材料应当以合适的方式操作、维护和储存，以确保其良好的性能和准确性。
- 生物参考材料应当符合国际标准或 OIE 参考材料标准（比如国际标准血清）。
- 应当根据既定的程序和时间开展检查，以保持工作标准和参考材料的可信度。
- 为防止参考标准和参考材料被污染或变质，并保证其完整性，实验室应当有安全操作、运输、储藏和使用的程序。

21.3.3.6 样品的采集与处理

（1）一般要求 实验室应制定样本采集程序，确保样本既适合所采用的检测方法，也适合检测。

- 实验室应当有样本采集、处理和保存的相关程序。在样本采集地应该能够获得相应的采集以及相关程序。
- 实验室应有程序来记录相关的数据和与样本采集相关的操作。样本采集是所做检测的一部分，不论是由实验室人员采集还是由客户来采集。记录应当包括采集使用的程序，采集人员的身份，相关环境条件，以及必要时用图标或其他的方式来表明采集位置（如采集组织样本时），以及最好记录采样程序所依据的统计学原理。
- 如果实验室负责采集样本，则应当对检测或调查的群体做出一个符合统计学意义的、成文的采样计划。在样本采集地应该能获得该计划。

（2）样本处理

- 实验室应当有保证样本完整性的程序。这些程序包括样本的运输、接收、处理、保护、保留和/或处理。

- 实验室应当有标记样本的制度，以确保样本间或提取的样品不会产生混淆。这些标记应当始终伴随样本和提取的样品，并附到检测报告中。
- 收到样本后，如果发现有异常或与正常的或规定的条件有所偏离，都应当记录下来。出现这种情况，则应当判定该样本不适合检测。
- 当对样本是否适合检测目的产生怀疑时，或当样本与提供的说明不相符时，或要求的检测方法说明得不够详细时，实验室应当在检测前征询客户，向其提出进一步说明的要求，对该事实进行记录并对结果进行讨论。

21.3.3.7 实验物品的处置

实验室应有用于检测样品的运输、接收、处置、保护、存储、保留和/或清理的程序，包括为保护检测样品的完整性以及实验室与客户利益所需的全部条款。

实验室应具有检测样品的标识系统。样品在实验室的整个期间应保留该标识。标识系统的设计和使用应确保样品不会在实物上或在涉及的记录和其他文件中混淆。如果合适，标识系统应包含物品群组的细分和物品在实验室内外部的传递。

在接收检测样品时，应记录异常情况或对检测方法中所述正常（或规定）条件的偏离。当对样品是否适合于检测存有疑问，或当物品不符合所提供的描述，或对所要求的检测或校准规定得不够详尽时，实验室应在开始工作之前问询客户，以得到进一步的说明，并记录下讨论的内容。

实验室应有程序和适当的设施避免检测样品在存储、处置和准备过程中发生退化、丢失或损坏。应遵守随物品提供的处理说明。当物品需要被存放或在规定的环境条件下养护时，应保持、监控和记录这些条件。当一个检测或校准物品或其一部分需要安全保护时，实验室应对存放和安全作出安排，以保护该物品或其有关部分的状态和完整性。

21.3.3.8 实验结果的质量保证

实验室应当有监督检测结果有效性的程序。对这种监督应当有所计划并进行评价，应当包括但不仅限于以下方面：

- 应用统计技术的内部质量控制计划（比如控制图表）；
- 如有可能，使用国际标准试剂来制备作为内部质量控制的国家和/或工作的标准；
- 如切实可行，使用相同或不同的方法来重复检测；

- 对样本或样品的不同特征与检测结果进行相关性分析；
- 对保留样本或样品再进行检测；
- 参加实验室间的比对或能力验证项目。

受质量控制的数据必须经得起推敲，如果出现与预期值不符时，必须采取措施矫正错误，以避免出现不正确的试验报告。

21.3.3.9 结果报告

实验室管理层应负责规范结果报告的格式。报告递送方式和接收人员可与检测客户协商后确定。

结果报告应准确、清晰、明确、客观、快速，格式规范。报告中应至少包括下列信息：

- 标题；
- 发布报告实验室的标识；
- 检测的环境条件；
- 检测报告的唯一性标识和每一页上的标识，以确保能够识别该页属于检测报告的一部分，以及表明检测报告结束的清晰标识；
- 客户的名称与地址；
- 检测样品的状态描述和明确的标识；
- 样品接收和检测的日期；
- 报告发布日期；
- 结果解释（必要时）；
- 签发报告人员的标识。

如果收到的原始样品质量不适于检测或可能影响检测结果时，应在检测前告知检测申请者，并在报告中说明。

当检测报告中包含分包方所出具的检测结果时，应清晰标注。分包方应以书面或电子方式报告结果。

实验室应保存报告复件，并可迅速检索。复件保存期限应满足国家、区域或地方法规的要求，以备查询。

实验室应制定程序或规范以确保通过传真、电话或其他电子方式发布的检测结果只能送达被授权接收者。口头报告检测结果后应随后提供适当的有记录的报告。

如果检测结果事先已按临时报告的形式传送给检验申请者，则应与其协商是否需要正式报告。

如果检测客户要求对检验结果作出解释时，实验室应由具备能力的专家负责解释。必要时，向检测客户索要样品来源动物群的背景信息。实验室应制定检验结果延迟报告情况下的政策和程序，以便当延迟报告可能影响疫情控制时，能及时通知检验申请者。实验室管理层应对检验期限进行监控、记录并定期评审。必要时，针对识别出的问题采取纠正措施。

实验室应有更改报告的书面政策和程序。

21.3.4 兽医实验室的质量体系认可

实验室的能力认可是正式表明获准认可实验室具备实施动物疫病诊断、检测的能力的第三方证明。实验室获得了认可意味着具备了以下能力：

- 按照选定标准和/或指南的要求确认的技术上有效的并经验证的检测方法、检测步骤和操作说明；
- 具备资格并经适当培训的熟知操作程序及技术背景的工作人员；
- 有经校正且数量足够的仪器设备；
- 具有良好的设施和环境控制措施；
- 有保证结果准确可靠的操作程序和操作说明；
- 能预测技术需求和可能存在的问题，并能实施持续的改进措施；
- 能处理和防止可能出现的技术问题；
- 能准确的评估和控制检测过程中的不确定因素；
- 能证实具备实施所用检测方法的能力；
- 有证实其能获得技术上有效结果的能力。

目前，国际实验室认可组织（ILAC）已经出版了关于实验室认可和认证机构的要求和指南，即 ISO/IEC 17025《检测和校准实验室能力的通用要求》。为了使认证工作能促进贸易实验室实验结果为贸易所接受，认证工作必须得到国际社会所确认。因此，认证机构应该公认具备实验室认证能力。在 ILAC 方案中，有确认认证机构的计划，该计划是以 ISO/IEC 国际标准 17011 的要求为基础。人们可以从确认机构的组织，如国家实验室认证协会（NACLA）、亚太实验室认证协会（APLAC）、美洲间认证协会（IAAC）和欧洲认证协会（EA）获取已确认的认证机构信息。

第三部分

兽医公共卫生

22 概述

22.1 兽医公共卫生的定义

1975年，FAO和WHO兽医公共卫生学联合专家委员会将兽医公共卫生学定义为：致力于应用兽医学技能、知识和资源来保护和促进人类健康的部分公共卫生活动。1999年，FAO和WHO在意大利泰拉莫召开兽医公共卫生学（兽医公共卫生）未来趋势研讨会时指出，兽医公共卫生学对于发达国家和发展中国家的重要性在日益增加，兽医科学涵盖包括畜牧生产及动物保健在内的一切兽医活动，是一门履行基本公共卫生职责的核心学科，在多个方面直接影响人类健康；兽医公共卫生活动必须通过与公共卫生工作密切合作开展，以确保取得积极效果。所以会议重新规定了兽医公共卫生的定义及其工作范围。新的兽医公共卫生定义为：通过探索和应用兽医科学知识和技能，为人类身心健康和社会福利服务的所有活动。

22.2 兽医公共卫生的工作范畴

兽医公共卫生的核心领域主要包括：人兽共患病的诊断、监测、流行病学调查及控制、预防和消除，食物保障，实验室动物设施及诊断实验室卫生各个方面的管理，生物医学研究，健康教育和推广，生物制品和医疗器械的生产和控制。兽医公共卫生的另一个核心领域还可包括家畜和野生动物种群管理、饮用水保护和环境保护以及公共卫生突发事件的管理等。概括起来，可分为人兽共患病防控、生物安全管理、公共卫生安全和科研教育等4个范畴。

可以看出，兽医公共卫生的范围涉及多个学科，需要多方面人员参与。不仅包括政府部门、非政府部门、私有部门的兽医人员，也包括其他专业人员，如医生、护士、微生物学家、环境专家、公共卫生学家、食品技术专家、农业科学家以及致力于动物源性疾病治疗、控制及预防的辅助兽医和相关人员。

22.3 兽医公共卫生的发展阶段

根据不同国家和地区的社会经济发展差别，兽医公共卫生活动可以划分为

3个阶段，每个阶段的工作重点均有所不同。

第一阶段。处于这一阶段的国家，几乎是无组织的农业社会，社会发展程度较低或经济状况贫乏。防治动物疫病的手段较为低级，鲜有政府对养殖业和动物产品产业进行系统性支持。处于这一阶段的兽医公共卫生，其职责与基础兽医学几乎一致，主要是对家畜疫病进行治疗和控制。

第二阶段。处于这一阶段的国家的经济状况良好，公共卫生和动物疾病防控工作有法律保障，有肉类检验、没收和补偿制度，但基本没有良好生产规范（GMP）、危害分析和关键控制点（HACCP）以及良好兽医规范（GVP）等现代质量保证体系。兽医公共卫生主要是肉类检验和控制某些动物疫病。这一阶段，兽医公共卫生的重点工作是预防人畜共患病，而不是消除动物疫病。如果兽医机构工作水平满足需要，兽医人员可能还会关注诸如水产、蔬菜领域的食品卫生问题，有时也会涉及环境污染、动物福利及健康风险方面的讨论，但多停留于表面。

第三阶段。处于这一阶段的国家，经济富足，农业生产集约化程度和动物产品工业化生产程度均较高。动物饲养、管理工作到位，进口隔离检疫措施完善，引入HACCP或GVP等新型质量保证体系。兽医机构的主要工作是对畜群进行疫病监测，而不是对个体动物进行检查。

22.4 兽医机构在食品安全中的作用

OIE《陆生动物卫生法典》回顾了兽医机构职能的演变过程，认为设立兽医机构的最初目的是控制农场动物疫病，其主要任务是预防和控制重大动物疫病和人兽共患病流行。随着各国逐步控制了重大动物疫病，兽医机构的职能转为控制影响动物生产性能的疾病，此后又逐渐从传统的农场扩展到屠宰场。而在屠宰场，兽医具有双重责任，一方面要进行动物疫病流行病学监测，一方面要保证肉品的安全性和适用性。目前，许多国家的兽医机构职能已延伸到食物链的后续阶段，实现了“从农场到餐桌”的全过程监管。因此，兽医人员所掌握的动物卫生和食品卫生知识，对其开展食品安全工作，尤其是动物源性食品安全工作尤为重要。OIE《陆生动物卫生法典》认为，兽医机构在食品安全方面的作用体现在8个方面。

22.4.1 食品生产全过程

由于食品安全包括食品生产全过程的所有环节，涉及多个领域，要有效保障食品质量和食品安全，必须运用多学科知识并采取综合措施进行管理。同时，与以往那种依赖通过对终端产品质量控制来保障食品卫生安全的方法相比，在源头上消除或控制食品生产过程中的有害因素更有效。目前，保障食品安全的方法从良好控制规范（如良好农业规范、良好卫生规范）发展到危害分析和关键控制点（HACCP），继而将风险分析引入食品安全管理，运用风险分析手段保障食品安全。

22.4.2 风险管理体系

风险管理是 WTO/SPS 协定中规定的内容，在生产活动、国际贸易中反复得到运用。风险评估是风险分析的科学组成部分，应与风险管理分开，以避免风险评估受到经济、政治或其他利益的影响。目前的风险管理理念已与以往发生了很大变化，政府和食品从业者的职责也进行了重新界定。以往是由食品经营者对食品质量负责，而监管机构对食品安全负责。现在的做法是，食品经营者既要负责由其投入市场的食品质量，也要负责其食品安全，是食品质量和食品安全的第一责任人。而在这种管理模式下，监管机构的职责是分析科学信息，制定恰当的食品安全标准并对相关标准进行评估，以确保在执行时具有合法性、有效性、可操作性和恰当性。而出现违反规定时，监管机构要采取适当的纠正措施和制裁措施，来保证相关标准得到真正执行。

兽医机构在风险分析和执行风险评估建议过程中发挥着重要作用。每个国家都要根据其社会、经济、文化、宗教和政治环境，通过与利益相关方（特别是畜牧业生产者、加工者和消费者）协商后进行评估，制定一个动物卫生和公共卫生保护目标。这一目标应以国家立法和政策决策的形式予以明确，并采取有效措施向国内外相关人员传达相关内容。

22.4.3 兽医机构的功能

兽医机构通过检查由政府相关机构、私人兽医和利益相关方开展的动物卫生和公共卫生工作，以及自身直接开展的工作，来帮助实现既定的动物卫生和公共卫生目标。除了兽医，其他专业人员如分析员（流行病学家、食品技师、人类和环境卫生专家、微生物学家和毒理学家）也应参与其中，以通过对整个食物链的管理确保食品安全。不论行政部门分配给不同专业人员和利益相关方的任务如何，为了达到资源组合的最佳效果，所有参与人员必须密切合作和有效沟通。如果兽医当局把兽医等专业工作委托给个人或企业开展，必须要有明确的监管信息和检查制度以保证所委派任务得到有效开展。为了达到委派任务的最佳执行效果，兽医当局要对最终结果负责。

22.4.4 农场管理

兽医机构可以通过与农场主合作保障动物卫生，并能在动物疫病的早期检查、监测和治疗方面起到关键作用。在食品初级生产过程中，兽医机构可以就如何避免或控制食品安全有害风险（如药物和农药残留，霉菌毒素和环境污染物的产生）给生产者提供信息、咨询和培训。而来自兽医机构、私人兽医及兽医当局雇员的技术支持对养殖业者同样很重要。兽医机构帮助、指导养殖业者合理使用生物制品和兽药（包括抗菌剂）方面也发挥着重要作用，因为这有助于最大限度地减少耐药性风险的产生和动物源性食品中兽药残留水平。

22.4.5 肉品检验

兽医机构开展的宰前检疫和宰后检验工作，在动物疫病和人兽共患病的监测网络中起着关键作用，并能确保肉品和副产品的安全性和适用性。兽医机构的主要职能就是通过宰前检疫和宰后检验，控制和减少动物和公共卫生的生物危害风险。同时，兽医机构也要在制定、更新检验检疫程序中承担主要职责。OIE 认为，检验程序应以风险管理为基础，而风险管理中首要考虑的是所执行程序既要符合相关国际标准，又能有效处置家畜对人类健康和动物卫生所产生的重大危害。

OIE 建议，兽医当局应该在派出肉品检疫机构时保持一定的灵活性。不同国家可能采用不同的管理模式，其中包括对在官方认证、监督和管理下开展检疫工作的检疫员的学历要求。OIE 认为，如果采用在兽医当局的监督下由私人兽医执行宰前检疫、宰后检验工作，并由兽医当局对检疫结果负责，兽医当局要对检疫员有明确的资质要求。同时，为了确保其能有效开展检疫工作，还应建立一个有效系统，以实现对其工作的监督控制和信息交流。动物标识及追溯体系也应应用其中，以便追溯屠宰动物到其产地，或追溯其分销肉的去向。

22.4.6 动物产品的国际贸易出证

国际贸易中，保证相关动物、动物产品符合国际动物卫生和食品安全标准，并签发卫生证书，是兽医机构的一个重要职责。而兽医机构要对证书中涉及的动物疫病（包括人兽共患病）和肉品卫生信息负责。

22.4.7 应对食源性疾病发生

多数食源性疾病是由于食品在初级生产过程中污染了动物病原体引起的。而在应对食源性疾病中，兽医机构在两方面承担着重要职责，一是要调查食源性疾病的发生原因，二是在确定疫源后制定并实施补救措施，防止类似情况再次发生。OIE 认为，虽然兽医机构在这方面承担主要职责并发挥主要作用，但做好这些工作也同样需要人类和环境卫生专家、分析师、流行病学家、食品生产者和加工者、商人及其他有关人员的密切合作。

除上述作用外，兽医机构在通过应用 HACCP 等质量控制体系保证食品加工、销售中的质量安全也具有重要作用。兽医机构对于提高食品生产者、加工者和其他利益相关人员的食品安全认识同样具有重要作用。

22.4.8 优化兽医机构对保障食品安全的意义

OIE 认为，为了让兽医机构在食品安全保障中发挥更大的作用，对兽医人员加强教育和培训至关重要。兽医机构在提高其服务水平和能力时，应遵守 OIE 有关兽医机构评估的基本原则。

兽医机构应该职能明晰、队伍完善、运行规则健全。国家主管部门应提供一个适当的环境，以便兽医机构能以一种持续性的方式，制定并执行相关政策、标准。但在制定和实施保障食品安全的相关政策、计划时，兽医当局要与其他机构合作，以保证用协作的方式处理食品安全风险。

兽医公共卫生涉及的领域很广，但强化肉品卫生、兽药残留监控、抗生素耐药性监控以及人兽共患病防控仍是我国兽医公共卫生工作的重要方面。为此，下面 3 节将重点对肉品卫生、兽药残留监控和抗生素耐药性监控进行介绍。人兽共患病防控策略与其他重大动物疫病具有相对一致性，本书第二部分进行了系统介绍，本部分不再赘述。

23　肉品生产卫生要求

为了保障人类健康，CAC制定了一系列动物产品生产卫生规范，规范动物产品生产卫生条件和动物检疫工作，如《肉品生产卫生法典》（CAC/RCP 58—2005）、《乳及其制品生产卫生法典》（CAC/RCP 57—2004）、《蛋及其制品生产卫生法典》（CAC/RCP 15—1976）等。近些年来，OIE也在强化与CAC的合作，制定兽医在宰前检疫和宰后检验方面的行为规范。由于篇幅有限，本节只对CAC《肉品生产卫生法典》的部分内容作一介绍。

23.1　概述

肉品一直被认为是人类食物源性疾病传播的重要载体。随着生产和加工体系的改变，对公共卫生有重大意义的肉源性疾病的范围也不断发生变化，但近年来对几种特定的肉源性病原体如大肠杆菌O157：H7、沙门氏菌、弯曲杆菌和小肠结肠耶耳森菌的人类监测研究有力地证明，问题仍在不断地出现。除现存的微生物风险、化学性和物理性危害外，还出现了一些新的危害，如BSE病原。另外，消费者对适宜性问题存在期望，虽然这些问题对人类健康并非十分重要。

当今，通向肉品卫生的基于风险的一条途径是，在食品链中对降低消费者食物源性风险有重大意义的关键点采取卫生措施。这一点应以科学和风险评估为基础，并更加注重在肉品生产和深加工过程中污染的预防和控制的具体措施中反映出来。采用HACCP原理是必要的。在国家层面上，主管当局（一般为兽医行政机关）在屠宰场权限内的行为经常具有动物卫生和公共卫生双重目标。特别是在宰前检疫和宰后检验过程中，屠宰场是动物卫生监测，特别是人畜共患病监测的一个关键点。不管权限如何安排，认识到这种双重职责，并将有关公共卫生和动物卫生行动有机结合起来是非常重要的。

很多政府正在实行一些制度，重新界定在肉品卫生工作中企业和政府的责任。不管这些制度如何，主管当局均应负责对从事肉品卫生工作人员的作用进行界定，并确保满足所有的法规要求。在设计并实施肉品卫生计划时，应适当贯彻食品安全风险管理原则。另外，对于新发现的且对人类健康有害的肉源性风险，要采取常规肉品卫生措施以外的额外措施。比如，在屠宰动物中出现潜在的中枢神经紊乱则意味着需要采取额外的动物卫生监测计划。本节采用以下定义。

屠宰场： 经主管当局批准、登记并/或备案，用于屠宰并修整特定种类的动物以满足人类消费的任何场所。

动物： 指家养偶蹄类动物、家养单蹄类动物、家禽、兔类动物以及野生动物和家养野生动物。

宰前检疫： 主管人员为判断肉品的安全性和适宜性，以及决定是否处理，而对活体动物进行的任何程序或试验。

胴体： 修整后的动物尸体。

废弃物： 经主管人员的检验和鉴定，或由主管当局决定，认为不安全或不适宜人类消费而需要适当废弃的肉品。

等效性： 不同的肉品卫生体系达到相同的食品安全和/或适宜性目标的能力。

检验点： 指经主管当局批准、登记或备案，用于从事肉品卫生工作的建筑物或区域。

食品安全目标（FSO）：在消费过程中食品中的某个危害发生的最大频率和/或浓度，这些频率或浓度可以确保达到适当的保护水平。

鲜肉： 除了采取保护性的包装维持其自然特征之外，没有为了保存而采取冷冻处理措施的肉品。

良好卫生操作（GHP）：为确保食品链各个阶段的食品的安全性和适宜性，而采取的必要条件和措施。

危害： 食品中潜在的可对健康产生不利影响的微生物、化学或物理性因素或环境。

机械分割肉（MSM）：利用机械工具去骨后的产品，肉类肌纤维结构破坏。

宰后检验： 为了判断肉品的安全性和适宜性以及是否应废弃，主管人员对屠宰或猎杀动物的所有相关部分进行的任何程序或试验。

初级生产： 指食品链中的动物生产以及将动物运输到屠宰场的所有步骤；或者指猎取猎物并将其运输到野生畜禽仓库的所有过程。

过程控制： 在生产过程中为达到肉品安全性和适宜性要求而必须采取的条件和措施。

过程标准： 在某一具体步骤为达到性能目标或性能标准而采用的过程控制参数（如时间、温度）。

卫生标准操作程序（SSOPs）：它是一个文本系统，确保员工、设施、装备和器具在操作之前和操作过程中保持洁净，必要时应达到具体的标准。

23.2 初级生产

初级生产是肉品危害的重要来源。在待宰动物中存在很多危害，另外，对初级生产进行控制时也总会遇到许多挑战：如大肠杆菌 O157：H7，沙门氏菌，小肠结肠耶尔森氏菌和各种化学和物理性危害。肉品卫生工作要求考虑采用风险管理，它对减少初级生产中的风险具有重要影响。存在人畜共患病病原而不能通过感官检验或实验室试验检测到的情形下，这一点特别重要。在法规要求的验证过程中，应适当考虑初级生产中执行的自愿的或官方认可的 QA 体系。

23.2.1 适用于初级生产的肉类卫生原则

（1）初级生产方式应减少引入危害的几率，并能为用于人类消费的肉品的安全性和适宜性作出贡献。

（2）可能并切合实际的话，初级生产部门和主管当局应建立一套体系，收集、整理并利用在动物群体中存在的并可能影响肉品安全性和适宜性的危害及条件等的相关信息。

（3）初级生产应包括正式的或官方认可的为控制或监测动物群体和环境中人畜共患病病原体而进行的监控计划，对于须报告的人畜共患病应该根据要求进行通报。

（4）在初级生产水平上的良好卫生规范（GHP）应该包括诸如动物健康和卫生、治疗记录、饲料及相关环境因素，同时还应最大限度地应用 HACCP 原理。

（5）在动物认证操作中应允许追溯动物的来源（切合实际的话），必要时应进行实地调研。

23.2.2 屠宰动物卫生

初级生产者和主管当局应该紧密配合，在初级生产水平上实施建立在风险基础之上的肉品卫生计划，这些计划以文本的形式规定了屠宰动物的一般卫生状况以及维持或改善这种状况的操作规范，如人畜共患病控制计划。应该鼓励初级生产水平上的 QA 计划，包括在情况适当的情况下采用 HACCP 原理。主管当局在总体上设计并实施基于风险的肉品卫生计划时，应该考虑这些计划。为便于采用基于风险的肉类卫生计划：初级生产者应该尽可能记录动物健康状况的相关信息，屠宰场在适当情况下应该获取这些信息；应建立一套合理的反馈体系，便于屠宰场将屠宰动物和肉品的安全性和适宜性反馈给初级生产者，从而提高农场的卫生状况，在以生产者为主导采用QA体系的地方结合这些计划以提高其效率；主管当局应对从初级生产者那里获得的监测信息进行系统分析，以对肉品卫生要求进行修正。

对于具体的人畜共患病、化学危害和污染物，主管当局应该实施官方控制计划，并尽可能与其他负责公共卫生和动物卫生的主管部门进行协作。正式的或经官方认证的针对某具体人畜共患病病原的监控计划应包括以下措施：控制并根除其在动物或动物群体（如某一特定禽群）中的发生；预防新的人畜共患病病原传入；为制定基准数据和指导以风险为基础控制肉品中这些危害的方法提供监测体系；当动物群体受到检疫限制时，控制动物在初级生产单位之间以及到屠宰场的流通。

正式的或经官方认可的化学危害和污染物监控计划应包括以下措施：控制兽药和杀虫剂的登记和使用，使肉品中的残留未达到对人类消费不安全的水平；为制定基准数据和指导以风险为基础控制肉品中这些危害的方法提供监测体系。

尽可能地在初级生产水平上建立合理的动物标识体系，以便从屠宰场或检验点即可追溯到肉品的来源。

出现以下情况时，不应将动物装载运往屠宰场：当动物体表的污染程度有可能影响到屠宰和分割，且不能进行适当的处理（如清洗或修剪）时；当有信息表明动物在屠宰时可能会影响肉品安全和适宜性时，比方说发生了具体的疾病或最近使用了兽药。在其他情况，如果动物已经得到具体的认定（比如“疑似”），则可以运输并在特殊的监督下进行屠宰；或当可能存在或引起动物应激，而对肉品的安全和适宜性产生不利影响时。

23.2.3 饲料卫生

动物饲养应该遵守良好动物饲养规范，包括动物饲料的收购、处理、储藏、加工和分配以及草料生产和放牧等方面。应保留关于饲料和/或其成分的来源的记录，以便于验证。

参与饲料生产、饲料加工和使用的有关各方需要协作，以确定可能通过食品链传播给消费者的认定的危害和风险水平之间的联系。下列饲料不能饲喂动物：认为有可能给动物引入人畜共患病病原（包括 TSE）的饲料；含有化学物质（即兽药、杀虫剂）或污染物，而这些物质会在肉品中造成对人类不安全残留水平的饲料。

主管当局应贯彻有关法律，对有可能传播人兽共患病病原的动物蛋白饲料进行控制管理，如果风险管理认为是合理的，则应禁止此类饲料的使用。根据具体的采样方案和霉菌毒素最大限量，所有的加工饲料都应符合适当的微生物标准和其他标准。

23.2.4 环境卫生

在动物初级生产中，环境中不应有可能导致肉品产生不可接受风险的危害存在。主管当局应针对以下方面，设计并实施与环境相适应的监测计划：源于动植物并有可能影响肉品安全性和适宜性的危害；可能导致肉品不安全的环境性污染物；确保水及其他潜在的载体如化肥，不是危害传播的重要媒介。

相关设施应确保：圈舍、饲槽以及滋生人畜共患病病原体和其他危害的地方，能够进行有效清理；对病死动物和废弃物进行积极的加工或处理，而不至于构成人类和动物健康的食源性危害；由于技术原因而需要的化学危害性物质，应以不污染环境或饲料及其成分以及不会对人类健康造成风险的方式储存。

23.2.5 运输

23.2.5.1 屠宰动物的运输

屠宰动物的运输方式不得对肉品的安全性和适宜性造成不利的影响。

屠宰动物的运输设施应保证：污染和与排泄物的交叉污染程度降到最低；在运输过程中不得引入新的危害；携带动物原产地证明；并应考虑到避免不必要的可对肉品安全产生不利影响的应激（如引起病原隐藏的应激）。

运输工具的设计和维修应确保：能够轻易地装载、卸载和运输动物，并且伤害动物的风险很小；在运输过程中，应将不同种类的动物，以及容易导致伤害的同类动物隔离；应用栅栏、柳条箱和类似的装置来限制排泄物的污染和交叉污染；如果车辆上有多于一个甲板时，适当保护动物免于交叉污染；充分的通风；便于清理和打扫卫生。使用的运输车辆及柳条箱应当是清洁的。如有必要，在动物卸载以后，应尽快清扫干净。

23.3 待宰动物要求

只有健康的、清洁的并得到适当证明的动物才可屠宰。动物到达屠宰场后，由检验点操作员通过观察对动物进行宰前检疫。行为或外表的反常，意味着某动物或某批动物要被隔离，承担宰前检疫的主管人员应当通报相关情况。宰前检疫是屠宰之前的一项重要工作，待宰动物的所有相关信息都应用于肉类卫生体系。

23.3.1 应用于待宰动物的卫生原则

（1）待宰动物应足够清洁，以确保不会对屠宰和分割的卫生状况产生影响。

（2）待宰动物的圈养条件应最大限度地减少食源性病原的交叉污染，以便有效进行屠宰和分割。

（3）待宰动物应接受宰前检疫，宰前检疫的程序、试验、检验的过程，以及有关主管人员的必要的培训、知识、技术和能力都由主管当局决定。

（4）宰前检疫应建立在科学及对环境的适当的风险评估基础之上，并考虑从初级生产水平中获得的所有相关信息。

（5）在过程控制中应利用初级生产的相关信息和宰前检疫的结果。

（6）分析宰前检疫的相关信息，并适当将其反馈给初级生产者。

23.3.2 待宰动物圈舍的条件

待宰动物的圈舍对屠宰、分割及生产安全并适宜人类消费的肉品等多方面有重要影响。动物的洁净状况影响到屠宰和分割中胴体和其他可食部分的微生物交叉感染水平。应根据动物种类，采取适当的措施确保足够干净的动物才可以屠宰，减少微生物的交叉污染。检验点操作员采用的 QA 体系应不断提高圈舍的条件。检验点操作员保证的圈舍条件包括：设备的运作应最大限度地降低食源性病原对动物的污染和交叉污染；动物圈舍应保证动物的身体不受到损害并能有效地进行宰前检疫，比如：动物能得到充分的休息，不至于过度拥挤，必要时可挡风避雨；将不同种、类的动物隔离，如将有特殊分割要求的动物分开；并将确认为可潜在传播食源性病原的疑似动物和其他动物分开；确保只有足够洁净的动物才可屠宰；屠宰前确保饲料基本上消化完；将动物标识

（个体或批次的，如禽类）一直保留到屠宰和分割；传达单个动物或成批动物的相关信息，便于进行宰前检疫和宰后检验。

设定确认工作的频率和强度以确定圈舍条件是否符合法规要求时，主管当局或主管机构应适当重视检验点操作员所实施的QA体系。

23.3.3 宰前检疫

所有待宰动物无论是以个体或是批次为基础的，都应接受官方兽医的宰前检疫。应确认动物是否经过产地检疫，这样在进行宰前检疫时就可考虑与初级生产有关的所有特殊条件，包括相关的公共卫生和动物卫生检疫控制。

宰前检疫采用考虑活体动物的行为和外表以及疫病症状的一系列程序或方法，支持宰后检验。下列动物应该接受主管当局规定的特殊控制、程序或操作（包括拒绝进入屠宰场）：不够清洁的动物；调运途中死亡的动物；患有或疑似患有对人类或动物健康构成直接威胁的人畜共患病；患有或疑似患有受检疫限制的动物健康疾病；不符合动物身份证明要求的动物；或者主管当局提出要求（包括在兽药使用中符合良好兽医操作），而初级生产者没有给予说明或说明不够充分的动物。

23.3.3.1 宰前检疫体系的设计

宰前检疫是建立在风险基础之上的肉品生产体系的一个组成部分，有与适当部分结合的过程控制系统。在设计并实施宰前检疫体系时，应考虑屠宰群体的所有相关信息，比如动物种类、健康状况、产地。

宰前检疫（包括程序和试验）是由主管当局根据科学和风险评估方法而确定的。如果缺乏风险体系，则程序必须以当前的科学知识和操作规范为依据。宰前检疫程序和试验可以联合起来一起执行，以实现公共卫生和动物卫生目标。在这种情况下，宰前检疫的所有方面应该以科学为基础并适应有关风险。出于对公众健康的考虑，可能要采取常规宰前检疫以外的措施。

建立在风险基础之上的宰前检疫计划，其特征为：确认动物身份证明的程序符合国家法律；结合疾病的临床症状和反常现象，设计并应用与肉源性风险有关的感官检验程序和试验；考虑动物种类、动物原产地及初级生产体系等因素，修改程序使之与屠宰群体中出现的疾病和缺陷的范围和频率相适应；尽可能结合以HACCP为基础的过程控制，例如采用客观标准，确保待宰动物适当的清洁。可行时，对从初级生产单位获得信息的程序不断修改；对疑似存在而又不能通过感官检验确定的风险（如化学残留和污染物），采用实验室检验；

并且将信息反馈给初级生产者，这样可以不断改善待宰动物的安全性和适宜性状况。

23.3.3.2 宰前检疫的实施

主管当局应当确定如何实施宰前检疫，包括初级生产而非屠宰场中应用的组成部分的确认，如集约化饲养的家禽。主管当局制定所有相关人员的培训、知识、技能以及能力的要求，以及官方检验员包括兽医检验员的作用。检验工作的确认和审查应当由主管当局或主管机构承担。主管当局对确定是否符合所有的法规要求负最终责任。

在宰前检疫方面检验点操作员的旨在包括以下内容：提供主管当局要求的有关在初级生产中实施宰前检疫的可证实的信息；如动物在运输途中或圈舍中出现生育、流产等情况时，负责动物隔离；应用单个动物或成批动物的标识系统，出具宰前检疫结果，宰后则对“疑似动物”进行确认；挑出足够洁净的动物；并经进行宰前检疫的主管人员的允许，快速清理圈舍中由于代谢病、应激、窒息而死亡的动物。

动物运到屠宰场后应尽快进行宰前检疫。只有得到充分休息的动物才可以进行屠宰，但不能没有必要地推迟屠宰时间。在宰前由于不必要的延误而推迟了屠宰，如果超过 24h，则应重新进行宰前检疫。

主管当局要求的宰前检疫体系包括：应经常性地考虑从初级生产者那里得到的所有相关信息，如初级生产者对兽药使用情况的说明，危害控制的官方计划等；怀疑不安全或不适宜人类消费的动物，应做上记号并与其他正常动物分离；动物在宰后检验点进行宰后检验之前，承担宰后检验的主管人员应获悉宰前检疫的结果以便作出最后的判断。特别是当进行宰后检验的主管人员其判断疑似动物可在特定卫生条件下准予屠宰时，这一点显得尤为重要；多数情况下，进行宰前检疫的主管人员可能会将动物关在特殊的设施内进行更详尽的检验、诊断试验和/或处理；对于不安全或不适宜用于人类消费的废弃动物应立即作出标记，其处理方式也不应造成食物源性危害在其他动物之间的交叉污染。废弃原因包括必要时所进行的实验室检验结果应记录在案，并应将此信息反馈给初级生产者。

为根除和控制某种人畜共患病如沙门氏菌，根据正式的或官方认可的计划对动物进行屠宰时，必须在主管当局规定的特定卫生条件下进行。

23.3.3.3 宰前检疫结果的判定

宰前检疫结果的判定分为几下几种。

(1) 准予屠宰。

(2) 在另外圈养一段时间后，准予屠宰，但必须接受第二次宰前检疫。如当动物未充分休息时，或其生理或代谢受到临时性的影响时。

(3) 在特殊情况下准予屠宰，即推迟屠宰的疑似动物——主管人员在进行宰前检疫时，怀疑宰后检验结果可能使其部分或全部废弃的动物。

(4) 由于公共卫生原因而废弃。如肉源性危害、职业健康危害、屠宰或分割环境的不可接受的污染。

(5) 由于肉品适宜性原因而废弃。

(6) 急宰，当一动物在特定的条件下符合屠宰要求，但如果推迟屠宰会造成恶化时。

由于动物健康原因而被废弃，应根据有关的国家法律进行处理。

23.3.4 待宰动物信息

提供的关于待宰动物的信息是决定屠宰和分割程序的一个重要因素，并且是检验点操作员设计并实施过程控制的前提。主管当局在制定贯穿整个食品链的基于风险的卫生系统的卫生要求时，应分析并重视相关信息。

主管当局可以要求对待宰动物进行监测，建立屠宰群体中危害流行信息的数据库，如某种肉源性病原、超过最大残留限量的化学残留。主管当局应根据国家公共卫生目标，制定并实施这些监测工作。分析并向有关方面公布这些结果，也是主管当局的责任。

为促进在整个食品链中实施基于科学和风险的肉品卫生要求，应该有一套合理的体系，以便提供待宰动物的即时信息，将其渗透到作为过程控制组成部分的 HACCP 计划和/或 QA 计划中，并将待宰动物的安全性和适宜性状况信息反馈给初级生产者，同时向主管当局提供信息，便于进行及时的评估。

23.4 屠宰场的设施设备

只要不对肉类卫生造成损害，在仓库、屠宰加工场以及设备的设计和构造上，主管当局应允许采取多种形式。

23.4.1 适用于屠宰场、设施和装备的肉类卫生原则

(1) 屠宰场的地理位置、设计和构造应确保将肉品污染降低到可能的最低

限度。

（2）设施和装备的设计、构造和维修应确保将肉品污染降低到可能的最低限度。

（3）屠宰场设施和装备的设计应确保工作人员在工作时保持卫生。

（4）与动物的可食性部分直接接触的设施和装备，其设计和构造应便于进行有效的清理，并能有效地监测其卫生状况。

（5）应具有与特定加工体系相适应的温度、湿度和其他因素的控制设备。

（6）水应是可饮用水，可以使用不同标准的水，但不得造成肉品污染。

每一个屠宰场都应为专业人员提供适当的设施和装备，便于其有效从事肉品卫生工作。

在屠宰场内部或屠宰场外应具备必要的实验室设施，为肉品卫生工作提供支持。

23.4.2 待宰动物圈舍的设计和结构

圈舍的设计和构造不应给动物造成不必要的污染和应激，或者来自该圈舍的动物不会对肉品的安全和适宜性造成不利的影响。圈舍的设计和构造应：不至于使动物过度拥挤或受伤，并能使动物免受天气的伤害；具有适当的布局和设施，对动物进行清洗和干燥；便于进行宰前检疫；地面应有铺筑面或具有斜坡便于排水；要有充足的水供应，用来满足饮用和清洗，同时必要的话，要有投料设施；圈舍应远离屠宰场中存放可食性物质的地方。疑似动物应在隔离区域内实施隔离检疫，这些地方应当包括在屠宰前能够安全圈养动物的设施，并且排除其他动物的污染。除非在附近有主管当局认可的设施，在邻近区域必须有充足的清洗和卫生设施，便于对运输工具和板条箱进行清洗。

处理废弃动物所需要的特殊设施，其构造和装备应便于有效清洗，并应确保在盛装废弃动物时，该动物的所有部分、肠内容物和粪便不能对环境造成不适当的污染。

23.4.3 屠宰区的设计和结构

电麻区和放血区应与分割区相分离（物理上的或距离上的），这样才能降低交叉污染的几率。进行烫洗、拔毛、煺毛、刮擦和烧毛（或类似操作）的地点也应与分割区适当分离。

在进行屠宰的地方应当设计屠宰加工线，以便动物在运转中不出现交叉污染。

屠宰场需要特殊设施处理可疑或受伤的动物。设施应该满足以下条件：圈舍内可疑或受伤的动物易进入的地方；其构造应具有卫生的储存可疑或受伤动物的适当的设施；装备有清洁和卫生设施。

23.4.4 动物胴体修整或肉品存放场所的设计与建设

动物胴体的修整、肉品存放车间及其他场所的设计与布局应符合下列要求：能最大限度地避免操作中的交叉污染；便于操作过程中以及操作阶段之间的有效清洗、消毒和维修；车间的地面应有足够的坡度，易于排水；车间外面的门应为外拉型；运送动物不同部分的斜道，在必须保持卫生清洁的地方，应设立检查及清洗窗口；当同时有其他类型的动物正在被分割时，带皮的猪或其他动物的分割要有单独的车间或隔开的区域。

下列处理需使用单独的车间：清空、清洗肠子并对干净肠子进行进一步处理时（除非认为不需要分开）；在将肉与动物不可食部分分开后，肉的处理与不可食部分的处理（这些产品的处理在时间或空间上分开的除外）；动物皮张、角、蹄、羽毛与不可食脂肪等不可食部位的贮存。

应有充足的人造或自然光源以供卫生生产操作；有恰当的设施供可食脂肪的制备与贮藏；能有效地防止昆虫的侵入及滋生；为有效避免肉品的污染，提供足够的存放化学药品（如：洗涤剂、润滑剂、印油 ）以及其他有毒有害物质的设施。

应有经过周密设计、空间充裕的车间，供肉品的冷却、冷冻和冷藏。

剔骨及其他分割肉的车间应具备下列要求：设施应能保证生产中的连贯性，又能确保不同生产批次间的分离；车间温度应能调控；肉的剔骨、分割以及初步包裹区域应与包装间分离（除非有卫生控制措施保证包装不会污染肉品）。

只要不影响肉类卫生要求，当技术原因要求时，肉备品和加工肉的加工、熏制、成熟、腌制、储存和分派的车间可以使用木制品。

排水沟以及废弃物处理系统不得污染肉、饮用水源以及生产加工环境。所有的管道应不漏水，并设有阀门及排水口。滤污器、阀门以及水坑不得位于动物的修整或肉的存放区域。

肉的调度设施应有适当的空间，能有效地防止环境污染，阻止不利的温度变化。

23.4.5 动物胴体分割设备及肉品存放设备的设计与建设

动物的胴体分割或肉品存放场所使用的所有设备的设计与布局应符合GHP。动物的修整或肉品存放车间内设备和容器的设计与布局应尽可能减少污染。肉不得接触地面、墙壁或其他不得与肉接触的固定设施。

在屠宰线运作的地方，其设计既要能保证动物体、胴体及其他部分生产的连贯性，又要能避免屠宰线不同部位间以及不同屠宰线间的交叉污染。在肉备品和加工肉要循环流通的屠宰场，布局和设计要防止不同状况的产品和不同生产阶段的产品之间的交叉污染。

动物的修整或肉品存放的所有车间以及其他场所，应备有洗手设施，在必要的地方还应配备清洗及消毒设备的设施。设备的清洗及消毒设施应：能对特定的设备充分清洗、彻底消毒；放在工作间便于操作的地方；能将废水引入下水道。

盛放不可食或废弃动物组织的器具应易于识别。

场所内应提供充分的自然的或机械的通风方式以防止过热、过湿、水蒸气凝集，并保证空气不被气体、灰尘、烟雾污染。通风设施的设计与布局应符合以下要求：减少来自悬浮颗粒以及飞沫的空气源性污染；能有效地控制周围的温湿度、气味；避免空气从污浊的区域（如屠宰及修整场所）流向洁净的区域(如胴体的冷却)。

用于对加工肉和肉备品热处理的设备应该配有必需的控制装置，以确保应用适当的热处理。

23.4.6 供水

对于水的饮用品质、贮藏、温度控制、水的分配，以及废水处理的监测及维持，应提供足够的设施。设备的安装应符合下列要求：任何时间都应能供给充足的易于利用的冷热水；有热的饮用水对设备充分消毒或有等效卫生消毒系统；有温度适宜的饮用水供洗手；根据生产说明，在必要的地方使用消毒液。

为灭火、生产蒸汽、冷冻、再循环系统提供非饮用水的地方应设计并确认不会造成饮水的交叉污染。

23.4.7 温度控制

无恰当的温度、湿度以及其他环境控制措施时，病原体以及腐败微生物特别易在肉中生长繁殖。温度控制设施及设备应满足下列要求：肉的冷冻、冷却及冷藏应符合文件规定的要求；肉的贮藏温度应能满足安全及食用要求；应监控温度、湿度、空气流动以及其他环境因素以确保符合生产控制要求。

当肉类在烹调过程中产生蒸汽，应该适当地将其排出，以降低凝固的可能性，并防止弥散到邻近的车间。

23.4.8 个人卫生设施及设备

动物的屠宰，动物部分的切割，肉备品和加工肉的进一步处理都有可能由食品加工人员对肉造成交叉污染。应有必要的个人卫生设施以减少交叉污染。必要时，要为处理活畜与废弃物的工作人员提供单独的设施。

个人卫生设施应包括：在适当的位置和吃饭的单独区域，有更衣室、淋浴室、厕所、洗手池，以及干手机；易于清洗、减少污垢累积的防护服。

盛放裸露肉品的场所应备有洗手设施：位于工作间附近；非手动的水龙头；供给温度适宜的温水，并备有盛放液体肥皂以及其他洗手用品的容器；在必要的地方有烘手机以及废纸篓；能将废水引入排水沟。

23.4.9 运输方式

运输未保护肉的交通工具或船舱应具备以下要求：其设计及布局保证肉不与地板直接接触；门以及其他链合处密封良好，不得有任何污染物进入其中；必要时，应装备控制温湿度的设施。

23.5 过程控制

危及肉品的安全性因素很多，如沙门氏菌和兽药残留，生产环境如李斯特单芽孢杆菌，食品生产人员自身如肺炎链球菌和肝炎病毒。有效的过程控制包括 HACCP 和 GHP，对生产安全及适宜消费的肉品是必要的。

屠宰及修整程序中许多环节都有造成肉品严重污染的可能性，这些方面包括：去皮\羽毛、除内脏、胴体清洗、宰后检验、修整以及冷链中的进一步的处理。生产控制体系应尽可能减少这些环节中的微生物污染，并体现这些控制措施在减少对人类健康造成肉源性风险的作用。

23.5.1 适用于过程控制的肉类卫生原则

生产安全卫生、适于消费的肉，需要详细的关注过程控制的设计、实施、监测以及评审。

生产人员对生产控制体系的实施担负主要责任。在采用生产控制系统的地方，主管当局应核实它们是否符合所有的肉类卫生要求。

过程控制应基于风险分析，将微生物污染降到最低。有条件的地方都应采用 HACCP 作为一种生产控制体系，并得到采用包括 SSOPs 的 GHP 的支持。过程控制应能体现食品链危害控制的整体策略，同时应尽可能考虑初级生产以及屠宰前的相关信息。

所有动物体都应进行基于科学和风险分析的宰后检验，并应检查待检验的动物体中可能存在的危害及缺陷。主管当局应确定宰后检验的程序和试验，如何进行，必要的培训，相关人员所要求的知识、技术和能力（包括兽医及生产企业雇用人员）。宰后检验应通盘考虑来自动物的饲养、宰前检疫以及正式的或官方认可的危害控制程序的所有相关信息。

宰后检验判断应基于：人类健康的食源性风险、其他的人类健康风险，如在家中肉品偶然的裸露或肉品的处理，在相关国家法律中规定的对动物健康有影响的食物源性风险，以及适宜性特征。

如果可行，过程控制结果和宰后检验的性能目标和性能标准应由主管当局确定，并且接受主管当局的验证审核。

经主管当局批准，企业生产者可以雇用主管机构或主管人员从事规定的过程控制活动，包括宰前检疫和宰后检疫。

企业生产者有可能采用自愿或强制执行的 QA 体系，以增强肉类卫生，并且主管当局在确认是否符合法规要求时将其列入考查范围。

23.5.2 过程控制体系

高效的过程控制来自于过程控制体系恰当的设计及实施。企业对保证肉品安全及食用性的过程控制体系的实施和监控负主要责任，这些过程控制体系应结合 GHP 和 HACCP。书面的生产控制文件应叙述所采用的肉类卫生措施（包括任何的抽样程序）、性能目标或性能标准（如果有的话）、考核措施、预防和纠偏措施。经主管当局认可的主管机构或个人可以受雇于企业从事规定的生产控制活动（包括宰后检验）。这些活动应视为 HACCP 和 QA 体系的一部分。

23.5.2.1 卫生标准操作程序（SSOPs）

操作前以及操作中的 SSOPs 都应将对肉直接或间接的污染减少到最低。SSOP 体系的正确实施应确保操作前设施及设备都已经清洗和消毒，并在生产过程中维持良好的卫生。SSOP 导则可由主管当局提供，它可以包括一般卫生的最基本的卫生规章要求。

SSOPs 的特征：企业起草书面的 SSOP 程序应包括所涉及的程序及应用频率；采用专职人员负责 SSOP 的实施及监控；书面记录监控以及所采用的预防及纠偏措施，以备主管当局的检查；纠偏措施应包括产品的适当处理；企业生产者应定期评估生产控制体系的有效性。

SSOPs 的微生物考核可以利用一系列直接的或间接的方式进行。企业生产者应采用统计的方式或其他方式预测卫生趋势。

23.5.2.2 HACCP

肉类生产中采用 HACCP 体系是保障食品安全的一种预防性的生产控制方式。肉品 HACCP 计划的有效性应确保能有效达到性能目标或性能标准，同时还应考虑加工中不同批次动物间危害变异的程度。

HACCP 验证的频率应因过程控制的运作情况、企业采用 HACCP 计划的历史性记录以及验证结果的本身而异。主管当局有权批准 HACCP 计划并规定其验证频率。

HACCP 体系验证中的微生物测试，例如：关键限值的验证以及统计学的过程控制，是该系统的一个重要特征。

为达到主管当局规定的过程标准而制定的 HACCP 计划准则应该提供给企业操作员，以指导制定过程和具体产品的 HACCP 计划。准则的制定要同企业和其他利益团体磋商，可以依据加工类别的不同而有所区别。

23.5.2.3 过程控制基准参数

基于风险基础上的肉类卫生体系，设立特定操作结果的性能目标或性能标准可以大大加强过程控制的验证。在绝大多数情况下，这些标准由主管当局设立。当确定了性能目标和性能标准时，企业在生产中就能利用它们表明在食品安全方面，其产品得到了良好的生产控制。

企业应有书面的实施纠偏措施的过程控制体系，以确保其产品始终符合性能目标或性能标准。生产复查以及作为不符合性能目标或性能标准的结果，而要求的其他纠偏措施和预防性措施应正确记录。主管当局应尽可能地收集并分析所有数据，并定期评审关于国家肉类卫生目标的过程控制趋势。

条件许可时，性能目标或性能标准应客观地反映应用风险分析原则所获得的危害控制水平。当缺乏足够的关于人类健康的风险分析信息时，性能目标或性能标准可依据当前生产性能的基础调研数据确定，然后作恰当的修改以反映公共卫生目标。一旦确定了肉的适宜性特征的基准参数，其结果应在实际生产中能实现并且与消费者的期望相符。

过程控制体系结果的性能目标和性能标准有以下作用：便于生产控制体系的有效性；便于得到食品生产体系不同步骤中的操作参数；为企业生产者达到要求的性能水平，提供最大的自由度和技术改革；便于工业化生产的连贯性；为结果主导型规章及标准，如统计学上的生产控制要求（沙门氏菌的发生率）；加强危害控制，增进消费者保护水平；便于确定等效的卫生措施。

即食产品的微生物学性能目标或性能标准，过程标准和微生物学标准，根据产品的类别如非热处理和耐储存的、热处理和耐储存的、完全熟制的和不耐储存的，应该是以风险为基础的。企业根据情况按照一定频率进行微生物学验证测试。主管当局也可以进行测试以验证企业是否维持适当的控制。企业应用的 HACCP 计划应该记录病原或毒素的阳性试验所采取的纠偏措施和预防性措施。

在性能目标和性能标准以规章要求的形式确定的地方，例如：E. coli（大肠杆菌）许可量准则，无 E. coli O157：H7 标准，剧毒化学物质的最大残留限量，应向所有相关的团体解释其与适当的消费者保护水平间的联系。在有些情况下，性能标准可能是按照规定了一个生产批次产品的可接受性的微生物标准确定的，例如：依据按特定抽样程序中微生物出现或缺乏的数目、产生毒素以及代谢的量。

对于有些危害例如疯牛病，往往很难建立生产控制结果的成效标准，因此职能部门有必要采用特定的程序及试验实现对消费者的保护。诸如此类的特定的程序应在基于风险分析的基础上执行，并应通盘考虑风险管理的有效性。

23.5.2.4 规章体系

主管当局应有权制定并实施肉类卫生要求的规章制度，并对考核是否符合所有的规章要求负最终责任。主管当局应该建立规章体系（如召回、追溯、产品追踪等）及要求（如培训、知识、人员技能）。

从事主管当局特定指明的肉类卫生控制活动，如官方抽样程序，主管当局指明的宰前检疫、宰后检验，或官方认证。

考核企业生产者采用的生产控制体系是否符合诸如 GHP、SSOPs、HACCP 规章的要求。

当企业生产者不遵守规章要求时，主管当局应采取以下强制措施：生产控制恢复阶段应减少生产；停止生产，撤除不安全、不适用的肉；撤销官方的监督或主管人员的认证；在必要时，指定一些特定的处理包括召回或销毁肉品；如果过程控制体系无效或重复出现问题，撤销或暂停企业全部或部分许可、登记、注册的项目。

23.5.2.5 质量保证体系（QA）

当企业中有可核实的质量保证体系，主管当局应将其列入考虑范围内。

23.5.3 过程控制一般卫生要求

过程控制一般卫生要求应包括下列情况：清洗与消毒用水的标准适合于特定的目的，并且用水方式不得对肉品造成直接或间接的污染；设施及设备清洗中，仪器的拆卸、除去碎片、部件的清洗、使用认可的清洗剂、重复清洗、重新组装以及进一步的清洗及消毒；容器及设备的处理及贮藏应尽可能减少对肉的污染；肉品盛放场所或车间内容器或箱子（盒子）的布局，应减少对肉的污染；限制与生产无关人员进入生产场地。

当进行过程控制验证以及进行其他肉类卫生活动时，主管当局或企业应采用经过许可或其他认可的实验室。样品的试验应采用有效的分析方式。下列情况需要进行实验室测试、过程控制验证、达到性能目标或性能标准的监控、残留监控、感染个体动物的疾病的诊断、人畜共患病监控。

23.5.4 屠宰和修割卫生要求

只有准备屠宰的活体动物才能进入屠宰场，以下情况例外：需要在屠宰车间外进行紧急屠宰并且有正确的兽医记录。

只有准备屠宰的动物才能进入屠宰场，以下情况例外：需要留存处理的动物要提供屠宰场的活动物处理区给这些动物。

如果主管人员能够承担宰前、宰后检验，动物只能在屠宰场进行屠宰和修整。如遇紧急屠宰无法找到合适检验人员，则需应用主管当局制定的特别条款来保障肉类消费的安全性和适宜性。

进入屠宰场的动物不得延迟屠宰，电晕、穿刺、放血应该与胴体修整速率保持一致。

在最初的修整操作中，需要考虑以下方面减少污染：经过烫毛、燎毛或其他相似处理的宰畜应该冲洗掉所有棕毛、毛发、皮屑、羽毛、表皮和污物；除了习惯性的屠宰，放血过程中气管和食管应保持完整；放血应干净，如血用来食用，需采取卫生措施收集和处理；舌头露出并保留扁桃体；如果为了避免动物头部对肉的污染，对于某些动物种类，例如山羊、小牛、绵羊不需要头部剥皮；从头部剥离某些部位用于人类食用之前，头部应保持干净，除了烫毛和煺毛的胴体外，剥皮应便于检疫和卫生地去除某些部位；乳腺和有明显病症的乳房应及早从胴体去除；去除乳房应避免内容物污染胴体；充气剥皮或剥生皮（把气体或空气冲入皮下以使组织易于剥皮）只在符合过程控制的要求时才可用；皮/毛不能清洗、去肉屑或堆放在用于屠宰或修整的屠宰场的任何部位。

家禽或家养野禽煺毛后只能用饮用水清洗尘土、羽毛和其他污染物。在修整过程中对胴体的多步清洗，以及在每一个污染步骤之后尽快地清洗胴体，能够减少细菌沾染皮肤从而降低对整个胴体的污染（去除内脏和宰后检验对胴体的清洗很有必要，因为这是胴体进入冷却过程前唯一的净化步骤）。可以采用几种方法进行清洗：如喷淋、浸泡。

在修整过程中，应进行以下考虑减少污染：在去除内脏前应完成剥皮；应控制烫毛池中的用水以避免过分污染；尽快去除内脏；应避免从食管、嗉囊、胃、肠道、泄殖腔或直肠、或胆囊，膀胱，子宫或乳房中喷溅内容物；去除内脏过程中肠道不得与胃分离，除最初开口以防内容物喷溅外，不得有其他开口（家禽和家养野鸟除外）；屠宰和/或胴体分割后获得的胃和肠道以及所有不可食部分应尽快从胴体修整区域移走，并采用不引起交叉污染的方式加工处理；用于去除可见物和微生物污染的方法应该被证明有效，并且符合主管当局制定的其他要求；应采取不会造成进一步污染的方式从胴体去除排泄物或其他物质，达到过程控制的合适的性能目标和性能标准。

屠宰场操作人员应符合主管当局的要求，对动物可食部分的宰后检验作出说明。在宰后判断要求时，进行宰后检验之前被摘除的屠体部分应保持其属于某一个动物（或某一批动物）的可识别性。

用于屠宰或修整的设施设备可作其他用途，如在符合适当的清洗和卫生条件下，进行动物紧急屠宰。

主管当局应鼓励在屠宰场采用革新技术和程序以减少交叉污染和提高食品安全性。例如将直肠扎袋密封。

23.5.5 宰后检验

所有胴体和其他相关部分都应进行宰后检验，这应该是肉类生产风险管理系统的一部分。

宰后检验应利用初级生产和宰前检疫的信息，与头、胴体和内脏的感官检验一起，用于综合判定人类可食部分的安全性。当感官检验无法准确判定胴体或其他有关部分是否安全可靠时，应该将该部分放置等待进一步的确证检验程序。

23.5.5.1 宰后检验体系的设计

宰后检验程序应该依据科学性和风险管理方式由主管当局确定，主管当局应负责确定判定标准并考核宰后检验系统。当没有风险管理系统时，该程序可依据目前的科学知识和实践制定。

宰后检验程序和试验可以联合起来一起执行，以实现公共卫生和动物卫生目标。在这种情况下，宰后检验的所有方面应该以科学为基础并适应有关风险。

在设计和实施宰后检验系统时，应充分利用以下动物群体的相关信息，如动物种类、健康状况、原产地。

出于公共健康的考虑，除了感官检疫外，用快速筛选方法对胴体和其他相关部分的可疑危险性进行判定是必要的，如对旋毛虫 *Trichinella* spp. 的判定。

基于风险管理系统的宰后检疫程序的特点包括：感官程序和检疫程序的设计和应用应该与肉类携带的风险对可检测出的异常总数相关并且呈正比；对于特定屠宰群体中可能存在的疫病及缺陷应该考虑该群体的类型（年龄）、起源地和最初的生产系统，如对来源于猪肉绦虫存在地区的猪应进行相关部位肌肉的多点切割；如果经过风险评估判定，则需尽可能采取措施减少交叉污染的机会，如最开始对胴体和其他相关部位进行感官检验；非可食部分的检验在可食部分的判定中起指示性的作用；如经过科学调查发现传统步骤无效或危害食品安全，则需进行修改，例如幼畜淋巴结的常规切割检查异常肉芽肿；当一种疾病或条件能够产生普遍性分布，但在一个胴体或其他相关部分中发现时，则需实施更密集的感官检疫程序；当活畜诊断为阳性，如牛结核病、马鼻疽病诊断，需要在日常检疫中应用额外的建立在风险分析基础之上的检疫程序；感官检疫无法检测的需要进行实验室检测，如旋毛虫、化学残留和污染物检测；感官检验的重要结果的采用反映了基于风险分析的方法；HACCP 计划和其他过程控制行动的综合。例如对胴体粪便污染问题建立“零粪便允许标准”；程序的不断修改要考虑以批次为基础的来自初级生产者的信息；将信息反馈回最初生产者，寻求待宰动物安全和适合性的不断提高。

23.5.5.2 宰后检验的实施

屠宰后的家畜应立即实施宰后检验，宰后检验应该考虑最初生产水平以及宰前检疫的所有相关信息，如来自官方或官方认可的危险控制程序的信息、可疑动物的信息。

主管当局应该决定以下内容：宰后检验如何实施，有关人员（包括官方检疫员、兽医检疫员、非主管当局雇用的人员）的培训、获知能力、技能，实验确证的频率和密度，确定所有宰后检验和判定是否满足要求的最终责任在于主管当局。

如承担宰后检验的主管人员发现胴体和其他部分不符合人类消费安全要求，应适当予以标识，并采取措施避免与其他胴体和相关部分造成交叉污染。记录废弃的原因，必要时进行实验室确证。

屠宰场人员有关宰后检验的责任包括：保存胴体和其他部分的身份证明（必要时包括血）直到检疫完成；头部剥皮和修整应尽量满足检疫要求，例如局部剥皮便于上颌淋巴结检疫，暴露舌根便于咽淋巴结检疫；当加工需要时，进行必要的头部剥皮以便于卫生地移走可食部分；根据主管当局要求对检疫的胴体和其他相关部位作出说明；宰后检验之前，禁止屠宰场人员故意移除或修改动物疾病或缺陷证据、动物身份标记；为了炼制或其他的加工，按照主管当局允许的从内脏区迅速移去胎儿，例如收集胎血；保留所有胴体和其他要求检疫的相关部分在检疫区内，直到检疫和判定完成；在判断安全性和适宜性之前，可以对要求进一步检验和诊断测试的胴体和其他相关部分进行识别和保留的设施作出规定，应避免与胴体或其他相关部分的交叉污染；从胴体上修去入刀伤口部位；当主管当局证实重金属蓄积已超过可接受水平时，大龄动物的肝和肾脏通常废弃；宰后检验完成后使用主管当局指定的健康标志；在其他所有的能促进有效的宰后检验的方面，如获取加工记录和容易接近胴体和其他相关部分，与承担宰后检验的主管人员合作过程中。

宰后检验系统应该包括：尽可能建立在风险分析基础上的检疫程序和检验方法；确证合适的击晕和放血；修整完毕后尽快进行检疫；按照主管当局的决定，对胴体和其他相关部分，包括不可食部分的视觉检查；根据风险分析的方法按照主管当局的决定，对胴体和其他相关部分包括不可食部分进行触诊或切割；在合适的卫生控制下，为了达到对单个的胴体或其他相关部分的判定，进行额外的触诊和切割判定；在适当的情况下，用于人类消费的可食部分比那些仅以指示为目的的部分的检疫更详细。必要时对淋巴结进行系统化、多点切割；其他感官检验程序，如闻、触摸；必要时由主管当局执行或由屠宰场人员在指导下进行实验室诊断和其他检验；感官检验结果的性能目标或性能标准；执法机构可以随时放慢或终止生产过程以便进行充分的宰后检验；根据官方要求去除特定部位，如疯牛病特定的危险物质；正确使用和安全贮存健康标记设备。

主管当局和企业必要时应该记录和发布宰后检验结果。对人类和动物安全的重要疾病以及违禁的残留和污染物应报告国家级主管当局，以及畜主。主管当局应负责宰后检验结果的分析，此类分析结果应通报相关组织。

23.5.6 宰后检验的结果判定

宰后检验判定动物可食部分是否安全，应该主要建立在食源性危害对人类健康分析的基础上。判定可食部分是否健康和适宜性应考虑以下来源的信息：来源于初级生产的信息、对圈养动物的观察、宰前检疫、宰后检验，包括所需的诊断检测。

判定应尽可能建立在科学和对人类健康危险分析的基础上，并且在主管当局规定的原则下进行。只能由主管人员作出判定。当异常的可食部分经常被判定不安全和不适合人类消费并作适当处理时，判定所需的培训水平、获知水平、技能可能不高。

最初的宰后检验结果不足以准确判定可食部分是否安全时，应该用一个更详细的检疫程序进行临时判定。更详细的检疫和诊断结果未决之前，需要进一步调查的动物的所有部分应该在承担这项工作的主管人员的控制之中。

可食部分的判定目录包括：

——满足人类消费的安全性和适宜性；

——加工过程如烹调、冷冻的应用对安全性和适宜性有影响；

——怀疑不安全或不适合的，进一步的检验结果未决的；

——人类消费不安全，但假若有充分的卫生控制措施以防止其非法再次进入人类食品链的，能够用于其他目的如宠物食物、动物饲料、非食用性工业用途；

——因肉类或肉类加工过程存在危险性，证明对人类消费不安全需要处理或化制的；

——用于人类消费不安全，但能够用于其他目的如宠物饲料、动物性饲料、非食品工业用，这些都应以适当的卫生控制来阻止危险传播或非法再次进入人类食品链为前提；

——不能安全的用于人类消费，需要废弃和销毁的；

——不适合于人类消费，要求废弃或销毁；

根据国家法律对动物健康是不安全的，应根据法规要求作相应处理。

当被判定为安全的适合于人类消费的可食部分进行进一步加工时，加工说明应该被主管当局验证，以便能够消除/减少或适当去除所关注的危害或加工条件，例如进行卷曲、高温炼制和冷冻的说明。

23.5.7 宰后检验过程的卫生需求

宰后检验以后的操作包括直到零售点的所有程序，如胴体冷藏、去骨、分割、进一步的配制、加工、包装、冷冻、贮存和分发到零售点。特别应注意温度控制，新鲜胴体和其他可食部分的温度应尽快降低到抑制微生物生长或毒素形成的水平，以免造成对人类健康的危害。除非有特别情况如运输过程中的处理，否则冷链系统不应被打破。

对于家禽和家养野禽，除肾脏外，应尽快移去内脏或部分内脏，除非主管当局允许进行其他处理。

安全的、适合于人消费的肉品应：从修整区域迅速移走；处理、贮存和运输应该保护免受污染和变质；尽快降低温度和/或水分活度，除非在肌肉僵硬前切割或去骨；温度达到安全和适宜性目标。

对于卷包或包装的肉，官方卫生标记应能被看见，证明该产品符合规定要求，如需要，应能追溯到屠宰场源头。官方卫生标记如作为官方肉类卫生程序的一部分使用时，应包括批准/登记/列出的屠宰场号码，不能被重复使用，而且字迹清楚。

官方卫生标记应直接用在产品、卷包或包装上，或印在产品、卷包或包装的标签上。如需大量运输到另一个加工厂进行进一步处理、加工或卷包时，卫生标签可用在容器或包装的外表面。

存放胴体、胴体部分或其他肉品的贮存室：所有的卫生控制操作要求都应该坚持，如冷却器装载速率、进货频率、温度和相对湿度规定；胴体和胴体的部分无论是挂在架子上或放在盘子里，都应该允许充分的空气流通；应该避免液体滴落造成的潜在污染；应尽可能控制顶部设施冷凝水滴落，以防造成肉品和食品接触面的污染。

切割、切碎，机械分割，肉品的准备以及肉加工的车间或设备的设计要确保所有的工作分开进行，或者其方式不致造成交叉污染。

用于切割或去骨的新鲜肉应该按照需要逐渐转移到车间，不应该集聚在工作台上。新鲜肉在达到储存或运输的适当温度之前切割或去骨，应该迅速将温度降低到规定的水平。

当新鲜肉在僵硬之前去骨分割时：应直接从修整区运送到分割间；分割间应有温度控制，并与修整区直接相连，除非主管当局同意提供一个能达到相同卫生水平可替代的操作程序；分割、去骨、包装应不耽误，并且满足卫生过程控制需要。

23.5.8　不安全和不适合消费的动物部分的卫生要求

不安全和不适于人类消费的动物部分，应该及时放置到特别标注的斜道、容器、手推车或其他处理设施中；利用适合于组织类型和最终用途的方式进行标识；需要遗弃处理时，将肉放置在用作该用途的房屋内，用安全方式搬运到处理地（如化制间）。

23.5.9　追溯系统

屠宰场应该建立适合的追溯系统，保证流通过程中产品的召回。主管当局应该验证该系统是否合适。当企业操作员因公共卫生原因召回产品时应通报给主管当局。在适当情况下还应通报给消费者和有关利益团体。

产品的召回，要求系统能够：撤销产品，即企业操作员采取措施以阻止不安全或不适于消费的产品分发、展览或供应；召回产品，即采取措施收回已供应给消费者的或消费者可利用的不安全或不适于消费的产品；扣押产品，即主管当局采取措施以保证未作处理决定的产品不被移动或损害；它包括企业管理员按照主管当局的说明储存产品。

召回情况下制定的特殊系统取决于具体的情况和对人类健康可能的危害。在有必要收回产品的地方，涉及产品的数量可能不只来源于一个单一种类的或一个采样批次的产品。主管当局应尽可能确认企业已采取所有必要的措施确保召回的产品中包括所有的感染产品或可能被感染的产品。

企业操作人员设计的产品召回系统应该：结合标识、管理和操作程序以便快速彻底地召回有关批次的产品；提供便于追溯问题根源的相关记录；提供便于研究有关的加工投入品的相关记录；定期审查和检测；包括主管当局、消费者和其他利益团体进行适当交流的条款，特别是在涉及公共卫生问题的方面。

23.6　屠宰设施的卫生维护

企业、设备应保持在适当的修理状态，以及便于实施卫生程序和防止肉品污染（如金属碎片、泥片和化学污染）的条件。SSOP 应明确清洁方案的范围、清洁的程度、负责人、监测和记录保持的要求。

用于屠宰和胴体加工的设备如刀、锯、机械刀、取肠机和冲水嘴等，需有特殊的清洁计划。这些设备应当符合下列条件：在每次使用前，应当干净、卫生；在操作过程中和/或各操作阶段之间，通过以适当的频率浸入热水或其他可替换的方法进行清洁和消毒；当接触可能隐藏病原的异常或病理性组织时，应立即清洁和消毒；存放在不会出现污染的指定区域。

相关容器和设备在清洁和消毒之前，不能从“不可食用”区域转到“可食用”区域。

虫害控制计划对维护和保持卫生是必要的，应当遵守推荐性国际操作规范中规定的 GHP。特殊情况下，要依据使用条件，用批准的杀虫剂处理特定区域、房间和设施设备。杀虫剂和其他的虫害控制化学制剂应放置在安全仓库，由主管人员限制出入。

23.7 个人卫生

动物的屠宰加工、肉品的处理和检验存在许多交叉污染的机会。个人卫生应防止一般性污染，防止可能导致食源性疾病的人类病原体的交叉污染。

从储存生肉的房间或区域向肉备品和加工肉（特别是这些产品在烹煮时）使用的房间或区域移动的人员，要全面冲洗，更换或适当地清洗其防护服，或用其他方法将交叉污染的可能性降低到最低水平。

直接或间接接触动物或肉品可食性部分的人员，应保持适当的个人卫生标准；穿适当的保护服，并保证非弃置的防护服在工作前或工作中是干净的；如果在屠宰加工、肉品处理过程中戴手套，应保证是针对特殊工作而允许使用的特种手套，如链环不锈钢、合成纤维、乳胶，并根据说明进行使用，如在戴手套前洗手，污染时要更换和清洁手套；当与可能藏匿食源性病原体的异常动物部分接触时，应立即对手和防护服进行清洗和消毒；应用防水材料覆盖切口或伤口；防护服和个人物品应放在与存放肉品的区域相分离的地方。

企业应当具有相关人员的个人健康记录。在工作过程中，直接或间接接触动物或肉品可食性部分的人员应当：必要时在雇佣前或雇用期间，需进行体检；当临床感染或怀疑被传染源感染时，停止工作；应了解和遵守向企业管理员通报关于传染性病原的要求。

24 兽药残留的监控

动物性食品兽药残留是指给食用动物使用兽药（包括药物添加剂）后，兽药的原形及其代谢物、有关杂质蓄积或残存在动物的细胞、组织或器官内，或进入泌乳动物的乳，或产蛋家禽的蛋中，也可残留在生态环境中。近年来，随着动物生产过程中广泛使用兽药，兽药残留对人体的危害事件不断出现，引起各国政府和国际社会高度关注。OIE《陆生动物卫生法典》提出各成员要建立化学品特别是兽药残留得监控计划，CAC已在食品中兽药残留标准、指南和建议制定方面开展了一系列工作［具体工作由食品添加剂联合专家委员会（JECFA）和兽药残留法典委员会（CCRVDF）承担］。

1999年9月，CAC发布了动物产品中的兽药残留限量标准，共对肉、蛋、奶及动物肝脏、肾脏等动物性产品中的58种兽药残留限量进行了规定，具体见表24-1。

表24-1 CAC规定的动物产品中的兽药残留限量

牛					
药物	组织	数值（μg/kg）		符号	备注
Benzylpenicillin/Procaine Benzylpenicillin（青霉素/普鲁卡因青霉素G）	肌肉	MRL	50		
	肝脏	MRL	50		
	肾脏	MRL	50		
	奶	MRL	4	μg/L	
Ceftiofur（头孢噻呋）	肌肉	MRL	1 000		
	肝脏	MRL	2 000		
	肾脏	MRL	6 000		
	奶	MRL	100	μg/L	
	脂肪	MRL	2 000		
Dihydrostreptomycin/Streptomycin（二氢链霉素/链霉素）	肌肉	MRL	500	T	
	肝脏	MRL	500	T	
	肾脏	MRL	1 000	T	
	奶	MRL	200	μg/L T	

25　动物源性细菌耐药性的监管

25.1　概述

药物在维护人类及动物健康和福利方面发挥了重大的作用。现代畜禽养殖业、水产业均与药物有密切的关系，其中抗菌药使用最为广泛，占临床及预防总用药的70%左右。由于抗菌药物广泛使用所引发的耐药性问题已成为危及食品安全、动物和人类健康的一个全球性问题，WHO把细菌耐药性问题列为21世纪最大的公共安全事件之一。因此，国际社会围绕针对耐药性问题开展了大量工作，如OIE起草与修订了兽用抗菌药物重要程度列表，制定了兽用抗菌药物合理谨慎使用准则、兽用抗菌药物使用监测指南、兽用抗菌药物耐药性监测计划协调指南以及兽用抗菌药物耐药性风险评估准则等规范性文件，CAC制定了《抑制和降低抗菌药耐药性法典》等文件。

25.2　OIE关于抗菌药物重要程度的列表

OIE通过调查，采用以下两个条件作为划分级别的要素：

(1) 该种抗菌药是否极重要的回答情况。超过50%则认为符合该要素。

(2) 该种抗菌药是否是被用于重大动物疫病，同时是否有同等疗效的替代抗菌药物。如果该种抗菌药物被用以应对重大传染病，同时又没有同等疗效的替代抗菌药物，则认为符合该要素。

基于以上两点，工作组对抗菌药物的分类情况为：

VCIA：同时符合(1)和(2)的抗菌药物类兽药被认为是极重要的；

VHIA：仅符合(1)或(2)的抗菌药物类兽药被认为是较重要的；

VIA：既不符合(1)也不符合(2)的抗菌药物类兽药被认为是重要的。

按照上述原则，OIE制定了兽药中各种抗菌药的重要程度列表，具体见表25-1。

表 25-1　抗菌药重要程度列表

<table>
<tr><th colspan="3">抗菌药物</th><th>适用动物</th><th>调查问卷肯定比例</th><th>说　明</th><th>是否符合1</th><th>是否符合2</th><th>VCIA</th><th>VHIA</th><th>VIA</th></tr>
<tr><td rowspan="11">氨基糖苷类</td><td>氨基环多醇</td><td>壮观霉素</td><td>鸟类、牛、山羊、马、兔子、绵羊、鱼、猪</td><td rowspan="11">77.1%</td><td rowspan="11">在疾病治疗中广泛的应用范围和性能，使得氨基糖苷类药物在兽药中占有极其重要的地位；
氨基糖苷类药物在败血病、消化道、呼吸道和尿道疾病的防治方面都有重要的应用；庆大霉素用于铜绿假单孢菌感染的防治，几乎没有可替代药物；壮观霉素只在动物疾病的防治中使用，几乎没有经济的可替代药物供使用</td><td rowspan="11">Y</td><td rowspan="11">Y</td><td rowspan="11">Y</td><td rowspan="11"></td><td rowspan="11"></td></tr>
<tr><td rowspan="10">氨基糖苷类</td><td>链霉素</td><td>蜜蜂、鸟类、牛、山羊、马、兔、绵羊、鱼、猪</td></tr>
<tr><td>双氢链霉素</td><td>鸟、牛、山羊、马、兔、绵羊、猪</td></tr>
<tr><td>新霉素 B</td><td>牛、山羊、绵羊</td></tr>
<tr><td>卡那霉素</td><td>鸟、牛、马、鱼、猪</td></tr>
<tr><td>新霉素</td><td>蜜蜂、鸟、牛、山羊、马、兔、绵羊、猪</td></tr>
<tr><td>巴龙霉素</td><td>山羊、绵羊、兔</td></tr>
<tr><td>阿泊拉霉素</td><td>鸟、牛、兔、绵羊、猪</td></tr>
<tr><td>庆大霉素</td><td>鸟、牛、骆驼、猪、山羊、马</td></tr>
<tr><td>托普霉素</td><td>马</td></tr>
<tr><td>丁胺卡那霉素</td><td>马</td></tr>
<tr><td rowspan="2">安莎霉素-利福霉素类</td><td></td><td>利福平</td><td>马</td><td rowspan="2">30%</td><td rowspan="2">该类抗菌药物只有少数国家允许使用，并且只能用以防治少量的疾病，几乎没有可替代药物供使用；
可用于马驹的马红球菌治疗；
利福平对于治疗马类疾病极其重要</td><td rowspan="2">N</td><td rowspan="2">Y</td><td rowspan="2"></td><td rowspan="2">Y</td><td rowspan="2"></td></tr>
<tr><td>利福昔明</td><td>牛、山羊、马、兔、绵羊、猪</td><td></td></tr>
</table>

（续）

抗菌药物			适用动物	调查问卷肯定比例	说　明	是否符合1	是否符合2	VCIA	VHIA	VIA
双环霉素类		双环霉素	牛、鱼	14%	双链霉素用于牛消化道、呼吸道疾病和鱼类败血病的防治	N	N			Y
头孢菌素类	第一代	头孢菌素Ⅶ	牛	58.6%	头孢菌素类抗菌药物用于败血病、呼吸道感染和乳腺炎的防治；替代药物无论从抗菌效果还是抗菌谱方面都不理想	Y	Y	Y		
		头孢氨苄	牛、山羊、马、绵羊、猪							
		头孢噻吩	马							
		头孢匹林	牛							
		头孢唑林	牛、山羊、绵羊							
		头孢洛宁	牛、山羊、绵羊							
	第二代	头孢呋辛	牛							
	第三代	头孢哌酮	牛、山羊、绵羊							
		头孢噻呋	鸟类、牛、山羊、马、兔、绵羊、猪							
		头孢曲松	鸟、牛、绵羊、猪							
	第四代	头孢喹诺	牛、山羊、马、兔、绵羊、猪							
磷霉素类		磷霉素	鸟、牛、鱼、猪	7.1%	磷霉素只在少数国家被允许使用； 在治疗鸟类的传染病时有少量的替代药物供使用； 磷霉素对于鸟类疾病的防治极其重要	N	Y		Y	

（续）

抗菌药物			适用动物	调查问卷肯定比例	说　明	是否符合1	是否符合2	VCIA	VHIA	VIA
梭链孢酸类		褐霉酸	牛、马	1.4%	梭链孢酸用于牛和马眼炎的防治	N	N			Y
离子载体抑制剂类		拉沙洛西	鸟、牛、兔、绵羊	42.9%	离子载体抑制剂对动物疾病的防治尤为重要，因为他们能抑制动物肠道内寄生虫的生长，基本上或是根本没有可替代的药物；离子载体抑制剂对家禽疾病的防治极其重要；离子载体抑制剂只在动物疾病的防治中使用	N	Y		Y	
		马杜霉素	鸟							
		莫能菌素	蜜蜂、鸟、牛、山羊							
		甲基盐霉素	鸟							
		盐霉素	鸟、兔							
		森社菌素	鸟							
林可酰胺类		吡利霉素	牛	51.4%	林可酰胺类主要用于治疗猪由支原菌引起的肺炎、传染性关节炎和肠道出血症的治疗	Y	N		Y	
		林可霉素	鸟、蜂、牛、羊、绵羊							
大环内酯类	氮杂内酯类	土拉菌素	牛、山羊、兔、绵羊、猪	77.1%	大环内酯物被用于猪支原体感染、消化道出血症和牛肝脏肿大的防治，只有为数不多的几种替代药物；大环内酯也被用于治疗牛的呼吸道感染	Y	Y	Y		
	大环内酯C14	红霉素	蜜蜂、鸟、牛、山羊、马、兔、绵羊、鱼、猪							
	大环内酯C16	交沙霉素	鸟、鱼							
		吉他霉素	鸟、猪							

（续）

抗菌药物			适用动物	调查问卷肯定比例	说　明	是否符合1	是否符合2	VCIA	VHIA	VIA
大环内酯类	大环内酯C16	螺旋霉素	鸟、牛、羊、马、兔、绵羊、猪	77.1%	大环内酯物被用于猪支原体感染、消化道出血症和牛肝脏肿大的防治，只有为数不多的几种替代药物； 大环内酯也被用于治疗牛的呼吸道感染	Y	Y	Y		
		替米考星	鸟、牛、羊、马、绵羊、猪							
		泰乐菌素	蜜蜂、鸟、山羊、绵羊、猪							
		Mirosamycin	蜜蜂、鸟、猪							
		特卡霉素	鸟							
新生霉素类		新生霉素	牛、山羊、绵羊、鱼	31.4%	新生霉素常用于治疗乳腺炎（以乳霜形式）和脓毒症的鱼； 新生霉素只用于治疗动物的疾病	N	N			Y
低聚糖抗菌药类		卑霉素	鸟、兔	4.3%	阿维霉素常用于治疗家禽和兔类消化系统疾病，也可用于防治肉鸡坏死性肠炎； 此类抗菌药物只用于防治动物疾病	N	N			Y

（续）

抗菌药物			适用动物	调查问卷肯定比例	说　明	是否符合1	是否符合2	VCIA	VHIA	VIA
青霉素类	天然青霉素	青霉素G	鸟、牛、骆驼、山羊、马、兔、绵羊、猪	87.1%	青霉素通常被用于防治动物的败血症、呼吸道和尿道感染； 青霉素对于防治很多动物的大部分疾病都尤为重要，几乎没有经济的可替代药物供使用	Y	Y	Y		
		青霉素羟化物	牛、猪							
		苄青霉素普鲁卡因	牛、骆驼、山羊、马、绵羊、猪							
	脒基青霉素	美西林	牛、猪							
	氨化青霉素类	阿莫西林	鸟、牛、山羊、马、绵羊、鱼、猪							
		氨苄西林	鸟、牛、山羊、马、绵羊、鱼、猪							
		海他西林	牛							
	β－内酰胺酶＋氨化青霉素类	阿莫西林＋克拉维酸	鸟、牛、山羊、马、绵羊、猪、							
	羧基化青霉素类	替卡西林	牛							
		托比西林	鱼							
	酰脲青霉素类	阿扑西林	牛、猪							
	苯氧基青霉素类	青霉素V	鸟、猪							
		青霉素B	马							

（续）

抗菌药物			适用动物	调查问卷肯定比例	说　明	是否符合1	是否符合2	VCIA	VHIA	VIA
青霉素类	抗葡萄球菌青霉素类	邻氯青霉素	牛、山羊、马、绵羊、猪	87.1%	青霉素通常被用于防治动物的败血症、呼吸道和尿道感染； 青霉素对于防治很多动物的大部分疾病都尤为重要，几乎没有经济的可替代药物供使用	Y	Y	Y		
		双氯青霉素	牛、山羊、绵羊							
		萘夫西林	牛、山羊、绵羊							
		苯唑西林	牛、山羊、绵羊、马							
	苯丙醇	氟苯尼考	鸟、牛、山羊、马、兔、绵羊、鱼、猪	51.4%	氯霉素类药物在防治鱼类疾病方面特别重要，而且没有或只有很少的替代药物，氯霉素类也可作为防治牛、猪和家禽呼吸道感染的替代药物，特别是氟洛芬尼还可用于牛和猪的出血性败血症的防治	Y	Y	Y		
		甲砜氯霉素	鸟、牛、山羊、绵羊、鱼、猪							
截短侧耳素类		硫姆林	鸟、山羊、兔、绵羊、猪	48.6%	截短侧耳素只在动物疾病的防治中使用； 截短侧耳素类主要用于防治猪和家禽呼吸道感染； 由于没有替代药物，所以此类抗菌药物对于治疗猪的痢疾极为重要	N	Y		Y	
		伐奈莫林	鸟、猪							

（续）

<table>
<tr><th colspan="3">抗菌药物</th><th>适用动物</th><th>调查问卷肯定比例</th><th>说　明</th><th>是否符合1</th><th>是否符合2</th><th>VCIA</th><th>VHIA</th><th>VIA</th></tr>
<tr><td rowspan="5">多肽类</td><td rowspan="3">多肽类</td><td>持久霉素</td><td>鸟、猪、</td><td rowspan="5">64.3%</td><td rowspan="5">杆菌肽用于防治家禽的坏死性肠炎；
多肽类用于防治败血症、大肠杆菌病、沙门氏菌病和尿路感染；
环多肽则广泛用于防治由革兰氏阴性菌所引起的感染</td><td rowspan="5">Y</td><td rowspan="5">N</td><td rowspan="5"></td><td rowspan="5">Y</td><td rowspan="5"></td></tr>
<tr><td>短杆菌肽</td><td>马</td></tr>
<tr><td>杆菌肽</td><td>鸟、牛、兔、猪</td></tr>
<tr><td rowspan="2">环多肽类</td><td>黏菌素</td><td>鸟、牛、山羊、马、兔、绵羊、猪</td></tr>
<tr><td>多黏菌素</td><td>牛、山羊、马、兔、绵羊、鸟</td></tr>
<tr><td rowspan="14">喹诺酮类</td><td rowspan="4">第一代</td><td>氟甲喹</td><td>鸟、牛、山羊、马、绵羊、鱼、猪</td><td rowspan="14">68.6%</td><td rowspan="14">第一代和第二代的对二苯酚主要用于防治败血病和各种传染病，如大肠杆菌病，该病一旦暴发会造成家禽、牛、猪、鱼和其他种类动物的大规模死亡；
氟喹诺酮在防治家禽的慢性呼吸道疾病方面没有有效的可替代药物</td><td rowspan="14">Y</td><td rowspan="14">Y</td><td rowspan="14">Y</td><td rowspan="14"></td><td rowspan="14"></td></tr>
<tr><td>米洛沙星</td><td>鱼</td></tr>
<tr><td>萘啶酮酸</td><td>牛</td></tr>
<tr><td>噁喹酸</td><td>鸟、牛、兔、鱼、猪</td></tr>
<tr><td rowspan="10">第二代（氟喹诺酮类）</td><td>环丙沙星</td><td>鸟、牛、猪</td></tr>
<tr><td>单诺沙星</td><td>鸟、牛、山羊、兔、绵羊、猪</td></tr>
<tr><td>二氟沙星</td><td>鸟、牛、兔、猪</td></tr>
<tr><td>恩诺沙星</td><td>鸟、牛、山羊、马、兔、绵羊、猪、鱼</td></tr>
<tr><td>麻保沙星</td><td>鸟、牛、马、兔、猪</td></tr>
<tr><td>诺氟沙星</td><td>鸟、牛、山羊、兔、绵羊、猪</td></tr>
<tr><td>氧氟沙星</td><td>鸟、猪</td></tr>
<tr><td>奥比沙星</td><td>牛、猪</td></tr>
</table>

（续）

抗菌药物			适用动物	调查问卷肯定比例	说　明	是否符合1	是否符合2	VCIA	VHIA	VIA
喹噁啉类		卡巴氧	猪	4.3%	喹噁啉被用于防治猪的消化道疾病	N	N			Y
磺胺类药物		磺胺氯达嗪	鸟、猪	70%	某几种磺胺药能够用于防治发生在多种动物身上的由细菌、球虫或原生动物引起的疾病，它们有的单独存在而有的以二氨基嘧啶结合物的形式存在； 磺胺类药物在牛、猪、绵羊、家禽、鱼类和其他动物疾病的防治过程中占有重要地位，几乎没有可替代药物	Y	Y	Y		
		磺胺嘧啶	牛、山羊、绵羊、猪							
		磺胺地索辛	鸟类、牛、兔							
		磺胺二甲氧嘧啶	鸟类、牛、山羊、马、兔、绵羊、鱼类、猪							
		磺胺二甲嘧啶	鸟类、牛、山羊、马、兔、绵羊、猪							
		磺胺多辛	马、猪							
		磺胺异噁唑	鱼类							
		磺胺脒	山羊、绵羊							
		磺胺二甲基嘧啶	猪							
		Sulfadimethoxazole	鸟类、牛、猪							
		磺胺多辛	鸟类、鱼类、猪							
		磺胺间甲氧嘧啶	鸟类、鱼类、猪							
		磺胺	牛、山羊、绵羊							
		磺胺喹噁啉	绵羊、牛、山羊、兔、鸟类							

（续）

抗菌药物			适用动物	调查问卷肯定比例	说明	是否符合1	是否符合2	VCIA	VHIA	VIA
磺胺类药物	磺胺类＋二氨基嘧啶类	磺胺甲氧达嗪	鸟类、牛、马	70％	某几种磺胺药能够用于防治发生在多种动物身上的由细菌、球虫或原生动物引起的疾病，它们有的单独存在而有的以二氨基嘧啶结合物的形式存在；磺胺类药物在牛、猪、绵羊、家禽、鱼类和其他动物疾病的防治过程中占有重要地位，几乎没有可替代药物	Y	Y	Y		
		甲氧苄啶＋磺胺	鸟类、牛、山羊、马、兔、绵羊、鱼、猪							
	二氨基嘧啶类	巴喹普林	猪							
		甲氧苄啶	鸟类、牛、绵羊、猪							
链阳性菌素类		维吉尼霉素	鸟、牛、绵羊、猪	5.7％	维吉尼霉素是一种重要的防治坏死性肠炎的抗菌药物	N	N			Y
四环素类		金霉素	鸟、牛、山羊、马、兔、绵羊、猪	87.1％	四环素在防治许多由细菌或衣原体引起的动物疾病过程中占有重要的地位；在防治动物心水病和边虫病方面，没有药物能够替代四环素；对于其他动物疾病也几乎没有较经济的替代药物可供使用	Y	Y	Y		
		强力霉素	鸟、牛、骆驼、山羊、马、兔、绵羊、鱼类、猪							
		土霉素	蜜蜂、鸟、牛、骆驼、山羊、马、兔、绵羊、鱼类、猪							
		四环素	蜜蜂、鸟、牛、骆驼、山羊、马、兔、绵羊、鱼类、猪							

25.3 兽用抗菌药物合理使用原则

合理使用抗菌药物的目的是：维持抗菌药物的药效，确保对动物合理使用抗菌药物，达到最大的效用和安全；保证动物健康符合道德规范和经济需要；尽可能地阻止或减少耐药菌在动物中的传播；保持抗菌药物在家畜治疗中的效能；阻止或减少耐药菌或耐药决定子从动物传播到人；保持抗菌药在人类治疗中的效能，延长抗菌药物的使用期；阻止动物源性食品的药物残留污染超过规定的最大限量（最大残留限量，MRL）；保证动物源性食品安全，保护消费者。

抗菌药物的合理使用程度主要取决于市场允许（或接纳）程度和是否按照使用说明书进行用药。兽药主管部门要对涉及兽用抗菌药生产、销售和使用环节的所用机构进行注册管理。实现抗菌药物的合理使用，抗菌药物使用、管理相关方必须各尽其责。药物管理部门、生产企业、药剂师、兽医和动物养殖者等各方的职责如下。

（1）药物管理部门 对抗菌药销售行为实行许可制，对许可销售的抗菌药对食用动物和人的潜在风险进行评估，对新抗菌药物的审批进行调节以满足市场需求，采取综合措施保证抗菌药的质量和临床疗效，对其进行耐药性评估，确定其安全使用范围和正常使用剂量、使用时间、给药方式，对抗菌药物使用者进行培训以使其掌握相关要求和方法，实行处方制度以保证抗菌药物合理使用，对销售抗菌药物进行耐药性监测，制定政策鼓励抗菌药物研发和对抗菌药物广告进行审核等。

（2）生产企业 严格遵守良好生产、实验室和临床操作等生产规范以保证产品质量，报送管理部门要求提供的所有信息，按官方批准的种类、范围和程序进行生产销售和广告。

（3）药剂师 按处方分发兽用抗菌药物，并对发放情况进行详细记录，以便更有效管理抗菌药的使用。

（4）兽医 推广良好农场规范，尽量降低活畜的抗菌药使用量。兽医首先要进行正确的临床检查，并只在必要时使用最有针对性的抗菌药物，使用后要对使用情况（用药量、细菌敏感性、药物副作用等）进行记录。兽医要特别注意联合使用抗菌药物的问题，联合使用有时可阻止耐药性的产生，而有时可能导致耐药性增加。

（5）生产者 按照兽医建议采取措施，尽可能防止动物疫病暴发，按医嘱或说明书规定使用抗菌药，并执行休药期规定，妥善处理剩余抗菌药。

25.4 抗菌药物耐药性监测计划的指导原则

25.4.1 监测目的

了解细菌耐药性发展趋势；发现新的耐药性机制；为人和动物健康风险性

评估提供足够的数据；为保障动物和人类健康相关措施的制定提供基础；为指导临床开具处方和谨慎使用抗菌药物提供资料。

25.4.2　监测内容和方式

各成员要对耐药性采取主动监测及监控，被动监测和监控只能提供辅助信息。要注意调查的系统性（包括统计学方法），常规采样和监测要包括农场、市场和屠宰场。要制定监测计划，确定采样动物源、群体数及采样量；查看兽医临床检验和实验室诊断记录。

25.4.3　抗菌药物耐药性监测计划的建立

（1）采样　应按统计学方法采集样品，保证样品的代表性及采样方法的稳定性。样品量应保证足够耐药菌的检出。

（2）样品来源　包括动物、食品和动物饲料。若是动物，应该考虑牲畜类别，包括成年牛和犊牛、屠宰猪、肉鸡、产蛋鸡和/或其他家禽和鱼类。

（3）样本类型　家畜采集粪便，家禽采集整个盲肠内容物。

（4）细菌的分离　细菌菌株的分离和鉴定应遵循国际公认的操作规范。监测细菌的种类可参考表 25－2。

表 25－2　耐药性监测和监控所涉及的动物源病原菌种类

靶动物	呼吸系统病原菌	肠道病原菌	乳腺病原菌	其他
牛	巴氏杆菌属 睡眠嗜血杆菌	大肠杆菌 沙门氏菌属	金黄色葡萄球菌 链球菌属	
猪	胸膜肺炎放线杆菌	大肠杆菌 短螺菌属 沙门氏菌属		猪链球菌
家禽				大肠杆菌，弧菌属
类				气单孢菌属

（5）菌株的保存　最好永久保存分离菌株，且应按年份保存。

（6）药物敏感性试验抗菌药物的选择　人医和兽医临床使用的重要抗菌药物应是监测对象。

（7）数据的记录及保存　应定量记录药物敏感性试验结果。

(8) 结果的记录、存档及解释 应建立国家数据库，将实验结果以定量记录方式收集保存到国家数据库。记录的内容应包括采样信息和实验室检测结果两部分。包括：采样日期、动物种类/年龄/地理分布、样品类型以及菌株分离日期、细菌种类/分类特性、耐药菌株的比例，必要时应记录分离菌株的耐药表型（耐药谱）。

(9) 标准实验室和年度报告 各国应设立国家标准实验中心，该中心负责协调耐药性监测及监控计划的相关事宜，收集相关信息（原始数据、试验结果、监测系统的组织结构信息、试验方法的相关信息等），撰写整个国家耐药性情况分析年度报告。

25.5 食源性抗菌药耐药性（AMR）风险分析指南

25.5.1 一般原则

（1）应考虑由于使用非人用抗菌药而产生的食源性 AMR 对人类健康的影响。

（2）应考虑到食源性 AMR 在食品生产到消费的整个过程中的选择和传播。

（3）应考虑现有的有关风险评估和/或风险管理的国际文件。

（4）应考虑到国家和地区间在抗菌药物使用、人类接触的食源性耐药微生物、耐药决定因子及其流行情况以及可行的风险管理抉择等方面的差异性。

（5）应以《微生物风险评估准则和导则》（CAC/GL 30—1999）和《微生物风险管理实施原则和准则》（CAC/GL 63—2007）为依据，建立指导方案和原则。

（6）应明确界定食品组分、抗菌药耐药微生物及耐药决定因子和使微生物耐药性得以表达的抗菌药。

（7）监测和监督抗菌药物的使用与预防耐药性微生物的形成至关重要。

（8）食源性抗菌药耐药性风险管理抉择的收获前评估应包括与食品安全相关的动物健康状况。

25.5.2 风险分析框架

25.5.2.1 初级风险管理

当耐药微生物及耐药决定因子在人类中存在或从食物向人类转移时，可能会引发潜在的食品安全问题。风险管理者以初级风险管理工作作为风险管理过程的开始，评价食品安全问题的范畴和重要性。包括抗菌药耐药性食品安全问题的识别、抗菌药耐药性风险概况的建立、食品安全问题分级和风险评估与管理优先次序的确定、初级风险管理目标的建立、委托实施食源性抗菌药耐药性风险评估与其他信息来源。

25.5.2.2 风险评估过程

食源性抗菌药耐药性风险评估由危害识别、暴露评估、危害特征和风险特征构成。暴露评估和危害特征的工作可以同时进行。

(1) 危害识别 目的是描述相关食源性抗菌药耐药性的危害。风险评估者应参考来自于监测项目的信息和文献以识别食源性微生物的特异菌株和基因型等信息，这些微生物通过与特定的食品、耐药微生物和/或耐药决定因子以及抗菌药的结合而表现出耐药性，从而造成风险。此外，不同环境中耐药微生物或耐药决定因子的生物学特性以及同种微生物的敏感菌株或相关耐药微生物或耐药性决定因子的信息也十分重要。

(2) 暴露评估 暴露评估的基本工作包括：暴露途径的清晰描述或图示；各途径所要求的必需数据的详细说明；数据归纳。

(3) 危害特征 危害特征的步骤应考虑到危害特征、食品基质和宿主，食源性 AMR 危害特征也应包括获得耐药性的特征。由危害特征得出的结果（包括可用的量效关系）有助于将危害暴露水平转变为不良健康影响或结果的可能性。定性描述、半定量和定量模型等方法可以将暴露于耐药微生物与相关感染和疾病联系起来，并描述由耐药病原造成的不良健康影响。

(4) 风险特征 是由危害识别、暴露评估和危害特征得出的重要结果，以此来评估风险。风险特征采取的形式和产生的结果因风险管理的需要不同而有所区别。

25.5.2.3 风险管理

是在与非人用抗菌药相关的食源性耐药微生物和/或耐药决定因子的风险管理方法上为风险管理者提出建议。风险管理者应同时考虑法律性措施和非法律性措施。风险管理者应考虑食源性 AMR 风险分析结果的优势和不足，评价和选择风险管理决策并加以实施，风险管理者还应建立一个监测与审核的流程，以判断风险管理措施是否得以正确实施，所得的风险评估结果是否正确。总之，风险管理包括识别、评价、选择、实施、监测及审核等流程，必要时可进行调整。

25.5.2.4 抗菌药使用与抗菌药耐药微生物及耐药决定因子的监管

利用该信息探讨抗菌药使用与存在于人类、食品动物、农作物、食品、饲料、饲料成分、生物固形物、废水、粪便、其他废弃物制成的肥料中耐药微生物流行情况之间的关系，将这种关系作为风险概况或风险评估的前提，从而测量干扰的影响。抗菌药使用监管应尽量包括在食品动物和农作物生产中使用的所有抗菌药，并应该与人用抗菌药耐药性监管项目整合起来。

25.5.2.5 风险交流

公开的交流过程对于促进食品安全问题的精确阐释和充分理解以及达成共识尤为重要，风险管理者应将食品安全问题清晰地阐释给风险评估者、相关的消费者和企业，并应促进利益相关方之间的交流，将交流结果整合到风险分析的各阶段中。交流能使利益相关方（包括风险管理者）更好地理解各种风险和风险管理方法。

第四部分

动 物 福 利

26 概述

26.1 动物福利概念

动物福利（Animal Welfare）其实质是从满足动物的基本生理、心理需求的角度，合理地饲养动物和利用动物，保障动物的健康和快乐，减少动物的痛苦，使动物和人类和谐共处。对于农场饲养的经济动物，生产者在平衡动物需要和经济效益的基础上，能够获得健康、优质、安全的畜产品，满足广大消费者的需要。按照国际公认标准，动物被分为农场动物、实验动物、伴侣动物、工作动物、娱乐动物和野生动物六类。其中，农场动物的福利尤为重要，已到了不得不重视的程度。首先，农场动物在数量上占有绝对多数；其次，农场动物是专门进行养殖的，为人类提供必需的肉食品、毛皮等，对人类的食品安全和生存环境影响较大；再者，在农场动物的饲养、运输、屠宰过程中存在着许多明显过度追求经济效益的生产方式，对动物造成极大的痛苦，不利于动物健康成长，也使畜牧生产难以为继。

26.2 动物福利及其立法发展历程

动物福利的概念最早源于英国，随着禁止虐待动物、被动地保护动物直到善待动物、主动保护和善待动物的立法进程，不断地改变着其内涵和关注的重点。早在1596年，英国切斯特郡制定了一项关于纵狗斗熊的禁令。1809年，有人在英国国会提出一项禁止虐待动物的提案，该提案虽然在上院获得了通过，但在下院被否决。1822年6月22日，英国议院接受了爱尔兰庄园主理查德·马丁提出的《禁止虐待家畜法案》，即马丁法案，成为动物保护史上的一座里程碑。根据该法案，在全国范围内残酷对待动物的行为都将被视为犯罪行为而受到惩罚。1824年马丁又组织了“禁止残害动物协会”（后改为禁止残害动物皇家协会）。此后英国又先后制定了《禁止残酷对待动物法》（1876年），《科学试验动物法》（1986年），《饲养和买卖狗的法律》（1999年）等一系列关于保证或提高动物福利待遇的法律。

以英国的《马丁法案》为契机，从19世纪开始，西方各国先后在动物福利领域展开了立法探索。在美国，1866年4月19日，纽约立法当局通过了一项禁止残酷对待所有动物的法案，即《禁止残酷对待动物法》。1900 年，美国通过了禁止在各州之间贩运被非法猎杀的野生鸟类的《勒西法案》。1958 年，通过的《仁慈屠宰法》要求家畜屠宰场杜绝对动物施加没有必要的痛苦；1966 年美国通过了《实验室动物福利法》，该法先后于 1970 年、1976 年、1985 年和 1990 年进行了大规模的修订，并于 1999 年修改为《动物和动物产品法》。1973 年美国伊利诺伊州的《人道地照料动物的法律》也要求动物的所有者为动物提供足量优质卫生的饮用水和食物、充分的庇护所和保护、人道的照料和待遇，以使其免受恶劣天气之害。同时还规定任何人或者所有人不得抽打、残酷对待、折磨、超载、过渡劳作或用其他方法虐待任何动物。目前美国所有的州都有关于保护动物的法律，有些州的立法甚至将虐待动物的行为上升为犯罪，并通过刑法加以规制和量刑。

2000 年澳大利亚颁布了《动物福利保护法》专门禁止野蛮对待动物的行为。最近，德国国会通过一项决议，要用宪法来保障动物作为生命存在的权利。这是世界上第一个把动物权利写进宪法的国家。此外，随着经济的发展和社会的进步，广大发展中国家在动物福利立法领域也取得了很大的进展。在亚洲，新加坡、马来西亚、泰国等国和我国香港、台湾地区都在 20 世纪完成了动物福利立法。如新加坡《畜鸟法》和香港《防止残酷对待动物条例》。到目前为止，世界上共有 100 多个国家和地区出台了有关反虐待动物的立法。

此外，一些国际性非营利性机构以及民间动物保护组织也在为达成动物福利的广泛共识进行不懈的努力。如欧洲公约《关于在饲养中保护动物》第四条规定："经常地或者长久地将动物绳拴、链套或关在兽笼中，须根据已获得的经验或科学知识为它留有其生理和习性所必需的空间"。1982 年 10 月 28 日，联合国大会第 371 号决议通过的《世界自然宪章》明确指出：深信"每种生命形式都是独特的，无论对于人类的价值如何，都应得到尊重，为了给予其他有机体这样的承认，人类必须受行为道德的约束。"1986 年欧洲议会制定了《保护用于试验和其他科学目的的脊椎动物的决议》等。

近几十年来，农场动物的福利因其数量巨大、与人类食品安全密切相关而引起了广泛的关注。二十世纪六七十年代，西方一些发达国家出于农场动物生产效益和经济效益方面的考虑，选择了一系列集约化、工厂化的养殖模式，导致动物没有活动空间，正常生理行为得不到满足，进而出现动物的体质和抗病力大幅下降、畜禽疾病频发、牧场以及周边环境污染等问题。这些问题在粗放式管理条件下并不突出，却在集约化生产系统频频出现，并随着集约化程度的提高及其普及而加剧。这些问题不是动物的品种问题，也不是营养问题，更不是繁殖问题，而是集约化生产方式本身的问题，畜禽根本无法适应这一新的生产方式。因此，科学家们对现行的动物生产系统发出了质疑，提出了“动物福利”一词，其实用的内涵为通过生产工艺的改进，使动物和环境更加协调，生产过程更趋合理，减少动物的痛苦，避免诸多问题的出现，提高整体生产力水平。

26.3 动物福利基本原则

动物福利由五个基本要素组成：生理福利，即无饥渴之忧虑；环境福利，也就是要让动物有适当的居所；卫生福利，主要是减少动物的伤病；行为福利，应保证动物表达天性的自由；心理福利，即减少动物恐惧和焦虑的心情。这与世界动物福利宣言（Universal Declaration for the Welfare of Animals）中5个“F”（Five Freedoms）或称“五项基本福利”完全一致，准确译文为：

（1）为动物提供保持健康和精力所需要的清洁饮水和食物，使动物不受饥渴之苦（Freedom from Hunger and Thirst：-by ready access to fresh water and a diet to maintain full health and vigour）。

（2）为动物提供适当的房舍和栖息场所，能够舒适地休息，使动物不受困顿不适之苦（Freedom from Discomfort-by providing an appropriate environment including shelter and a comfortable resting area）。

（3）为动物预防疾病，并给患病动物及时诊治，使动物不受疼痛和伤病之苦（Freedom from Pain，Injury or Disease-by prevention or rapid diagnosis and treatment）。

（4）保证动物拥有免受心理痛苦的条件和处置方式，使动物不受恐惧和精神痛苦（Freedom from Fear and Distress-by ensuring conditions and treatment which avoid mental）。

（5）为动物提供足够的空间、适当的设施和与同种动物伙伴在一起，使动物得以自由表达正常的行为（Freedom to Express Normal Behaviour-by providing sufficient space，proper facilities and company of the animal's own kind）。

以上就是国际通认的动物福利基本原则，国内往往为动物享有的“五大自由”，即动物享有不受饥渴的自由、生活舒适的自由、不受伤病痛苦的自由、生活无恐惧感和悲伤感的自由以及表达天性的自由。国内对动物福利基本原则的这种理解大大高于其起源国家的本质要求，而且国人对“福利”一词的传统释义是高于基本保障的额外好处或利益，远不同于西方社会认为的动物福利就是要给动物提供基本的生存条件，这样必然加大了动物福利在我国立法及其在社会中运用的难度。

27 养殖过程中的福利标准

欧盟在猪、牛、鸡等家养动物的福利方面开展了许多工作，甚至通过立法加以保护。不仅如此，欧盟还反复要求 WTO 将养殖过程中的动物福利列入国际贸易规则中，以提高全球动物福利水平。但由于养殖过程的动物福利问题涉及的因素较多，特别是一些发展中国家难以做到，OIE 未将该类标准纳入《陆生动物卫生法典》中。

27.1 欧盟关于猪的最低保护标准

27.1.1 基本要求

（1）维持良好的健康状况是猪福利最基本的要求。评估猪健康保护状况的依据包括：好的卫生条件、高的管理水平以及有效的通风。接种疫苗是预防某些疾病的有效方法，但必须保证只使用经过审定的兽医药品（包括疫苗）。可以从屠宰场对猪肉检测的反馈情况中，获得关于猪群健康状况的有用信息。

（2）制定猪的健康和福利计划至少应考虑猪场和运输途中的生物安全措施、猪的购买程序、特定疾病的控制程序，例如沙门氏菌、丹毒、大肠杆菌、支原体和细小病毒病、接种疫苗的程序和时间、隔离程序、猪的混养和分组、内外寄生虫控制、残疾监测和足部护理、日常管理程序，包括打耳号、预防和控制恶癖（如咬尾）。

（3）健康和福利计划应确保猪及时得到必要的医疗检查和正确的治疗。

（4）为便于混群而使用镇静药物时，仅限于特殊情况，并要事先征求兽医的意见。

27.1.2 健康管理

27.1.2.1 残疾

猪残疾是不健康或不舒服的标志，无疑会影响猪的福利、生产性能和生产效率。若猪群大比例出现严重的残疾，则说明猪群发病或整体福利水平差，在这种情况下，必须马上寻求兽医的帮助。

若采取的措施无效果，必须立即请兽医外科医生诊治。残疾的原因有很多，及时准确地诊断其属于何种类型有助于迅速采取适当的措施。

若兽医外科医生采取的治疗措施无效，则应将其淘汰，而不应让其继续遭受病痛折磨。若在运输过程中不能令残疾动物免受更多的疼痛，则应在猪场进行屠宰，同时，若猪不能独自站立，或当站立或行走时四条腿无法支撑自身体重，则不应把猪运出猪场。

27.1.2.2 寄生虫预防

应用驱虫剂（杀虫药）或疫苗控制内外寄生虫。作为猪健康和福利计划的一部分，应以各种寄生虫本身的生命周期为基础，根据兽医建议进行驱虫处理。有机猪场的饲养管理人员更应在兽医指导下驱虫。要特别注意妊娠母猪和青年母猪进入产房前的清洗和驱虫处理。

27.1.2.3 生病和受伤的动物

若猪受伤或有生病或疼痛的迹象应立即采取措施。应首先排除是否是患必须申报的疾病，应立刻咨询兽医。

健康与福利计划应制定隔离或照顾生病或受伤动物的具体程序。猪舍应设有医疗圈栏。在医疗圈栏，应保证具有饮水和采食设施。应细心照顾不能活动的猪，保证猪能够采食和饮水。

若采取的治疗措施无效，则应立刻淘汰那些遭受疼痛且不能治愈的猪。只能将生病或受伤的猪运往兽医处诊断治疗、最近的地方屠宰，而且确保运输途中这些猪不会受到不必要的伤害。否则，不能将生病或受伤的猪运出猪场。

紧急情况下，为使动物免受痛苦，可立刻屠宰动物，但尽可能由经过培训的、既精通屠宰方法又熟练运用屠宰器械的人员操作。若非紧急情况又必须在猪场屠宰，则必须采取符合当地动物屠宰福利法令批准的方法。

屠宰后，应采取适当的方法处置死猪。目前，只在极有限的环境内，允许填埋或焚烧死猪，并要征得当地相关管理部门的同意。

27.1.3 饲养环境控制

27.1.3.1 基本要求

（1）在建造新猪舍或对旧猪舍进行改造时，必须咨询相关的福利建议。一些特型猪舍，配备了复杂的机械和电力装置，这些机械和装置的运行需要特殊的技术和管理技能，因此，应对相关人员进行必要的培训，以确保满足管理和福利要求。

(2) 建设圈栏时，圈栏内部地面必须使用易于常规清洗和消毒的材料，且便于更换。还必须保证所有的猪能够同时自由地躺卧、休息和站立，有舒适、干净和干燥的空间休息，能看到、听到和闻到其他猪。

(3) 必须经常清洗和消毒猪舍、圈栏、饲喂和饮水设备等舍内设施，以防交叉污染和致病微生物滋生。粪尿及剩料必须及时清理以减少臭味和防止招来蚊蝇。

(4) 应当为各种猪群提供足够的无障碍空间，地面面积至少如表 27－1 所示。

表 27－1

体重（千克）	空间（米^2）	猪群类别	空间（米^2）
＜10	0.15	成年公猪	＞6.00*
10～20	0.20	青年母猪，群养 规模＜6 头	1.80
20～30	0.30	青年母猪，群养 规模 6～40 头	1.64
30～50	0.40	青年母猪，群养 规模＞40 头	1.48
50～85	0.55	经产母猪，群养 规模＜6 头	2.48
85～110	0.65	经产母猪，群养 规模 6～40 头	2.25
＞110	1.00	经产母猪，群养 规模＞40 头	2.03

* 对于用于自然交配的公猪栏，其围栏面积至少应为 10 米^2，且无障碍物。

(5) 若要维修地面，可用对动物无害的涂料或木屑。旧的涂漆可能有毒，尤其是使用二手建筑材料。

(6) 对于舍外饲养的动物，应保证其不受恶劣天气的影响。

27.1.3.2 场址选择及养殖场布局

(1) 动物养殖场应建在地势平坦、开阔整齐、干燥、交通方便、背风向阳、排水良好并有足够面积的地方。场地水质良好，水源充足，便于取用和卫生防护，无有害气体、烟雾、灰尘及其他污染。养殖场周围 3 000m 无大型化工厂、矿厂、屠宰场、制革厂及饲养其他动物产生的污染源，距离学校、公共场所、居民居住区不少于 1 000m，距离交通干线不少于 500m。

(2) 畜牧场要尽量接近饲料产地和加工地，靠近产品销售地。选择场址还应考虑供电条件、饲料的方便供应和废弃物的就地处理与利用，特别是集约化程度较高的大型畜牧场，必须具备可靠的电力供应。不能选择曾发生过疫情的地方建场。

(3) 动物养殖场建筑整体布局合理，应便于防火和防疫。养殖场内分设生活管理区、生产区及粪污处理区，生产区和生活管理区相对隔离，生产区应在生活区的常年主导风向的下风向，粪便污水处理设施和畜禽尸体焚烧炉应设在养殖场的生产区、生活管理区的常年主导风向的下风向或侧风向处。养殖场内净道与污道应分开。

27.1.3.3 地面

(1) 在设计、建设和维护猪舍场面时要保证其平整、坚固、不滑，无突起物和尖角，以防对猪造成伤害。地面要与猪大小和体重相符。已损坏的地面必须马上维修。

(2) 猪舍内躺卧区地面要保持干燥，圈栏地面（包括排粪区）应能有效排水。应提供清洁干燥的垫草，并定期补充和更换，确保不损害猪的健康。

(3) 当使用水泥漏缝地板地面时，板条宽度和缝隙宽度应满足表 27-2 的要求。

表 27-2

猪的种类	板条宽度（mm）	缝隙宽度（mm）
哺乳仔猪	＜11	＞50
断奶仔猪	＜14	＞50
育肥猪	＜18	＞80
配种后的青年母猪和其他母猪	＜20	＞80

27.1.3.4 通风和温度

(1) 在设计新猪舍时，应以保证动物舒适为中心，以有效预防动物呼吸道疾病为目标。提供足够的通风，确保舍内空气质量保持在对猪无害的范围内，同时还要考虑避免影响猪生活空间的气流。

(2) 猪的排汗能力非常有限，极易受热应激影响。天气炎热时，采取可行的降温措施（包括在猪栏一角对猪吹风、提供喷雾降温系统或者用橡胶软管湿润部分地面），保证舍内温度不会太高，防止猪过热。同时应设置干燥的躺卧区，以作为猪离开较冷环境的一个选择。

(3) 活重、群体大小、地面类型、空气流速和饲料摄入量显著影响猪对温度的要求，确定适合各种情况的最低温度时，应将这些因素考虑在内。通常情况下，板条地面和低饲养水平增加温度要求，而有垫草、高饲养水平和较大的体重降低温度要求。表 27－3 给出了最小适宜温度范围。

表 27－3

猪的类型	温度（℃）
母猪	15～20
乳猪（2 周龄前）	25～30
断奶仔猪（3～4 周龄）	27～32
晚断奶仔猪（大于 5 周龄）	22～27
育成猪（食用猪）	15～21
育成猪（腌肉用猪）	13～18

（4）猪舍内的温度在 24h 内不应大幅或突然波动。日温的大幅波动可导致猪应激，从而引发恶癖（如咬尾）或肺炎之类的疾病。此时，应该保持比平时高的警惕性。

（5）清除漏缝地板下的泥浆时，应格外小心避免有毒气体（如氨气）污染空气，这些有毒气体会使人和动物致死。进行清除程序时，应保证空舍或者通风良好。

27.1.3.5 照明和噪声水平

（1）动物不应长期处于黑暗的环境中，舍内应有照明设施或有自然光照明，每天保证猪有 8h 至少 40lx 的光照。如果需要检查猪群（如正在分娩的母猪），应保证随时可以获得固定或便携式的额外照明设备。

（2）在猪舍附近避免达到 85dB 的持续噪声，同时要避免持续或突发性噪声。选择饲料粉碎机等设备的放置位置时，应利于降低其运行产生的噪声对猪的影响。不定时启动响铃或蜂鸣器（如有参观者来访时），铃声或蜂鸣声的强度应足以引起人的注意，但是不应引起家畜的惊慌。

27.1.4 饲料和水管理

27.1.4.1 饲料

（1）猪需要营养均衡的日粮以维持充分的健康和活力，每天至少饲喂 1 次。改变饲粮成分应有计划地逐步进行。对新转入的猪，应确保其能够容易找到饲料。

（2）为控制饲料摄入量而采取定量饲喂制度时，应确保提供足够的饲槽空间，使每头猪都能够同时吃到饲料。表 27－4 列出了应给每头猪提供饲槽空间的建议。

表 27－4

猪的体重（kg）	饲槽空间（cm）
5	10
10	13
15	15
35	20
60	23
90	28
120	30

（3）良好的卫生条件对饲料贮存和饲喂系统非常重要，因为不新鲜的饲料会产生对猪有害的霉菌。应定期清洁料仓。

27.1.4.2　饮水

（1）应给猪提供足够的清洁饮水。将猪转入陌生的猪舍时，应确保其能够找到饮水的位置。刚断奶的仔猪转到保育舍（通过仔猪不熟悉的乳头饮水器供水），最好在仔猪刚入舍的前几天提供备选水源。

（2）为保证给猪提供足够的饮水，应考虑可利用的总水量、流速（猪不要花费长时间饮水）、供水方式（如饮水器的类型）和时间以及所有的猪能否都接触到这些因素。

（3）表 27－5 列出了不同体重的猪每天最低需水量的建议。

表 27－5

猪体重（kg）	日需水量（L）	饮水器水最低流速（L/min）
刚断奶仔猪	1.0～1.5	0.3
小于 20kg 的仔猪	1.5～2.0	0.5～1.0
20～40kg 的育成猪	2.0～5.0	1.0～1.5
体重至 100kg 的育肥猪	5.0～6.0	1.0～1.5
配种前和妊娠的母猪和小母猪	5.0～8.0	2.0
泌乳的母猪和小母猪	15～30	2.0
公猪	5.0～8.0	2.0

（4）废水和流速过快的水对猪有害，尤其对分娩母猪和乳猪更严重。

（5）应认真考虑乳头式饮水器的安装高度，保证所有的猪都能达到饮水点。当同一猪栏内饲养不同重量的猪或猪在同一栏内饲养很长时间时，应在该栏内安装可调节高度的饮水器，或者在不同的高度都安装饮水器。

（6）在应用乳头式饮水器的猪栏，采用定量饲喂制度时，至少每10头猪配给一个饮水点；在自由采食时，保证充分的流速情况下，每个乳头饮水器足够15头猪饮水。应用水槽供水时，可以参考表27-6的建议。

（7）如果采用湿喂方式，应确保猪能够获得独立的新鲜水源。

表 27-6

猪体重（kg）	每头猪水槽空间（cm）
小于15	0.8
15～35	1.0

27.1.5 生产管理

27.1.5.1 基本要求

（1）应保证猪舍、运动场和围栏没有如电线、塑料和其他坚硬的东西，因为它们可能对猪造成伤害，或扯掉它们的耳朵标签而损伤耳朵。

（2）若有发生水灾的危险，则应采取有效的措施转移猪群。

27.1.5.2 环境丰容（enrichment）

给猪提供丰富的环境，使它们有机会玩耍、咀嚼，满足猪的好奇心。稻草是一种满足上述要求的好材料，可以满足猪的行为和身体的需要，可提供猪能吃的纤维物质，同时也可作为一种舒适的、保温性能良好的垫料。

27.1.5.3 阉割

猪场管理员应认真考虑阉割的必要性。阉割是一种损伤性行为，应尽可能避免。大于4周龄的雄性仔猪阉割时，必须由经过培训的专业技术人员或兽医在麻醉后进行。

27.1.5.4 断尾

（1）咬尾或其他恶癖（如咬耳和咬横腹部）与某些应激有关。恶癖的引发因素主要包括饲养量过多、饲料不足、温度不适、温度波动幅度大、通风不够、贼风、灰尘和有毒气体（例如氨气）过多以及环境不够丰富等。有时外界天气条件的变化也能引起恶癖的暴发。

（2）咬尾一旦发生，就会在栏内迅速传播，伤害程度也会迅速增加。应确保受伤的猪及时转入治疗栏并进行治疗，尽可能找出始发者，并把它转入另一栏中，单独饲养。

（3）通常情况下断尾是不允许的。只有已经证明通过改善环境和加强管理对缓解猪恶癖无效后，作为最后的措施，才使用断尾。若必须断尾，应由经过培训的专业技术人员或兽医，在猪出生 7 天前进行操作。如在 7 日龄后断尾，则需由兽医麻醉后进行。操作过程所使用的仪器设备，必须干净无污染。

（4）作为猪群健康和福利计划的一部分，应该有一个针对猪恶癖（如咬尾）的对策。推荐一套全面的评估方案和计划措施，以分析某一猪场暴发恶癖的特定原因，找出最合适的解决问题的措施。

27.2 欧盟的鸡蛋生产系统

欧盟的鸡蛋主要是在笼养系统下生产的。1986 年，欧盟通过立法确定了蛋鸡的最低保护标准。新法律要求从 2003 年开始将增加蛋鸡最低空间，从 $450cm^2$ 到 $550cm^2$。此后，使用笼养系统的生产者必须要提供 $750cm^2$ 的空间，并且笼子中必须要设置巢箱和栖木。到 2012 年，欧盟对蛋鸡的最低空间要求将接近现在第三国包括美国规定空间要求的 2 倍。每只鸡所分配空间将是影响生产成本的重要因素。

（1）欧盟鸡蛋生产现状 大约有 3.05 亿只鸡，其中 91%为层架式笼养，4%为大棚养殖，5%为散养。从 2004 年开始，欧盟的鸡蛋生产系统需要标签。

（2）瑞士鸡蛋生产现状 仅有 200 万只蛋鸡，其中 70%为层架式笼养，30%为散养。鸡蛋生产体系中，对生产者有各种补贴。不符合瑞士标准而进口的鸡蛋，必须表明鸡蛋产自笼养系统。

（3）美国鸡蛋生产现状 大约有 2.43 亿只蛋鸡，其中 99%饲养在笼养系统中。

对其成本进行核算，2003 年欧盟蛋鸡最低占有空间从 $450cm^2$ 提高到 $550cm^2$ 时，生产成本增加 8%（每打鸡蛋增加 5 美分）。如果全部过渡到改良的笼养系统或棚舍系统时，则增加 16%（每打鸡蛋大约增加 10 美分）。

因此，高的福利标准意味着高的生产成本。到 2012 年，美国和欧盟将会有很大的不同，在某种程度上，美国的生产者可以出口新鲜的笼养鸡蛋到欧盟市场（即使是有全额关税和运输费用），甚至在鸡蛋产品方面也具有一定的优势。

瑞士早在1992年就已禁止使用笼养系统。面对这种高成本生产，有必要采取一定的措施来确保高福利生产者不会处于竞争劣势中。RSPCA和欧盟动物福利代表人员认为下列的政策可以实施：对生产者进行直接补贴来抵消高福利标准造成的生产成本提高；欧盟对鸡蛋的关税水平不降低；对高福利的鸡蛋及其产品实行配额制度；对鸡蛋及其产品的出口补贴进行再分配，以支持动物福利；进一步减少饲料成本；以强制性标签来表明鸡蛋及其产品的生产方法，并扩大宣传，增加消费者对鸡蛋生产方法的了解（欧盟对境内生产的鸡蛋加贴“笼养”或“散养”标签，但由于担心标签制度违反WTO规则，因此最终决定此指令仅适用于欧盟境内，对第三国进入欧盟市场的鸡蛋只需标出产品来源国）。

如果欧盟不采取这些措施，实施动物福利改革将会受到一定影响。有些人士认为：大量的欧盟产品会被低福利标准的进口产品代替，WTO规则可以视为鼓励低福利价格竞争，或者是挫伤了想要提高动物福利国的积极性。

28 运输过程中的福利标准

由于进行国际贸易的动物要进行长距离运输，故 OIE 对陆运、海运和空运过程的动物福利标准进行了极为详尽的规定。由于篇幅所限，本节对空运中的福利要求作一介绍。

28.1 动物的基本行为特征及其合理利用

大多数家养牲畜是群体饲养的，具有明显的等级划分，会本能地跟随一只领头动物进行移动。因此，成群驱赶比单体驱赶更为容易。此外，个别动物会攻击群体中的其他成员，特别是不同种群中的动物，因此在运输中应尽量避免混群。

动物有不同范围的安全区。安全区的大小会因物种、同物种中的个体以及与人类接触经验的不同而不同。若要驱赶动物，必须进入安全区。若使动物保持安静，应离开安全区。

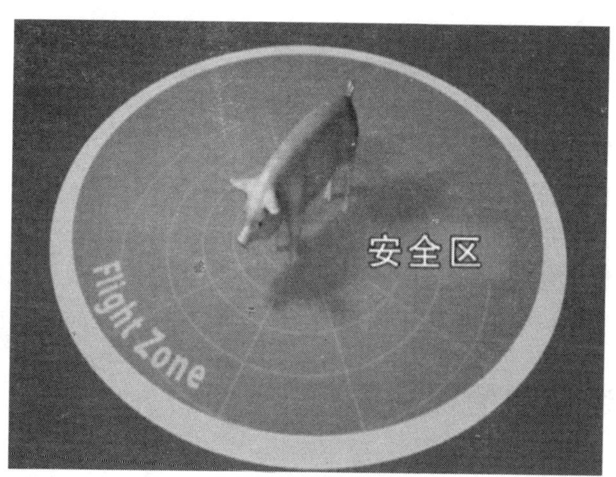

图 28-1 安全区的例子（猪）

（图片来源：WSPA 中国人道屠宰项目培训教材）

在家畜的肩部有一条虚拟直线被称为平衡点。当人们在安全区的范围内越过家畜肩部时，会使其掉头向后移动。利用平衡点和安全区，可以很容易使家畜前行、转弯、掉头和停止。

图 28-2　平衡点的例子（猪）

（图片来源：WSPA 中国人道屠宰项目培训教材）

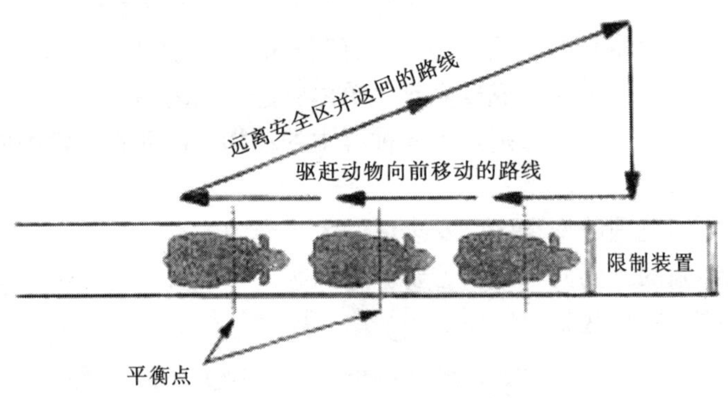

图 28-3　驱赶牛向前时处置者的移动方式

（图片来源：OIE 动物福利法典）

猪、牛等家畜的单目视觉范围较宽，但用于看清前方的双目视觉的范围很有限，因此它们对深度的感知能力较差。它们虽然可以察觉到两侧和后方的物体及其移动，但只能判断出正前方的距离。应提供具有良好照明的卸载平台并使斜坡应尽可能的接近水平且防滑。理想条件下，应使用液压式升降机来达到更高的位置。它们一般也不善于通过台阶，因此台阶不应高于它们的前膝。

28.2　空运动物的福利原则

28.2.1　集装箱的设计

(1) 基本要求　要与装运动物用飞机货盘的标准尺寸相配；不能用对动物健康或福利有害的材料建造；可以观察动物，在正面用国际空运联盟（International Air Transport Association，IATA）符号标记，并标明动物和垂直放置方向；在紧急情况下可以接近动物；允许动物以正常姿势站立但不触及集装箱箱顶，至于开放式集装箱的挡网，当动物以正常姿势站立时，在动物头部上方至少留有10cm的空间，对于马属动物，其顶部应留有足够的空间（建议：21cm），以便运输时保持身体平衡；保护动物免受恶劣天气影响；保证动物在地板上站立而不致滑倒或受伤；要有足够的强度以保证动物安全，并防止其逃跑；门应容易打开和关闭，但要安全，不会发生意外自动启开；应无铁钉、螺栓和其他能导致伤害的突出物或利器；设计时应考虑到被装运动物的所有部位，将可能被卡、塞的风险降低到最低限度；如果重复使用，板条箱要用不透水的材料建造，而且易于清洗和消毒；保证粪便和尿液不会从板条箱中漏出，这就需要其底部至少向上翻转20cm，但绝不能堵住任何开放通气孔；若层叠放置时，层叠放置应当稳固，不能堵住任何通气孔，并确保粪尿不会渗入下层集装箱；运输时间超过6h，应配备供水和喂饲设施。

（2）通风要求 集装箱设计应当：应将畜群密度，出发地、目的地及中途停留地的最高温度和湿度等条件都考虑在内，提供足够的通风；对于某些动物品种和幼龄动物，应提供正常休息或睡眠位置；保证集装箱内没有空气流通死角；墙面通风口的面积应为墙面的16%。如果集装箱上部敞开，可以减少；对于两层集装箱，其侧面通风口，对牛来说不少于每层底面面积的20%，对猪和绵羊来说应增加到每层底面面积的40%；板条箱四面均应有通风口，除非板条箱靠近飞机的通风处，其中两面墙可以减少通风空间，但另两面墙要相应增加通风空间；任何内部支持物或分隔物不可堵住通风口；在动物正常休息的头顶上方，不能有坚硬的墙；对于那些嘴通常贴近地面的动物，应在与动物头部水平处设有至少25cm（10in）的通风口。该通风口应分为两个，一个最大高度为13cm，所有集装箱的四个侧面，都应在底面上方25～30cm（10～11in）处设有一个足够大的通风口，保证空气流通；要用一些物理方法保证通风空间不被堵住，例如在集装箱和货盘外侧之间用楔子隔开或留有空间。

（3）不同动物的具体要求 以猪为例：作板条箱设计和装运计划时，应考虑到猪对高温和高湿非常敏感，而且它们通常喜欢把头贴到地面；应用多层板条箱时，应特别注意空气在箱内流通，并与航空器通风方式和散热能力保持一致；板条箱的建造应考虑到成年猪嗜好啃咬；垫料应无尘，也可使用刨花和其他无毒材料，但不可用锯屑；只有在即将启运时，才可为未成年猪建造集装箱，因为如果启运延误，由于小猪快速增长可导致集装箱尺寸相对过小；为了避免咬斗，在启运前应将猪群分组栏关在一起，在往飞机上装载时，不可与其他猪相混；性成熟公猪和不合群的母猪，应单独使用板条箱运送；单独的板条箱应比猪体长20cm（8in），比猪背高15cm（6in），并要有足够的宽度供猪只侧卧。

28.2.2 妊娠动物运输指南

除非在特殊情况下，妊娠后期母畜不应运输。启运前，最后一次授精或与公畜交配超过下述时间（仅供参考）的妊娠母畜不能运输。当最后一次授精或与公畜交配时间不清楚时，应请兽医人员检查，确定妊娠状况，防止在运输途中分娩，或带来额外的麻烦；任何表现有乳房充盈和骨盆韧带松弛的动物不应运输。

表 28-1 母畜不宜运输的孕期时间参照表

母 畜	授精或与公畜交配后天数
马	300
母牛	250
鹿（斑鹿，扁角鹿和梅花鹿）	170
（红鹿，驯鹿）	185
母羊（绵羊）	115
母羊（山羊）	115
母猪（猪）	90

28.2.3 畜群运输时的密度

应当继续采用国际航空运输协会（IATA）认可的畜群密度，表 28-2 所示的空间要求可根据当时运输动物的大小进行适当调整。

表 28-2 畜群密度计算表（kg 和 m）

畜种	体重（kg）	密度（kg/m^2）	空间（m^2/动物）	每 $10m^2$ 动物数量	每层动物数	
					224cm×274cm	224cm×318cm
小牛	50	220	0.23	43	26	31
	70	246	0.28	36	22	25
牛	300	344	0.84	12	7	8
	500	393	1.27	8	5	6
	600	408	1.47	7	4	5
	700	400	1.75	6	3	4
绵羊	25	147	0.20	50	31	36
	70	196	0.40	25	15	18
猪	25	172	0.15	67	41	47
	100	196	0.51	20	12	14

28.2.4 动物的混群

（1）应将饲养在一起的动物保持在原有群体中；应一起运输具有较强群居关系的动物，如母亲与后代。

（2）如果必须要将同种类不同群体的动物混在一起，则应将具有攻击性的个体分离出来。

（3）应将年幼或小型的动物与年长或大型的动物分离开，正在哺乳的雌性动物和身边的幼崽可以除外。

（4）不应将带角的动物与无角个体混在一起，除非能够判定它们可以融洽相处。

（5）只有在判定可以混合的前提下才能将不同种类的动物进行混合。

28.2.5 牲畜空运的准备

动物易受极端温度影响，在高温兼有高湿时，这一点特别明显。因此，在计划运输时，应考虑温度和湿度。到达、出发及停靠时间应当安排在最凉爽的时候飞机着陆。当着陆点外面温度低于25℃时，机舱门应当打开以保证足够通风。此时，应当从政府当局得到确认，其动物卫生法规无碍机舱门打开。着陆点外面温度超过25℃时，当飞机着陆时，应事先安排有足够的空调装置。

出发、中转及目的地机场必须做好保证容留和装载设施的专门安排，如斜坡梯、运货车和空调装置等，还应包括负责验证的特殊职员，以及与其联系的方法如电话号码和地址。出发前，必须立即将特殊通知发给目的地和中转站所有负责提供设施或设备的人员。集装箱装载动物时应确保任何时候都能触及动物。

出发前，动物必须提前接种疫苗，提前日期应足以使动物产生免疫力。家畜装运前几周应准备好健康证书，并做完血清学试验。许多动物在运输前需要适应环境，如猪和野生草食动物必须分开，并分组装箱，在运输前或在运输过程中动物混群发产生强烈的应激反应，应当避免。不适应的动物应单独运输。

此外，运输前应做好相关消毒和灭虫工作。

28.2.6 牲畜空运的过程控制

（1）放射处理 行程不超过24h时，放射活性物质必须和活动物相隔至少

0.5m；行程超过24h时，至少相距1.0m（参考资料：国际民用航空组织关于贮存和装载间隔的技术说明）。对孕畜、精液和胚胎/卵应特别注意。

（2）镇静处理 镇静剂可减少动物的运输应激反应。但经验证明，给空运动物使用镇静剂有很大风险，此外，不同动物对镇静作用的反应不可预见。因此，通常不推荐使用镇静剂。镇静剂只有在出现特殊问题时方可应用，而且应当由兽医或受过训练的人员使用。使用这些药物的人员应充了解这些药物在空运时的效果，对某些动物如马和大象在集装箱内不应躺下，在飞行期间，药物只有在机长认可和同意下才可使用。

在所有情况下，使用镇静剂时，应将记录贴在集装箱上，记明使用药物的一般名称、使用剂量和给药时间。

（3）急宰 一般说，只有在飞机、空勤人员或其他动物的安全受到威胁时，才可对机内动物实施紧急屠宰。运输动物的飞机应配备最小痛苦杀死动物的方法，并有受过此种方法训练的人员。在运载马或其他大动物时，在运输计划阶段就应与航空公司讨论动物宰杀方法。可行的方法有：先用电击晕器，然后注射致死性化学药品；注射化学药品；火枪击毙（航空公司不允许使用能发射子弹的火枪，因为对飞机有危险）。

此外，《陆生动物卫生法典》还规定了病死动物、废弃饲草饲料的处置办法。

29 屠宰和扑杀动物时的福利标准

29.1 屠宰怀孕动物时对幼仔的处置

(1) 正常情况下，若能推算出怀孕动物在到达屠宰厂时会进入其孕期的最后10%阶段，则不应运输和屠宰该动物。若遇到此情况，处置人员应单独处置雌性动物，并采用下面描述的特定操作程序。应始终保护胎儿和雌性动物的福利。

(2) 为了确保胎儿完全失去知觉，不应在母畜断颈或胸部刺杀后的5分钟内将胎儿从子宫内取出。

(3) 如果从子宫内取出的是活的成熟胎儿，则应防止其肺部扩张并呼吸到空气，比如可以夹住它的气管。

(4) 如果不收集子宫、胎盘或胎儿组织（包括胎儿血液）进行后期加工的话，应将胎儿留在子宫内直至死亡。如果需要收集的话，则应在母畜颈部或胸部被刺杀并等待至少15～20min后才可将胎儿取出。

(5) 若怀疑幼仔还有知觉，应使用适合型号的击晕枪或钝器击打其头部将其致死。

(6) 上述建议与拯救胎儿无关。拯救胎儿指的是在解剖母体时发现活着的胎儿并试图使其复活的行为。在商业化屠宰中不应尝试拯救胎儿，因为它可能会给胎儿造成严重的福利问题，比如在抢救未完成前因缺氧而导致脑部功能受损、由于胎儿未成熟而导致其呼吸和身体产热功能降低，以及由于缺乏母乳而使疾病感染的风险上升。

29.2 伤残动物的处置

(1) 对伤病猪的处置原则

a. 对有病或受伤的猪应立即宰杀。不具备立即宰杀条件时，应采取减少痛苦的方法将其转移至伤残生猪圈舍中。

b. 应采用致昏后放血的屠宰方式宰杀伤残生猪。

c. 执行紧急宰杀任务的员工应能正确识别有效的致昏迹象。

d. 应全天为伤残生猪圈舍中的生猪提供清洁饮水。

（2）对伤病牛的处置原则 同伤病猪的处置原则。处死方法包括子弹射击、撞击（只适用于超过 8 月龄的牛）、击晕枪和电击致昏（只适用于小牛），或者也可以由兽医将过量的麻醉药物注射进动物体内，使之立即失去意识并随之死亡。

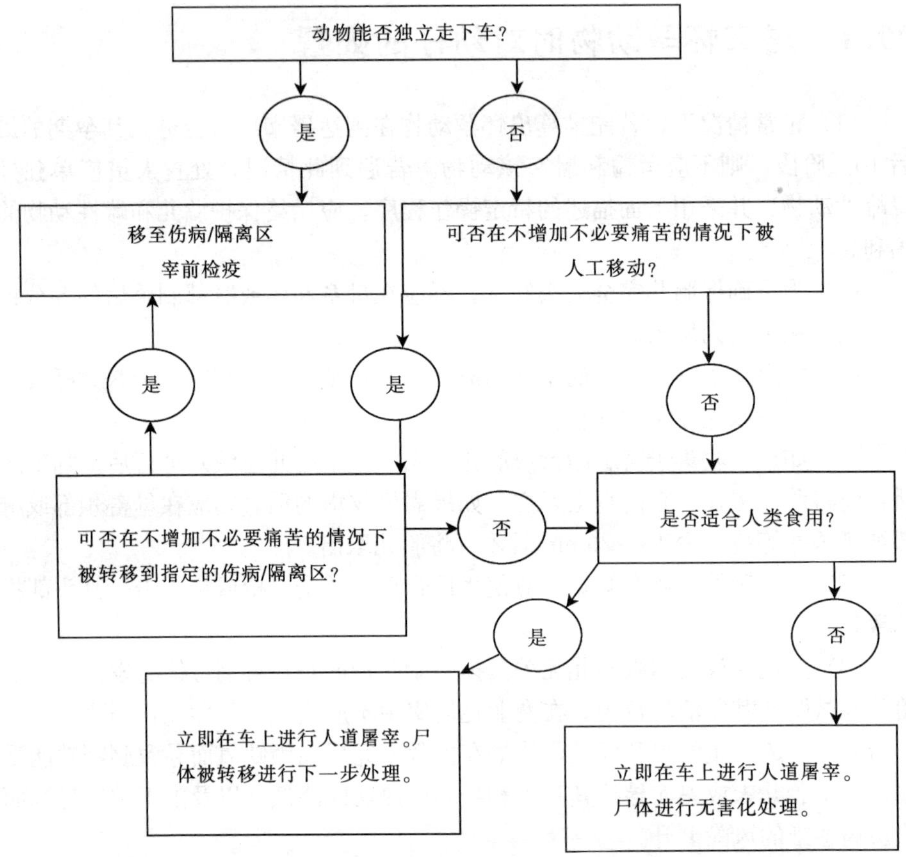

图 29－1 伤病猪的处置流程

流程图来源：《WSPA 人道屠宰项目培训教材》

29.3 屠宰动物的致昏方式

29.3.1 猪的致昏

（1）机械致昏 采用击晕枪击晕的最佳位置是位于双眼连线上方，沿着脊髓延伸线的方向射击。

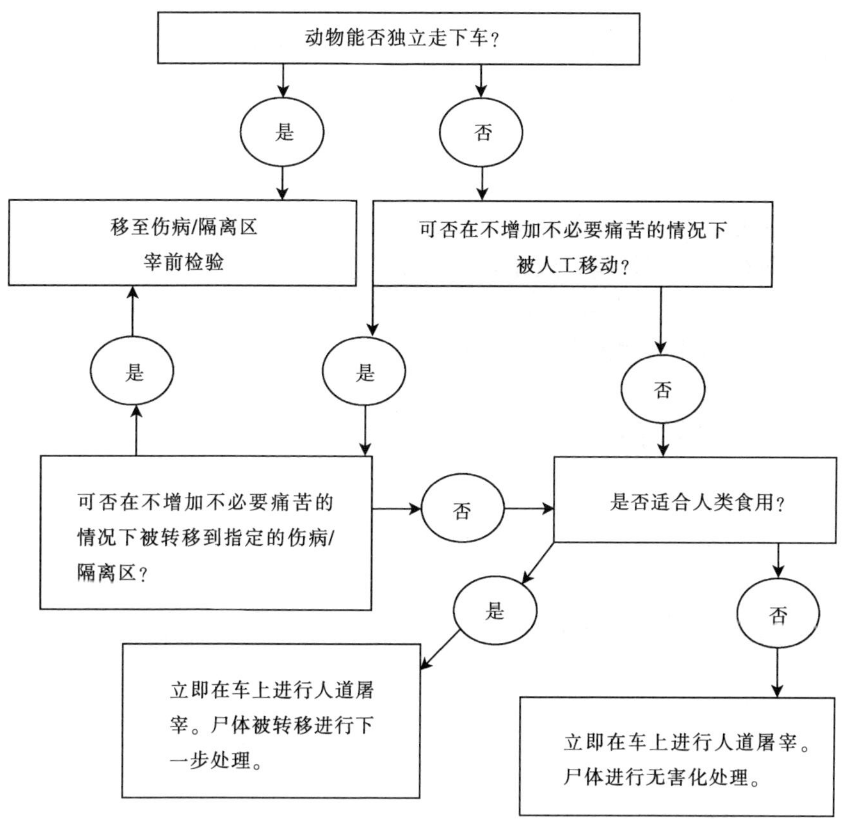

图 29-2 伤病猪的处置流程

（流程图来源：WSPA 人道屠宰项目培训教材）

图 29-3 使用枪械人道地宰杀猪

［图片来源：人道屠宰协会（2005）第 3 号指导性说明］

注意：击晕枪对成年母猪和公猪不是百分之百有效，因此它不是击晕该动物最适合的方法，通常只将它作为急宰时的致昏工具。

(2) 电击致昏

a. 生猪被有效电击致昏是一个可逆过程，包括僵直期、抽搐期。僵直期的主要特征包括：

- 瘫倒并逐渐僵直；
- 节律性呼吸停止；
- 前肢伸直，后肢弯向身体。

抽搐期的主要特征是四肢无规律踢蹬。

b. 头部二点式电击致昏的电流不应低于 1.3A，通电时间 1～3s。头部＋心脏的三点式电击致昏的电流不应低于 1.3A，通电时间 1～2s。

29.3.2 牛的致昏

(1) 机械致昏 采用击晕枪进行击晕的最佳位置为从眼睛后方与对侧角基部的两条对角线的交叉点。

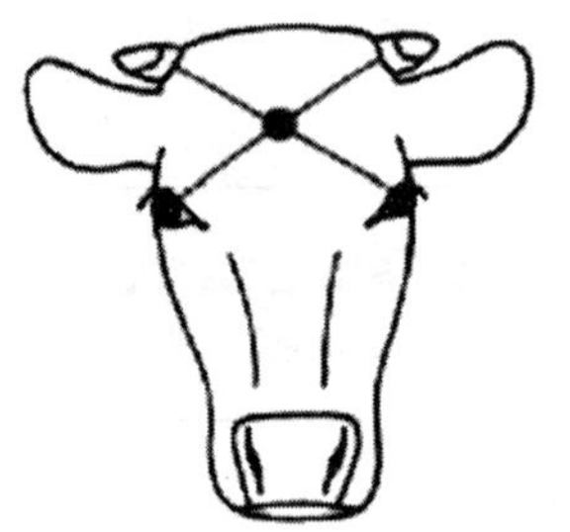

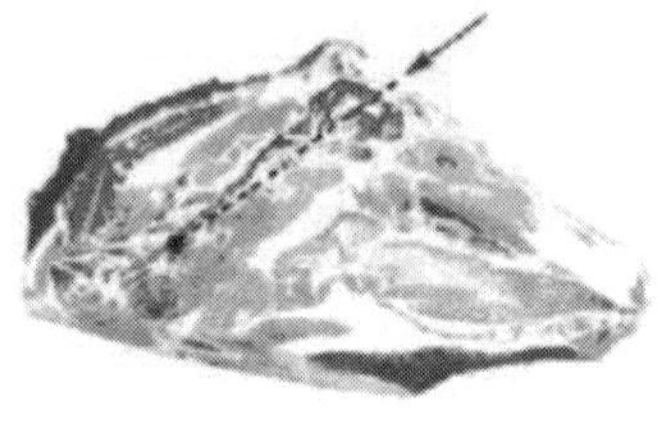

图 29-4 使用枪械人道地宰杀牛

图片来源：人道屠宰协会（2005）第 3 号指导性说明

(2) 电击致昏 电击设备应提供足够的电压以保证能够持续输出所需的最小电流。针对成年牛推荐的最低电流值为 1.5A，针对小牛（小于 6 月龄）推荐的最低电流值为 1.0A。

29.3.3 家禽的致晕

(1) 水浴电击晕

a. 在拴挂线上不应有急弯或陡坡，拴挂线应尽可能短并且要与传送速度相匹配。胸部抚摸板可以有效减少扇翅并使家禽安静下来。为了确保家禽在进入水浴池时保持安静、不会扇翅且不会受到电击前的惊吓，应考虑接近水浴池入口处拴挂线的角度、入口处的设计以及如何排掉池中溢出的“活”水。

b. 应使家禽稳固地待在挂钩上，但不应在其小腿部位产生过大的压力。在致晕前的倒挂时间不能超过 30s。如果生产线停止运行的时间超过了 60s，则应立即人道处死位于拴挂点到刺杀点之间的鸡。

c. 根据家禽类型，水浴池应足够大和足够度，其高度应可调，从而使家禽头部都可浸入水中，并浸没至家禽的翅膀根部。水池内的电极应该与水池等长。

d. 水浴电击设备的控制箱上应有可以显示通过家禽总电流值的电表。

e. 拴挂前，最好先弄湿挂钩上与腿部接触的部分。为了提高水的导电性，还可在水浴池内加入盐，并定时补充以便维持水池中恒定的盐度。

f. 使用水浴池时，家禽是成组致晕的，而且不同的家禽会有不同的电阻。应调节电压从而确保每只家禽都能获得所需的最小电流。在使用 50 赫兹的正弦交流电时，人们发现以下数值是有效的：

种类	最小电流（mA/只）
肉鸡	100
蛋鸡	100
火鸡	150
鸭和鹅	130

g. 当使用高频电流时，则需要更大的电流。

频率（Hz）	肉鸡（mA/只）	火鸡（mA/只）
＜200	100	250
200～400	150	400
400～1 500	200	400

h. 每只家禽的通电时间应至少持续 4s。应确保进入烫毛池的家禽是无意识的或已死亡。

i. 在自动化系统中，若没有在致晕和放血环节采用故障自动防护系统，则应准备手动备用系统，从而将那些没有通过水浴电击池和/或自动颈部切割机的家禽立即致晕和处死。

j. 为了减少到达颈部切割机却没有被有效致晕的家禽数量，应采取措施避免让体型较小的鸡混入体型较大的鸡中，并且应单独致晕小型鸡。

k. 家禽有效致晕的表现包括：

- 立刻进入僵直阶段——颈部拱起，腿部伸展，身体持续颤抖，翅膀贴近身体并收紧，眼睛睁大，呼吸停止；
- 随后肌肉会出现完全放松的现象；
- 接下来抽搐阶段的表现很微弱——腿部会踢蹬，翅膀也会运动，但并不会扇翅。

29.3.4 羊的致晕

(1) 机械致晕

- 无角绵羊和山羊的最佳致晕位置是头部的正中线。

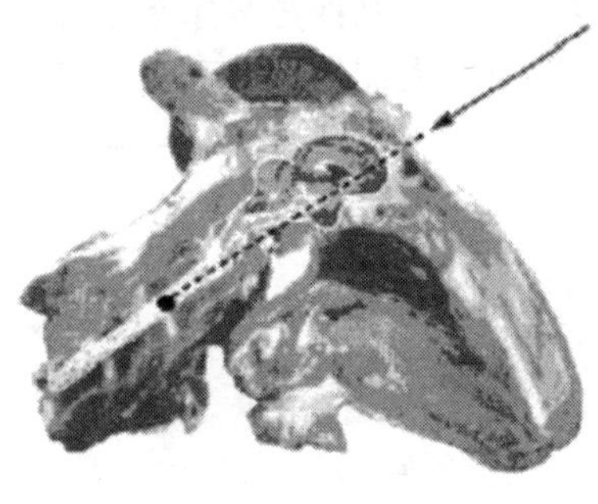

图 29-5 使用枪械人道地宰杀绵羊

简图来源：人道屠宰协会（2005）第3号指导性说明

- 对于有角的绵羊和山羊来说，最佳的致晕位置是头顶毛发部位的后方，沿着下颌的角度瞄准。

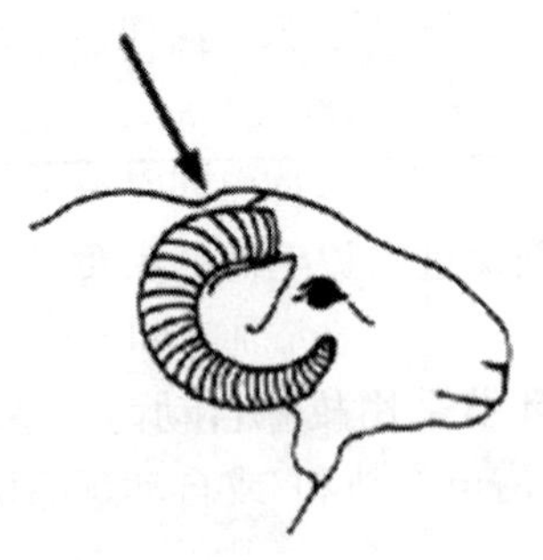
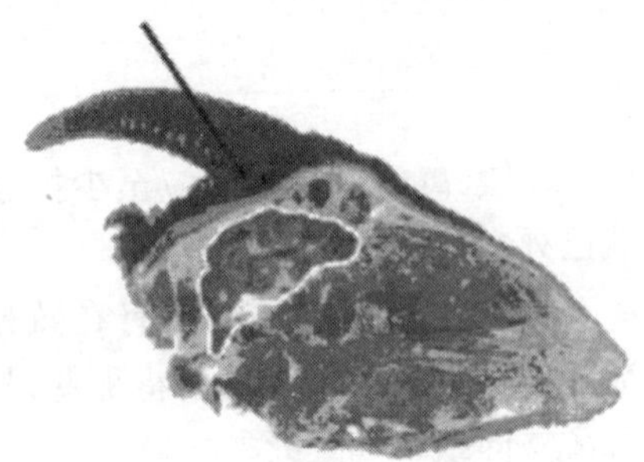

图 29-6 使用枪械人道地宰杀山羊

简图来源：人道屠宰协会（2005）第3号指导性说明

（2）电击致晕 电击设备应输出足够的电压以保证能够持续提供所需的最小电流。针对成年绵羊和山羊所推荐的最低电流值为 1.0 安。对于羊羔来讲，推荐的最低电流值为 0.7 安。

29.3.5 马的击晕

最佳的机械致晕位置是在从眼睛与对侧耳朵连线的交叉点稍微往上的位置，并且与前额表面成直角。

图 29-7 使用枪械人道地宰杀马

简图来源：人道屠宰协会（2005）第 3 号指导性说明

29.4 发生疫情时的动物扑杀方式

（1）两步电击法 两步电击致昏包括首先将电击钳放置在头部进行通电，使动物失去意识，接着将电击钳跨过胸部从而使电流横跨心脏，这样会导致心室纤维颤动（心脏骤停）而使动物死亡。

（2）家畜单步电击法 让足够的电流流过头部和背部，从而同时致晕动物并使心脏发生室颤从而死亡。

（3）家禽单步电击法 将家禽倒置拴挂并通过带电的水浴池来将其致昏并处死。由于带电的水与接地的挂钩之间形成电流回路，若电流足够大，家禽会被同时致晕和致死。

（4）死亡注射 使用高剂量的麻醉剂和镇静剂使中枢神经系统（CNS）受到抑制，进而使动物失去意识并死亡。在实际操作中，通常将巴比妥类药物与其他药物相混合来使用。

(5) 颈部脱臼 可以通过人工脱臼（拉伸）或用一对钳子夹断颈部的方法来处死已失去意识的家禽。两种方法都可以让动物因呼吸或脑部血液供应的停止而缺氧，进而死亡。如果需要处死的家禽数量少，而且没有或无法实施其他处死方法，则可采用颈部脱臼的方法来处死体重不超过 3kg 且有意识的家禽，使其颈部血管断裂并在瞬间死亡。

30 流浪犬的控制原则

明确流浪犬主人责任可明显减少流浪犬的数量，从而降低人兽共患病发生率。为此，OIE 制定了流浪犬的控制原则，且目标是：提高家养和流浪犬的健康和福利、将流浪犬数量控制在可接收范围内、有效控制狂犬病、减少其他人兽共患病。

30.1 相关参与机构及职责

（1）兽医行政管理机构 人兽共患病比如狂犬病和寄生虫病的控制需要兽医行政管理机构的技术支持，但是流浪犬控制方案的组织和监督是非政府组织或其他政府机构的职责。

（2）政府其他机构 当对环境产生风险时，或缺少环境控制造成流浪犬数量增加而对人类健康或生活设施造成威胁时，相关部门可以负责相关的问题（比如公园里的狗粪控制；防止流浪犬攻击野生动物或传播动物疫病给野生动物）。比如，环保机构可以制定、实施相关措施防止流浪犬靠近废弃物或生活垃圾。

（3）执业兽医 执业兽医在流浪犬控制方面起到很重要的作用，执业兽医应根据兽医行政管理部门规定的程序，及时报告所发现的患有动物疫病的流浪犬。

执业兽医需具备一定的能力，并且要参与犬的健康计划或数量控制措施，包括健康检测、免疫、标识、绝育、安乐死。执业兽医与兽医行政管理机构之间的交流很重要，兽医行政管理机构应建立这种交流机制。

（4）非政府组织 非政府组织在提供公共意识、协助获得资源、制定流浪犬控制计划方面发挥重要作用。该类组织可以提供关于当地流浪犬的群体和主人方面的信息，并在处理和收容流浪犬、实施绝育手术方面有所专长。同时，社会组织可同兽医行政管理部门开展宣传工作。

（5）动物主人 动物主人应当确保动物福利，并保护犬免受传染病的痛苦以及控制繁殖能力（比如通过避孕或绝育）。动物主人应当确保动物所有权清晰，必要时需要根据法律要求在中央数据库注册。应采取措施确保动物不会失控并对社会或环境产生问题。

30.2 教育和培训

开展教育、培训工作，鼓励动物主人对动物负责，减少流浪犬数量，确保犬的健康和福利，降低流浪犬对社区的风险。培训应当明确如下几个方面要求：适当的选择和护理；注册和标识；疫病预防；预防对社会造成负面影响，比如对人类健康的风险、污染环境、交通事故，以及对其他犬、野生动物、家畜和伴侣动物的风险；控制犬的繁殖。

30.3 犬的登记和标识

兽医当局控制流浪犬的一个重要措施是开展注册和标识工作，可以给动物主人发放许可证。注册和标识需要成为动物主人的职责之一，并使之与动物健康联系，比如狂犬病的强制免疫和追踪。

动物在中央数据库注册可以用于支持立法的实施，并及时联系丢失动物主人。通过绝育来控制犬的繁殖可给予一定的财政补贴，比如免费发证。

30.4 流浪犬的繁殖控制

控制流浪犬的繁殖有助于保持犬的群体数量平衡。尤其是要重点控制繁殖能力强的犬。控制措施需要由兽医实施。政府或其他组织可以提供一定的绝育补贴。控制方法有：手术绝育；化学绝育；化学避孕；发情期间将母犬与未绝育犬分开。

手术绝育应当由兽医执行，并采用适当的麻醉或降低疼痛的方法。绝育过程中采用的化学物品或药品应当安全有效。

30.5 流浪犬的捕捉、处理

有关管理部门应当及时捕捉未处于监护的犬并确认其主人。捕捉应当尽量减少暴力，不应使用铁丝圈套犬。

兽医行政管理部门应制定最低房舍和护理标准。并规定需要暂养一段时间，以便允许失主召回，并进行狂犬病观察。

房舍的最低要求：

- 位置选择：有必要的排水、饮水和电源，并考虑噪声和污染等环境因素；

- 考虑房舍大小、设计和容量；
- 疫病控制措施包括隔离和检疫设施。

管理应当确保：

- 充足的新鲜饮水和饲料；
- 日常卫生和清理；
- 犬的例行检查；
- 卫生监控并提供必要的兽医治疗；
- 再安置、绝育和安乐死的实施程序；
- 人员培训；
- 记录保留和报告。

从社区收集的流浪犬可以返还给主人或者为其寻找新的主人。再安置前，相关部门应当考虑实施绝育手术以便控制犬的群体数量。应当确保新的主人适于领养犬并与动物和睦相处。再安置的效率取决于是否可以相处以及犬的数量。

从社区收容的犬可为其提供健康护理（包括狂犬病免疫）、绝育，并安置在靠近收容的地区，当然这种方式仅仅适用于社区可以接受这些流浪犬。如果采用这种方法，则应当考虑如下因素：

- 在社区内加大宣传力度，提高认识，并取得理解和支持；
- 正确的手术技巧、麻醉和安乐死，并注意后期护理；
- 疾病控制包括疫苗免疫、治疗和检测；
- 观察犬的行为来确定是否适于释放，如果不适合则考虑实施安乐死；
- 佩戴永久性标识表明动物已绝育；标识同时能追踪免疫、治疗情况，并可确认主人相关情况。佩戴标识同时可以避免被捕捉，应当将犬放回到靠近捕获地的地方。

当时实施安乐死时，应当使用快速、人道方法，并确保操作人员安全。降低动物的不适、焦虑和疼痛。

30.6 流浪犬控制计划的监控和评估

开展监控和评估工作，可以有效提高效率，找出突出问题和成功之处；确定是否取得预期目标；如果方法一致，则可以比较不同地区之间的差异；监控是一个连续的过程，可以检查计划的进程并可以调整。评估需要设定一些指标，好的指标可以清楚反映各相关方利益。使用标识方法利于对不同计划之间开展比较。

需要监控的元素有：犬的群体大小、犬的福利状况、人兽共患病情况以及动物主人情况，此外评估时的信息来源如当地社区的信息反馈、相关专业认识的记录和信息以及调研情况应予关注。

30.7 有关案例及实践

30.7.1 牛肉

欧盟禁止进口使用过生长激素的牛肉和牛肉产品。美国认为这种禁止没有科学基础，违背了预防性原则，并向 WTO 提出诉讼。美国赢得了案子，WTO 要求欧盟取消这种限制。但是，欧盟拒绝让步。问题就是美国可以对欧盟进入美国的产品采取报复性的贸易制裁，形成了贸易战。

30.7.2 欧盟夹腿钳（leg-hold traps）指令

使用夹腿钳捕捉野生动物时，由于常常导致动物腿的骨折，因此会给动物造成巨大的疼痛，这种工具已经在世界上包括欧盟在内的 60 多个国家禁止使用了。欧盟 1991 年颁布指令，从 1995 年起禁止进口 13 种使用夹腿钳捕获的野生动物的皮毛。该指令对欧盟主要的皮毛进口国美国、加拿大和俄罗斯产生了较大的影响，这三个国家提出要上诉。由于欧盟担心违反 WTO 规定，被迫选择了妥协办法：指令虽然最终也付诸于实施，但是却不适用于美国、加拿大和俄罗斯这三个主要的皮毛进口国。

30.7.3 美国金枪鱼—海豚案

美国金枪鱼—海豚案是关于动物福利和 GATT 规则发生矛盾的首个案例。海豚喜欢与金枪鱼结伴而行，渔民因此使用声呐探测装置通过跟踪海豚来定位金枪鱼的位置。但是现代化拖网技术在捕捞金枪鱼时会同时捕捞起海豚，造成了海豚的大量死亡。1991 年，美国根据其《海洋哺乳动物保护法》，禁止进口墨西哥使用此方法捕获的金枪鱼及其产品。墨西哥随即上诉至 GATT 争端解决小组，争端解决小组认为不论捕捞方法是否造成了海豚的死亡，所捕获的金枪鱼的性质是相同的，认为美国违反了 GATT 第Ⅲ条关于“同类产品”的规定，裁定美国不能通过进口限制对其他国家的产品造成歧视性待遇。

30.7.4 欧盟化妆品试验指令

1993年，欧盟颁布指令禁止所有在动物身上进行过试验的化妆品进入欧盟市场。指令原定于1998年1月1日生效，但是考虑到会违反WTO“同类产品”的规则，并害怕对欧盟境内的产品造成冲击，最终推迟到2009年并仅限于欧盟境内实施。

30.7.5 欧盟禁止蛋鸡笼养系统指令及标签制度

由于蛋鸡笼养系统会对蛋鸡福利造成负面影响，在动物福利组织的推动下，欧盟决定截止到2012年逐步淘汰蛋鸡的笼养系统，并决定从2004年起，必须根据生产方式加贴强制性标签。届时欧盟境内生产的鸡蛋将贴上“笼养”或“散养”的标签。但是由于担心标签制度违反WTO规则，因此最终决定此指令仅适用于欧盟境内。至于第三国进入欧盟市场的鸡蛋只需标出产品的来源国。

31 科学研究和教育中的动物使用

31.1 术语定义

生物防护：指设计用来防止包括过敏原在内的生物材料意外泄露的系统和程序。

生物排斥：指防止会导致动物感染的不明生物体的意外转移，这种意外转移会对健康或者研究的合理性造成不利影响。

抑郁（Distress）：指动物的状态已无法适应刺激并表现为不正常的生理或行为反应。这一反应可能是急性的或者慢性的，并可能导致病理发生。

环境强化：指随着圈养环境复杂性增加（如玩具、笼具、觅食机会、社会化房舍等），促进了动物非伤害性种属典型行为的表达并减少了不适应行为的表达，同时提供了认知刺激。

道德（伦理）审查：指有效和公正使用动物的考虑。包括：评估和权衡对动物的潜在危害、使用动物可能带来的好处，及如何平衡两者关系（损害效益分析见下文）；实验设计的考虑；“三 R”原则的实施；畜牧业和动物保健及其他相关事件（如人员培训）。道德判断受当时主流社会态度的影响。

损害效益分析：指相对于建议项目的效益，衡量对动物可能造成的不利影响（损害）。

人道终点（Humane endpoint）：指在实验过程中，通过采取措施，如给予减轻实验动物疼痛和/痛苦的治疗、终止一个痛苦的过程、从研究中移除动物或者人道的杀死动物，从而避免、终止、减少或降低实验动物的疼痛和/或痛苦的那一时间点。

操作性条件反射：指动物产生的特定反应（例如按门闩）与正面的（例如食品奖励）或负面的（例如一个轻微的电击）的特定强化之间的关联。此关联结果可调整动物某特定行为的发生（例如频率或者强度的增加或减少）。

疼痛：指与实际或潜在的组织损伤相关的不愉快感觉和情绪体验。它可能会引起动物的保护性行为，导致学会回避和痛苦，并可能改变物种的特异性行为特征，包括社会行为的改变。

受苦（suffering）：指一种不愉快，不希望得到的状态，这是各种有毒刺激和/或缺少重要积极刺激对动物影响的结果，是良好福利的对立面。

31.2 OIE 关于科研教育用动物福利的基本认识

(1) 针对科研和教育中使用的活体动物，OIE《法典》明确要求每一成员根据各自的经济、文化、宗教和社会情况，清晰界定公共部门和私营部门的责任，制定实施监督系统。

(2) OIE 认为，在研究和教育中，活体动物的使用发挥着重要作用。大多数科学家和公众成员同意动物应仅在以下情况下使用：必要的、道德上合理的（从而避免基于动物的不必要的重复研究）；不使用活动物就没有其他方法可使用时；应使用最少的动物以达到科学和教育的目标；动物使用中应尽可能减少疼痛和/或痛苦。通常认为，动物受苦与疼痛和痛苦是不一样的，动物受苦应同时考虑可能会造成对动物的任何持久损害。

(3) OIE 强调，动物人道待遇的需要以及高质量的科学实验，取决于高质量的动物福利。所有的动物使用者都有责任确保是其在使用动物中充分考虑到这些意见。

(4) OIE 确认，兽医在动物基础研究中具有重要作用。鉴于其专业的训练和技能，兽医应是包括了科学家和动物保健技术师在内的这一团队的必不可少的成员。此团队是基于这样一个原则：涉及使用动物的每一个人都应有关注动物福利的道德责任。这种做法也是为了确保使用动物能够获得高质量的科学研究和教育成果以及动物使用的最佳福利。

(5) OIE 建议，动物使用记录应保存在单位层面，应与机构、项目使用建议书动物种类相适应。应记录关键事件、干预以协助决策和促进良好的科学和福利。这些记录的概要应集中在国家层面，并在不会损害人员或动物安全，或者专有信息发布的前提下公布。

31.3 三 R 原则（三 Rs）

通常认为，在科研教育活动中，国际公认的活动物使用“三 R”原则包括以下选择：

(1) 替代（replacement） 指使用利用动物的细胞、组织或器官（相对代替）及那些不需要使用动物就可实现科学目标的替代（绝对代替）方法。

(2) 减少（reduction） 指使用能使研究者利用较少动物能获得信息的方法，或者利用相同数量的动物可以获得更多信息的方法。

(3) 改进（refinement） 指使用能预防、缓和（/或）减少疼痛、痛苦或持久伤害并改进动物福利的方法。改进包括适当选取神经系统结构和功能的复杂程度较小及因其神经复杂性低而会明显减少疼痛的物种。应当在动物的整个生命周期以及适合福利（如居舍、运输、程序和安乐死）中，考虑和实施改进。

31.4 监督框架

要建立一个由权威机构实施、核查有关机构实施情况的监督系统，在研究机构、地区或国家水平上，对相关研究机构、科学家和工程项目进行认证或注册监督。监督框架包括动物使用的道德审查，以及与动物保健和福利相关的考虑。这种监督，可能需要通过某单一机构或分布在不同群体的机构来实现。不同的监督系统可能包括动物福利官员，区域、国家或地方委员会或机构。监督机构可以利用地方委员会（通常称为动物保护和利用委员会、动物伦理委员会、动物福利机构或动物保护委员会）来提供部分或所有监督框架。更重要的是，地方委员会应向该监督机构的高级管理人员汇报以确保它有适当的权利、资源和支持。这个委员会应当定期审查自身的政策、程序和性能。

动物使用的伦理审查由区域、国家、地方审查机构或者委员会承担，应保证这些组织参与人员的公正性及独立性。为了监督“三 Rs”的实施，至少应包括以下专家的意见或评价：一位在动物研究领域有经验的科学家，其任务是确保协议能够科学设计和实施；一位在动物研究领域中具有专业知识的兽医，其具体任务是对动物的保护、利用和福利提供建议；一位与动物使用机构无关，但能代表社会大众利益的、关心动物福利的普通市民。另外，还可从动物管理人员处寻求其他相关专业的意见，这些专业技术人员在确保动物福利执行中起着中心作用。其他参与者特别是在动物伦理审查方面，还应根据所进行的研究，包含相关统计学家、信息学家、伦理学家和生物安全学家。在教育机构中，还可能会包括学生代表。

监督方面的职责，包括三个关键要素：

31.4.1 项目提案的审查

审查的目的是为了评估项目提案的质量，以及开展研究、工作或活动的正当理由。项目提案或对其进行的重大修改，应在提案生效之前进行审查和批准。提案应确定项目的主要负责人和以下相关内容的说明：

(1) 科学研究或教育的目的，包括考虑到实验对人类或动物的健康和福利，环境及生物知识进步的相关性；

(2) 大众化、非技术性的摘要能加强对项目的了解，方便对该提案进行充分的伦理审查，便于监督机构或委员会中从事其他领域工作成员的参与。除了机密资料，此类摘要可以公之于众；

(3) 实验设计，包括选择物种、来源、动物数量的论证，以及重复利用的计划；

(4) 实验程序；

(5) 处理和考虑改进的方法，如动物训练和操作性条件反射；

(6) 避免或尽量减少疼痛、痛苦、长时间身体或生理功能障碍的方法，包括使用麻醉剂或镇痛剂和其他能减少不舒适的手段，如温暖舒适的床和辅助喂养；

(7) 人道主义应用和动物的最终处置，包括安乐死；

(8) 考虑所使用动物的总体健康、饲养、和照顾，包括提供舒适的环境和任何特殊住房需求；

(9) 道德方面的考虑，如应用"三 Rs"及损害效益分析，使利益最大化，疼痛与痛苦等害处应最小化；

(10) 对任何特殊健康和安全风险的指示；

(11) 支持该提案的资源和基础设施（如在提案中提到的设施、设备、人员培训等情况；

(12) 通常要规定批准项目的期限。在对批准的项目进行修改时，应审查项目已取得的进展。

对于使用活体动物项目的风险评估，监督机构在决定项目提案的可接受性上负有重要责任，应考虑到动物福利的影响，知识的进步、科学价值，以及社会利益。

项目提案批准后，应考虑实施一个独立的（对这些管理项目的）监督方法以确保动物的活动，这应与批准的项目提案所描述的一致。该过程通常称为批准后监督，这种监督可以通过在日常饲养和试验程序中对动物进行观察。监督过程可由兽医人员或监督机构执行，这个监督机构可以是地方委员会、动物福利人员、质量保证人员或政府监督人员。

31.4.2 设施的检查

每年至少对设施检查一次，检查应包括以下几个方面：a) 动物和动物的记录，包括笼具的标签和其他动物的标识方法；b) 饲养方法；c) 设施的维修、清洁与安全；d）动物笼具和其他设备的类型与条件；e）动物所在的笼具和房舍环境条件；f）操作区域如手术区域、尸检区域和动物研究实验室；g）支持区域如设备洗涤、动物喂养、垫料、药物储存区域；h）健康和安全问题。确定巡查的频率和性质时，必须遵循风险管理的原则。

31.4.3 道德评价

道德评价反映了相关研究机构在遵守相关规定与指南方面的政策与做法。其内容包括地方委员会的运作、培训和工作人员的能力、兽医服务、饲养、手术条件、应急预案、对动物的采购和最终处置、职业健康和安全等问题。该计划应定期检查，此方案的组成部分应包括在相关规定中，通过授权使主管机关采取适当行动，保障其得以实施。

31.5 培训和能力保证

保证工作人员有适当的培训、有能力（包括道义上的）处理好所使用的物种和执行程序，是动物保护和使用程序的重要组成部分。研究机构、地区或国家层面的监督体系要到位，对培训和能力证明工作实施监督。应向相关工作人员提供专业和准专业的教育机会，确保负责动物护理和使用计划的高级管理人员具备相应能力。

31.5.1 科研人员

使用动物的科研人员对所有动物福利的事项负有直接的道德和法律责任。由于动物研究的专业性质，应在开始一项研究前对科学家的教育背景和经验（包括来访的科学家）进行有针对性的补充培训。此项有针对性的培训可能包括很多主题，如关于国家或地区监管框架和机构政策的主题。科研人员应证明其具备与实验相关的能力，如手术、麻醉、采样、管理等。

31.5.2 兽医

兽医应具备兽医医学的知识和使用动物的经验，另应接受过动物日常习性、行为需求、应激反应、适应性方面，以及研究方法方面的培训，并有一定相关经验。由兽医法定机构及适当的国家或当地机构（如果有的话）出具的许可，可作为兽医培训的证明。

31.5.3 动物护理人员

动物护理人员应得到与他们工作范围相一致的培训，并证明有能力处理好各项任务。

31.5.4 学生

当一些方法能有效减少或代替活体动物并仍能满足学习目标时，学生们应采用非使用动物方法（录像、电脑模型等）学习相关的科学和道德原理。无论在什么情况下，如需要让学生参加涉及活体动物的课内和课外研究时，都应在其证明具有相关操作能力前，在其使用动物过程中对其进行监督。

31.5.5 当地监督委员会成员或其他相关人员

应继续提供关于教育和研究中动物使用的教育，包括相关伦理、法规要求及机构责任。

为了保证人员培训和能力资格，需要对他们进行有风险的实验动物的职业卫生与安全培训。这可能包括对人类传染染病的考虑，因为这些疫病会感染实验动物，影响实验结果，也有可能引起人兽共患病。在职人员应该清楚有两类危害，一类是在动物设施里工作的固有危害，一类是与研究本身相关的危害。需要对从业人员进行特殊的物种、特殊的实验操作以及使用特殊保护措施的特殊培训，因为这些人可能会面临动物过敏原的威胁。一些研究材料，如未知毒性的化学药品、生物制剂以及放射源，都会呈现出特殊危害。

31.6 兽医管理制度

合适的兽医管理，包括在实验操作前、操作中和操作后提高动物健康和待遇的责任，也包括提供建议和指导的责任，以便操作达到最优化。兽医管理包括对动物的身体和行为状态的关注。兽医师应该有权利和义务做出关于动物福利方面的判断。而且应随时可得到兽医的意见和管理。在兽医对动物物种不熟悉的特殊情况下，可由一位适当的合格的非兽医专家提供相关建议。

31.6.1 临床责任

应该按照当前可接受的适于特定动物品种和来源的兽医医疗实践启动预防医学方案，该方案包括疫苗免疫、体内外寄生虫清除，以及其他的疾病控制措施。疾病监测是兽医师的主要任务，应该包括对封闭群动物寄生虫、细菌以及病毒携带的日常监视，因为这些因素会引起显著的或潜在的临床疾病。在诊断出动物疾病或损伤之后，兽医师应该有权利使用恰当的治疗或控制措施（包括采用安乐死），有必要的资源进行处置。可能时，兽医师应该和科学家进行探讨，来决定采取何种符合实验目的的措施。兽医人员使用的控制药物应按操作规程进行管理。

31.6.2 尸体解剖

遇到意外疾病或死亡时，兽医师应该根据尸体解剖结果出具报告意见。作为健康监测的一部分，相关人员应该制定一套详细的尸体解剖程序。

31.6.3 兽医医疗记录

兽医医疗记录包括尸体解剖记录，被认为是兽医管理程序的关键环节。在兽医医疗记录程序中采用的操作标准可使兽医有效进行专业性判断，以确保动物得到现有最高水平的保护。

31.6.4 人兽共患病风险和法定传染病规定

使用某些种类的实验动物（如一些非人类的灵长类动物），存在引发人兽共患病传播的风险。应该向兽医师咨询，鉴定动物来源，以减少这些风险，以及在进行动物实验时如何采取措施来减少疾病传播的风险（如个人防护用品、恰当的防感染操作和动物保温室里的气压差速器）。单位买进的研究动物可能携带法定传染病，兽医知晓并遵守相关规定非常重要。

31.6.5 手术及术后处理意见

合理的兽医管理程序包括一个称职的有资格的兽医进行检查并进行认可的

手术前处理、外科手术和术后操作。兽医的固有职责包括提供关于手术前操作、无菌手术、医护人员能够胜任手术及提供术后护理等各方面的指导。兽医的监督应包括发现和解决新出现的外科及术后并发症问题。

31.6.6 止痛、麻醉和安乐死的意见

有效的兽医管理包括提供有关合理使用麻醉学、镇痛药和安乐死方法的规定。

31.6.7 人道终点关怀的意见

人道终点关怀应该在研究开始之前咨询兽医后就建立起来，在随后的研究过程中，兽医要确保人道终点关怀得到落实。兽医应有权确保实施安乐死或其他措施，从而缓解动物的痛苦和不良应激，除非项目计划在科学目的和道德评价的基础上不允许这些介入。

理想的人道终点关怀是能够在疼痛和不良应激开始之前结束研究，而不影响研究目的。在咨询兽医后，人道终点关怀应当在项目计划中进行描述，从而在研究开始前得以确立。它们应该成为道德评审的一部分。应易于在评估研究过程中对终点关怀进行评估。除了一些稀有病例，死亡（而非安乐死）作为终点关怀的做法在道德上是不能接受的。

31.7 动物来源

用于研究的动物应该是高质量的，以确保数据的有效性。

31.7.1 动物的获得

应合法获得动物。要从能生产高质量动物的公认源头购买动物。极不鼓励使用野外捕捉的非人类灵长动物。

无论何时都应设法使用目的适用动物而避免使用非目的适用动物，除非有充分科学理由或这种动物是唯一可加以使用的动物来源。至于农场动物，为达到特定研究目的，常采用非传统品种的动物、在野外捕获的动物以及非特定目的动物进行研究。

31.7.2 文件

每个动物都应当具备其来源的相关文件，如健康和其他兽医证明、饲养记录、遗传情况以及动物鉴定。

31.7.3 动物健康状态

动物健康状态对科研结果有着重要影响。此外，实验人员的职业卫生与健康问题也与实验动物健康状态有关系。为了方便实验动物的预期使用，它们应该有适当的健康记录。我们应该在研究之前了解实验动物的健康状态。

31.7.4 遗传背景明确的动物

研究中使用遗传背景明确的实验动物，可以减少由于遗传飘移而引起的实验数据变化，以增加结果的再现性。遗传背景明确的动物可用来回答特定的研究问题，它们是在精细的、可控制的、确保定期遗传学监测的饲养条件下饲养的。要对它们做好详细和准确的群体饲养记录。

31.7.5 遗传变异或克隆的物（转基因动物或基因工程动物）

遗传变异或克隆动物是一类经过了人类有意介入改变其细胞核或线粒体基因组遗传信息的动物，或者是已经继承了这种变异的后代。如果使用遗传变异或克隆动物，则应该遵守相关的指导和规定。由于使用上述动物或许会产生自我突变的有害突变体和诱导突变体，所以应该对饲养动物的选址、特殊管理监测和与反常表型有关的现象加以关注。应该保存生物防护需要的记录、基因型和表型信息、单个动物的标识以及动物提供者给接受者的信息记录。遗传变异的动物保种和共享可促进这些人为定制动物的溯源。

31.7.6 野外捕获的实验动物

如果要使用野生动物，那么野生动物的捕捉技巧应该是人道的，另外对于人类和动物的健康、安全应给予应有的关注。野外现场研究对扰乱动物栖息地存在潜在风险，从而会对目标或非目标群种产生负面影响。应该评估这种潜在风险并降至最低。对动物一系列紧张刺激，如诱捕、处理、运输、休眠、麻醉、标记和采样产生的影响可能会累积，也许会产生严重、致命的后果。对潜在压力来源的评估和消除，或把不利因素降到最低的管理应该是整个项目计划的组成部分。

31.7.7 濒临灭绝的物种

濒临灭绝的物种只能在特殊情况下使用。这种情况下，需要有强有力且科学合理的理由证明，使用其他任何物种都不能得到预期结果。

31.7.8 运输、进口和出口

动物运输条件应该符合动物生理学、行为学要求及染疫状态。要尽力确保对动物的物理防护，同时要排除污染物。应该尽量缩短动物运输时间。确保制定一个完善的运输计划十分重要，运输途中要有主要负责人员，并将相关的资料与动物放在一起，从而避免动物提供者和接收机构在运输途中产生不必要的延误。

31.7.9 生物安全风险

动物被不必要传染性微生物或寄生虫污染会危害动物健康，或使动物不适宜于研究。为最大限度地降低这类风险，我们应该检测并认真评价这些动物的微生物携带情况。应该采取恰当的生物防范或者生物排斥措施维持它们的健康状态。如果可能，还应该采取措施阻止它们暴露于某些人或环境的共生体。

31.8 物理设施和环境条件

一个精心计划、精心设计、精心建设、合理维护的动物饲养场，应该包括动物饲养室和辅助服务区域，如进行常规检查、外科手术、尸体剖检、笼具清洗和良好贮藏的区域。动物饲养室的设计和建设应标准一致，而且其设计和规模应根据研究活动、饲养动物、与该机构有关的其他部分的物理联系和地理位置而定。若室内饲养，则应该使用那些致密的、无毒的、耐磨的材料，这样易于清理和卫生处理。通常情况下，动物应该饲养在以上设施中。我们应该采取相应的安全措施（如锁、栅栏、照相机等）来保护动物，防止它们逃跑。对于许多物种来说（如啮齿类），控制环境条件可以最大限度降低其生理变化，因为这些变化有可能混淆科学变量，影响动物安全与健康。需考虑的重要环境参数，包括通风量、温度、湿度、光照和噪音。

31.8.1 通风量

供应室内空气的体积和物理特征，及其扩散模式都会影响动物初级封闭室的通风，因此它们是室内微环境的重要决定因素。当测定空气交换率时，需考虑的因素包括可能产生的热负荷范围；所涉及动物的种类、大小和数量；垫料类型或者笼具更换频率；房间的尺寸；空气从次级封闭室到初级封闭室的分配效率。控制气压差异，是进行生物防范和生物清除的一种重要工具。

31.8.2 温度和湿度

环境温度对动物的安全与健康具有极深影响。通常应监测和控制饲养室的室温。将日常温度波动限制在一个恰当范围内，从而避免动物为了适应环境中温度的大幅度改变而反复进行某些新陈代谢和行为过程，同时也有助于有效的可重复的科学数据的产生。相对湿度也需被控制到相应物种所适应的程度。

31.8.3 光照

光照会影响到不同动物的生理、形态和行为。一般来说，光线应该能散布到整个房屋，并且提供与动物福利适宜的照明，同时有利于促进良好的饲养操作，有利于对动物进行充分检查，并为工作人员提供安全的工作环境。另外，控制明暗循环有时也是有必要的。

31.8.4 噪声

将人类与动物活动区进行分隔，会尽量减少噪声对动物的干扰。喧闹的动物，如犬、猪、山羊以及其他灵长类动物，应该关在一个可以让它们不会对安静动物（如啮齿类动物、兔科以及猫科动物）健康产生负面影响的空间内。降低噪声源的重点应该倾向于将储存室和操作室进行隔离。许多动物容易受到高频声音影响，因此要考虑到超声波的潜在来源。

31.9 动物饲养

良好的饲养管理通常可以改善动物的健康状况和行为习惯，从而使研究更加科学有效。动物的护理和住所最少应要符合有关的动物护理、住所、饲养准则和规程要求。畜舍环境和饲养管理应该考虑到动物的正常行为，包括动物间的相互行为和它们的年龄，使动物感受到的压力降至最低程度。在管理期间，人们应该意识到他们对于动物福利的潜在影响。

31.9.1 运输

是典型的应激经历。因此，每项预防措施都要考虑到避免不必要的紧张，例如通气不畅、暴露在高温之下、缺少食物和水以及长时间延误等状况。动物进入拖运设备应该减少不必要的耽搁，在检查之后，应该转移到干净笼具或是围栏中，同时提供适量的食物和水。群居动物应该保持成对或是成群运送，直到最终运达。

31.9.2 新环境适应

新接收的动物在研究前要预留一段时间以稳定它们的生理和行为。稳定时间的长短取决于运送的类型和持续时间，物种的复杂程度和个体年龄以及动物的来源和研究方向。要有隔离健康动物和患病动物的标识。

31.9.3 笼具和围栏

笼具和围栏要使用方便清洁和净化的材料制作，且不容易对动物造成伤害。需要考虑空间的分配，在要解决个体居住条件或个体需要（如分娩前后、个体极为肥胖、爱好群居或是个体独居等）时应进行改进。居住空间的大小和质量都极为重要。在不与相关规定冲突，及不会对动物造成不当风险的情况下，无论何时，群居性动物成对或是群体居住都要比单独关养要好。

31.9.4 充实

动物的饲养应该围绕使其行为和习性的适应性达到最高，并尽量避免（或减少）压力而引发的应激行为这一目标。要达到这个目的，其中的一种方法是丰富动物的结构、社会环境，以及提供身体和认知活动。实现上述目标的前提是不危害人和动物的安全和健康，且对科研目的不会造成干扰。

31.9.5 饲喂

应确保每一个动物都易于获得所供给的饲料，并能满足其生理需求。在包装、运输、储存和生产饲养的过程中应采取一定措施，来防止出现化学、物理及微生物的污染、损耗或破坏。盛饲料的器皿应定期进行清洗，必要时可进行灭菌处理。

31.9.6 饮用水

一般情况下，未被污染的饮用水随时都可获得。饮水装备，如吸管和自动饮水系统，应每天进行检查，以确它们正常的维护、清洗和运行。

31.9.7 垫料

应给动物提供适宜的垫料，根据动物物种也需提供额外的筑巢材料。动物垫料是一个影响实验数据和动物福利的可控环境因素。垫料应干燥、具有吸水性、清洁、无毒，以及不受病原微生物、寄生虫或化学污染。尽可能用新垫料经常替换已污染的垫料，这对于保持动物的清洁干爽是很有必要的。

31.9.8 卫生

好的卫生条件对确保成功操作具有重要保障。要特别谨慎。以防动物间因污物造成的感染，包括人员在饲养室之间的往来而造成的传播感染。要有适当的程序和足够的设备来进行除污、洗涤、净化。必要时可以对笼具及其附件进行灭菌。在设备运行过程中应坚持高标准的清洁和管理程序。

31.9.9 标识

动物标识是保记录存的一个重要的组成部分。可以对动物进行单个标识，或按组对其进行标识。如需进行单个标识时，应通过一个可靠的、伤害最小化的方法来进行。

31.9.10 操作

操作人员应以小心谨慎和尊重的态度对待动物，并有能力来管理约束动物。在日常饲养和管理过程中要充分熟悉动物，从而降低人和动物之间的紧张度。操作某些物种如犬及非灵长类动物时，要程序上要进行协作增进方面的培训，这对动物、管理人员及科研项目都有利。对于特定物种，要事先考虑其与人的社会接触。然而要尽量避免特殊操作，尤其对于野生动物。应该基于动物习性制定一套训练计划，以满足实验动物、实验操作、实验持续时间的要求。

第五部分

动物及其产品的安全贸易

32 SPS 协议的基本原则及其实践

《卫生与植物卫生措施实施协定》(Agreement On The Application Of Sanitary And Phytosanitary Measures，简称《SPS 协定》)是规范国际贸易中世贸组织成员实施动植物卫生措施的一项重要多边协定，它直接产生于乌拉圭回合多边贸易谈判，并伴随着 1995 年 1 月 1 日世界贸易组织（WTO）的成立而生效实施。

《SPS 协定》包括 14 条 42 款以及 3 个附件。14 条包括：总则、基本权利和义务、协调一致性、等效性、风险评估与适当的卫生与植物卫生保护水平、与环境相适应的情况、透明度、控制和检验及认可程序、技术援助、特殊和差别待遇、磋商与争端解决、管理、执行及最终条款。3 个附件分别是：定义、透明度条例、控制和检验及认可程序。

32.1 基本概念

32.1.1 SPS 措施

SPS 措施指各成员为保护人类、动物和植物免受动植物或动植物产品所携带的病害、虫害、带病有机体或致病有机体的传入、定居或传播的风险并防止或控制因病虫害的传入、定居或传播所产生的其他损害而采取的任何措施。

《SPS 协定》同时指出，卫生与植物卫生措施包括所有的法律、法律、法规、要求和程序，特别包括：

- 终产品标准；
- 加工程序和生产方法；
- 检验、检查、出证和审批程序；
- 检疫处理，包括与动植物运输有关，或与运输过程中为维持动植物生存所需物质材料有关的要求；
- 有关统计方法、分析和采样程序以及风险评估方法的规定；
- 与食品安全直接相关的包装和标签要求等等都属于 SPS 措施的范畴。

32.1.2　风险评估

指根据可能实施的卫生与植物卫生措施，对病虫害在进口成员境内传入、定居或传播的可能性，及相关的潜在生物学和经济学后果进行的评估；或对食品、饮料或饲料中存在的添加剂、污染物、毒素或致病微生物，对人类或动物的健康所产生的潜在不利影响进行的评估。

32.1.3　恰当的动植物卫生保护水平（ALOP）

指在制定卫生与植物卫生措施时以保护其境内的人类、动物或植物的生命或健康时，成员认为恰当的保护水平。适当的动物卫生保护水平也可以理解为“可接受的风险水平”。

32.1.4　无病虫害区

指由主管机构确认的未发生特定病虫害或病害的区域，可以是一国的全部或部分区域，也可以是几个国家的全部或部分区域。在该地区内已知发生特定虫害或病害，但已采取区域控制措施，如任何建立可限制或根除所涉虫害或病害的保护区、监测区和缓冲区。

32.2　制定和实施 SPS 措施必须遵循的规则

32.2.1　非歧视性原则（Nondiscriminatory）

非歧视性原则是世界贸易组织的一项支柱性原则，也是《SPS 协定》的一项基本原则，该原则包括两方面的含义：最惠国待遇原则（Most Favored Nation，MFN）和国民待遇原则（National Treatment）。最惠国待遇是指某一 WTO 成员提供给其他成员的任何利益、优惠、特权或豁免，均应立即无条件地给予全体世贸组织其他成员。国民待遇原则是指一国在经济活动和民事权利方面给予其境内的外国国民的待遇不低于其给予本国国民的待遇。

《SPS 协定》第 2 条第 3 款以及第 5 条第 5 款体现了这一原则。它要求 WTO 成员实施 SPS 措施时应遵守非歧视原则，即不能在情形相同或相似的成员间，包括本国与其他世界贸易组织成员之间造成任意或不合理的歧视，尤其是在有关控制、检验和批准程序方面，要给予外国产品国民待遇。同时，各成员在制定或实施 SPS 措施时，应确保此类措施对贸易的限制不超过为达到适当的卫生与植物卫生保护水平（ALOP）所要求的限度，也就是说如果存在替代措施，考虑到经济和技术可行性，能够达到进口国恰当的动植物卫生保护水平（appropriate level of protection，ALOP），且对贸易具有较小的限制，则进口成员应该选择该措施。

32.2.2 国际协调一致性原则（Harmonization）

国际协调一致性原则，也可称为国际标准原则，其实质是要求各成员在实施动植物卫生检验措施时应以国际标准为依据。《SPS 协定》明确规定了在 SPS 领域的三个制定国际标准的国际组织：联合国粮农组织（FAO）/世界卫生组织（WHO）联合食品标准项目处国际食品法典委员会（CAC）、世界动物卫生组织（OIE）和联合国粮食与农业组织国际植物保护公约（IPPC），这三个组织制定的国际标准、准则和建议，为 SPS 领域的参考国际标准。这些组织通常被称为“三姊妹组织”。它们是 SPS 委员会会议的观察员和做出重要贡献的参与者，三姊妹组织可作为专家参与 WTO 争端解决，为 WTO 争端解决专家组（panel）提供参考意见。

《SPS 协定》第 3 条规定了国际标准与成员 SPS 措施之间的关系。为广泛协调世贸组织成员所实施的 SPS 措施，协定鼓励各成员采用现行的国际标准。但是，CAC、OIE 和 IPPC 等国际组织制定的国际标准并非强制性标准，SPS 协定明确允许各成员政府可以不采用国际标准，如果成员实施和维持比现行国际标准更严的 SPS 措施，则必须有科学的理由，并符合“适当的卫生与植物卫生保护水平”（简称“适当的 SPS 保护水平”或“可接受的风险水平”）的规定，并且这些措施不能与《SPS 协定》其他规定相抵触，不能对国际贸易造成限制。否则，这个成员政府将被要求提供相关的科学理由，并解释为什么相应的国际标准不能满足其所需的适当的 SPS 保护水平。

实施没有国际标准的 SPS 措施时，或实施的 SPS 措施与国际标准的内容有实质不同时，并且可能限制或潜在地限制出口国的产品出口时，进口国要向出口国及早发出通知，并做出解释。在没有相关国际标准的情况下，采取 SPS 措施必须根据有害生物风险分析的结果。

《SPS 协定》鼓励各成员积极参与国际组织及其附属机构，特别是 CAC、OIE 和 IPPC 的活动，以促进这些组织制定和定期审议有关 SPS 措施的国际标准。

32.2.3 科学合理性原则（Scientific justification）

SPS 协定指出，世界贸易组织成员应确保任何 SPS 措施都是有科学依据的，没有充分科学依据的 SPS 措施不能实施；如存在科学依据，则可以使用比现有水平更严格的 SPS 措施。成员不违反此项规定的情形有两种：一种是符合国际标准、准则和建议的 SPS 措施被视为具有科学性；另一种是符合 SPS 协定第 5 条规定，即通过风险评估证明 SPS 措施具有科学性的。同时，SPS 协定又规定了一种例外情况，即在科学依据不充分的情况下也可以采取某种 SPS 措施，但那只能是临时性措施，且必须依据现有的科学证据，并应在合理的期限内做出科学评估。科学依据包括：有害生物的非疫区；有害生物的风险分析；检验、抽样和测试方法；有关工序和生产方法；有关生态和环境条件；有害生物传入、定居或传播条件等。从 SPS 协定各条款可以看出，科学合理性是 SPS 协定的一项基本原则，这一原则实际上是一把双刃剑，发达国家往往利用其实施技术壁垒，对发展中国家非常不利。

32.2.4 等效性原则（Equivalence）

等效性原则是指动物卫生措施达到的效果相同，实质是要求各成员在贸易中应采取同一保护水平而不是相同的措施。如果出口成员采取的 SPS 措施，客观上达到了进口成员适当的动植物卫生保护水平，进口成员就应当接受这种措施，即使这种措施不同于自己所采取的措施，或不同于从事同一产品贸易中其他成员所采用的措施，可根据等效性原则进行成员间磋商并达成双边和多边协定。

适当的动植物卫生保护水平（ALOP）是指成员在采取 SPS 措施以保护其境内的人类、动物和植物的生命或健康时认为适当的保护水平。《SPS 协定》中的这一概念使等效性原则得以产生。因为在不同的国家可以有多种方法来确保食品安全或保护动植物健康，也就是说达到同一保护水平的 SPS 措施不止一种。SPS 协定承认了这种事实，并规定，如果出口成员对出口产品所采取的 SPS 措施，客观上达到了进口成员适当的 SPS 保护水平，那么，进口成员就应当接受这种 SPS 措施，允许这种产品进口，哪怕这种措施不同于自己所采取的措施，或不同于从事同一产品贸易的其他成员所采用的措施。

32.2.4.1 等效性磋商

等效性要求成员在不对本国卫生目标造成危害的前提下，增强贸易合作方对其卫生与安全标准的信心。要想在等效性协定的谈判中取得成功，双边磋商和信息交流是十分重要的。《SPS 协定》鼓励 WTO 成员通过磋商，以便就具体的 SPS 措施的等效性问题达成双边或多边协定。譬如，A 国如果主要进口 B 国的牛肉，则对 B 国的 FMD、BSE 等疫病比较关注，则 B 国必须让来自 A 国的专家考察其农场的具体情况，并对其肉类加工设备等进行检验。

32.2.4.2 等效性的举证

在相互认可等效性协定的谈判中，出口国有责任证明其国内的卫生要求至少与进口国的一样有效，按照这些要求可以达到同样的动植物卫生保护水平。要这样做，出口商必须为进口国提供做出这种结论所必需的相关材料，包括利用其卫生与植物卫生专家、设施、设备及措施。如果发现出口国的措施具有相同的卫生和植物卫生保护水平，则其贸易伙伴应接受其为一项等效措施。

32.2.4.3 等效性措施实例

等效性原则是一把双刃剑，WTO 成员在享受等效性所带来的贸易促进功能外，也必须履行承认其他成员措施的等效性、允许经过等效措施处理的产品进口的义务。不管怎样，等效性最终促进了国际贸易的自由化和便利化。许多国家已经利用了 SPS 协定的等效性原则，签署了等效性协定，并从中获得了实惠。

(1) 新西兰国家　园艺研究所经广泛研究，证实通常条件下的高温送风处理可替代熏蒸处理有效杀死果蝇，因此同意南太平洋岛国所产相关鲜果可经该项处理输入新西兰；由于瓜果蝇在冬季入侵后定居的可能性很低，新西兰自 1999 年同意澳大利亚相关瓜类输入前免经药液浸泡处理。

(2) 日本禁止由 FMD 疫区与 FMD 接种疫苗非疫区国家输入偶蹄类动物产品，但接受此类国家输入加热至中心温度达到 70℃至少 30 分钟的处理产品，因为该项处理可达到由非疫区国家输入产品所能达到的适当保护水平。

(3) 泰国根据 CAC 制定的《食品进出口检验与认证系统指导原则草案》，于 1998 年签署双边鱼类检验管制系统的等效性协定，加速了两国进出口认证工作。

32.2.5 风险评估原则（Risk assessment）

《SPS 协定》规定，各成员在制定 SPS 措施时应以有害生物风险分析为基础，同时考虑有关国际组织制定的有害生物风险分析技术。在做有害生物风险分析时，考虑的内容包括：可获得的科学依据；有关加工工序和生产方法；有关检验、抽样和检测方法；检疫性病虫害的流行；病虫害非疫区的存在；有关生态和环境条件；检疫或其他检疫处理方法；以及有害生物的传入途径、定居、传播、控制和根除有关有害生物的经济成本等。

也就是说，WTO成员必须在对实际风险进行评估的基础上制定SPS措施。在采取SPS措施时，成员有两种选择：依据国际标准或者自己进行风险评估来评价食源性风险及可能产生的后果。《SPS协定》鼓励采用系统的方法来进行风险评估。在风险评估中所有考虑到的因素，以及成员进行食源性风险或动植物健康评价所采取的程序或决策，都必须应其他成员的要求提供给对方。风险评估可以是定性的或者是定量的。特别是定量的风险评估要求对专门的技术、足够的卫生与植物卫生基础设施，其费用昂贵，并且可能会超出国家预算的限制及其优先资源所能承受的范围。这意味着直接采用已经制定好的国际标准具有明显的优势。

32.2.6 非疫区和低度流行区认可原则（Disease - free areas）

以前进口国常常要求出口国的全部地区都是某种有害生物的非疫区时才能批准其产品出口，当一个国家某一地区发生疫情时，进口国往往将该国家整体作为疫情国而给予贸易限制，从而制约了贸易自由化。SPS协定要求各成员政府应当承认不以行政区对有害生物的分布进行界定的非疫区原则，确立并承认无疫区、低度流行区的概念，其目的就是要推动自由贸易。

无疫区是指没有发生某种病虫害的地区，并经主管机构或国际组织确认。确定一个非疫区大小，要考虑地理、生态系统、流行病监测及SPS措施的效果等因素。低度流行区是指某种病虫害发生水平低，且已采取有效监测控制或根除措施并经主管机关确认的地区。非疫区和低度流行区可以是一个国家的全部或部分地区，也可以是几个国家的全部或部分地区。非疫区的建立应符合国际标准。出口成员声明其境内某些地区是非疫区时，应提供必要的证据等。一个国家非疫区内生产的产品原则上不应受出口检疫措施的限制，相反，疫区内生产的产品将不能出口。

如果出口成员声明其领土内全部或部分地区是病虫害非疫区或病虫害低度流行区，那么，该出口成员就必须承担相应的举证责任，向进口成员提供必要的证据，同时，应请求，出口成员必须允许来自进口国的专家对所涉及的地区及其采取措施防止有害生物传播的情况进行考察 OIE 已经就 FMD、RP、

CBPP、BSE 四种疫病制定了非疫区的认证标准。

32.2.7 透明度原则（Transparency）

透明度原则，指各成员应确保所有动植物卫生法规及时公布，除紧急情况外，各成员应允许在动植物卫生法规公布和生效之间具有一定的时间间隔，以便让出口成员，尤其是发展中国家成员的生产商有足够的时间调整其产品和生产方法，以适应进口成员的要求。应设立 SPS 咨询点对其他成员提出的所有合理问题提供答复，并提供有关文件。

透明度原则是非歧视性原则的前提和基础，没有透明度，是否构成歧视也无从判断。《SPS 协定》要求 WTO 成员设立国家通报机构（National Notification Authority）、成立国家咨询点（National Inquiry Point），按照通报程序（Notification Procedures），保证其境内的 SPS 措施的透明度。

32.2.7.1 国家通报机构

各成员应指定一个中央政府机构负责履行通知义务，将拟实施的、缺乏国际标准或与国际标准有实质不同，并且对其他成员的贸易有重大影响的 SPS 措施通知世界贸易组织，以便其他成员在合理的时间内（通常为 45～60 天）提出意见，并对其意见加以考虑。如有成员要求提供法规草案，则要向其提供拟议中的法规副本，并尽可能标明与国际标准有实质性偏离的部分。

如遇紧急情况或威胁时，可以立即采取禁止进口等措施，但之后仍要立即通过秘书处通知其他成员所涵盖的特定法规和产品，简要说明采取措施的理由，包括紧急问题的性质，允许其他成员发表意见，并对这些意见加以考虑。如有成员要求提供法规草案，则要向其提供拟议中的法规副本。

32.2.7.2 国家咨询点

世界贸易组织成员应设立一个咨询点，答复其他成员所提出的合理问题，并提供有关文件，包括：现行的 SPS 法规或拟议中的 SPS 法规、任何控制和检查程序、生产和检疫处理方法、杀虫剂允许量和食品添加剂批准程序、有害生物风险分析（PRA）程序、适当的 SPS 保护水平的确定、相关机构、参与地区和国际组织情况及签署的双边和多边协定等。

32.2.7.3 通报程序

SPS 的通报分为常规通报和紧急通报两种。常规通报必须通过 WTO

秘书处，就新制定的或修订过的、将对贸易产生影响且不同于国际标准的国家卫生与植物卫生法规向 WTO 秘书处和贸易伙伴进行通报。在收到通报后，秘书处要在尽可能短的世界内，将其分发给所有的 WTO 成员。按照 SPS 委员会的检疫，通报应当在法规生效期的前 60 天送交 WTO 秘书处，以便其他成员至少有 60 天的时间向制定法规的国家提交其反馈意见。成员对突发的有害生物可以采取紧急通报，在这种情况下，对该措施的通报必须使用特殊的格式进行，必须明确声名采取该紧急措施的原因以及实施该措施的期限；同时，成员应接受来自其他成员的反馈意见。最后，采取紧急措施必须进行适当的风险评估，并且成员应提供继续进行此措施的科学依据。

32.2.8 特殊和差别待遇原则

技术援助：各成员应同意以双边形式或通过适当的国际组织向其他成员、特别是发展中国家成员提供技术援助，此类援助可特别针对加工技术、研究和基础设施等领域，包括建立国家管理机构，并可采取咨询、信贷、捐赠和赠予等方式，包括为寻求技术专长的目的，为使此类国家适应并符合为实现其出口市场的 ALOP 所必需的 SPS 措施而提供的培训和设备。当发展中国家出口成员为满足进口成员的卫生与植物卫生要求而需要大量投资时，后者应考虑提供此类可使发展中国家成员维持和扩大所涉及的产品市场准入机会的技术援助。

特殊和差别待遇（S&D 待遇）：各成员在制定和实施 SPS 时，应考虑发展中国家成员、特别是最不发达国家成员的特殊需要。如允许分阶段采用新的卫生与植物卫生措施时，应给予发展中国家成员有利害关系产品更长的时限以符合该措施，从而维持其出口机会。为保证各成员能够遵守本协定的规定，应请求，考虑到其财政、贸易和发展需要，委员会有权给予发展中国家例外的对于本协定项下全部或部分义务的特定时限，各成员应鼓励和促进发展中国家成员积极参与有关国际组织的相关活动。

32.3 WTO-SPS 争端解决案例

WTO-SPS 协定实施以来，不断有双边贸易争端发生并诉诸 WTO 委员会；三起比较经典的案例包括美国、加拿大诉欧盟影响荷尔蒙牛肉进口措施案（DS/26，DS/48）、加拿大诉澳大利亚鲑鱼进口措施案（DS/18）和日本限制美国农产品进口措施案（DS/76）。这三起案例的成功解决，对于我们准确地理解和把握 SPS

协定，以及在争端解决中如何巧妙地援引 SPS 协定条款具有极大的指导意义。

32.3.1 美国、加拿大诉欧盟影响荷尔蒙牛肉进口措施案

32.3.1.1 案情简介

20 世纪 70 年代，欧洲农民为促进肉牛生长，直接将激素注射到牛身上，注射部位的激素含量较高，一般禁止供人食用。但是由于某个环节疏忽，激素含量很高的注射部位进入制造婴儿食用的牛肉，导致严重事故。因此，欧盟理事会于 1981 年 7 月 31 日颁布 81/602 指令，禁止对农场牲畜使用具有荷尔蒙作用的药物，同时禁止在欧洲市场上销售注射过此类物质的本地或进口牛肉，但这项禁令有两个例外。一是用于治疗或动物技术的上述物质，二是本案涉及的荷尔蒙中的 5 种可在欧洲共同体成员国法规允许下使用，直到欧盟确定这些物质作用的详细检验报告结果，对其使用作出规定为止（本案涉及的第 6 种激素——MGA 除外，属于禁止之列）。

1988 年 3 月 7 日，欧盟理事会颁布 88/146 指令，禁止出于任何目的对农场牲畜使用合成荷尔蒙。该指令明确禁止从第三国进口及在欧盟内部交易使用了这些物质的肉类及肉制品。理事会又于 1988 年 5 月 17 日颁布 88/299 指令，规定只有在特定情况下，允许以治疗或动物技术为目的此类产品的贸易。

1997 年 7 月 1 日，欧盟理事会颁布 96/22 指令，代替 81/602、88/146 和 88/299 指令，其内容无太大变化，但允许在某些条件下，可以销售或进口以治疗或动物技术为目的而使用上述物质的肉类或肉制品。

欧盟的这些指令使美国的牛肉出口急遽下滑，对美国的牛肉生产者产生很大影响。1987 年 1 月，美国要求与欧盟磋商。但由于在关税与贸易总协定（GATT）下的争端解决机制存在种种局限与不足，双方经多轮磋商以及相互的报复威胁，虽暂时缓解贸易摩擦，但该问题没有得到最终解决。1996 年 1 月，美国根据新的贸易争端解决机制正式启动争端解决程序（案卷号 WTO/26）。同年，加拿大也就欧盟禁止进口措施启动争端解决（WT/48），由于两案诉讼标的相同，所以 WTO 争端解决机构将两案合并审理，成立了两个组成成员相同的专家组，做出了两份内容基本相同的专家组报告。

32.3.1.2 法条适用

第 1 条——SPS 协定的适用范围

本案中，美国和欧盟都援引 SPS 协定、TBT 协定和 GATT1994 作为其辩论的法律依据。因此在争端解决中，首当其冲的就是解决协定的适用问题。

SPS 协定第 1 条规定，该协定适用于所有可能直接或间接影响国际贸易的 SPS 措施；该协定的任何规定不影响成员在 TBT 协定中享有的、本协定之外的权利。

在审理过程中，欧盟认为 SPS 协定在其部分条款中显示出不同的意思。第 5 条第 1 款到第 5 款要求，在采取某项措施之前，需进行一些准备工作和程序，并且一旦采取该项措施，则应尽这类义务。因此，欧盟认为，SPS 协定不适用于分析欧盟措施的程序。

美国争论到，如果第 5 条第 1 款至第 5 款对 SPS 协定生效前实施的措施不适用，则误解该协定。从 SPS 协定本身及其历史看，都无法找到支持欧盟主张的内容。若采纳其主张，会造成对 SPS 协定的重大例外。专家组审理后，认为 SPS 协定适用于在其生效前实施，生效后依然有效的措施。

上诉机构支持专家组的结论，认为尽管大部分欧盟指令在世贸组织协定生效之前实施，但 SPS 协定仍适用该争端。上诉机构的依据如下：首先，《维也纳条约法公约》第 28 条规定："除条约表示不同意思或另有规定外，对一成员生效之前已经不存在的任何情况，条约之规定对该成员没有约束力"。但 SPS 协定生效时，欧盟的措施继续存在，且协定没有相反意思。其次，协定第 2 条第 2 款、第 3 条第 3 款、第 5 条第 5 款、8 款和第 14 条均肯定 SPS 协定适用于 1995 年以前且此后仍旧维持的 SPS 措施。第三，世贸组织协定第 14 条第 4 款规定："每一成员应保证其法律、法规和行政程序与所附各协定对其规定的义务相一致"。即各成员不得继续维持"祖父条款"。

关于 GATT1994 的适用问题，专家组认为 SPS 协定独立于 GATT1994，它在 GATT1994 的义务之外又附加义务。欧盟认为，SPS 协定的实体性规定仅用来解释 GATT1994 第 20 条 b 款，因此，若没有违反 GATT1994，SPS 协定即不适用。专家组否定了这种解释。第一，决定 SPS 协定适用范围的第 1 条第 1 款仅要求争端涉及的措施是动植物卫生检疫措施，并且该措施影响国际贸易，不要求先违反 GATT1994 再适用 SPS 协定。第二，除了解释 GATT1994 条款外，SPS 协定有自身的实体性义务。第三，SPS 协定第 2 条第 4 款规定，符合该协定的措施被视为满足 GATT1994，特别是第 20 条 b 款的规定。第 3 条第 2 款规定，符合国际标准的措施被视为符合 GATT1994。因此，SPS 协定至少含有与 GATT1994 第 20 条 b 款一样多的义务。

出于调查效率考虑，专家组决定先分析 SPS 协定，再分析 GATT1994。即使没有违反 GATT1994，还得继续检查是否符合 SPS 协定。因为符合 GATT1994 并不意味着符合 SPS 协定。相反，符合 SPS 协定的措施被视为符合 GATT1994。

由于TBT协定第1条第5款规定："本协定不适用于SPS协定附件A定义的卫生与植物卫生措施"。由于争端中涉及的为卫生措施，所以专家组裁定TBT协定不适用于本案。

第3条——对"依据"和"符合"的解释

专家组将第1款与第3款的关系视为"普遍规则-例外"，其中最为重要的依据是，其认为第1款中的"依据（based on)"与第2款中的"符合（conform to)"含义相同。因此，专家组的结论是，欧盟没有"依据"现有的国际标准维持SPS措施，且缺少第3款下的理由，故与第1款的规定不符。欧盟对此提出上诉。

（1）对第1款的解释 对于"依据（based on)"，专家组认为第1款没有给出明确定义。但是，第2款引入与国际标准相符的措施与SPS协定和GATT1994推定一致。因此，该条款将"依据"国际标准的措施等同于"符合"这些标准的措施。第3条则明确的将建立在国际标准基础上的卫生措施的定义与这些措施所达到的卫生保护水平联系起来。第3款规定一成员的卫生措施不以国际标准为基础时需满足的条件，确定一项措施是否"依据"国际标准的决定性因素是它所达到的保护水平。根据第3款，所有"依据"既定国际标准的措施原则上应达到相同的卫生保护水平。因此如果一项国际标准反映了某个特定的卫生保护水平，而一项卫生措施则意味着与之不同的保护水平，那么该措施没有"依据"该项国际标准。

通过将欧盟的措施所达到的卫生保护水平与国际标准（食品法典委员会Codex制定的标准）所确定的保护水平进行对比，专家组认为，欧盟没有"依据"国际标准制定措施，因此第3条第1款不符。

欧盟在上诉中指出，专家组错误地将"依据（based on)"等同于"符合（conform to)"。其指出，第3条在第1、3款中使用"根据（based on)"，在第2款中使用"符合（conform to)"，同时，在第2条的不同段落中使用不同的措辞，这绝不是偶然。欧盟认为，根据第3条第1款的目的，一项措施虽与Codex的建议有所差异，但不是实质性差异，仍可视为以该措施为基础。第3条允许成员在三种方式（依据国际标准、符合国际标准、高于国际标准）中选择，从而达到其促进国际协调的目的，反对专家组的解释。这一观点得到了加拿大的支持。而美国认为，即使根据欧盟对"依据"的解释，其措施也不是"依据"codex的建议，因此，上诉机构不必对"依据"国际标准的措施和"符合"国际标准的措施的区别进行阐述。美国承认第1款和第2款使用不同的措辞，但这两种措辞的理论差异是否有任何意义可在另一案例中讨论。

上诉机构不同意专家组的解释。首先，“符合”的范围小于“依据”，因此，某项措施可能不“符合”标准，但“依据”标准；第二，在不同条款、同一条款的不同段落使用不同措辞绝不是偶然的，第三，专家组的解释与第 3 条的目的相左。协调是第 3 条的未来目标，但专家组要求符合国际标准，故将协调当成现在的目标，第四，上诉机构引用“从轻解释原则”，即当有多种解释时，优先采用对承担义务一方而言义务较轻的解释，因此，不能见“根据”解释为“符合”，否则增加履行负担。

(2) 对第 3 款的解释　专家组程序中，在欧盟的措施被裁定为没有“依据”国际标准后，分析的重点也就相应地由第 3 条第 1 款转至第 3 条第 3 款。在第 3 条第 3 款下，成员可采用或维持比根据有关国际标准、准则或建议制定的措施所可能达到的保护水平更高的措施，但这种权利并不是不加限制。就其表面而言，第 3 可允许在如下两种情况下行使该权利，即存在充分的科学理由或符合第 5 条规定。专家组认为，尽管这两种情况有所不同，但只有符合第 5 条的规定，一项卫生措施才是合理的。

欧盟认为专家组的解释有误。指出，第 3 款在脚注中定义第一种情况（存在充分的科学理由），并没有直接提及第 5 条，而第二种情况提及。因此，第 5 条风险评估要求仅适用于确定第二种情况是否满足。同时，欧盟强调其措施满足第 2 条第 2 款的要求。

上诉机构支持专家组的结论，认为与第 3 条第 3 款相符要求与第 5 条第 1 款相符。第一，第 3 条第 3 款的脚注表明，当某措施根据 SPS 协定有关规定对现有科学信息进行审查和评估，则存在科学理由。第 5 条第 1 款规定上述审查，称之为风险评估，并且第 2、3 款指出风险评估时需考虑的因素，包括科学证据。第二，第 3 条第 3 款的第 2 句表明“其他规定”包括第 5 条和第 2 条。第三，上诉机构认为，为维持促进贸易和保护健康之间的平衡，风险评估要求是必要的。

第 5 条——风险评估和适当的保护水平

由上面的分析得出，专家组和上诉机构都认为符合第 3 条第 3 款须符合第 5 条的规定，因此，专家组的分析由第 3 条第 3 会转移至第 5 条，第 5 条主要涉及两个问题，风险评估和适当保护水平的确定。

(1) 对第 5 条第 1 款的解释　根据第 5 条第 1 款，各成员应保证其 SPS 措施的制定以风险评估为基础，因此确定一项措施是否以风险评估为基础应先确定是否进行了风险评估。尽管 SPS 协定附件 A 给出了风险评估的定义，但对风险评估的特点缺少指导。专家组和上诉机构对此提供了重要的指示。

(2) 对“风险”的解释 专家组分步说明附件 A 中“风险评估”的定义。首先，本案涉及的荷尔蒙用于促生长时，若产生对人类健康的不利影响，应当确定这种影响。然后，如果存在上述不利影响，评估该影响发生的可能性或概率。在专家组报告的一个例子中，百万分之零至一的风险不能充分地作为卫生措施的基础。这样，专家组实际引入风险的数量程度，设立了风险界限。

欧盟认为，专家组对风险和风险评估的解释犯了最基本的错误。“风险并不意味着“伤害”或“不利影响”。就 SPS 协定的目的而言，“风险”是伤害或不利影响的“可能性”。因此，风险微小的概率便是充分的，百万分之零点一的风险也是充分的理由。根据欧盟的观点，若存在不利影响的可能性，无论多少，就存在风险。实施 SPS 协定中风险是定性，不是定量的概念。

上诉机构不同意欧盟的观点。其认为，实施 SPS 协定中没有任何数量要求的根据，任何可计量的风险，无论多小，均可作为卫生措施的基础。

(3) 对第 5 条第 1 款中“依据（based on）**”的解释** 尽管专家组明确承认第 5 条第 1 款在成员根据风险评估制定卫生措施方面没有任何特定的程序性要求，但专家组宣称第 1 款中含有最低程序要求。该要求为：“实施卫生措施的成员需提交证据证明：它制定或维持其卫生措施时，为了使该措施被视为根据风险评估，它至少实际上考虑到风险评估”。专家组声称，欧盟没有提供任何证据证明：它在制定这些措施时或其后的时间内，欧盟当局实际上考虑了其提交的研究或得出的科学结论。因此，专家组认为这些研究不能被视为欧盟措施根据的风险评估的一部分，并裁决，因欧盟没有履行证明其已满足最低程序要求的义务，其措施不符合第 5 条第 1 款的要求。

上诉机构不同意专家组对措施“根据”的解释，并认为第 5 条中不存在“最低程序要求的”条文基础，该措施适当解释应指 SPS 措施与风险评估间某种客观关系，即一种持续和可观察的客观情况（objective situation）。换言之，对于既定的 SPS 措施和风险评估，判断该措施是否根据风险评估，仅需比较该措施默示的结论与风险评估的结论。实施措施的成员是否考虑风险评估并不重要。

上诉机构认为，第 5 条第 1 款没有坚持采取卫生措施的必须进行自己的风险评估，该条仅要求“适合有关情况的风险评估为基础……”SPS 措施可在其他成员或国际组织进行的风险评估中找到其客观理由。专家组建立的“最低程序要求”将导致排除或忽视合理支持该措施的可获得的科学证据，排除可获得的科学证据的风险对于大量在世贸组织协定生效前实施且其后仍维持的 SPS 措施具有特别的影响。

专家组在分析第 5 条第 1 款最低程序要求之后，着手对该款的实体性要求进行分析，以确定欧盟的措施是否根据风险评估做出。其认为，实体性要求涉及两步：首先，鉴定风险评估得出的科学结论和 SPS 措施暗含的科学结论；其次，坚持上述科学结论以确定两套科学结论是否一致。在专家组看来，欧盟用作风险评估而援引的研究均表明，本案涉及的促进生长的荷尔蒙在正确使用时是安全的。因此，专家组裁决，欧盟实施的措施中暗含的科学结论与其作为证据提交的科学研究中所做出的科学结论不一致，欧盟的措施不是根据风险评估做出。

上诉机构认为，专家组检查本案涉及的 SPS 措施中隐含的科学结论与风险评估得出的科学结论是种有用的方法，两套结论肯定相关。但是，从前后条款及第 2 条第 2 款来看，第 5 条第 1 款要求风险评估的结果应充分证明或合理支持 SPS 措施。要求 SPS 措施“依据”风险评估是指两者之间存在合理关系。就合理关系而言，上诉机构进一步做出解释，风险评估既可阐明代表“主流”科学观点的看法，也可为持异议的科学家的观点。第 5 条第 1 款没有要求风险评估必须只能体现有关科学团体大多数的意见。有时，分歧可能体现科学观点的大体平衡，其本身就是科学不确定的一种形式。在大多数案件中，政府倾向于将法律和行政措施建立在“主流”的科学观点之上；在其他案件中，政府可能在出自权威的不同意见基础上善意地采取行动。这本身并不一定表明在 SPS 措施和风险评估之间缺少合理关系，特别是当风险危及人地生命并被看做对公共健康和安全构成了一种明显和即将发生的威胁。只有在考虑了所有潜在的健康不利影响之后，才能在个案的基础上确定这种关系是否存在。

（4）对第 5 条第 5 款的分析 专家组分析根据第 5 条第 1 款对欧盟的措施是否以风险评估为基础分析完毕后，开始审查这些措施是否对国际贸易造成歧视或变相限制，于是分析重点转移至第 5 款。

第 5 款要求：“每一成员应避免其适当的动物卫生保护水平（Appropriate level of protection，英文缩写 ALOP）在不同的情况下存在任意的或不合理的差异，如此类差异造成对国际贸易的歧视或变相限制。”该款的目标为：“实现 ALOP 概念的一致性。”很明显，达到一致性仅是在未来实现的目标，专家组认为，这个目标并不是规定 ALOP 的一致性的法律义务。上诉机构也如此认为，这个目标并不是要达到绝对或完全的一致，因为在不同时间，不同风险下，政府有权规定 ALOP。要避免的仅是任意和不合理的不一致。

专家组认为，违反第 5 条第 5 款必须同时满足三个不同因素：第一，实施措施的成员在不同情况下针对人类健康和健康风险采取了不同的保护水平；第二，在处理不同情况时这些保护水平的差异是任意和不合理的，第三，这些任意和不合理的差异造成对贸易的歧视或变相的限制。上诉机构同意专家组的解释，并认为上述三个因素在性质上逐步累积，在投诉违反第5款时，这三个因素，特别时第2个和第3个因素均不能少，仅有第2个因素是不充分的。任意或不合理的差异仅说明这些差异可能对国际贸易造成歧视或变相限制，还需对这些措施进行检查和评价以确定是否造成上述结果。

第2条第2款和第5条第6款

专家组认为，较第2条“基本权利和义务”而言，第3条第5条规定了更为具体的权利和义务。因而裁决欧盟措施与第3条第1款、第5条第1、5款不符，故没有必要审查这些措施是否与第2条第2款相符。

对于第5条第6款，专家组认为，既然已确定欧盟所采用措施的保护水平违反第5条第5款，故没有必要就第5条第6款审查这些措施是否对贸易的限制不超过该水平所必需的承受。

上诉机构同意专家组司法解释。但其承认，因而确定欧盟的措施与第5条第1款不符，其也不完全清楚继续审查这些措施是否SPS协定第2条第2款相符的必要性和适当性。上诉机构指出，如果其推翻专家组的“欧盟措施与第5条第1款不符”的结论，那么从逻辑上将其必须审查第2条第2款是否被违反。因此，其对专家组没有从第2条第2款的分析开始整个争端的审查表示惊讶。

上诉机构指出，虽然其推翻专家组认为欧盟措施与第5条第5款不符的结论，但并不表明专家组已就审查欧盟的措施是否与第5条第6款相符进行了所有必要的事实认定。但是出于司法节制，上诉机构不对这些措施进行调查。

32.3.1.3 案例评析

本案是WTO成立后的第一个涉及SPS协定的贸易争端案件。本案专家组和DSB对SPS协定有关条款的分析、解释及所作裁定，对我们理解有关SPS协定的有关条款具有十分重要意义。

（1）专家组的分析思路 本案专家组对争议措施的分析思路。

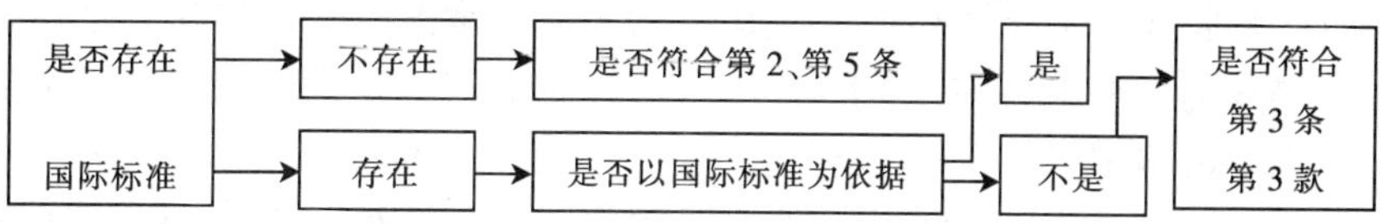

（2）SPS协定第2条的适用 SPS协定第2条规定：措施的实施应仅为保护人类、动物或植物的生命或健康所必需的，这只是对采取措施的成员方应承

担的义务的规定，而不能理解为是对争端解决过程中一方举证责任的要求。即使是在有关SPS的争议中，当事人的举证责任仍要按DSU的规定来分担，即由投诉方负责初步事实的举证，投诉方应首先证明被诉方的措施违反了SPS协定规定，之后举证责任才转移至被诉方，由被诉方证明其措施符合SPS协定规定。

(3) SPS协定第3条的适用 SPS协定第3条第1款规定成员方采取的卫生与植物检疫措施应以国际标准为依据，并不是要求其采取的措施与国际标准完全一致。

(4) SPS协定第5条的适用

SPS协定第5条第1款规定："卫生与植物检疫措施应以风险评估为依据"。可见一个成员要采取卫生与植物检疫措施，必须进行风险评估。本案DSB结合SPS协定附录A第4段的规定对该条款进行了解释，风险评估应包括三个方面的内容：

- 指明成员意图阻止进入其境内的疾病种类及其社会和经济影响；
- 评价该种疾病进入成员方境内的可能性；
- 如果采取了检疫措施后这一疾病进入的可能性。

SPS协定第5条第5款规定，各成员方应当尽量避免保护程度方面的任意和不合理的差异，具体是指：

- 成员在不同的情况下采取了不同的检疫保护水平；
- 这些保护水平间存在任意或不合理的差异；
- 包含该差别的措施导致国际贸易的歧视或变相限制。

DSB在大多数方面维持了专家组的结论。DSB推翻了专家组的关于SPS协定第5条第5款的事实认定和结论，但是同意关于欧盟的措施违反了第5条第5款的结论。

32.3.2 加拿大诉澳大利亚鲑鱼进口措施案

32.3.2.1 案情简介

加拿大是世界鲑鱼的主要出口国，1969年加拿大鲑鱼出口量为30 653t，1996年增长为66 234t。在20世纪60年代以前，澳大利亚的食用鲑鱼主要依靠进口，自60年代以后，澳大利亚开始养殖大西洋鲑鱼，起初是政府作为物种保护，但从80年代后期开始作为商业用途而大规模养殖。澳大利亚1986年到1987年的年产量仅为20t，但1994年的年产量达到了6 192t。由于从加拿大进口的未经烹饪的成年野生和海洋捕捞的太平洋鲑鱼是多种可能令鲑鱼感染疾病的病菌的宿主，因此在 1975 年澳大利亚政府根据 1908 年的《检疫法》颁布了 86A 检疫公告，以保护动物健康为由，禁止进口可能造成病菌感染的鲑鱼。86A 检疫公告还授权澳大利亚检疫局长负责批准或拒绝进口。在 1975 年的检疫公告公布前，澳大利亚政府对进口鲑鱼没有任何的限制。同时，从 1983 年 9 月到 1996 年 1 月，澳大利亚公布了一系列的通知，限制了多种不同方式加工鲑鱼的进口。1996 年 12 月 13 日，澳大利亚检疫局决定继续执行禁止鲑鱼进口的措施。加拿大起诉澳大利亚，称澳大利亚禁止进口鲑鱼的某些措施违反了 WTO 的有关协定，构成了贸易技术壁垒，从而对正常的国际贸易产生了限制，剥夺或损害了加拿大根据 WTO 协定应该得到的利益。

32.3.2.2 法条适用

第 5 条第 1 款——SPS 措施应依据风险评估

澳大利亚根据加拿大和美国的请求，就涉及从北美进口未煮鲑鱼的卫生措施作风险分析，澳大利亚首先对野生、海洋捕捞太平洋鲑鱼进行风险分析，于 1995 年 5 月出了草案报告，1996 年 12 月发表了风险分析的最终报告。草案报告的结论是，在特定条件下，可以从美国、加拿大进口去内脏、无头的海洋捕捞鲑鱼，特定条件包括：合适授权机构认可的加工厂，对加工过程、检验分隔包装要求等。但在最终报告中却指出，太平洋鲑鱼中 20 多种疫病对澳大利亚来说是外来疾病，尽管侵入扩散的可能性较低，也会对水产养殖和观赏渔业造成重要的经济影响，另外对环境也有影响。报告认为，20 多种疾病的任何一种一旦传入并扩散，则无法消灭。也就是说，最终报告推翻了草案报告的结论。

加拿大认为澳大利亚所作的最终报告：没有评估疾病传入的可能性；没有对疾病逐个进行风险分析；也没有对不同措施达到的保护水平进行分析。澳大利亚强调说风险分析方法可采用相关国际组织 OIE 制定的方法，但不仅仅限于此，而且还说没有单一的风险分析模型，由于水生疾病研究的资料不多，在最终报告中采用的是定性分析方法。OIE 也没有规定要对每一种疫病进行分析评估。

加拿大强调澳大利亚描写了每种病害可能定居发生的情形及相关因素，但没有对假设的情形作必要的概率推测。尽管最终报告中列举了五种检疫措施，但没有就每种检疫措施所达到的风险保护水平进行评估。澳大利亚认为很难在这五种措施间量化风险水平。澳大利亚还认为草案报告过低估计了风险水平，而最终报告考虑了一些新的事实。

而专家组认为，澳大利亚草案报告分析思路清楚，分析技术正确，有科学依据，是可以很好用作依据的定性风险分析报告。而最终报告是草案报告发表后的文件总结，与草案报告的不同部分应该清楚阐明在评估、结论和结论性政策建议等方面不同的原因。然而风险分析专家认为 1996 年最终报告在实际风险评估方面远没有草案报告清楚，这份报告不仅在许多方面含糊不清，而且也改变了基本的风险评估方法，仅仅得出风险的可能性（Possibility），而不是风险发生概率（Probability），这既不是适宜的技术方法，也不是基于风险分析综合的科学结论。

因此，专家组认为，澳大利亚措施不是根据合适的风险分析为依据制定，不符合 SPS 协定第 5 条第 1 款，也与第 2 条第 2 款不符。

上诉机构认为，专家组不应当先假定澳大利亚 1996 年年终报告是 SPS 协定第 5 条第 1 款所说的风险评估，完全可以依据对事实的分析做出结论，即 1996 年年终报告中没有评价疾病进入成员境内的概率，也没有评价采取措施能减少疾病进入的概率，因此澳大利亚 1996 年年终报告不是 SPS 协定第 5 条第 1 款所说的风险分析。由于这是澳大利亚提供的唯一风险分析报告，上诉机构认为澳大利亚对新鲜、冰鲜和冷冻鲑鱼禁止进口的措施不是以风险分析为基础，因此不符合 SPS 协定第 5 条第 1 款。

专家组认为，违反第 5 条第 1 款的措施也就是违反了第 2 条第 2 款，但指出违反第 2 条第 2 款的措施不一定违反第 5 条第 1 款。上诉机构同意专家组的观点。

第 5 条第 5 款——适当的卫生保护水平（ALOP）

（1）保护水平之间的差异 加拿大指证澳大利亚没有阐述清楚目前使用的措施所要达到的“适当的保护水平”。在草案报告中对进口美、加未煮鲑鱼定性为“没有重大风险”，在最终报告中却将“可接受的风险水平”变成了“非常低风险”，用疾病定居的“可能性”作为禁止进口未煮鲑鱼的依据。这等于是实行的零风险政策。加拿大认为澳大利亚既没有确定“适当的保护水平”，也没有以“适当的保护水平”为目的而制定检疫卫生措施，违反 SPS 协定第 5 条第 5 款。

澳大利亚认为在最终报告中描述了“适当保护水平”。澳大利亚政府历来在“适宜保护水平”方面采用保守方法，是考虑到澳大利亚是一个岛国，它没有在其他地方已经发生的许多疾病，而且其农产品生产和出口是其非常重要的经济支柱。尽管发生的几率很小，但一旦发生的后果对澳大利亚来说是无法接受的。70 年代以来，鲑鱼在澳大利亚的分布和数量显著增加，消费生鱼产品的数量也大大增加，这样澳大利亚鲑鱼受外来病感染的机会大大增加，在不同时期采取的检疫政策是随澳大利亚社会对“适当保护水平”期望的改变而改变的。

（2）保护水平的差异是任意或不合理的 加拿大列举了澳大利亚保护水平之间存在差异的不合理性的实例：

①已经确认，非种间特异性 *A. salmonicida* 的宿主谱较广，包括太平洋鲱鱼、黑线鳕、鲽鱼、日本鳗等等，澳大利亚允许这些品种的冰鲜产品（整条）进口，然而在不知道太平洋鲑鱼是不是 *A. salmonicida* 的宿主情况下，澳大利亚以该菌可能是太平洋鲑鱼的宿主而禁止未煮鲑鱼进口。在最终报告中，澳大利亚承认在成年野生海洋捕捞的太平洋鲑鱼中从未发现过 VHSV、IPNV，而澳大利亚却禁止进口未煮鲑鱼以防止这两种疾病传入澳大利亚。而已知 VHSV 的宿主包括太平洋鲽鱼、鲱鱼、大西洋鲽鱼、黑线鳕，IPNV 的宿主有大西洋鲱鱼、欧洲鳗、日本鳗和鲽鱼，澳大利亚都没有禁止进口这些水生动物种类的冰冻产品；

②澳大利亚进口整条的冷冻鲱鱼用作澳大利亚水域的饵料，这样做的风险要比进口去头、去内脏作为人类消费的冰冻鲑鱼大得多，我们已知鲱鱼是 *A. salmonicida*、IIINV、VHSV 的宿主；

③在澳大利亚检疫框架下，1988—1997 年间澳大利亚进口淡水、海水观赏鱼达 5 900 万尾，已知这些观赏鱼是：*A. salmonicida*、耶尔禁氏菌、爱德华氏菌、IPNV 和安圭拉弧菌的宿主，而且已有事实证明进口活的观赏鱼传入了国外病。1995 年哈氏报告也指出，引进活鱼或无脊柱动物时传入国外病的风险是特别高的。然而还不知道加拿大成年野生海洋捕捞鲑鱼是不是这些病原的宿主却被拒绝进口。

④澳州维省的虹鳟鱼、大西洋鲑鱼发现 EHNV，而西澳大量商业养殖鲑鱼和重要的运动渔业未发现 EHNV 的报告，然而其国内鲑鱼产品的运输方面没有任何限制，澳大利亚没有举证解释国内保护水平和禁止冰冻鲑鱼进口所达到的保护水平之间不同的理由。

加拿大指出，澳大利亚在不同情形下采取了不同的保护水平，这些保护水平是任意的和武断的，且对国际贸易构成了歧视，因此违反了 SPS 协定第 5 条第 5 款。专家组和上诉机构支持加拿大的观点。

第 5 条第 6 款——SPS 措施应具有对贸易的最小限制

加拿大认为澳大利亚措施比要获取适宜的卫生保护水平所需要的措施更具贸易限制性，因此澳大利亚措施违反 SPS 协定第 5 条第 6 款。澳大利亚对其措施是否对贸易超过必要限度做出了解释，但专家组认为澳大利亚的反驳不成立，澳大利亚措施比要获得适当的卫生保护水平更具贸易限制性。1996 年最终报告没有指出，其他材料也没有反应出热处理措施确实能大大降低疾病传入风险，根据技术专家观点分析，已知有些病原在热处理过程中仍可存活，有的还可以繁殖，而有些病原在冷冻过程中反而降低了传播风险。

对于澳大利亚的措施是否超出了保护的必要程度而成为限制贸易的措施，从而违反了 SPS 协定第 5 条第 6 款。澳大利亚认为，在其他措施是否可以达到相似的保护水平问题上，专家组的结论是错误的，因为专家组实际在用目前采取的措施和热处理做比较，而不是和必要保护水平做比较。

专家组认为，根据第 5 条第 6 款的脚注，如果存在着其他技术上和经济上可行的其他保护措施，可以达到类似的保护程度，但其对贸易的限制作用明显小于已经采取的措施，则已经采取的措施就超过了必要的保护程度。专家组注意到，澳大利亚 1996 年年终报告提到了 5 种不同的保护途径，其中一种是热处理。专家组对其他四种作了分析，认为上述三个条件都满足，因此认为澳大利亚的措施也违反了第 5 条第 6 款。

上诉机构指出，1996 年年终报告列出了 5 种其他措施，但没有列出各自的保护水平，专家组的分析也没有提供这方面的事实。上诉机构认为对这一问题无法分析，不得不推翻专家组认为澳大利亚的措施违反了第 5 条第 6 款的结论。但上诉机构认为，根据已有的材料，上诉机构应当完成对这一问题的分析。上诉机构承认，专家组采用的第 5 条第 6 款脚注中的标准是正确的，因此也运用这三条标准分析澳大利亚目前采用的措施。根据资料得知，存在着可以采用的其他措施。至于其他措施是否可以达到与已采取的措施类似的保护程度，上诉机构注意澳大利亚采取的是禁止进口的措施，这是属于“无风险”措施。

上诉机构明确指出，它并没有确定澳大利亚是违反还是没有违反第 5 条第 6 款，非常有可能存在违反第 6 款的情况，由于没有事实依据来证明，上诉机构无法得出结论。

32.3.2.3 案例评析

本案是 WTO 成立后的第二个涉及 SPS 协定有关条款的争端案件，对我们理解 SPS 协定的有关条款同样具有重要意义。

SPS 协定第 5 条第 1 款明确规定：“卫生与植物检疫措施应以风险评估为依据”。可见一个成员要采取卫生与植物检疫措施，必须进行风险评估。本案 DSB 结合 SPS 附录 A 第 4 段的规定对该条款进行了解释：风险评估应包括三个方面的内容：①指明成员意图阻止进入其境内的疾病种类及其社会和经济影响；②评价该种疾病进入成员方境内的可能性；③如果采取了检疫措施后这一疾病进入的可能性。

SPS 协定第 5 条第 5 款规定各成员方应当尽量避免保护程度方面的任意和不合理的差异，具体是指：①该成员在不同的情况下采取了不同的检疫保护水平；②这些保护水平之间存在任意或不合理的差异；③包含该差别的措施导致国际贸易的歧视或变相限制。

DSB 对 SPS 协定第 5 条第 6 款的解释是：确定适当的保护水平和采取什么样的检疫措施是两个概念，二者的关系是适当的保护水平决定了应该采取什么样的检疫措施，而不是由检疫措施来决定保护水平。

32.3.3 美国诉日本农产品进口措施案

32.3.3.1 案情简介

1950 年日本颁布实施了《植物保护法》。该法的实施使得部级条例可以禁止某些特定农产品的进口。根据 1950 年 6 月 30 日日本农业部发布的《植物保护法实施条例》，8 种原产白包括美国在内的某些国家的农产品被列为禁止进口产品，其原因是这些产品可能带有一种未曾在日本发现的害虫——苹果蠹蛾。对于每一种产品，进口禁止豁免的取得都要经过对其品种的逐一甄别。换句话说，为获得一项豁免，必须首先取得针对上述产品的某一特定品种的进口许可证。然而，某公司获得某一产品的特定品种的许可证并不意味着该公司有权进口该产品的其他品种。1978 年以来，原产自美国的特定品种的上述产品已陆续获得了进口许可证，因此对于这部分产品的进口禁令已经取消了。

为了获得一项针对特定品种产品的进口禁令豁免，出口国必须提出一种替代措施，而该措施能够达到与进口禁令同等的保护水平。出口国有义务证明替代措施能够达到适当的保护水平。在实践中，提出的替代措施往往是某种特定的灭虫法。

1987 年日本农林水产省实行了两部“获得进口禁令豁免指南”：①“取消进口禁令指南——熏蒸”。它规定了首次取消进口禁令的适用程序；②“昆虫死亡率比较测试指南——熏蒸”。它规定了批准额外品种产品进口的测试标准。美国认为上述第二个指南中的“品种测试要求”不符合 SPS 协定的有关规定，因此决定向 WTO 提起投诉。

32.3.3.2 法条适用

第 2 条第 2 款和第 5 条第 7 款

专家组首先审查了日本的措施是否符合 SPS 协定第 2 条第 2 款。美国提出，根据 SPS 协定第 2 条第 2 款的规定，WTO 成员方要实行植物检疫措施，应当有“充分的科学依据”并且要“以科学原则为基础”。

专家组认为，SPS 协定第 2 条第 2 款必须与其他相关条款特别是第 5 条第 1 款结合起来进行解释。在审查采用品种测试法是否符合第 2 条第 2 款的规定时，专家组引用了欧盟荷尔蒙案上诉机构的意见。认为，要想证明存在第 2 条第 2 款规定的“充分的科学依据”则必须证明实施的措施与提出的科学依据之间有“客观的或合理的联系”。

专家组运用此项法律标准对品种测试法是否有“足够的科学依据”进行了审查。专家组指出，根据技术专家的意见，没有“充分的科学依据”支持品种测试法。因此，根据所有已提交的证据和技术专家的意见，专家组得出结论认为品种测试方法与科学证据之间并不存在“合理的或客观的联系”。

在专家组做出上述结论后，日本提出 SPS 协定第 5 条第 7 款作为抗辩。该条款规定，在相关科学证据不足的情况下，一成员可以基于可获得的相关信息采取临时植物检疫措施，但该成员必须设法获得补充资料以更加客观地评估风险并且应在合理的期限内审查该措施。日本提出，该规定赋予其采取临时检疫措施的权利，并且日本要求出口国在申请时提交材料就是履行了“设法获取补充资料”的义务。美国则提出，一项实行了 50 年的措施无论如何也不能算是临时措施。专家组认为，第 5 条第 7 款允许成员方采取临时措施，必须满足两个条件：有关科学证据不足；根据已获得的证据可以做出决定。但第 5 条第 7 款还规定了采取临时措施的成员应履行的附加义务：设法获取补充资料；在合理的期限内审查该措施。日本第一次对美国产品实行涉及争议的措施已有 20 多年，SPS 协定生效也已经多年，日本有义务遵守 SPS 协定，而日本既没有设法获取补充资料，也没有定期审查该措施。因此日本的措施不符合 SPS 协定第 5 条第 7 款的规定。

专家组认为，既然日本实行的品种测试法不符合 SPS 协定第 5 条第 7 款的规定，那么这种措施也就不符合第 2 条第 2 款，因为它没有“足够的科学依据”。

专家组认为没有必要进一步审查该措施是否符合第 2 条第 2 款中关于“以科学原则为基础”的规定，进而也没有必要确定该措施是否与第 5 条第 1 款和第 2 款相一致。

上诉认为，争端双方对此条条款的争议主要在于对“充分的科学依据”，特别是对“充分”一词的理解上。专家组的意见是植物检疫措施与科学证据之间应当有“合理的或客观的关联”，是否存在这样的关联应当根据每个案件的具体情况来确定。上诉机构认为，“充分”是一个关联概念，它要求在植物检疫措施与科学依据之间存在足够的关联。日本提出，解释第 2 条第 2 款应当谨慎。上诉机构认为谨慎原则“不能用来作为某个成员采取不符合 SPS 协定规定的理由”。专家组的意见得到了上诉机构的支持。

SPS 协定第 5 条第 7 款第一句规定：在没有充分科学资料的情况下，根据已经得到的相关资料，成员可以采取临时措施；第 2 句规定：成员方应设法获取必要的补充资料，以更加客观的评价风险，并在合理期限内审查这些措施。上诉机构认为这两句话提出的 4 个条件是同等重要的，成员方必须全部满足这 4 个条件才能适用临时措施。日本提出，第 2 条第 2 款所称“除了第 5 条第 7 款的规定”，是指除了第 7 款的第 1 句。上诉机构认为日本的主张是错误的，不能把第 7 款的两句话割裂开来解释。上诉机构维持专家组的结论，即日本的措施不符合 SPS 协定第 5 条第 7 款的规定。

第 5 条第 6 款——SPS 协定对贸易具有最小限制

美国提出，日本的品种测试法不符合 SPS 协定第 5 条第 6 款，原因是该措施对贸易的限制程度大大超过了实现其适当的卫生保护水平的需要。专家组结合第 5 条第 6 款及其注解指出，如果存在一项能同时满足三个条件的替代措施，那么争议措施的“贸易限制程度”将被视为“超出需要”并且将违反第 5 条第 6 款。这三个条件是：①在考虑技术和经济可行性的前提下该替代措施可合理获得；②该替代措施可以实现适当的卫生与植物保护水平；③该替代措施较涉案措施可显著降低对贸易的限制程度。

美国和技术专家分别向专家组提出了两种替代措施，即产品测试法与附着程度测试法，后者又分为监测熏蒸浓度法与确定附着水平法。在依据上述三个条件对替代措施逐一进行了分析之后，专家组认为：产品测试法虽然可以满足上述条件①和③，但不能确定满足条件②即不能达到日本目前的贸易保护水平；监测熏蒸浓度法虽然可以满足条件①和②，但不能确定满足条件③，即不能确定是否大大降低对贸易的限制程度；而确定附着水平法可以同时满足上述三个条件。既然存在能同时满足三个条件的替代措施，专家组以此得出结论认为，日本实行的品种测试法违反了 SPS 协定第 5 条第 6 款的规定。

在审查美国提出的产品测试法是否能作为合适的替代措施时，专家组采纳了技术专家的意见，即不能认为有充分的证据表明产品测试法可以达到与日本目前保护程度相同的保护。美国在上诉中提出，专家组在审查此问题时不应简单地采信技术专家的证言。上诉机构认为，根据 DSU 第 17 条第 6 款，专家组对事实的认定和对证据的分析不是上诉机构审查的范围。因此驳回了美国的上诉意见。

第 7 条和附件 B——透明度要求

美国提出，日本实行的两部测试指南没有进行公布，违反了 SPS 协定第 7 条关于透明度的规定。在审查这一诉求时专家组指出，第 7 条的相关部分规定“成员方应根据附件 B 的规定提供有关实行卫生检疫措施的规定”。而附件 B 第 1 段规定“成员方应确保迅速公布已通过的卫生检疫措施以使相关利益成员方得以了解”。该段的注解将“卫生检疫措施”解释为“诸如法律、法令或命令等普遍适用的有关措施”。专家组指出，要使一项措施受附件 B 的公布要求的制约，必须满足三个条件：①该措施已经被批准；②该措施应为“卫生检疫措施”；③该措施是普遍适用的。专家组认为日本实行的两部测试指南符合上述三个条件，因此应当进行公布。尽管日本提出已经将这些措施通知了有关成员方的植物检疫机构，但并不能弥补其没有公布的缺陷。日本的做法违反了 SPS 协定第 7 条和附件 B 关于透明度的规定。

日本在上诉中认为，两部测试指南不是可以实施的法律文件，不属于附录 B 第 1 段规定的公布范围。上诉机构认为，附录 B 第 1 段规定的必须公布的文件范围只是一个列举性的规定，应当包括除“法律、法规和命令”之外的其他普遍适用的措施。争议双方对于品种测试法是普遍适用的这一点并没有异议。因此上诉机构维持了专家组的意见，即日本没有遵守 SPS 协定附录 B 第 1 段，违反了协定第 7 条。

32.3.3.3 案例评析

本案是关于实施植物检疫措施的典型案例之一。从程序方面看，本案两点值得重视：

一是专家组的职权范围和争议措施的范围应该以什么为依据？本案对此问题的结论是清楚的，那就是不以磋商的内容或其他标准为依据，而只能根据申诉方成立专家组的请求的内容来确定。此结论对于成员方的借鉴意义在于：作为争端解决程序的申诉方应该在成立专家组的请求中完整列明专家组的职权及争议的措施，避免因疏漏造成程序上的被动。

二是关于举证责任的承担原则。举证责任的负担是影响诉讼胜负的关键问题。本案进一步确认了争端解决程序中对此问题的一贯原则，即投诉方负有最初的举证责任，证明被诉方采取了不符合有关协定的措施，而被诉方负有提出反驳证据的责任。本案中还有一点值得注意的是，技术专家提供的对一方有利的咨询意见不能免除该方的举证责任。这一点表明，争端解决程序的参加方应积极履行举证责任，不能过分依赖技术专家的意见。

从实体方面分析，本案对 SPS 协定的解释有三点值得成员方重视：

一是对于 SPS 协定第 2 条第 2 款的解释。上诉机构维持了专家组对此条款的解释并进行了进一步的阐述：成员方应证明其实施的植物检疫措施有充分的科学依据；“充分”是一个关联的概念，应证明实施的植物检疫措施与科学依据之间有足够的关联，有“客观的或合理的联系”。

二是对于 SPS 协定第 5 条第 7 款的解释。该条款规定了一成员可以排除适用第 2 条第 2 款从而采取临时措施的 4 个条件。本案对该条款的解释是：成员方必须在满足了全部四个条件的情况下才能实施临时植物检疫措施。这种解释无疑会限制某些成员方适用“临时措施”以限制特定产品进口的行为。

三是对 SPS 协定第 7 条和附录 B 的解释。这些条款规定的是有关对成员方实施植物检疫措施的透明度要求。本案对此进行了宽泛的解释：只要是普遍适用的关于卫生与植物检疫措施的文件，不管其形式是不是“法律、法令或命令”，都应当予以公布。应该说这种对于透明度要求的宽泛解释，虽然增加了实施措施的成员方的履行难度和工作量，但有利于被施加措施的成员方及时并详尽地知悉相关信息，限制某些成员推行贸易保护主义的倾向。

33 进口风险分析

33.1 概述

33.1.1 风险分析的概念

进口风险分析（IRA）是国际贸易决策过程中进行预防性管理的一种工具，是研究在国际贸易中进口风险的产生、发展、对进口国人类的危害以及人类如何进行控制风险的新型科学。由于进口动物及动物产品与疫病传播之间的密切关系，20 世纪 80 年代以来，一些畜牧业发达国家开始将风险分析方法用于进口动物卫生评估和食品安全性评价中。动物及动物产品进口风险分析是对进口动物和动物产品时某种疫病传入的概率及其危害（风险）进行评估、管理和交流的方法和过程，主要目的是为进口国评估进口动物、动物产品、动物遗传材料、饲料、生物制品和病料所带来的风险提供客观和公正的方法。

由于全球化和气候变化，各种新发、复发动物疫病和人兽共患病持续发展，严重影响了畜牧业的健康可持续发展，并对公共卫生安全构成了极大的威胁。动物疫病在影响动物及其产品安全贸易的同时，也给一些国家提供了“以保护动物和人类健康为由”设置技术性贸易壁垒的理由。为了及时发现并控制风险，同时又防止出现变相的技术壁垒，WTO、OIE、CAC 等国际组织提出了风险分析的概念并制定了相关的方法标准。如 OIE 在《陆生动物卫生法典》、《水生动物卫生法典》中规定了《进口风险评估准则》。

33.1.2 风险分析的作用

WTO/SPS 协议签署之后，进口风险分析已成为进口动物卫生管理领域一个重要的决策工具。其作用至少包括以下方面：

(1) 防控外来疫病的重要工具 FAO 贸易年报统计表明，1961—2000 年，动物和动物产品的国际贸易货币值增加了 17 倍，其中，肉和肉类产品国际贸易占到动物产品贸易总量的 56%，增加了 20 倍。动物疫病已成为制约动物及其产品国际贸易的主要因素。有数据统计表明，全球 1980—2000 年间通过动物贸易引入传染性动物疫病的报告共有 607 例，其中 OIE 的 A 类病（包括33例FMD）117例，B类病365例（74例人兽共患病、142例牛病、42例绵羊和山羊病、29例马病、49例禽病）。大多案例是在进口国首次发现（420例）。建立健全进口风险机制，对于世界各国有效抵御外来动物疫病，具有重要作用。

（2）动物卫生决策的技术依据 风险分析是一项科学性的工作。科学的风险分析是将进口过程中的所有危害进行评估，通过在进出口国政府机构、学术界、生产者和消费者之间充分的信息交流，充分考虑评估的不确定性，针对风险评估结果制定科学、客观、透明的风险管理措施，保证了动物及动物产品的贸易的安全。以行政命令为主的动物卫生决策不符合国际惯例，其决策的实施缺乏科学性，不能适应新形势下畜牧业发展的新要求，迫切需要建立对风险管理的决策、执行及其效果的监督管理和科学评估机制，依据风险评估来制定风险管理的措施。

（3）是实施双边磋商、解决贸易争端的科学方法 风险分析是采用高于国际标准贸易措施的基础，几乎所有涉及SPS协议的纠纷都提及到风险分析，所占比例高达95%。在WTO/SPS委员会下，由各成员对各项检疫检验争端进行双边磋商，甚至WTO争端解决机构在审理三大SPS争端解决案例时，也需要以诉讼双方所提供的风险评估数据为审判依据。当WTO成员间进行双边磋商时，实行进口限制措施的成员必须在其他成员要求下提供风险评估数据；诉诸争端解决机制解决时，仍是以风险评估作为胜败诉的审判依据。如在欧盟激素牛肉案中，欧盟的进口禁令没有满足SPS协议关于“以风险评估为依据”的要求，成为导致欧盟败诉的主要原因。

33.1.3 发达国家实践方式

动物卫生工作中存在许多不确定性。从美国、澳大利亚、新西兰和欧盟的进出境检验体系看，为控制动物疫病传入风险，这些国家在进口动物及动物产品前，先行开展风险分析，以有效降低疫病传入风险。同时，在动物卫生标准制定、紧急疫病反应体系建设、国家无疫区建立等动物卫生决策中，上述国家也多以风险分析为基础。

33.1.3.1 基于“可接受风险水平（ALOP）”的风险分析

ALOP是指WTO成员为保护其境内人类、动物的生命或健康而采取动物卫生（SPS）措施时，认为适当的保护水平。ALOP是采取任何SPS措施的依据。若SPS措施适用于国际贸易，须再进行进口风险分析（IRA）。通过风险评估计算出的风险要与国家的ALOP进行比较，从而采取相应的SPS措施。各畜牧业发达国家大都确立了适合本国国情的ALOP。如澳大利亚定性表达其ALOP，即实施SPS的高水平保护，将风险降低到非常低的水平，而不是零风险水平。

33.1.3.2 风险评估和风险管理职能分离

风险评估不仅是风险分析的核心，也是进行风险管理的科学依据。为保障风险评估的科学性、客观性、透明度和有效性，发达国家大都将风险评估和风险管理职能分开，成立专门的风险评估机构，遵循内外一致的原则进行风险评估。同时协调与国际组织、国内涉及食品安全管理的各行政机构的信息收集、交换和整合工作。CAC风险分析工作原则强调，风险评估和风险管理应职能分离，以避免风险评估者和风险管理者的职能混淆。在食品法典框架下，风险评估是由联合专家委员会负责，而风险管理是由各食品法典委员会负责。新西兰农林部（MAF）下设的生物安全局（BA），加拿大食品检验署（CFIA）下设的动物卫生与生产局（AHPD），美国兽医局（VS）下设的流行病学和动物卫生中心（CEAH），欧盟的食品安全局等都是风险评估机构。风险评估机构是科学咨询机构而非决策制定机构。如欧盟食品安全局不受欧盟委员会、欧盟其他机构和成员国管理机构的管辖，独立开展工作。日本于疯牛病事件后，成立了食品安全委员会，独立于行政管理机构厚生劳动省和农林水产省，独立实施风险评估和风险交流。

33.1.3.3 以国际组织推荐准则为指导

OIE制定了《进口风险分析准则》，确立了动物及动物产品国际贸易中广泛采用的风险分析框架。发达国家大都以此为基础，制定了法规形式的风险分析准则、标准和方法，确立了风险分析中考虑的因素，如美国的《风险分析内部指南》、澳大利亚的《进口风险分析手册》、加拿大的《动物卫生和生产风险分析框架》等。动物疫病风险评估主要涉及进口国和出口国的生物学因素、国家因素和商品因素三个方面，如果上述三个方面中任何一个层次存在风险，即拒绝从该国家进口动物及动物产品。为促进风险分析工作的顺利实施，各国大都制定了风险分析运作程序，从启动风险分析到制定进口政策的整个过程按照明确的时间表进行，大大提高了进口风险分析工作效率。另外，有的国家如澳大利亚还规定了完备的上诉程序。利益攸关方如果对进口风险分析过程不满意，可以在不同阶段向独立于BA的进口风险分析上诉小组（IRAAP）和副部长提出上诉。

33.1.3.4 成立项目组实施风险分析

发达国家多将风险分析作为项目来运作和管理。进行风险分析需要不同专业和技能的专家，如流行病学家、病毒学家、微生物学家、寄生虫学家、气候学家、昆虫学家、野生动物专家、统计学家和经济学家等。根据风险分析的性质和过程，并通过与各方面交流，确定承担具体评估工作的专家人员，成立项目组，实施风险评估。

33.1.3.5 重视同利益团体间的相互交流

重视同利益团体间的相互交流是各国风险分析运作过程中非常重要的特点。风险交流是WTO透明度原则的体现，也是确保风险分析结果客观公正的有效途径。从危害确认、风险评估到风险管理的整个风险分析过程都要进行风险交流，包括同进出口国家和地区的决策机关、进出口商及其他相关的利益团体进行交流。有专家称，风险交流可能是风险分析过程中最重要的部分。动物卫生工作存在许多的不确定性，对这些不确定性因素在风险分析过程中要做到充分的交流。通过风险交流，收集危害和风险方面的信息和建议，然后将风险评估每一步的结果以及建议采取的风险管理措施与利益相关团体进行交流。各国都通过网站公布等多种形式，将风险评估结果公布于众，供利益团体评议。

33.2 OIE进口风险分析框架

OIE《陆生动物卫生法典》为国际贸易进行透明、客观和正当的进口风险分析提出了指导性原则。OIE进口风险分析包括危害识别、风险评估、风险管理和风险交流（图33-1）。

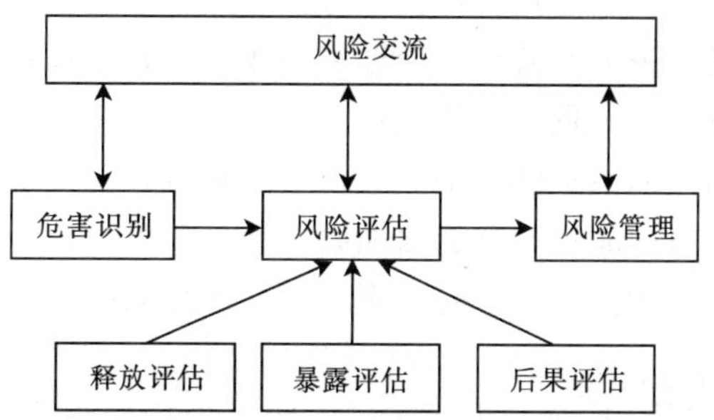

图33-1 OIE进口风险分析的4个组成部分以及风险评估的3个步骤

33.2.1 危害识别

危害识别就是对某进口商品中可能产生不良后果的致病因子进行确认的过程。

所识别的潜在危害可能是那些与进口动物有关系或商品所携带的，并且在出口国存在的致病因子。因此有必要对出口国是否已存在该潜在危害，是否为法定报告疫病，是否对其实施控制或扑灭计划等情况进行确认，并要求确保进口措施不能超过国内贸易限制措施。

危害识别是确认生物因子能否造成危害的分类过程。如果在危害识别过程中认定进口不会产生潜在危害，进口风险分析可到此结束。

对兽医机构、监测和控制计划以及区域区划和生物安全隔离区划体系进行评估，是评估出口国畜群中是否存在危害可能性的重要内容。

进口国在根据《陆生动物卫生法典》推荐的相应卫生标准做出是否允许进口的决定时，不需要进行进口风险评估工作。

33.2.2 风险评估

33.2.2.1 风险评估原则

（1）风险评估应灵活处理实际情形中的各种复杂情况。没有任何一种方法适于所有情况。风险评估应与进口动物商品的多样性，与进口和每种疫病特性有联系的多重危害、检查监测体系、暴露情况以及资料类型和信息量等相适应。

（2）定性风险评估和定量风险评估，两种方法同样有效。虽然定量风险评估在对特定问题进行评估时能提供更深刻的分析，但是在缺乏相关数据资料时，定性风险评估也更为重要。

（3）风险评估应以现有科技信息为基础。开展风险评估时，应进行翔实记录，并附上科技文献和其他资料，包括专家意见。

（4）为保证制定决策的公平、合理和一致性，方便各有关方理解，各种风险评估方法应保持一致，且需透明。

（5）风险评估应列出不确定项、假设项及其对最后风险估计的影响。

（6）风险随进口商品量的增加而加大。

（7）当获得了新的信息资料时，应对风险评估进行更新。

33.2.2.2 风险评估步骤

（1）释放评估 释放评估是要阐明通过进口活动向某一特定环境“释放”

病原体的生物学途径，并定性或定量计算全过程发生的概率。也就是说，释放评估是要阐明每种潜在危害（病原体）在特殊条件下“释放”的概率及因各种活动、事件或措施所引起的变化。释放评估所需的信息包括：

1）生物学因素：动物种类、年龄和品种；易受病原攻击部位；免疫、检测、诊疗和隔离检疫。

2）国家因素：发病率/流行率；评价出口国兽医机构、监测和控制计划、区域区划和生物安全隔离区划体系。

3）商品因素：进口商品数量、易污染程度、加工影响、贮存和运输影响。

如果释放评估结果证明没有明显风险，即可做出风险评估结论。

（2）暴露评估 暴露评估是要阐明进口国的动物和人暴露于风险源释放危害（如病原体）的生物途径，定性或定量计算暴露概率。

根据暴露的量、时间、频率、时间和途径（如食入、吸入或虫咬）以及动物种类和人群数量等其他特征的特定接触条件，来计算接触确认危害的概率。暴露评估所需的信息包括：

1）生物学因素：病原特件。

2）国家因素：潜在媒介、人和动物统计数、习惯和文化风俗、地理和环境特征。

3）商品因素：进口商品数量、进口动物或动物产品的用途、处置措施。

如果暴露评估结果证明没有什么风险，就可在这一步得出风险评估结论。

（3）后果评估 后果评估要阐明暴露生物病原体与暴露后果的关系。因果关系必须弄清，即暴露导致的不利于卫生或环境后果，进而引起的社会经济后果。后果评估需要阐明某种暴露的潜在后果并计算其可能发生的概率。计算可以是定性的，也可以是定量的。后果评估所需的信息包括：

1）直接后果：动物感染、发病及生产损失；公共卫生后果。

2）间接后果：监测和控制成本、赔偿损失、潜在贸易损失、对环境的不良后果。

（4）风险估算 风险估算是对释放评估、暴露评估和后果评估的结果进行综合估算，制定防控危害引起风险的总体措施。因此，风险估算要考虑从危害确认到产生有害结果的整个风险过程。

定量评估的最终结果包括：

- 计算一定时期内卫生状况受到不同程度影响的畜群、禽群、动物或人类的数量；
- 概率分布、置信区间及其他表示不确定性的方式；
- 叙述所有模型输入值的方差；

- 灵敏度分析，根据各输入值对风险计算结果变异程度的作用，确定其等级；
- 模型输入值之间的依赖性及相关性分析。

33.2.3 风险管理

33.2.3.1 风险管理原则

（1）风险管理是成员为达到适当保护水平而决定并执行相关措施，同时确保对自身贸易的负面影响降到最低限度的过程。风险管理的目标是对备选政策进行权衡，解决成员方期望降低疫病发生风险或发生频率与根据国际贸易协议进口货物及所尽义务之间的矛盾。

（2）OIE的标准是国际卫生措施风险管理标准的首选。执行的卫生措施应符合标准的规定。

33.2.3.2 风险管理组成成分

（1）风险评价 是指对风险评估中计算出的风险与国家保护水平进行比较的过程。

（2）方法评价 是指根据成员的保护水平，为减少进口引起的风险，确定采取措施和评估其效能及可行性的过程。效能是指所选某项措施能降低不良生物和经济后果的程度。方法效能的评价是一项反复多次的过程，要与风险评估相结合，然后与可接受的风险水平进行比较。而可行性评价通常着眼于对实施风险管理方法有影响的技术、行动及经济因素。

（3）实施 是指通过风险管理决策确保实施风险管理措施的过程。

（4）监视及评审 是指审查风险管理措施，保证取得预期结果的过程。

33.2.4 风险交流

（1）风险交流是在风险分析期间，从潜在受影响方或当事方收集风险、危害信息和意见，并向进出口国家决策者或当事方通报风险评估结果或风险管理措施的过程。这是一个多方面的反复过程，应贯穿风险分析整个过程。

（2）在风险分析之初就应执行风险交流策略。

（3）风险交流中的信息交流应该是公开、交互、反复和透明的，并可在决定进口之后继续进行。

（4）风险交流参与单位，包括出口国当局及其他当事人，如国内外企业集团、家畜生产者及消费者等。

（5）风险交流时应对风险评估中的模型假设及其不确定性、模型输入值和风险计算进行交流。

（6）为保证做出科学判断，确保获取最有效的资料、信息、方法和假设，在做风险交流时应进行同行评议。

34 动物及其产品的进出口检疫

34.1 兽医检疫证书模板

34.1.1 活动物、种蛋和动物源性产品国际贸易用兽医证书模板

OIE《陆生动物卫生法典》(2010 版) 第 5.10 章明确规定了活动物、种蛋和动物源性产品国际贸易用兽医证书模板。不论哪种兽医证书，填写时必须注意：用大写字母将纸质证书填写完整；要确认一个选项，用 X 标记该项目所在栏；确保证书不留空白以防被修改；不适用的内容可以划掉。

第一部分 启运货物的详情

国家	出证国名称
Ⅰ.1栏	货物调运自然人或法人的姓名和详细地址。建议提供电话和传真号码或者电子邮件地址信息
Ⅰ.2栏	该证书编号是国家兽医当局用于标识证书的编号
Ⅰ.3栏	兽医当局名称
Ⅰ.4栏	证书有效期内指定的收货自然人或法人的姓名和详细地址
Ⅰ.5栏	动物、种蛋、胚胎、精液、卵子或蜂巢出口国名称。对于产品，还应标示出成品生产、加工或者包装地等名称 "ISO 代码"指的是国际标准化组织创立的代表某国的双字母代码（ISO3166-1α-2码）国际标准
Ⅰ.6栏	如果涉及，证书第二部分的原产地区或分隔区的名称
Ⅰ.7栏	目的地国家的名称。"ISO 代码"指的是国际标准化组织创立的代表某国的双字母代码（ISO3166-1α-2码）国际标准
Ⅰ.8栏	如果涉及，证书第二部分的目的地区或者分隔区的名称

（续）

国家	出证国名称
Ⅰ.9栏	动物或者产品出口地区的名称和详细地址；以及必要时的官方批准或注册号码 对于动物和种蛋：注明饲养场、野生动物放养或捕猎单位 对于精液：注明人工授精中心 对于胚胎和卵：采集单位（而非储藏场所）的名称、地址和官方批准文号 对于动物源性产品：注明发货地点
Ⅰ.10栏	动物或动物源性产品拟启运地（可是陆地、码头或机场）的名称
Ⅰ.11栏	离开日期。对动物还应包括预定的离开时间
Ⅰ.12栏	运输方式的详细资料 签发证书时确认运输方式信息：航空运输的，确认航班号；海洋运输的，确认船舶名称；铁路运输的，确认列车号；公路运输的，确认登记车辆的车牌号以及所用拖车的号码
Ⅰ.13栏	预期经过的边境站名称，可能情况下，请注明其联合国贸易和运输地点编码（UN/LOCODE）
Ⅰ.14栏	如果商品涉及国际濒危野生动植物种国际贸易公约（CITES）所列物种，应注明CITES许可证号码
Ⅰ.15栏	描述商品或者使用其在世界海关组织协调制度中的名称
Ⅰ.16栏	名称或者在世界海关组织协调制度中的HS代码
Ⅰ.17栏	商品数量 对于动物、种蛋和动物产品（精液、卵子、胚胎），注明动物、卵或盛放管的总数 对于产品，以千克为单位注明托运货物的毛重量和净重量
Ⅰ.18栏	运输和储藏产品的温度
Ⅰ.19栏	运输动物的箱子、笼子或圈栏的总数量。盛放精液、卵子、胚胎的低温容器的总数量。产品包装箱的总数
Ⅰ.20栏	必要时查验集装箱/铅封号
Ⅰ.21栏	确认产品包装类型。按联合国贸易便利化与电子商务中心（UN/CEFACT）第21号推荐中定义的旅客、货物类型、包装和包装材料代码标注

（续）

国家	出证国名称
Ⅰ.22栏	进口动物或产品用途 繁育/养殖：指用于繁殖或饲养动物和种蛋 屠宰：指用于屠宰动物 比赛候补：指用于重建比赛种群 宠物：指用于伴侣或娱乐动物。不包括家畜 演出/展览：指用于演出、表演或展览动物 人类消费：指用于人类消费的产品 动物饲料：指用于饲喂动物的任何动物源性（单一成分的或者混合成分的）产品，不论是否进行过加工、半加工或者未加工 深加工：指用于在适宜最终使用之前必须进行深加工的动物源性产品 技术用途：不用于人或动物消费的产品。包括用于制药、医学、化妆品以及其他工业用途的动物产品。这些产品可能要进行复杂的深加工 其他：指用于本分类中未列举的其他目的
Ⅰ.23栏	标识，如果适用
Ⅰ.24栏	足以识别商品属性的详细资料 对于动物和种蛋：种类（学名）；识别系统；识别码或其他识别资料；数量以及必要时的品种/类别（例如母牛，肉牛，蛋鸡，肉鸡）；年龄；性别。有官方护照的动物应提供动物国际护照编号，并在证书上附带身份识别详细资料的一份副本 对于胚胎、卵子和精液：种类（学名）；国际胚胎移植协会（IETS）或国际动物记录委员会（ICAR）的识别代码；采集日期；采集中心/单位的批准文号；供体动物身份证明；数量。必要时，其品种 对动物源性产品：种类（学名）；商品性质；加工方式；企业批准代码（如屠宰场，分割厂，加工厂；冷库）；批号/日期代码；数量；包装号码；净重

第二部分　动物卫生信息

Ⅱ栏	按照进口国家和出口国家兽医当局根据《陆生动物卫生法典》建议达成的要求完整填写该部分
Ⅱ.a栏	参考号码：见Ⅰ.2.栏
官方兽医	姓名，地址，官方职务，签发日期及兽医部门官方印章

34.1.1.1 活动物、种蛋和动物源性产品国际兽医证书

国家：

<table>
<tr><td rowspan="20">第一部分：运输货物详细资料</td><td rowspan="2">Ⅰ.1. 发货人：
姓名：
地址：</td><td>Ⅰ.2. 证书编号：</td></tr>
<tr><td>Ⅰ.3. 兽医当局：</td></tr>
<tr><td colspan="2">Ⅰ.4. 收货人：
姓名：
地址：</td></tr>
<tr><td>Ⅰ.5. 原产地国家：
ISO 代码*</td><td>Ⅰ.6. 原产地区或分隔区**：</td></tr>
<tr><td>Ⅰ.7. 目的地国家：
ISO 代码*</td><td>Ⅰ.8. 目的地区或分隔区**：</td></tr>
<tr><td colspan="2">Ⅰ.9. 原产地：
名称：
地址：</td></tr>
<tr><td>Ⅰ.10. 装运地：</td><td>Ⅰ.11. 启运日期：</td></tr>
<tr><td rowspan="2">Ⅰ.12. 运输方式：
飞机□ 船舶□ 铁路货运□
公路货运□ 其他□
标识：</td><td>Ⅰ.13. 预定过境口岸：</td></tr>
<tr><td>Ⅰ.14. CITES 许可号码**：</td></tr>
<tr><td rowspan="2">Ⅰ.15. 商品描述：</td><td>Ⅰ.16. 商品代码（HS 编码）：</td></tr>
<tr><td>Ⅰ.17. 总数：</td></tr>
<tr><td>Ⅰ.18.</td><td>Ⅰ.19. 包装箱总数：</td></tr>
<tr><td>Ⅰ.20. 集装箱/铅封号：</td><td>Ⅰ.21.</td></tr>
<tr><td colspan="2">Ⅰ.22. 商品拟用于：
繁育/养殖□ 比赛□ 屠宰□ 比赛预留□ 宠物□ 演出/展览□ 其他□</td></tr>
<tr><td colspan="2">Ⅰ.23. 进口或准入许可：
最终进入□ 复进入□ 暂准进入□</td></tr>
<tr><td colspan="2">Ⅰ.24. 商品标识：
种类（学名） 品种*/类别* 标识系统
标识数码/详情 年龄* 性别*
数量</td></tr>
</table>

*非必填项；**在第二部分可能涉及。

国家：

<table>
<tr><td rowspan="2">第二部分：动物卫生信息</td><td>Ⅱ.a. 证书编码：

Ⅱ. 签字的官方兽医证明上述动物/种蛋满足下列要求：</td></tr>
<tr><td>官方兽医：
姓名和地址（字母大写）：　　　官方职务：
日期：　　　签名：
印章：</td></tr>
</table>

34.1.1.2 胚胎、卵子和精液国际贸易用兽医证书模板

国家：

<table>
<tr><td rowspan="16">第一部分：运输货物详细资料</td><td rowspan="2">Ⅰ.1. 发货人：
姓名：
地址：</td><td>Ⅰ.2. 证书编码：</td></tr>
<tr><td>Ⅰ.3. 兽医当局：</td></tr>
<tr><td colspan="2">Ⅰ.4. 收货人：
姓名：
地址：</td></tr>
<tr><td>Ⅰ.5. 原产地国家：
ISO 代码*</td><td>Ⅰ.6. 原产地区或分隔区**：</td></tr>
<tr><td>Ⅰ.7. 目的地国家：
ISO 代码*</td><td>Ⅰ.8. 目的地区或分隔区**：</td></tr>
<tr><td colspan="2">Ⅰ.9. 原产地：
名称：
地址：</td></tr>
<tr><td>Ⅰ.10. 装运地：</td><td>Ⅰ.11. 启运日期：</td></tr>
<tr><td rowspan="2">Ⅰ.12. 运输方式：
飞机□　船舶□　铁路货运□
公路货运□　其他□
标识：</td><td>Ⅰ.13. 预定过境口岸：</td></tr>
<tr><td>Ⅰ.14. CITES 许可号码**：</td></tr>
<tr><td rowspan="2">Ⅰ.15. 商品描述：</td><td>Ⅰ.16. 商品代码（HS 编码）：</td></tr>
<tr><td>Ⅰ.17. 总数：</td></tr>
<tr><td>Ⅰ.18.</td><td>Ⅰ.19. 包装箱总数：</td></tr>
<tr><td>Ⅰ.20. 集装箱/铅封号：</td><td>Ⅰ.21.</td></tr>
<tr><td colspan="2">Ⅰ.22. 商品拟用于：
人工繁殖□　其他□</td></tr>
<tr><td colspan="2">Ⅰ.23.</td></tr>
<tr><td colspan="2">Ⅰ.24. 商品标识：
种类（学名）　品种*　供体身份
采集日期　采集中心/小组批准代码　标识
数量</td></tr>
</table>

*非必填项；**在第二部分可能涉及。

国家：

第二部分：动物卫生信息	Ⅱ.a. 证书编号： Ⅱ. 签字的官方兽医证明上述动物/种蛋满足下列要求： 官方兽医： 姓名和地址（字母大写）： 官方职务： 日期： 签名： 印章：

34.1.1.3 动物源性产品国际贸易用兽医证书模板

国家：

<table>
<tr><td rowspan="17">第一部分：运输货物详细资料</td><td rowspan="2">Ⅰ.1. 发货人：
姓名：
地址：</td><td>Ⅰ.2. 证书编号：</td></tr>
<tr><td>Ⅰ.3. 兽医当局：</td></tr>
<tr><td colspan="2">Ⅰ.4. 收货人：
姓名：
地址：</td></tr>
<tr><td>Ⅰ.5. 原产地国家：
ISO 代码*</td><td>Ⅰ.6. 原产地区或分隔区**：</td></tr>
<tr><td>Ⅰ.7. 目的地国家：
ISO 代码*</td><td>Ⅰ.8. 目的地区或分隔区**：</td></tr>
<tr><td colspan="2">Ⅰ.9. 原产地：
名称：
地址：</td></tr>
<tr><td>Ⅰ.10. 装运地：</td><td>Ⅰ.11. 启运日期：</td></tr>
<tr><td rowspan="2">Ⅰ.12. 运输方式：
飞机□ 船舶□ 铁路货运□
公路货运□ 其他□
标识：</td><td>Ⅰ.13. 预定过境口岸：</td></tr>
<tr><td>Ⅰ.14. CITES 许可号码**：</td></tr>
<tr><td rowspan="2">Ⅰ.15. 商品描述：</td><td>Ⅰ.16. 商品代码（HS 编码）：</td></tr>
<tr><td>Ⅰ.17. 总数：</td></tr>
<tr><td>Ⅰ.18. 产品保存温度：
室温□ 冷冻□ 冰冻□</td><td>Ⅰ.19. 包装箱总数：</td></tr>
<tr><td>Ⅰ.20. 集装箱/铅封号：</td><td>Ⅰ.21. 包装类型：</td></tr>
<tr><td colspan="2">Ⅰ.22. 商品拟用于：
人类消费□ 动物饲料□ 深加工□ 技术用途□ 其他□</td></tr>
<tr><td colspan="2">Ⅰ.23.</td></tr>
<tr><td colspan="2">Ⅰ.24. 商品标识：
种类（学名） 商品特性 处理类型
企业批准号码
包装号码 净重量 货物编号/日期代码</td></tr>
</table>

*非必填项；**在第二部分可能涉及。

国家：

<table>
<tr><td rowspan="3">第二部分：动物卫生信息</td><td>Ⅱ.a. 证书编号：</td></tr>
<tr><td>Ⅱ. 签字的官方兽医证明上述动物/种蛋满足下列要求：</td></tr>
<tr><td>官方兽医：
姓名和地址（字母大写）： 官方职务：
日期： 签名：
印章：</td></tr>
</table>

34.1.1.4 蜜蜂和蜂巢国际贸易用兽医证书模板

国家：

<table>
<tr><td rowspan="16">第一部分：运输货物详细资料</td><td rowspan="2">Ⅰ.1. 发货人：
姓名：
地址：</td><td>Ⅰ.2. 证书编号：</td></tr>
<tr><td>Ⅰ.3. 兽医当局：</td></tr>
<tr><td colspan="2">Ⅰ.4. 收货人：
姓名：
地址：</td></tr>
<tr><td>Ⅰ.5. 原产地国家：
ISO 代码*</td><td>Ⅰ.6. 原产地区或分隔区**：</td></tr>
<tr><td>Ⅰ.7. 目的地国家：
ISO 代码*</td><td>Ⅰ.8. 目的地区或分隔区**：</td></tr>
<tr><td colspan="2">Ⅰ.9. 原产地：
名称：
地址：</td></tr>
<tr><td>Ⅰ.10. 装运地：</td><td>Ⅰ.11. 启运日期：</td></tr>
<tr><td rowspan="2">Ⅰ.12. 运输方式：
飞机□ 船舶□ 铁路货运□
公路货运□ 其他□
标识：</td><td>Ⅰ.13. 预定过境口岸：</td></tr>
<tr><td>Ⅰ.14. CITES 许可号码**：</td></tr>
<tr><td rowspan="2">Ⅰ.15. 商品描述：</td><td>Ⅰ.16. 商品代码（HS 编码）：</td></tr>
<tr><td>Ⅰ.17. 总数：</td></tr>
<tr><td>Ⅰ.18.</td><td>Ⅰ.19. 包装箱总数：</td></tr>
<tr><td>Ⅰ.20. 集装箱/铅封号：</td><td>Ⅰ.21. 包装类型：</td></tr>
<tr><td colspan="2">Ⅰ.22. 商品拟用于：
繁育/养殖□ 其他□</td></tr>
<tr><td colspan="2">Ⅰ.23.</td></tr>
<tr><td colspan="2">Ⅰ.24. 商品标识：
类别 品种*/品种*
数量 标识详情</td></tr>
</table>

*非必填项；**在第二部分可能涉及。

国家：

	Ⅱ.a. 证书编号：
第二部分：动物卫生信息	Ⅱ. 签字的官方兽医证明上述动物/种蛋满足下列要求： 官方兽医： 姓名和地址（字母大写）： 官方职务： 日期： 签名： 印章：

34.1.2 狂犬病国家的犬、猫用国际兽医证书模板

OIE《陆生动物卫生法典》（2010 版）第 5.11 章明确规定了狂犬病国家犬和猫国际兽医证书模板，其形式和要求如下。

Ⅰ. 畜主

姓名和地址：______________________________

____

____

____

Ⅱ. 描述

动物种类：______________________________

年龄或出生日期：______________________________

性别：______________________________

品种：______________________________

毛色：______________________________

被毛类型和标记/判别标志：______________________________

____

____

____

标识码（纹身或其他永久性的身份标志）（见注释 1）

Ⅲ. 附加信息

原产地国家：______________________________

____

畜主陈述该动物在过去两年中到过的国家（说明日期）：______________________________

____

____

____

Ⅳ. 免疫接种（狂犬病）

我作为下面签字的兽医声明，本人已对动物实施了第二部分所述的下述狂犬病疫苗接种，接种疫苗时，动物身体健康。

免疫接种日期 （日/月/年）	灭活毒疫苗名称 （见注释 2）	1. 生产实验室 2. 批号 3. 有效期	兽医姓名和签名 （见注释 6）
		1. 2. 3.	

在国际调运中的免疫保护期 （见注释 3）		官方兽医姓名 （字母大写）和签字
从（日/月/年）	到（日/月/年）	

V．血清学检测（狂犬病）

我作为下面签字的兽医声明，本人已从第二部分所述的动物采集血样，并从官方诊断试验室获得下列抗体中和滴定试验的检测结果（见注释 4）。

采样日期 （日/月/年）	官方诊断试验室 名称和地址	抗体滴定试验结果 （用国际单位 ［IU］/ml 表示）	兽医姓名 （字母大写）和签名 （见注释 6）

在国际调运中，血清学检测的有效期 （见注释 3）		官方兽医姓名 （字母大写）和签字
从（日/月/年）	到（日/月/年）	

Ⅵ．临床检查（狂犬病）

我作为下面签字的兽医声明，本人已在下述日期对第二部分所述动物进行检查，发现其临床健康（见注释 5）。

日期 （日/月/年）	兽医姓名 （大写字母）和签字 （见注释 6）	官方兽医姓名 （字母大写）和签字

注释

1. 证书上的标识码应该与动物身上的相同。使用电子标识的，应说明芯片类型和生产商名称。

2. 只有灭活疫苗才允许用于国际间移动的犬、猫。

3. 初次免疫的被免疫动物，进入进口国时应处于 6 个月至一年的免疫期内；初次免疫接种时，动物至少 3 月龄。

强化免疫的免疫时间应在动物进入进口国前一年之内。

4. 动物在进入进口国之前 3～24 个月内接受抗体中和滴定检测，检测应由出口国主管当局批准的官方诊断试验室实施。动物血清应包含至少 0.5IU/ml。

5. 证书第六部分所指的临床检查必须在运输前 48h 之内实施。

进口国主管当局可要求将不符合上述任一条件的动物送进其隔离检疫站；送入检疫站的情形由进口国法规规定。

6. 如果证书上出现的兽医姓名和签名不是一名官方兽医，该签名必须在有关栏目中由一名官方兽医签名和印章证明其真实性。“官方兽医”是指由国家兽医当局授权的兽医公务员或特别委任的兽医。

7. 如有要求，证书应使用进口国文字书写，在此情况下，证书还应使用一种出证兽医可以理解的文字书写。

34.1.3 赛马国际调运的护照模板

OIE《陆生动物卫生法典》（2010 版）第 5.12 章明确规定了赛马国际运输的护照模板，其形式、内容和要求如下所述。

（1）前言 为建立有利于赛马国家或地区之间无限制流动的标准，同时保护各有关国家或地区的动物卫生状况，特给赛马签发护照作为独特的证明文书，内容包括疫苗接种记录和实验室检测结果信息。

除了护照之外，进口国还可要求单独的兽医证书。

（2）护照内容 护照应包括：

马主详细资料：按照附件 A 指明畜主的姓名和地址信息，并由颁发护照的国家联合会证明其真实性。

马的身份证明：由主管部门根据附件 B 和 C 确认马的身份。

移动记录：按法规条例要求，每次都应根据附件 D 的记录核查马的身份，并作记录。

免疫记录：所有免疫接种均应按照附件 E（马流感）和附件 F（其他疫苗）记录在案。

实验室健康检测：按附件 G 记录每次传染病的检测结果。

（3）基本卫生要求 附件 H 列举了赛马国际运输的基本卫生要求。

由于赛马在不同卫生状况的国家和地区间运输，兽医部门可要求另加兽医证书。

附件 H 的背面列有兽医证书中包括需考虑到的疫病。

（4）附录 每一附录均使用英语、法语和西班牙语三种文字书写。

附 录 A

主人详细资料

1. 主人的国籍就是马的国籍。

2. 主人更换时，护照必须交国家马术联合会，出具新主人姓名及地址，重新登记注册并转给新主人。

3. 如果马主不止一人，或马为公司所有，则护照中应当注明马负责人的姓名及国籍。如果马主国籍不同，那么马主们必须指定马的国籍。

4. 国际马术联合会同意国家马术联合会的马匹租赁时，相关国家马术联合会应将详细情况记录在此。

国家马术联合会注册日期	主人姓名	主人地址	主人国籍	主人签名	国家马术联合会盖章及秘书签名

附 录 B

（1）标识号码：

（2）马名：　（3）性别：　（4）毛色：

（5）品种：　（6）经：　（7）来自：　（8）经：

（9）产驹时间：　（10）饲养地：　（11）饲养者：

（12）原证书有效期至：

经：

——主管当局名称：

——地址：

——电话号码：　——传真号码：

——签名：

（姓名大写字母和签字人身份）

——印章：

附 件 C

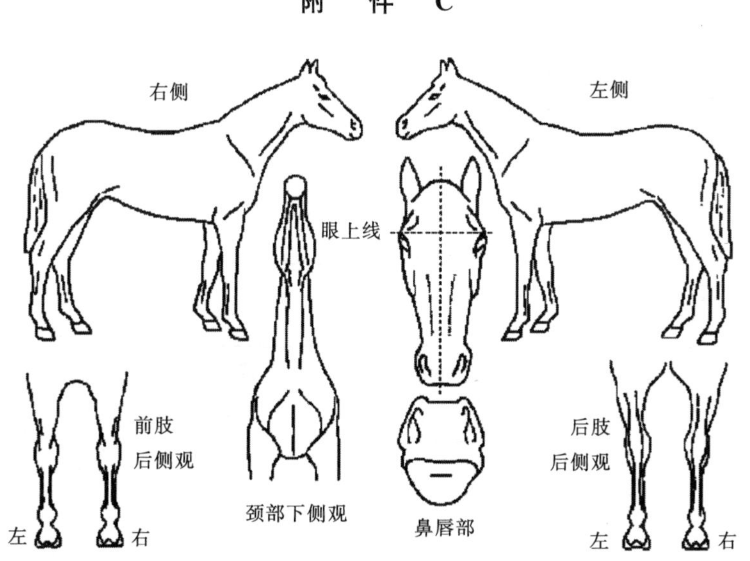

（2）马名：　（5）品种：　（3）性别：　（4）毛色：

（19）母马描述：

头部：

左前肢：　右前肢：

左后肢：	右后肢：
体躯：	有资格的兽医签名和盖章（或主管部门）：
标记：	（字母大写）
记录日期：	日期：

附　　录　　D

持有本护照马的身份特征

按规定和规则要求，马每次检查都必须验明正身，并证实与本护照图解页描述一致。

日期	国家和城市	检查目的 （赛事，兽医证书，等）	签名，姓名（字母大写） 以及官方出证人员的身份

附　　录　　E

马流感疫苗接种记录

马每次接种的疫苗必须登记详细、清楚，并由兽医师签字证明。

日期	地点	国家	疫　　苗		姓名（字母大写） 和兽医签名
			名称	批号	

附　录　F

马流感之外其他疫病疫苗接种记录

马每次接种的疫苗必须登记详细、清楚，并由兽医师签字证明。

日期	地点	国家	疫　苗			姓名（字母大写）和兽医签名
			名称	批号	疫病	

附　录　G

实验室健康检查

国家政府兽医机构授权的兽医师或实验室，对马匹进行传染病检测的试验结果，由兽医师代表要求进行该次试验的机构进行清楚的详细记录。

日期	传染病检测内容	检测方法	检测结果	接收的官方实验室	兽医姓名（大写字母）和签名

附　录　H

基本卫生要求

现签字证明，由________签发，号码为________________的护照中所描述的马匹满足下列条件：

（a）今日经检查无疾病症状，适合运输。

（b）不是国家疫病扑灭计划中应该屠宰的动物。

（c）不是来自因动物健康原因而受禁运的场所，也没有接触过封锁场所的马匹。

（d）据我所知和调查，该马匹在装运前 15 天未与患有传染病的马科动物接触。

该证书自签发之日起 10 日内有效。

日期	地点	对特殊疫病，护照另附兽医证明	官方兽医姓名（字母大写）和签名
		是/否（划掉一项）	
		是/否（划掉一项）	

（1）该文件应在马匹国际运输前 48h 内签发。

注：与护照配套的兽医证书中涉及的疾病名单

1. 非洲马瘟
2. 水疱性口炎
3. 马媾疫
4. 马鼻疽
5. 马脑脊髓炎（各型）
6. 马传染性贫血
7. 狂犬病
8. 炭疽

34.2 检疫出证

34.2.1 检疫出证责任

OIE《陆生动物卫生法典》（2010 版）第 5.1 章明确规定了国际兽医检疫出证责任，具体内容如下。

34.2.1.1 一般责任

动物和动物产品国际贸易安全取决于多种因素，应充分考虑这些因素，以确保无碍贸易，不产生对人和动物健康不可接受的风险。

由于各国间动物卫生状况不同，《陆生动物卫生法典》提供了若干可供选择的方法。在制定贸易条件之前，应考虑出口国、过境国和进口国的动物卫生状况。为最大限度地协调国际贸易的卫生措施，OIE 成员兽医当局应当根据

OIE 标准制定本国的进口要求。

这些要求应当写入《陆生动物卫生法典》5.10 至 5.12 章 OIE 发布的证书模板中。

出证要求应言简意赅，并明确表达出进口国的意愿。因此，进出口国家间兽医当局的事先协商可能是必要的。这有利于设立确切的要求，以便在必要时给签字兽医提供解释有关兽医当局之间达成谅解的指导性说明。

当一个国家兽医当局的官员希望对另一国家兽医当局进行业务访问时，应当事先告知对方。

34.2.1.2 进口国责任

(1) 国际兽医证书中的进口要求应当确保输入进口国的商品符合 OIE 标准。进口国应严格执行哪些对实现本国适当保护水平所必须的要求。如果这些要求较 OIE 标准更严格，应该以进口风险分析作为依据。

(2) 国际兽医证书不应对存在于进口国但并未列入任何官方控制计划的病原或动物疫病提出排除要求。特定病原体或疫病的进口风险管理措施不应严于进口国国内正在实施的官方控制计划所提供的措施。

(3) 国际兽医证书不应包含 OIE 未列举的病原体或疫病的预防措施，除非按照《陆生动物卫生法典》第 2 节进行进口风险分析证明它对进口国存在重要风险。

(4) 兽医当局向另一国家兽医当局之外的人员传送证书或通知进口要求时，须将文件副本寄送给该国兽医当局。证书真实性难以确定时，这一重要程序可以避免商家与兽医当局之间产生耽搁和麻烦。

通知是兽医当局的责任。然而，经兽医当局批准和鉴定后，产品所在地的私人兽医可以履行这项责任。

(5) 证书出具后，可能出现承运人、运输方式或者边境口岸情况的变化。因为这些变化不会改变所托运动物或公共卫生状况，证书不应被拒绝接受。

34.2.1.3 出口国责任

(1) 出口国应按要求向进口国提供：

- 动物卫生状况和国家动物卫生信息系统的信息，以确定该国是否是名录疫病的非疫区或者具有区域或分隔区为非疫区，其中包括维持无疫状态的有效条例和办法；
- 法定通报疫病出现的常规信息和快报；

- 采取措施控制预防有关名录疫病的能力；
- 兽医机构组织结构以及按照3.1章和3.2章它所行使职权的信息；
- 科技信息，尤其是全国或部分地区使用的生物试验和疫苗。

(2) 出口国兽医当局应当：

- 对出证兽医有正式的授权程序，界定出证兽医的职责、义务以及可能的暂停和终止协议的情形；
- 确保向出证兽医提供相关的操作指导和培训；
- 监督出证兽医的行为，以证实其诚实与公正。

(3) 出口国兽医当局对国际贸易中的兽医证书负最终的责任。

34.2.1.4 进口事故的责任

(1) 国际贸易涉及持续的道德责任。因此，如果在出口后各种疫病公认的潜伏期内，兽医当局知道国际兽医证书中特别写明的某种疫病出现或再现时，兽医当局有义务告知进口国，以便不慎引入后，进口国检测和化验并采取适当的措施来控制疫病的传播。

(2) 同样地，如果进口后一定时间内在进口国出现某种疫病的情形与公认的疫病潜伏期相一致，应当告知出口国兽医当局，以便进行调查，因为这可能是先前无疫畜群发生疫病的第一手信息。调查结果应当告知进口国兽医当局，因为传染源可能不在出口国。

(3) 有证据怀疑某一官方证书可能不真实时，进出口国家的兽医当局应该进行调查。还应考虑通知任何可能有牵连的第三方国家。所有相关物品应该置于官方控制之下，直到调查结果出来后。涉及的所有国家的兽医当局应该全力配合调查。如果证明证书是不真实的，应作出一切努力查明责任，以便根据有关法律采取适当措施。

34.2.2 检疫出证程序

OIE《陆生动物卫生法典》(2010版) 第5.2章明确了国际检疫出证程序，具体内容如下：

34.2.2.1 维护出证兽医的职业诚信

证明应建立在最高可能的道德标准之上，根据3.1章和3.2章，其中最重要的是，应当尊重和维护出证兽医执业诚信。

将兽医无法准确和坦诚签署的特定事件排除在额外要求之外很有必要。例如，某地区非法定通报疫病发生情况未必告知签字兽医的，证明该地区为这些疫病的无疫区的要求不应包含在证书之内。同样，对证书签署后发生而又未在签字兽医直接控制和监督之下的事情寻求证明是不可接受的。

基于纯粹的临床症状和疾病史证明不染疫的价值是有限的。不进行特定的诊断试验或者作为辅助诊断试验的价值有限，其证明力也是一样的。

《陆生动物卫生法典》5.1.1 条的指导性说明不仅要告知签字兽医，而且要维护职业诚信。

34.2.2.2 出证兽医

出证兽医应当：

(1) 由出口国兽医当局授权签发国际兽医证书；

(2) 签发证书时，只能证明自己所了解范围的事项，或者另一方有资格证明的事项；

(3) 只在适当时候签发填写完全和正确的证书；如果证书是根据证明文件签发的，出证兽医在签发证书之前应当持有该证明文件；

(4) 与要证明的动物或动物产品的商业活动无利益关系，并独立于商业各方之外。

34.2.2.3 国际兽医证书的制作

证书依照下列原则起草：

(1) 为使作假的可能性降到最低，证书设计应通过使用唯一编号或其他恰当的方法来确保安全。纸质证书应当印有发证兽医当局的官方标识符。多页证书的每一页应该印有唯一性的证书编码和其在证书中的页码。电子版证书程序也应包括相应的防伪技术措施。

(2) 证书措辞应尽可能简单、明确、易懂而又不失法律意义。

(3) 如有要求，证书应使用进口国语言文字书写，这种情况下，同时还要使用出证兽医通晓的语言填写。

(4) 证书应要求动物和动物产品适当标记，但无法标记的除外（如雏禽）。

(5) 证书不应要求兽医证明其不知或者其无法确定和查实的事项。

(6) 若可行，证书在交给出证兽医时应附指导性意见，说明在签字前，要查询的范围，要进行的试验或检查。

(7) 未经出证兽医签名或盖章，证书内容不得修改。

(8) 签名和印章颜色必须有别于证书印刷颜色，可以使用钢印代替有色印章。

(9) 兽医当局可以签发新证书取代诸如丢失、损坏、有误或原始信息已经不再正确的证书。新证书由原签发当局签发并清楚标明其为原证书的替代。替代证书应说明被替代证书的编号和签发日期。原证书应当注销，可能的话，上交签发机构。

(10) 只有证书正本才有效。

34.2.2.4 电子出证

(1) 证书可以电子文档形式由出口国兽医当局直接发送给进口国兽医当局。这类系统通常还有商业机构为发证机构提供的商品销售信息的界面，出证兽医必需能得到所有信息，如试验结果和动物标识数据等。

(2) 电子证书可有不同的格式，但是所载信息应与传统纸质证书相同。

(3) 兽医当局必须设有电子证书安全系统，以防非授权人员或单位进入。

(4) 出证兽医必须对其电子签名的安全使用负责。

34.3 调运前的卫生措施

34.3.1 用于饲养、繁殖、屠宰的动物的卫生措施

(1) 出口国应当只批准出口商出口用于饲养、繁殖、屠宰用途的陆生动物，并且批准出口的陆生动物必须符合进口国的要求。

(2) 出口国应当按照进口国的要求对进口动物、动物产品进行生化检测、疫苗接种以及相应的消毒程序，以上操作程序必须按照OIE陆生动物法典和陆生动物手册的要求进行。

(3) 动物在出口前必须将其安置在饲养场的隔离场或检疫站进行隔离观察。必须用事先清理消毒的专用运输车辆将动物运送到启运点，如果有要求还必须对运输车辆进行消毒，以上工作不得延误执行。出口的动物不得与其他动物或易感动物一同运输，除非与出口动物同车的这些动物有与出口动物相同/相似的动物健康证明文件。国际兽医证书必须能够证明出口动物已经接受了兽医临床检查，其健康状况同时符合出口国和进口国的要求。

(4) 将用于饲养、繁殖、屠宰的动物从其原饲养场启运至出境港口准备向进口国输出该批动物之前，该批出口动物必须符合进口国与出口国双方协商达成的贸易协议。

34.3.2 精液、胚胎/卵子、种蛋的卫生措施

以下各类出口商品在出口国境内只能通过政府设立的唯一出境港口出境：①精液、②胚胎/卵子、③种蛋。

采集以上商品的人工精液、卵子采集中心，胚胎采集培育中心或种蛋农场必须符合进口国所提出的贸易要求。

34.3.3 出口国的告知义务

各国在允许该批出口精液、胚胎/卵子或种蛋离境前，必须提前通知进口该批商品的进口国。如果必要时，在该批出口货物离境后出口国应当向货物运输过程中沿途经过的各个国家提供一份关于该批出口货物源饲养场、动物圈养设施或该批动物进行交易的市场疫情情况说明，该疫情情况说明应当包括 OIE 指令应当公布的各种疫病和可能处于潜伏期内的各种疫病的流行情况。出口国应当向运输过程中沿途经过各国提供该批出口动物关于 OIE 指令应当公布的各种疫病和可能处于潜伏期内的各种疫病的流行情况。

34.3.4 调运前对出口商品的认证

在动物、精液、胚胎/卵子、种蛋和蜜蜂蜂箱等货物启运之前的 24h 之内，出口国的官方兽医应当出具一份国际兽医证书。该份证书的格式应当符合 OIE《陆生动物卫生法典》所提供的认证表格格式，同时填写证书所使用的语言必须符合经出口国和进口国双方协商达成的贸易协议中要求使用的语言，在必要时还应使用运输过程中沿途经过国的语言填写证书。

34.3.5 活畜调运前的卫生措施

在国际贸易中，在出口动物离港出口前或该批动物已经由出口商以托运的方式交付给货运公司前，当出口国认为必要时，主管港口、机场或该批货物途经的边境地区边境检查站的兽医主管部门，可以指派官方兽医对该批动物进行兽医临床检查。进行兽医临床检查的时间和场所的安排，必须本着不妨碍或者延误该批出口动物办理海关手续和其他审批手续的前提下进行安排。

出口国的兽医主管部门若要采取兽医临床检查措施时，只能针对以下情况：

(1) 阻止运输易感的动物、疑似感染 OIE 公布的动物疫病名录中的传染病的动物或其他根据进口国与出口国双方在贸易协商中一致同意应当监控疫病所感染的动物出口离境；

(2) 避免出口动物通过可能运载过受感染动物污染的媒介物和其他可能传播疫病物品的运输车辆感染疫病。

34.3.6 动物源性产品调运前的卫生措施

各出口国所授权允许出口的陆生动物肉品和动物源性产品都必须是出口国原产地生产，所有出口产品都必须用于公众消费并且必须符合公众消费所要求的标准。所有的动物源性出口产品必须附有国际兽医证书，该份证书的格式和内容应当符合 OIE《陆生动物卫生法典》所提供的证书表格格式，同时填写证书所使用的语言必须是经过出口国和进口国双方签署的贸易协议中所要求使用的语言，在必要时还应使用运输过程中沿途经过国的语言填写证书。

进口国若准备将该批进口的动物源性产品用于动物饲养、制药工业、医疗方面、农业或工业用途时，这些动物源性产品必须附有出口国出具的国际兽医证书，该份证书的格式和内容应当符合 OIE《陆生动物卫生法典》所提供的证书表格格式。

34.4 调运期间的卫生措施

34.4.1 调运途经国家的义务

34.4.1.1 调运途经国对于途经出口动物的卫生措施

(1) 任何运输出口动物的运载车辆行驶路线所途经的国家，对出口国家的一般国际贸易活动中所涉及的动物运输活动，过境国不应当拒绝运输车辆过境。该项措施受以下提及的保留条件和由主管兽医机构所负责的检查站签发的接收建议书内容所制约。

该项接收建议书中应当包括运输动物的种类和数量，过境动物的运载方式，根据出口国与途经国在国际贸易谈判中签订的协议中所规定的运输车辆在途经国入境和离境检查站的名称，以及由途经国授权的运输动物车辆所行驶的路线。

（2）任何运输出口动物的运载车辆行驶途经国家，当途经国认为出口国发生了某些已知疫病或在过境动物运输车辆先前路过的途经国发生了某种疫病等情况，且认为这些疫病有可能在出口动物运输途中传播给途经国境内动物时，途经国可以拒绝装载出口动物的运输车辆入境。

（3）任何运输出口动物的运载车辆行驶所途经的国家有权要求出口国（出口商）向其出示国际兽医证书。需注意的是出口货物运输上的途经国在执行该项措施时，必须指定本国的官方兽医对该批过境动物的健康状况进行检查。当过境的动物处于密封良好的运载车辆或容器时，过境动物不必接受此项措施的检查。

（4）当任何运输出口动物的运载车辆行驶所途经国家的检查站，官方兽医对该批出口动物进行检查发现下列情况时：

- 该批过境的出口动物或货物托运的出口动物在运输过程中受到疫病感染；
- 该批过境的出口动物或货物托运的出口动物被证明感染了通报呈流行性的疫病；
- 该批过境的出口动物或货物托运的出口动物所附带的国际兽医证书出现错误或没有签名。

途经国的兽医当局应当立即将出口动物检查发现的问题通知出口国的兽医当局，可以让出口国有机会就以上发生的情况找出可能的诱因或为该批出口动物按贸易协定的要求重新出具符合途经国和进口国要求的国际兽医证书。

当过境国官方兽医对该批出口动物进行检查发现下列情况，过境国的兽医当局有权拒绝该批出口动物过境，同时要求将货物退回到出口国或将该批过境动物屠宰或销毁：

- 过境国对该批过境出口动物进行流行病学诊断，其诊断结果能够确定该批过境的出口动物受到了感染；
- 该批过境的出口动物或货物托运的出口动物所附带的国际兽医证书没有办法经出口国兽医当局改正生效。

（5）以上各项卫生措施不适用于处于密闭良好的车厢或容器中的蜜蜂的过境运输活动。

34.4.1.2 调运途经国对其他事宜的卫生措施

（1）任何运输出口动物的运载车辆行驶途经的国家，有权要求过境运载出口动物的铁路列车和公路运输车辆加装特定防护装置，以防止以上运输设备在过境时发生动物逃脱或粪便等废弃物泄漏的情况。

(2) 任何运输出口动物的运载车辆行驶途经的国家，只允许被运输动物在需要饮水和喂食、出于维护动物福利的目的以及其他必要的情况下，将运输动物卸载到途经国的领土上。实施本项卫生措施时，所有操作过程必须在途经国官方兽医的有效监督下进行，以确保所有被卸载到陆地上的出口动物没有与其他动物接触的机会。在实施该措施前，该批出口动物的进口国必须向途经国提前告知任何可能在途经国境内进行的动物卸载操作。

34.4.2 特殊货物的卫生措施

特殊货物：精液、胚胎/卵子、种蛋、蜂箱、动物产品。

运输出口动物的运载车辆行驶所途经的国家，当遇到以上提及的规定出口商品要求过境时，如果以上提到的任何规定出口商品在做到以下要求的措施时，各途经国不得拒绝以上规定商品过境通过：

(1) 各出口国（出口商）在该批出口的特殊货物经过过境国之前，应当提前向准备入境的过境国边境检查站的主管兽医当局发送通知。该项卫生措施中要求的通知应当包括以下信息：该批规定动物产品的种类和运输的数量；该批规定动物产品的运输方式；该批规定动物产品拟在过境国入境和离境时所经过的检查站的名称，这些检查站是根据出口国与过境国提前签署的贸易协定所规定的规定动物产品在过境国内运输路线所决定的。

(2) 如果以上提到的规定动物产品在途经国边境检查站接受检查时，当途经国边境检查站的兽医工作人员在检查中发现该批准备过境的规定动物产品可能对过境国境内的公众健康和动物健康造成威胁时，过境国的兽医当局应当立即命令该批运输特定动物产品的车辆返回出口国。

如果该批运输特设动物产品的车辆无法返回出口国，途经国的兽医当局应当立即通知出口国的兽医当局，可以让出口国有机会在该批规定动物产品被销毁前针对以上提及的情况找出发生原因。

(3) 当以上提及的各类规定动物产品在运输途中处于密封良好的车辆或容器之内，通过检查站进入过境国时不适用以上严格的卫生健康措施。

34.4.3 调运途中对运输工具的卫生措施

34.4.3.1 调运途中对船舶和飞行器的卫生措施

(1) 如果因某些突发原因导致运输动物的船舶或飞行器上发生了超出船长

或机长的控制能力的突发情况，该船舶或飞行器不得不驶向除目的地港口和飞机场以外的其他区域停靠或着陆，或该船舶或飞行器所驶向的港口和飞机场与预计停靠或着陆的目的地港口或飞机场不同时，该船舶或飞行器的船长或机长应当立即通知过境国境内距离临时停靠点最近的兽医地方当局或其他公共卫生当局，并报告船舶或飞行器所停靠或着陆的新港口或区域的情况。

（2）一旦过境国的兽医当局接到船舶或飞行器停靠或着陆在新的港口或区域的通知后，过境国的兽医当局应当立即就该突发事件快速作出相应的反应措施。

（3）除在本措施第 5 点所述的情况外，停靠或着陆的船舶或飞行器中所运载的动物、乘坐的乘客以及船舶或飞行器的乘务人员不允许离开乘坐的船舶入港停靠的船坞或飞行器降落停放的区域。同时该运输器上任何用来给动物饲喂食物、饮水所用的设备，乘客以及乘务人员所携带的物品同样不允许离开所有者乘坐的船舶进入停靠的船坞或飞行器降落停放的区域。

（4）当过境国的兽医当局就该突发事件作出应急响应并实施了必要的卫生措施后，过境国兽医当局出于对以上运输工具内动物健康的考虑，应当允许停靠或着陆的船舶或飞行器离港或起飞向预计停靠或着陆的港口或飞机场出发。如果出现船舶或飞行器因为技术原因而导致船舶或飞行器无法离港或起飞的情况时，过境国兽医当局应当准许该批出口动物进入港口或机场的适当区域等待离港。

（5）在紧急情况下，停靠或着陆的船舶或飞行器的船长或机长应该实施一切可能的保护措施，以保证船舶或飞行器上的所有乘客、船员或乘务人员和所运输动物的健康与安全。

34.4.3.2 调运途中对船舶的特殊卫生措施

在驶往其他国家的货运港口途中，当货运船舶停靠在过境国港口时，或通过过境国境内的运河或其他可以航行的水路航道时，必须遵守过境国的兽医当局对船舶过境所提的要求条件，尤其是应当避免过境国由于虫媒昆虫引起的外来疫病的风险。

34.5 边境检查站

34.5.1 边境检查站的国际规则

OIE《陆生动物卫生法典》（2010 版）第 5.6 章对进口国边境口岸和检疫

站做了明确的规定，具体内容如下。

（1）各国及其兽医当局，应尽可能采取必要的措施，以确保其境内的边境站和检疫站能够在执行陆生动物卫生法典推荐的措施时可以提供称职的机构和充足的设备。

各个边境站和检疫站应当配备动物的饲喂和饮水设备。

（2）当国际贸易数量达到一定水平和流行病学状况适宜时，边境站和检疫站应当配备兽医机构，该机构包括人员、设备及相应的场所，特别是如下条件：

- 进行临床检查，从感染或疑似感染某种动物流行病的活动物或动物胴体上采取诊断用样本材料，以及采取疑似污染的动物产品的样本；
- 检查和隔离感染或疑似感染某种动物流行病的动物；
- 进行消毒，并在必要时对运输动物和动物产品的车辆进行杀虫。

除此之外，各港口和国际机场应当配置完备的对泔脚饲料或其他任何危害动物健康的物质的消毒灭菌或焚烧设备。

（3）当国际贸易中有商品过境的要求时，机场应该提供直接过境区。而该区域必须满足兽医当局规定的条件，尤其要避免不同健康状况动物的接触和昆虫传播性疾病传入的风险。

（4）各兽医当局应当按要求向 OIE 中央局和有关任何国家提供：

- 本国内批准用于国际贸易的边境站、检疫站、批准屠宰场和仓库的名单；
- 通知执行 5.7.1 条第 2 款至 5.7.4 条协议内容所需的时间；
- 在其领域内配备有直接过境区的机场名单，该区域由有关兽医当局批准建立并置于其直接控制之下，供动物短暂停留后继续运输直至最终目的地。

34.5.2 美国边境检查站简介

34.5.2.1 设置与分布

美国全境共设 327 个官方入境口岸，在加拿大和加勒比地区设有 15 个办事处。海关边境保护局（CBP）入境口岸负责口岸日常具体事务，执行美国联邦政府进出口法律法规并实施移民政策和计划，同时也进行农业监督，以防给美国作物、家畜、宠物和环境造成严重危害的动植物病虫害的潜在携带者入境。

2001 年美国“9·11 事件”之后，为了加强和统一美国联邦检查力量，保护国土安全，防范美国遭受任何新一轮更多的恐怖威胁，2002 年 11 月 21 日，布什总统签署了组建美国国土安全部（USDHS）的立法法案。这个新的部门由超过 22 个联邦机构合并而成，全面接管美国入境口岸查验工作。

2003年3月1日，美国农业部（USDA）动植物检疫局（APHIS）内部近2600名从事农业检疫检验（AQI）的员工划归到美国国土安全部的海关边境保护局（CBP）。虽然现在的USDHS负责落实国家边境检查职责，但是APHIS继续决定何种农产品可以进入美国，何种产品具有潜在风险而不准进口。APHIS的技术专家对进口美国的农产品进行风险评估、风险分析、制定风险管理规定，继续制订由USDHS落实执行的农业方针。

位于入境港的APHIS农产品检疫官移交给USDHS管理后，这使农产品检疫官、美国海关和移民局检查员以及归化的服务人员紧密地团结在一起。

（1）进口动物指定入境口岸 2010年3月18日，USDA /APHIS网站发布新的口岸兽医名录，配备兽医的进口动物入境口岸增加至71个，新增肯塔基州和关岛及部分其他兽医边境口岸，详情见表34-1。

表34-1 美国新口岸兽医名录

州/领地/自由邦	口岸数目	口岸名称	所属类别	兽医（省略）	备 注
阿拉斯加州	2	安克雷奇和费尔班克斯（Anchorage and Fairbanks）	（L）和（T）		
亚利桑那州	4	道格拉斯（Douglas） 纳科（Naco）	（M） （M）		
		诺高勒斯（Nogales）	（M）		
		圣路易斯（San Luis）	（M）		
加利福尼亚州	5	卡利克西科（Calexico） 洛杉矶（Los Angeles） 圣迭戈（San Diego） 圣伊西德罗（San Ysidro）	（M） （AIC） （L） （M）		
		旧金山（San Francisco）	（L）		
佛罗里达州	5	杰克逊维尔（Jacksonville） 坦帕（Tampa） 圣彼得堡-克利尔沃特（St. Petersburg-Clearwate）	（L） （L） （L）		
		卡纳维拉尔港口（Port Canaveral）	（L）		只进口禽鸟
		迈阿密（Miami）	（AIC）		
佐治亚州	1	亚特兰大（Atlanta）	（L）		
关岛	1	阿加尼亚（Agana）	（T）		海外领地

（续）

州/领地/自由邦	口岸数目	口岸名称	所属类别	兽医（省略）	备 注
夏威夷州	1	火奴鲁鲁（Honolulu）	(L)		
爱达荷州	1	伊斯特波特（Eastport）	(C)		
伊利诺斯州	1	芝加哥（Chicago）	(L)		
肯塔基州	1	卡温顿（大辛辛那提国际机场）（Covington (Greater Cincinnati Int'l Airport)）			只进口禽鸟
路易斯安那州	1	新奥尔良（New Orleans）	(L)		
缅因州	3	霍尔顿（Houlton） 杰克曼（Jackman） 波特兰（Portland）	(L)（C） (L)（C） (L)		
马里兰州	1	巴尔的摩机场（Baltimore BWI Airport）	(L)		
马萨诸塞州	1	波士顿（Boston）	(L)		
密歇根州	3	底特律（Detroit）	(C)		
		休伦港（Port Huron）	(C)		
		索尔圣玛丽（Saul St. Marie）	(C)		
明尼苏达州	3	包地特（Baudette）	(C)		仅为空港
		明尼阿波利斯（Minneapolis）	(L)		
		因特尔瀑布（InternalFalls）			
蒙大拿州	4	奥普海姆和雷蒙德（Opheim and Raymond）	(C) (C)		
		大瀑布（Great Falls）	(L)		
		斯威特格拉斯（Sweetgrass）	(C)		
新泽西州	1	纽瓦克（Newark）			
新墨西哥州	3	安蒂路浦韦尔斯（Antelope Wells） 哥伦布（Columbus） 圣特雷莎（Santa Teresa）	(M) (M) (M)		
纽约州	5	亚历山德里亚贝/千岛（太平洋中部）（Alexandria Bay/Thousand Island）	(C)		
		布法罗/和平桥/尼亚加拉大瀑布/刘易斯顿桥（Buffalo/Peaçe Bridge/Niagara Falls/Lewiston Bridge）	(C)		

（续）

州/领地/自由邦	口岸数目	口岸名称	所属类别	兽医（省略）	备　注
纽约州	5	尚普兰（Champlain）			
		牙买加，纽约（Jamaica，NY）	（A/O）		
		纽伯格，纽约（Newburgh，NY）	（AIC）		
北达科他州	3	邓西斯（Dunseith）	（C）		
		彭伯纳（Pembina）	（C）		
		波特尔（Portal）	（C）		
俄亥俄州	1	代顿（Dayton）	（L）		
俄勒冈州	1	波特兰（Portland）	（L）		
波多黎各	1	圣胡安（San Juan）	（L）		自由邦
田纳西州	1	孟菲斯（Memphis）	（L）		
得克萨斯州	9	布朗斯维尔（Brownsville） 伊达尔戈（Hidalgo）	（M） （M）		伊达尔戈不是主要入境口岸
		戴尔里奥（Del Rio）	（M）		
		伊格尔帕斯（Eagle Pass）	（M）		
		埃尔帕索（El Paso）	（M）（L）		现在，属于圣特雷莎新墨西哥州
		休斯敦和加尔维斯敦（Houston and Galveston）	（L）（M）		
		拉雷多（Laredo）	（M）		
		普瑞斯都（Presidio）	（M）		
佛蒙特州	2	德比线（Derby Line）	（C）		
		海格特泉（Highgate Springs）	（C）		
华盛顿州	6	西雅图-锡塔克机场（Seattle-Seatac Airport）	（L）		
		苏马市（Sumas） 林登（Lynden）	（C） （C）		

（续）

州/领地/自由邦	口岸数目	口岸名称	所属类别	兽医（省略）	备　注
华盛顿州	6	奥罗维尔（Oroville） 斯波堪（河）（Spokane）	(C) (C)		
		塔科马（Tacoma）	(L)		

注：

(A/O) Air/Ocean port 空/海港

(AIC) Animal Import Center 动物进口中心

(C) Canadian border port 加拿大边境口岸

(L) Limited Port 限制性口岸

(M) Mexican border port 墨西哥边境口岸

(S) Special port 特设口岸

(T) Transit port only 过境口岸

(2) 动物产品的入境口岸　与动物入境口岸一样，动物产品入境口岸也由USDH/CBP管理，联邦法典第九卷第93部分明确规定，USDH/CBP网站予以公布。美国官方入境口岸共有327个，联邦法典第八卷列出了水、陆、空三种方式抵达的入境口岸，并根据水、陆口岸所在州位置将其划分为A、B、C三类。三种口岸的分布详情见表34-2。

表34-2　美国水、陆、空三种口岸分布详情

地区	水港和陆港			空港数目
	类别	数目	备注	
亚拉巴马州	A	1		3
阿拉斯加州	A	12	其中戈贝尔、诺姆和达齐港既是A类又是C类	6
	B	2		
	C	5		
阿肯色州		0		0
亚利桑那州	A	6		1
巴哈马群岛				3
加利福尼亚州	A	8		10
	C	1		
科罗拉多州	A	1		2
康涅狄格州	A	1		1
特拉华州	A	4		1

（续）

地区	水港和陆港			空港数目
	类别	数目	备注	
哥伦比亚特区	A	1		0
佛罗里达州	A	13		21
	C	1		
佐治亚州	A	1		2
关岛	A	1		1
夏威夷州	A	4		4
	C	4		
爱达荷州	A	2		1
印第安纳州	0	0		1
伊利诺斯州	A	1		2
艾奥瓦州	0	0		1
堪萨斯州	0	0		0
肯塔基州		0		2
路易斯安那州	A	4		1
	C	1		
缅因州	A	15		2
	B	10		
	C	5		
马里兰州	A	1		4
	C	2		
马萨诸塞州	A	2		1
	C	5		
密歇根州	A	8		7
	B	5		
	C	19		
明尼苏达州	A	11	大沼泽同时为A和C类	7
	B	0		
	C	4		
密西西比州	A	1		2
	C	1		

（续）

地区	水港和陆港			空港数目
	类别	数目	备注	
密苏里州		0		4
蒙大拿州	A	13		4
	B	2		
内布拉斯加州		0		1
内华达州		0		2
新罕布什尔州	A	1		2
	C	1		
新泽西州	A	3		7
新墨西哥州	A	2		2
纽约州	A	10	B类的3个同时属于A类	14
	B	3		
	C	1		
北卡罗来纳州	A	1		2
北达科他州	A	18		5
俄亥俄州	A	3		5
	C	4		
俄克拉何马州	0	0		1
俄勒冈州	A	3		1
宾夕法尼亚州	A	3		1
波多黎各	A	7		9
罗德岛州	A	1		1
南卡罗来纳州	A	2		
南达科他州	0	0		0
田纳西州	A	2		2
得克萨斯州	A	18/24		16
犹他州	A	1		1
佛蒙特州	A	12		3
弗吉尼亚州	A	5		2
维京群岛	A	6		2

（续）

地区	水港和陆港			空港数目
	类别	数目	备注	
华盛顿州	A	26		12
	B	1		
西弗吉尼亚	0	0		1
威斯康星州	A	3		1
	B	6		
怀俄明州	0	0		1

34.5.2.2 入（过）境条件

美国联邦法典第九卷（CFR9）对鸟类、家禽、马、反刍动物、猪、犬等动物进口或过境均设定有严格的条件，现选取反刍动物入境条件介绍如下。

（1）指定口岸进口

(a) 空港和海港：下列港口设有 APHIS 监督和检疫站必备的检疫设施，除了本节（b）、(c)、(d)、(e) 和（f）所述之外，进入美国的所有反刍动物必须经过这些检查站，即佛罗里达州迈阿密，纽约州纽伯格。

(b) 加拿大边境口岸：下列陆地边境口岸具有必需的检查设施，作为从加拿大进口反刍动物的指定口岸：爱达荷州的伊斯特波特，缅因州的霍尔顿和杰克曼，密歇根州的底特律、休伦港和索尔圣玛丽，明尼苏达州的包地特，蒙大拿州的奥普海姆、雷蒙德和斯威特格拉斯，纽约州的亚历山德里亚湾、布法罗和尚普兰，北达科他州的邓西斯、彭伯纳和波特尔，佛蒙特州的德比线和海格特普林斯，华盛顿州的奥罗维尔和苏马市。

(c) 墨西哥边境口岸：下列陆地边境口岸具有必需的检查设施，作为从墨西哥进口反刍动物的指定口岸：得克萨斯州的布朗斯维尔、伊达尔戈、拉雷多、伊格尔帕斯、戴尔里奥、普瑞斯都，亚利桑那州的道格拉斯、纳科、诺高勒斯、萨萨比和圣路易斯，加利福尼亚州的卡利克西科和圣伊西德罗，以及新墨西哥州的安蒂路浦韦尔斯、哥伦布和圣特蕾莎。

(d) 特设口岸：美国维尔京群岛的夏洛特阿玛丽、圣托马斯以及克里斯蒂安、圣克罗伊特被指定为从不列颠维尔京群岛向美利坚合众国输入立即屠宰用反刍动物的检疫站。

(e) 限制性口岸：下列口岸拥有检查设施，作为进口反刍动物和诸如无需管制的反刍试验样品之类的反刍动物产品的指定口岸：阿拉斯加州的安克雷奇和费尔班克斯，加利福尼亚的圣迭戈，佛罗里达州的杰克逊维尔、圣彼得斯堡-克利尔沃特和坦帕，缅因州的波特兰，马里兰州的巴尔的摩，马萨诸塞州的波士顿，明尼苏达州的明尼阿波利斯，蒙大拿州的大瀑布，俄勒冈州的波特兰，波多黎各的圣胡安，田纳西州的孟菲斯（非活动物），得克萨斯州的埃尔帕索、加尔维斯敦和休斯敦，以及华盛顿州的西雅图、斯波堪和塔科马。

(f) 其他指定口岸：财政部长已经批准本节指定的口岸作为检查站。特殊情况下，征得财政部长同意，管理者可将其他口岸指定为本节的检疫站。

(g) 口岸和私人检疫设施：反刍动物进口可经本节（a）指定的任一口岸，或经海关边境保护局指定的任一国际口岸或空港，并且如果符合联邦法典93.401、93.404（a）、93.407、93.408和93.412的规定，隔离检疫可在A-PHIS批准的私人检疫设施里进行。

(2) 获得进口许可证，缴纳APHIS检疫设施使用费

(a) 申请许可证的要求：从世界各地进口反刍动物和诊断用反刍动物试验样品，除93.417、93.422和93.424另有规定外，进口商应首先向APHIS申请并获得进口许可证。申请书应详述进口商姓名和地址；进口反刍动物或反刍动物试验样品的种类、品种、数目或数量；进口目的；反刍动物个体标识，包括对反刍动物特征、名称、年龄、交易情况，登记编码以及纹身或耳标的记录；来源地；牛只饲养地或者其他确定的牛只最初饲养地，以及出口前牛只留居过的任何场所，包括州或其相当单位、直辖市或类似城市、有关养殖场所，或当局批准的认证养殖场所；出口商姓名和地址；国境外装载货物的港口；运输方式，行走路径，以及入境美国的口岸；反刍动物如将在私人检疫设施内检疫，该检疫设施的名称和地址；进口反刍动物或反刍动物试验样品的预定抵达日期；反刍动物或反刍动物试验样品接收人的姓名，以及从入境口岸投向美国的地址；可能需要在证书中载明的反刍动物易感疾病和免疫接种情况，或者反刍动物或反刍动物试验样品采取的其他预防措施的附加信息。每一进口申请人都将告知所有这样的规定公告。国内反刍动物有来自联邦法典94.1章认定的存在牛瘟或口蹄疫地区的，申请进口许可证将被拒绝。

由于下列原因，进口许可证的申请也可能被拒绝：来源地、货物已经或即将停留地、或者货物已经或者即将过境地的疫病状况；缺乏动物疫病控制和净化的常规计划，并且上述地区兽医服务效率低下；进口商不能提供反刍动物来源、履历和健康状况的可靠证据；缺少认定进口不会向美国畜禽传染任何传染病的必需资料；或者管理者认为该拒绝可阻止任何传染病传染给美国畜禽。

收费相关规定包括：进口商或进口商代理将支付USDA设施中各个反刍动物检疫场地的使用费。对于反刍动物，使用费是检疫期间护理费、饲料费和处理费的总和，由检疫设施主管兽医评估确定。

进口商或进口商代理要求使用检疫场地时，应当使用支票或美元汇票支付使用费，或者确保通过商业银行不可撤销的信用证（其有效期将延续到反刍动物隔离检疫释放后 30 天）支付使用费；那些因为未偿还欠款而被拒绝再次使用检疫场地的人除外。

支票或美元汇票支付的使用费应当用于进口商或进口商代理获得服务和所进行的隔离检疫。扣除进口商或进口商代理获得服务以及进行隔离检疫所需的费用后，剩余的使用费将全部归还给原支付人。如果使用费由信用证担保，美国农业部将把信用证兑换出来，除非进口商或进口商代理在信用证到期前 3 天，支付其获得服务和隔离检疫的费用。

指定抵达时间之后的 24h 内，进口商或进口商代理未能到达所要使用的反刍动物场所，所有使用费将被没收。下列情形除外：（A）检疫设施主管兽医官，在许可证指定的进口日期，或者无进口许可证情况下，检疫设施主管兽医官原定时间 15 天之前日常工作时间内（去除节假日，每周一至周五早上 8：00 到下午 4：30）接到进口商或进口商代理的书面取消通知（15 天期限不包括周六、周日和节日），或（B）管理者认为规定时间内反刍动物进口必需的非搬运服务由于不可预知的情况而无法获得（诸如恶劣天气导致的机场关闭或由于另一检疫期的延长所致的检疫室无法空置）。

（b）许可证。许可证一旦出具，应将原件和两份副本寄给进口商。进口商负责将许可证原件和一份副本转寄给来源地发货人，并且进口商还要确保发货人向搬运人出示许可证副本，许可证原件紧随货物到达美国指定入境港口，并上交给海关收集人员。为拟进入美国的反刍动物和诊断用反刍动物试验样品出具的许可证，生效当日起 14 天之内的规定时间内，在指定入境口岸都被接受。法规要求取得而未取得许可证的；未附带许可证的；货物来自非许可证指定口岸的；到达非许可证指定的美国口岸的；进口申请与许可证所述不一致；不按照许可申请所列的和许可证指定的措施处理的；或者运载工具上混入进口许可证范围之外的反刍动物或猪只的，反刍动物和反刍动物试验样品不得进口。

（c）来自口蹄疫或牛瘟地区的野生反刍动物。野生反刍动物进口许可证只出具给从纽约港进口，并且只在某一 PEQ 动物园展览的动物。PEQ 动物园是展览活动物以供娱乐或教育的动物公园或其他场所，PEQ 已经遵照本节规定，由管理人员批准其接收和饲养进口野生动物；并已经接受 APHIS 设定的进口野生动物饲养和处理规定。

PEQ 动物园审批应基于农业部委任代表的调查结果，场馆物理设施及其操作方法。物理设施被接受的标准应包括进口反刍动物生活的围栏、笼子或圈舍不与公众和家畜接触；PEQ 动物园的天然或人工排污系统不能污染本国家畜生活的土地或者家畜无法与其接触；粪便、其他废弃物以及反刍动物尸体的处理规定；认为预防疾病传出 PEQ 动物园的其他必要的设施。PEQ 动物园的管理人员应随时可从全职或兼职兽医，或者所聘兽医那里获得服务。兽医应对 PEQ 动物园饲养的所有动物定期进行疾病症状检查；对每一死亡动物进行尸检；向 APHIS 代表或负责禽畜疾病控制计划的国家机构及时报告传染病或疑似传染病情况。

进口野生反刍动物进入 PEQ 动物园当日以后的至少 1 年时间内，其粪便和其他废弃物必须进行处理。如果 APHIS 兽医认定某进口反刍动物在这 1 年期间没有传染病症状或未接触任何类似的疫病，1 年期之后，其粪便和其他废弃物无需再进行处理。然而，如果 APHIS 兽医认定进口反刍动物的确在 1 年期之内呈现任何传染病症状，APHIS 兽医将调查该病，并确定 1 年期结束后，该反刍动物的粪便和其他非废弃物在动物园外能否被安全处理。

出具进口许可证之前，如果反刍动物的进口商与 PEQ 动物园接收进口反刍动物的管理人员不是同一人，应签署一份包含每一反刍动物或反刍动物群的协议。协议形式如下：

进口、检疫和展览特定野生反刍动物和野猪的协议

________，位于____________（城市和州）的_________________（名称）动物园管理人员，以及________

（进口商）特此申请进口____________（动物数量和种类）在上述动物园进行展览。上述动物来自存在口蹄疫和牛瘟的地区，应根据联邦法典第九卷 93 部分的规定进行管制。

申请时，应明确并同意：

1. 申请进口许可证的动物将在来源地装运口岸进行隔离，口岸由当局批准，具有足够的设施将野生动物与所有其他动物隔离饲养，动物来源地官方兽医进行监督。这些动物在该地兽医机构监督下至少隔离 60 天，确定其是否表现出口蹄疫、牛瘟、或者其他美国外来传染病或联邦法典第九卷第一章中 A-PHIS 净化或控制计划中的传染病的临床症状，确保动物从该地出口前的 60 天内仍未接触这些疫病。

2. 货物将从这些装运口岸直达入境美国的唯一口岸纽约港。如经海路运输，这些动物将不在沿途任何外国港口卸载。如经航空运输，这些动物将不在任何空港或其他着陆点卸载，除非当局批准的位于牛瘟或口蹄疫不存在地区的空港，或者在具有足够设施和检查将野生动物与所有其他动物隔离饲养的空港。

3. 没有出具进口许可证，任何反刍动物或猪不得装上运输车辆、船舶或飞机。

4. 动物将在纽约州的纽伯格美国农业部动物进口中心隔离检疫至少30天。

5. 从检疫场释放后，这些动物将被运往本协议指定的动物园，为动物园所有，未经APHIS事先同意，不得出售、交换或移动。如果迁移到美国的另一动物园，接收的动物园必须遵照本协议6获得当局批准。

6. 如果当局认定这些动物进口后已经在PEQ动物园度过至少1年的时间，未表现出口蹄疫、牛瘟、或者其他美国外来传染病或联邦法典第九卷第一章中APHIS净化或控制计划中的传染病的临床症状，并且认定接收这些动物的动物园由美国动物园和水族馆协会认证（AZA），或具有与AZA认证相当的预防动物传染病传播的设施和方案（包括但不仅限于动物鉴定、记录保存和兽医护理的方案），当局将按照协议批准进口动物的移动。如果当局认定这些动物进口后已经在PEQ动物园度过至少1年的时间，未表现出口蹄疫、牛瘟、或者其他美国外来传染病或联邦法典第九卷第一章中APHIS净化或控制计划中的传染病的临床症状，并且认定尸体、躯体、或生物标本移动仅用于科学研究或博物馆展览，当局将根据本协议批准尸体、躯体、或生物标本的移动。

________________________________（进口商签名）

________年________月________日当面签字并承诺

____

（头衔或称号）

____

（动物园名称）

经________________________________

（动物园官员签名）

____

（官员头衔）

________年________月________日当面签字并承诺

____

（头衔或称号）

（管理和预算办公室0579－0040和0579－0224文号批准）

(3) 附带健康证书　除了联邦法典 93.423（c）和 93.428（d）规定的，来自世界各地拟进入美国的所有反刍动物，必须附带来源地政府部门全职兽医官出具的证书，或来源地政府部门指定或认证兽医出具的，并经来源地政府部门全职的兽医官签字证明其是合法性的证书。证书应载明：

1）反刍动物起运美国前 60 天的饲养地完全处于口蹄疫、牛瘟、传染性胸膜肺炎和苏拉病的无疫状态，然而，对于用于展览的野生反刍动物，证书只需说明来源地一直是所列疫病的无疫区；再者，对于绵羊和山羊，就传染病胸膜肺炎而言，证书只需要说明来源地一直是该病的无疫区即可。

2）反刍动物在来源地不处于隔离检疫期。

3）来自安哥拉、阿根廷、巴林等多个国家（或地区）或者世界上任何其他被认为存在螺旋蝇的地区的反刍动物，只要满足下列以及本部分所有其他应有要求，就能进入美国：

(i) 在出口美国前 3～5 天，兽医必须用伊维菌素产品标签的推荐剂量处理反刍动物。

(ii) 反刍动物向美国起运前的 24h 之内，出口国全职兽医官必须充分检查螺旋蝇。如发现反刍动物暴露于螺旋蝇，必须进行处理，直到不再接触。

(iii) 反刍动物装上运输工具准备出口时，兽医必须用 5%活性浓度的蝇毒磷粉溶液处理动物身上所有的可见创伤。

(iv) 进入美国的反刍动物必须附具出口国全职兽医官签发的证书。证书必须声明反刍动物已经彻底检查，未发现螺旋蝇，已经按照本节（a）3）(i) 和（a）3）(iii) 的要求处理过。

4）如果反刍动物是来自疯牛病低风险区的牛、绵羊或山羊，证书还必须包括进口商姓名和地址；进口反刍动物的种类、品种、数量；进口目的；反刍动物个体标识，包括官方标识，动物体呈现的其他标识，以及可能的登记编码；反刍动物描述，包括年龄、毛色以及标志；牛只饲养地或者其他确定的牛只最初饲养地，以及出口前牛只留居过的任何场所，包括州或其相当单位、直辖市或类似城市、有关养殖场所，或当局批准的认证养殖场所，以及反刍动物在进口国的最终目的地；出口商姓名和地址；国境外装运货物的港口；运输方式，行走路径，以及入境美国的口岸。

对于山羊除了从加拿大进口的用于立即屠宰的山羊，来自世界各地的山羊附具的证书必须载明：进口山羊群中的任何一只都不是痒病公羊或母羊的后代，或者其后代都不曾感染过痒病；进口山羊群中的任何一只雌山羊，在向美国起运前 5 年内，都不曾由已知感染了痒病的遗传物质所致孕；出证兽医已经视察了进口畜群的山羊，未发现畜群有传染病迹象；视察动物的兽医基本能确定，进入美国前的60天，进口动物所在畜群的山羊未曾暴露于任何传染病。

另外，除了澳大利亚和新西兰，从世界各地进口山羊的证书必须声明：起运前5年，山羊即不在感染或疑似感染的畜群里也未曾与其接触过；起运前5年，山羊未曾与绵羊接触过；如果山羊按照93.435（a）进入实施痒病自愿认证计划的美国畜群，该声明不作要求。

对于绵羊。世界各地进入美国的绵羊证书必须声明：进口绵羊群中的任何一只都不是痒病公羊或母羊的后代，或者其后代都不曾感染过痒病；进口绵羊群中的任何一只雌绵羊，在向美国起运前5年内，都不曾由已知感染了痒病的遗传物质所致孕；出证兽医已经视察了进口畜群的绵羊，未发现畜群有传染病迹象；视察动物的兽医基本能确定，进口动物所在畜群的绵羊在进入美国之前的60天，未曾暴露于任何传染病。另外，除了从加拿大进口用于立即屠宰的绵羊，从澳大利亚和新西兰之外的世界各地进口绵羊的证书必须声明起运前5年内，绵羊不在任何感染或疑似感染的绵羊或山羊畜群里。

从澳大利亚和新西兰进口绵羊的证书必须声明，进入美国的前5年内，进口绵羊所在畜群里的雌绵羊不曾由澳大利亚、新西兰或美国之外的其他地区痒病状况不明的遗传物质致孕；如果绵羊按照93.435（a）进入实施痒病自愿认证计划的美国畜群，该声明不作要求。

如果反刍动物未按照上述条款规定附带证书，或该批反刍动物在入境口岸被查出感染或接触了传染病，他们将被拒绝入境并按照管理人员的指导进行处理、检疫或处置。

（4）进行诊断检测

（a）牛肺结核和布鲁氏菌病检测。除本节（d）和93.418、93.427（d）、93.432所规定的，所有从世界各地进口的牛只（立即屠宰的除外），必须附带来源地国家政府全职兽医官出具的证书。从墨西哥进口的，必须附带这样的证书，或者附带墨西哥认证兽医出具并由政府全职兽医官签字证明其合法性的证书。并声明：

1）布鲁氏菌病。向美国出口前的30天之内，牛布鲁氏菌病检测结果呈阴性；肉用小公牛、阉割母牛或不足6月龄的小牛不要求布鲁氏病检测。证书必须载明检测日期和地点，托运人和承运人姓名，牛的品种、年龄和标志；

2）肺结核病。

(i) 适用于肉用小公牛，阉割母牛，牛只出口美国前1年内牛群结核病检测呈阴性，且出口美国前60天内官方附加结核病检测结果呈阴性，新增牛的规定检测之结核病的各检测结果呈阴性；

(ii) 适用于来自认证牛群性功能无损的牛只，该牛群在出口到美国前的1

年时间内被确定为进行结核病认证的牛群；

(iii) 适用于来自非认证牛群性功能无损的牛只，该牛源自出口美国前 1 年内结核病检测呈阴性的牛群，出口美国前 60 天至 6 个月内，官方附加结核病检测结果呈阴性，且新增牛规定检测之结核病检测的各结果呈阴性，如果牛在其原在群检测呈阴性的 6 个月内出口，附加检测不作要求。

(b) 山羊肺结核和布鲁氏菌病检测。除了联邦法典 93.419 和 93.428 (b) 规定外，申请进口的所有山羊，立即屠宰的除外，应当附带来源地国家政府全职兽医官出具的合格证书。从墨西哥进口的，必须附带这样的证书，或者附带墨西哥认证兽医出具并由政府全职兽医官签字证明其合法性的证书，表明该山羊已经进行过结核病检测，并且出口前 30 天结核病检测结果呈阴性。上述证书应载明检测日期和地点，检测方法，托运人和承运人姓名，山羊品种、年龄、标志，以及纹身和耳标码。

(c) 隔离检疫期的进一步检测。按照本节 (a) 和 (b) 规定已经检测过，并且按照联邦法典 93.411 或 93.427 在口岸接受检疫的反刍动物，检疫期最后 10 天必须在兽医监督官监督之下采用管理人员批准的一种或多种方法重新检测，按照本节 (a) 2) (i) 检测的牛只不要求重检布鲁氏菌病。

(d) 检测豁免。来自澳大利亚和新西兰的牛只免除本节 (a) 1) 要求的布鲁氏菌病检测。

(5) 提供申报单和其他文件

(a) 反刍动物一旦抵达口岸，本部分法规要求的证书、申报单和书面陈述，由进口商或其代理交给入境口岸的海关收集人员，供兽医监督员使用。

(b) 对于申请进口的所有反刍动物，进口商或其代理应首先呈交两份申报单，列出入境口岸，进口商姓名和地址，代理商姓名和地址，反刍动物来源地，数目，品种，种类，进口目的，反刍动物接收人姓名，接收地位置。

(6) 接受入境口岸检查 除了 93.421 和 93.426 之规定，从世界各地进口的所有反刍动物均要接受检查。出口到美国之前的 60 天以内，未感染或接触传染病的所有反刍动物将接受本部分的其他规定；93.423 (c) 和 93.427 (a) 规定之外的所有其他反刍动物将被拒绝入境。拒绝入境的反刍动物，除非在管理者规定的各类出口时间内，并与管理者要求的其他处理规定一致，否则将在管理人员的指导下按照动物卫生保护法处置。接触任何这些反刍动物或其散落物的运输船舶及其所载的货物，货物卸载登陆前，入境口岸主管监督员抱着必要的态度进行消毒，以防畜禽疾病的引入和传播。

(7) 符合附带条款 本部分法规管制的废弃物或粪便，饲料或其他食物，诸如箱子、水桶、栏索、锁链、毯子或反刍动物使用或具有的物品不得从运载工具上登陆，除非接受入境口岸主管监督员的约束。

34.6 运抵时的卫生措施

34.6.1 进口国权力

作为进口国所允许商业进口的陆生动物，应当是由出口国官方兽医进行过相关的健康检查的，同时还应附带由出口国官方兽医所出具的国际兽医证书。

作为进口国可以要求出口国（出口商）提前提供该批进口的陆生动物预计抵境的时间、该批进口动物的种类、数量、所使用运输工具和预计抵境时通过的检查站的名称等内容。

此外，进口国应当公布一份境内所有接收进口陆生动物的边境检查站名单，该名单中包括每个边境检查站内用于接收、处理、控制进口陆生动物货物的设备情况，以便出口国（出口商）可以以最快的、最有效地方式办理出口和入境审批手续。

进口的陆生动物可能在出口前已经感染了在出口国内已知存在的某些疫病，或该批进口陆生动物在运输路线的途经国有可能被传染了已经在途经国发现的某些动物疫病的情况时，进口国有权拒绝运输该批进口陆生动物的运输车辆及陆生动物进入本国境内。本条例对途径国的规定中，当进口的蜜蜂在运输途中处于密封的车厢或容器内时，进口国不得拒绝接受该批进口产品入境。

出现下列情况时，进口国有权拒绝以下运输进口陆生动物的运输车辆及陆生动物进入本国境内：

- 进口国在边境检查站进行检查的官方兽医人员在检查中发现抵境的进口动物受到某些疫病感染、疑似受到某些疫病感染或感染了某些可能在进口国境内传播给易感动物的疫病；
- 出口国（出口商）没有根据进口国的相关规定，运输的出口陆生动物未附有国际兽医证书，进口国可以禁止该批动物进入境内。

发生以上情况时，进口国的兽医当局应当立即将以上发现的问题通知给出口国的兽医当局，可以让出口国重新提供该批进口陆生动物的确切情况或为该批出口动物按贸易协定的要求重新出具符合途经国和进口国协商要求的国际兽医证书。

同时，进口国可以立即将上述进口陆生动物饲养在检疫隔离区内，对该批进口动物进行临床症状观察并进行生化实验，最后根据临床观察和生化实验结果生成一份诊断报告。

如果诊断报告显示以上进口的陆生动物确实感染了某些疫病，或出口国（出口商）无法按照进口国的要求重新出具国际兽医证书的情况，进口国应当立即采取以下措施：当运输该批进口陆生动物的运输工具所行驶的路线不涉及第三国时，进口国可以要求将该批动物退回至出口国；当进口国认为该批进口陆生动物可能会危害公众卫生安全和动物卫生安全，或从实际执行的角度考虑退回程序不宜执行时，进口国可以将该批动物捕杀后销毁。

附带有效的国际兽医证书，经进口国边境检查站的官方兽医或兽医主管部门工作人员检查健康的进口动物，进口国应当允许检查合格的进口动物入境，并要求运输车辆按照本国对动物运输的相关规定将该批动物运送到目的地。

34.6.2 特殊货物的卫生措施

34.6.2.1 精液、胚胎/卵子、种蛋、蜂箱的卫生措施

进口国应当只允许以下随运输工具附有国际兽医证书的特殊货物进入本国境内：精液、胚胎/卵子、种蛋、蜂箱。

进口国有权要求出口国（出口商）提前就（1）中所提及的特殊动物或动物产品的出口事宜提前向进口国发送通知，通知内容应当包括：该批进口的特殊动物或动物产品预计的抵境时间，该批进口的特殊动物或动物产品的种类、数量、特性，该批进口的特殊动物或动物产品的包装形式以及该批进口的特殊动物或动物产品预计抵境通过的检查站的名称。

进口的特殊动物或动物产品可能在出口前已经感染或携带了在出口国内已知存在的某些疫病，或该批进口的特殊动物或动物产品在运输路线的途经国有可能被感染或携带了已经在途经国发现的某些动物疫病的情况时，进口国有权拒绝该批进口特殊动物或动物产品运输进入本国境内。

出口国（出口商）没有根据进口国的相关规定，经进口国检查发现出口的特殊动物或动物产品未附有国际兽医证书时，进口国可以有权拒绝以上提到的进口特殊动物或动物产品进入本国境内。

发生以上情况时，进口国应当立即通知该批出口特殊动物或动物产品出口国的兽医主管部门，进口国可以将以上进口的特殊动物或动物产品退回到原出口国或存放在检疫隔离区，或进行销毁处理。

34.6.2.2 用于公众消费的动物源性产品的卫生措施

进口国授权本国进口商进口的动物源性肉品或其他动物源性产品必须符合

OIE公布的《陆生动物卫生法典（2010版）》当中5.4.6节第一部分中的相关规定的所有要求。只有当进口产品符合以上要求时，才允许进入进口国境内，以上允许入境的动物源性肉品或其他动物源性产品必须用于公众的日常消费。

进口国有权要求出口国（出口商），就其出口至本国境内用于公众日常消费的进口动物源性肉品或其他动物源性产品的相关出口事宜提前向进口国发送通知书，该通知书的内容应当包括：该批进口动物源性肉品或其他动物源性产品抵境的约定时间，该批进口动物源性肉品或其他动物源性产品的数量、特性，该批进口动物源性肉品或其他动物源性产品的包装形式，以及该批进口动物源性肉品或其他动物源性产品预计入境通过检查站的名称。

如果进口国边境检查站内的官方兽医对该批进口动物源性肉品或其他动物源性产品进行检查发现下列情况：

- 该批用于公众消费的进口动物源性肉品或其他动物源性产品，有可能危害到进口国境内公众的健康安全或动物的健康安全的；
- 该批用于公众消费的进口动物源性肉品或其他动物源性产品，其附带的国际兽医证书出现错误或随该批进口产品没有附带国际兽医证书的。

进口国的兽医主管部门有权将该批进口动物源性肉品或其他动物源性产品退回到原出口国，或对该批进口动物源性肉品或其他动物源性产品进行适当的处理以确保其是安全的。当该批进口动物源性肉品或其他动物源性产品无法被退回到出口国时，进口国应当立刻通知出口该批动物源性肉品或其他动物源性产品出口国的兽医主管部门，让出口国（出口商）有机会对进口方对该批进口的动物源性肉品或其他动物源性产品出具的检验结果进行验证。

34.6.2.3 用于非公众消费的进口动物及动物源性产品的卫生措施

进口国应当只允许附带有已经由出口国兽医主管部门确定签发的国际兽医证书的，用于本国动物饲养、制药工业、动物诊疗、农业及其他工业等非公众消费领域的进口动物及动物源性产品进入本国领土。

进口国有权要求出口国（出口商），就该批用于动物饲养、制药工业、动物诊疗、农业及其他工业所需的非公众消费进口动物或动物源性产品的出口事宜提前向进口国发送通知书，该通知书的内容应当包括：该批进口动物或动物源性产品抵境的约定时间，该批进口动物或动物源性产品的数量、特性，该批进口动物或动物源性产品的包装形式，以及该批进口动物或动物源性产品预计入境通过的检查站的名称。

进口的非公众消费动物或动物产品可能在出口前已经感染或携带了在出口国内已知存在的某些疫病，或该批进口的非公众消费动物或动物产品在运输路线的途经国有可能被感染或携带了已经在途经国发现的某些动物疫病的情况时，进口国有权禁止该批用于动物饲养、制药工业、动物诊疗、农业及其他工业等非公众消费领域的进口动物或动物源性产品进入本国境内。

进口国检查站的官方兽医对该批用于动物饲养、制药工业、动物诊疗、农业及其他工业等非公众消费领域的进口动物或动物源性产品所附带的由出口国兽医主管部门核准签发的国际兽医证书验证有效后，进口国应当允许该批进口的非公众消费动物或动物源性产品进入本国境内。

进口国应当对用于动物饲养、制药工业、动物诊疗、农业及其他工业等非公众消费领域的进口动物或动物源性产品的进口贸易活动进行监管，进口以上动物或动物源性产品必须由经进口国兽医主管部门批准的委托机构进行操作，且整个动物或动物源性产品的进口过程应当接受兽医主管部门的监督。

如果进口国检查站的官方兽医对托运的进口动物或动物源性产品检查时发现该批进口动物或动物源性产品有下列情况：

- 该批用于动物饲养、制药工业、动物诊疗、农业及其他工业等非公众消费领域所进口动物源性产品，有可能对进口国境内的公众或动物的健康造成危害；
- 该批用于动物饲养、制药工业、动物诊疗、农业及其他工业等非公众消费领域所进口动物源性产品，其附带的国际兽医证书出现错误或随产品没有附带国际兽医证书的。

进口国的兽医主管部门有权将该批用于非公众消费领域的进口动物或动物源性产品退回到原出口国，或对该批进口动物或动物源性产品进行适当的处理以确保其是安全的。当该批用于非公众消费领域的进口动物或动物源性产品无法被退回到出口国时，进口国应当立刻通知出口该批动物或动物源性产品出口国的兽医主管部门，让出口国（出口商）有机会对进口方对该批用于非公众消费领域的进口的动物或动物源性产品出具的检验结果进行验证。

34.6.3 运输工具的卫生措施

34.6.3.1 运输车辆的卫生措施

（1）当运输出口动物的运输车辆抵达进口国的检查站准备入境接受，检查站的工作人员对运输车辆所运载的进口动物检查时，发现该批准备入境的动物感染了OIE公布的动物疫病名录中的传染病，进口国边境检查站的工作人员可视该运输车辆受到了污染，进口国的兽医主管部门应当采取以下应急措施：

1）立即将运输车辆中准备入境的进口动物从运输车辆卸载下来，并将该批受污染的进口动物圈养在密封良好的专用生物安全车辆中，然后：

- 将该批受污染的进口动物运输至进口国兽医主管部门规定的专门用于处理受污染动物的无害化处理厂内进行屠宰和无害化作业，同时该无害化处理厂应当安装能够销毁动物尸体的销毁设备或能够将动物尸体进行消毒的设备；
- 将该批疑似受污染的进口动物运输至进口国边境的检疫站进行进一步诊断作业，当该批待检查动物到达检疫站却没有可供进行检疫诊断工作的检疫区域时，进口国兽医主管部门可以在检查站附近划分一块独立区域用于存放该批进口动物，等待接受检疫诊断。

2）将运输该批受到污染的进口动物从运载车辆上卸载完毕后，该运输车辆必须将运输动物所使用的垫料、饲料和其他任何可能受疫病污染的物质运送至进口国指定的无害化处理厂内进行销毁作业，整个销毁操作过程应当严格遵守进口国关于动物卫生安全的相关措施。

3）进口国无害化处理厂的工作人员还应当针对以下物品进行消毒：

- 运输车辆的驾驶人员和其他工作人员携带的所有行李；
- 运输车辆上用来运输、喂食、饮水、移动和装卸等所有与动物可能发生接触的设备。

4）在边境检查站的工作人员检查运载车辆的过程中，若发现该运输车辆存在某些可能成为某些疫病传染媒介的虫媒昆虫，则进口国无害化处理厂的工作人员还应对该运载车辆中的昆虫进行消毒作业。

（2）当运输出口动物的运输车辆抵达进口国的检查站准备接受入境检查，检查站的工作人员对运输车辆所运载的进口动物检查时，发现该批准备入境的动物疑似感染了OIE公布的动物疫病名录中的传染病，进口国边境检查站的工作人员可视该运输车辆受到了污染，进口国的兽医主管部门应当同样采取1. 中的相应措施对该运输车辆进行无害化作业。

（3）当进口国的兽医主管部门按照（1）中要求的所有措施对运输车辆进行了无害化作业后，则可视为该运输车辆已经完成消毒净化作业。进口国可以解除对运输车辆的限制措施，允许进入本国境内。

34.6.3.2 对船舶和飞行器的一般卫生措施

运输动物的船舶或飞行器在遭遇紧急情况下要求紧急停靠或迫降到进口国境内非目的地港口或机场时，进口国不得以担心该批进口动物可能对本国境内的动物卫生健康造成威胁为理由拒绝运输动物的船舶或航空器驶入港口或降落至机场。

该项规定是基于进口国对出口国的离境港口或飞机场的兽医主管部门对该批动物以及运输动物的船舶或航空器进行了全部动物卫生措施的基础上制定的。

34.6.3.3 对飞行器的特别卫生措施

在所有的运输工具当中，用于运输进口动物和动物产品的飞行器是唯一不必被视为来自疫区的运输工具，这是因为飞行器在运输途中所途经的一个或多个机场等设施被认为是没有受到疫病污染的区域。应用该项规定的前提条件是该飞行器除直接运输进口动物外在运输途中所经过的所有机场等设施内没有进行过任何装卸动物的作业。

任何来自进口国境外的运输动物的飞行器，若在出口国境内有传播动物疫病的虫媒昆虫滋生时，在该运输进口动物飞行器降落到进口国境内的目的地机场后，机场的边境检查站的工作人员应立即对其开展彻底地消毒工作。当运输进口动物的飞行器在离港起飞前或在前往进口国的飞行途中飞机上的工作人员对货运飞机进行了针对虫媒昆虫的消毒工作后，进口国可以在这种情况下不立刻执行上述针对虫媒昆虫的消毒工作。

34.6.4 特殊规定——动物病原的国际运输和实验室保藏措施

实施本项措施的目的是为了防止由于外来动物病原的侵入和传播导致动物疫病的蔓延。

34.6.4.1 引言

由于传染性动物疫病的病原或传染性动物疫病病原的新菌株（毒株）/变异病原的传入，而导致已经针对以上提及的疫病为无规定疫病区的国家再次受到以上传染性动物疫病病原的侵袭，若发生以上疫病流行或暴发等情况会对无规定疫病国家的公众卫生安全、动物卫生安全、本国农业以及动物国际贸易带来相当严重的影响。各国只有通过建立一系列的防范措施才能防范由于进口动物或动物产品而导致外来疫病病原侵入的风险。故各国家针对传染性动物疫病病原所制定的防范措施可以确保在发生以上情况时，本国公众的健康、动物的健康、农业以及动物国际贸易等方面不会受到较大的影响，例如在动物或动物产品进口前进口国要求对进口的货物进行检测和检疫等措施。

尽管各国按照以上原则对进、出口动物及动物源性产品设立了严格的监管措施，但是由于各国参与动物疫病研究的相关实验室出于不同的研究目的都在使用动物病原，例如使用动物疫病病原确诊疫病或者制造疫苗等。而这种由于实验室保藏的动物疫病病原极有可能由于操作不当或突发事故而导致病原泄漏引起某些动物疫病的流行，故实验室保藏的动物疫病病原一旦外泄极有可能引起动物疫病暴发。发生实验室保藏的病原泄漏事故所泄漏的动物疫病病原有可能是在泄漏国已经存在的疫病病原，也有可能是国际贸易中动物或动物产品所感染或携带的动物疫病病原在运输过程中进入泄漏国。因此各国有必要针对可能发生的实验室保藏动物疫病病原泄漏事故制定相应的预防卫生措施，以防止动物疫病病原意外泄漏事故的发生。各国针对可能发生的事故所制定的措施可以适用于禁止或管制任何国家间关于指定动物病原或动物病原携带者（具体内容参见《OIE 陆生动物卫生法典》5.8.4 节的内容）的进口贸易，或在本国范围内授权实验室在符合特别规定的条件下对动物病原进行保藏或处理。各国在实际工作中，一个由内部控制和外部控制共同组成的用于预防动物疫病病原泄漏的控制措施是否被采纳实施，取决于动物疫病病原泄漏对动物健康构成风险高低的问题。

34.6.4.2 动物疫病病原的分类

动物疫病病原按照其对公众卫生安全和动物卫生安全可能造成的危险进行分类，被分为四个风险等级。关于动物病原分级的详细信息参见《陆生动物卫生手册》中提供的内容。

34.6.4.3 关于动物疫病病原进口的卫生措施

任何进口动物疫病病原或进口含有动物疫病病原动物组织的行为，必须由进口国的相关主管部门核准并签发进口许可证后才能进行。该进口许可证应当注明该批进口动物疫病病原的相关信息，在相关信息中还应当注明该批进口动物疫病病原泄漏后在适宜条件下可能造成的风险。若该批进口动物疫病病原将通过空运的方式抵达进口国，盛放该批进口动物疫病病原的外包装容器等必须符合国际航空运输联合会制定的关于有害物质包装和运输的相关规定标准执行包装操作。对于风险等级在 2 级、3 级、4 级的进口动物疫病病原的进口许可证只能够授予符合 OIE《陆生动物卫生法典》第 5.8.5 节规定的实验室，这些取得进口许可证的实验室应当具有处理 2 级、3 级、4 级进口动物疫病病原的设备和能力。

进口国管理动物疫病病原进口业务的主管当局在批准本国实验室申请进口其他国家的动物疫病病原材料时，主管当局应当充分考虑到进口动物疫病病原材料的特性，例如实验室准备进口的病原材料是动物的哪一组织或器官，提供该进口病原材料动物还有可能是哪些疫病的易感动物，还应考虑提供该进口病原材料动物在出口国的活体健康状况。为了最大限度地降低由于进口动物疫病病原而导致本国动物发生疫病风险，各进口国在进口该批动物疫病病原材料之前可以要求出口国对该批动物疫病病原进行预处理。

34.6.4.4 实验室保藏动物疫病病原的卫生措施

关于实验室保藏动物疫病病原措施和具备进口动物疫病病原条件的具体指南内容在OIE《陆生动物卫生法典》第1.1.2章有详细的论述，同时本章中还介绍了实验室工作人员卫生安全保护措施的具体内容。

进口动物疫病病原的实验室必须符合本国主管当局对动物疫病病原实验室安全规定条件要求建立，并且该实验室应当按照3级、4级实验室标准对3级、4级动物疫病病原具有相应生物安全防护设施，本国动物疫病病原主管当局才允许其拥有保藏和处理动物疫病病原。然而，各个国家在制定以上规定时应符合本国的实际情况，在特殊情况下2级实验室也可以按照本国动物疫病病原主管当局的要求对进口动物动物疫病病原进行保藏和处理工作，确保其可以很好地控制动物疫病病原。进口国管理动物疫病病原的主管当局批准实验室保藏和使用动物疫病病原前，主管当局应当检查该实验室用于保藏动物疫病病原的设备情况，以确保该实验室有条件保藏动物疫病病原，然后主管当局在签发给实验室的许可证上列出所有有关动物疫病病原保藏的条件。同时该动物疫病病原保藏实验室还应根据主管当局的要求建立动物疫病病原保藏登记记录，当主管当局怀疑实验室违反了保藏许可证的规定，保藏了未经审批的动物疫病病原材料的事件发生时可以为主管当局提供调查资料。主管当局应当定期检查批准保藏动物疫病病原实验室的工作情况，以便确保该实验室的各项条件能够继续符合许可证的要求。应当注意的一点，当主管当局的工作人员前往批准保藏动物疫病病原的实验室进行检查后，该工作人员在特定的时间内不得与任何对实验室保藏的动物疫病病原易感的动物接触，该特定时间的长短取决于该动物疫病病原自身的性质。

动物疫病病原的管理当局向实验室所签发的动物疫病病原保藏许可证应当包括以下内容：

- 该批进口动物疫病病原的运输方式以及对其外包装物的处理方式；
- 该批进口动物疫病病原在保藏实验室负责人员的名字；
- 使用该批进口动物疫病病原预计进行的试验是否会使用活体试验动物（如果使用活体动物进行试验，还应该注明该试验动物是实验试验动物还是其他动物）和/或仅在试验仪器中进行；

- 当保藏该批进口动物疫病病原的实验室根据预定试验计划完成了所有应当使用该病原所进行的试验工作后，实验室对剩余的进口动物疫病病原和全部接触进口动物疫病病原实验动物的处置措施；
- 禁止保藏该进口动物疫病病原实验室的工作人员，在接触动物疫病病原后接触该病原的易感动物；
- 将该批进口动物疫病病原运输至其他实验室的卫生措施；
- 该实验室对该批进口动物疫病病原应当进行的适当防护措施，包括对该病原的防护等级、生物安全的程序和操作规程。

34.6.5 OIE关于世界贸易组织的《卫生和植物卫生措施实施协议》（SPS协议）的相关程序

34.6.5.1 等效性卫生措施评估机制的介绍

进口国在进口动物及动物产品的活动中，要对进口的动物及动物产品可能对本国动物卫生水平的影响进行评估。关于风险和适当的风险管理决策选择的评估，在OIE各成员不同的动物卫生水平和动物产品生产体系之间是很难建立的。所以我们现在意识到，国家间显著不同的动物卫生水平和动物产品生产体系能够推进以提供相同动物和公众健康保护措施为目标的世界贸易发展，这样能够达到进口国与出口国双赢的局面。

这些建议能够帮助OIE各成员在制定卫生措施时了解到，尽管有不同的动物卫生水平和动物产品生产系统，但是各成员都有可能为动物及公众的健康提供相同水平的保护措施。各成员之间通过协商达成的等效原则应当用于等效评估的过程中，同时各成员还可以促进等效原则在贸易伙伴之间发展进一步的贸易关系的等效评估过程中得到广泛应用。这些等效评估的规定不仅等价适用于在同一水平下的具体措施或基于同一系统构架的评估作业，同时也等价适用于具体的贸易领域、商品领域或一般贸易领域的评估作业。

34.6.5.2 等效卫生评估机制一般原则

在关于动物或动物产品贸易进行前，作为进口国必须对本国所提供的对动物健康状况的保障措施满意。在大多数情况下，进口国对进口动物和动物产品所制定的风险管理措施，将会部分依赖于对出口国的动物健康和动物产品生产体系和出口国在国内执行关于动物产品生产程序的卫生措施的有效管理的基础上进行判断。出口国对于动物及动物产品的卫生管理系统可能与进口其动物或动物产品的国家不同，同时也有可能不同于那些已经与出口国进行的动物或动物产品贸易的国家的卫生管理系统不同。这些关于动物或动物产品卫生管理的不同之处可能源于各国不同的基础设施建设水平、不同的卫生政策和/或生产操作规程、不同的实验室管理体系、不同的针对现行动物疫病与害虫的控制手段、不同的边境安全措施和国内关于动物及动物产品移动的控制措施。

国际对进口国通过不同途径达到的适当保护水平（ALOP）都是认为合法的，适当保护水平（ALOP）和世界贸易组织（WTO）公布的《卫生与植物卫生措施实施协议》(SPS 协议)，已经在各成员就贸易协定的对等原则的磋商中广泛应用。

运用等效原则可以为接受国提供以下益处：

- 降低在国际贸易中出口国根据进口国当地情况修订动物卫生措施的成本；
- 在既定的资源投入水平下，接受国可以获得最大化的动物卫生成果；
- 通过较少的贸易限制性卫生措施达到所需的健康卫生保护要求，以促进贸易进行；
- 在双边或多边贸易协议贸易中，降低对昂贵的商品检测程序和隔离程序的依赖程度。

OIE《陆生动物卫生法典》所承认的等效原则是成员通过对多种动物疫病和其他致病因子实施推荐的替代卫生措施来实现的。各成员实施的等效措施可以通过许多方式获得，例如通过加强监测措施、通过使用替代检测方法、治疗方法、隔离程序或以上方法的组合方式等。为了促进等效评估的发展，成员应当在 OIE 发布的标准、指南和建议的基础上，建立本国的卫生措施。

至关重要的一点，实施国在建立可行的等效评估时，应当在科学的风险分析的基础上进行。

34.6.5.3 等效评估的先决条件

（1）实施风险评估 应用风险评估规定，在对不同的卫生措施进行评估时给我们提供了一个等效评估的结构基础，因为它可以对输入途经的具体步骤中应用的卫生措施的效果和相同或相似的步骤所应用的推荐替代卫生措施的效果进行一个详尽的检验。

等效评估机制需要评估贸易国的卫生措施，评估该卫生措施对某种特定风险效果或对卫生措施设计之初所要保护的目标所涉及一系列风险的效果。所以该评估应当包含以下内容：制定该卫生措施的目的、该卫生措施所要达到保护水平，该卫生措施对出口国达到进口国所要求的适当保护水平的作用。

（2）卫生措施的分类 就等效措施的建议而言，卫生措施可以是一系列独立措施中的一项（例如：隔离程序，检测和处理要求，认证程序）或多项（例如：商品的生产体系），或一系列卫生措施。多项措施或一系列卫生措施可以依次实施或同时实施。

《陆生动物卫生法典》各章节中所描述的卫生措施适用于某些特定疫病，并可用于降低这些疫病的疫病风险。这些卫生措施既可以单独实施也可以联合实施，以上提到的卫生措施包括：实验要求、处理要求、检测和出证程序及抽样程序。

为了进行等效评估，卫生措施可大致分为以下几类：

1）基础设施措施：包括立法基础（例如：动物卫生法）和管理体系（例如：国家级和地区级的动物卫生官方机构，应急响应组织/机构）。

2）计划设计/实施措施：包括卫生措施体系的记录、卫生措施实施和决策的标准、体系中实验室的能力、卫生认证的规定、对卫生措施的审核与强制实行。

3）技术要求的必备措施：包括适用规定要求的必要安全防护设施、处置措施（高压灭菌容器）、具体实验措施（例如：酶联免疫吸附试验 ELISA）和具体措施的程序（例如：出口前的货物检查）。

提议所要求进行的等效评估所使用的卫生措施可能属于以上的一类或多个类别，且这些卫生措施类别之间没有冲突。

在有些情况下，仅进行要求具体实施的技术比较就能够满足需要。但是在多数情况下，只有通过对出口国的动物卫生和生产体系的所有相关构成部分进行评估，根据所得到的评估结果才能够判断出口国的卫生措施是否处于相同的保护水平。例如，在计划设计/实施措施层面上对特定卫生措施进行等效评估时，可能需要对涉及的基础设施进行先期审查；当在具体技术要求层面上对特定卫生措施进行等效性评估之前，可能需要先通过对基础设施和计划进行研究，才能够判断该特定卫生措施。

34.6.5.4 等效评估的原则

结合以上所应考虑的内容，当对卫生措施进行等效评估时应当基于以下原则：

（1）进口国出于对本国公众和动物的生命健康考虑，有权设定认为适合本国的适当保护水平（ALOP），该适当保护水平（ALOP）可以采用定量或定性的方式表述。

（2）进口国应当能够对所实施的每一项卫生措施的原因进行说明，也就是说进口国针对某种特定危害实施的卫生措施所期望达到的保护水平。

(3) 进口国应当认同：贸易国实施的卫生措施与出口国建议所推荐的卫生措施可能不尽相同，但可以达到相同的保护水平的情况。

(4) 进口国应当应邀出席与出口国进行针对推进等效评估的磋商。

(5) 可以提议对任何一项卫生措施或一系列卫生措施进行等效评估。

(6) 进口国与出口国的互动过程应当按照规定的步骤进行，并且利用达成一致协议的方式进行信息交换，以便将数据采集量限制在必要的范围内，将管理成本降到最低，以利于问题的解决。

(7) 出口国应该能够客观地证明，其根据实际所提议采用的替代卫生措施怎样能够提供等效保护水平。

(8) 出口国应该提交一份便于进口国对出口国的卫生措施进行等效评估的建议书。

(9) 进口国应当根据相应风险评估的适用原则，对出口国提交的等效评估建议书作出及时、一致、明确并且客观的评估。

(10) 进口国应当重视任何关于出口国兽医当局或其他同等的官方机构的知识和以往的经验。

(11) 出口国应该为进口国提供一条可能途径，以便进口国在认为需要时能够对作为等效评估所涉及的卫生程序或体系进行检验和评估。

(12) 进口国应当独享针对等效判定权的决定权，进口国在实施这一权力时应就其判定结果向出口国提供详尽解释。

(13) 为便于等效评估，OIE 成员所制定的卫生措施应该以 OIE 的相关标准为基础。

(14) 为便于在必要时能够对等效评估进行重新评估，进口国与出口国之间应该就可能影响等效评估结果的有关基础设施、健康状况或计划方面的显著变化进行互相通报。

(15) 对于发展中国家出口国提出的能够有助于顺利完成等效评估的适当技术援助需求，进口国应当就发展中国家出口国的需求给予积极考虑。

34.6.5.5　等效评估所采取的顺序步骤

等效评估的步骤不是只有一种可遵循的评估步骤，贸易伙伴所采用的评估步骤一般根据实际情况和贸易经验来选择。不论各贸易国动物卫生及生产体系的基础设施、计划设计/贯彻或具体技术要求的类别归属，下面描述的这些互动式的系列步骤对所有的卫生措施都适用。该步骤假设进口国正在履行 WTO/SPS 协议规定的责任义务，并且有根据国际标准或风险分析制定的明确措施。

推荐的步骤为：

（1）出口国确定建议替代卫生措施，并向进口国索取针对某危害其卫生措施能够达到保护水平的原因。

（2）进口国按照本文前面设定的原则，用便于与替代卫生措施比较的语言对其卫生措施做出解释。

（3）出口国以便于进口国分析的形式，证明提议的替代卫生措施的等效性。

（4）出口国提供相关详细信息对进口国提出的任何技术担忧作出反应。

（5）进口国作等效评估时需适当考虑：

- 生物多样性及不确定性的影响；
- 替代卫生措施对所有相关危害控制的预期效果；
- OIE 标准；
- 对于不可能或者不应该进行定量风险评估的，应单独实施定性方案。

（6）进口国在合理的时间内将评估结果及可能原因通知出口国：

- 承认出口国替代卫生措施的等效性；
- 要求提供更详尽的信息；或
- 驳回替代卫生措施的等效性提案。

（7）无论在评估过程中或最后，对于任何意见分歧都应通过双方认可的机制（如 OIE 争端解决机制）达成一致，或咨询双方认可的专家努力尝试解决。

（8）进口国与出口国之间可签署正式的等效协议并使之生效，有的具体措施则只需签署等效确认书即可，具体情况视措施涉及的类别而定。

进口国对于出口国替代卫生措施的等效性认可，须保证与对待第三国相同或相似措施的等效性申请一致。然而，一致并不意味着由几个国家提议的一项具体措施一定都会评估为等效，因为一项措施应该作为基础设施、政策以及程序等体系的一部分，而不应被独立考虑。

34.6.5.6 建立被国际承认的能够进行国际贸易活动的无规定疫病区/隔离区所需采取的顺序步骤

建立无疫区和生物安全隔离区的步骤是多样的，并不是只能遵循一种特定的步骤进行。进口国和出口国的兽医机构所选择和使用的建立步骤，基本上都是各国根据自己国家边境类型和本国的贸易记录等现有情况所决定的。OIE 推荐各成员参考的步骤是：

（1）针对无疫区的步骤

1）出口国应当在本国境内确定一块地理区域，该区域能够将动物按照不同的健康状况分组饲养，以便能够对某个获某些特定动物的疫病情况进行监测。

2）出口国介绍的为无疫区建立而实施或即将实施的生物安全计划，各项措施应当按照本国不同区域的流行病学特点建立，且应当符合《陆生动物卫生法典》的建议内容。

3）作为出口国，应当向出口国提供以上所提到的所有信息，并且能够解释为什么出于国际贸易目的而将该指定该区域划分为无规定疫病区；能够接受进口国出于检查和评估的要求访问建立无规定疫病区所执行的程序或系统。

4）进口国决定是否接受出口国所设定的无规定疫病区出口的动物和动物产品，应当考虑以下内容：对出口国的兽医机构进行评估；根据出口国所提供的信息和本国的研究结果进行风险分析，并得出分析结论；进口国境内的动物卫生情况应当符合（OIE）标准，主要是对特定动物疫病控制情况；并且其他相关内容也应当符合 OIE 标准。

5）进口国应当在适当的时间内通知出口国对无规定疫病区的调查结论和得出该结论的原因：承认无规定疫病区；或要求进一步关于无规定疫病区的信息；或拒绝接受出口国所规定的无规定疫病区进行国际贸易。

6）进口国与出口国之间关于无疫区确认所产生的所有纠纷，两国都应当通过使用一种谈判机制（如，《陆生动物卫生法典》第 5.3.8 节提出的非正式纠纷调解程序）以取得临时或最终的纠纷解决方法。

7）进口国与出口国的兽医当局应当就达成一致的无规定疫病区签订书面协议。

（2）针对生物隔离区的措施

1）根据所讨论的相关企业，出口国在其本国境内确定一个隔离场能够将动物按头/只分别隔离到一个或多个隔离设施内或将其他设施通过生物安全措施的相关通用管理措施用作隔离场。隔离场内所隔离的可识别动物按照不同的健康状况进行分组以便针对具体某种/某些动物疫病进行监测。出口国应该能够根据相关企业和出口国的兽医当局之间的合作关系，介绍其是如何保持该隔离措施应的地位的。

2）出口国应当根据以下内容对隔离区的生物安全计划进行检验和确认：隔离场应当按照生物安全计划的要求，对隔离场实施封闭的流行病学管理措施，这样执行的日常操作程序才能有效地达到生物安全计划的效果；并且隔离场内有对所有分组动物的疫病情况进行适当的监测和监视程序和设施。

3）出口国所建设的隔离场应当符合 OIE《陆生动物卫生法典》的相关内容。

4）出口国应当提供：向进口国提供以上提及的所有信息，并且能够解释为什么出于国际贸易目的将以上的分组隔离措施在一个独立的流行病学隔离区实施；并且能够接受进口国出于检查和评估的要求访问建立疫病隔离区所执行的程序或系统。

5）进口国决定是否接受出口国所设定的动物隔离区出口的动物和动物产品，应当考虑以下内容：对出口国的兽医机构进行评估；根据出口国所提供的信息和本国的研究结果进行风险分析，并得出分析结论；进口国境内的动物卫生情况应当符合（OIE）标准，主要是对特定动物疫病控制情况；并且其他相关内容也应当符合 OIE 标准。

6）进口国应当在适当的时间内通知出口国对动物隔离区的调查结论和得出该结论的原因：承认动物隔离区；或要求进一步关于动物隔离区的信息；或拒绝接受出口国所规定的动物隔离区进行国际贸易。

7）进口国与出口国之间关于动物隔离区确认所产生的所有纠纷，两国都应当通过使用一种谈判机制（例如，世界动物卫生组织提出的非正式纠纷调解程序，《陆生动物卫生法典》第 5.3.8 节）以取得临时或最终的纠纷解决方法。

8）进口国与出口国的兽医当局应当就达成一致的动物隔离区签订书面协议。

34.6.5.7 世界动物卫生组织（OIE）的非正式纠纷调解程序

OIE 应当继续保持其内部已经自然形成的内部机制——非正式纠纷调解程序，以帮助 OIE 各成员解决彼此之间的纠纷争端。该非正式纠纷调解程序应当包括一下内容：

（1）纠纷双方应当一致同意允许委托 OIE 协助纠纷双方解决彼此之间的分歧。

（2）如果认为适当时，OIE 总干事在得到双方主席的同意下，可以按照要求建议指派一位或多位专家参与到双方分歧的解决。

（3）纠纷双方应当一致同意在职权范围和工作方案等方面，支付一切由 OIE 在协调双方分歧时所有费用。

（4）由 OIE 派出的出专家或专家组有资格查找处于评估或协商进程的纠纷各国所提供的任何能够澄清双方纠纷问题的信息和数据，或者要求从各纠纷当事国调查所需的其他有关双方纠纷的信息和数据。

（5）在对纠纷情况进行调查后，OIE 派出的专家或专家组应当向 OIE 总干事提交一份机密报告，该报告由 OIE 总干事提交给纠纷双方。

34.7 灵长类的检疫措施

34.7.1 检疫措施

34.7.1.1 一般原则

OIE《陆生动物卫生法典》(2010 版) 第 5.9 章规定，从仅能提供有限防护的相关动物种类的天然栖息地直接进口非人灵长目动物，应该遵循的标准。

制定检疫计划，应既便于传染病检测，又能够评估单个或/和一群动物引进新群体的整体卫生状况。为了公共卫生安全，要以其状况最不确定的审慎态度来考虑所有进口动物的传染性疫病状况。

检疫期由评估动物卫生状况所需的时间、范围和程序来确定。

正如《陆生动物卫生法典》6.12.4 条、6.12.5 条和 6.12.6 条所定义的，最短的检疫期可能延长到检疫期内所有的不利事件被充分调查并得到解决，以及证明被检疫群体内不存在病原体传播的证据之时。

检疫范围和程序应当尽可能多的直接指向被检疫动物的健康状况，同时防止人员和其他动物因疏忽而接触到传染性病原体，并且向被检疫动物提供卫生保障和福利。因此，检疫应当：

- 采取措施，有效隔离动物或动物群体，以此预防传染病的传播；
- 保护检疫人员的健康；
- 采取措施，促进检疫动物的健康和福利。

34.7.1.2 管理政策

OIE《陆生动物卫生法典》(2010 版) 第 5.9 章第 2 条，明确规定了灵长目动物检疫的管理政策，具体内容如下：

- 严格管理进入检疫设施的授权的和必须的工作人员，确保其没有向非人灵长目动物传播传染病的风险；
- 告知员工在检疫设施内工作的潜在风险，以及安全地开展活动的行为要求。应当定期对员工进行培训；
- 禁止染疫风险高的人员或者感染可能对其有严重危害的员工接触检疫设施。可能要求员工开展健康提升活动。

34.7.1.3 检疫基础设施

OIE《陆生动物卫生法典》(2010 版) 第 5.9.3 条，明确规定了灵长目动物检疫基础设施的设计和配备情况，主要表现以下三点。

（1）检疫设施的结构、场所和运作应该将检疫动物与其他动物和简易操作非必须的人员严格隔离开来。

（2）实现隔离的方法包括：

1）运用安全措施，诸如物理屏障和程序性通路控制系统。

2）作为安全体系的一部分，危险警告标志应张贴在检疫期间可能暴露于传染病状态的检疫设施入口处。提供检疫区负责人的姓名和联系电话，并列出进入检疫区的所有特别要求。

3）执行有效的啮齿目动物、野生动物和昆虫控制计划，以便检疫动物免受健康风险。

4）检疫期间，不同群体检疫动物的物理隔离可以使一群检疫动物避免暴露于或引入另一群检疫动物的传染源。通常，只有来自同一出口商的同船抵达的动物才被归为一群。除非新分群重新启动整个检疫过程，否则检疫期间动物不可能在群体间交换或进行群体混合。

（3）检疫设施的设计应当可以足够容纳得下检疫动物，并且动物留置区和通道区在使用过程中和使用之后可以安全、方便和有效地清洗和净化污垢。

1）检疫设施至少应当由通过物理屏障与外界隔离而又彼此不相关联的两个区域组成，包括一个更换衣服、鞋子和防护物件，以及寄物柜和洗手的入口区，可能的话，入口还应配备淋浴设备。

应当采取措施，避免检疫设施外部穿着的衣服和鞋子与动物留置区内部穿着并潜在污染了的防护服产生交叉污染。

2）动物留置间的墙壁、地板和天花板表面应当是防水的，以便清洗和消毒。在这些表面的任何裂孔或穿透应密封或能够被密封，以方便熏蒸或空间净化。动物留置间的房门应该朝向里开，房间里留置有动物时房门应该保持关闭。所有窗户关闭并密封，除非检疫设施与非检疫区充分隔离（距离、栅栏、其他隔离方法）。

3）在所有窗户关闭并密闭的设施内，通风系统应确保在动物间充分隔离，同时保证动物的健康和舒适，并按照这样的方式运行和监管。检疫设施内的风向应该是从外向内，从检疫设施外部到检疫通道区，再到动物留置间。设施内的空气排放和再循环必须过滤。此外，排出的空气应当远离建筑物和其他建筑区。设计加热、通风和空调系统，确保其能够连续运转，即便是在电力不足或其他故障时。

4）如果地面排水沟是开放的，沟渠内应始终充满水或适量的消毒剂。

5）动物留置间应该安装洗手池，供工作人员使用。

6）动物留置区和检疫设施内应当具有充足的设备和空间用于充分清洗和适当处理以及存放所有的检疫用物品和设备。

34.7.1.4 人员保护措施

OIE《陆生动物卫生法典》（2010版）第5.9.4条，明确规定了灵长目动物的检疫人员防护实践措施，具体内容如下：

（1）应当禁止在检疫设施内吃饭、饮水和贮藏人用食品。

（2）进入检疫设施里的所有员工应该穿戴（最好是一次性的）防护服和防护设备。

（3）防护服、手套和胶膜防护物不应在一个以上的检疫动物留置间内使用。这可能要求员工工作期间进入不同留置间时更换防护服。

（4）应当提供脚或鞋子清洗池，并在动物饲养区和各个动物饲养室出口处使用。清洗池应经常更换洗液以保持清洁和去除有机物质。

（5）极力推荐在接触非人灵长目动物、它们排泄物或分泌物之后，最迟在离开检疫设施时进行淋浴。

（6）在检疫设施内工作期间，极力推荐定期和经常性洗手。这在防护手套无意间破损或撕裂时尤其重要。

（7）应当收集和储存检疫人员基础血清样品。额外的血清样本，可定期收集，作为流行病学调查的援助手段。

（8）管理部门应当鼓励检疫人员发现生病症状后及时寻求医疗救助。

34.7.1.5 饲养管理与动物照料措施

OIE《陆生动物卫生法典》（2010版）第5.9章第5条，明确规定了灵长目动物的饲养管理措施，具体内容如下：

（1）如果检疫设施里拥有一个以上的动物饲养室，饲养管理活动应精心设计，以便将不同饲养室之间传播人兽共患病的风险降到最低。特别是各个饲养室应具有各自的清洁工具和其他的动物照料设备。所有的笼具和其他的非一次性设备移出饲养室时应清除污染。

（2）饲养管理和动物照料的所有程序应小心操作，尽可能使气雾产生降到最低，并限制潜在传染物的传播，同时给这些动物提供恰当的护理和福利措施。废物、剩余食物和其他可能的污染物运离检疫区进行物理或者化学消毒或者焚烧时必须适当包装。

（3）工作台面使用或者污染后应随时消毒。设备不应存放在地板上。

（4）动物麻醉、镇静或物理保定过程中，应注意避免被非人灵长目动物抓伤、咬伤或其他损伤。非人灵长目动物的物理保定只能由专业和有经验的人员操作，并且一定不要独自一人操作。

(5) 针头、手术刀或其他尖锐器物在使用，特别是处理过程中，必须小心避免伤着人员或在动物间散播传染物。一次性注射器、针头、手术刀片和其他尖锐器物只能使用一次，这些仪器不应随手打磨、折弯、折断或做其他处理，应该放在防穿孔的容器内，尽可能放在工作点附近。处理之前，容器应该予以消毒。

(6) 如果原料或药物是多剂量瓶装的，注意使用时避免这种小瓶及其内容物受到污染。

(7) 死亡动物应当从动物饲养室移出，装进密封、无渗漏、防水容器或包装袋内送进专门解剖室。

(8) 非人灵长目动物检疫过程中发现任何严重和/或异常的疾病和死亡时，负责检疫的官员应当立即向兽医当局报告。

(9) 动物移出隔离设施后，不论饲养室是否出现过传染病，都应彻底消毒。

34.7.2 灵长类人兽共患病的检疫

34.7.2.1 OIE一般建议

自然界约有180多种非人灵长目动物，分属2个亚目12个科。树鼩科(先前认为属于灵长类)不包括在内。所有的非人灵长目动物列于《濒危野生动植物种国际贸易公约》(CITES)附录Ⅰ或附录Ⅱ中，只有附带按照CITES要求出具的许可或证书才能在国际运输。

进口非人灵长目动物用于研究、教育或者饲养。进口和饲养非人灵长目动物时，公共卫生和安全是主要问题，人与动物、动物体液、粪便和组织可能亲密接触的情况下，问题显得尤为重要。将风险降低到最小需要有良好培训的工作人员以及严格地遵守人员卫生标准。

携带人兽共患病的风险与物种的分类学地位和来源地有关，可以认为从原猴亚目到绒猴和绢毛猴，再到新大陆猴、旧大陆猴和猿的携带风险增加。野生捕获的非人灵长目动物携带人兽共患病病原体的风险比在兽医监督下的良好防护环境中捕获饲养的动物要高。对于野生的非人灵长目动物，供应商和出口国兽医当局通常只能提供及其有限的卫生信息。

OIE《陆生动物卫生法典》(2010版)第6.12章大多数疫病未包括在OIE名录中，因此，不要求向OIE动物疫病报告系统定期汇报。然而，报告异常流行病学事件的要求依然有效。诊断试验标准在《陆生动物诊断试验和疫苗手册》中介绍，《陆生动物诊断试验和疫苗手册》每年修订一次，最新版本均可在 OIE 网站上查询。基于上述原因，OIE《陆生动物卫生法典》（2010 版）第 6.12.2 条，对灵长目人兽共患病检疫提出如下建议：

- 只有出示有效的《濒危野生动植物种国际贸易公约》（CITES）的证明文件，出口国兽医当局才能签发国际兽医证书。
- 兽医当局应确保动物经批准的方法逐一证明不会传播疫病（见 OIE《陆生动物卫生法典》4.15 章）。
- 考虑到公共卫生，进口国兽医当局不应批准进口非人灵长目动物作为宠物饲养。
- 直接从一个国家相关动物自然栖息地进口非人类灵长目动物，并且所提供健康担保有限时，出口国兽医当局应更多强调检疫程序，可少关注兽医证书。作为一个原则，原产国供应商或兽医当局健康担保有限不得作为进口的障碍，但是，应该要求非常严格的进口检疫。特别是检疫应该达到 6.12 章的标准，当无检测措施或其检测价值不大时，应有足够长的检疫期以便尽可能降低疫病传播的风险。
- 进口国兽医当局针对长期有兽医监督管理的非人类灵长目动物，可降低检疫要求，前提是这些动物从出生或在此之前 2 年内在兽医监督的饲养场饲养，并由具备资质的官方兽医为动物个体或群体签发了恰当的兽医证书，并附带完整个体或其起源群的临床历史文件。
- 若必须进口非人类灵长目动物，而这些动物已知或可能携带人兽共患病，这种进口不受本节建议限制，前提是出口国兽医当局要求将这些动物在其所辖范围内核准接受这些动物并符合 6.12 章的标准的养殖场。

34.7.2.2 检疫及出证要求

(1) 出证和运输的一般要求 OIE《陆生动物卫生法典》（2010 版）第 6.12.3 条，对非人灵长目动物出证和运输提出如下要求：

1）出示国际兽医证书证明动物：

- 已经逐一标识（标识方法应在证书中说明）；以及
- 装运当天已经检查并证明健康，没有传染病临床症状，并适合运输。

2）国际兽医证书附带所有相关记录，包括每一动物装运前进行的免疫接种、检测和治疗情况。

3）按照国际航空运输协会活动物运输规定航空运输动物，或者遵照水路运输的等效性标准经铁路或公路运输。

（2）非人类灵长类动物来自非控制下环境的检疫要求 对源自野生或其他未在兽医监督管理下的非人灵长目动物的检疫，进口国兽医当局应要求：

1）出示 OIE《陆生动物卫生法典》6.12.3 条中所述的文件。

2）按照 OIE《陆生动物卫生法典》6.12 章的标准立即将动物隔离至少 12 周，在此隔离期间：

- 每日查看动物疾病症状，必要时，进行临床检查；
- 不管何种原因死亡的动物，都要在获得批准的实验室进行完全的尸体检查；
- 在动物所属群体离开检疫站之前，确定任何导致发病或死亡的原因；
- 按照 OIE《陆生动物卫生法典》4.15 章要求，对动物进行如表 34－3 诊断试验和治疗。

表 34－3

疾病/病原	动物群体	监测方案	方　法
乙型肝炎	长臂猿和大猩猩	第 1 周进行首次检测，3～4 周后进行第二次检测	血清学检测乙肝核心抗原，检测乙肝表面抗原及其他若干适当参数
结核病（人型分支杆菌和牛型结核杆菌）	绒和绢毛猴 原猴亚目，新大陆猴，旧大陆猴，长臂猿和大猩猩	两次试验间隔 2～4 周，间隔 2～4 周至少 3 次实验	皮试或血清学检测。皮试中，曼托试验（Mantoux test）最为可靠，优点是反应大小与感染程度直接相关 皮试在绒猴，绢毛猴或小猿猴身上进行时，腹部皮肤比眼皮好。在某些种类中，皮试检测结核常出现假阳性结果 对比试验使用哺乳动物和禽 PPD（核蛋白衍生物），X 光投射和 ELISA 可以排除混乱
其他病原细菌（沙门氏菌，志贺氏菌，耶尔森氏鼠疫杆菌和其他细菌）	所有	到达后头 5 天内检测，每天一次，作 3 次试验，间隔 2～4 周后至少还要进行一次或多次	粪便培养。新鲜粪便或直肠拭子立即培养，或立即置运输液送检
体内体外寄生虫	所有	至少检 2 次，一次在检疫期初，另一次在检疫期末	根据动物和寄生虫种类选合适的检查治疗方法

此外，虽然本条并未对麻疹、甲型肝炎、猴痘、马尔堡病和埃博拉病等病原在检疫期作出特别检测和治疗规定，进口国兽医当局也应该认识到这些人兽共患病公共卫生的重要性。兽医当局应当知道，在12周检疫期内，如果疫病临床症状检测正确执行，就能很好地控制染疫动物病原体的大量引入和传播。对于一些病毒性人兽共患病，如乙型肝炎，当前还没有有效的诊断方法，同时，对于一些其他的人兽共患病，如不易发现并普遍存在、在一些动物体造成终生感染的疱疹病毒或者逆转录病毒，进口时不大可能诊断和清除这些染疫动物。因此，为保护人类健康和安全，在处理非人灵长目动物时，必须严格执行《陆生动物卫生法典》6.12.7条所述的预防措施。

(3) 来自兽医监管场所的绒猴和绢毛猴的检疫和出证要求 对于所有来自兽医监管场所的绒猴和绢毛猴的检疫和出证，进口国兽医当局应当要求：

1）出示国际兽医证书证明动物满足《陆生动物卫生法典》6.12.3条的规定：

- 在原饲养场出生，或在该场已经饲养了至少2年；
- 来自始终受到兽医监控，并且一直实施恰当健康监测措施的场所，包括分子生物学和寄生虫学检测以及尸体剖检；
- 装运前两年始终在没有发生过肺结核病例的场所和圈舍内饲养。

2）执行健康监测计划的说明书；

3）动物在符合OIE《陆生动物卫生法典》1.4.6条标准的检疫站至少隔离30天，期间：

- 每日查看动物疾病症状，必要时进行临床检查；
- 不管何种原因死亡的动物，都要在获得批准的实验室进行完全的尸体检查；
- 按照OIE《陆生动物卫生法典》4.15章要求，对动物进行如表34-4的诊断试验和治疗。

表 34-4

疾病/病原	动物群体	检测方案	方　法
病原细菌（沙门氏菌，志贺氏菌，耶尔森氏鼠疫杆菌和其他细菌）	所有动物	到达后5天内连续3天进行日常检测。在1周后，再做1次试验	粪便培养（详情见6.12.4.条表）
体内体外寄生虫	所有动物	至少两次实验，一次在检疫期初，另一次在检疫期末	根据动物和寄生虫种类，选适当的试验和治疗方法

通常情况下，进口国兽医当局不应要求检测动物病毒病和结核。无论如

何，为确保人的健康和安全，必须严格遵守6.12.7条注意事项。

（4）来自兽医监督场所的其他非人类灵长类动物的检疫和出证要求 对于来自兽医监督场所的原猴亚目猴、新大陆猴、旧大陆猴、长臂猿和大猩猩的检疫和出证，进口国兽医当局应当要求：

1）出示国际兽医证书，证明动物满足OIE《陆生动物卫生法典》6.12.3条的规定：

- 在原饲养场出生，或者在该场至少饲养了2年；
- 来自始终受到兽医监控，并且一直实施恰当健康监测措施的场所，包括分子生物学和寄生虫学检测以及尸体剖检；
- 装运前两年始终在没有发生过肺结核病例的场所和圈舍内饲养；
- 来自过去两年内没有发生过结核或其他人兽共患病，包括狂犬病等的饲养场所；
- 装运前30天内进行两次结核检测，中间至少隔两周，结果阴性；
- 进行肠道细菌检测，包括沙门氏菌、志贺氏菌、耶尔森氏鼠疫杆菌；
- 对体内和体外寄生虫，经诊断实验后，采取适当的治疗；
- 进行乙型肝炎的诊断，并确定现状（仅限于长臂猿和大猩猩）。

2）动物在隔离场至少隔离30天，期间：

- 每日查看动物疾病症状，必要时进行临床检查；
- 不管何种原因死亡的动物，都要在获得批准的实验室进行完全的尸体检查；
- 在动物所属群体离开检疫站之前，确定任何导致发病或死亡的原因；
- 按照OIE《陆生动物卫生法典》4.15章要求，对动物进行如表34-5的诊断试验和治疗。

表34-5

疾病/病原	动物群体	检测方案	方　　法
结核病	所有动物	检测一次	皮肤或血清学检测（了解详情见表6.12.4.）
其他病原细菌（沙门氏菌，志贺氏菌，耶尔森氏鼠疫杆菌和其他细菌）	所有动物	到达后5天内连续3天进行日常检测，且检测一周以后一次	粪便培养（详情见6.12.4.表）
体内体外寄生虫	所有动物	至少检查两次，一次在检疫期初，另外一次在检疫期末	根据动物和寄生虫种类，选适当的试验和治疗方法

通常情况下，进口国兽医当局不应要求检测动物病毒病和结核。无论如何，为确保人的健康和安全，必须严格遵守OIE《陆生动物卫生法典》6.12.7条注意事项。

34.7.2.3 人员防护措施

一个不可回避的事实是，绝大部分非人类灵长目动物，即使经过检疫以后，仍是一些人兽共患病的宿主。因此，相关当局应提请管理部门接触非人类灵长目动物或其体液、粪便、组织（包括验尸）的人员遵守以下原则：

（1）对相关人员进行培训，使其能正确处理灵长目动物及其体液、粪便和组织，预防人兽共患病，注意自身安全。

（2）告知工作人员，某些种类动物可能终生感染人兽共患病原，如短尾猿可终身携带B型疱疹病毒。

（3）确保工作人员遵守个人防护规范，包括穿戴个人防护服，及在可能感染地区禁止饮食和抽烟。

（4）对工作人员进行健康普查，包括对结核、肠道细菌、体内寄生虫和其他一些必要的检查。

（5）在有非人类灵长目动物存在的地区，对工作人员进行必要的免疫接种，包括破伤风、麻疹、小儿麻痹症、狂犬病、甲型和乙型肝炎和其他一些地方病。

（6）有些疾病，比如狂犬病和疱疹病毒，可通过动物叮咬和皮肤搔抓传播，要制订印发防病和治疗指南。

（7）为工作人员发放卡片，证明其从事与非人类灵长目动物或其体液、粪便和组织相关的工作，一旦生病，向医护人员提供该卡片。

（8）处理动物的尸体、体液、粪便和组织的方式不能危害公共卫生。

35 动物及其产品进行国际贸易时的具体检疫规定

35.1 口蹄疫

(1) 从非免疫无 FMD 国家或地区进口 FMD 易感动物 兽医当局应要求出具国际兽医证书，证明动物：

- 装运之日无 FMD 临床症状；
- 自出生起或至少过去 3 个月内一直在无 FMD 国家或地区饲养；
- 未作过疫苗接种；
- 如经感染区转运，运输至装运地过程中未暴露于任何 FMD 感染源。

(2) 从免疫无 FMD 国家或地区进口家养反刍动物和猪 兽医当局应要求出具国际兽医证书，证明动物：

- 在装运之日无 FMD 临床症状；
- 自出生起或至少过去 3 个月内一直在无 FMD 国家或地区饲养；
- 当目的地为非免疫无 FMD 国家或地区时，未曾进行过免疫接种，并且 FMD 病毒抗体检测阴性；
- 如经感染区转运，运输至装运地过程中未暴露于任何 FMD 感染源。

(3) 从 FMD 感染国家或地区进口家养反刍动物和猪 兽医当局应要求出具国际兽医证书，证明动物：

- 在装运之日无 FMD 临床症状；
- 自出生起，在原产地饲养场饲养；或

  a) 若出口国实施扑杀政策，至少过去 30 天，在原产地饲养场饲养 ；

  b) 若出口国不实施扑杀政策，至少过去 3 个月，在原产地饲养场饲养；并且在原产地饲养场 10km 半径内，在上述 a) 和 b) 项规定时期内没有发生过 FMD；并
- 装运前在饲养场内隔离 30 天，检疫结束时，FMD 诊断试验（食管探杯试验和血清学试验）阴性；这期间周围 10km 范围内没有发生过 FMD；或
- 装运前在检疫隔离场滞留 30 天，检疫期结束时，FMD 诊断试验（食管探杯试验和血清学试验）呈阴性，这期间，周围 10km 范围内没有发生过 FMD；

● 从检疫隔离场到装运地的运输中没有接触过任何 FMD 感染源。

（4）从非免疫无 FMD 国家或地区或已经免疫但无 FMD 地区进口家养反刍动物和猪的新鲜精液 兽医当局应要求出具国际兽医证书，证明：

①供精动物：

● 在精液采集之日无 FMD 临床症状；

● 动物在采精之前至少 3 个月是在非免疫无 FMD 国家或地区饲养；

②精液采集、加工和贮存严格按 OIE《陆生动物卫生法典》（2010 版）4.5 和 4.6 章节的要求进行。

（5）从非免疫无 FMD 国家或地区进口家养反刍动物和猪的冷冻精液 兽医当局应要求出具国际兽医证书，证明：

①供精动物：

● 在精液采集之日及此后 30 天内无 FMD 临床症状；

● 动物在采精之前至少 3 个月是在非免疫无 FMD 国家或地区饲养；

②精液采集、加工和贮存严格按 OIE《陆生动物卫生法典》（2010 版）4.5 和 4.6 章节的要求进行。

（6）从免疫无 FMD 国家或地区进口家养反刍动物和猪精液 兽医当局应要求出具国际兽医证书，证明：

①供精动物：

● 在采精之日及此后 30 天内无 FMD 临床症状；

● 至少采精前 3 个月内在无 FMD 国家或地区饲养；

● 若目的地是非免疫无 FMD 国家或地区：

  a）未曾进行过免疫接种，或免疫 21 天之后采精，并对 FMD 病毒抗体试验呈阴性；或

  b）至少免疫接种过两次，末次免疫至采精前不超过 12 个月，不少于 1 个月；

②人工授精中心（AI）其他动物在采精前 1 个月内未曾进行过免疫接种。

③精液：

● 采集、加工和贮存严格按 OIE《陆生动物卫生法典》（2010 版）4.5 和 4.6 章节的要求进行；

● 从采集到出口至少在原产国家贮存 1 个月，在此期间，供精动物所在饲养场的其他动物均无任何 FMD 症状。

（7）从 FMD 感染国家或地区进口家养反刍动物和猪精液 兽医当局应要求出具国际兽医证书，证明：

①供精动物：

● 在采精之日无 FMD 临床症状；

● 采精前 30 天所在饲养场无动物引进，且精液采集前后 30 天内，饲养场周围 10km 范围内没有 FMD 发生；

● 未曾进行 FMD 免疫接种，或免疫 21 天之后采精，并对 FMD 病毒抗体试验结果阴性；或

● 至少免疫接种过两次，末次免疫至精液采集前不超过 12 个月，不少于 1 个月。

②AI 中心其他动物在精液采集前 1 个月内未进行过免疫接种。

③精液：

● 采集、加工和贮存按 OIE《陆生动物卫生法典》（2010 版）4.5 和 4.6 章节的要求进行；

● 若供精动物在采精前 12 个月之内曾进行过免疫接种，则应进行病毒感染试验，结果阴性；

● 从采精到出口应至少贮存 1 个月，在此期间，供精动物所在饲养场中所有动物均无任何 FMD 症状。

(8) 不管出口国家或地区的 FMD 情况如何，只要国际兽医证书证明胚胎的采集、加工和保存是严格按 OIE《陆生动物卫生法典》（2010 版）4.5 和 4.6 章节的要求进行的，兽医当局不应因 FMD 而限制由体内获得的牛胚胎的进口或过境运输。

(9) 从非免疫无 FMD 国家或地区进口体外受精胚胎 兽医当局应要求出具国际兽医证书，证明：

①供体母牛：

● 在采集卵时无 FMD 临床症状；

● 采集时一直在非免疫无 FMD 国家或地区饲养。

②用符合 OIE《陆生动物卫生法典》（2010 版）中 8.5.15，8.5.1，6，8.5.17 或 8.5.18 条要求的精液授精。

③严格按 OIE《陆生动物卫生法典》（2010 版）4.8 和 4.9 章节要求采集卵、加工和保存胚胎。

(10) 从免疫无 FMD 国家或地区进口体内受精牛胚胎 兽医当局应要求出具国际兽医证书，证明：

①供体母牛：

● 在采集卵时无 FMD 临床症状；

● 采集前至少 3 个月在免疫无 FMD 国家或地区饲养；

● 如果目的地为非免疫无 FMD 国家或地区：

i）未进行免疫接种，并且FMD病毒抗体检测为阴性；或

ii）至少免疫接种过两次，采集前最后一次免疫不少于1个月并不超过12个月；

②采集前一个月内供体牛所在的饲养场的其他牛没有进行过免疫接种。

③用符合OIE《陆生动物卫生法典》（2010版）中8.5.12，8.5.13或8.5.14条要求的精液授精。

④严格按OIE《陆生动物卫生法典》（2010版）4.8和4.9章节要求采集卵，加工和保存胚胎。

（11）从非免疫无FMD国家或地区进口FMD易感动物鲜肉 兽医当局应要求出具国际兽医证书，证明生产这批肉品的动物：

- 自出生之日一直在非免疫无FMD国家或地区饲养，或严格按照OIE《陆生动物卫生法典》（2010版）中8.5.12，8.5.13或8.5.14条要求从非免疫无FMD国家或地区进口；
- 在批准的屠宰场宰杀，宰前宰后进行FMD检验，结果合格。

（12）从免疫无FMD国家或地区进口牛和水牛的新鲜肉（不包括蹄、头和内脏） 兽医当局应要求出具国际兽医证书，证明生产本批肉的动物：

- 自出生之日一直在免疫无FMD国家或地区饲养，或严格按照OIE《陆生动物卫生法典》（2010版）中8.5.12，8.5.13或8.5.14条要求从免疫无FMD国家或地区进口；
- 在批准的屠宰场宰杀，宰前宰后进行FMD检验，结果合格。

（13）从免疫无FMD国家或地区进口猪及除牛和水牛外反刍动物的鲜肉或肉制品 兽医当局应要求出具国际兽医证书，证明生产这批肉的动物：

- 自出生后一直在该国或地区饲养，或严格按照OIE《陆生动物卫生法典》（2010版）中8.5.12，8.5.13或8.5.14条要求从免疫无FMD国家或地区进口；
- 在批准的屠宰场屠宰，并经过宰前宰后检验，结果合格。

（14）从对牛实施强制性系统免疫的官方控制计划的FMD感染国家或地区进口牛和水牛的新鲜肉（不包括头、蹄和内脏） 兽医当局应要求出具国际兽医证书，证明：

①生产这批肉品的动物：

- 屠宰前至少3个月一直在出口国饲养；
- 在此期间，牛产地一直对牛进行定期FMD免疫接种，并受官方监控；
- 至少已免疫接种两次，从末次免疫到屠宰时不超过12个月，也不少于1个月；

- 过去30天内，一直在半径10km范围内没有发生FMD的饲养场饲养；
- 用事先经过清洗消毒的车辆从原产场直接运达批准的屠宰场，其间未与不符合出口要求的其他动物接触；
- 在批准的屠宰场屠宰，该屠宰场：

  i）由官方指定出口专用；

  ii）在屠宰前上次消毒后到出口装运发货期间，没有检测到FMD；
- 屠宰前后24h进行FMD宰前宰后检验，结果合格；

②生产这批肉品的剔骨胴体：

- 主要淋巴结已摘除；
- 屠宰后置2℃以上至少熟化24h，胴体两侧背长肌中部pH在6.0以下。

（15）从FMD感染国家或地区进口家养反刍动物和猪的肉制品　兽医当局应要求出具国际兽医证书，证明：

- 生产该批肉制品的动物在批准的屠宰场宰杀，经宰前宰后FMD检验，结果合格；
- 按OIE《陆生动物卫生法典》（2010版）中8.5.34章节规定程序进行加工处理，确保杀灭FMD病毒；
- 加工后须遵守各种必要的注意事项，防止加工后肉品接触任何潜在的FMD病毒源。

（16）从（免疫的或非免疫）**无FMD国家进口人食用乳和乳制品及动物饲料用或农业工业用动物**（FMD易感动物）**源性产品**　兽医当局应要求出具国际兽医证书，证明生产这些产品的动物自出生起一直在无FMD国家或地区饲养，或严格按照OIE《陆生动物卫生法典》（2010版）8.5.12，8.5.13或8.5.14条要求从无FMD国家或地区进口。

（17）从实施官方控制计划的FMD感染国家或地区进口牛奶、奶酪、奶粉和奶制品　兽医当局应要求出具国际兽医证书，证明：

①这些产品：

- 收集牛奶时，生产畜群没有感染或没有怀疑感染FMD；
- 产品按照OIE《陆生动物卫生法典》（2010版）8.5.38，8.5.39章节规定的程序进行加工处理，确保杀灭FMD病毒。

②产品加工处理后遵守各项必要的注意事项，防止接触到任何潜在的FMD病毒源。

（18）从FMD感染国家进口（家养或野生反刍动物和猪的）**血和肉粉**　兽医当局应要求出具国际兽医证书，证明加工这些产品程序包括加热至内部最低温度为70℃至少30min。

(19) 从FMD感染国家进口（家养或野生反刍动物和猪的）**毛、绒、鬃、原皮和皮张** 兽医当局应要求出具国际兽医证书，证明：

- 这些产品严格按照OIE《陆生动物卫生法典》（2010版）8.5.35，8.5.36和8.5.37章节程序进行加工处理，确保杀灭FMD病毒；
- 产品收集或加工处理后，采取必要措施，防止接触任何潜在的FMD病毒源。

兽医当局可以授权不限制进口或经其国土过境运输半成品皮革和皮张（灰皮、浸酸裸皮、半成品皮革如湿蓝皮和坯革），条件是这些产品是经制革工业用的普通化学及物理方式进行加工。

(20) 从FMD感染国家或地区进口稻草和草料 兽医当局应要求出具国际兽医证书，证明这些物品：

①没有可见动物源性材料污染；

②已经采用如下方法处理，如果打成包，则处理作用能达到包的中心：

- 在密闭仓内最低80℃蒸汽处理至少10min；或
- 用35%～40%商品福尔马林溶液在密闭室，最低19℃至少熏蒸8h。

(21) 从免疫或非免疫无FMD国家或地区进口FMD易感野生动物的皮张和及其材料制作的装饰品 兽医当局应要求出具国际兽医证书，证明生产这些产品的动物出生后一直在该国家或地区饲养，或者是从免疫或非免疫无FMD国家或地区进口。

(22) 从FMD感染国家进口FMD易感野生动物的皮张及其材料制作的装饰品 兽医当局应要求出具国际兽医证书，证明这些产品已严格按OIE《陆生动物卫生法典》（2010版）8.5.40章节的程序进行加工处理，确保灭杀FMD病毒。

35.2 禽流感

(1) 从无NAI国家、地区或分隔区进口活禽（不包括初孵雏） 兽医当局应要求出具国际兽医证书，证明这批家禽：

- 在装运之日未表现NAI临床症状；
- 家禽被孵出后或最近21天内一直饲养在无NAI国家、地区或分隔区；
- 家禽在新的或经适当消毒的容器内进行运输；
- 如果采用免疫，则依据OIE禽流感监测指南对家禽进行免疫，并且提供相关信息（包括疫苗和免疫日期）。

（2）进口活鸟（不包括家禽） 不论原产国地区或生物群的NAI状况如何，进口活鸟（不包括家禽）时，兽医当局应要求出具国际兽医证书，证明这些活鸟：

- 装运之日未表现NAI临床症状；
- 这些活鸟自孵出或装运前21天一直在兽医当局批准的检疫隔离区饲养，且在隔离期未表现NAI临床症状；
- 在装运前14天诊断试验未发现感染NAI；
- 鸟在转运时使用新的或经适当消毒的容器；
- 如果进行免疫，兽医证书上需提供相关信息（疫苗、免疫日期）。

（3）从无NAI国家、地区或分隔区进口初孵雏 兽医当局应要求出具国际兽医证书，证明这批初孵雏：

- 自孵出后一直饲养在无NAI国家、地区或分隔区；
- 初孵雏的父母代在收集种蛋前21天一直在无NAI国家、地区或分隔区饲养；
- 初孵雏在转运时使用新的或经适当消毒的容器；
- 如果这批初孵雏或其父母代采用免疫措施，免疫依据OIE禽流感监测指南进行，并且提供相应的信息（疫苗、免疫日期）。

（4）从无HPNAI国家、地区或分隔区进口初孵雏 兽医当局应要求出具国际兽医证书，证明这批初孵雏：

- 自孵出后一直在无HPNAI国家、地区或分隔区饲养；
- 初孵雏的父母代在收集种蛋前21天一直在无NAI饲养场饲养；
- 家禽在转运时使用新笼具或经适当消毒的容器；
- 如果家禽或其父母代采用免疫措施，免疫依据OIE禽流感监测指南进行，并且需要提供相应的信息（疫苗、免疫日期）。

（5）从无NAI国家、地区或分隔区进口家禽种蛋 兽医当局应要求出具国际兽医证书，证明这些种蛋：

- 来自无NAI国家、地区或分隔区；
- 产蛋的种禽在收集种蛋前21天一直在无NAI国家、地区或分隔区饲养；
- 在转运时使用新的或经适当消毒的容器；
- 如果父母代种禽采用免疫接种措施，免疫依据OIE禽流感监测指南进行，并且需要提供相应的信息（疫苗、免疫日期）。

（6）从无HPNAI国家、地区或分隔区进口家禽种蛋 兽医当局应要求出具国际兽医证书，证明种蛋：

- 来自无 HPNAI 国家、地区或分隔区；
- 产蛋种禽在收集种蛋前 21 天一直在无 NAI 的饲养场饲养；
- 种蛋表面经消毒［按照 OIE《陆生动物卫生法典》（2010 版）中 6.4 条规定］；
- 用新的或适当消毒的包装材料运输；
- 如果父母代种禽采用免疫接种措施，免疫依据 OIE 禽流感监测指南进行，并且提供相关信息（疫苗、免疫日期）。

(7) 从无 NAI（HPNAI 感染）**国家、地区或分隔区进口食用禽蛋** 兽医当局应要求出具国际兽医证书，证明这些禽蛋来自无 NAI（无 HPNAI 感染）国家、地区或分隔区；禽蛋用新的或适当消毒的包装材料运输。

(8) 从无 NAI 国家、地区或分隔区进口禽蛋产品 不管国家、地区或分隔区的 NAI 状态如何，进口禽蛋产品时，兽医当局应要求出具国际兽医证书，证明禽蛋产品：

- 产品用自符合 OIE《陆生动物卫生法典》（2010 版）中 10.4.13 或 10.4.14 条要求的食用禽蛋生产；或
- 禽蛋产品依据 OIE《陆生动物卫生法典》（2010 版）中 10.4.25 条的要求加工，确保杀死了 NAI 病毒；
- 加工后采取了必要的防范措施，避免接触任何可能带有 NAI 病毒的物品。

(9) 从无 NAI（或无 HPNAI）**国家、地区或分隔区进口家禽精液** 兽医当局应要求出具国际兽医证书，证明供精家禽：

- 采精之日未表现 NAI（或无 HPNAI）临床症状；
- 禽采精前 21 天一直在无 NAI（或无 HPNAI）国家、地区或分隔区饲养。

(10) 进口鸟精液（不包括家禽精液） 不论原产国的 NAI 状况如何，进口鸟精液（不包括家禽精液）时，兽医当局应要求出具国际兽医证书，证明供精活鸟：

- 采精前 21 天，隔离鸟在兽医当局批准场所饲养；
- 隔离期无 NAI 临床症状；
- 采精前 14 天诊断检测试验未发现感染 NAI。

(11) 从无 NAI（或无 HPNAI）**国家、地区或分隔区进口鲜禽肉** 兽医当局应要求出具国际兽医证书，证明生产这批产品的家禽：

- 自孵出或宰杀前 21 天，在无 NAI 国家、地区或分隔区饲养；
- 在批准的屠宰场屠宰，按照 OIE《陆生动物卫生法典》（2010 版）6.2 章的要求经宰前宰后检验，结果合格，没有任何 NAI 可疑症状。

(12) 不管国家、地区或分隔区的NAI状况如何，进口禽肉产品 兽医当局应要求出具国际兽医证书，证明这整批产品的生产禽：

- 这些产品来自符合OIE《陆生动物卫生法典》(2010版) 10.4.19条要求的鲜肉；或者
- 这些产品依据OIE《陆生动物卫生法典》(2010版) 10.4.26条的要求，确保消灭了NAI病毒；
- 采取了必要的防范措施避免了与任何可能带有NAI病毒的物品有接触。

(13) 进口用作动物饲料的家禽产品或家禽产品作农业或工业用品 不管国家、地区或分隔区的NAI状况如何，进口用作动物饲料的家禽产品或家禽产品作农业或工业用时，兽医当局应要求出具国际兽医证书，证明：

- 这些产品的生产禽自孵出后或宰杀前21天，在无NAI感染的国家、地区或分隔区饲养；
- 产品加工过程确保杀灭NAI病毒；(研究中)
- 采取必要的防范措施，避免接触任何可能带有NAI病毒的物品。

(14) 进口(家禽)**羽毛和羽绒** 不管国家、地区或分隔区的NAI状态如何，进口(家禽)羽毛和羽绒时，兽医当局应要求出具国际兽医证书，证明：

- 来自符合OIE《陆生动物卫生法典》(2010版) 10.4.19条要求的禽，在无NAI感染的国家、地区或分隔区饲养；
- 产品加工工艺确保杀灭了NAI病毒；
- 采取必要的防范措施，避免接触任何可能带有NAI病毒的物品。

(15) 进口非家禽鸟类肉品或其他鸟产品 不论国家、地区或分隔区的NAI状态如何，进口非家禽鸟类肉品或其他鸟产品时，兽医当局应要求出具国际兽医证书，证明：

- 产品加工工艺确保杀灭NAI病毒；
- 采取必要防范措施，避免与任何可能带NAI病毒的物品接触。

35.3 牛海绵状脑病

35.3.1 有关概念

35.3.1.1 牛海绵状脑病(BSE)风险状况的确定标准

(1) 根据OIE《陆生动物卫生法典》风险分析规定进行的风险评估结果，确定导致BSE发生的所有潜在因素及其历史背景，国家应每年审查风险评估情况确定情况是否发生了变化。风险分析包括释放评估和暴露评估。

释放评估指通过考察相关评估情况，评估 BSE 因子已通过潜在污染的商品传入国家、地区或分隔区或已经存在的可能性。相关评估因子包括：①国家、地区或分隔区的本地反刍动物存在或不存在 BSE 因子，及存在的有关证据；②本地反刍动物肉骨粉或油脂产量；③进口肉骨粉或油脂；④进口的牛、山羊、绵羊；⑤进口饲料和饲料原料；⑥进口的供人消费的动物源性产品；包含有 OIE《陆生动物卫生法典》（2010 版）11.5.14 条款的组织或饲喂给牛的；⑦进口的用于牛体内培养的反刍动物源性产品。评估还应当考虑上述商品流向的调查结果。

若释放评估发现存在风险因子，则应进行暴露评估，包括评估牛暴露 BSE 致病因子的可能性，暴露评估需考虑以下情况：①通过牛消费反刍动物源性肉骨粉或油脂或者被其污染的饲料或饲料原料而导致 BSE 因子的循环和扩散；②反刍动物尸体（包括病死畜）、副产品和屠宰废弃物来源及其利用、加工参数和动物饲料生产方法；③反刍动物是否饲喂反刍动物源性肉骨粉及防止动物饲料交叉污染措施；④截止当时牛群的 BSE 监测力度及监测结果。

（2）对兽医、畜主以及参与牛运输、销售和屠宰的人员进行教育，鼓励他们报告任何表现出与 OIE 关于 BSE 监测中所述 BSE 症状相符的牛群。

（3）凡临床症状与 BSE 相符的牛，应作强制通报和检查。

（4）根据上述监测系统要求，收集大脑和其他组织，按《陆生动物卫生法典》并在指定实验室进行检测。

当风险分析证明为可忽略风险时，该国应根据 OIE《陆生动物卫生法典》（2010 版）中 11.5.20，11.5.21，11.5.22 条的规定进行 B 级监测。

当风险分析不能证明为可忽略风险时，该国应根据 OIE 关于 BSE 监测的规定进行 A 级监测。

35.3.1.2 BSE 风险可忽略

来自符合下述条件国家、地区或分隔区牛群的商品，BSE 因子传播风险可忽略：

（1）根据 OIE《陆生动物卫生法典》（2010 版）中 11.5.2 第 1 款所述标准进行了风险评估，对识别的各种风险，已在相应时期内采取了适当管理措施。

（2）根据 OIE 关于 BSE 监测的规定和其他相关条款的要求进行 B 级型监测，并且符合《不同规模成年牛群监测对象表》的规定。

（3）具备下列条件之一：①确切证明，从未发生过 BSE 病例。若有病例，所有 BSE 病例都是直接进口的，并已全部销毁，并且符合 OIE《陆生动物卫生法典》(2010 版) 11.5.2 中第 2 至 4 款所述的各项标准不少于 7 年；或证明达到适当控制水平，并证明反刍动物至少过去 8 年中未饲喂肉骨粉或油脂；或者：②如果有本土病例，则所有病例动物应在 11 年以前出生；并且：

a. 符合 OIE《陆生动物卫生法典》(2010 版) 11.5.2 中第 2 至 4 款所述的各项标准不少于 7 年；

b. 证明达到适当控制水平，并证明反刍动物至少过去 8 年中未饲喂肉骨粉或油脂。

c. 所有 BSE 病例：在一岁内就饲养并曾与感染牛一起饲养，经调查显示饲喂同样的污染饲料；或如调查结果不能作出决定性结论，同一牛群中的牛和在感染牛同群中的 12 月龄的牛为 BSE 病例。

所有这些牛，如果仍在该国、地区或分隔区，则应施加永久性标识并控制其流动，屠宰或死亡后要彻底销毁。

35.3.1.3 BSE 风险可控

来自符合下述条件国家、地区或分隔区牛群的商品，则 BSE 因子传播风险可以控制：

(1) 根据 OIE《陆生动物卫生法典》(2010 版) 11.5.2 中第 1 款所述进行了风险评估，针对已经识别的各种风险，在相应时期内采取了合理的管理措施。

(2) A 级监测达到 OIE 关于 BSE 监测的规定要求的监测监控水平，并且相关点与《不同规模成年牛群监测对象表》对应，那么 B 级监测就可以替代 A 级监测。

(3) 具备下列条件之一：①无 BSE 病例，如有，应符合 OIE《陆生动物卫生法典》(2010 版) 11.5.2 中第 2 至 4 款，所有病例来自进口，并已全部销毁。通过适当的控制和审查证实，反刍动物未饲喂过肉骨粉或油脂，但只适用下列情况之一：a. 符合 18.2.3.1.1 第 2 至 4 款标准未满 7 年；b. 不能证明反刍动物至少过去 8 年中未饲喂肉骨粉或油脂；或②符合 OIE《陆生动物卫生法典》(2010 版) 11.5.2 中第 2 至 4 项标准。本土存在 BSE 病例，通过适当的控制和审查证实，反刍动物未饲喂过肉骨粉或油渣，但只适用下列情况之一：a. 符合 OIE《陆生动物卫生法典》(2010 版) 11.5.2 中第 2 至 4 项标准未满 7 年；b. 不能证明反刍动物至少过去 8 年中未饲喂肉骨粉或油渣。并且：c. 所有的病例以及在一岁内就与病例牛一起饲养，调查显示其饲喂了同样的污染饲料；或如调查结果无定论，同群中出生所有牛和出生 12 月龄内牛均为 BSE 病例。

所有这些牛，如还在该国、地区或分隔区，则施加永久性标识并控制其流动，屠宰或死亡后要彻底销毁。

35.3.1.4 BSE风险不确定

如果不能证明某国家、地区或分隔区牛群符合上述两类要求，则其BSE风险就不确定。

35.3.2 国际贸易中的检疫要求

(1) 当批准进口或过境下列商品且不含有牛的其他组织时，不管出口国家、地区或分隔区牛群的BSE状况如何，兽医当局不应要求提供BSE的有关情况：①乳及乳制品；②精液、胚胎（依照国际胚胎移植协会的建议从活体牛获取和处理的）；③干皮和鲜皮（不包括头部皮革和外皮肤）；④明胶和胶原，仅指由干皮和鲜皮所制（不包括头部皮革和皮肤）；⑤无蛋白油脂（以重量计不溶杂质不超过0.15%）及油脂衍生物制品；⑥磷酸二钙（无蛋白及油脂残留）；⑦来源于牛的剔骨肉（不包括机械回收肉），在屠宰前未经电击处理，而采用向颅腔内注射压缩空气，或脑脊髓刺入法，经宰前和宰后检验，并避免与18.2.3.2.10所列出的组织污染；⑧血液和血液副产品，来源动物在屠宰前未经电击处理，而采用向颅腔内注射压缩空气，或脑脊髓刺入法处死。

当批准进口或过境其他商品时，兽医当局应要求出口国、地区或分隔区牛群符合本节有关BSE的规定。诊断试验标准见《陆生动物卫生法典》。

(2) 从BSE风险可忽视国家、地区或分隔区进口上述中未列出的牛的所有商品 进口国兽医当局应要求出具国际兽医证书，证明该国、地区或分隔区符合OIE《陆生动物卫生法典》(2010版) 11.5.3中的规定。

(3) 从BSE风险可忽视国家、地区或分隔区进口专供出口的牛 进口国兽医当局应要求出具国际兽医证书，证明动物：

- 有永久标识系统标识，可证明其不是OIE《陆生动物卫生法典》(2010版) 11.5.3中3.②c.款所述的暴露牛；
- 在反刍动物源性肉骨粉和油脂饲喂反刍动物禁令生效后出生。

(4) 从BSE风险可控国家、地区或分隔区进口牛 进口国兽医当局应要求出具国际兽医证书，证明：①该国家、地区或分隔区符合OIE《陆生动物卫生法典》(2010版) 11.5.4之规定。②选作出口的牛经永久标识系统标识，证明其不是OIE《陆生动物卫生法典》(2010版) 11.5.4中② c.款所述的暴露牛。③选作出口的牛在反刍动物源性肉骨粉和油脂饲喂反刍动物禁令生效后出生。

(5) 从BSE风险不确定国家、地区或分隔区进口牛 进口国兽医当局应要求出具国际兽医证书，证明：①用反刍动物源性肉骨粉和油脂饲喂反刍动物的禁令业已生效。②所有病例以及在一岁内就与病例牛一起饲养，调查证明其饲喂了同样的污染饲料；或如调查结果无定论，同群中出生所有牛和出生12月龄内牛均为BSE病例。所有这些牛，如还在该国或该地区，则施加永久性标识并控制其流动，屠宰或死亡后要彻底销毁。③选作出口的牛：经永久标识系统标识，证明其不是上述2款所述的暴露牛；在反刍动物源性肉骨粉和油渣饲喂反刍动物禁令生效2年后出生。

(6) 从BSE风险可忽略国家、地区或分隔区进口［不是OIE《陆生动物卫生法典》(2010版) 11.5.1所列牛的］**鲜肉和肉产品**　进口国兽医当局应要求出具国际兽医证书，证明：①该国家、地区或分隔区符合OIE《陆生动物卫生法典》(2010版) 11.5.3条规定。②生产鲜牛肉和牛肉制品的牛经过宰前和宰后检验。③在曾出现过本土牛病例的BSE风险可忽视的国家里，生产鲜牛肉和牛肉制品的牛都在反刍动物源性肉骨粉和油脂饲喂反刍动物禁令生效后出生。

(7) 从BSE风险可控国家、地区或分隔区进口［不是OIE《陆生动物卫生法典》(2010版) 11.5.1所列牛的］**鲜肉和肉产品**　进口国兽医当局应要求出具国际兽医证书，证明：①该国家、地区或分隔区符合OIE《陆生动物卫生法典》(2010版) 11.5.4的规定。②生产鲜牛肉和牛肉制品的牛经过宰前和宰后检验。③对用于制作新鲜牛肉和牛肉制品的牛，在屠宰前未经击晕处理，而采用向颅腔内注射压缩空气，或脑脊髓刺入法。④新鲜牛肉和牛肉制品的生产、加工方式应保证不含或不被以下物质污染：OIE《陆生动物卫生法典》(2010版) 11.5.14所列的组织；30月龄以上牛的颅骨和脊柱机械分割肉。

(8) 从BES风险不确定国家、地区或分隔区进口［不是OIE《陆生动物卫生法典》(2010版) 11.5.1所列牛的］**鲜牛肉和牛肉制品**　进口国兽医当局应要求出具国际兽医证书，证明：①新鲜牛肉和牛肉制品来源牛：从来没有饲喂过反刍动物肉骨粉和油脂；生产鲜牛肉和牛肉制品的牛经过宰前和宰后检验；对用于制作新鲜牛肉和牛肉制品的牛，在屠宰前未经击晕处理，而采用向颅腔内注射压缩空气，或脑脊髓刺入法。②新鲜牛肉和牛肉制品的生产、加工方式应保证不含或不被以下物质污染：OIE《陆生动物卫生法典》(2010版) 11.5.14所列组织；去骨过程中暴露的神经和淋巴组织；12月龄以上牛的颅骨和脊柱机械分割肉。

来自OIE《陆生动物卫生法典》(2010版) 第11.5.4和11.5.5定义曾出现过一例BSE病例的国家、地区或分隔区的反刍动物源性肉骨粉和油脂，和任何包含此类物质的商品，如果生产此类产品的牛在反刍动物源性肉骨粉和油脂饲喂反刍动物禁令生效前出生，则此类产品不得贸易。

来自前述20.2.3.1.3和20.2.3.1.4定义的国家、地区或分隔区进口牛的反刍动物源性肉骨粉和油脂，和任何包含此类物质的商品不得在国家之间贸易。

(9) 来自前述20.2.3.1.3和20.2.3.1.4定义的国家、地区/分隔区的任何年龄的牛，扁桃体和回肠末端及被其污染的任何产品不得为生产食品、饲料、肥料、化妆品、生物制剂等药品或医疗设备而进行交易。

来自前述20.2.3.1.3定义的国家、地区或分隔区且屠宰时超过30月龄的牛，脑、眼、脊髓、头颅、脊柱及被其污染的任何产品不得为生产食品、饲料、肥料、化妆品、生物制剂等药品或医疗设备而进行交易。用这些原料生产的蛋白制品、食品、饲料、肥料、化妆品、药品或医疗设备也不得贸易（本节其他条文有规定的除外）。

来自前述20.2.3.1.4定义的国家、地区或分隔区且屠宰时超过12月龄的牛，脑、眼、脊髓、头颅、脊柱及被其污染的任何产品不得为生产食品、饲料、肥料、化妆品、生物制剂等药品或医疗设备而进行交易。用这些原料生产的蛋白制品、食品、饲料、肥料、化妆品、药品或医疗设备也不得贸易（本节其他条文有规定的除外）。

(10) 进口骨胶和胶原且拟用于生产食品、饲料、化妆品、生物制剂等药品或医疗设备　进口国兽医当局应要求出具国际兽医证书，证明：①来自BSE风险可忽略国家、地区或分隔区；或②来自BSE风险可控国家、地区或分隔区，并且牛经过宰前和宰后检验；并且30月龄以上牛屠宰时头颅已去除；骨骼经下列程序处理：脱脂、酸软化处理、酸或碱处理、过滤、138℃以上灭菌至少4s钟，或其他等效/更好的降低感染性方法（如高压加热）；或③来自BSE风险不确定国家、地区或分隔区，并且牛经过宰前和宰后检验，并且12月龄以上牛屠宰时头颅和脊柱已去除；骨骼经下列程序处理：脱脂、酸软化处理、酸或碱处理、过滤、138℃以上灭菌至少4s钟、或其他等效/更好的降低感染性方法（如高压加热）。

(11) 进口用于食品饲料、化妆品、生物制剂等药品或医疗设备的牛脂和磷酸二钙（前述2.3.2.1规定除外）　进口国兽医当局应要求出具国际兽医证书，证明商品：源自BSE风险可忽略国家、地区或分隔区；源自BSE风险可控国家、地区或分隔区，并且牛经过宰前和宰后检验，且不是用前述2.3.2.9所列组织制备。

(12) 进口拟用于食品、饲料、肥料、化妆品、生物制剂等药品或医疗设备的牛脂衍生物（不是前述20.2.3.2.1定义的无蛋白牛脂制品）　进口国兽医当局应要求出具国际兽医证书，证明：源自BSE风险可忽略国家、地区或分隔区；或源自符合18.2.3.2.2规定的牛脂；或在高温高压下经过水解、皂化或酯基转移生产。

35.4　多种动物共患病

35.4.1　炭疽病

（1）进口反刍动物、马科动物和猪的检疫要求

- 装运之日无炭疽病临床症状；
- 装运前 20 天内，一直在官方报告无炭疽病病例的养殖场内饲养；或者
- 至少装运 20 天前，6 个月之内进行过免疫接种。

（2）进口农业或工业用动物（反刍动物、马科动物和猪）**源性产品的检疫要求**

- 来自无炭疽病临床症状的动物；或
- 经处理确保杀死炭疽杆菌菌体和芽孢。

（3）进口供人消费的鲜肉和特制肉制品的检疫要求

- 经宰前宰后检验，没有炭疽病症状；不是来自因炭疽病而严格控制移动的养殖场，并且在屠宰前 20 天内没有发现炭疽病例；
- 在屠宰前 21 天未经活苗免疫。

（4）进口兽皮、革制品和毛（反刍动物、马科动物和猪）**的检疫要求**

- 经宰前宰后检验，没有炭疽病症状；
- 不是来自因炭疽病而严格控制移动的养殖场。

（5）进口羊毛的检疫要求

- 来自上次剪毛之后没有报告有炭疽病例的养殖场；
- 依 OIE《陆生动物卫生法典》（2010 版）中 8.1.11 条处理后。

（6）进口供人类消费的奶、奶制品的检疫要求

- 来自挤奶时没有炭疽病症状的动物；
- 如农场在 20 天前出现炭疽病例，经快速冷冻后再进行相当于巴氏消毒法的热处理。

35.4.2　伪狂犬病

35.4.2.1　无伪狂犬病（AD）国家或地区

（1）资格认证　如没有正式实施具体监测计划，至少 25 年没有本病发病报告（历史上无本病），及至少在过去 10 年中，具备以下条件，该国可视为无

AD病：

a）该病为法定报告疫病；

b）已实施早期检测系统；

c）已实施了防止病毒侵入国家或地区的措施；

d）没有实施AD免疫接种；

e）证实没有野猪感染，或者已实施措施防止AD病毒从野猪传染给家养猪；

不满足上述条件的国家，但达到以下条件时，也可视该国为无AD病国家：

f）实施动物卫生条例2年以上，控制本节3.1.2.5条所列物品流通，防止本病感染饲养场；

g）禁止家养猪免疫接种AD疫苗至少2年以上；

h）从未报告过AD疫情的国家或地区在资格认证前3年，对所有养猪场实施进行代表性样品血清学调查，结果阴性；血清学调查是以种猪群为基础，或无种猪的饲养场，则以相当数量的肥育猪为基础，直接检测全病毒抗体；或

i）如果该国或地区已报告有AD，并实施了监测和控制计划，检测每个感染场并根除AD，并证明至少2年内国家内或地区内无AD的临床、病毒学或血清学证据。

某国家要达到无疫状态，则该国所有地区必须达到无疫状态。

有野猪的国家或地区，应当实施措施防止AD病毒从野猪传播给家养猪。

(2) 保持无AD状态 一个国家或地区要保持无疫状态，应符合下列条件：

a）定期对种猪群进行具有统计学意义的AD全病毒抗体检测；

b）该国或地区进口本节3.1.2.5条所列物品应符合本节有关条款规定的条件；

c）禁止AD免疫接种；

d）实施措施防止AD病毒从野猪传播给家养猪。

(3) 恢复无AD状态 无疫国家或地区的某个饲养场暴发AD，那么该国家或地区要恢复无AD状态应符合：

a）扑杀疫点所有猪，并且，在实施措施之时和之后，对所有与感染饲养场有直接或间接接触的饲养场及发病饲养场周围5km半径以内的所有猪饲养场进行包括临床检查、血清学和/或病毒学试验在内的流行病学调查，证明这些饲养场未被感染，或

b）已实施了gE缺失苗免疫接种，并且：

- 对免疫接种的饲养场进行血清学检测（鉴别型 ELISA），证明无 AD 感染；
- 除急宰猪以外，禁止感染饲养场猪外流，直到试验证明无 AD 感染；
- 所有免疫动物已屠宰；
- 在实施ⅰ）到ⅲ）措施期间及之后，通过对所有与感染饲养场有直接或间接接触的猪饲养场及发病饲养场周围 5km 半径以内的所有猪场进行了包括临床检查、血清学和/或病毒学试验在内的流行病学调查，证明这些饲养场无感染。

35.4.2.2 暂时无 AD 国家或地区

（1）资格认证 具备下述条件的国家或地区可视为暂时无 AD 的国家或地区：

a）实施动物卫生条例至少 2 年，控制本节 3.1.2.5 条所列物品流通，防止饲养场感染本病的国家或地区；

b）如果该国或地区从未报告发生 AD，应对所有养猪场采集代表性样品（可信度还达不到无疫要求）进行血清学调查，结果阴性，血清学调查是以种猪场为基础，或无种猪的饲养场，则以相当数量的肥育猪为基础直接检测全病毒抗体。

c）如果该国或地区已报告了 AD，已实施了监测和控制计划检测感染的饲养场并净化这些饲养场 AD，至少 3 年内该国或地区群体发生率不超过 1%（确认无 AD 饲养场的采样程序应当适用于该国家或地区的饲养场），并且该国家或地区至少有 90%的饲养场认证为无 AD；

d）有野猪的国家或地区，应当实施措施防止 AD 病毒在野生猪和家养猪之间传播。

（2）保持暂时无疫状态 一个国家或地区要保持暂时无疫状态，应符合下列要求：

a）持续实施上述（1）b）和（1）d）措施；

b）感染饲养场的百分比在 1%以下；

c）国家或地区进口本节 3.1.2.5 条所列物品应符合本节相关条款规定的进口条件。

（3）恢复暂时无疫状态 暂时无疫国家或地区内饲养场的感染率超过 1%，就应取消其暂时无 AD 状态，并且经（1）c）规定的血清学检测确认感染饲养场百分率小于 1%至少维持 6 个月，才能恢复其暂时无 AD 状态。

35.4.2.3 AD感染国家或地区

不符合无AD或暂时无AD条件的国家或地区视为AD感染国家或地区。

35.4.2.4 无AD饲养场

(1) 资格认证 确认饲养场无AD，应当满足以下条件：

a）饲养场受兽医机构监控；

b）至少一年无AD临床的病毒学或血清学的证据；

c）饲养场引进猪、精液和胚胎/卵符合本节相关条款中对这些物品的进口条件；

d）饲养场至少12个月内没有免疫接种AD疫苗，并且，以前免疫接种猪无gE抗体；

e）饲养场的种猪经AD全病毒血清学试验结果阴性，试验必须进行两次，间隔两个月；没有种猪的饲养场，则育肥猪或断奶猪达到一定数量时就要检测一次；

f）已经开始实施对感染饲养场5km半径内的饲养场和这个地区内已知未感染的饲养场的监测和控制计划已经开始实施。并且，已知在这个地区没有感染的饲养场。

(2) 保持无疫状态 对于AD感染的国家或地区的饲养场，应当每4个月进行一次（1）e）所描述的试验程序。

对于暂时无AD的国家或地区的饲养场，应当每年进行一次在（1）e）所描述的试验程序。

(3) 恢复无AD 如果无疫饲养场感染了AD，或无疫饲养场周围5km半径内暴发了疫情，在符合以下条件后，可恢复其无AD饲养场资格：

a）感染饲养场

- 扑杀饲养场所有的猪，或
- 转移所有感染动物后30天内，所有种猪经2次间隔2个月的AD全病毒血清学试验，结果阴性；
- 在5km半径内的其他饲养场，每个饲养场的种猪已进行了AD全病毒（未免疫接种的饲养场）或gE抗体（免疫接种的饲养场）的血清学试验，结果阴性。

35.4.2.5 国家兽医当局在同意从其他国家进口或过境运输下列物品时应当考虑是否有感染 AD 的风险

(1) 家养猪和野猪。
(2) 家养猪和野猪精液。
(3) 家养猪和野猪胚胎。
(4) 猪下水（头、胸腔和腹腔内脏）以及包含猪下水的产品。
(5) 病理材料和生物制品。
应当认为其他国际贸易商品没有扩散 AD 的可能性。

35.4.2.6 从无伪狂犬病（AD）的国家或地区进口家养猪的检疫要求

(1) 在装运之日无 AD 的临床症状。
(2) 来自无 AD 国家或地区的饲养场。
(3) 未接种过 AD 疫苗。

35.4.2.7 从暂时无 AD 的国家或地区进口种用或饲养用家养猪的检疫要求

(1) 在装运之日无 AD 临床症状。
(2) 出生后一直在无 AD 的饲养场饲养。
(3) 未接种过 AD 疫苗。
(4) 在装运前 15 天经 AD 全病毒血清学试验，结果阴性。

35.4.2.8 从 AD 感染国家或地区进口种用或饲养用家养猪的检疫要求

(1) 在装运之日无 AD 的临床症状。
(2) 出生后一直在无 AD 的饲养场饲养。
(3) 未接种过 AD 疫苗。
(4) 在原饲养场或检疫隔离场隔离，并且经两次 AD 全病毒血清学试验间隔不超过 30 天，结果阴性，第二次试验应在装运前 15 天进行。

35.4.2.9 从 AD 感染的国家或地区或暂时无 AD 的国家或地区进口屠宰用家养猪的检疫要求

(1) 已实施了检测感染饲养场和根除 AD 的监控计划。

（2）动物：

- 不是作为根除计划内而淘汰的；
- 在装运之日无 AD 的临床症状；
- 出生后一直在无 AD 的饲养场饲养；
- 在装运前 15 天作过 AD 免疫。

35.4.2.10　从无 AD 国家或地区进口野猪的检疫要求

（1）在装运之日无 AD 临床症状。

（2）是在无 AD 国家捕获。

（3）未接种过 AD 疫苗。

（4）在检疫站隔离，并且，经两次 AD 全病毒血清学试验间隔不超过 30 天，结果阴性，第二次试验应在装运前 15 天进行。

35.4.2.11　从无 AD 的国家或地区进口猪精液的检疫要求

（1）供精动物：

- 在采精之日无 AD 临床症状；
- 采精时在无 AD 国家或地区的饲养场或人工授精中心饲养。

（2）精液采集、加工和贮存符合 OIE《陆生动物卫生法典》（2010 版）中 4.5 和 4.6 的规定要求。

35.4.2.12　从暂时无 AD 国家或地区进口猪精液的检疫要求

（1）供精动物：

- 采精前在无 AD 国家或地区的饲养场或人工授精中心至少饲养 4 个月，并且，对所有公猪每 4 个月进行一次 AD 全病毒血清学试验，结果阴性；
- 在采精之日无 AD 临床症状。

（2）精液采集、加工和贮存符合 OIE《陆生动物卫生法典》（2010 版）中 4.5 和 4.6 的规定要求。

35.4.2.13　从 AD 感染国家或地区进口猪精液检疫要求

（1）供精动物：

- 进入人工授精中心前至少在无 AD 的饲养场饲养 6 个月；
- 采精前至少在无 AD 的人工授精中心饲养 4 个月，并且，每 4 个月对所有公猪进行 AD 全病毒血清学试验，结果阴性；

- 采精前 10 天或采精后 21 天之间，AD 全病毒血清学试验阴性；
- 在采精之日无 AD 临床症状。

（2）精液采集、加工和贮存符合 OIE《陆生动物卫生法典》（2010 版）中 4.5 和 4.6 的规定要求。

35.4.2.14 从无 AD 国家或地区进口猪胚胎的检疫要求

（1）供体母猪：

- 采集胚胎之日无 AD 临床症状；
- 采集胚胎之日在无 AD 国家或地区的饲养场饲养。

（2）胚胎的采集、加工和贮存符合 OIE《陆生动物卫生法典》（2010 版）中 4.5 和 4.6 的规定要求。

35.4.2.15 从暂时无 AD 国家或地区进口体内受精猪胚胎的检疫要求

（1）供体母猪：

- 采集胚胎之日无 AD 临床症状；
- 采集胚胎前至少在无 AD 的国家或地区的饲养场饲养 3 个月。

（2）胚胎的采集、加工和贮存符合 OIE《陆生动物卫生法典》（2010 版）中 4.7 和 4.9 的规定要求。

35.4.2.16 从 AD 感染国家或地区进口体内受精猪胚胎的检疫要求

（1）供体母猪：

- 采集胚胎之日无 AD 临床症状；
- 采集胚胎前在无 AD 的国家或地区的饲养场至少饲养 3 个月；
- 采集胚胎前 10 天内经 AD 全病毒血清学试验，结果阴性。

（2）胚胎的采集、加工和贮存符合 OIE《陆生动物卫生法典》（2010 版）中 4.7 和 4.9 的规定要求。

35.4.2.17 从无 AD 国家或地区进口猪下水（头、胸腔和腹腔脏器）或含下水产品的检疫要求

兽医当局应当要求出具国际兽医证书，证明该批或含下水的产品来自无 AD 国家或地区的饲养场。

35.4.2.18 从暂时无AD国家或地区或AD感染的国家或地区进口猪下水（头、胸腔和腹腔脏器）的检疫要求

整批下水原产动物：

（1）自出生后一直在无AD的饲养场饲养。

（2）在至运输批准的屠宰运输场期间没有接触过未确认为无AD饲养场的动物。

35.4.2.19 从暂时无AD国家或地区或AD感染的国家或地区进口含猪下水（头、胸腔和腹腔脏器）的产品的检疫要求

（1）用于制作本产品的整批下水符合OIE《陆生动物卫生法典》（2010版）中8.2.19条的规定条件。

（2）产品经加工确保杀灭AD病毒；并且

（3）加工后已实施了必要的预防措施，防止接触任何来源的AD病毒污染。

35.4.3 狂犬病

（1）从无狂犬病国家进口家养哺乳动物和限制条件下饲养的野生哺乳动物的检疫要求 装运之日无狂犬病临床症状；自出生或装运前6个月内一直在无狂犬病国家饲养，或按OIE《陆生动物卫生法典》（2010版）中8.10.5，8.10.6或8.10.7条规定条件进口。

（2）从无狂犬病国家进口非限制条件下饲养的野生哺乳动物的检疫要求 装运之日无狂犬病临床症状；在与狂犬病感染国家有相当距离的无狂犬病国家捕获，距离应视出口动物种类及感染国的储存物种而定。

（3）从被认为狂犬病感染国家进口犬和猫的检疫要求 装运前48h内无狂犬病临床症状；接种过狂犬病疫苗，装运前6个月到1年间进行初次免疫接种，动物初次免疫接种时的最小年龄为3个，在装运前1年内进行加强免疫，应用灭活病毒苗或G蛋白表达重组进行免疫；免疫接种前做好永久性标记（包括微芯片）（标识号码应在证书中注明）；装运前3个月到24个月之间，按《陆生动物卫生法典》进行一次抗体检测，其阳性结果至少为0.5IU/mL。未接种过狂犬病疫苗或不能符合上述各项条件时，进口国可根据本国动物卫生法规定条件，置本国检疫站隔离观察。

（4）从被认为狂犬病感染国家进口家养反刍动物、马科动物和猪的检疫要

求 装运之日无狂犬病临床症状；装运前 6 个月，一直在至少 12 个月内没有报告发生过狂犬病病例的饲养场饲养。

（5）从被认为狂犬病感染国家进口实验室饲养的啮齿动物，及限制条件下饲养的兔类动物或野生哺乳动物（非人灵长目动物除外）**的检疫要求** 装运之日无狂犬病临床症状；自出生或装运前 12 个月，一直在至少 12 个月内没有报告有狂犬病病例的养殖场饲养。

（6）从被认为狂犬病感染国家进口非限制条件下饲养的非食肉或非灵长目野生哺乳动物的检疫要求 装运之日无狂犬病临床症状；装运前置检疫站隔离饲养 6 个月。

（7）从被认为狂犬病感染国家进口犬冷冻精液的检疫要求 供精动物精液采集后 15 天无狂犬病临床症状。

35.4.4 旋毛虫病

（1）进口新鲜猪肉（家养和野生）**的检疫要求** 来自批准的屠宰场屠宰并经检验的家猪，或经检验的野猪，经旋毛虫检验阴性；或来自在无家养猪旋毛虫病的国家或地区出生和饲养的家猪；或已经过加工，确保杀灭所有旋毛虫幼虫。

（2）进口马科动物（家马和野马）**鲜肉的检疫要求** 来自在批准的屠宰场屠宰，并且/或者经检验的马科动物；并且旋毛虫检验阴性；已经过加工，确保杀灭所有旋毛虫幼虫。

35.4.5 水疱性口炎

（1）从无水疱性口炎（VS）**国家进口家养牛、绵羊、山羊、家猪和马的检疫要求** 装运之日无 VS 临床症状，自出生或至少过去 21 天内一直在无 VS 国家饲养。

（2）从无 VS 国家进口野牛、绵羊、山羊、猪、马科动物和鹿的检疫要求 装运之日无 VS 临床症状；来自无 VS 国家；并且，如果原产国与 VS 感染国家具有共同边界，则装运前置检疫站隔离观察 30 天，并在检疫开始至少 21 天后经 VS 诊断试验，结果阴性。在检疫期间及运往装运地的过程中，避免媒介昆虫叮咬。

（3）从被认为 VS 感染国家进口家养牛、绵羊、山羊、家猪和马的检疫要求 装运之日无 VS 临床症状；自出生或至少过去 21 天内一直在官方报告无

VS病例的饲养场饲养；或装运前置检疫站隔离观察30天，并在检疫开始至少21天后经VS诊断试验，结果阴性；在检疫期间及运往装运地的过程中，避免媒介昆虫叮咬。

(4) 从被认为VS感染国家进口野牛、绵羊、山羊、猪、马科动物和鹿的检疫要求 装运之日无VS临床症状；装运前置检疫站隔离观察30天，并在检疫开始至少21天后经VS诊断试验，结果阴性；在检疫期间及运往装运地的过程中，防止媒介昆虫叮咬。

(5) 从被认为无VS国家或地区进口反刍动物、猪和马的体内胚胎的检疫要求 采集胚胎时供体母畜在无VS国家或地区饲养场饲养；胚胎采集、加工和存贮符合OIE《陆生动物卫生法典》（2010版）中4.7条及相关章节的规定。

(6) 从被认为VS感染国家或地区进口反刍动物、猪和马的体内胚胎的检疫要求 供体母畜：至少在采集前的21天及采集过程中，饲养场没有VS病例的报告；在胚胎采集前的21天进行VS诊断，结果阴性；胚胎的采集、加工和存贮符合OIE《陆生动物卫生法典》（2010版）中4.7条及相关章节的规定。

35.4.6 牛瘟

(1) 从无牛瘟国家进口牛瘟易感动物的检疫要求 装运之日无牛瘟临床症状；自出生一直在原无牛瘟国或装运前在检疫站隔离30天。

(2) 从牛瘟感染国家进口牛瘟易感动物的检疫要求 按照OIE牛瘟监测的要求，牛瘟是国家监测计划对象；在运往指定检疫站之前至少21天，出口动物原产地10km范围内没有发生过牛瘟；动物装运之日无牛瘟临床症状，自出生或进入到下一项所指的检疫站之前至少21天，一直在原产场饲养，未接种过牛瘟疫苗，装运前在检疫站隔离30天，经两次间隔至少21天的牛瘟诊断试验，结果阴性；从检疫站到装运地之间运输过程中未接触过任何感染源，装运前30天，检疫站周围至少10km范围内没有发生过牛瘟。

(3) 从无牛瘟国家进口牛瘟易感动物精液的检疫要求 供精动物采精之日无牛瘟临床症状，采精前至少在无牛瘟或无牛瘟感染国家、无牛瘟地区饲养3个月。精液的采集、处理和贮存严格按OIE《陆生动物卫生法典》（2010版）中4.6条有关规定进行。

(4) 从牛瘟感染国家进口牛瘟易感动物精液的检疫要求 按照OIE牛瘟

监测要求，牛瘟是国家监测计划的对象。供精动物采精之日无牛瘟临床症状，采精前 21 天饲养场没有引进牛瘟易感动物，且在采精前后 21 天里饲养场周围 10km 范围没有发生过牛瘟；采精前至少 3 个月接种过牛瘟疫苗，如未接种过牛瘟疫苗，并在采精前 30 天，经两次间隔至少 21 天的牛瘟诊断试验，结果阴性。精液的采集、处理和贮存符合 OIE《陆生动物卫生法典》（2010 版）中 4.6 条的有关规定。

(5) 从无牛瘟国家进口牛瘟易感动物胚胎的检疫要求 胚胎采集时，供体母畜一直在无牛瘟国家；胚胎的采集、处理和贮存符合 OIE《陆生动物卫生法典》（2010 版）中 4.7 和 4.8 条的有关规定。

(6) 从牛瘟感染国家进口牛瘟易感动物胚胎的检疫要求 按照 OIE 牛瘟监测要求，牛瘟是国家监测计划的对象。供体母畜及其饲养场的其他所有动物在胚胎采集之日及此后 21 天，无牛瘟临床症状；在胚胎采集前 21 天内，所在饲养场没有引进过牛瘟易感动物；在胚胎采集前至少 3 个月进行过牛瘟疫苗接种，或未接种牛瘟疫苗，并在胚胎采集前 30 天，经两次间隔至少 21 天的牛瘟诊断试验，结果阴性。

胚胎的采集、处理和贮存符合 OIE《陆生动物卫生法典》（2010 版）中 4.7 和 4.8 条的有关规定。

(7) 从无牛瘟国家进口易感动物鲜肉或肉制品的检疫要求 生产该批产品的动物，自出生或屠宰前至少 3 个月一直在该国饲养。

(8) 从牛瘟感染国家进口易感动物鲜肉（不包括内脏）**的检疫要求** 来自按照 OIE 牛瘟监测要求，将牛瘟列入国家监测计划的国家。生产该批产品的动物屠宰前 24h 无牛瘟临床症状，屠宰前至少 3 个月一直在该国或地区饲养，自出生或运往批准的屠宰场之前至少 30 天，一直在原产场饲养，在此期间，该原产场周围半径 10km 范围内没有发生过牛瘟；运往批准的屠宰场前至少 3 个月进行过牛瘟免疫接种；用经清洗消毒过的车辆装运，从原产场直接运往批准的屠宰场，没有接触过其他不符合出口条件的动物；在批准的屠宰场屠宰，该屠宰场从屠宰前消毒到本批产品发货之日没有检测到牛瘟。

(9) 从牛瘟感染国家进口易感动物肉产品的检疫要求 只用符合 3.1.6.8 的鲜肉加工的肉制品；或肉制品加工方法符合 OIE 口蹄疫病毒灭活程序规定的程序之一，确保杀灭牛瘟病毒；加工后采取必要措施，防止肉制品接触任何可能的牛瘟病毒源。

(10) 从无牛瘟国家进口供人消费的乳和乳制品及动物饲料或工业或农业用动物（来源于牛瘟易感动物）**源性产品的检疫要求** 生产这些制品的动物，

自出生或至少过去3个月一直在该国饲养。

(11) 从牛瘟感染国家进口奶和乳酪的检疫要求 挤奶时，产品原产畜群没有因牛瘟而采取过任何限制措施，产品加工按OIE口蹄疫病毒灭活程序规定程序进行，确保杀灭牛瘟病毒；产品加工后采取必要措施，防止奶和乳酪接触任何潜在的牛瘟病毒源。

(12) 从牛瘟感染国家进口乳制品的检疫要求 制作这些产品的奶符合上述要求，且加工后采取必要措施，防止乳制品接触任何潜在的牛瘟病毒源。

(13) 从牛瘟感染国家进口血粉、肉粉（来源于牛瘟易感动物）**的检疫要求** 这些制品加工方法包括热处理，使其内部温度最低达70℃，至少30min。

(14) 从牛瘟感染国家进口（来源于牛瘟易感动物的）**绒毛、粗毛、鬃毛、生革及生皮的检疫要求** 这些产品按OIE口蹄疫病毒灭活程序规定程序之一进行了加工处理，确保杀灭牛瘟病毒；加工后采取必要措施，防止产品接触任何潜在的牛瘟病毒源。如果这些产品经皮革行业中常用的普通化学和机械处理，兽医当局可以不加限制批准进口或经其国土过境运输半处理皮革（灰皮，盐渍毛皮，半处理革例如湿蓝皮和坯革）。

(15) 从牛瘟感染国家或地区进口（来源于牛瘟易感动物）**蹄、爪、骨、角及博物馆需要的猎获制备物的检疫要求** 这些产品应彻底干燥，无任何皮肤、肉或肌腱痕迹，并且/或者经过充分消毒。

35.4.7 蓝舌病

35.4.7.1 从无蓝舌病（BTV）国家或地区进口反刍动物和其他BTV易感草食动物的检疫要求

满足下列条件之一：

(1) 自出生之日或装运前至少60天，一直在无BTV国家或地区饲养；或

(2) 在无BTV国家或地区至少饲养28天，并按照《陆生动物卫生法典》经血清学方法进行BTV群特异性抗体检测，结果阴性，并于装运前一直在无BTV的国家或地区饲养；或

(3) 至少在无BTV国家或地区饲养7天，并按照《陆生动物卫生法典》进行病原鉴定试验，结果阴性，并于装运前一直在无BTV国家或地区饲养；或

(4) 动物：

● 在无 BTV 国家或地区饲养至少 7 天；
● 根据 OIE 蓝舌病的监测要求监测，在运送到无 BTV 国家或地区前 60 日，按照《陆生动物卫生法典》规定，进行 BTV 群特异血清型免疫接种。
● 免疫的有标记；及
● 装运前一直在无 BTV 国家或地区饲养；及

(5) 若是从无疫区出口的动物，则：

● 在向装运地运输期间，没有途经感染区；或
● 途经感染区时，采取保护措施防止可借 BTV 媒介库蠓侵扰；或
● 按上述 4 点免疫接种。

35.4.7.2 从季节性无 BTV 地区进口反刍动物和其他 BTV 易感草食动物的检疫要求

(1) 自出生或装运前至少 60 天，一直在季节性无 BTV 地区或无 BTV 时期饲养，或

(2) 装运前至少 28 天一直在季节性无 BTV 地区的无 BTV 时期饲养，在无 BTV 时期开始至少 28 天后，根据《陆生动物卫生法典》经血清学方法试验进行 BTV 群特异抗体检测，结果阴性。或

(3) 装运前至少 14 天一直在季节性无 BTV 地区的无 BTV 时期饲养，并且在此期间，在进场后 14 天进行，根据《陆生动物卫生法典》进行病原学鉴定试验，结果阴性；或

(4) 按 OIE 蓝舌病监测要求进行监测表明，在运输之日至少 60 日前对动物依照《陆生动物卫生法典》规定进行免疫接种，所用疫苗包含所有现有血清型，免疫动物要标明免疫证，并一直饲养在无 BTV 国家或地区。并且

(5) 如果动物从无疫出口：

● 在运往装运地时没有经过感染区，或
● 在通过感染区时有防范库蠓叮咬的措施；
● 按上述 4 点，进行过免疫接种。

35.4.7.3 从 BTV 感染国家或地区进口反刍动物和其他 BTV 易感草食动物的检疫要求

(1) 自出生或装运前至少 60 天，防范库蠓叮咬，或

(2) 装运前至少 28 天防范库蠓叮咬，在进入检疫站至少 28 天后，根据《陆生动物卫生法典》进行 BTV 群特异抗体检测，结果阴性。

(3) 装运前至少 14 天一直在防库蠓场所饲养，在进入检疫站至少 14 天

后，根据《陆生动物卫生法典》进行病原鉴定试验，结果阴性。

(4) 按 OIE 蓝舌病监测要求监测表明，在运输之日至少 60 日前对动物依照《陆生动物卫生法典》规定进行免疫接种，所用疫苗包含所有现有血清型，免疫动物要标明免疫证。

(5) 未免疫，在运输之日至少 60 日前按 OIE 蓝舌病监测要求进行监测，未发现 BTV 感染的证据。并且

(6) 在向装运地的运输途中，防范库蠓叮咬。

(7) 按 OIE 蓝舌病监测要求进行监测表明，在运输之日至少 60 日前对动物依照《陆生动物卫生法典》规定进行免疫接种，或者抗体检测。

35.4.7.4 从无 BTV 国家或地区进口反刍动物和其他易感草食动物精液的检疫要求

(1) 供精动物：

- 采精前至少 60 天和采精期间一直在无 BTV 国家或地区饲养，或
- 最后一次采精后 21～60 天期间，根据《陆生动物卫生法典》进行 BTV 群特异抗体检测，结果阴性，或
- 采精开始和采精结束，采集血液进行 BTV 病毒分离试验和 PCR 试验，在采精期间至少每隔 7 天进行一次病毒分离试验，或每隔 28 天进行一次血液样品的 PCR 试验，结果阴性；

(2) 精液采集、加工和贮存符合 OIE《陆生动物卫生法典》(2010 版) 中 4.6 条的规定。

35.4.7.5 从季节性无 BTV 地区进口反刍动物和其他易感草食动物精液的检疫要求

(1) 供精动物：

- 采精前至少 60 天及采精期间一直在季节性无 BTV 地区的无 BTV 时期饲养，或
- 采精期间至少每隔 60 天和最后一次采精之后 21～60 天期间，进行 BTV 群特异抗体检测，结果阴性，或
- 采精开始和采精结束，根据《陆生动物卫生法典》采集血液进行 BTV 的病毒分离试验和 PCR 试验，在采精期间至少每隔 7 天采集血液进 BTV 病毒分离试验，或每隔 28 天进行血液样品的 PCR 试验，结果阴性。

(2) 精液采集、加工和贮存符合 OIE《陆生动物卫生法典》(2010 版) 中 4.6 条的规定。

35.4.7.6 从BTV感染国家或地区进口反刍动物和其他易感草食动物精液的检疫要求

（1）供精动物：

● 采精前至少60天及采精期间防范库蠓叮咬，或

● 采精期间至少每隔60天和最后一次采精之后28～60天期间，进行血清学试验群特异抗体，结果阴性，或

● 采精开始和采精结束，采集血液进行BTV的病毒分离试验和PCR试验，在采精期间至少每隔7天采集血液进BTV病毒分离试验，或每隔28天进行血液样品的PCR试验，结果阴性；

（2）精液采集、加工和贮存符合OIE《陆生动物卫生法典》（2010版）中4.6条的规定。

35.4.7.7 进口体内牛胚胎/卵时，无论出口国是否有BTV，进口国兽医当局都应要求出具国际兽医证书，证明胚胎/卵的采集、加工和贮存符合OIE《陆生动物卫生法典》（2010版）中4.7，4.8及4.9条及相关规定。

35.4.7.8 从无BTV国家或地区进口反刍动物（除牛以外）和其他BTV易感草食动物体内胚胎的检疫要求

（1）供体母畜：

● 采集前至少60天及采集期间一直在无BTV国家或地区饲养，或

● 采集之后的21～60天期间进行血清学试验检测BTV群特异抗体，结果阴性，或

● 采集之日进行血液样品的病毒分离试验，或PCR试验，结果阴性。

（2）胚胎采集、加工和贮存符合OIE《陆生动物卫生法典》（2010版）中4.7，4.8及4.9条的规定。

35.4.7.9 从季节性无BTV地区进口反刍动物（除牛以外）和其他BTV易感草食动物体内胚胎/卵和牛冷冻胚胎的检疫要求

（1）供体母畜：

● 采集胚胎/卵之前至少60天及采集期间一直在季节性无BTV地区的无BTV时期饲养，或

● 采集之后28～60天期间根据《陆生动物卫生法典》进行BTV群特异抗

体检测，结果阴性，或

- 采集之日进行血液样品 BT 病毒分离试验，PCR 试验，结果阴性。

（2）胚胎/卵的采集、加工和贮存符合 OIE《陆生动物卫生法典》（2010 版）中 4.7，4.8 及 4.9 条的规定。

35.4.7.10 从 BTV 感染国家或地区进口反刍动物（除牛以外）和其他 BTV 易感草食动物体内胚胎/卵和牛试管胚胎的检疫要求

（1）供体母畜：

- 在季节性无 BTV 地区采集胚胎/卵之前至少 60 天及采集期间防范库蠓叮咬，或；
- 采集之后 28～60 天期间根据《陆生动物卫生法典》进行 BTV 群特异抗体检测，结果均为阴性；或
- 采集之日进行血液样品的 BTV 病毒分离试验，或 PCR 试验，结果阴性。

（2）胚胎/卵的采集、加工和贮存符合 OIE《陆生动物卫生法典》（2010 版）中 4.7，4.8 及 4.9 条的规定。

35.4.8 裂谷热

35.4.8.1 从无裂谷热（RVF）感染国家或地区进口反刍动物的检疫要求

（1）自出生或在装运之前至少 30 天一直在无 RVF 国家或地区饲养；和

（2）如果动物是从无 RVF 地区出口，

- 在运往装运地时，没有经过感染地区；或
- 在经过感染地区的所有运输时间中，防范蚊虫叮咬。

35.4.8.2 从无 RVF 感染国家或地区进口家养和野生反刍动物肉和肉制品的检疫要求

这些产品是由自出生或至少 30 天一直在无 RVF 感染国家或地区饲养的动物提供的。

35.4.8.3 从无病的 RVF 感染国家或地区进口反刍动物的检疫要求

（1）装运之日无 RVF 症状。

（2）自出生一直无病的 RVF 感染国家或地区饲养，或在这段时间内至少

6个月没有利于RVF暴发的气候变化。或

（3）装运前至少21天进行过RVF弱毒活疫苗接种；或

（4）装运前在防蚊检疫站至少观察30天，在此期间动物没有出现RVF临床症状。在检疫站和装运地之间及在装运地防止蚊虫叮咬动物；和

（5）在运往装运地期间没有经过有病感染地区。

35.4.8.4 从无病的RVF感染国家或地区进口家养和野生反刍动物肉和肉制品的检疫要求

（1）产品来源动物：

● 自出生或至少30天一直在无RVF病国家或地区饲养；

● 在批准的屠宰场屠宰，并进行了RVF宰前和宰后检验，结果合格。

（2）屠宰后，胴体置2℃以上至少熟化24h。

35.4.8.5 从有病的RVF感染国家或地区进口反刍动物的检疫要求

（1）装运之日无RVF临床症状。

（2）装运前至少21天进行过RVF弱毒活疫苗接种；或

（3）装运前在防蚊检疫站至少观察30天，在此期间动物没有出现临床症状，在检疫站和装运地之间及在装运地防止蚊虫叮咬动物。

35.4.8.6 从有病的RVF感染国家或地区进口家养和野生反刍动物肉和肉制品的检疫要求

（1）来自批准的屠宰场屠宰的动物，并进行了RVF宰前和宰后检验，结果合格。

（2）屠宰后取出所有内脏并置于2℃以上至少熟化24h。

35.4.8.7 从RVF感染国家或发病地区进口家养和野生反刍动物体内胚胎的检疫要求

（1）在采胚胎前后28天之内没有RVF证据。

（2）在采集胚胎前21天进行过RVF弱毒活疫苗接种；或

（3）在采集胚胎时进行抗体检测，采集后14天抗体滴度没有明显升高。

35.4.9 日本脑炎

从日本脑炎感染国家或地区进口马匹的检疫要求：

(1) 装运之日无日本脑炎临床症状；

(2) 装运前21天，在有防虫媒设施的检疫站饲养，从检疫站到装运地的运输途中，避免被昆虫叮咬；或

(3) 装运前7天到12个月之间已进行过日本脑炎免疫接种。

35.5 其他猪病

35.5.1 猪布鲁氏菌病和传染性胃肠炎

(1) 进口种用或饲养用猪的检疫要求

- 装运之日无猪布鲁氏菌病或传染性胃肠炎临床症状；
- 来自无猪布鲁氏菌病的猪群；装运前30天，经猪布鲁氏菌病诊断试验，结果阴性。
- 装运前12个月内，在报告无TGE的饲养场饲养；并且装运前30天经TGE诊断试验，结果阴性。在此期间，动物隔离饲养；或者来自TGE为法定报告疫病的国家，该国家在过去3年内无TGE临床病例记录。

(2) 进口屠宰用猪的检疫要求

- 在无猪布鲁氏菌病猪群中饲养；或不属于扑灭猪布鲁氏菌病计划中的淘汰猪；
- 装运之日无TGE临床症状；装运前40天内，在官方报告无TGE的饲养场饲养。

(3) 进口猪精液时的检疫要求

- 采精之日，供精动物无猪布鲁氏菌病或TGE临床症状；
- 供精动物在无猪布鲁氏菌病猪群饲养，且在采精前30天，经猪布鲁氏菌病诊断试验，结果阴性；精液中不含布鲁氏菌凝集素；精液采集前60天，供精动物一直在出口国无猪布鲁氏菌病饲养场或AI中心的猪群饲养；
- 供精动物在AI中心至少饲养40天，且在采精前12个月内，该AI中心所有猪无TGE临床症状；并且供精动物在采精前30天经TGE诊断试验，结果阴性（对用新鲜精液）；供精动物在采精至少14天后经TGE诊断试验，结果阴性（对生产冷冻精液）；或者供精动物自出生起在TGE为法定报告疫病的国家饲养，该国家在过去3年无TGE临床病例记录；
- 精液的采集、加工及贮存符合OIE《陆生动物卫生法典》（2010版）中

4.5 及 4.6 条款的规定。

35.5.2 猪水疱病

（1）进口家养猪的检疫要求

- 装运之日无猪水疱病（SVD）临床症状；
- 从无 SVD 国家进口家养猪的要求：装运之日无 SVD 临床症状；自出生或至少过去 6 周内一直在无 SVD 国家饲养；
- 从 SVD 感染国家进口家猪的要求：装运之日无 SVD 临床症状；自出生或至少过去 6 周内一直在官方报告无 SVD 的饲养场饲养，且产地饲养场位于非 SVD 感染区；装运前置检疫站 28 天，并经 SVD 血清中和试验，结果阴性。

（2）进口野猪的检疫要求

- 从无 SVD 国家进口野猪的要求：装运之日无 SVD 临床症状；来自无 SVD 国家；并且如果原产国与 SVD 感染国家有共同边界，则装运前置检疫隔离场 6 周；
- 从 SVD 感染国家进口野猪的要求：装运之日无 SVD 临床症状；装运前置检疫隔离场 28 天，并经 SVD 血清中和试验，结果阴性。

（3）进口猪精液的检疫要求

- 从无 SVD 国家进口猪精液的要求：供精动物自采精之日无 SVD 临床症状；采精前，供精动物至少在无 SVD 国家饲养 6 周；
- 从 SVD 感染国家进口猪精液的要求：供精动物自采精之日无 SVD 临床症状，并经 SVD 血清中和试验，结果阴性；采精前 28 天，供精动物一直在出口国饲养，此间饲养场和 AI 中心无 SVD 发生的官方报告，且饲养场或 AI 中心位于非 SVD 感染区；
- 精液采集、加工和贮存符合 OIE《陆生动物卫生法典》（2010 版）中 4.5 及 4.6 条的规定。

（4）进口新鲜猪肉的检疫要求

- 从无 SVD 国家进口新鲜猪肉的要求：生产该批肉品的动物自出生或至少过去 28 天内一直在无 SVD 国家饲养；在同一屠宰场屠宰，并经宰前宰后 SVD 检验，结果合格。
- 从 SVD 感染国家进口新鲜猪肉的要求：生产该批肉品的动物未曾在 SVD 感染区饲养；在位于非 SVD 感染区的屠宰场屠宰，并经宰前宰后 SVD 检验，结果合格。

(5) 进口猪肉制品的检疫要求

从SVD感染国家进口猪肉制品的要求：生产该批肉制品的动物在批准的屠宰场屠宰，并经宰前宰后SVD检验，结果合格；肉制品已经过加工，保证杀灭SVD病毒；加工后采取必要的注意事项，避免与任何含有SVD病毒的肉品接触。

(6) 进口动物饲料或工业用动物（猪）源性产品的检疫要求

从无SVD国家进口动物饲料或工业用动物（猪）源性产品时，兽医当局应要求出具国际兽医证书，证明这些产品的生产动物，自出生或至少过去6周内一直在无SVD国家饲养。

(7) 进口动物（猪）源性药用或医用产品的检疫要求

从无SVD国家进口动物（猪）源性药用或医用产品时，要求生产这些产品的动物：自出生或至少过去6周内一直在无SVD国家饲养且在批准的屠宰场屠宰，并经宰前宰后SVD检验，结果合格。

从SVD感染国家进口动物源（猪）性药用或医用产品时，要求这些产品经过加工，确保杀灭SVD病毒；来自未在SVD感染区饲养的动物；来自批准的屠宰场屠宰的动物，宰前宰后经SVD检验，结果合格。

(8) 进口血粉、肉粉、脱脂骨粉、蹄及爪粉（猪）的检疫要求

从无SVD国家进口血粉、肉粉、脱脂骨粉、蹄及爪粉（猪）时，要求这些产品已经过加工，确保杀灭SVD病毒。

(9) 从SVD感染国家进口（猪）鬃毛的检疫要求

要求这些产品在出口国兽医当局控制和批准的加工厂加工，确保杀灭SVD病毒。

(10) 从SVD感染国家进口动物（猪）源性肥料的检疫要求

要求这些产品来自非SVD感染区的动物；或已经过加工，确保杀灭SVD病毒。

35.5.3 非洲猪瘟（ASF）

(1) 进口家猪的检疫要求

- 从无ASF国家或地区进口家猪时，要求：装运之日无ASF临床症状；自出生一直在无ASF国家或地区饲养。
- 从ASF感染国家进口家猪时，要求：装运之日无ASF临床症状；自出生或至少过去40天，一直在官方报告无ASF的饲养场饲养，且该饲养场位于无ASF地区。饲养场引进的动物没有来自ASF感染国家或地区；经 ASF 诊断试验，结果阴性。

（2）进口野猪的检疫要求

- 装运之日无 ASF 临床症状；
- 从无 ASF 国家或地区进口野猪时，要求：来自无 ASF 国家或地区；并且，如果原产国与被认为 ASF 感染国家或地区具有共同边界，则装运前置检疫站隔离 40 天；经 ASF 诊断试验，结果阴性。
- 从 ASF 感染国家进口野猪时，要求：装运前置检疫站隔离 40 天，该检疫站在此期间无 ASF 发生的官方报告，且检疫站位于无 ASF 区，该地区引进的动物只能来自无 ASF 国家或地区；经 ASF 诊断试验，结果阴性。

（3）进口猪精液、胚胎或卵的检疫要求

- 供体（精）动物自采集之日无 ASF 临床症状；
- 从无 ASF 区进口猪精液、胚胎或卵时，要求：采集前 40 天内，一直在无 ASF 国家或地区饲养，且其原产地为无 ASF 国家或地区；
- 从 ASF 感染国家进口猪精液时，要求：采精前 40 天一直在出口国饲养，此期间饲养场或 AI 中心官方报告无 ASF，且饲养场或 AI 中心位于无 ASF 区，供精动物不是来自 ASF 感染区；经 ASF 诊断试验，结果阴性；
- 精液、胚胎或卵的采集、加工和贮存分别符合 OIE《陆生动物卫生法典》（2010 版）中 4.5，4.6，4.7 及 4.8 条的规定。

（4）进口新鲜猪肉的检疫要求

- 从无 ASF 区进口新鲜猪肉时，要求生产该批肉品的动物：自出生一直在无 ASF 国家或地区饲养；在位于无 ASF 国家或地区的批准的屠宰场屠宰，且该屠宰场只接收无 ASF 国家或地区的动物；经宰前宰后 ASF 检验，结果合格。

（5）进口猪肉制品的检疫要求

- 从无 ASF 区进口猪肉制品时，要求这些制品：所用的猪肉符合 18.3.2.3.4 条规定；在位于无 ASF 国家或地区的肉品加工厂加工，该加工厂只加工来自无 ASF 国家或地区的动物的肉。
- 从 ASF 感染国家进口猪肉制品时，要求：生产该批肉制品的动物在批准的屠宰场屠宰，经受宰前宰后 ASF 检验，结果合格；肉制品经过加工，保证杀灭 ASF 病毒；加工后采取必要的措施，避免与任何含有 ASF 病毒源的肉品接触。

（6）进口动物饲料或工业用动物（猪）源性产品的检疫要求

- 从无 ASF 区进口时，要求生产这些制品的动物：自出生一直在无 ASF 国家饲养；在位于无 ASF 国家或地区的批准的屠宰场屠宰，且该屠宰场只接收无 ASF 国家或地区的动物；进行了宰前宰后 ASF 检验，结果合格。

(7) 进口药用或医用动物（猪）源性产品的检疫要求

- 从无 ASF 区进口时，要求明生产这些产品的动物：自出生一直在无 ASF 国家饲养；在位于无 ASF 国家或地区批准的屠宰场屠宰，且该屠宰场只接收无 ASF 国家或地区的动物；经宰前宰后 ASF 检验，结果合格。
- 从被认为 ASF 感染国家进口时，要求这些制品经过加工，确保杀灭 ASF 病毒；或来自未在 ASF 感染国家或地区饲养的动物；或来自位于无 ASF 区批准的屠宰场内屠宰的动物，且经宰前宰后 ASF 检验，结果合格；加工后采取必要的措施，避免与任何含有 ASF 病毒源的产品接触。

(8) 进口猪源性血粉、肉粉、脱脂骨粉、爪和蹄粉的检疫要求

- 从 ASF 感染国家进口时，要求这些产品是在批准的加工厂内加工，确保杀灭 ASF 病毒，且加工后采取必要措施，避免与任何含有 ASF 病毒源的产品接触。

(9) 进口猪鬃毛的检疫要求

- 从 ASF 感染国家进口时，要求这些产品是在出口国兽医当局控制和批准下加工，确保杀灭 ASF 病毒，且加工后采取必要措施，避免与任何含有 ASF 病毒源的产品接触。

35.5.4 古典猪瘟

(1) 进口家猪的检疫要求

- 装运之日无古典猪瘟（CSF）临床症状；
- 从无 CSF 国家、地区或分隔区进口家猪时，要求动物：自出生或至少过去 3 个月内在无 CSF 国家、地区或分隔区饲养；未接种过 CSF 疫苗，也不是免疫母猪的后代，有能够区分免疫猪和感染猪的有效方法并经 OIE 确认（陆生动物手册 2.8.3 章）的除外；
- 从有大量野猪群体、家猪无 CSF 的国家进口家猪时，要求动物：自出生或至少过去 3 个月内在无 CSF 国家或地区饲养：未接种过 CSF 疫苗，也不是免疫母猪的后代，有能够区分免疫猪和感染猪有效方法并经 OIE

确认（陆生动物手册 2.8.3 章）的除外；来自无 CSF 地区或分隔区；

- 从家猪有 CSF 感染的国家或地区进口家猪时，要求动物：自出生或至少过去 3 个月内在无 CSF 分隔区饲养；没有进行 CSF 免疫接种，也不是免疫母猪的后代，除非有经 OIE 确认（陆生动物手册 2.8.3 章）的方法区分疫苗免疫猪和感染猪。

（2）进口野猪的检疫要求

- 装运之日无 CSF 临床症状；
- 从无 CSF 国家或地区生进口野猪时，要求动物：在无 CSF 国家或地区捕获；未接种过 CSF 疫苗，除非有能区分疫苗免疫猪和感染猪的有效方法并经 OIE 确认（陆生动物手册 2.8.3 章）。并且，如果捕获该野猪的地区与野猪感染地区相邻，则在装运前须将出口的野猪置于检疫站隔离 40 天。且在进入检疫站至少 21 天后经 CSF 病毒学和血清学检测，结果阴性。

（3）进口家猪精液的检疫要求

- 从无 CSF 国家、地区或分隔区进口家猪精液时，要求供精动物：自出生或采精前的 3 个月内在无 CSF 国家、地区或分隔区饲养；精液采集之日无 CSF 临床症状；
- 从有大量野猪群，家猪无 CSF 国家进口家猪精液时，要求供精动物：自出生或采精前的 3 个月内在无 CSF 国家、地区或分隔区饲养；精液采集之日及此后 40 天无 CSF 临床症状；
- 从 CSF 感染国家或地区进口家猪精液时，要求供精动物：自出生或采精前的 3 个月内在无 CS 分隔区饲养；精液采集之日及随后 40 天无 CSF 临床症状；没有接种过 CSF 疫苗，且在采精后至少 21 天作血清学检测，结果阴性者，经过免疫，应在采精至少 21 天后按《陆生动物手册》的方法进行血清学测试，以确认抗体，且应在采精之日取样并按《陆生动物手册》方法进行病毒学测试，结果为阴性；
- 精液、胚胎或卵的采集、加工和贮存分别符合 OIE《陆生动物卫生法典》（2010 版）中 4.5，4.6，4.7 及 4.8 条的规定。

（4）进口体内猪胚胎的检疫要求

- 从无 CSF 国家、地区或分隔区进口体内猪胚胎时，要求：采集胚胎当天，供体母畜无 CSF 临床症状；
- 从有大量野猪群，家猪无 CSF 国家进口体内猪胚胎时，要求供体母猪：自出生或采集胚胎前 3 个月，一直在家猪无 CSF 国家、地区或分隔区饲养；胚胎采集当天无 CSF 临床症状；

- 从家猪有CSF感染国家或地区进口体内猪胚胎时，要求供体母猪：自出生或采集胚胎前3个月，一直在家猪无CSF的生物安全隔离区内饲养；在采集胚胎当天和在采集后40天中无CSF临床症状；未接种CSF疫苗，且在胚胎采集后至少21天经血清学检测，结果阴性者，经过免疫，应在采集胚胎至少21天后按《陆生动物手册》2.8.3条的方法进行抗体测试；
- 胚胎的采集、加工和贮存符合OIE《陆生动物卫生法典》(2010版）中4.7及4.9条的规定。

(5) 进口新鲜家猪肉的检疫要求

- 从无CSF国家、地区或分隔区进口新鲜家猪肉时，要求生产该批肉品的动物：自出生或至少过去3个月在无CSF国家、地区或分隔区饲养或符合OIE《陆生动物卫生法典》(2010版）中15.2.5和15.2.6条的要求；在经认可的屠宰场屠宰，依据OIE《陆生动物卫生法典》(2010版）中6.2条款的规定进行宰前和宰后检疫，并且没有发现任何疑似CSF的症状。
- 从有大量野猪群，家猪无CSF国家或地区进口新鲜家猪肉时，要求生产该批肉品的动物：自出生或至少过去3个月中在无CSF国家、地区或分隔区饲养；在指定的屠宰场屠宰，经宰前和宰后检疫，无CSF的症状。

(6) 进口新鲜野猪肉的检疫要求

- 进口新鲜野猪肉时，无论该国家或地区的CSF情况如何，要求生产该批肉品的动物：在无CSF的国家或地区屠宰；在经认可的检测中心进行宰后检验，未发现任何可疑的CSF症状；并且如果屠宰地与野生猪感染CSF区毗邻，则从每头屠宰的猪取样，进行病毒学和血清学检测，结果阴性。

(7) 进口猪肉制品的检疫要求

进口猪肉制品（无论是家猪或野猪)、或用于饲喂动物的动物源性产品(新鲜猪肉制成)，工业用或农业用、或药用、或医用，或由野猪制成的装饰品时，要求这些产品加工自：

- 专门来源于符合OIE《陆生动物卫生法典》(2010版）中15.2.12条款规定条件的新鲜肉；
- 加工厂经过兽医行政管理部门批准用于出口；只加工处理符合OIE《陆生动物卫生法典》(2010版）中15.2.12条款规定条件的肉；或在认可的加工厂内加工，以确保按OIE古典猪瘟病毒灭活程序［OIE《陆生动物卫生法典》（2010 版）中 15.2.21 条款］规定的程序之一杀灭了 CSF 病毒，且必须采取措施保证产品不和任何 CSF 病原接触；

● 原料来源于无 CSF 的国家、地区或分隔区的家猪，且工厂经兽医行政管理部门认可用于出口，或在认可的工厂内对 CSF 灭活且采取措施保证产品不与任何 CSF 病原接触。

(8) 进口动物源性制品（来自猪，但不是来源于鲜肉）**的检疫要求**

● 进口猪鬃时，要求产品来自无 CSF 国家、地区或分隔区；或在兽医行政管理部门批准的出口加工厂加工，确保杀灭了 CSF 病毒且采取措施保证产品不与 CSF 病原接触。

(9) 进口垫草和肥料（来自猪）**的检疫要求**

● 要求产品来自无 CSF 国家、地区或分隔区；或在兽医行政管理部门批准的出口加工厂加工，确保杀灭了 CSF 病毒且采取措施保证产品不与 CSF 病原接触。

进口皮和蹄要求与猪鬃相同。

35.6 其他禽病

35.6.1 新城疫

(1) 进口活禽（除育雏外）**的检疫要求**

● 装运之日无新城疫（ND）临床症状；

● 从无 ND 国家进口家禽时，要求家禽自孵出或至少过去 21 天内，一直在无 ND 国家饲养；未接种过 ND 疫苗；或接种过符合 OIE 标准的 ND 疫苗（证书应注明疫苗性质及接种日期）。家禽运输时使用新的或经过消毒的容器。

● 从 ND 感染国家进口家禽时，要求家禽来自接受兽医当局定期检查的饲养场；来自非 ND 感染区域的无 ND 饲养场；或自孵出或于装运前 21 天，一直在检疫站隔离饲养，经 ND 诊断试验，结果阴性；未接种过 ND 疫苗；或接种过符合 OIE 手册的疫苗（证书应注明疫苗性质及接种日期）。

(2) 进口野禽的检疫要求

● 装运之日无 ND 临床症状；

● 从无 ND 国家进口野禽时，要求这些野禽来自无 ND 国家；自孵出或于装运前至少 21 天，一直在检疫站隔离饲养。在隔离场中无 ND 症状。

采集有效的样品，按OIE《陆生动物卫生法典》（2010版）中10.13.24条款的要求，在装运前14天内进行ND诊断测试，结果为阴性。

- 家禽运输时，使用新的或经消毒的容器。若经过免疫则证书应注明疫苗性质及接种日期。
- 从ND感染国家进口野禽时，要求这些野禽装运之日无ND临床症状；自孵出之日或于装运前至少21天，一直置隔离场饲养；进入隔离场前经ND诊断试验，结果阴性。

(3) 进口初孵雏的检疫要求

- 从无ND国家进口初孵雏时，要求初孵雏来自无ND国家的孵化场；初孵雏及其父母代都未接种过ND弱毒活苗。父母代在采蛋前至少21天饲养于无ND国家、地区或分隔区。初孵雏运输时，使用新的或经消毒的容器。初孵雏或父母代经免疫后，证书应注明疫苗性质及接种日期；
- 从ND感染国家进口初孵雏时，要求这些初孵雏来自经兽医当局认可的孵化场；来自位于无ND感染区的无ND孵化场；未接种过ND疫苗；或接种过符合OIE标准的疫苗（证书应注明疫苗性质及接种日期）。装运日无ND感染症状。运输采用新的或经消毒的容器。父母代在采集蛋时接受诊断测试，结果为阴性。

(4) 进口蛋制品的检疫要求

- 商品的原料蛋符合OIE《陆生动物卫生法典》（2010版）中10.13.10的要求；
- 商品经加工处理，保证按OIE《陆生动物卫生法典》（2010版）中10.13.20的要求杀灭ND病毒。
- 有必要的措施保证产品不与如何ND病毒接触。

(5) 进口种蛋的检疫要求

- 从无ND国家进口种蛋时，要求种蛋来自无ND国家的养殖场或孵化场，且该养殖场或孵化场接受兽医当局的定期检查。父母代在采蛋前至少21天饲养于无ND国家、地区或分隔区。采蛋前21天接受诊断测试，结果为阴性。若父母代接受过免疫，证书应注明疫苗性质及接种日期；
- 从ND感染国家进口种蛋时，要求这些种蛋：按照OIE种禽群和孵化场的卫生与疾病安全程序的有关程序作过消毒；来自兽医当局定期检查的养殖场或孵化场；来自非ND感染区域的无ND养殖场或孵化场；来自未接种过ND疫苗的禽类养殖场或孵化场；或来自作过ND免疫接种的禽类养殖场或孵化场（证书应注明疫苗性质及接种日期）。

(6) 进口野禽蛋的检疫要求

- 父母代采蛋前 7 天和采蛋日进行诊断测试，结果为阴性；
- 蛋表面按 OIE《陆生动物卫生法典》(2010 版) 中 6.4 的要求消毒；
- 运输使用新的或经消毒的容器；
- 父母代若经免疫，则证书应注明疫苗性质及接种日期。

(7) 进口供消费的蛋的检疫要求

- 蛋在无 ND 国家、地区或分隔区进行生产和包装；
- 运输使用新的或经消毒的容器。

(8) 进口家禽和野禽精液的检疫要求

- 精液采集之日无 ND 临床症状；
- 从无 ND 国家进口家禽和野禽的精液时，要求供精禽：精液采集前至少在无 ND 国家饲养 21 天。采精前 14 天进行诊断测试，结果为阴性；
- 从 ND 感染国家进口家禽和野禽的精液时，要求供精禽：精液采集前未接种过 ND 活疫苗；在出口国某一接受兽医当局定期检查的养殖场内饲养；在非 ND 感染区的无 ND 养殖场内饲养。

(9) 进口新鲜禽肉的检疫要求

- 从无 ND 国家进口新鲜禽肉时，要求生产这批肉品的活禽：自孵出或至少过去 21 天内一直在无 ND 国家饲养；在批准的屠宰场屠宰，按 OIE《陆生动物卫生法典》(2010 版) 中 6.2 条款的要求进行宰前宰后检验，结果合格。
- 从 ND 感染国家进口新鲜禽肉时，要求生产这批肉品的活禽：在非 ND 感染区域的无 ND 饲养场饲养；在非 ND 感染区域的经认可的屠宰场屠宰，按检验，结果合格。

(10) 进口禽肉制品的检疫要求

- 从 ND 感染国家进口禽肉制品时，要求生产这批肉制品的禽在经认可的屠宰场屠宰，经宰前宰后 ND 检验，结果合格；产品的原料肉符合 OIE《陆生动物卫生法典》(2010 版) 中 10.13.14 条款的要求。肉制品已经过加工，按 OIE《陆生动物卫生法典》(2010 版) 中 10.13.21 条款的要求，保证杀灭 ND 病毒；加工后已采取必要的措施，避免触及任何含有 ND 病毒源的肉品。

(11) 进口动物饲料或工业用动物 (禽) 源性产品的检疫要求

- 从无 ND 国家进口动物饲料或工业用动物 (禽) 源性产品时，要求生产这些产品的供应禽，自孵出后或至少过去 21 天内一直在无 ND 国家饲养。产品经加工，保证杀灭 ND 病毒，加工后已采取必要的措施，避免触及任何含有ND病毒源的肉品。

(12) 进口肉粉和羽毛粉的检疫要求

- 从ND感染国家进口肉粉和羽毛粉时，要求产品已经经过热处理，确保杀灭ND病毒。加工后已采取必要的措施，避免触及任何含有ND病毒源的肉品。

(13) 进口羽毛和羽绒（禽）的检疫要求

- 从ND感染国家进口羽毛和羽绒（禽）时，要求产品已经经过加热处理，确保杀灭ND病毒。加工后已采取必要的措施，避免触及任何含有ND病毒源的肉品。

35.6.2 传染性法氏囊病（甘布罗病）、鸡伤寒和鸡白痢、禽霍乱

(1) 进口家禽的检疫要求

- 装运当日无传染性法氏囊病（或无鸡伤寒和鸡白痢、或无FC）临床症状；
- 来自兽医当局定期检查的饲养场；未经传染性法氏囊病疫苗接种，且饲养场经AGP试验证实无传染性法氏囊病；或曾接种过传染性法氏囊病疫苗（证书应注明疫苗性质和接种时间）。
- 来自无鸡伤寒和鸡白痢的饲养场；并且/或者经鸡伤寒和鸡白痢诊断试验，结果阴性；并且/或者装运前置检疫站至少隔离21天。
- 来自兽医当局定期检查的饲养场；来自确认无FC的饲养场；未经FC疫苗接种；或接种过FC疫苗（证书应注明疫苗性质和接种时间）。

(2) 进口初孵雏的检疫要求

- 从传染性法氏囊病感染国家进口初孵雏时，要求初孵雏：来自兽医当局定期检查的饲养场和符合附录OIE《陆生动物卫生法典》规定的孵化场；未接种传染性法氏囊病疫苗；或接种过传染性法氏囊病疫苗（证书应注明疫苗性质和接种时间）；其父母代禽饲养场：经AGP试验证实无传染性法氏囊病；父母代禽群没有接种传染性法氏囊病疫苗；或父母代禽群作了传染性法氏囊病免疫接种；
- 来自无鸡伤寒和鸡白痢的饲养场和/或孵化场，且孵化场符合OIE《陆生动物卫生法典》(2010版）中6.4条规定的标准；
- 来自兽医当局定期检查的饲养场和/或孵化场；未经FC疫苗接种；或接种过FC疫苗（证书应注明疫苗性质和接种时间）；或其父母代群：

来自确认无 FC 的饲养场和/或孵化场；来自不进行 FC 免疫接种的饲养场；或来自实施 FC 免疫接种的饲养场；

- 用清洁的未用过的包装箱（笼）装运。

（3）进口家禽种蛋的检疫要求

- 进口家禽种蛋时，要求种蛋：已按 OIE 种禽群和孵化场的卫生和疾病安全程序中所述标准进行消毒；
- 来自兽医当局定期检查的饲养场，及符合 OIE 种禽群和孵化场的卫生和疾病安全程序标准的孵化场；
- 来自无鸡伤寒和鸡白痢的饲养场和/或孵化场，且孵化场符合 OIE 种禽群和孵化场的卫生和疾病安全程序标准；
- 用清洁的未用过的包装箱（笼）装运。

35.6.3 马立克氏病、禽传染性支气管炎、禽传染性喉气管炎

（1）进口鸡的检疫要求

- 装运当日无 MD（或无禽传染性支气管炎、或无 ILT）临床症状；
- 来自兽医当局定期检查的饲养场；未经 MD 疫苗接种且来自至少过去 2 年内无 MD 的养殖场；或经 MD 疫苗接种（证书应注明疫苗性质和接种时间）。
- 来自经血清学试验确认无禽传染性支气管炎的养殖场；未经禽传染性支气管炎疫苗接种；或接种过禽传染性支气管炎疫苗（证书应注明疫苗性质和接种时间）。
- 来自经血清学试验确认无 ILT 的饲养场；未经 ILT 疫苗接种；或者经过 ILT 疫苗接种（证书应注明疫苗性质和接种时间）。

（2）进口初孵雏的检疫要求

- 来自兽医当局定期检查的饲养场和/或符合 OIE 种禽群和孵化场的卫生和疾病安全程序规定的孵化场；
- MD 疫苗接种（证书应注明疫苗性质和接种时间）；
- 未经禽传染性支气管炎疫苗接种；或曾接种过禽传染性支气管炎疫苗（证书应注明疫苗性质和接种时间）；其父母代群：来自经血清学试验确认无禽传染性支气管炎的养殖场和/或孵化场；来自不进行禽传染性支气管炎免疫接种的养殖场；或来自实施传染性支气管炎免疫接种的养殖场；

- 未接种过 ILT 疫苗；或接种过 ILT 疫苗（证书应注明疫苗性质和接种时间）；或其父母代群：来自经血清学试验确认无 ILT 的饲养场和/或孵化场；来自不进行 ILT 免疫接种的饲养场；或来自实施 ILT 免疫接种的饲养场；
- 用清洁的未用过的包装箱（笼）装运。

(3) 进口种蛋的检疫要求

- 按 OIE 种禽群和孵化场的卫生和疾病安全程序的标准进行消毒；
- 来自兽医当局定期检查的饲养场和符合 OIE 种禽群和孵化场的卫生和疾病安全程序规定的孵化场；
- 来自实施 MD 疫苗接种的饲养场（证书应注明疫苗性质和接种时间）；
- 来自确认无禽传染性支气管炎的养殖场和/或孵化场，且孵化场符合 OIE 种禽群和孵化场的卫生和疾病安全程序所述标准；
- 来自确认无 ILT 的饲养场和/或孵化场，且孵化场符合 OIE 种禽群和孵化场的卫生和疾病安全程序所述标准；
- 用清洁的未用过的包装箱（笼）装运。

(4) 进口肉粉和羽绒的检疫要求

要求这些产品在加工过程中经热处理，确保杀灭 MD 病毒。

(5) 进口羽毛和绒毛的检疫要求

要求这些产品已经过加工，确保杀灭 MD 病毒。

35.6.4 鸭病毒性肝炎、鸭病毒性肠炎

(1) 进口鸭的检疫要求

- 装运当日无 DVH（或 DVE）临床症状；
- 来自确认无 DVH 的饲养场；未经 DVH 疫苗接种；或接种过 DVH 疫苗（证书应注明疫苗性质和接种时间）。
- 来自兽医当局定期检查的饲养场；来自确认无 DVE 的饲养场；未经 DVE 疫苗接种；或接种过 DVE 疫苗（证书应注明疫苗性质和接种时间）。

(2) 进口雏鸭的检疫要求

- 来自兽医当局定期检查的饲养场和/或孵化场，且孵化场符合 OIE 种禽群和孵化场的卫生和疾病安全程序所述标准；
- 未经 DVH 疫苗接种；或接种过 DVH 疫苗（证书应注明疫苗性质和接种时间）；其父母代群：来自确认无 DVH 的饲养场和/或孵化场；来自不进行 DVH 免疫接种的养殖场；或来自实施 DVH 免疫接种的养殖场；

- 未经 DVE 疫苗接种；或接种过 DVE 疫苗（证书应注明疫苗性质和接种时间）；其父母代群：来自确认无 DVE 的饲养场和/或孵化场；来自不进行 DVE 免疫接种的养殖场；或来自实施 DVE 免疫接种的养殖场；
- 用清洁的未用过的包装箱（笼）装运。

(3) 进口种用鸭蛋的检疫要求

- 根据 OIE 种禽群和孵化场的卫生和疾病安全程序所述标准进行过消毒；
- 来自确认无 DVH 的饲养场和/或孵化场，且孵化场符合 OIE 种禽群和孵化场的卫生和疾病安全程序所述标准；或来自兽医当局定期检查的饲养场和/或孵化场（对 DVE）；
- 用清洁的未用过的包装箱（笼）装运。

35.6.5 禽支原体病（鸡败血支原体病）

(1) 进口鸡和火鸡的检疫要求

- 装运当日无禽支原体病临床症状；
- 来自无禽支原体病饲养场；并且/或者
- 装运前置检疫站隔离饲养 28 天，并分别于隔离开始和结束时进行两次禽支原体病诊断试验，结果阴性。

(2) 进口初孵雏的检疫要求

- 来自无禽支原体病饲养场，及来自符合 OIE 种禽群和孵化场的卫生和疾病安全程序标准的孵化场；
- 用清洁的未用过的包装箱（笼）装运。

(3) 进口鸡和火鸡种蛋的检疫要求

- 经符合 OIE 种禽群和孵化场的卫生和疾病安全程序标准的方法消毒；
- 来自无禽支原体病的饲养场，及来自符合 OIE 种禽群和孵化场的卫生和疾病安全程序所述标准的孵化场；
- 用清洁的未用过的包装箱（笼）装运。

35.7 其他牛病

35.7.1 牛种布鲁氏菌病

(1) 进口种用或饲养用牛（去势公牛除外）**的检疫要求**

- 装运之日无牛种布鲁氏菌病临床症状；
- 装运前6个月，一直在官方报告无牛种布鲁氏菌病临床症状牛群中饲养；
- 装运前30天，一直在无牛种布鲁氏菌病国家或地区，或官方无牛种布鲁氏菌病的牛群中饲养，并经牛种布鲁氏菌病血清学试验，结果阴性；或
- 装运前30天，一直在无牛种布鲁氏菌病的牛群中饲养，并经缓冲布鲁氏菌抗原试验和补体结合试验，结果阴性；

如果牛只来自与上述各条不相符的牛群，则：

- 装运前隔离饲养，并经两次牛种布鲁氏菌病血清学试验，间隔时间不少于30天，结果阴性，第二次试验必须在装运前15天内进行。对于产犊后不足14天的母牛，试验无效。

(2) 进口屠宰用牛（去势公牛除外）**的检疫要求**

- 装运之日无牛种布鲁氏菌病临床症状；
- 不是在牛种布鲁氏菌病扑灭计划中要淘汰的动物；
- 在无牛种布鲁氏菌病国家或地区饲养；或
- 在官方无牛种布鲁氏菌病的牛群中饲养；或
- 在无牛种布鲁氏菌病的牛群中饲养；或
- 装运前30天内，经牛种布鲁氏菌病血清学试验，结果阴性。

(3) 进口牛精液的检疫要求

- 精液来自AI，经缓冲布鲁氏菌抗原试验和补体结合试验检验；
- 如果精液不是来自AI中心，供精动物必须符合下列条件：
  - a）在无牛种布鲁氏菌病的国家或地区饲养；或
  - b）在官方无布鲁氏菌病的牛群中饲养，采精之日无牛种布鲁氏菌病临床症状，且精液采集前30天内经缓冲布鲁氏菌抗原试验，结果阴性；或
  - c）在无牛种布鲁氏菌病的牛群中饲养，采精之日无牛种布鲁氏菌病临床症状，且精液采集前30天内经缓冲布鲁氏菌抗原试验和补体结合试验，结果阴性；或
- 精液采集、加工和贮存符合OIE《陆生动物卫生法典》（2010版）中4.5和4.6条的规定。

(4) 进口体内牛胚胎的检疫要求

胚胎的采集、加工和贮存符合符合OIE《陆生动物卫生法典》（2010版）4.7和4.9条的相关规定。

(5) 进口试管牛胚胎/卵的检疫要求

- 供体母畜：

  a）在无布鲁氏菌病的国家或地区饲养；或

  b）在官方无牛种布鲁氏菌病的牛群中饲养，按照 OIE《陆生动物卫生法典》（2010 版）1.3 条的要求进行过相关检验；

- 卵受精用的精液符合 OIE《陆生动物卫生法典》（2010 版）4.7 和 4.9 条规定；
- 胚胎/卵的采集、加工和贮存符合 OIE《陆生动物卫生法典》（2010 版）4.7 和 4.8 条及相关规定。

35.7.2　牛结核病

(1) 进口种用或饲养用黄牛、水牛、野牛的检疫要求

- 装运之日无牛结核病临床症状；
- 源自无牛结核病国家、地区或分隔区的无结核病牛群；或
- 装运前 30 天经牛结核菌素试验，结果阴性并且来自官方无牛结核病牛群，或
- 已经进行了隔离，并对牛群进行两次间隔 6 个月牛结核菌素试验，结果阴性。

(2) 进口屠宰用黄牛、水牛、野牛的检疫要求

- 来自无牛结核病的牛群或装运前 30 天经结核菌素试验，结果阴性；
- 不是牛结核病扑灭计划淘汰的动物。

(3) 进口黄牛、水牛、野牛精液的检疫要求

- 供精动物：

  a）精液采集之日无牛结核病临床症状；

  b）采精前 3 个月，在无牛结核病人工授精中心（AIC）饲养，AI 中心只接受无牛结核病的国家、地区或分隔区的无牛结核病动物；或

  c）每年进行结核菌素试验，结果阴性，并在无牛结核病牛群饲养；

- 精液的采集、加工和贮存符合 OIE《陆生动物卫生法典》（2010 版）4.5 和 4.6 条的规定。

(4) 进口黄牛、水牛、野牛胚胎/卵的检疫要求

- 供体母牛：

  a）来自及原产群其他动物在胚胎采集前 24h 无牛结核病临床症状；

  b）来自无牛结核病国家、地区或分隔区的无牛结核病牛群；

c）在无牛结核病牛群饲养，在前往采集中心前，在原产场隔离 30 天并进行牛结核病结核菌素试验，结果阴性。

- 胚胎/卵的采集、加工和贮存符合 OIE《陆生动物卫生法典》（2010 版）4.7，4.8，4.9 条和其他规定。

（5）进口黄牛、水牛和野牛的新鲜牛肉和肉制品的检疫要求

- 要求生产该批鲜肉的动物，按照要求经宰前宰后结核病检验，结果合格。

（6）进口黄牛、水牛、野牛的奶和奶制品的检疫要求

- 来源于无牛结核病畜群的动物；
- 经过巴氏消毒；或
- 按奶及奶制品食品卫生规范法典规定，采取等效控制措施。

35.7.3 牛传染性胸膜肺炎（牛肺疫）

（1）从无牛传染性胸膜肺炎（CBPP）国家进口家养牛科动物的检疫要求

- 装运之日无 CBPP 临床症状；
- 自出生或至少过去 6 个月内一直在无 CBPP 国家饲养。

（2）进口野生牛科动物的检疫要求

- 装运之日无 CBPP 临床症状；
- 从无 CBPP 国家进口野生牛科动物，要求动物来自无 CBPP 国家；如果原产地国与被认为 CBPP 感染国家具有共同边界，则装运前置检疫站隔离观察 6 个月；
- 从被认为 CBPP 感染国家进口野生牛科动物时，要求动物装运前置检疫站隔离观察 180 天，其间该检疫站无 CBPP 的官方报告发生 CBPP，且该检疫站位于非 CBPP 感染区域；未接种过 CBPP 疫苗；或装运前曾接种过符合 OIE《陆生动物疫病诊断和疫苗标准手册》标准的疫苗不超过 4 个月，在此条件下，则要求隔离观察 180 天不再适用。

（3）从被认为 CBPP 感染国家进口种用牛科动物的检疫要求

- 装运之日无 CBPP 临床症状；
- 经两次血清学试验，间隔 21～30 天，结果 CBPP 阴性，第二次试验在装运前 14 天内进行；
- 自第一次血清学试验至装运期间，一直和其他家养牛科动物隔离饲养；
- 自出生或至少过去 6 个月内在无血清学阳性牛科动物的饲养场饲养，且该饲养场位于非 CBPP 感染区域；

- 未接种过 CBPP 疫苗；或
- 装运前 4 个月内曾接种过符合 OIE 标准的疫苗，在此条件下，本条 2 款要求不再适用。

（4）从被认为 CBPP 感染国家进口屠宰用牛科动物的检疫要求

- 装运之日无 CBPP 临床症状；
- 自出生或至少过去 6 个月内一直在无官方报告发生 CBPP 的饲养场饲养，且该饲养场位于非 CBPP 感染区域。

（5）从被认为 CBPP 感染国家进口牛科动物鲜肉的检疫要求

要求生产该批所有肉品的动物：

- 无 CBPP 病变；
- 在批准的屠宰场屠宰，宰前宰后经 CBPP 检验，结果合格。

（6）进口牛科动物体外或体内胚胎/卵的检疫要求

①从无 CBPP 感染国家进口牛科动物体外或体内胚胎/卵时，要求供体动物：

a）采集胚胎/卵时无 CBPP 临床症状；

b）从出生后或过去的 6 个月在无 CBPP 国家饲养。

卵受精用精液符合上述 a）和 b）及 OIE《陆生动物卫生法典》（2010 版）4.5 和 4.6 条的条件。

②从 CBPP 感染国家进口牛科动物体外或体内的胚胎/卵时，要求供体动物：

a）采集胚胎/卵时无 CBPP 的临床症状；

b）经两次血清学试验，间隔 21～30 天，结果阴性，第二次试验在装运前 14 天内进行；

c）从第一次血清学试验当日到采集之日，与其他牛科动物隔离饲养；

d）自出生或至少过去 6 个月内在无报告发生 CBPP 的饲养场饲养，且该饲养场位于 CBPP 非感染区域；

e）未接种 CBPP 疫苗；或

f）装运前不超过 4 个月内曾接种过符合 OIE《陆生动物卫生法典》标准的疫苗，在此条件下，本条 b）款要求不再适用。卵受精用的精液符合上述 a）到 f）及 OIE《陆生动物卫生法典》（2010 版）4.5 和 4.6 条款要求。

③胚胎/卵的收集、处理和存贮符合 OIE《陆生动物卫生法典》（2010 版）4.7，4.8 和 4.9 条的规定。

35.8 马病

35.8.1 马媾疫

(1) 从过去6个月无马媾疫国家进口马科动物的检疫要求

- 装运之日无马媾疫临床症状；
- 自出生或装运前6个月，一直在无马媾疫国家饲养。

(2) 从马媾疫感染国家进口马科动物时的检疫要求

- 装运之日无马媾疫临床症状；
- 装运前6个月，一直在官方报告无马媾疫的饲养场饲养；
- 装运前15天，经马媾疫实验室诊断，结果阴性。

(3) 从过去6个月无马媾疫国家进口马科动物精液的检疫要求

- 要求供体动物自出生或采精前6个月，一直在至少过去6个月无马媾疫的国家饲养。

(4) 从马媾疫感染国家进口马科动物精液的检疫要求

- 供精动物：采精前6个月，一直在报告无马媾疫的饲养场或AI中心饲养；经诊断试验，结果阴性；
- 精液显微镜检查阴性。

35.8.2 马传染性贫血（EIA）

进口马科动物时，要求动物：

- 装运之日或装运前48h无EIA临床症状；
- 装运前3个月期间，原产饲养场无EIA病例；
- 长期进口时，装运前30天期间，采血样，做EIA诊断试验，结果阴性；
- 临时进口时，装运前90天期间，采血样，做EIA诊断实验，结果阴性。

35.8.3 马鼻疽

(1) 从无马鼻疽国家进口马科动物的检疫要求

- 装运之日无马鼻疽临床迹象；

● 自出生或装运前 6 个月，一直在出口国饲养。

（2）从马鼻疽感染国家进口马科动物的检疫要求

● 装运之日无马鼻疽临床症状；

● 装运前 6 个月一直在官方报告无马鼻疽的饲养场饲养；

● 装运前 30 天内，经《陆生动物疫病诊断和疫苗标准手册》指定的方法进行试验，结果阴性。

35.8.4 非洲马瘟（AHS）

（1）进口家养马的检疫要求

● 装运之日无 AHS 临床症状；

● 从无 AHS 国家或地区进口家养马时，要求出口前 40 天内未接种过 AHS 疫苗；自出生或至少过去 40 天内一直在无 AHS 国家或地区饲养。运输时不途经感染 AHS 的国家。运输时保证不受感染和媒介昆虫叮咬。从邻近 AHS 感染国的无疫国家进口马时，在进入隔离场 20 天后采样进行血清学测试，结果为阴性。当两次采样间隔少于 21 天时，结果无效。首次采样在进入隔离场 7 天后进行。病原鉴定测试按《陆生动物手册》进行，两次采样间隔至少 14 天，首次采样在进入隔离场后至少 7 天后。

● 从被认为 AHS 感染国家分隔区进口家养马时，要求仅在媒介昆虫活力低的季节出口；置检疫站至少隔离 40 天，此后立即装运；出口前至少两个月接种过 AHS 疫苗，并有永久性标记；或未进行免疫接种，装运前 10 天经 AHS 诊断试验，结果阴性；检疫期间及运往装运地过程中，防止媒介昆虫叮咬。

（2）从无 AHS 国家或地区进口其他马科动物的检疫要求

● 装运之日无 AHS 临床症状；

● 出口前两个月内未接种过 AHS 疫苗；

● 自出生或至少过去两个月内一直在无 AHS 国家或地区饲养；并且，如果动物原产国家或地区与被认为 AHS 感染国家或地区有共同边界，则装运前置检疫站隔离 60 天，并经 AHS 诊断试验，结果阴性；检疫期间及运往装运地过程中，防止媒介昆虫叮咬。

（3）进口家养马精液的检疫要求

● 供精动物在采精之日及此后 40 天无 AHS 临床症状；

● 从无 AHS 国家或无地区进口家养马精液，要求采精前 40 天内，未接种过 AHS 疫苗；采精前 40 天内一直在无 AHS 国家或地区饲养。

- 从被认为 AHS 感染国家或地区进口家养马精液时，要求供精动物采精前至少置检疫站隔离 40 天；检疫期间防止媒介昆虫叮咬；精液采集至少两个月前，作过 AHS 免疫接种；或未进行过免疫接种，并于采集精液至少 10 天后进行 AHS 诊断，结果阴性。

(4) 进口家养马胚胎的检疫要求

- 从无 AHS 国家或地区进口家养马胚胎时，要求供体母畜：
  a）至少采集 40 天前，未作过 AHS 免疫接种；
  b）采集胚胎前至少 40 天，及胚胎采集时在无 AHS 国家或地区饲养；
- 从 AHS 感染国家或地区进口家养马胚胎时，要求供体母畜：
  a）采集胚胎前至少 40 天在有防虫设施的检疫站饲养；
  b）采集时及采集之后的 40 天内没有 AHS 的临床症状；
  c）在采集前至少两个月接种过 AHS 疫苗；或
  d）未接种过 AHS 疫苗，但在采集后的 10～40 天间经 AHS 诊断，结果阴性；
- 胚胎的采集、处理和存贮符合 OIE《陆生动物卫生法典》（2010 版）4.7 和 4.8 条的规定。

35.8.5 马流行性感冒（马流感，EI）

(1) 不管出口国、地区或分隔区的 EI 状态，国家、地区或分隔区的兽医当局应不限制考虑授权下列商品入境：

- 精液；
- 按本书 14.3 规定采集和加工、贮存的体内马胚胎。

(2) 进口立即屠宰马匹的检疫要求

- 马匹在装运之日无马流感临床症状。

(3) 进口马匹将无限制运输的检疫要求

- 来自无 EI 国家、地区或分隔区，至少在前述地区饲养 21 天；对免疫马，兽医证书上应注明其免疫状态信息；
- 来自未知的无 EI 国家、地区或分隔区，在出口前隔离 21 天，在隔离期间或装运之日无马流感临床症状；
- 在装运前 21～90 天期间，按生产厂家说明经疫苗接种，首免或二免。

(4) 进口隔离饲养马匹的检疫要求

- 来自无EI国家、地区或分隔区，至少在前述地区饲养21天；对免疫马，兽医证书上应注明其免疫状态；或
- 运装前在任何场所饲养21天，或装运之日没有马流感临床症状；及
- 按生产厂家说明进行了疫苗接种。

(5) 进口马、驴或骡的新鲜肉的检疫要求

- 要求生产鲜肉的马、驴、骡按规定经宰前宰后检验。

35.9 绵羊和山羊病

35.9.1 绵羊附睾炎（绵羊种布鲁氏菌）

(1) 进口种用或饲养用（去势雄性动物除外）**绵羊的检疫要求**

- 装运之日无绵羊附睾炎临床症状；
- 来自无绵羊附睾炎羊群；
- 6月龄以上的绵羊，在装运前置原产饲养场内隔离饲养30天，并经羊布鲁氏菌诊断试验，结果阴性；或
- 对于本条2项规定以外的绵羊群，动物在装运前隔离观察，经两次羊布鲁氏菌诊断试验，间隔30～60天，结果阴性，第二次试验于装运前15天内进行。

(2) 进口绵羊精液的检疫要求

- 供精动物：
  a）采精之日无绵羊附睾炎临床症状；
  b）来自无绵羊附睾炎羊群；
  c）采精前60天内，一直在出口国饲养，养殖场或AI中心的所有动物均无绵羊附睾炎；
  d）采精前30天内，经羊布鲁氏菌诊断试验，结果阴性；
- 精液不含绵羊种布鲁氏菌或其他布鲁氏菌抗体。

35.9.2 山羊和绵羊布鲁氏菌病（不包括绵羊种布鲁氏菌）

(1) 引进种用或饲养用（去势公羊除外）**绵羊和山羊的检疫要求**

①为官方无山羊和绵羊布鲁氏菌病畜群引进种用或饲养用（去势公羊除外）绵羊和山羊时，要求动物：

- 装运之日无山羊和绵羊布鲁氏菌病临床症状；来自官方无绵羊或山羊布

鲁氏菌病的山羊或绵羊群；或

- 来自无绵羊或山羊布鲁氏菌病的绵羊或山羊群；
- 且从未接种过布鲁氏菌病疫苗，或者，如果接种过疫苗，最后一次疫苗接种应在至少 2 年前进行；
- 并且一直在原产地饲养场隔离饲养，并经两次山羊和 绵羊布鲁氏菌病诊断试验，间隔不少于 6 周，结果阴性。

②为非官方无山羊和绵羊布鲁氏菌病畜群引进种用或饲养用（去势公羊除外）绵羊和山羊时，要求动物：

- 装运之日无山羊和绵羊布鲁氏菌病临床症状；来自官方无绵羊或山羊布鲁氏菌病的或无绵羊和山羊布鲁氏菌病绵羊和山羊群。

(2) 进口屠宰用（去势公羊除外）**绵羊和山羊的检疫要求**

- 装运之日无山羊和绵羊布鲁氏菌病临床症状；
- 来自装运前 42 天，无布鲁氏菌病病例的绵羊或山羊群。

(3) 进口绵羊和山羊精液的检疫要求

- 供精动物：
  a）在采精之日无山羊和绵羊布鲁氏菌病临床症状；
  b）在官方无山羊和绵羊布鲁氏菌的绵羊或山羊群中饲养；或者：
  c）在无山羊和绵羊布鲁氏菌病的绵羊或山羊群中饲养，并在采精前 30 天，经两种不同方法对同一血样进行山羊和绵羊布鲁氏菌病诊断试验，结果阴性。
- 精液的采集、加工和贮存符合 OIE《陆生动物卫生法典》（2010 版）4.5 和 4.6 条的规定。

(4) 进口绵羊和山羊胚胎/卵的检疫要求

- 供体母羊：
  a）在官方无山羊和绵羊布鲁氏菌病的畜群饲养，且采集之日无布鲁氏菌病临床症状，或者：
  b）在无山羊和绵羊布鲁氏菌病的绵羊或山羊群中饲养，采集之日无布鲁氏菌病的临床症状，且在采集前 30 天，用两种不同方法对同一血样进行山羊和绵羊布鲁氏菌病诊断试验，结果阴性；
- 胚胎/卵的采集、加工和贮存符合 OIE《陆生动物卫生法典》（2010 版）4.7，4.8 和 4.9 条的规定。

35.9.3　绵羊痘和山羊痘

(1) 进口家养绵羊和山羊的检疫要求

● 装运之日无绵羊痘和山羊痘临床症状；

● 从无绵羊痘和山羊痘国家进口家养绵羊和山羊时，要求动物自出生或至少过去21天内一直在无绵羊痘和山羊痘国家饲养。

● 从绵羊痘和山羊痘感染国家进口家养绵羊和山羊时，要求动物自出生后或至少过去21天中，一直在无官方报道发生绵羊痘和山羊痘的饲养场饲养，且该饲养场位于非绵羊痘和山羊痘感染区域；或装运前置检疫站隔离21天；从未接种过绵羊痘和山羊痘疫苗；或于装运前15天到4个月间接种过符合《陆生动物疫病诊断和疫苗标准手册》规定的标准疫苗（疫苗性质包括灭活/致弱活苗及疫苗毒型和毒株都应在证书中注明）。

(2) 进口绵羊和山羊精液的检疫要求

● 采精之日及此后21天，供精动物无绵羊痘和山羊痘临床症状；

● 从无绵羊痘和山羊痘国家进口绵羊和山羊精液时，要求供精动物在无绵羊痘和山羊痘国家饲养；

● 从绵羊痘和山羊痘感染国家进口绵羊和山羊精液时，要求供精动物：采精前21天，一直在出口国饲养，此期间饲养场和AI中心无绵羊痘和山羊痘发生的官方报告，且饲养场或AI中心位于非绵羊痘和山羊痘感染区；从未接种过绵羊痘和山羊痘疫苗；或曾接种过符合《陆生动物卫生法典》规定的标准疫苗（疫苗性质包括：灭活/致弱活苗及疫苗毒型和毒株都应在证书中注明）。

(3) 从绵羊痘和山羊痘感染国家进口动物源性（绵羊或山羊）**皮、毛及绒产品的检疫要求**

● 来自未曾在绵羊痘和山羊痘感染区域饲养过的动物；或

● 在出口国兽医当局监管和许可的加工场内经过加工，确保杀灭绵羊痘和山羊痘病毒。

35.9.4　小反刍兽疫（PPR）

(1) 进口家养小反刍动物的检疫要求

● 装运之日无PPR临床症状；

● 从无PPR国家进口家养小反刍动物时，要求动物自出生或至少过去21

天内一直在无 PPR 国家饲养。

- 从 PPR 感染国家进口家养小反刍动物时，要求动物：自出生或至少过去 21 天一直在官方报告无 PPR 的饲养场饲养，且该饲养场位于非 PPR 感染区；或装运前置检疫站隔离 21 天。未接种过 PPR 疫苗；或接种过 PPR 疫苗：

  a）繁殖或饲养用畜，接种时间于装运前不少于 15 天，但不超过四个月；或

  b）屠宰用畜，接种时间于装运前不少于 15 天，但不超过 12 个月。

(2) 进口野生反刍动物的检疫要求

- 装运之日无 PPR 临床症状；
- 从无 PPR 国家进口野生反刍动物时，要求动物来自无 PPR 国家；如果原产地国与被认为 PPR 感染国家具有共同边界，则装运前置检疫站隔离 21 天。
- 从 PPR 感染国家进口野生反刍动物时，要求动物装运前置检疫站隔离 21 天。

(3) 进口家养小反刍动物精液的检疫要求

- 采精之日及此后 21 天无 PPR 临床症状；
- 从无 PPR 国家进口家养小反刍动物精液时，要求供精动物精液采集前在无 PPR 国家饲养至少 21 天。
- 从 PPR 感染国家进口家养小反刍动物精液时，要求供精动物采精前 21 天内一直在出口国饲养，此期间饲养场和 AI 中心无 PPR 发生的官方报告，且饲养场或 AI 中心位于非 PPR 感染区；未接种过 PPR 疫苗；或接种过 PPR 疫苗。

(4) 进口家养小反刍动物和鹿科动物胚胎的检疫要求

- 从无 PPR 国家进口家养小反刍动物和鹿科动物胚胎时，要求采集胚胎期间，供体母畜在无 PPR 国家饲养；
- 从 PPR 感染国家进口家养小反刍动物和鹿科动物胚胎时，要求供体母畜：

  a）在采集前 21 天，母畜饲养场没有新进动物；

  b）在采集及其后的 21 天内，母畜没有 PPR 临床症状；

  c）采集前，不少于 21 天，不多于 4 个月的时间内曾接种过 PPR 疫苗；或：

  d）未接种过 PPR 疫苗，但在采集后至少 21 天内 PPR 检测阴性。

- 胚胎采集、处理和存储符合 OIE《陆生动物卫生法典》（2010 版）4.7，4.8 和 4.9 条的规定。

(5) 从无 PPR 国家进口家养小反刍动物鲜肉或肉制品的检疫要求

- 要求生产该批肉品的动物：自出生一直在无 PPR 国家饲养，或从另一无 PPR 国家进口；在批准的屠宰场屠宰，经宰前宰后 PPR 检验，结果合格。

(6) 从 PPR 感染国家进口家养小反刍动物肉制品的检疫要求

- 生产该批肉制品的动物是在批准的屠宰场屠宰，经宰前宰后 PPR 检验，结果合格；肉制品经过加工，确保杀灭 PPR 病毒；加工后密切注意，避免触及任何含有 PPR 病毒源的肉品。

(7) 从无 PPR 国家进口动物饲料或农业或工业用动物（小反刍动物）**源性产品的检疫要求**

- 要求生产这些产品的动物，自出生或至少过去 21 天内一直在无 PPR 国家饲养。

(8) 从无 PPR 国家进口药用或医用动物（小反刍动物）**源性产品的检疫要求**

- 要求生产这些产品的动物：自出生或至少过去 21 天内一直饲养在无 PPR 国家；在批准的屠宰场屠宰，经宰前宰后 PPR 检验，结果合格。

(9) 从 PPR 感染国家进口（小反刍动物的）**血粉、肉粉、脱脂骨粉、蹄、爪及角粉的检疫要求**

- 要求这些产品已经过热处理，确保杀灭 PPR 病毒。

(10) 从 PPR 感染国家进口（小反刍动物的）**蹄、爪、骨、角及相应猎获陈列品和娱乐用品原料的检疫要求**

- 要求完全干燥，不留任何皮肤、肌肉或肌腱痕迹；和/或经过充分消毒。

(11) 从 PPR 感染国家进口（小反刍动物的）**绒毛、粗毛及其他毛发的检疫要求**

- 要求这些产品来源自非 PPR 感染区饲养的动物；或在出口国兽医当局控制和认可的场所经过加工，确保杀灭 PPR 病毒。

(12) 从 PPR 感染国家进口（小反刍动物的）**原皮、生皮的检疫要求**

- 要求这些产品来源自非 PPR 感染区饲养的动物；或经过充分消毒。

(13) 从 PPR 感染国家进口药用或医用动物（反刍动物）**源性产品的检疫要求**

- 要求这些产品经过加工，确保杀灭 PPR 病毒；或来自非 PPR 感染区饲养的动物；来自批准的屠宰场屠宰的动物，并进行过宰前宰后 PPR 检验，结果合格。

35.9.5 痒病

(1) 从非无痒病国家进口种用和饲养用绵羊、山羊的检疫要求

- 要求动物来自 OIE《陆生动物卫生法典》(2010 版) 14.9.5 条规定所述的无痒病地区或饲养场。

(2) 从非无痒病国家或地区进口屠宰用绵羊、山羊的检疫要求

- 在该国家或地区：
  a) 痒病是法定报告疫病；
  b) 实施 OIE 规定的痒病监测监控系统；
  c) 屠宰并销毁感染绵羊、山羊；
- 起运之日，出口绵羊、山羊无临床症状。

(3) 从非无痒病国家或地区进口绵羊、山羊精的检疫要求

- 该国家或地区：
  a) 痒病是法定报告疫病；
  b) 实施 OIE 规定的痒病监测监控系统；
  c) 屠宰并彻底销毁感染绵羊、山羊；
  d) 禁止对绵羊和山羊饲喂潜在污染 TSE 的肉骨粉或油渣，并在全国范围有效实施；
- 供精动物：
  a) 有永久性标记，能够追溯其出生场；
  b) 自出生一直在同一饲养场饲养，在此期间该场没有确诊痒病病例；
  c) 采精时没有痒病临床症状；
- 精液的采集、加工及贮存符合 OIE《陆生动物卫生法典》(2010 版) 4.6 条的规定。

(4) 从非无痒病国家或地区进口绵羊、山羊胚胎/卵的检疫要求

- 该国家或地区：
  a) 痒病是法定报告疫病；
  b) 实施 2.4.8.2 条所指的监测监控系统；
  c) 屠宰并彻底销毁感染绵羊、山羊；
  d) 对绵羊和山羊禁止饲喂潜在污染动物传染性海绵状脑病 (TSE) 的肉骨粉或油渣，并在全国范围有效实施；
- 供体动物：
  a) 有永久性标记，能够追溯其出生场；

b）自出生一直在同一饲养场内饲养，在此期间该场没有确诊痒病病例；

c）胚胎/卵采集时没有痒病的临床症状；

● 胚胎/卵的采集、加工及贮存符合本书 14.3 的规定。

(5) 对于来自非无痒病国家的含有绵羊或山羊蛋白的肉骨粉，或者是含有这种肉骨粉的饲料，不得进行国际贸易。

(6) 从非无痒病国家或地区进口绵羊、山羊头颅（包括大脑、神经节和眼睛)、脊柱（包括神经节、脊髓)、扁桃体、胸腺、脾、肠、肾上腺、胰腺或肝及它们的蛋白质产品，要求：

● 该国家或地区内：

a）痒病是法定报告疫病；

b）实施 2.4.8.2 条所指的监测监控系统；

c）屠宰感染绵羊、山羊并彻底销毁；

● 生产这些材料的绵羊、山羊屠宰之日没有痒病临床症状。

(7) 进口制备生物制品用的绵羊、山羊材料的检疫要求

● 要求用以生产这些材料的绵羊、山羊是在无痒病国家、地区或饲养场内出生、饲养。

35.10 兔病

35.10.1 黏液瘤病

(1) 进口家兔的检疫要求

● 装运之日无黏液瘤病临床症状；

● 自出生或装运前 6 个月内在官方报告无黏液瘤病的养殖场饲养。

(2) 进口家兔和野兔的皮毛的检疫要求

● 家兔或野兔的皮毛经过加工处理（干燥和鞣制)，以确保杀灭黏液瘤病病毒。

35.10.2 兔出血病

(1) 从无兔出血病（RHD）国家进口种用家养兔的检疫要求

● 装运当日无 RHD 临床症状；

● 出生后一直或在过去至少 60 天内在无 RHD 国家饲养。

(2) 进口种用仔兔的检疫要求

- 从无RHD国家进口种用仔兔，要求装运之日无RHD临床症状；产仔母兔过去至少60天在无RHD国家饲养。
- 从RHD感染国家进口种用仔兔，要求装运前在接受官方兽医检查无RHD临床病例的无RHD养殖场饲养；或者装运前30天在报告无RHD且装运前接受官方兽医检查无RHD临床症状的养殖场饲养；并且未接种过RHD疫苗；并且装运前60天产仔母兔血清学试验，结果阴性。

(3) 从RHD感染国家进口种用、药用或医用、农业用或工业用家养兔的检疫要求

- 装运之日无RHD临床症状；并且
- 装运前接受官方兽医检查，未发现RHD临床病例的无RHD养殖场饲养；或
- 装运前60天在报告无RHD病例且在装运前接受官方兽医检查未发现RHD临床病例的养殖场饲养；并且
- 在未接种过RHD疫苗的养殖场饲养；并且
- 养殖场种兔（至少10%）于装运前60天经RHD血清学检查结果阴性；并且
- 未接种过RHD疫苗；或者
- 装运前立即接种RHD疫苗（证书应注明疫苗性质和接种时间）。

(4) 从RHD感染国家进口屠宰用兔的检疫要求

- 装运之日无RHD临床症状；
- 装运前60天在报告无RHD的养殖场饲养。

(5) 从RHD感染国家进口精液的检疫要求

- 采精之日无RHD临床症状；
- 采精前30天RHD血清学检查，结果阴性。

(6) 从RHD感染国家进口家兔肉的检疫要求

- 运往屠场前60天所在饲养场报告无RHD；
- 宰前RHD检验结果合格；
- 宰后检验未发现RHD病变。

(7) 从无RHD国家进口未处理生皮的检疫要求

- 要求提供毛皮的动物屠宰前至少60天在无RHD国家饲养。

(8) 从RHD感染国家进口生皮的检疫要求

- 要求生皮至少经过一个月的干燥处理，并于装运前7天内经3%福尔马林喷洒处理，或按照OIE《陆生动物卫生法典》（2010版）6.4规定的

一种方法熏蒸处理。

35.11 蜂病

35.11.1 蜜蜂螨病

(1) 进口蜂王、工蜂和雄蜂的检疫要求

- 蜜蜂来自无疫国家、地区/分隔区。

(2) 进口蜜蜂卵、幼虫、蛹的检疫要求

- 来自官方确认的无疫国家或地区/分隔区；或
- 经官方实验室检查并宣布无各期伍德氏跗腺螨；或
- 源自经显微镜检查无各期伍德氏跗腺螨的隔离蜂王。

35.11.2 美洲幼虫腐臭病和欧洲幼虫腐臭病

(1) 进口带或不带蜂房的蜂王、工蜂、和雄蜂的检疫要求

- 蜜蜂来自官方无疫国家、地区/分隔区

(2) 进口蜜蜂卵、幼虫和蛹的检疫要求

- 来自无疫国家、地区/分隔区；或
- 取自检疫站的蜂王；和蜂王的所有工蜂或卵或幼虫的代表样本，经过《陆生动物疫病诊断和疫苗标准手册》规定的幼虫芽孢杆菌（对美洲幼虫腐臭病）或蜂房蜜蜂球菌（对欧洲幼虫腐臭病）的细菌培养或 PCR 检验。

(3) 进口养蜂用品的检疫要求

- 设备在兽医当局的监督下完成消毒工作。消毒方法是将设备用 1%次氯酸钠溶液浸泡至少 30min（对美洲幼虫腐臭病），或用 0.5%次氯酸钠溶液浸泡至少 20min（对欧洲幼虫腐臭病）（适用于无孔物质，如塑料和金属），10kGy 剂量钴 60 的 γ 射线照射，或者按照其他方法处理杀灭幼虫芽孢杆菌的繁殖体及芽孢（对美洲幼虫腐臭病）或蜂房蜜蜂球菌（对欧洲幼虫腐臭病）。

(4) 进口蜂蜜、花粉、蜂蜡、蜂胶和蜂王浆的检疫要求

- 从无疫国家、地区/分隔区（研究中）收集；或
- 按照 OIE 规定的相关手法（研究中），彻底杀灭幼虫芽孢杆菌的繁殖体及芽孢（对美洲幼虫腐臭病）或蜂房蜜蜂球菌（对欧洲幼虫腐臭病）。

35.12 美国关于牛肉进出口卫生条件的贸易争端案例

近年来，美国与其他国家不断发生牛肉贸易争端。从 20 世纪 90 年代起，美国借欧洲暴发牛海绵样脑病（疯牛病），禁止欧洲牛肉进口；另一方面，欧盟通过法律限制美国含有过多激素的牛肉进口，引发了美国与欧盟长达十几年的牛肉贸易争端。

在美国，养牛业是一个重要的产业。发现首例本土疯牛病之前的 2002 年，美国牛肉业的总产值估计是 1 750 亿美元，支撑了 100 多万个企业、农场和饲养场。牛肉出口超过 32 亿美元。牛肉业零售总额为 650 亿美元。截至 2003 年 12 月 1 日，美国肉牛和小牛存栏数为 1 130 万头。美国的畜牧业中，肉牛业所占比重超过 40%，在美国对外贸易中扮演着重要的角色。由于牛肉出口在美国经济中的特殊地位，它一直是美国贸易代表在谈判桌上的砝码，甚至成为美国和其他国家外交关系的晴雨表。

2003 年 12 月 23 日，美国农业部宣布在华盛顿州马布顿市一农场发现第一例疯牛病后，世界上多个国家宣布禁止美国牛肉进口。之后，围绕着牛肉进口问题，美国与多个国家发生了贸易争端。作为美国牛肉最大和第三大出口市场的日本和韩国，在这场因疯牛病而与美国发生的牛肉贸易争端中是比较典型的例子。

35.12.1 美国与日本的牛肉贸易争端

日本是美国牛肉出口最大的海外市场，根据美国肉类出口联合会的统计数据，2002 年日本共从美国进口了总额为 8.42 亿美元的牛肉。

2003 年 12 月 23 日，美国发现第一例疑似疯牛病后，日本政府 24 号就决定暂时停止从美国进口牛肉和牛肉制品。在美国农业部证实了这一疯牛病例以后，日本政府 26 号决定无限期禁止从美国进口牛肉。12 月 29 日，美国农业部特使戴维·黑格伍德在东京会晤日本农林水产省、厚生劳动省官员时，敦促日本解除对美国牛肉的进口禁令。日本方面表示，日本禁止美国牛肉进口的禁令还将持续更长的一段时间。

2004 年 1 月美国当局还分别派出另外的代表团前往日本和韩国，试图说服这两个国家重新恢复对美国牛肉的进口。由于美国一再施压要求解除对其出口牛肉的禁令，日本政府于 1 月 6 日向美国派出了一支由农业和健康部门人员组成的调查小组，对在美国本土发现的首例疯牛病例进行为期一周的调查工作。同月日美进行了首次谈判。日本贸易大臣中川昭一于 1 月 7 日对美国农业部部长安·维尼曼表示，美国应该建立起值得日本消费者信赖的疯牛病检测体系，要求美国对其宰杀的所有的牛进行疯牛病检测后，日本政府才会考虑解除对美国牛肉的禁令。但美国认为检测每一头牛没有科学根据，因此会谈无果而终。由于日本是美国牛肉最主要的出口地，美国的牛肉产业为此损失惨重。在业界人士的推动下，美国农业部乃至更高级的政府官员纷纷劝说日本尽早恢复进口美国牛肉，而美国国会甚至一度准备制定方案对日本进行贸易制裁。在此背景下，尽管日本国内对于美国牛肉的安全性仍然带有一定疑问，但日本政府出于维护日美关系的考虑，决定商谈解决进口问题。两国遂于1月24日再次就日本禁止进口美国牛肉的问题举行谈判，以解决牛肉贸易争端。

2005年12月12日，日本政府正式决定，解除对因疯牛病问题而从2003年12月起被中止进口的美国产牛肉的禁止进口措施。另外，日本农林水产省和厚生劳动省13日将向美国派遣调查团，在当地的肉联厂等查看恢复进口的规定条件是否得以遵守；同时，还将召开说明会，向日本民众说明解除禁令的经过。之后，日本又在美国产进口牛肉中发现了带有禁止的牛脊椎，于是2006年1月又再次停止进口。

2006年6月26日，日美两国政府就日本重新进口美国牛肉问题达成协议。根据协议，美国向日本出口的牛肉必须来自出生20个月以内的牛；并且不能包含牛脑、牛脊柱等可能携带病毒的高危部位。日本有关部门必须事先对美国主要牧场及屠宰厂的肉类加工设施进行检查；牛肉运抵日本后必须由日本有关人员进行全面检查后才能通关和上市。协议于7月27日正式生效。

2010年4月8日日本农林水产大臣赤松广隆会晤了来访的美国农业部长汤姆·维尔萨克，双方一致同意就美国产牛肉进口限制问题重启磋商。由于日美两国在牛肉安全性问题上分歧严重，该磋商自2007年8月以来中断至今。美国方面要求日本阶段性放宽目前仅限20个月以下的美国产牛肉进口限制。但日本方面表示不会立刻放宽限制，将就此问题做慎重研究。

35.12.2　美国与韩国的牛肉贸易争端

韩国是美国牛肉出口的第三大市场，2002年韩国从美国进口了价值高达6.5亿美元的牛肉产品。2003年12月在美国发现患有疯牛病的牛之后，韩国便中断了进口美国牛肉。

2003年12月30日以美国农业部特别顾问大卫·黑格武德（副部长助理级别）为首席代表的美国代表团与韩国农林部次官助理金周秀等人进行会谈时表示，（在美国华盛顿发现的）患有疯牛病的牛是在加拿大发病的，而出口到韩国的牛肉非常安全，并要求重新考虑禁止进口的措施。但韩国农林部坚称，目前还没有证据证实在华盛顿发生的疯牛病事件与美国无关，而且发病原因也仍不清楚，韩国政府无法解禁从美国进口牛肉。

2006年1月，在韩美启动自由贸易协定谈判前，美方要求韩国恢复进口美国牛肉，以换取不将大米问题列入谈判议题，韩方不得不同意恢复进口美国30个月以下的剔骨牛肉。两国于2006年年初就“进口卫生条件”达成协议，该协议规定，禁止进口带有特定危险物质的部位、牛龄超过30个月及带骨的牛肉。2006年10月至12月期间，韩国曾分三次进口了22.3吨美国牛肉，但在检疫过程中发现11个指甲盖大小的碎骨，因此没能通过海关被悉数退回，进口又陷入全面停顿状态。

2007年3月，韩美农业高层谈判中双方决定，如果在进口美国牛肉中发现碎骨，只将发现碎骨的箱内牛肉退还，而其他未发现碎骨的牛肉则可过关，这一“部分退还”协议实际上打开了美国牛肉进口的大门。2007年4月2日，韩美两国就签订自由贸易协定达成了妥协，此后美国政府不断要求允许进口包含骨头的牛肉。特别是2007年5月美国被OIE判定为“疯牛病危险可控国家”后，在美方的要求下，两国多次接触试图推进带骨牛肉贸易。

2008年4月11日，美韩第三次牛肉谈判在华盛顿重启，并在一周后最终达成妥协，结果是韩国接受了美方的大部分要求。18日韩国农林水产食品部对外表示，美方承诺加强禁止动物饲料的措施，以此为代价，韩方同意解除牛的年龄限制，并将进口对象扩大到牛排等“带骨牛肉”。韩国同意开放市场的一个重要原因是，韩美两国政府虽在去年达成了韩美自由贸易协定（FTA），但FTA还得两国国会批准才能生效。而不少美国国会议员就扬言，如果韩国不恢复进口美国牛肉，美国国会绝不会通过FTA。韩国与美国达成开放市场进口美国牛肉协议后，遭到韩国民众的强烈反对，为此韩国民众进行了大规模的示威。6月19日下午，韩国总统李明博就与美国达成的进口牛肉协议再次向国民表示道歉，称自己忽视了国民的关切。这是李明博继上月22日后在不到一个月的时间内，第二次就牛肉风波向韩国民众正式道歉。

2008年6月20日，韩美双方经过紧急磋商，终于就美国牛肉出口韩国事宜达成妥协，已进入双方政府认定的程序。由于韩国国内民众的强烈反对，韩国政府6月21日宣布，已与美国达成补充协议，美国将仅向韩国出口月龄在30个月以下的牛肉。6月26日，韩国政府发布了美国牛肉进口卫生条件告示修改案，从而完成了恢复美国牛肉进口的最后一项行政步骤。

第六部分

兽医体系的质量管理和效能评估

36 兽医机构的质量标准

OIE提出，规定兽医机构素质由诸多因素决定，包括道德、组织机构及技术水平等方面的基本要素。不管国家的政治、经济或社会形势如何，兽医机构应遵循必须的基本原则。OIE《陆生动物卫生法典》对兽医机构的职能范围、立法支持及建设原则等作出了明确规定。本节结合OIE、FAO等国际组织提出的兽医工作发展趋势、工作新理念等，对兽医机构的质量标准进行简要介绍。

36.1 兽医工作面临的发展趋势

36.1.1 人类蛋白需求量增加趋势

1950年以来，尽管发达国家人口的蛋白需求量增加不多，但发展中国家的蛋白需求量增加明显。据美国动物疾病预防控制中心（CDC）预测，未来20年内，随着世界各地工业化、城镇化加快，全球将有10亿人从贫困步入中产阶级，2020年人类蛋白需求量将增加50%，动物蛋白需求量增加尤其明显，发展中国家更是明显！人类和货物运输无时、无处不在！

36.1.2 动物疫病全球化趋势

国际社会一致认为，随着经济社会尤其是科学技术快速发展，动物及其产品贸易流通量明显增加，世界上再没有任何遥远的地方，再没有我们无法联系的人员；病原微生物当今在全球的运输时速，远远快于疫病的潜伏期，动物及其产品跨国贸易的时速已由几天或数十天缩短到数小时或数天；气候、人类行为的变化使病原以及昆虫媒介的扩展范围大大增加，如蓝舌病传播媒介（库蠓）由既往的北纬38°扩散到北纬53°。这三方面的现状意味着，动物疫病全球化的发展趋势尤其明显。

36.1.3 兽医公共卫生日益受到关注的趋势

国际组织的研究表明，当今60%的人类病原菌属于人畜共患，75%的新发病属于人兽共患，80%的病原可以成为生物恐怖制剂。兽医工作不仅仅在于维护动物健康，而且在于兽医公共卫生工作。

36.2 兽医工作的发展阶段和新定位

兽医工作有着悠久的历史，在畜牧业发展的不同历史阶段，兽医工作的主要内容和对象均在发生深刻变化，大致经历了以诊疗发病动物为主的个体兽医阶段，以控制消灭重大动物疫病为主的预防兽医阶段，以及促进动物、人类和自然和谐发展等3个历史发展阶段。在此进程中，兽医工作已从过去诊疗动物疾病的单一目标发展到保护动物健康和保障生物安全、保障食品安全和人类健康、提高动物福利和保护环境等多个领域。

36.2.1 以诊疗普通动物病为主的第一阶段

该阶段时间范围大约为20世纪之前。主要特点是：全球畜牧业生产主要为个体养殖，牲畜散养于千家万户，数量少、规模小、商品率低，农户效益观念淡薄；动物及其产品贸易不发达，动物传染病传播的机会不多；兽医工作主要针对动物内外科疾病进行诊断和治疗，对象主要是发病动物个体，兽医界在这一时期积累了丰富的普通病诊治经验，总结了大量有关疾病发生、发展、转归和防治等方面的知识，提高了临床诊疗技术水平。

36.2.2 以控制消灭重大动物疫病为主的第二阶段

该阶段时间范围大约为20世纪初到20世纪80年代。主要特点是：动物规模化饲养越来越普遍，畜禽群体日益庞大、密集；动物及其产品流动和贸易日益频繁，一些烈性传染病不断暴发并发展为跨国界动物疫病，牛瘟、牛肺疫、口蹄疫等动物传染病对畜牧业发展构成极大威胁；兽医工作的主要任务是控制消灭牛瘟、口蹄疫等重大动物疫病，工作对象是保护健康动物群体；各国政府建立健全了兽医工作机构，兽医科技和教育水平不断提高，兽医国际合作不断加强，有效地控制和消灭了一些烈性传染病和地方性流行病，促进了养殖业持续发展。

36.2.3 以促进动物、人类和自然和谐发展为目标的第三阶段

该阶段时间范围大约为20世纪末至今。主要特点是：动物饲养规模进一步扩大，集约化程度进一步提高；动物产品国际贸易更加频繁，生物技术发展速度加快，动物疫病流行特点不断发生改变，食品安全和环境保护问题日益突出，兽医公共卫生问题越来越受到国际社会的关注；兽医工作领域不断拓宽，保障动物源性食品安全和保护环境等兽医公共卫生问题逐渐成为了兽医工作的内容。

基于以上情况，兽医工作的最新定位可以概括为4个方面：一是保护动物健康；二是保障食品安全和人类健康；三是重视和提高动物福利；四是保护环境和关注气候变化。

36.3 世界兽医工作的新理念

随着世界兽医工作任务从诊疗个体患病动物、保障群体动物健康发展到目前的促进动物、人类与自然和谐发展，兽医工作理念也在发生变化。

36.3.1 公共产品（Public Good）的理念

公共产品是指不同国家、不同代次人员均可获益的产品，兽医工作控制传染病，追求的目标即在于此。如果动物疫病得以消灭，全球所有国家、所有人员、所有代次都会获益，动物卫生系统不是商业化系统，也不是严格意义上的农业产品，而是法定的公共资源，提供的是公共产品。因此兽医工作是社会公益事业。

36.3.2 同一个世界，同一个健康（One world，One health）的理念

目前已知的人类传染病60%是由动物引起的，75%的新发人类传染病也是动物源性的，控制人兽共患病旨在保障公共卫生，控制其他动物疫病旨在保障食物安全，二者都是为了促进人的健康和发展。因此，在动物和人类界面，必须建立统一的风险控制框架。OWOH理念的总体目标是通过地方、国家和全球各学科、各领域和各部门的协调和共同努力，使人类、动物和环境达到最

适卫生保护水平；具体目标包括提高监测能力、强化公众和动物卫生能力、加强国家应急反应能力以及促进机构和部门间的协作等。

36.3.3 良好兽医管理（Good Governance of Veterinary Services）的理念

有效控制动物疫病事关畜牧业持续发展和经济社会和谐发展，各国必须通过法律、人力、财政保障，建立有效的国家动物卫生系统。良好兽医管理要求有合适的法律、充足的资源、有力的执行和质量提高等能力，以便能够早期发现并快速扑灭和控制有关动物疫病；良好兽医管理的关键部分包括政府的职责、公共和私人部门的合作、兽医机构质量的概念和标准、兽医研究和教育等。

36.4 兽医机构的职能范围和立法支持

36.4.1 动物卫生控制

兽医机构应该能证明其在有关法律支持下有能力全面监控所有动物卫生事项。监控工作包括以下方面：一是动物疾病的检测检验、强制性报告、流动控制，感染场所的隔离检疫、试验、治疗、感染动物或污染材料销毁，以及兽医药品使用控制等等；二是对家畜及其繁殖材料、动物产品，以及与家畜疾病传播有关的野生动物及其产品实施兽医检验；三是应与邻国兽医当局协作控制边境地区动物疾病；四是要考虑供国内消费动物源性产品生产方面的兽医公共卫生。

36.4.2 兽医公共卫生控制

兽医机构应该能证明其在有关法律支持下有能力监控以下兽医公共卫生事项。一是食品卫生工作，即国家兽医机构要对动物产品卫生状况负责并进行有效控制，特别是整个屠宰、加工运输和贮存阶段的肉和肉制品；二是人兽共患病控制工作，即在兽医机构内应配备合格的人员，负责监测和控制人兽共患病，并与卫生部门保持联系；三是化学残留监控工作，当前应当强调动物、动物源性食品和动物饲料中环境和其他化学污染物的监测和控制计划，并在全国协调实施，如果这些计划的官方责任不由兽医机构承担，兽医机构应当提供必要协助；四是兽药控制工作，由于各国政府立法责任分工不同，有些国家的兽药产品监管控制不是由兽医当局承担，但兽医机构应能证明兽药、生物制品及诊断试剂的注册登记，并对兽药供应和使用实施有效监控（包括全国统一申批）。在动物卫生领域，这对生物制品特别适用，对生物制品登记和使用监控不力，兽医机构的动物疾病控制计划质量及防范工作将遭受质疑。

另外，应强调鲜肉和奶制品加工厂的检验监控工作。兽医机构应直接指导其针对降低人类食物链中动物性产品的微生物和化学污染的动物卫生计划，这些计划与官方控制兽药、农药存在关联。

36.4.3 进出口检验检疫

一是国家兽医机构应该有合适的法律和足够的能力规定各项控制方法并系统控制与卫生和动物卫生有关的动物、动物产品（含精液、胚胎、卵）和动物饲料进出口程序，以及在出口前为保障达到进口国要求而发的各项行政指令。二是兽医当局应建立批准出口（养殖或加工厂）场所的控制制度。兽医机构应能进行测试和治疗，并对出口物的运输、处理和贮存实施控制，及对出口过程中的任何阶段进行检验。三是兽医机构应证明其能为出口动物和动物产品出具正确有效的证书，立法还应规定兽医机构有拒绝和撤销官方出证的权力，包括出证官员渎职适用的处罚条文。

总之，应当建立兽医机构“从农场到餐叉”的全程监管理念，在动物疫病控制方面承担起诊断检测、监测报告、应急处置、控制消灭工作，在安全生产方面承担其人兽共患病、食源性微生物和化学残留监管工作，在检疫监管方面承担起兽医出证和边界控制工作。

除此之外，OIE《科学与技术评论》官方兽医机构除了负责动物卫生和公共卫生之外，还将环境卫生也囊括到官方兽医的职责中。它指出官方兽医的职责包括动物卫生、食品安全和环境卫生三方面，具体细化为：一是动物疫病和人畜共患病的诊断、通报、监测和根除，二是控制动物源性食品安全，三是控制兽药、控制野生动物和环境，四是控制动物、动物产品国际贸易，五是控制动物源性产品和废弃物。FAO 也在《发展中国家动物卫生工作指南》中指出，一个国家的兽医工作应当涵盖动物卫生、兽医公共卫生和环境保护三方面内容，实现对动物及动物产品的全过程管理。

36.5 兽医体系的构架

OIE 提出，兽医机构应保持完善，从中央到地方甚至到田间，都应具有相应的兽医机构，以确保相关决策得以有效实施。由于国家社会、经济和畜牧业发展状况不同，中央动物卫生行政部门内部的组织形式可以有所不同，但FAO《加强发展中国家动物卫生服务指南》第4章中指出，中央动物卫生行政部门至少应包括动物卫生规划、评估部门和动物卫生工作实施部门、兽医公共部门、培训和再教育部门、行政管理部门。将国家兽医职责下放到省级政府的，其职责和机构应当与国家兽医机构相同。

FAO1991和2001年出版的《加强发展中国家动物卫生服务指南》第4章中规定，CVO即中央动物卫生行政部门的工作目标是促进本国动物卫生发展，促进养殖业的发展，参与保护人类卫生和健康以及环境保护。OIE提出，首席兽医官（CVO）应尽可能是政策制定者，以确保政策贯彻的坚定性；应当是OIE代表，以确保国际组织可以及时处置突发事件；不应经常更换决策人员，以确保政策和相关兴趣点的持续性。

36.6 兽医体系建设的基本原则

OIE《陆生动物法典》规定，不管各国政治、经济、社会水平如何，兽医机构应遵守下列基本原则以确保其行动质量。

36.6.1 道德准则（5项）

一是专业性，兽医机构官员应具有相应的资格、科技知识和经验，以便有能力作出合理的业务判断。

二是独立性，确保兽医机构职员无任何可影响其判断或决定的商业、金融、等级、政治或其他方面的压力。

三是公正性，兽医机构应该公正，特别是受其活动影响的各方面有权希望在合理和无偏见条件下获得服务。

四是诚信性，兽医机关应该保证其官员的每件工作有高度一致的诚实性，应揭露和纠正任何弄虚作假和腐败行为。

五是客观性，兽医机构任何时候办事应客观、透明及无偏见。

36.6.2 组织准则（8项）

一是组织框架完善，兽医机构必须由适当的立法和组织机构为基础，能有效监控动物卫生措施的制订和实施及国际兽医出证工作，特别是，兽医机构应该明确并文件规定负责动物标识体系、控制动物流通、动物疾病控制和报告系统、流行病学监测和流行病学信息交换组织的职能和结构，兽医机构负责兽医公共工作时也应有类似的文件规定。同时，兽医机构应当明确并明文规定负责签发国际兽医证书机构（特别是指挥链）的职能和结构。兽医机构内对其素质有影响的每个岗位应该明确说明，各部门工作说明应包括教育、培训、技术知识和经验的要求。

二是政策科学合理，兽医机构应明确并明文规定质量政策、质量目标及质量承诺，并应确保各级组织了解、执行并保持这种政策。在条件允许时，兽医机构可实施与其活动区域相应的，并与其所干工作类型、范围和量相适的质量系统。

三是工作标准规范，兽医机构应制订合适的程序及标准，来实施和管理动物卫生措施及国际兽医出证工作，这些规程和标准涉及各个方面，如工作规划和管理、疫病预防和控制、流行病学监测和区划、检验和采样技术、动物疾病诊断试验、生物制品生产制备和控制、消毒和杀虫，以及杀灭动物产品中病原的适当处理方法。

四是信息及时透明，兽医行政管理部门应该对其他成员兽医行政管理部门的适当要求有答复，特别是要保证对方的告知要求，投诉或申诉应及时处理，并对所有投诉和申诉及兽医机构所采取的有关措施记录在案。

五是档案完整可靠，兽医机构应有直属的与其工作相适应的可靠的最新信息系统。

六是定期自我评估，兽医机构应定期进行自我评估，特别是书面总结目标进度，各部门的工作效率及资源配置情况。各成员可要求 OIE 总干事安排一名或几名专家协助评估。

七是沟通交流充分，兽医机构应配备有效的内部和外部通讯系统，能覆盖各级行政和技术人员及与其工作有关的方方面面。

八是资源保障有力，人力资源方面，兽医机构应证明其人力资源部分包括正式民用公务员的核心，该核心必须有大学本科兽医，还应包括其他合格的专业官员、行政官员和技术支持人员，这并不排除聘用其他兼职兽医，助理兽医和私人兽医，以上各类人员必须以法律条文明确；财政资源方面，应准备有关兽医机构的实际年度财政预算，并对有关兽医人员公务工作条件（包括工资和奖金）与私人兽医及其他行业作一比较；行政管理方面，兽医机构应当有开展有效工作的场所、有可靠有效的通讯系统、充足可靠的运输设施（合适的运输工具对实验室接收测试样品及检验出证十分重要）；技术设施方面，兽医机构应配备充足的冷链系统、网络完善的兽医诊断实验室等。

36.6.3 技术准则

一是实验室样品和兽医药品用冷链系统完善，确保在全国范围内得以应用，低温保存运输或待检实验室样品和兽药产品（如疫苗），如果不能确保冷链系统，某些疾病控制计划效能及出口检验体系就要大打折扣。二是兽医实验室质量体系可靠，兽医机构的实验室工作部分，包括官方的政府实验室及其他兽医机构专门指定的实验室，是全面控制动物和动物产品卫生质量的基础，实验室应该有严格的质量保证程序，应尽可能使用国际质量保证计划来标化试验方法和试验性能；三是强化兽医技术研究，政府对动物卫生问题研究的侧重面，在一定程度上反应了有关国家动物疾病和兽医公共兽医卫生问题的大小，以及对这些问题的控制程度。

37 兽医队伍管理

37.1 兽医体系的组成

37.1.1 官方兽医

官方兽医是指由国家兽医机构授权，对商品的动物健康和/或公共卫生行使监督，并在必要时签发证书的兽医（OIE 概念）。有些国家称之为政府兽医、兽医官等。兽医机构应证明其人力资源部分包括正式民用公务员的核心，该核心必须有大学本科兽医，还应包括其他合格的专业官员、行政官员和技术支持人员，这并不排除聘用其他兼职兽医，助理兽医和私人兽医，以上各类人员必须以法律条文明确。

37.1.2 执业兽医

执业兽医是指从事兽医诊疗、兽医研究工作，由国家兽医机构认可注册的人员。基于福利经济理论，OIE 等有关方面认为，兽医机构可以授权、认可或指派执业兽医代表自己从事动物疫病监测监视、免疫接种、食品和饲料监管、人兽共患病控制等官方活动，从而有效扩大政府监测监管覆盖面、减轻政府财政负担、增加执业兽医收入。但必须保证，执业兽医要规范操作，管理制度要科学完善。大量执业兽医只有实施立法（如强制性报告法定报告疾病）及行政的（如官方动物卫生监测和报告系统）机制，才能成为兽医机构有效流行病学信息的基础。

37.1.3 兽医助手

由兽医机构授权，在兽医领导下，依照其教育和资质，在特定地地区从事特定事务的人员。如食品检疫员、动物检疫员、兽医护士、兽医技师等。

37.2 执业兽医管理

执业兽医通常是指通过全国性的或行业公认的兽医师资格考试，取得兽医师资格证书，然后通过工作所在地兽医执业管理机构的审核或考试，取得兽医执业许可证后从事兽医临床或相关工作的人员，称注册兽医师（英联邦国家。注册兽医师如未取得执业许可证就不是执业兽医）或持证兽医师（美国）或兽医师（日本、我国台湾省）。执业兽医承担着动物诊疗、开具兽药处方、人工授精工作，并且协助官方兽医开展检疫检验、免疫接种以及疫情报告等工作，处在疫病防控工作最前沿，对维护畜牧业健康发展和提高疫病防控水平有直接关系。在全世界动物和动物产品跨国贸易快速发展以及动物疫病全球性传播和不断暴发的今天，执业兽医的重要性不言而喻。

早在20世纪初，西方发达国家及其主导的一些国际组织，就开始积极探索新的兽医管理体制和运作机制。在强化政府管理职能的同时大力培育私人兽医服务体系，确立并逐渐完善了执业兽医管理制度。对兽医人员进行分类管理，推行执业兽医制度已是国际社会的普遍做法。目前，许多兽医制度健全、体制完善的国家对兽医人员大都实行职业准入控制和执业许可（执照）管理。

37.2.1 执业兽医管理制度概况

37.2.1.1 法律制度

执业兽医管理制度成熟的国家很重视有关兽医的法律法规。OIE在其网站还公布的有关起草制定兽医法的建议。现行的有关执业兽医的法律法规一般是由兽医法和相关的动物卫生法律法规组成。其中，兽医法是定义兽医的概念、划定兽医从业范围、规定兽医权利和义务、管理兽医执业活动的基本法。在大多数欧美国家的兽医法中，都明确定义了执业兽医是指针对动物进行诊断、手术、治疗、产科学以及卵和胚胎采集等方面服务的个人。并且在这些国家的兽医法中，都将执业兽医的具体从业管理工作授权给兽医法定机构来实施，具体包括执业兽医的兽医执业范围、兽医资格认证、兽医注册、继续教育、工作检查、违规调查以及处罚等事项的管理活动。

以加拿大为例，加拿大的法律系统分为联邦立法和省级立法，有关兽医人员管理的单行法是由省级立法机构制定的。但是兽医在从业过程中必须要遵守某些联邦议会制定的法律和规定，例如《动物卫生法》、《动物卫生条例》等。加拿大有关兽医人员的法律规定大多是由各省议会和各省法定兽医协会自行制定并修改的。各省基本都会有一部“兽医执业法”和一部“兽医管理规定”，以对本省的兽医执业范围、执照管理、继续教育、从业管理等事项作规定。各省制定的兽医法律法规所规定的内容基本相同。而特别指出的是这些法律中大多都将执业兽医管理的具体工作授权给本省的法定兽医协会，如加拿大阿尔伯塔省规范执业兽医的地方法律《阿尔伯塔省兽医职业法》就将执业兽医的注册、兽医日常工作监督、违规调查等工作授权给阿尔伯塔省兽医协会来完成，并赋予法定兽医协会自行规定有关兽医的一些规则的权利。

除各国政府和议会制定的法律法规外，这些国家的各级法定兽医协会所制定的兽医协会规章、兽医执业标准都对执业兽医起到规范和指导的作用。另外，许多兽医相关机构都制定了有关兽医从业的指导性文件和兽医职业道德规章，以便解决兽医人员从业中遇到的常见问题。

37.2.1.2 管理机构

各国国家兽医法定机构负责管理包括兽医资格考试、执业兽医从业资格许可、违规兽医行为审查和处罚等各个方面的兽医工作。这些法定兽医机构通常为国家级兽医协会，如英国皇家兽医学会，美国、加拿大等联邦制大国为州/省兽医协会。取得兽医执业资格证书的执业兽医的职业行为和道德受颁发资格证书的兽医协会的管理和监督，必要时兽医协会可撤销其许可，而且执业兽医只能在取得资格证书所属的省/州和国家范围内从业，除非这些省/州和国家之间签有互相认可的对方资格证书的协议。

另外，部分国家设立了只承担考试职能但不承担执业许可管理职能的兽医协会，如加拿大兽医协会（CVMA），从美国兽医协会（AVMA）剥离出来的国家兽医考试委员会（National Board of Veterinary Medical Examiners，NBVME）和协助农林省组织考试工作的日本兽医师会（JVMA）。这些国家的国家兽医协会只承担或部分承担与兽医职业资格认证相关的事务，但不承担执业许可和管理职责。

一般来讲，法定兽医机构应具有以下管理职责：认证兽医教育机构，管理兽医职业资格考试并颁发兽医从业资格证书，审核注册执业兽医，核发执业许可证，管理兽医继续教育和年度考核，查、调查兽医执业行为注册资格。

37.2.2 执业兽医的工作义务和质量标准

37.2.2.1 执业兽医的工作义务

随着社会功能划分的细化，兽医专业人员的工作面逐步拓宽。兽医职业的社会功能从单纯保障动物健康，进一步拓展到教学、研究甚至是社会公共服务。经过多年的转变，兽医的职责逐渐增多，对社会的贡献也越来越大。按照世界兽医协会（WVA）的规定，兽医的基本职责是：在兽医执业的过程中，应具有最高的公共意识；在不损害动物福利的前提下，促进动物产品各个方面的发展；通过供应高品质动物源性食品和产品，保证人类健康远离人畜共患病的威胁；通过确保动物的高品质生活环境，预防和治愈其疾病，避免不必要的痛苦，从而改进生态环境，提升动物福利；参与学科发展，尤其是兽医科学及相关领域．作为一名职业兽医，应当毫无保留的奉献他所掌握的专业知识与技能，总体而言，应当充分利用他的科研、教育与信息等资源，并提供相应的技术支持，特别是在他所开展工作的领域；提供相关技术措施以改进兽医职业服务的质量并扩大服务范围；支持和加入职业、国家和国际协会，并积极参加有关科学、技术和职业工作的会议；积极参加支持职业会员的道义和物质利益的活动，并应经常考虑到更高的社会利益；遵守管辖兽医活动的本国法律。

37.2.2.2 执业兽医的道德规范

为了在更大程度上保障兽医的荣誉、尊严和专业能力，继续提高兽医的社会地位和公众信任度，有关国家相继对执业兽医的职业道德进行了规定：应当致力于社会效益、保护动物资源以及减少动物的痛苦为己任；从业中要坚持诚信原则，提供最有效的服务质量，向客户诚实的宣传自己；应当仁慈的对待动物，防止给动物造成痛苦；应当维护兽医行业的形象，不能诋毁兽医的形象，执业兽医间应当加强合作与交流；不能利用自己的知识和技能协助违法活动，未经协会同意，任何人不能使用协会的名义从事宣传活动；兽医协会的人员应当积极报告各种违法活动，不能从事违法活动；指导或监督兽医技术人员的执业兽医应当提供充足的支持和监督，并与之及时进行交流和沟通。

WVA 职业道德规范规定：兽医在其职业生涯中必须维护兽医职业的荣誉和尊严以及高贵的传统，实现社会对兽医行业最高的尊重；兽医人员必须按照职业道德规范的精神和标准从事兽医活动。

37.2.2.3 执业兽医的行为规范

WVA 制定的兽医职业行为规范主要包括：兽医只能在取得资格认证之后才能从事相关的兽医工作；不得隐瞒或者参与隐瞒事实；不得使用和依照与道德标准和行为规范相违背的原则从事兽医工作；不得忽视动物福利，损害动物生产、生态环境以及他人利益；遵守国家相关兽医法律法规；兽医应该对委托于他进行照顾、监管、生产、繁殖或研究的动物作出必要的保护，专门的使用，不能实施不必要的操作；兽医应该仅能开官方登记的处方药，应该特别考虑对人类和动物健康的风险；应该有责任通知畜主有关动物诊疗风险等，对于专业失误应该酌情负责；兽医有义务回答畜主的咨询；相关档案的记录必须有严格的等级序列签署并且真实、具体、认真和公平的表达，不能忽略重要的事实；保守职业秘密是兽医职业的职责和其本质的基本的权利；出版和发行科技文章，严禁剽窃行为；兽医薪金的收取要本着诚实、公平、合理的原则；与同事之间团结合作；与组织或者团体间任何形式的协助，包括专业协助磋商，替换和友谊，都应该严格遵循规范的规定。

37.2.2.4 执业兽医的教育标准

兽医专业水平主要由兽医教育水平决定。因此，WVA 提出了国际兽医教育的最低标准，对兽医学院的教学水平要求做出了详细的规定：国际认可的兽医教育机构必须达到大学水平，且必须符合 WVA 认证体系的标准；兽医课程只能由兽医直接讲授，但不排除非兽医人员参与教学；机构的财政、校区建设、设备及职工必须充足；兽医课程授课期必须不少丁 4 年，且不包括至少 1 年的毕业前培训；在 4 年授课期里，每年起码有 8 个月要授课；兽医课程必须涉及有一定深度的学科，必须配备一定规模的图书馆、多媒体设备，并必须设置充足的临床、实验室及实践性的培训。同时在学生求学过程中，必须对其实行适当的监管和评估。此外必须提供继续教育的机会和条件。

37.2.3 执业兽医资格管理

37.2.3.1 执业兽医资格准入

执业兽医资格管理的依据是专业水平测试。国家或联邦制国家的州或省普遍在其“兽医法”中，对兽医师资格人员的学历或教育水平要求作了明确规定。专业水平的评价，不同国家采取方式也不尽相同。一般有两种方式：在英国、法国、德国、南非，国家认可取得教育机构资格认证证书的兽医学院举办的毕业考试，不论该学院是本国的还是通过双方签约认可的别国的，通过学院毕业考试的学生即可认定为取得兽医师资格，直接申请执业许可证。在美国、加拿大、日本，其兽医专业学生要通过国家统一考试，才能取得兽医师资格证书。

(1) 欧盟执业兽医资格考试 在欧盟，2005 年 9 月 7 日，欧洲议会和欧盟委员会通过 2005/36/EC 指令，在欧盟区域推行行业资格认可制度，对 7 个行业进行管制，要求成员国公民在从事管制行业之前，必须取得特定的资格条件。其中，兽医是7个管制行业之一，从事兽医工作之前，需要按照该指令第38条的规定，接受欧盟最低标准的兽医教育，取得所在国的资格认证。以英国为例，《英国兽医法1966》规定英国皇家兽医学院为兽医资格的审核、考试和注册机构，兽医在英国从业之前必须向英国皇家兽医学院注册取得会员资格，根据前提条件的不同，注册具有两种情形：一是符合欧盟最低兽医教育标准要求、取得英国认可机构的兽医证书的人员经审核后可直接注册；二是未取得认可兽医证书的人员，需参加皇家兽医学院组织的法定会员资格笔试考试，考试通过者方可注册。笔试考试每年举办一次，总时间12h，包括4个科目，即马匹（及驴）、小型伴侣动物、生产性动物、兽医公共卫生。每个科目3h，包含A、B两部分，前者包括3组6道题，选做其中的3道题即可，后者共10道题，要求考生全部作答。

（2）日本执业兽医资格考试 在日本，执业兽医称为兽医师，制定有《日本兽医师法》，实行严格的兽医师准入制度。该法明确规定，未取得兽医师资格证的人，严禁使用兽医师或者容易与此相混淆的名称。获得兽医师资格证必须参加并通过兽医师国家考试，考试由日本农林水产省兽医事务审议会负责组织实施。在农林水产大臣的监督下，审议会每年必须至少举行一次兽医师国家考试或兽医师国家预备考试，通过兽医师国家考试者，农林水产大臣为其颁发兽医师资格证书。

（3）北美执业兽医资格考试 北美执业兽医资格考试是伴随着美国国家兽医考试委员会（NBVME）的诞生而出现的。NBVME由美国兽医协会（AVMA）于1948年成立，隶属于AVMA，负责为各州州立执照管理委员会开发标准化的执照颁发考试。NBVME于1954年推出第一项考试，即国家委员会考试（NBE），到20世纪60年代中期，美国和加拿大大部分兽医执照管理委员会将NBE作为获取兽医执照的前提条件。20世纪70年代后期，NBVME开发出一项NBE的附加考试——临床能力测试（CCT），用于考查考生解决兽医临床问题的能力。20世纪90年代早期，一些州立执照管理委员会就行业协会参与国家执照考试出现的利益冲突深感忧虑，为解决州政府执照管理委员会的顾虑，NBVME于1996年彻底从AVMA分离出来，独立开发兽医考试项目。经过长时间的准备，NBVME于2001年推出北美兽医执照考试（NAVLE），该考试取代了长期以来的NBE和CCT考试。

在北美，美国/加拿大各州/省都各自制定有执业兽医管理的法律法规，执业兽医从业必须在所在州/省进行注册，大多数州/省要求注册者必须通过NAVLE考试取得资格。除此之外，由于教育背景的不同，不同考生还需要参加其他项目的考试。但是，兽医知识笔试和临床技能测试是必不可少的考查内容，两者分开测试，各自单独命题，全面考查考生的兽医理论知识和实践操作技能。北美兽医资格考试在兽医学院、专门考试组织、兽医行业协会、联邦政府、州/省兽医主管部门等机构的多方参与之下，已经形成了非常健全的考试制度，其管理体制和运行机制都具有重要借鉴意义。

37.2.3.2 执业兽医教育

发达国家的兽医学生通常在读二年大学预科后再进入兽医学院专修四年兽医课程。前二年可在一般大学学习兽医预备课程，选修生物学、化学、物理学、人文社会科学、数学及企业经营管理和投资等课程，后四年到兽医学院学习兽医专业课程，才能取得兽医专业博士（DVM）学位。在大多数兽医学院，专业课包括两个阶段。在第一阶段讲授临床前科学，如解剖学、生理学、病理学、药理学和微生物学，时间大多用在课堂上和实验室里。第二阶段主要是临床，在课堂动手实践学习用药和外科原理。学生们在学科毕业兽医的监管下进行临床操作。在诊所，学生们治疗动物，做手术，与在学院诊所就诊的畜主打交道。临床课程包括学习传染病和非传染病的诊断、临床病理学、产科学、放射线学、临床用药、麻醉学和外科学。学生也学习公共卫生、预防用药、毒物学、临床营养、职业道德和经营知识。学生志愿在兽医师指导下获得对几种动物诊疗经验的工作经历对其获得职业兽医师资格大有帮助。

37.2.4 执业兽医从业管理

37.2.4.1 注册

兽医师执业管理的依据标准是兽医师资格、临床经验、职业道德表现和当地语言表达和交流能力。取得了国家兽医协会主认定的兽医学院授予的兽医专业学位，通过兽医考试取得了国家兽医资格证明，有良好道德品质证明，有在申请注册国家工作的合法身份，有语言交流沟通能力的人员，则可在国家（如英国）或州（美国）/省（加拿大）立兽医法定注册管理机构进行登记注册。如果想要从事兽医执业的话，还必须申请兽医执业许可证，除了上述条件外，还必须提供继续教育证明（在加拿大阿尔伯塔省要求提供上一年15h继续教育的证明），必须参加下一次 AVMA 注册日讲座（AVMA Registration Day Seminar），不参加讲座不颁发许可证。

在德国，兽医学生终考通过后，可以向国家申请，领到兽医资格证书。该证书终生有效，是从事一切兽医工作的必要条件，如从事私人兽医门诊，学生取得兽医资格证书后，只需在当地兽医协会注册，就可进行兽医门诊。该兽医在注册的同时，成为协会的会员，受协会章程制约。经过 3～5 年的实践，可以做一名兽医专业医生，这个由协会承认并颁发专业兽医证书。

丹麦兽医需在专业学校毕业，取得资格认证后从业。荷兰兽医需在专业学校毕业，经协会培训和资格认证后从业。

根据英国法律，毕业于 23 个欧盟成员国和上述美加澳新南非兽医大学或学院的学生，只要达到可以认可的标准就可以在英国注册，其他兽医学院的毕业生需要参加 RCVS 法定资格考试。暂时不具备注册资格的兽医可以准许其申请临时注册，以便他们在限定范围内从事特定的兽医相关性工作。在限定条件下，来自欧盟成员国的兽医可以在不成为 RCVS 会员的情况下申请执业。通过法定资格考试就可以注册成为 RCVS 会员，会员就有资格在英国从业兽医工作了。但是，RCVS 会员资格不能取代工作许可或者英国的移民法规，即外国人能否在英国执业还需要兽医法规之外的法规来规范。

37.2.4.2 兽医执业范围

民间兽医的执业范围在世界各国规定不尽相同，而且随着经济发展水平的提高和政府职能转变和公共资金投入领域的趋向于公益事业，有关执业范围的话题一再被提起，成为世界各国特别是发展中国家兽医机构重组中首先要考虑和需要解答的问题。

发达国家对于注册兽医执业范围的规定大体一致，而且有着严格的排他性规定，即除了注册兽医或持证机构外，其他任何人都不得从事兽医执业活动。例外的情况只限于兽医辅助人员，不过这些人都必须在注册兽医的指导下工作。这些辅助人员包括：(a) 在兽医指导或管理下、按规定执业的技术人员；(b) 修理动物蹄、掌，和应用专门的校正方法或设备调整动物步态或立姿的人员；(c) 处理本人的动物或雇主的动物的人员及其雇员；(d) 为了回报动物所有人所做的同样服务而用非外科手段检查、处理或治疗农畜的人员；(e) 经动物所有人同意治疗租赁或寄养农畜的人员及其雇员。(f) 凡从事牛、绵羊、山羊去角，猪、绵羊、马断尾，牛、绵羊、山羊、猪、马或法规第 3 节规定动物去势的人员；(g) 采用规定兽医程序，使用动物保护委员会（该机构至少有一名成员是注册兽医）批准的动物，在大学里用动物进行研究的人员；(h) 在紧急情况下提供了帮助，而又并非雇用，或以获利为目的或图报的人员。

除了注册兽医之外，任何人不得使用“兽医师（Veterinary Surgeon）”的头衔或这个头衔的简称，如兽医（Veteriarian）。除了注册兽医或持证机构之外，任何人不得与“兽医”或“兽医的”一词同时配用任何明确或隐含表示该人为注册兽医或持证机构的名称、头衔、职业、字词、符号或简字，或者明确或隐含描述或声称此人有权进行兽医执业，或者此人是注册兽医或持证机构。注册兽医或持证机构，在其履行规定要求并被委员会批准为专门医师或具有专业资格的专业人员之后，才能宣称自己是专门医师或者在兽医学特定专业领域具有专业资格。

37.2.4.3 兽医执业规范

英国皇家兽医协会（RCVS）的《RCVS 执业行为指南》规定了兽医对病患、客户、公众和同行应负的责任，以及法律责任。它不是一本详细的行为说明手册，而是规范了兽医执业所有领域的基本职业原则。2004 年 1 月 16 日，2004 版《RCVS 执业指南》出版发行，加进了近两年来变化，如不同兽医处理同群动物问题、新培训兽医护士列入立法问题、克他命（ketamine，一种麻醉剂）保存和记录保存问题、上诉程序问题。新的附件内容是麻醉枪药物成分、虐待动物、虐待儿童和家庭暴力、兽医工作组指南、集体执业法典、利用芯片将动物和畜主相联系、猫肾移植指南、RCVS 执业标准。

2003 年 10 月，RCVS 批准《RCVS 执业标准》作为《指南》的附件，这个标准已经经过修改，2004 年年底提交 RCVS 委员会讨论。一旦在 RCVS 注册，注册兽医就要接受执业身份应承担的责任。

37.2.4.4 违规情况审查

当兽医法定机构接到公众投诉时，可以在理事会批准后可对指定兽医进行审查，审查结束后向机构理事会提交审查结果和处理建议。同时，兽医法定机构还负责对注册兽医的违规行为进行调查。主要工作内容为接受对兽医的申诉、调查具体违规情况、举行听证会并对违规兽医做出裁决。根据阿尔伯塔兽医职业法，纪律委员会具有判处违规兽医支付协会一万元以下罚款的权利。

37.2.4.5 违规处罚

取消注册与收回注册证明：如果委员会在审理案件后发现涉案人是通过伪造或欺骗或者口头或者书面的陈述或声明取得注册，委员会将命令取消此人的注册。如果某注册兽医或持证机构的注册被取消或吊销，他们应立即将证明或许可证交还给注册员。如果某注册兽医或持证机构的注册被取消，其注册不能恢复，除非委员会、高等法院发出命令恢复。恢复注册决定不能在注册被取消后一年内做出，或者如果发布命令暂缓执行由委员会做出的处罚，而此处罚后来被法院肯定，则上述命令不能在法院肯定处罚之日起一年内做出。委员会成员同时也是讨论注册恢复事宜的某委员会成员时，可以参加委员会会议并投票，注册员和管理机构律师可以参加会议。纪律委员会、委员会、上诉法庭做出裁决或发布命令后，被调查人的名字可以按照法规公布。

身份诈骗的处罚：注册兽医或持证机构在被吊销或取消注册期间仍表现或维持还是注册身份的行为，可以作为非专业行业进行处理。

执业禁令与处罚：注册兽医或持证机构的注册被取消或吊销后，没有委员会同意，不能直接或间接与其他注册兽医或持证机构合作从事兽医工作。注册兽医或持证机构不经委员会同意不能直接或间接与被取消或吊销了注册的人员合作或雇用其从事兽医工作。委员会可以允许注册兽医或持证机构雇用注册被取消或吊销人员，但雇用应符合规定身份，符合委员会规定的条件。

违反规定的每个人员、每个成员、官员、雇员、合伙企业的代理人、组织、社团、公司属于犯罪并应承担责任：获罚款或监禁，或两者并用。

起诉有效期限与举证责任：起诉应在犯罪后两年内提起，不能延后。起诉时，被告方负责证明被告人注册兽医或持证机构的身份。

37.2.4.6 继续教育

取得执业许可证通常是以一年为期限的，执业兽医每年都要向执业管理机构申请年度审核，年度审核的一项重要标准是必须提供继续教育证明（在加拿大阿尔伯塔省要求提供上一年 15h 继续教育的证明）。

(1) 继续教育证明 继续教育对兽医来说非常重要，他必须通过阅读科学杂志和参加学术会议和讲座才能及时更新不断发展的新的科学知识和技术。取得执业许可的注册兽医或持证兽医必须接受继续教育或培训，这是与缴纳会费同样必要的维持执业资格的必经途径，目的在于保持执业兽医知识和技能及时更新，适应科学水平进步以及新的法规和标准颁布后所带来的新变化。但是继续教育培训的内容多种多样，涵盖面很广，主要包括三个方面：第一是兽医的职业技能和知识教育培训；二是就兽医在工作中所面对的问题进行探讨，如经济问题、管理问题、心理问题等；第三为动物卫生和保护以及兽医项目的前沿知识了解。英、法、澳、美、加等国都有这方面的规定。美国大约一半的州要求兽医参加继续教育课程才能连续持有他们的许可证。日本兽医师从业后经过一定的时期，也必须进行职业教育获得相关的执业证书，方可延续兽医师资格。

(2) 年度注册 年度注册是兽医执业管理的必要手段。AVMA 规定，注册兽医的会员身份要在每年一月份的第一天进行更新，交纳年度会费，会员必须填写当年继续教育说明，在发票中标注。这一规定帮助兽医协会及时掌握和统计注册兽医的人员和工作地点变动情况。

37.3 官方兽医管理实践

OIE 在《国际动物卫生法典》（以下简称《法典》）中明确规定，官方兽医是指由国家兽医行政管理部门授权的兽医，这里的国家兽医行政管理部门指在全国范围内有绝对权威，执行、监督或审查动物卫生措施和出证过程的国家兽医机关。官方兽医从动物饲养，到屠宰加工、市场流通、出入境检疫乃至动物福利等各个环节实施全过程的、系统的、有效的动物卫生监督管理，使得监管更加具有科学性、系统性、公正性和权威性。

37.3.1 准入条件

世界上多数国家为官方兽医准入设置了条件：一是官方兽医必须具备规定的专业背景，即官方兽医必须是兽医。二是对官方兽医学历有一定要求。此外，一些国家和地区还规定了岗位相关的工作经验或必须具备的知识、技能和能力。

在美国，无论是官方兽医还是执业兽医均实行资格管理与准入制度。官方兽医至少要取得兽医博士（DVM）或由美国兽医协会、州（state）教育部或州兽医考试委员会认可或批准的学校授予的同等学位。除了具有 DVM 学位，还可以是具有认证学院或大学的兽医学或相关科学（如微生物学、寄生虫学、病理学、免疫学或其他专业）的硕士学位。另外，美国规定申请官方兽医资格必须在申请人认证 DVM 项目的后两年学习中名列全班前 25%。并有兽医学院院长的排名证明信。执业兽医若要参加政府开展的兽医工作还要经过政府认证程序，成为政府认证兽医。

在加拿大最基本的任职要求是取得兽医学位。而在其各州的情况可能不同，有些州要求必须取得执业兽医执照，同时，必须遵守执业兽医的法律法规。

37.3.2 任职资格

欧美国家官方兽医普遍要具备以下条件：接受过五到七年的兽医学历教育，获得兽医专业学位或同等学位；获得学位者须在国家兽医专业资格管理机构注册才具备从业资格；具备从业资格后要接受法律、管理等方面的培训，且考核合格。

(1) 法国 法国对官方兽医的管理相当严格，不仅要有专业背景，任职前接受培训及考核，还要面对法官宣誓。官方兽医任职的必要条件是在法国专门负责官方兽医培训的机构——国家兽医公共学院培训 1～2 年，且取得相应文凭。在任职时必须到法院向法官宣誓。官方兽医须持证上岗。即便是因特别任务合同制聘任几个月或几年的私人兽医，也要到法院宣誓。

(2) 英国 官方兽医的任职条件，必须要在皇家兽医师学会（英汉简明词典中注释为“英国皇家外科兽医协会”）注册，只有在该会注册的兽医才具备执业资格。

(3) 美国 在联邦政府工作的兽医由于工资级别不同，任职条件也不尽相同。但都须具备最低教育背景：具有 DVM 学位或由美国兽医协会、州教育部或州兽医（考试）理事会认可或批准的学校授予的同等学历学位。不符合前述规定条件的国外大学毕业生须提供毕业兽医院校证明、英语理解和沟通能力证明，并通过美国兽医协会教育委员会或国家兽医考试委员会为国外兽医设置的笔试。英语能力证明包括：①托福考试不低于 550 分，其中听力不低于 60 分；②具有美国学院或大学的高等学位（如硕士或博士），或③毕业于美国或加拿大用英文教学高中。通常具备上述教育背景的兽医可根据招聘信息直接向用人单位应聘，但工资级别为 GS－11。这种岗位包括联邦农业部兽医局的普通兽医官（VMO）和 APHIS 的生产线检验官等。若要申请更高工资级别职位则须满足其他要求，如须有 1 年以上兽医从业经历，并具备独立完成兽医操作或进行科研能力、或须有 1 年以上在联邦机构担任前一工资级别岗位的专业经验、或持有某个州临床从业执照等。

(4) 埃及 埃及虽未设置兽医受教育水平测试程序，但每个兽医必须获得职业许可。

37.3.3 官方兽医的分类

通常有两类划分方式。一是依据职位级别划分，如美国将兽医官（兽医专业官员）分为高级兽医官、主管兽医官、兽医官、兽医官助理和见习兽医官，并明确规定晋升高级别的职位时，必须有在下一级别职位工作的经历。我国香港特别行政区也将官方兽医划分为高级兽医官、兽医官和助理兽医官。二是依据工作性质划分，如美国 APHIS 中的官方兽医包括公共卫生兽医官（PublicHealth Veterinarian）、公共卫生兽医监督官（Supervisory Public Health Veterinarian）、地区公共卫生兽医官（人道屠宰专员 Area Public Health Veterinarian）、执行与调查分析官（Enforcement and Investigation Analysis Officer)、地区主管（District Manager)、地区副主管、生产线总监、监督员等等。欧洲一些国家则在首席兽医官下设立动物卫生保护官、流行病控制官、食品卫生检察官。

37.3.3.1 美国

由于美国的官方兽医制度是联邦垂直管理与州垂直共管的兽医官制度，所以美国的官方兽医分为联邦官方兽医和州官方兽医。联邦官方兽医主要分布于USDA-APHIS、食品安全与检验署（FSIS)、农业研究署（ARS)，卫生部的食品药品管理局及疾病控制中心（CDC)；州官方兽医主要分布于州农业部的动物卫生机构和肉品和禽类检验机构。任职于联邦政府的兽医统称联邦兽医(Federal Veterinarian)，又称为兽医官，主要为APHIS和FSIS的兽医官。

APHIS的兽医可分为CVO、兽医官总监（Supervisory Veterinary Medical Officer)、地区兽医主管（Area Veterinarian in Charge，AVIC）和普通兽医官四类。CVO为兽医局中级别最高兽医，且为兽医局局长。由于美国政府实行首长责任制，机构职责与机构首长职责等同，因此CVO承担兽医局职责：与APHIS及其他官员共同制定计划、政策、项目、程序；领导和协调全国兽医项目和兽医卫生工作，负责国内动物疫病控制和扑灭、外来病防控、动物及其产品流通管理、动物及其产品进出口管理、兽医生物制品管理、动物福利等；领导和协调全国动物卫生信息体系，实施联邦一州合作项目以有效防控外来病暴发；领导和协调兽医生物制品中心活动；与州政府、地方政府、农场主协会及其他组织、个人合作执行联邦兽医项目和兽医工作，并向其提供技术支持。与外国政府合作控制家畜家禽病害，并向其提供技术支持；为实施兽医项目而提供兽医实验室支持、诊断服务并开展研究工作。兽医官总监主管各联邦兽医项目实施，负责带领各项目兽医官（VMO）开展项目工作。地区兽医主管是联邦农业部派驻各地方兽医办公室主管，具体职责为签发动物卫生证书，为动物疫病控制和扑灭项目提供帮助；出口认证；进口检验；疫病监测；兽医认证；紧急动物卫生事件应急反应。普通兽医官是兽医局中最基层兽医，一般没有行政职务，具体执行兽医局职责和开展工作。

FSIS的兽医成为兽医官（VMO)。其大部分通常从基层（田间）兽医做起，大都是在屠宰加工厂从事检验和公共卫生专业工作主管，监督公共卫生专业人员日常工作以确保管辖区内屠宰场或加工厂遵守卫生标准，实施人畜共患病病原控制，开展危害关键点控制系统分析。田间兽医一般是任职于屠宰场的公共卫生兽医官（PHV）和兽医监督官（Supervisor)，拥有更多经验后有可能调到地区办公室或总部。此外，FSIS在位于内布拉斯加州奥马哈市设立的检验技术服务中心提供许多检验管理服务。根据工作性质，FSIS 中的官方兽医（VMO）可分为公共卫生兽医官、公共卫生兽医监督官、地区公共卫生兽医官（人道屠宰专员）、执行与调查分析官、地区主管、地区副主管、生产线总监、监督员、国际贸易审验官、技术服务中心项目总监、技术服务行政助理、招聘专员、人事主管。公共卫生兽医官为在基层具体开展工作的兽医，主要负责监督和管理类工作。公共卫生兽医的职责具体包括对相关场所的 HACCP 系统和加工程序进行食品安全审核，确保屠宰场和加工厂符合法律法规的规定；审核和评估相关场所的微生物环境状况，评估场所的微生物采样计划及其微生物控制程序的统计学合理性，系统评估场所的控制系统，包括 HACCP、SSOP、大肠杆菌程序和沙门氏杆菌数据；调查残留违法案件，并移交食品药品管理局－兽医管理中心，由兽医管理中心采取强制性执行；分析判定采取关键控制点过程后的病原减少情况；参与劣质产品的召回；指导家畜家禽的宰前宰后检疫检验；监督家畜的人道屠宰操作并执行相关法律法规。

州官方兽医主要分布于州农业部的动物卫生机构和肉品、禽类检验机构。通常任职于州政府动物卫生机构的兽医分为州立兽医（State Veterinarian）和田间兽医（Field Veterinarian）。州立兽医为州首席兽医官，统领整个州动物卫生工作。有的州由该州兽医（考试）理事会主席担任州立兽医，州立兽医应由该州兽医（考试）理事会任命并获得州长批准，如密歇根州；田间兽医为在郡以下行政区开展动物疫病相关工作的兽医。各州会把整个州分成多个区片，每区片配备 1 名田间兽医，具体负责该区片动物疫病防控相关工作，如纽约州把 57 个郡分成了七个区片，每区片配备 1 名田间兽医，每名田间兽医负责 3～15个郡的动物疫病工作。任职于肉品和禽类检验机构的兽医一般称为肉类检验兽医（Meat Inspection veterinarian）。有的州的肉检工作由 FSIS 承担，有的州则有自己独立的肉品与禽类检验系统。因此只有后者才在其中设立肉类检验兽医，其职责与食品安全与检验署的公共卫生兽医相似。

37.3.3.2 德国

作为欧盟成员国之一，德国实行的是典型的垂直管理官方兽医制度，即德国最高兽医行政官为首席兽医官（CVO）。该首席兽医官统一管理全国兽医工作，州和县（市）兽医官均由国家首席兽医官统管，并以县（市）级兽医官为主行使职权。每县（市）设一地方首席兽医官和三名兽医官分别负责食品卫生监督、动物保护（健康）和动物流行病防控等工作。为保证其公正性，兽医官只在当地开展业务工作，不受地方政府领导。国家在联邦议会设有联邦兽医、联邦动物流行病、联邦卫生和联邦国防医学四个专业委员会，负责动物卫生方面的立法。

37.3.3.3 其他国家

加拿大、澳大利亚和欧盟成员国等发达国家，都针对官方兽医的职责、官方兽医事务的不同要求设置相应的工作岗位。在这些国家，官方兽医虽然都在固定的区域内行使职权，但对分片负责相同区域中不同职责的官方兽医则设置了不同任职资格要求的岗位，不同岗位的官方兽医分别负责处理不同要求的兽医事务。但其共同特点就是官方兽医是在国家授权之下行使职权，不仅有权对动物及动物产品生产全过程实施动物卫生措施的情况进行独立有效的监督，而且还负责签发相关的动物卫生证书。

37.3.4 聘用

各国情况不尽一致。美国 APHIS 招聘官方兽医的程序如下：公布招聘信息后，申请者须通过人力资源办公室的初审，合格者名单送交具体的招录部门，经过用人部门的审查，确定录用。依据 CFR 5 第 2104 节和 CFR 9 第 98 节的规定，联邦兽医官（VMO）由 APHIS 的首长任命。根据州法律，地方动物卫生官员由州行政长官任命。资料显示，美国的官方兽医的一年平均收入约为＄97 000。

加拿大的执行公开考核录用和任命聘用制，根据《动物卫生法》，加拿大食品检验署署长，可按照《加拿大食品检验署法》第 13 条规定，任命化验员、检验员、兽医检疫员和公务员，并签发执法许可证和签订协约，上岗要出示证件。官方兽医（检验官）是公务员，依照《加拿大食品检验署法》由署长或经署长授权的负责人任命。全世界各地的人都可以应聘加拿大的官方兽医职位，因此应聘主要通过电话进行面试，人事部门会准备一系列的问题进行面试。

在英国，官方兽医由地方事务大臣依据《动物卫生法 1981》任命。在荷兰，官方兽医由食品安全局任命。

37.3.5 培训

各国和地区都十分重视对官方兽医的培训，通过举办各类培训班、提供网络培训课程等方式对兽医进行专业技术培训和行政职位培训，以不断提高官方兽医专业技能和职业道德，保证官方兽医行使权利的科学、公正和合法。美国兽医协会、州教育部或州兽医（考试）理事会认可或批准的学校授予的同等学位的最低教育背景。倡导、鼓励兽医申请博士后教育，鼓励兽医获得美国兽医协会专家资格。APHIS - VS（兽医局）开展“兽医局职业计划”为新入职的兽医人员量身定做培训项目，FSIS 将所有新入职的田间兽医安排到屠宰场和加工厂进行的兽医公共卫生教育项目培训。法国国家兽医公共学院负责的官方兽医培训主要有两个方面：基础培训和继续教育。学员通过基础培训才具备成为官方兽医的资格，继续教育是针对具有一定级别的官方兽医的。法国国家兽医公共学院作为法国专门负责官方兽医培训的机构，是 OIE 官方兽医培训的一个协作中心，法国官方兽医培训的领先程度可见一斑。以下重点介绍美国和法国的官方兽医培训种类和内容。

37.3.5.1 入职培训

FSIS 非常重视对雇员培训。2004 年起，所有新任职田间兽医都将安排到屠宰场和加工厂接受 9 周兽医公共卫生教育培训。教育中心和田间运行办公室联合举办培训并实施岗位辅导。课程包括公共卫生管理机构职责、FSIS 法律法规、食品安全、各种动物宰后处理、职业安全关注、食品微生物学、人道处理和屠宰。在新雇员试用期内，FSIS 仍提供各类辅导。培训与辅导结合为新雇员掌握公共卫生操作打下了良好基础。在通过一系列能力考试并接受岗位评估后获得相应培训证书。该证书将是雇员转正的前提条件。

法国入职培训被称为基础培训，这是成为官方兽医所必须经过的阶段也就是说，只有经过基础培训兽医才具备成为官方兽医的资格。接受培训的人员在国家兽医公共学院需学习 1 至 2 年，学习时间的长短，取决于接受培训人员所持有的文凭。基础培训的第一年，学员用 6 周时间听课，用 3 周的时间进行案例研究，还要在兽医局工作 10 周，并用 29 周的时间完成兽医论文。第二年，学员需要完成的课程及学时（2004 年）分别为：法律 60 学时，公共管理 27 学时，经济学 60 学时，国际卫生政策 42 学时；人力资源管理方面共 108 学时，其中：英语 30 学时，行政科学 18 学时，信息等课程 60 学时；兽医公共卫生方面共 427 学时，其中：卫生危害控制 195 学时，官方检疫 52 学时、岗位工作 90 学时，环境保护 78 学时，动物福利 12 学时。接受培训人员的就业时可能多数到农业部工作，还有一部分从事国际方面的工作或者到其他行政管理单位工作。

37.3.5.2 在职培训

APHIS - VS 下设的职业发展处、流行病学和动物卫生中心、国家兽医诊断实验室、外来动物疫病诊断实验室每年都举办各类在职培训班。职业发展处举办的在职培训班包括外来动物疫病诊断专家培训、副结核病协调员培训、基础布病流行病学培训课程、实验室生物安全培训、基础结核病流行病学课程。

培训课程适合 APHIS 田间兽医官、州兽医官或将实施联邦项目的联邦和州兽医官。流行病学和动物卫生中心举办的培训班主要是流行病学培训，其中的部分课程适合兽医人员。国家兽医诊断实验室针对细菌病和病毒病诊断开办各类培训课程，兽医人员可以参加的课程包括马传染性贫血（EIA）琼脂凝胶免疫扩散（AGID）和 ELISA 实验方法、马病毒性动脉炎病毒中和作用、荧光抗体结合物制备、新城疫病毒分离与血清学试验、伪狂犬病病毒中和试验、伪狂犬病病毒 ELISA 和乳胶凝集试验、水疱性口炎病毒补体结合试验、水疱性口炎病毒凝集试验。其中后四个培训课程适合负责管理动物出口或洲际流通运输的兽医官，也适合参与协助疫病诊断工作的兽医。外来动物疫病诊断实验室开设培训课程为水疱性口炎诊断、猪病诊断；非洲马瘟、牛瘟和小反刍兽疫防控；病理学分析等。

FSIS 教育中心通过得克萨斯州农业与机械大学网站及中心网站提供各类兽医培训课程。另外，FSIS 还在单位教室或相关场地为雇员提供“外来动物疫病防范”方面的培训。除专业培训外，还为兽医提供各种技术或管理类培训课程，使兽医满足各类高级行政职位要求。此外，FSIS 非常鼓励兽医申请博士后教育，并鼓励兽医获得美国兽医协会的专家资格。为此，FSIS 参加了两项博士后项目，即食品安全合作项目和疫病控制流行智能服务（Disease Control Epidemic Intelligence Service，DCEIS）项目。其中，安全合作项目吸引了各类优秀的博士后学生的参加，这些学生专业知识丰富，协助 FSIS 建立并实施了许多公共卫生安全预防方法和政策；疫病控制流行智能服务项目为 APHIS 增添了许多参加过流行病学调查、研究和公共卫生监测方面的培训人员。

法国的在职培训叫做继续教育培训，继续教育的方式主要为长期课程培训、远程培训和培训研讨会。培训课程多应大众或社会机构的需要设置，从国家兽医公共学院提供的继续教育的目录（2004 年）可以看出，包括了动物福利饲养动物和野生动物、流行病学实践、风险评估模型介绍、风险评估改良模型、动物饲养中有关官方控制的介绍等。内容涉及饲料中违禁物质、禽沙门氏菌风险管理、兽药制品检测、新城疫紧急应对计划、公共卫生生物学风险、公共安全灾害和自然风险研究、食品社会学介绍、国际卫生政策、兽医检疫事务、行政管理和刑法、兽医公共卫生职责、质量保险管理项目、紧急计划之处理流行病危机的办法、野生动物捕获等方面。另外，国家兽医公共学院还进行一些特殊的培训如口蹄疫和疯牛病方面的培训。

加拿大各州的培训内容不尽相同，但是相同的是培训的密度非常大，每年可能超过 100h。

38 兽医体系效能评估

38.1 概述

38.1.1 兽医体系的概念

兽医体系是实施动物卫生和动物福利措施以及OIE《陆生动物卫生法典》（简称法典）规定标准和指南的政府和非政府组织，是包括国家兽医当局、国家以下层级兽医当局和其他兽医服务提供机构的统称。兽医体系受兽医当局的控制和指导，私立性质的组织由兽医当局认证或批准后开展工作。

38.1.2 兽医效能评估的概念

兽医效能评估是对兽医体系运作能力、效率、成效的评估。兽医效能评估分为3种情况，内部评估旨在实现自我提高，外部评估旨在得到资金支持，国际贸易评估旨在取得相互信任。兽医效能评估涉及兽医工作各个方面，对兽医体系进行评估时，根据评估目的，可考虑以下项目：兽医机构的组织和结构、人力资源、物力（包括财力）资源、职能和立法支持、动物卫生和兽医公共卫生控制、官方质量体系（包括质量政策）、工作评估和审计计划，以及参与OIE活动的能力等。

(1) 内部评价 国家管理层为了进一步了解兽医机构运行现有水平，并与OIE法典的要求进行对比找出差距和不足，制定可行性计划和实施方案；第二，为了明确兽医体系优先发展事项并依据优先次序展开行动；第三，为了了解利益相关方的需求或要求，促使各利益方能够与公共部门达成共同的努力方向；第四，实行PVS内部自我评价或邀请OIE专家评估。

(2) 外部评价 当会员国申请外部（国际）经费支持时，评估兽医体系运作效能能够确定投资具体目标和具体需求，有助于计算投资兽医机构的成本和效益，并能够相应的取得经费和技术支持；世界银行等主要组织已经将PVS评估作为提供援助或资助的前提。

(3) 国际贸易 在国际双边贸易中，一方可以要求另一方对其国家兽医机构运作效能进行评价，作为风险分析的重要组成部分。同时 PVS 评估结果是采取相应的动物卫生措施重要依据和参考。

38.1.3 OIE 兽医效能评估的原则

一是要遵守 OIE 规则，最大限度确保评估工作的客观性；二是要由各成员行政当局对自己兽医机构的轻重缓急作出决定（自我评估），或帮助动物和动物产品国际贸易进行风险分析，以更好地采取官方卫生和/或动物卫生控制措施；三是评估工作应证明兽医机构能够有效控制动物和动物产品卫生状况，评估的关键内容包括资源配置、管理能力、立法和行政结构，能否独立行使官方职能，及工作历史包括疫情报告；四是贸易双方国家兽医机构相互信任是动物和动物相关产品国际贸易稳定发展的根本，故对出口国兽医机构评估比对进口国的要更加严格；五是有关兽医机构虽然可提供数量数据，但最终评估必须是定性的，在评估资源和内部结构（组织、行政和立法结构）同时，还应强调评估兽医机构工作业绩，评估应考虑兽医机构使用的基础扎实的质量系统；六是进口国有权要求出口国兽医机构提供的动物卫生状况信息客观、有效并正确，另外进口国兽医机构有权要求出口兽医证书有效；七是出口国有权要求其动物和动物产品在进口国进行进口检验时处理得当合理，出口国还可要求在对其标准和工作进行评估时不应有偏见歧视。进口国应做好准备，并维护评估后其所持的态度。

38.2 兽医效能评估的基本框架

兽医体系效能评估包括人财物资源、技术权威性及能力、利益相关方的互动关系和国际市场准入能力 4 个基本要素。人力、物力和财力资源该要素方面，主要通过专业技术队伍、物力条件和财力资源的配备水平评估兽医体系体制和资金支持的可持续性；技术的权威性及能力方面，致力于解决现存和潜在事件的应对能力，包括基于科学原则基础上预防和控制生物灾害的能力；利益相关方互动关系方面，为了巩固公共部门和利益相关方的共同利益，能够合作完成计划和提高服务质量和能力；国际市场的准入能力方面，强调进入市场要执行现有国际标准并遵守新的准则的能力，如标准的协调性、等效性和区域区划。以上各个基本要素分别设置了 10、12、6 和 9 个评价指标，且每个评价指标分别确定了 1、2、3、4 和 5 分五个评价等级。

38.2.1 人力、物力和财力资源

评价指标包括兽医人员（包括专业人员、技术人员、兽医和兽医辅助人员）配备、能力和继续教育情况、兽医体系的运行机制和体制、物力和财力资源等10个指标（图38-1）。

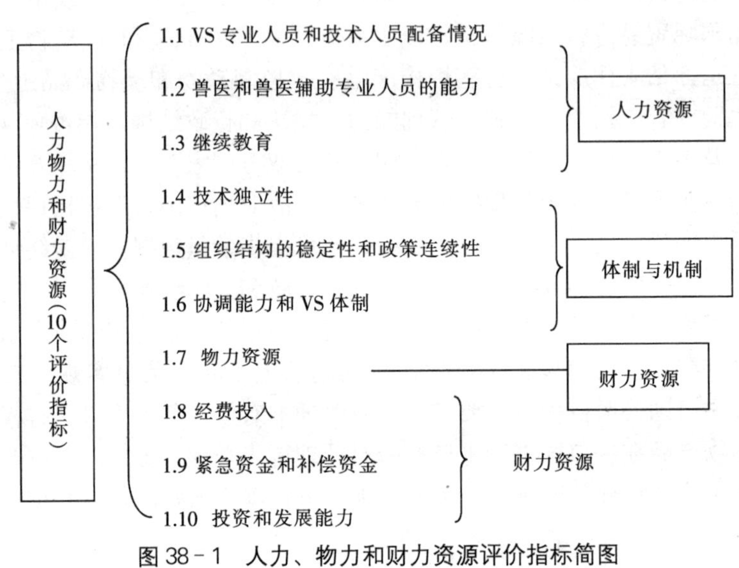

图38-1 人力、物力和财力资源评价指标简图

(1) 人力资源 配备适当的人员是VS有效率、有成效地履行其专业技术职责的保证。OIE法典规定兽医机构人力资源应包括正式的、法律规定的公务员的核心，该核心必须有大学本科兽医，还应包括其他合格的专业官员、行政官员和技术支持人员，也包括聘用的其他兼职兽医、助理兽医和私人兽医，以上各类人员必须以法律条文形式明确。

OIE-PVS工具将人力资源分为专业和技术人员配备情况、兽医及兽医辅助人员能力、继续教育三方面进行评估。其中专业技术人员和兽医及兽医辅助人员又分两类分别评价，具体人员分类考核指标和评分等级见表38-1。

同时对VS每年审核的培训项目及其执行情况（即继续教育）能否维持和提高其人员接受与理解相关信息的能力进行评估。其中VS的继续教育包括兽医（CPD）继续专业发展，个人专业和技术教育。

表 38-1　人力资源考核指标和评分等级

	等级
1.1　专业人员和技术人员配备情况 A、兽医学和其他专业人员 （大学教育资格）	1. 大部分兽医和其他专业岗位未配备资格适合的人员 2. 中央及省级大部分兽医和其他专业岗位配备了资格适合人员 3. 地方（田间）大部分兽医和其他专业岗位配备了资格适合人员 4. 对兽医师和其他专业人员有系统的岗位工作描述和任命程序 5. 对兽医师和其他专业人员的工作建立了有效的管理程序
B、兽医辅助人员和其他技术人员	1. 大部分技术岗位未配备具有技术资格的人员 2. 中央和省级大部分技术岗位配备了具有技术资格的人员 3. 地方（田间）大部分技术岗位配备了具有技术资格的人员 4. 大部分技术岗位受到经常性的有效监督 5. 建立了有效的正式任命和效能评价程序
1.2　兽医师和兽医辅助人员能力情况 **兽医体系中的兽医学和其他专业人员，以及其他技术人员的理论水平是否有效履行其兽医技术职责的衡量标准** A、兽医师的专业能力 并非所有专业职位都需学士学位，但是学士学位可以体现评估兽医系统的专业素质的指标	1. 兽医师的操作、知识和态度 是不一致，通常从事基础的临床和管理工作 2. 兽医师的操作、知识和态度的衡量标准是统一的，通常从事准确而适当的临床和管理工作 3. 兽医师的操作、知识和态度使其通常可以承担 VS 所有专业/技术工作，如流行病学监测、早期预警、公共卫生等 4. 兽医师的操作、知识和态度使其通常可以承担 VS 所需的专门工作 5. 兽医师的操作、知识和态度定期更新，或者与国际同步，或者进行评价
B、兽医辅助人员的能力	1. 兽医辅助人员没有正式的准入水平训练 2. 兽医辅助人员的培训标准不一，这种培训只具备有限的动物健康工作能力 3. 兽医辅助人员的培训标准统一，这个培训具备基本的动物健康工作能力 4. 兽医辅助人员的培训标准统一，具备一些动物健康工作专家能力，如肉品检验 5. 兽医辅助人员的培训标准统一，并定期进行评估和更新
1.3　继续教育（CE）情况	1. 兽医系统没有开展兽医学专业或技术继续教育工作 2. 兽医系统不定期地开展了 CE，但没有考虑实际需要和对新信息的接受和理解 3. 兽医系统开展了 CE，进行年审，根据需要更新内容，但只有不到 50%的人参加了培训 4. 兽医系统开展了 CE，进行年审，根据需要更新内容，超过 50%的人参加了培训 5. 兽医系统的 CE 内容更新及时，所有相关人员都参加了培训

（2）体制与机制 包括技术独立性、组织结构的稳定性和政策的连续性、协调能力和兽医系统体制三个指标，分别评价兽医系统自主履行其职责，不受商业、资金、级别和政治影响的能力；执行和保持政策持续性的能力；协调全国行动，包括疫病控制与扑灭计划 、食品安全项目和应急反应的能力。具体评分等级见表 38－2。

表 38－2 兽医体系体制与机制评估指标和评分等级

	等　级
1.4 技术独立性	1. 兽医系统得出的技术结论一般不是基于科学考虑 2. 技术结论考虑了科学证据，但例行公事地按照非科学因素进行了调整 3. 技术结论基于科学证据，但要进行审核，可能按照非科学因素进行了调整 4. 技术结论只基于科学证据，不为了迎合非科学因素而更改 5. 技术结论的得出和采取相应行动与国家承诺的 OIE 义务，或 WTO SPS 协议规定的义务完全一致
1.5 组织结构的稳定性和政策的连续性	1. 兽医系统内公共部门的组织结构和/或领导层经常变动（如每年都变）导致缺乏政策的连续性 2. 兽医系统内公共部门的组织结构和/或领导层较少变动（如两年一变）导致缺乏政策的连续性 3. 兽医系统内公共部门的组织结构每次都随着政治领导层的变动而变化，影响了政策的连续性 4. 政治领导层的变动后，兽医系统内公共部门的组织结构一般只有很小改变，这些变化政策的连续性影响很小或没有影响 5. 兽医系统内公共部门的组织结构一般会长时间（比如 5 年）保持稳定，只是根据评价结果进行调整，对政策的连续性有很小或没有影响
1.6 协调能力和兽医系统体制	1. 没有协调 2. 一些行动有非正式或不定期的协调机制，指令链条不明确 3. 一些行动有协调机制，指令链条明确，但未贯穿全国 4. 大多数行动有协调机制，全国指令链条明确，在全国统一实施 5. 有经过协商一致的协调机制，只要需要，就可以在所有行动中执行

(3) 物力资源 兽医体系应配备相应物力资源，包括建筑、交通、通讯、冷链和其他相关设备，如计算机等，具体见表 38－3。

表 38－3 物力资源评价指标和评分等级

	等 级
1.7 **物力资源**	1. VS 在几乎各个层次都没有或者没有适合的物力资源配备，现有设施的维护很差或根本没有 2. VS 在中央和某些地区有适合的物力资源，只是偶尔维修和更换陈旧项目 3. VS 在中央、地区和某些基层有适合的物力资源，只是偶尔维修和更换陈旧设备 4. VS 在各个层次都有适合的物力资源，并定期维护 5. VS 在各个层次都有适合的物力资源，并定期维护和更新，使设备更先进耐用

(4) 财力资源 财力资源评价指标包括维持兽医活动正常运转的经费投入、紧急资金和补偿资金、兽医事业投资和发展能力三方面。经费投入是指 VS 取得维持其运转和政治独立性的财政资源的能力。紧急资金和补偿资金衡量 VS 获取用于应急反应或突发事件的特别经费的能力。兽医事业投资和发展能力评价兽医系统不断取得额外的投资，保证持续进步的能力。详见表38－4。

表 38－4 财力资源评价指标和评分等级

	等 级
1.8 **经费投入**	1. VS 的资金来源既不稳定也没明确，只是依赖于不定期的分配 2. VS 的资金来源明确且定期，但无法适应基本运转所需 3. VS 的资金来源明确且定期，适应基本运转所需，但未提供开展新工作所需经费 4. 开展新工作所需经费以就事论事的方式支付 5. VS 各项工作的资金投入都足够运作，资金提供方式是透明的，可以保证技术独立性

（续）

	等　级
1.9　**紧急资金和补偿资金**	1. 无紧急资金和补偿资金安排，没有应急资金来源 2. 紧急资金和补偿资金安排有限，但对可以预见的紧急和突发事件处理不够用 3. 紧急资金和补偿资金安排有限，处理紧急事务的经费可以通过批准取得，但必须通过政治程序 4. 已经安排了足够的紧急资金和补偿资金，但在紧急情况下，取得资金必须通过非政治程序的讨论批准 5. 已经安排了足够的紧急资金和补偿资金，如何操作资金的规则已形成文件，并得到利益相关各方的一致认可
	等　级
1.10　**投资和发展能力**	1. 没有能力改善 VS 运转设施 2. VS 偶尔会起草建议，通过特别分配方式得到改善运转设施的投资 3. VS 定期从国家预算或其他渠道得到用于运转设施改善的投资，但这些投资在用途上是有严格限制的 4. VS 能够通过特别分配方式，从包括利益相关方在内的渠道取得改善运转设施的足够投资 5. VS 通过常规渠道能够得到用于改善运转设施的足够投资

38.2.2　技术权威性及能力

技术的权威性及能力要素设置 12 个指标，对实验室、风险防范、应急反应和防控、兽医公共安全和兽药管理、紧急事件处理、技术创新六方面能力进行考核（图 38－2）。具体评价内容和评分等级见表 38－5。

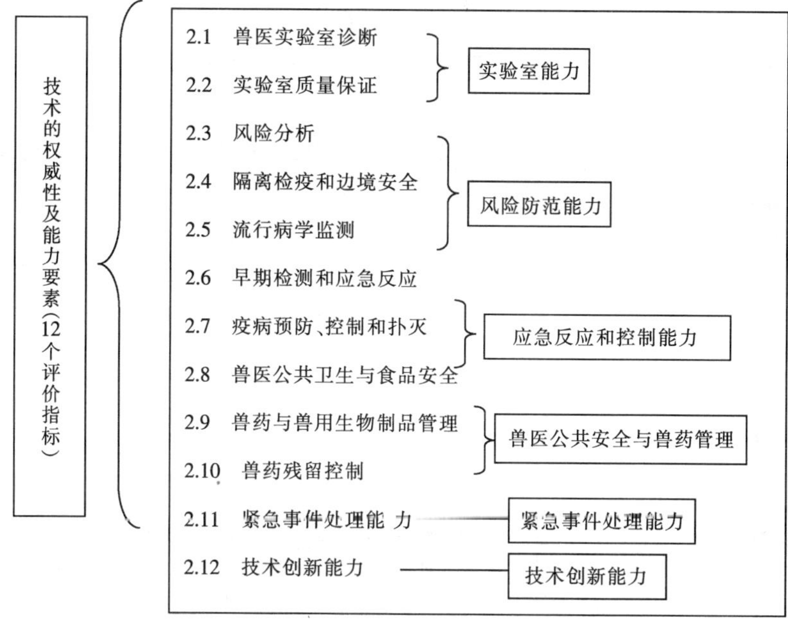

图 38－2 技术的权威性及能力要素评价指标简图

表 38－5 技术的权威性及能力评价指标和评分等级

	等 级
2.1 兽医实验室诊断 兽医系统鉴定和记录病原因子的权威性和能力。病原因子指与公共卫生相关，对动物和动物产品产生负面影响的病原	1. 疫病诊断多是只采用临床诊断，实验室诊断能力几乎没有 2. 对于重大人兽共患病和对国家经济影响重大的疾病，VS 利用实验室取得正确诊断结论 3. 对其他人兽共患病和国内存在的疾病，VS 利用实验室取得正确诊断结论 4. 对人兽共患病和对经济有重大影响但国内不存在但其他地方存在且有可能传入本国的疫病，VS 利用实验室取得正确的诊断结论 5. 对于世界出现的新发病，VS 有能力利用国家或国家参考实验室网络，比如 OIE 参考实验室，得出正确的诊断结论

（续）

	等　级
2.2　实验室质量保证 开展诊断检测、化学残留、抗生素残留、毒素分析、生物学效验等工作的实验室的质量，以正式的QA体系和参与相关水平比对检验项目作为衡理标准	1. 兽医系统内公共部门所用实验室没有采用正式的QA体系 2. 兽医系统内公共部门所用的一些实验室采用了正式的QA体系 3. 兽医系统内公共部门使用的所有实验室都采用了正式的QA体系 4. 兽医系统内公共部门使用的所有实验室，大部分或全部私立实验室都采用了正式的QA体系 5. 兽医系统内公共部门使用的所有实验室，大部分或全部私立实验室都采用了正式的QA程序，这些程序符合OIE，ISO 17025，或符合等同的QA标准指南要求
	等　级
2.3　风险分析 兽医系统基于风险的科学评估做出风险管理决策的权威性和能力	1. 风险管理决策通常没有科学的风险评估作支持 2. 兽医系统收集保存数据但没有能力系统地评估风险。一些风险管理决策是基本科学的风险评估结论 3. 兽医系统能够系统地收集和保存数据并进行风险评估。科学原则和证据，包括风险评估结论为风险管理决策提供依据 4. 兽医系统系统地按照OIE标准进行风险评估，并根据评估结论做出风险管理决策 5. 兽医系统坚持以风险分析为基础进行卫生措施决策，向国际社会通报分析程序和结论，履行OIE成员义务，符合WTO SPS协议规定
	等　级
2.4　隔离检疫和边境安全 兽医系统防范疫病和其他对动物和动物产品的危害进入并传播的权威性和能力。非法进口活动：包括试图使用法定进口入口之外的入口或其他不符合该进口国进口程序的方法途径使动物及动物产品进入该国	1. 兽医系统对其邻国或贸易伙伴没有采取任何形式的动物或动物产品隔离检疫或边境安全程序 2. 兽医系统制定并采取了检疫和边境安全程序，但这些程序通常既未依据国际标准也未依据风险分析结论 3. 兽医系统根据国际标准制定并采取了检疫和边境安全程序，但这些程序对于动物及动物产品的非法进口活动没有系统的处理措施 4. 兽医系统制定并采取了检疫和边境安全程序，这些程序可以系统地疏通合法通道，处理非法活动 5. 兽医系统与其邻国和贸易伙伴共同制定、采用和审核检测和边境安全程序，这些程序可以系统地处理所有已确定的风险因素

（续）

	等　级
2.5　流行病学监测 兽医系统确定、核实和报告动物群体卫生状况的权威性和能力 A、被动流行病学监测	1. 兽医系统没有被动流行病学监测项目 2. 兽医系统对一些相关疫病进行被动监测，并对一些疫病实行全国报告 3. 兽医系统通过田间网络在国家层次上对一些相关疫病进行被动监测，采集疑似病例样本，送往实验室诊断，得出正确结论。VS有基本的国家疫病报告体系 4. 兽医系统在国家层次上 对多数相关疫病进行被动监测和报告，建立了相应的田间网络，采集疑似病例样本，送实验室诊断，取得正确结论。利益相关方知道他们的义务并据此向VS报告疑似和发生的应报告病例 5. 兽医系统定期向利益相关方和国际社会报告被动监测结果
	等　级
B、主动流行病学监则	1. 兽医系统没有主动监测项目 2. 兽医系统对一些相关疫病（具有经济影响的疾病和人兽共患病）开展主动监测，但仅在部分易感畜群进行，而且未定期更新 3. 兽医系统在所有易感畜群对一些相关疫病开展主动监测，但未定期更新 4. 兽医系统在所有易感畜群对一些相关疫病开展主动监测，定期更新并报告监测结果 5. 兽医系统在所有易感畜群对多数或全部相关疫病开展主动监测。监测项目要进行评估，符合国家承诺的OIE义务
	等　级
2.6　早期检测和应急反应 兽医系统在突发重大疫病或食品安全事件时，迅速检测和应急反应的能力和权威性	1. 兽医系统没有田间网络或没有确定是否发生了紧急事件的程序，或没有宣布发生紧急情况并做出反应的权力 2. 兽医系统有田间网络，建立了确定是否发生了紧急事件的程序，但是缺乏必要的法律和财政支持做出适当反应 3. 兽医系统有法律框架和财政支持，能对突发卫生事件做出迅速反应，但这种反应不是通过一个指令链条进行协调 4. 兽医系统无论是否存发生紧急事件，都制定了及时决策的程序，有法律框架和财政支持，通过一个指令链做出迅速反应，对某些外来病有国家应急计划 5. 兽医系统对所有相关疫病都有国家应急计划，通过一条指令链，利益相关各方都协调行动

（续）

	等　级
2.7　疫病预防、控制和扑灭 兽医系统开展主动预防、控制和根除 OIE 所列疫病工作，并证明本国或某个区域无相关疫病的能力和权威性	1. 兽医系统没有权力或能力预防、控制或根除动物疫病 2. 兽医系统在某些地区对某些疫病执行预防、控制和根除计划，但少有或未对这些项目的效率和效力进行科学评估 3. 兽医系统在某些地区对某些疫病执行预防、控制和根除计划，对这些项目的效率和效力进行了科学评估 4. 兽医系统对所有相关疫病执行预防、控制和根除计划，但只对部分项目的效率和效力进行了科学评估 5. 兽医系统对所有相关疫病执行预防、控制和根除计划，并按 OIE 相关的国际标准对项目的效率和效力进行科学评估
	等　级
2.8　兽医公共卫生与食品安全 兽医系统实施、管理和协调兽医公共卫生措施，包括特定食源性人兽共患病和普通食品安全项目的权威性和能力	1. 管理、实施和协调工作通常未按国际标准执行 2. 只为了出口才按国际标准进行管理、实施和协调工作 3. 只有为了出口和在全国销售的产品，才按国际标准进行管理、实施和协调工作 4. 对出口和在全国和地方市场销售的产品，都按国际标准进行管理、实施和协调工作 5. 对在所有层次销售的产品都安全按国际标准进行管理、实施和协调工作
	等　级
2.9　兽药与兽用生物制品管理 兽医系统管理兽药和兽用生物制品的权威性和能力。	1. 兽医系统不能管理兽药和兽用生物制品的使用 2. 兽医系统对兽药和兽用生物制品的使用、进口和生产进行管理控制（包括注册）的能力有限 3. 兽医系统对兽药和兽用生物制品的进口、生产和销售进行质量控制 4. 兽医系统对兽药和兽用生物制品的注册、销售和使用进行全面控制 5. 兽医系统建有体系，监督兽药、兽用生物制品的使用及其副作用

（续）

	等　级
2.10　兽药残留控制 兽医系统承担兽药（如抗生素和激素）、化学品、杀虫剂和放射性核物质残留检测计划的能力	1. 对动物产品没有残留检测项目 2. 只对供出口的动物产品进行某一种残留检测 3. 对全部出口动物产品和部分内销产品执行了综合的残留检测计划 4. 对全部出口动物产品和内销产品执行综合的残留检测计划 5. 残留检测项目是常规质量保证内容，并定期进行评估
	等　级
2.11　紧急事务处理能力 兽医系统对于与国家卫生状况、公共卫生、环境和动物及动物产品贸易方面可能发生的出现的事件，预先识别，并采取适当应急反应行动的权威性和能力	1. 对可能的突发事件VS没有预先识别的工作程序 2. 在国家和国际层面上，VS监视和审查 突发事件相关的进展情况 3. VS对确认了的突发事件的风险、成本和机遇进行评估，包括准备适当的国家应急预案。VS与利益相关方和其他机构，如卫生、野生动物、动物福利和环境方面的部门，在突发事件上有一些合作 4. VS与利益相关方合作，对不利的突发事件进行预防和控制；对有利的突发事件采取有益的行动。VS与利益相关方和其他机构在突发事件发生时，有良好的正式合作关系 5. VS与邻国和贸易伙伴协同行动，对突发事件做出及时反应，包括审核各自早期检测和处理突发事件的能力
	等　级
2.12　技术创新能力 兽医系统紧跟最新科学进展和OIE标准（和Codex标准）的能力。技术创新能力：包括新疫病控制方法、新的疫苗和诊断方法、新的食品安全技术，疫病信息和食品安全突发事件的电子网络的通畅的情况等	1. VS只能通过个人接触和外部资源非正式地得到技术革新 2. VS通过订阅科学杂志和电子媒体，维护技术革新和国际标准数据库 3. VS设有专门项目，主动确定相关技术进展和国际标准 4. VS与利益相关方合作，在政策和程序制定过程中结合新技术和国际标准 5. VS系统地采用新技术和国际标准

38.2.3　利益相关方的互动关系要素的指标

该要素主要评估内容是为了巩固公共部门和利益相关方的共同利益，能够合作完成计划和提高服务质量的能力，包括交流、与利益相关方的协商、官方代表、认证/授权/委托、兽医法定机构、生产者和其他利益相关方参与联合项目情况六个评价指标（图 38－3）。各指标具体评价内容和评分等级见表38－6。

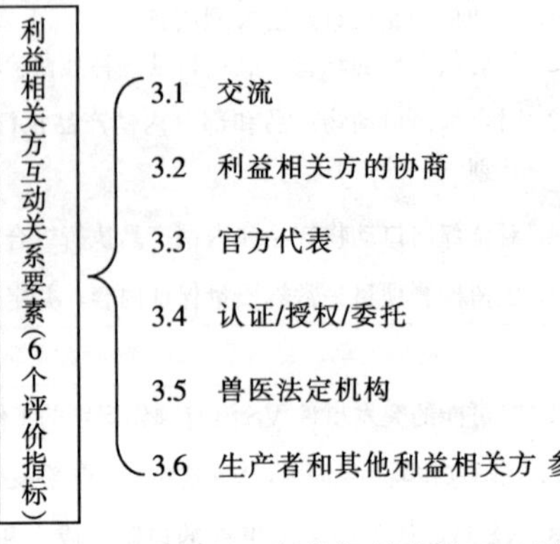

图 38－3 利益相关方的互动关系要素

表 38－6 利益相关方的互动关系要素评价指标和评分等级

	等 级
3.1 交流（通讯） 兽医系统以透明、有效、及时的方式，向各利益相关方通报兽医系统工作和项目，以及动物卫生和食品安全情况的能力	1. 兽医系统没有向利益相关方通报兽医系统工作和项目的机制 2. 兽医系统有非正式的交流机制 3. 兽医系统维持一个官方的交流用联系点，但不经常更新信息 4. 兽医系统交流联系点通过互联网和其他适当的渠道提供兽医系统工作和项目最新信息 5. 兽医系统有完善的交流计划，主动、定期地向利益相关方传递信息
	等 级
3.2 利益相关方的协商 兽医系统与利益相关方就兽医系统的工作和项目，以及时动物卫生和食品安全进展情况进行有效协调的能力。利益相关方：在兽医系统的活动中有利益关系的人、机构或组织（技术、法律、财务等）	1. 兽医系统没有与利益相关方进行协商的机制 2. 兽医系统有与利益相关方协调的非正式渠道 3. 兽医系统有与利益相关方协调的机制 4. 兽医系统定期与利益相关方进行座谈或举办会议 5. 兽医系统主动就计划的和进行中的工作和项目、动物卫生和食品安全进展情况、参与 OIE（Codex 委员会、WTO SPS 委员会）工作，以及改进工作方式，与利益相关方进行协调，并取得反馈意见

（续）

	等　级
3.3　**官方代表** 兽医系统定期主动参与相关地区和国际组织的相关会议，并进行协调和跟踪。这些国际组织包括OIE、Codex委员会和WTO SPS委员会。积极参加：针对会议上可能提到的问题进行提前准备、包括共同讨论解决方法等	1. 兽医系统不参加也不跟踪地区和国际组织的相关会议 2. 兽医系统偶尔参加地区和国际组织的相关会议，但贡献有限 3. 兽医系统积极参加大多数相关会议 4. 兽医系统与利益相关方进行协商，在相关会议上提交报告和发表意见时考虑他们的想法 5. 兽医系统与利益相关方进行协商，确保战略问题认识一致地提交给领导层，保证国家代表团在相关会议上表达他们的立场
	等　级
3.4　**认证/授权/委托** 兽医系统的公共部门认证/授权/委托私立部门，如私人兽医和私立实验室，代表其执行官方任务的权力和能力	1. 兽医系统的公共部门既不授权也没有能力认证/授权/委托私立部门承担官方任务 2. 兽医系统的公共部门有权也有能力认证/授权/委托私立部门承担官方任务，但目前还没有开展这项工作 3. 兽医系统的公共部门针对某些任务设立了认证/授权/委托项目，但这些项目不作日常检查 4. 兽医系统的公共部门设立并实施认证/授权/委托项目，并做日常检查 5. 兽医系统的公共部门对其认证/授权/委托项目进行审核，以维持贸易伙伴和利益相关方的信任
	等　级
3.5　**兽医法定机构** 兽医法定机构（VSB）是自治性权威机构，负责兽医师和兽医辅助人员的管理。其作用在OIE陆生动物卫生法典中有定义	1. 还没有立法建立兽医法定机构 2. 有兽医法定机构，但它没有做决策和采取惩罚措施的法定权力 3. 兽医法定机构只管理兽医系统某些部门（如公共部门的，而不是私立部门的兽医师）的兽医师和兽医辅助人员 4. 兽医法定机构管理兽医机构内所有兽医师和兽医辅助人员 5. 兽医法定机构有评估程序，对自治情况、机构能力和成员的代表性进行评估

（续）

	等　级
3.6 **生产者和其他利益相关方参与联合项目情况** 兽医系统与利益相关方就动物卫生和食品安全问题阐明和执行联合项目的能力	1. 生产者和其他利益相关方只是遵守而不是积极参与项目 2. 生产者和其他利益相关者被告知项目，帮助 VS 在田间实施项目 3. 生产者和其他利益相关者接受培训后参与项目，得到改进建议，参与疫病早期检测工作 4. 生产者和其他利益相关方代表与 VS 就项目的组织和执行进行磋商 5. 生产者和其他利益相关者被正式组织起来，与 VS 密切合作，参加到发展性项目中

38.2.4 国际市场准入能力

能力评价指标包括法律法规制定及执法、利益相关各方遵守法律法规、国际接轨、国际出证、等效性和其他卫生协议、追溯能力、透明度、区域区化、生物安全区划九个方面（图 38－4）。具体评价指标和评分等级见表 38－7。

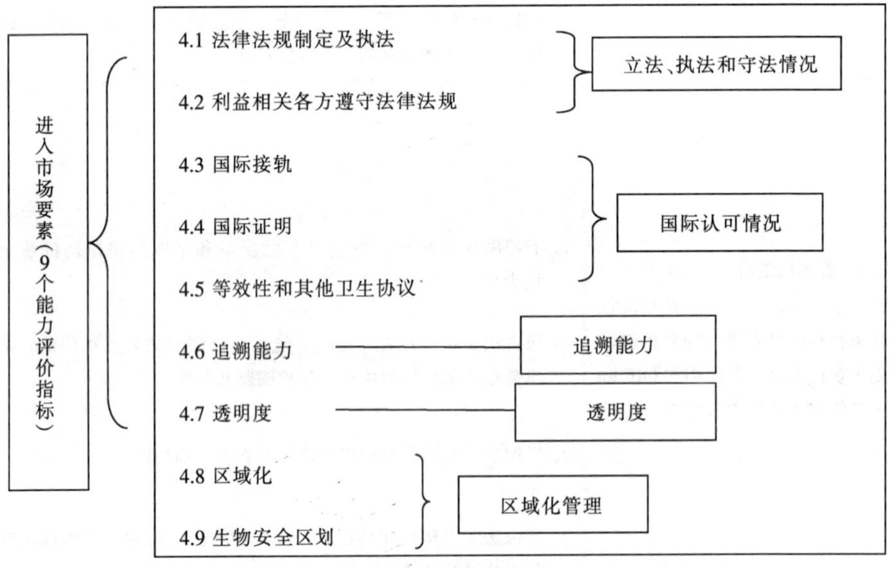

图 38－4　进入国际市场的能力要素的指标简图

表 38-7 进入国际市场的能力要素具体评价指标和评分等级

	等 级
4.1 法律法规制定及执法 兽医系统主动参与国家动物卫生和食品安全法律法规起草和执行的权威性和能力	1. 兽医系统既没有权力也没有能力参加国家法律法规的起草和执行 2. 兽医系统有权也有能力参与国家法律法规的起草，但不能在全国执法 3. 兽医系统有权也有能力参与国家法律法规的起草，并在全国执法 4. 兽医系统在参与国家法律法规起草时与利益相关方进行协商，在执法时要符合国家需要 5. 兽医系统在执法时与利益相关方协商，符合国际贸易要求
	等 级
4.2 利益相关各方遵守的法律法规 兽医系统确保利益相关方遵守动物卫生和食品安全法规的权威性和能力。遵守的法律法规是基于卫生措施所设立的所有相关法律、条例和法令以及相关的技术的进程和程序	1. 兽医系统没有计划保证利益相关方遵守相关法规 2. 兽医系统执行包括检查和查验是否遵守动物和动物产品相关法规的计划，报告违法事件，但一般不采取进一步行动 3. 如果必要，兽医系统对违法行为进行适当处罚 4. 兽医系统与利益相关方共同工作，减少违法案件 5. 兽医系统审查利益相关方遵守法律的计划
	等 级
4.3 国际接轨 兽医系统在法规和卫生措施与国际接轨，保证国家立法和法规制定时考虑相关国际标准方面的权力和能力。对那些国内没有实施国际标准的国家来说参加国际标准的制定，对其提高国内法规是个重要的因素	1. 兽医系统相关的国家法律法规和卫生措施的制定没有考虑国际标准 2. 兽医系统知道国家法律法规和卫生措施与国际标准比较存在的差距、矛盾和不一致之处，但没有能力或权力解决问题 3. 兽医系统监视国际标准的制定和修订情况，阶段性地重审国家法律法规和卫生措施，使之与国际标准接轨，但不能在相关政府间组织起草标准时积极地提出意见 4. 兽医系统在相关政府间组织起草标准时积极地参与审核并提出意见 5. 兽医系统积极地定期在国际水平上参加国际标准的建议、磋商和采用工作，并促使国家法律法规和卫生措施与国际接轨

（续）

	等　级
4.4　国际出证 兽医系统按照国家法律法规和国际标准检验动物、动物产品、服务与过程的权力和能力。国际认证程序应基于OIE食品法典的相关内容	1. 兽医系统既无权力也无能力检验动物、动物产品、服务与过程 2. 兽医系统有权检验某种动物、动物产品、服务与过程，但不总是按照国家法律法规和国际标准进行 3. 兽医系统对某种动物、动物产品、服务和过程，按照国际标准建立并开展了证明工作 4. 兽医系统对所有动物、动物产品、服务和过程，都按照国际标准建立并开展了证明工作 5. 兽医系统对其证明工作进行审核，以保证国家和国际对证明体系的信心
	等　级
4.5　等效性和其他卫生协议 兽医系统与贸易伙伴方进行磋商，执行和维持等效性，以及其他各类卫生协议的权力和能力	1. 兽医系统既无权力也无能力与其他国家磋商或批准等效性或其他各类卫生协议 2. 兽医系统有权与贸易伙伴磋商和批准等效性决定和其他各类卫生协议，但这些协议未得到执行 3. 兽医系统对于特定动物、动物产品和过程与贸易伙伴达成了等效性决议和其他各类卫生协议 4. 兽医系统积极推动就动物、动物产品和过程有关的所有事务与贸易伙伴建立、执行和维护等效性决定和其他各类卫生协议 5. 兽医系统积极与利益相关方合作，考虑建立国际标准，推动与贸易伙伴间立等效性和其他各类卫生协议
	等　级
4.6　追溯能力 兽医系统识别动物和动物产品，追溯其历史、位置和销售情况的权威性和能力	1. 兽医系统没有能力识别动物或动物产品 2. 兽医系统能以文件记载某些动物和动物产品的历史 3. 兽医系统为控制动物疫病和食品安全，按照相关国际标准，制定了根据需要对某些动物和动物产品进行识别和追踪的程序 4. 兽医系统及其利益相关方为疫病控制和食品安全考虑，协调建立了能识别和追踪动物和动物产品的国家程序 5. 兽医系统与其利益相关方合作，对追溯程序进行审核

（续）

	等　级
4.7　透明度 兽医系统按照已有程序向 OIE（需要时，通报 WTO SPS 委员会）通报其卫生状况和其	1. 不通报 2. 有时通报 3. 按着相关组织制定的程序进行通报 4. 定期通知利益相关方法规变化，相关疫病控制决定的变化，和国家卫生状况，以及其他国家法规和卫生状况的变化情况 5. 与相关利益方合作，对透明度程序进行审核
	等　级
4.8　区域区划 兽医系统按照 OIE 标准（需要时，按照 WTO SPS 协议）建立与维持无疫区的权力和能力	1. 兽医系统无法建立无疫区 2. 必要时，兽医系统能确定适于区域控制，动物健康状况清楚的动物亚群 3. 兽医系统对特定动物和动物产品已经实施了生物安全措施，可以建立和维持无疫区 4. 兽医系统与利益相关方合作，明确责任，采取行动，对特定动物和动物产品建立并维持无疫区 5. 兽医系统能证明无疫区的科学依据，使贸易伙伴认可达到了 OIE 标准
	等　级
4.9　生物安全区划 兽医系统按照 OIE 标准（需要时，按照 WTO SPS 协议），必要时，建立和维持无疫生物安全隔离区的权威性和能力	1. 兽医系统不能建立无疫生物安全隔离区 2. 必要时，兽医系统能确定适合于隔离区管理，卫生状况清楚的动物亚群 3. 兽医系统已经实施生物安全措施，使其可以针对特定动物和动物产品建立和维持无疫隔离区 4. 兽医系统与利益相关者合作，明确责任，采取行动，必要时，使其可以针对特定动物和动物产品建立和维持无疫隔离区 5. 兽医系统能证明无疫隔离区的科学依据，使贸易伙伴认可达到了 OIE 标准

38.3　OIE 效能评估的基本过程

OIE－PVS 评估申请分为六个步骤，一般整个过程平均为六个月。

(1) 申请评估 OIE 成员代表自愿提出评价本国的申请，提交申请时要明确表明评估范围和评估目的，以便评估小组进行评估时有所侧重。

(2) 组成专家组 OIE 提出评估专家组名单和评估日期的建议，经被评估国家认可。专家组一般由 1 名组长，1～2 名评估专家组成，且至少有一名技术专家；也可包括观察员。这些评估专家都是经过 OIE PVS 评估培训并获得认证的专家。

(3) 评估准备 被评估国家和评估专家组负责人共同编制评估日程及内容。具体评估准备内容有：

查看相关资料和记录：根据评估成员提供的资料确定评估方法、范围任务及日程安排。

通知：OIE 评估专家组书面通知被评估成员联络点（抄送首席兽医官副本）PVS 评估方法、评估范围和评估任务特殊性，以及评估日程（通常为 2～3 星期）和地点等。

选择交流语言：交流语言一般使用世界动物卫生组织的官方语言（英语、法语和西班牙语），如被评估成员不适用官方语言，需要向评价专家提供必要的支持，如翻译人员，但费用由被评估成员负担。如果被评估成员提供的重要文件不是 OIE 的官方语言，应简要翻译为 OIE 官方语言之一。

宣传：被评估成员向下级兽医系统或相关利益方介绍 PVS 评估程序和内容。

后勤：确定评估组后勤工作，确定便于联系的电子邮箱或电话联络点。

住宿：住宿地应尽可能与实地访问的地区相近，以减少旅途时间。宾馆尽可能有互联网。PVS 评估人员自己支付宾馆相关费用。把联络点建立在专家们预定的宾馆比较合适。

确定实地考察的行程：一般实地考察时间占评估时间的 25%。如果驱车赴实地考察点需 3～4h 以上，应乘坐火车或飞机。

确定陪同人员：在评估过程中有专家陪同是可取的，但是不需要很多，陪同人员要有足够的资历，以便向评估专家介绍兽医系统相关事项。陪同人员不应干涉评估讨论。

礼节性拜访：评估开始之初，评估小组与被评估国兽医系统权威部门（部长或部长代表）进行礼节性拜访。

(4) 评估阶段 评估专家组对被评估成员实施评估，包括拜访、出席者名单、开幕会、程序、闭幕会、拜访等环节。

拜访：尽可能在评估开始前进行礼节性访问。

确定出席者名单： 在评估过程中，每一次会议都应列出参会者名单，在最终报告一并写入。

召开开幕会： 会议的正式开幕就意味着评估工作的正式开始。出席到场的应有兽医系统最高领导人及相关工作人员。会上 PVS 评估专家介绍评估工作的主要目标和评估程序，被评估国家兽医系统工作人员简述工作的责任、兽医系统组织结构和工作范围。

在此期间评估专家组需完成如下工作：一是确定评估计划，酌情考虑私营部门和其他利益相关方的参与。二是核实和更新信息。三是确认被访问地点和机构以及行程安排。四是拟定调查访问的事项。五是筹划闭幕会议。

评估程序： 对于在 PVS 中列出的每一个能力评价指标，评估小组熟悉了解的情况下，确定兽医系统的工作活动和评估等级水平。这些评估指标没有先后顺序，而且评估标准等级的划分完全基于评估专家组对评估整个过程的观察和综合分析收集到的资料进行分析的基础上。PVS 评估方式有实地调查和会谈两种方式。

召开闭幕会： 在评估任务结束时，评估专家组要与兽医系统负责人（通常是参加开幕会议的人们）举行会议。在会议上决策者和利益相关方参加是比较适合的。这次会上，初步做出调查评估的结果，确认优势及差距，确定形成报告的时限。

拜访： 如果条件允许，最好在闭幕会结束后，评估组安排在与兽医系统的权威部门，进行交流，并传达评估主要内容及评估初步结果。

（5）起草报告 PVS 评估专家必须在评估后一个月内做出报告草稿。被评估国提供的后期信息资料不得迟于评估后两周。该报告要详细描述兽医系统目前运行状态，包括基于事实调查所得结果差距（OIE 评估标准）。该报告将经过独立的、经过培训和认证的 OIE 资深专家进行评审。

OIE 总干事将修订的草案递给被评估国家，被评估国应在一月内回馈对报告的意见。OIE 接收到了被评估国家的反馈意见，通常在一个月内完成报告终稿。

（6）公布报告 对评估结果 OIE 要保密，没有得到被评估国家的允许之前不会公布评估结果。PVS 评估报告一般由被评估国家基本概况、评估过程和评估结果三部分内容组成。

38.4 OIE 兽医效能评估的实施情况

截止到2010年1月12日为止提交官方申请的国家有100个，其中已经评估完的国家是91个，完成报告的国家有55个（表38-8）。

表38-8 经OIE PVS评估国家适用情况

地 区	官方申请	评估完	完成报告
非 洲	44	39	31
美 洲	17	17	8
亚洲/太平洋	15	13	10
欧 洲	11	11	3
中 东	13	11	3
总 数	100	91	55

注：截至2010年1月12日。

其中按联合国开发计划署公布的2009年度各国的人类发展指数（HDI）来计算的发达国家及准发达国家参加评估的国家有：美洲（3）：巴巴多斯、墨西哥（准发达国家）、哥斯达黎加（准发达国家）；亚洲/太平洋（2）：韩国、文莱；中东（4）：科威特、卡塔尔、阿拉伯联合酋长国、巴林（准发达国家）。

提出官方申请的国家如下*(斜体表示未完成评估的国家)*：

非洲（44）：阿尔及利亚，贝宁，*博茨瓦纳*，布基纳法索，布隆迪，喀麦隆，乍得，科特迪瓦，刚果（何），吉布提，埃及，*赤道几内亚*，厄立特里亚，加蓬，冈比亚，加纳，几内亚，几内亚比绍，肯尼亚，莱索托，*利比里亚（非会员国）*，利比亚，马达加斯加，马拉维，马里，毛里塔尼亚，毛里求斯，摩洛哥，莫桑比克，纳米比亚，尼日尔，尼日利亚，卢旺达，塞内加尔，*塞拉利昂*，*索马里*，苏丹，斯威士兰，坦桑尼亚，多哥，突尼斯，乌干达，赞比亚，津巴布韦。

美洲（17）：巴巴多斯，伯利兹，玻利维亚，巴西，哥伦比亚，哥斯达黎加，多米尼加共和国，萨尔瓦多，圭亚那，洪都拉斯，牙买加，墨西哥，尼加拉瓜，巴拿马，巴拉圭，秘鲁，乌拉圭。

亚洲/太平洋（15）：*孟加拉国*，不丹，文莱，柬埔寨，斐济，印度尼西亚，韩国（共和国），老挝人民民主共和国，*马尔代夫*，蒙古，缅甸，尼泊尔，菲律宾，斯里兰卡，越南。

欧洲（11）：阿尔巴尼亚，亚美尼亚，阿塞拜疆，保加利亚，格鲁吉亚，哈萨克斯坦，吉尔吉斯斯坦，罗马尼亚，塔吉克斯坦，乌克兰，乌兹别克斯坦。

中东（13）：阿富汗，巴林，约旦，科威特，黎巴嫩，阿曼，*巴勒斯坦民族权力机构（非会员国）*，卡塔尔，*沙特阿拉伯*，叙利亚，土耳其，阿拉伯联合酋长国，也门。

本书英汉词汇表

（按照英文字母顺序排列）

A

Abattoir 屠宰场
Abalone Viral Mortality 鲍鱼病毒性死亡
Acarapisosis of Honey Bees 蜜蜂螨病
Accuracy 准确性
Aerosols 气溶胶
African Animal Trypanosomiasis 非洲动物锥虫病
African Horse Sickness 非洲马瘟
African Swine Fever 非洲猪瘟
Agar Gel Immunodiffusion（AGID）琼脂凝胶免疫扩散
Agriculture and Agri－Food Canada（AAFC）加拿大农业及农业食品部
Air and Ocean Ports 空港和海港
Akabane 赤羽病
Alternative Tests 替代方法
American Biological Safety Association 美国生物安全协会
American Foulbrood of Honey Bees 蜜蜂美洲幼虫腐臭病
American Veterinary Medical Association（AVMA）美国兽医协会
Amphibians 两栖类动物
Analytical Sensitivity 分析上的灵敏度
Analytical Specificity 分析上的特异性
Animal and Plant Health Inspection Service（APHIS）动植物卫生检验局
Animal Biosafety Level（BSL）动物生物安全水平
Animal Health and Production Division（AHPD）加拿大食品检验署动物卫生与生产局
Animal Production and Health Commission for Asia（APHCA）亚太区家畜生产及卫生理事会
Animal Import Center（AIC）动物进口中心
Annual Report 年度报告
Ante－mortem Inspection 宰前检验
Anthrax 炭疽
Appropriate Levels of Protection（ALOP）适当的保护水平
Area Public Health Veterinarian 地区公共卫生兽医官
Area Veterinarian in Charge（AVIC）地区兽医主管
Assay 试验

Association of Zoos and Aquariums (AZA) 美国动物园和水族馆协会

Aujeszky's Disease 伪狂犬病

Avian Chlamydiosis 禽衣原体病

Avian Diseases 禽病

Avian Influenza Virus (AIV) 禽流感病毒

Avian Infectious Bronchitis 禽传染性支气管炎

Avian Infectious Laryngotracheitis 禽传染性喉气管炎

Avian Mycoplasmosis (M. Gallisepticum) 禽支原体病

Avian Mycoplasmosis (M. Synoviae) 禽支原体病

Avian Paramyxovirus Type1 (APMV-1) 禽副黏病毒1型

B

Babesiosis 巴贝斯虫病

Bee Diseases 蜂病

Bluetongue 蓝舌病

Bluetongue and Epizootic Hemorrhagic Disease 蓝舌病和流行性出血病

Biosafety 生物安全

Biological Agents 生物因子

Biosafety in the Microbiological and Biomedical Laboratories 美国微生物学和生物医学实验室生物安全手册

Biosafety Level 实验室生物安全水平

Biological Safety Cabinet 生物安全柜

Biological and Toxin Weapons Convention (BTWC) 禁止生物武器公约

Bovine Anaplasmosis 牛无浆体病

Bovine Babesiosis 牛巴贝斯虫病

Bovine Ephemeral Fever 牛流行热

Bovine Genital Campylobacteriosis 牛生殖道弯曲杆菌病

Bovine Spongiform Encephalopathy (BSE) 牛海绵状脑病/疯牛病

Bovine Tuberculosis 牛肺结核病

Bovine Viral Diarrhoea 牛病毒性腹泻

Border Posts 边境检查站

Brucellosis (Brucella Abortus) 布鲁氏菌病（流产布鲁氏菌病）

Brucellosis (Brucella Melitensis) 羊布鲁氏菌病

Brucellosis (Brucella Suis) 猪布鲁氏菌病

C

Camelpox 骆驼痘

Canadian Border Ports 加拿大边境口岸

Canadian Food Inspection Agency (CFIA) 加拿大食品检验署

Canadian Veterinary Medical Association (CVMA) 加拿大兽医协会

Caprine Arthritis/Encephalitis 山羊关节炎/脑炎

Carcass 胴体

Case Definition 病例定义

Cattle Diseases 牛病

Center for Veterinary Biologics（CVB）美国兽医生物制品中心

Certification 认证

Certification Procedures 出证程序

Chief Veterinary Officer（CVO）首席兽医官

Classical Swine Fever（CSF）古典猪瘟

Clinical Competency Test（CCT）美国国家兽医考试临床能力测试

Clustering 聚集现象

Code of Federal Regulations（CFR）美国联邦法规

Code of Hygienic Practice for Meat（CHPM）肉品卫生操作规范

Code of Practice on Good Animal Feeding（CPGAF）动物饲养良好操作规范

Codex Alimentarius Commission（CAC）国际食品法典委员会

Codex Committee on Residues of Veterinary Drugs in Foods（CCRVDF）CAC 兽药残留委员会

Codex Maximum Limit for Residues of Veterinary Drugs（MRLVD）CAC 兽药最大残留限量规定

Colloidal Gold Immunoassay 胶体金免疫检测

Complement Fixation Test（CFT）补体结合试验

Comite Europeen de Normalisation（CEN）欧洲标准委员会

Committee on Conformity Assessment（CASCO）ISO 合格评定委员会

Compartment 分隔区

Competent Authority 主管当局

Competent Body 主管机构

Competent Person 主管人员

Competition Horses 赛马

Complement Fixation Test 补体结合试验

Confirmatory Tests 确诊方法

Container 集装箱

Containment Zone 封锁区

Contagious Agalactia 接触传染性无乳症

Contagious Agalactia of Sheep and Goat 绵羊和山羊传染性无乳症

Contagious Caprine Pleuropneumonia 山羊传染性胸膜肺炎

Contagious Bovine Pleuropneumonia 牛传染性胸膜肺炎

Contagious Equine Metritis 马传染性子宫炎

Continuing Education（CE）继续教育

Continuing Professional Development（CPD）继续专业发展

Convention on International Trade in Endangered Species of Wild Fauna and Flora（CITES）濒危野生动植物种国际贸易公约

Crayfish Plague（Aphanomyces Astaci）螯虾瘟

Crimean Congo Haemorrhagic Fever 克罗米亚刚果出血热

Cross－reaction 交叉反应
Crustacean Diseases 甲壳类动物病
Customs and Border Protection (CBP) 海关边境保护局
Cut－off Value 临界值
CVB Inspection and Compliance Unit (CVB－IC) 美国兽医生物制品中心监督执法管理部门
CVB Policy Evaluation and Licensing (CVB－PEL) 美国兽医生物制品中心政策、评估和注册管理部门

D

Department for Environment, Food and Rural Affairs (DEFRA) 英国环境、食品及农村事务部
Department of Livestock Development (DLD) 泰国农业部畜牧发展局
Designated Ports 指定口岸
Diagnostical Sensitivity 诊断的灵敏度
Diagnostical Specificity 诊断的特异性
Direct Fluorescent Antibody Test 直接荧光抗体试验
Disease and Defect 疾病或缺陷
Disease Control Epidemic Intelligence Service (DCEIS) 美国疫病控制流行智能服务项目
Disease－free Areas 非疫区和低度流行区认可原则
Disease－free Certification 无疫认证
District Manager 地区主管
Dourine 马媾疫
Duck Virus Enteritis 鸭病毒性肠炎
Duck Virus Hepatitis 鸭病毒性肝炎

E

East Coast Fever 东岸热
Early Detection System 早期检测系统
Echinococcosis/Hydatidosis 棘球蚴病
ELISA 酶联免疫吸附试验
Emergency Prevention System for Transboundary Animal and Plant Pests and Diseases (EMPRES) 跨界动植物病虫害紧急预防系统
Enforcement and Investigation Analysis Officer 执行与调查分析官
Environmental Impact Statement (EIS) 环境影响声明
Enzootic Abortion of Ewes (Ovine Chlamydiosis) 母羊地方性流产(绵羊衣原体病)
Enzootic Bovine Leukosis 地方流行性牛白血病
Epidemiological Unit 流行病学单元
Epizootic Haematopoietic Necrosis 流行性造血器官坏死病
Epizootic Ulcerative Syndrome 流行性溃疡综合征
Epizootic Haemorrhagic Disease 流行出血性疾病

Epizootic Lymphangitis 流行性淋巴管炎

Equine Diseases 马病

Equine Encephalomyelitis (Eastern) 马脑脊髓炎（东部）

Equine Encephalomyelitis (Western) 马脑脊髓炎（西部）

Equine Infectious Anaemia 马传染性贫血

Equine Influenza 马流感

Equine Morbillivirus Pneumonia 马麻疹病毒性肺炎

Equine Piroplasmosis 马巴贝斯病

Equine Rhinopneumonitis 马鼻肺炎

Equine Viral Arteritis 马病毒性动脉炎

Equivalence 等效性原则

Equivalency Testing 等效性试验

Establishment 检疫点

EstablishmentOperator 检疫点负责人

European Commission for the Control of Foot and Mouth Disease (EU-FMD) 欧洲口蹄疫防治理事会

European Co-operation for Accreditation (EA) 欧洲认证协会

European Directorate for the Quality of Medicines (EDQM) 欧洲药品质量管理局

European Foulbrood of Honey Bees 蜜蜂欧洲幼虫腐臭病

European Union (EU) 欧盟

EU Regulation 欧盟条例

EU Directives 欧盟指令

European Union Law On Drug Regulatory Affairs (Eudralex) 欧盟兽药管理技术法规

F

False Positives 假阳性

False Negatives 假阴性

Federal Veterinarian 美国联邦兽医

Field Veterinarian 美国田间兽医

Final Report 最终通报

Fish Diseases 鱼病

Follow-up Report 后续通报

Food and Agriculture Organization of the United Nations (FAO) 联合国粮食及农业组织

Food Safety and Inspection Service (FSIS) 食品安全检验局

Foot and Mouth Disease (FMD) 口蹄疫

Foot and Mouth Disease Virus (FMDV) 口蹄疫病毒

Foreign Pests and Vectors of Arthropod-Borne Disease 外来虫媒病

Fowl Cholera 禽霍乱

Fowl Typhoid 鸡伤寒

Free Compartment 无疫分隔区

Free Zone 无疫区

G

General Agreement on Tariffs and Trade（GATT）关税和贸易总协定

Glanders 马鼻疽

Global Early Warning and Response System for Major Animal Diseases（GLEWS）全球动物疫病早期预警系统

Global Framework for Progressive Control of Transboundary Animal Diseases（GF－TADs）跨界动物疫病全球渐进控制战略

Global Rinderpest Eradication Program（GREP）全球牛瘟消灭计划

Good Agricultural Practice（GAP）良好农业规范

Good Laboratory Practice（GLP）良好的实验室规范

Good Manufacturing Practice（GMP）良好的操作规范

Good Veterinary Practice（GVP）良好的兽医控制规范

Ground Zero 零基准

Guidelines for Research Involving Recombinant DNA Molecules DNA 分子重组研究规范

Gyrodactylosis（Gyrodactylus Salaris）三代虫病（唇齿鱼尉三代虫）

H

Haemorrhagic Septicaemia 出血性败血症

Harmonization 国际协调一致性原则

Hazard Analysis and Critical Control Point（HACCP）危害分析和临界控制点

Hazardous Waste 危险废弃物

Heartwater 心水病

Hemagglutinin（HA）血凝素

HA Test 血凝试验

Hemagglutination Inhibition Test 血凝抑制试验

High Efficiency Particulate Air Filter（HEPA）高效空气过滤器

Highly Pathogenic Avian Influenza（HPAI）高致病性禽流感

Highly Pathogenicity Notifiable Avian Influenza（HPNAI）高致病通报性禽流感

Historically Free 历史无感染

Heating，Ventilation and Air Conditioning（HVAC）取暖、通风与空调

Human Development Index（HDI）人类发展指数

I

ICAR 动物记录国际委员会

Immediate Notification 紧急通报

Immuno - precipitation Reaction 免疫沉淀反应

Immuno - agglutination Reaction 免疫凝集反应

Immuno - histochemistrical Tests 免疫组化试验

Import Bans 进口禁令

Import Risk Analysis（IRA）进口风险分析

Import Risk Analysis Appeals Panel（IRAAP）进口风险分析上诉小组

Incidence 发生率

Indirect Fluorescent Antibody Test 间接荧光抗体试验

Inedible 不可食用

Infected Zone 感染（疫）区

Infection - free Certification 无感染认证

Infection with Bonamia Ostreae 牡蛎包拉米虫感染

Infection with Bonamia Exitiosa 牡蛎包拉米亚虫感染

Infection with Batrachochytrium Dendrobatidis 蛙壶菌感染

Infection with Marteilia Refringens 折光马尔太虫感染

Infection with Perkinsus Marinus 海水派琴虫感染

Infection with Perkinsus Olseni 奥尔逊派琴虫感染

Infection with Ranavirus 虹彩病毒感染

Infection with Xenohaliotis Californiensis 鲍鱼凋萎综合征

Infectious Bovine Rhinotracheitis 牛传染性鼻气管炎 Infectious Bursal Disease（Gumboro Disease）传染性法氏囊病（甘布罗病）

Infectious Haematopoietic Necrosis 传染性造血器官坏死病

Infectious Hypodermal and Haematopoietic Necrosis 传染性皮下及造血器官坏死病

Infectious Pustular Vulvovaginitis 传染性脓疱性外阴道炎

Infectious Salmon Anaemia 鲑鱼传染性贫血病

Infective Period 感染期

Institute for Animal Health（IAH）英国动物卫生研究所

Inter - American Institute for Cooperation on Agriculture（IICA）泛美农业合作协会

Inter - laboratory Comparison 实验室间对比

International Association for Biologicals（IABS）国际生物制品协会

International Council of Voluntary Organization（ICVA）国际自发性组织会议

International Federation of Pharmaceutical Manufacturers & Associations（IFPMA）国际制药公会联盟

International Organization for Standardization（ISO）国际标准化组织

International Plant Protection Convention（IPPC）国际植物保护公约

International Union of Microbiological

Societies (IUMS) 国际微生物学会联盟

International Veterinary Certificate 国际兽医证书

Intracerebral Pathogenicity Index (ICPI) 脑内致病指数

Intravenous Pathogenicity Index (IVPI) 静脉致病指数

J

Japanese Encephalitis 日本脑炎

Japanese Veterinary Medical Association (JVMA) 日本兽医师会

K

Koi Herpesvirus Disease 锦鲤疱疹病

L

Laboratory Biosafety Manual 世界卫生组织实验室生物安全手册

Lagomorph Diseases 兔病

Leg-hold Traps 欧盟夹腿钳指令

Leishmaniosis 利什曼病

Leptospirosis 钩端螺旋体病

Limited Ports 限制性口岸

Listed Diseases 表列疫病

Low Pathogenicity Notifiable Avian Influenza (LPNAI) 低致病通报性禽流感

Louping-Ill 羊风毒病

Lumpky Skin Disease 结节性皮炎

M

Ministry of Agriculture and Forestry (MAF) 新西兰农林部

Malignant Catarrhal Fever 恶性卡他热

Maedi-visna 梅迪-维斯那病

MAPA 巴西农牧业和食品供应部

MAPA-SDA 巴西动植物卫生检疫局

Marek's Disease 马立克氏病

Meat Inspection Veterinarian 美国肉类检验兽医

Medical Research Council of Canada (MRC) 加拿大医学研究委员会

Mexican Border Ports 墨西哥边境口岸

Milk Ring Test MRT 牛乳环状试验

Model Passport 护照模板

Mollusc Diseases 软体动物病

Most Favored Nation 最惠国待遇原则

MP 基质蛋白

MSAT 微量凝聚试验

Multiple Species Diseases 多种动物共患病

Myxomatosis 黏液瘤病

N

Nairobi Sheep Disease 内罗毕病

National Animal Health Information System（NAHIS）澳大利亚国家动物卫生信息系统

National Animal Health Monitoring System（NAHM）美国国家动物卫生监测系统

National Board of Veterinary Medical Examiners（NBVME）美国国家兽医考试委员会

National Cooperation for Laboratories Accreditation（NACLA）国家实验室认证协会

National Inquiry Point 国家咨询点

National Notification Authority 国家通报机构

National Research Council of Canada（NRC）加拿大国立研究委员会

National Sciences and Engineering Research Council of Canada（NSERC）加拿大国立科学和工程研究委员会

National Treatment 国民待遇原则

National Veterinary Services Laboratories（NVSL）美国国家兽医服务实验室

Newcastle Disease 新城疫

New World Screwworm（Cochliomyia Hominivorax）新大陆螺旋蝇蛆病

Neucleoprotein 核蛋白

Neuraminidase（NA）神经氨酸酶

Neuramidinase Inhibition Assay（NI）神经氨酸酶抑制试验

Neutralization Test 中和试验

Nipah Virus Encephalitis 尼帕病毒性脑病

Nondiscriminatory 非歧视性原则

Non－human Primates 非人灵长类动物

Non－structural Protein（NSP）非结构蛋白

Notifiable Avian Influenza（NAI）通报性禽流感

Notifiable Disease 法定（报告）疫病

Notification 通报

Notification Procedures 通报程序

NSP－ELISA（3ABC）检测非结构蛋白 3ABC 抗体的酶联免疫吸附试验

NSP－ELISA 检测非结构蛋白抗体的酶联免疫吸附试验

NSP－EITB Enzyme Linked Immunoelectrotransfer Blot 抗体免疫印迹试验

Numeric Balanced Value 数字平衡值

O

Objective Situation 客观情况

Office International des Epizooties (OIE) 世界动物卫生组织

Officially Brucellosis Free (OBF) 无布鲁氏菌病畜群

Official Veterinarian 官方兽医

Old world Screwworm (Chrysomya Bezziana) 旧大陆螺旋蝇蛆病

Organismo Internacional Regional de Sanidad Agropecuaria (OIRSA) 植物保护和动物卫生区域性国际组织

Ovine Epididymitis (Brucella Ovis) 绵羊附睾炎（绵羊布鲁氏菌）

P

Pan American Health Organization (PAHO) 泛美卫生组织

Parafilariasis Cattle 牛多乳头副丝虫病

Paratuberculosis 副结核病

Pathogens 病原体

Performance of Veterinary Services (PVS) 兽医机构效能

Peste des Petits Ruminants 小反刍兽疫

Pharmacopoeial Discussion Group (PDG) 药典研讨组

Polymerase Chain Reaction (PCR) 聚合酶链式反应

Population 总体

Porcine Cysticercosis 猪囊尾蚴病

Porcine Reproductive and Respiratory Syndrome (PRRS) 猪繁殖与呼吸综合征

Possibility 可能性

Precision 精确性

Pre－export Quarantine (PEQ) 装运前检疫

Predictive Positive Value 真阳率

Predictive Negative Value 真阴率

Prescribed tests 指定方法

Prevalence 流行率

Probability 发生概率

Protection zone 保护区

Public Health Veterinarian 公共卫生兽医官

Pullorum Disease 鸡白痢

Q

Qfever Q 热

Quality Assurance (QA) 兽药质量保证

Quality Control (QC) 兽药质量控制

Quantitative Restrictions 数量限制

Quarantine Stations 检疫隔离场

R

Rabbit Haemorrhagic Disease 兔出血病

Rabies 狂犬病

Rapid Alert System（RAS）快速警戒系统

RBPT 孟加拉红平板凝集试验

Red Sea Bream Iridoviral Disease 真鲷虹彩病毒病

Reference Lab 参考实验室

Regional Commissions 地区（区域）委员会

Reproducibility 可复制性

Repeatability 可重复性

Restriction Endonuclease Analysis（REA）限制性内切酶分析

Restriction Fragment Length Polymorphism（RFLP）限制性片段长度多样性

Rift Valley Fever 裂谷热

Rinderpest 牛瘟

Risk Assessment 风险评估原则

RT－PCR 反转录聚合酶链式反应

S

Safety in Healthcare Laboratories 世界卫生组织卫生保健实验室安全

Salmonellosis（S. Abortusovis）沙门氏菌病（流产沙门氏菌）

Sampling 抽样

SAT 血清凝聚试验

Scientific Justification 科学合理性原则

Scrapie 痒疫

Screening Tests 筛选方法

Screw－worm Myiasis 螺旋蝇疽病

Screw－worm Fly 大陆螺旋蝇疽病

Sentinel Animal Surveillance 哨兵动物监测

Sheep and Goat Diseases 羊病

Sheep Pox and Goat Pox 绵羊痘和山羊痘

Six－monthly Report 半年报告

Small Hive Beetle Infestation（Aethina tumida）小蜂巢甲虫侵袭

SNT 血清中和试验

Solid－phase Immunassay 固相免疫检测

South Pacific Commission（SPC）南太平洋共同体

SP－ELISA 检测结构蛋白抗体的酶联免疫吸附试验

Special Port 特设口岸

Specimen 样本

Spherical Baculovirosis（Penaeus Monodon－type Baculovirus）球形杆状病毒病

Spring Viraemia of Carp 鲤春病毒血症

Stakeholders 利益相关方

Standard Reagent 标准试剂

Standard Test Method 标准试验方法
State Veterinarian 美国州立兽医
Structured Non - random Surveillance 非随机抽样监测
Structured Population - based Surveys 统计性抽样监测
Supervisory Public Health Veterinarian 公共卫生兽医监督官
Supervisory Veterinary Medical Officer 兽医官总监
Surra（Trypanosoma Evansi）苏拉病（伊万斯锥虫）
Swine Diseases 猪病
Swine Vesicular Disease 猪水疱病

T

Tariff - only Regime 单一关税制
Targeted Surveillance 靶向监测
Technical Barriers to Trade（TBT）技术性贸易壁垒协定
Tetrahedral Baculovirosis（Baculovirus Penaei）多角体杆状病毒病
Terrestrial Animal Health Code OIE 陆生动物卫生法典
Theileriosis 泰勒氏虫病
The Advisory Committee on Dangerous Pathogens（ACDP）英国危险病原体咨询委员会
The Asia Pacific Laboratory Accreditation Cooperation（APLAC）亚太实验室认证协会
The Committee for Medicinal Products for Veterinary Use（CVMP）欧洲兽药委员会
The European Economic Community（EEC）欧共体
The European Medicines Agency（EMEA）欧洲药品评估机构
The Inter - American Accreditation Cooperation（IAAC）美洲间认证协会
The International Cooperation on Harmonization of Technical Requirements for Registration of Veterinary Medicinal Products（VICH）兽药注册技术要求国际协调合作组织
The International Electrotechnical Commission（IEC）国际电工技术委员会
The International Federation for Animal Health（IFAH）国际动物保健联盟
The International Laboratory Accreditation Cooperation（ILAC）国际实验室认可组织
The Joint FAO/WHO Expert Committee on Food Additives（JECFA）FAO/WHO 食品添加剂联合专家委员会
The Laboratory Biosafety Guidelines 加拿大实验室生物安全指南
The National Institutes of Health 美国国立卫生研究院
The North American Veterinary Licensing Examination（NAVLE）北

美兽医执照考试

The Pan African Vaccine Center (PANVAC) 泛非兽用疫苗中心

The Royal College of Veterinary Surgeons (RCVS) 英国皇家兽医师学会

The Virus - Serum - Toxin Act 美国病毒、血清、毒素法案

Threshold 阈值

Tool for the Evaluation of Performance of Veterinary Services 兽医体系运作效能评价工具

Tularemia 土拉杆菌病

Turkey Rhinotracheitis 火鸡气管炎

Transit Port Only 过境口岸

Transboundary Animal Disease Information System (TADinfo) 跨界动物疫病信息系统

Transmissible Gastroenteritis 传染性胃肠炎

Transparency 透明度原则

Trichinellosis 旋毛虫病

Trichomonosis 毛滴虫病

Tropilaelaps Infestation of Honey Bees 蜜蜂热带厉螨病

Taura Syndrome Taura 综合征

Trypanosomosis (Tsetse - Transmitted) 锥虫病（采采蝇传播）

U

UN Centre for Trade Facilitation and Electronic Business (CEFACT) 联合国贸易便利化与电子商务中心

United States Department of Agriculture (USDA) 美国农业部

United States Department of Homeland Security (USDHS) 美国国土安全部

United States Customs and Border Protection (CBP) 美国海关边境保护局

Universal Declaration for the Welfare of Animals 世界动物福利宣言

USDA Animal and Plant Health Inspection Service (APHIS) 美国农业部动植物卫生检疫署

USDA Agricultural Research Service (ARS) 美国农业部农业研究署

USDA APHIS Veterinary Services (VS) 美国农业部动植物卫生检疫署兽医处

USDA Centers for Epidemiology and Animal Health 美国农业部流行病学和动物卫生中心

USDA the Food Safety and Inspection Service (FSIS) 美国农业部食品安全与检验署

Utility Rating 适用率

V

Validation 验证

Validity 有效性

Variable Levies 差价税

Variant Creutzfeldt - iakob Disease (vCJD) 变异克雅氏病

Varroosis of Honey Bees 蜜蜂瓦螨病

Velogenic Newcastle Disease 速发型新城疫

Venezuelan Equine Encephalomyelitis 委内瑞拉马脑脊髓炎

Vesicular Exanthema of Swine 猪水疱疹

Vesicular Stomatitis 水疱性口炎

Veterinary Authority 兽医当局

Veterinary Medical Offcier (VMO) 项目兽医官

Veterinary Services (VS) 兽医体系

Veterinary Statutory Bodies (VSB) 兽医法定机构

Viral Hemorrhagic Septicaemia 病毒性出血性败血症

Viral Hemorrhagic Disease of Rabbits 兔出血病

Virus Neutralization Test (VNT) 病毒中和试验

VNTR 多位点串联重复序列

W

Weighting 权重

West Nile Fever 西尼罗河热

White Spot Disease 白斑病

World Association of Veterinary Laboratory Diagnosticians (WAVLD) 世界兽医实验室诊断师协会

World Health Organization (WHO) 世界卫生组织

WTO Sanitary and Phytosanitary (SPS) Agreement 世界贸易组织动植物卫生检疫措施协定

World Society for the Protection of Animals (WSPA) 世界动物保护协会

World Trade Organization (WTO) 世界贸易组织

World Veterinary Association (WVA) 世界兽医协会

Y

Yellowhead Disease 黄头病

Z

Zoonoses 人兽共患病

图书在版编目（CIP）数据

国际兽医事务手册／贾幼陵，张仲秋主编．—北京：中国农业出版社，2011.9
ISBN 978-7-109-16034-7

Ⅰ.①国… Ⅱ.①贾…②张… Ⅲ.①兽医学-手册 Ⅳ.①S85－62

中国版本图书馆 CIP 数据核字（2011）第 175788 号

中国农业出版社出版
（北京市朝阳区农展馆北路 2 号）
（邮政编码 100125）
责任编辑　黄向阳

中国农业出版社印刷厂印刷　　新华书店北京发行所发行
2012 年 1 月第 1 版　　2012 年 1 月北京第 1 次印刷

开本：720mm×960mm　1/16　　印张：35.25
字数：655 千字　　印数：1～4 000 册
定价：60.00 元